Heinrich Rottmann

C# .NET mit Methode

Heinrich Rottmann

C# .NET mit Methode

Professionelle Software entwickeln mit C# und .NET: Grundlagen, Windows, ADO.NET, ASP.NET und Remoting

vieweg

Bibliografische Information Der Deutschen Bibliothek
Die Deutsche Bibliothek verzeichnet diese Publikation in der Deutschen Nationalbibliografie; detaillierte bibliografische Daten sind im Internet über <http://dnb.ddb.de> abrufbar.

1. Auflage April 2003

Der Vieweg Verlag ist ein Unternehmen der Fachverlagsgruppe BertelsmannSpringer.
www.vieweg-it.de

Konzeption und Layout des Umschlags: Ulrike Weigel, www.CorporateDesignGroup.de
Umschlagbild: Nina Faber de.sign, Wiesbaden

ISBN-13: 978-3-528-05845-6 e-ISBN-13: 978-3-322-83096-8
DOI: 10.1007/978-3-322-83096-8

Vorwort

Das .NET Framework ist plattform- und sprachunabhängig. Die Hauptbestandteile sind eine Runtime und eine sehr umfangreiche und übersichtlich durch Namensräume gegliederte Klassenbibliothek. Dem Programmierer stehen neben C# die .NET Versionen der Sprachen C++, Visual Basic und Java zur Verfügung. C# ist eine an C++ und Java angelehnte, für das .NET Framework neu entwickelte Programmiersprache. Dieses Buch zeigt anhand lauffähiger und ausführlich erläuterter Beispiele, wie C# und die .NET Klassenbibliothek verwendet werden.

Die Kapitel 1 bis 4 stellen die Sprache C# vor. Diese Kapitel vermitteln das Grundwissen, das für eine sichere und erfolgreiche Arbeit mit C# erforderlich ist.

Die Kapitel 5 bis 7 zeigen, wie Windows Anwendungen programmiert werden. Es werden Windows Elemente vorgestellt und Programmiertechniken erläutert.

Kapitel 8 behandelt Datenbankzugriffe mit ADO.NET und C# und vermittelt darüber hinaus die erforderlichen SQL Grundkenntnisse.

Kapitel 9 erläutert die Verwendung und das Synchronisieren von Threads.

Kapitel 10 behandelt das Arbeiten mit Dateien und Verzeichnissen, das Lesen und Schreiben von Daten sowie den Datentransfer im Netzwerk.

Kapitel 11 erläutert das Lesen und Schreiben von Schlüsseln und Werten in der Registry.

Kapitel 12 zeigt, wie Win32-Dienste programmiert, installiert und benutzt werden.

Kapitel 13 beschreibt die Grundlagen der Web und CGI Programmierung und bringt eine kurz gefasste Einführung in XML.

Kapitel 14 behandelt Web Applications mit Codebehind, Web Services und Remoting.

Ich wünsche viel Spaß beim Lesen und beim Durcharbeiten der Programmbeispiele und viel Erfolg mit C# und .NET.

Wuppertal, im Februar 2003 Heinrich Rottmann

Inhaltsverzeichnis

1 Grundlegende Elemente der Sprache C#

Zu Beginn dieses ersten Kapitels werden viele grundlegende Fragen beantwortet. Wie sieht ein C# Programm aus? Wie wird es gespeichert, übersetzt und gestartet? Wie kann man Texte oder andere Daten ausgeben? Anschließend werden Datentypen, Literale, Operatoren, mathematische Funktionen, Konstanten, Variablen und Kontrollstrukturen erläutert.

1.1 Ein C# Programm

Alle C#-Beispiele sind mit dem per Download von

`http://msdn.microsoft.com/downloads/`

bezogenen Microsoft .NET Framework SDK Release 1.0 kompiliert und getestet. Die Version 1.1 ist zur Zeit der Drucklegung noch im Betastadium.

```
/*
   Datei: 1.1_1.cs
*/
class Hallo
{
  static void Main( )
  {
    System.String s = "Hallo!";
    System.Console.WriteLine(s);
  }
}
```

Das oben abgebildete Programm wird in einer Datei mit der Endung .cs gespeichert. Bei der Auswahl des Editors ist darauf zu achten, dass dieser keine Formatierungszeichen in den Text einfügt. Besonders gut geeignet sind Editoren, die das Einrücken von Zeilen unterstützen und Kommentare, Schlüsselwörter und andere Zeichen, die in C# eine Bedeutung haben, farbig hervorheben. Manche Editoren ermöglichen auch den Aufruf des Compilers per Hotkey oder Menü. Derartige Editoren gibt es als Freeware und Shareware.

Es wird empfohlen, ein oder mehrere Verzeichnisse anzulegen, in denen die Programme gesammelt werden. Um die Beschreibung der weiteren Schritte zu vereinfachen wird vorausgesetzt, dass ein Verzeichnis C:\cs_programme angelegt worden ist, in dem das Programm unter dem Namen 1.1_1.cs abgelegt ist.

Durch Start - Programme - Zubehör - Eingabeaufforderung wird die Eingabeaufforderung geöffnet. Die folgenden Befehle werden jeweils durch Drücken der Entertaste abgeschlossen.

Mit dem Befehl cd cs_programme wechselt man in das Verzeichnis cs_programme. Jetzt kann das Programm durch Eingeben von

```
csc 1.1_1.cs
```

übersetzt (kompiliert) werden, wodurch die Datei 1.1_1.exe erstellt wird.

Hat das Übersetzen nicht geklappt, so ist zunächst festzustellen, ob der .NET Framework SDK ordnungsgemäß installiert ist. Im Zweifelsfall ist die Installation zu wiederholen und darauf zu achten, dass alle während der Installation geforderten Voraussetzungen erfüllt werden. Gibt man in der Eingabeaufforderung

```
csc /?
```

ein, so wird eine Liste der C# Compileroptionen ausgegeben. Ist dies der Fall, so liegt der Fehler nicht bei der Installation, sondern beim Beispielprogramm 1.1_1.cs. Jede Anweisung muss mit einem Semikolon abgeschlossen werden. Jeder noch so banale Tippfehler löst eine Fehlermeldung aus. Hier hilft es nur, genau hinzusehen, unermüdlich zu testen und immer cool zu bleiben. Der Compiler gibt mit der Fehlermeldung die Zeilennummer des Quelltextes aus.

Ist das Programm erfolgreich übersetzt, so kann man 1.1_1.exe oder einfach 1.1_1 eintippen und die Entertaste drücken. Dadurch wird das Programm gestartet und Hallo! ausgegeben.

Das .NET Framework ist durch Namensräume gegliedert. Die Klassen String und Console sind im Namespace bzw. Namensraum System enthalten. Gibt man die Benutzung dieses Namensraums im Programm mit using an, so kann man String statt System.String schreiben. Das gilt für alle Namensräume und alle Klassen, sofern der Klassenname eindeutig ist. Bei Klassen, die mit dem gleichen Namen in verschiedenen Namensräumen vorkommen, ist es erforderlich, den Namensraum anzugeben.

Das nun folgende Beispiel zeigt die Verwendung der using Anweisung.

```
// Datei: 1.1_2.cs
using System;
class Hallo
{
  static void Main( )
  {
    String s = "Hallo!";
    Console.WriteLine(s);
  }
}
```

Kommentare sind keine ausführbaren Bestandteile eines Programms, sondern erläutern und gliedern den Programmtext. Sie beginnen mit /* und enden mit */. Einzeilige Kommentare beginnen mit zwei Schrägstrichen //.

Da aller guten Dinge drei sind, zeigt Beispiel 1.1_3 die direkte Ausgabe des Strings "Hallo!" ohne die Stringvariable s.

```
// Datei: 1.1_3.cs
using System;
class Hallo
{
  static void Main( )
  {
    Console.WriteLine("Hallo!");
  }
}
```

C# ist vollständig objektorientiert. Jedes C# Programm besteht aus Klassendefinitionen. Durch class Hallo wird eine Klasse definiert. Der Rumpf einer Klasse ist in geschweifte Klammern eingeschlossen und bildet daher einen Block. Ein Block beginnt mit einer geschweiften Klammer { und endet mit einer geschweiften Klammer }. Im Rumpf werden die Mitglieder der Klasse definiert. Dies können Konstanten, Variablen, Funktionen oder auch Klassen sein. Die Funktionen einer Klasse heißen Methoden. Main( ) ist eine Methode. Main( ) ist das Hauptprogramm, also die Methode, die als erste abgearbeitet wird. void bedeutet, dass die Methode Main( ) beim Beenden keinen Wert zurückgibt, während static dafür sorgt, dass Main( ) sofort beim Programmstart aufgerufen werden kann. Dies wird später noch näher erläutert. Der Rumpf einer Funktion oder Methode ist ebenfalls in geschweifte Klammern eingeschlossen und bildet daher wiederum einen Block. Im Rumpf der Methode Main( ) des Beispiels 1.1_3 steht eine einzige Anweisungen, die die Ausgabe der Zeichenkette "Hallo!" bewirkt.

1.2 Namensräume und Klassen

```
// Datei Forms1.2_1.cs
namespace Forms1_2_1
{
  using System.Drawing;
  using System.Windows.Forms;

  public class Form1_2_1 : Form
  {
    public Form1_2_1( )
    {
      Text="Hallo hier ist das Beispiel 1.2_1!";
      ClientSize = new Size(600, 400);
    }
  }
}
```

Das Programm definiert einen Namensraum Forms1_2_1 und eine Klasse Form1_2_1, die zum Namensraum Forms1_2_1 gehört. Form1_2_1 ist von der Klasse Form abgeleitet. Dadurch wird ein Fenster definiert. Der Konstruktor legt den Titel und die Fenstergröße fest. Es fällt jedoch auf, dass das Programm keine Methode Main( ) besitzt. Es soll nämlich kein selbständig lauffähiges Programm, sondern eine Bibliotheksdatei, Dynamic Link Library, mit der Endung .dll gebildet werden. Das Programm wird mit der Compileroption /t:library übersetzt.

```
csc  /t:library  Forms1.2_1.cs
```

Hierdurch wird die Datei Forms1.2_1.dll gebildet. Die Datei 1.2_1.cs verwendet mit using Forms1_2_1; den von dieser dll zur Verfügung gestellten Namensraum.

```
// Datei 1.2_1.cs
using System;
using System.Drawing;
using System.Windows.Forms;
using Forms1_2_1;

class Appl_2_1
{
  static void Main( )
  {
    Application.Run(new Form1_2_1( ));
  }
}
```

Das Programm wird mit

```
csc  /t:winexe  /r:Forms1.2_1.dll  1.2_1.cs
```

übersetzt. Durch die Option /t:winexe wird erreicht, dass eine Windows-Anwendung erstellt wird. Beim Starten von 1.2_1.exe mit Doppelklick wird nur das Programm selbst gestartet, aber keine Eingabeaufforderung geöffnet. Die Bibliotheksdatei muss mit /r:Forms1.2_1.dll angegeben werden. Das Programm kann nur dann übersetzt werden und ist nur dann lauffähig, wenn die Datei Forms1.2_1.dll existiert und auffindbar ist.

Ein Objekt wird durch eine Klasse mit Hilfe des Schlüsselwortes class definiert. Damit ist das Objekt zwar definiert aber noch nicht verwendbar. Auf die Mitglieder einer Klasse kann man erst dann zugreifen, wenn mit Hilfe des Schlüsselwortes new eine Instanz der Klasse gebildet worden ist.

```
class abc
{
  public int x;
  public static int y;
  . . .
}
```

```
abc ist eine Klasse.
```

```
abc a;
```

a ist eine Variable vom Typ abc.

```
a = new abc( );
```

a ist eine Instanz von abc.

```
a.x = 5;
```

Dies ist ein Zugriff auf das Mitglied x der Klasse abc über die Instanz a. Eine Ausnahme bilden Mitglieder, die als static vereinbart sind. Auf diese greift man mit Hilfe des Klassennamens zu, ohne eine Instanz der Klasse zu bilden. Die Anweisung

```
abc.y = 6;
```

ist zulässig, weil y static vereinbart ist. Die Anweisung

```
abc.x = 5;
```

ist nicht zulässig, weil x nicht static vereinbart ist. Die Anweisung

```
a.y = 6;
```

ist nicht zulässig, weil y static vereinbart ist.

```
// Datei: 1.2_2.cs
using System;

class abc
{
  public int x;
  public static int y;
}

class Haupt
{
  static void Main( )
  {
    abc a = new abc( );
    abc b = new abc( );

    a.x   = 5;
    abc.y = 6;
    b.x   = 7;

    Console.WriteLine("a.x   = {0}",a.x);
    Console.WriteLine("abc.y = {0}",abc.y);
    Console.WriteLine("b.x   = {0}",b.x);
  }
}
```

Von der Klasse abc werden zwei Instanzen a und b gebildet. Man kann a.x und b.x unterschiedliche Werte zuweisen. Auf y kann man nur mit abc.y zugreifen. Daher besitzt y in beiden Instanzen den gleichen Wert.

```
// Datei: 1.2_3.cs
using System;

class abc
{
  int x;
  static int y;

  public abc(int w1, int w2)
  {
    x = w1;
    y = w2;
  }

  public int getx( )
  {
    return x;
  }
```

```
    public int gety( )
    {
      return y;
    }
  }

  class Haupt
  {
    static void Main( )
    {
      abc a = new abc(5, 6);
      abc b = new abc(7, 8);

      Console.WriteLine("a.x = {0}",a.getx( ));
      Console.WriteLine("a.y = {0}",a.gety( ));
      Console.WriteLine("b.x = {0}",b.getx( ));
      Console.WriteLine("b.y = {0}",b.gety( ));
    }
  }
```

Ausgabe:

```
a.x = 5
a.y = 8
b.x = 7
b.y = 8
```

x und y werden durch den Konstruktor

```
public abc(int w1, int w2){
  x = w1;
  y = w2;
}
```

initialisiert. Während a.x und b.x unterschiedliche Werte aufnehmen können, gibt es keinen Unterschied zwischen a.y und b.y. Es gibt nämlich wegen der static Vereinbarung nur ein abc.y, dem zuerst der Wert 6 und anschließend 8 zugewiesen wird.

Vererbung und weitere Gegebenheiten im Zusammenhang mit Klassen werden im Kapitel 3 beschrieben.

1.3 Standard Ein- und Ausgabe

```
// Datei: 1.3_1.cs
using System;
class Hallo
{
  static void Main( )
  {
    int x, y, z;

    Console.Write("x: ");
    x = int.Parse(Console.ReadLine( ));

    Console.Write("y: ");
    y = int.Parse(Console.ReadLine( ));

    z = x + y;
    Console.WriteLine(
      "\nx = {0}\ny = {1}\nz = x + y = {2}", x, y, z);
  }
}
```

Wenn man nach dem Programmstart 11 eingibt und Enter drückt und danach 22 eingibt und wiederum Enter drückt, so sehen Ein- und Ausgabe dieses Programms folgendermaßen aus.

Eingabe:

```
x: 11
y: 22
```

Ausgabe:

```
x = 11
y = 22
z = x + y = 33
```

Die Anweisung

```
Console.Write("x: ");
```

schreibt x : in die Eingabeaufforderung. Anschließend wird mit Console.ReadLine( ) ein String eingelesen.

```
x = int.Parse(Console.ReadLine( ));
```

Dieser String wird mit int.Parse in eine Integerzahl umgewandelt und dann der Variablen x zugewiesen. Der Vorgang wiederholt sich für y. Die Summe von x und y wird berechnet und der Variablen z zugewiesen. Console.WriteLine schreibt in die Eingabeaufforderung und wechselt die Zeile. Als Parameter werden ein String und die drei Integervariablen x, y und z übergeben. Der String enthält Zeilenwechsel \n und Platzhalter {0} {1} {2} für die Ausgabe der Werte von x, y und z.

1.4 Datentypen

class/struct	Datentyp	
Byte	byte	8-bit ganze Zahl ohne Vorzeichen
SByte	sbyte	8-bit ganze Zahl mit Vorzeichen
Int16	short	16-bit ganze Zahl mit Vorzeichen
Int32	int	32-bit ganze Zahl mit Vorzeichen
Int64	long	64-bit ganze Zahl mit Vorzeichen
UInt16	ushort	16-bit ganze Zahl ohne Vorzeichen
UInt32	uint	32-bit ganze Zahl ohne Vorzeichen
UInt64	ulong	64-bit ganze Zahl ohne Vorzeichen
Single	float	32-bit Gleitkommazahl
Double	double	64-bit Gleitkommazahl
Boolean	bool	logisch, true (richtig), false (falsch)
Char	char	16-bit Unicode Schriftzeichen
Decimal	decimal	96-bit Dezimalzahl
IntPtr	IntPtr	ganze Zahl mit Vorzeichen
UIntPtr	UIntPtr	ganze Zahl ohne Vorzeichen
String	string	Zeichenkette
Object	object	Die Wurzel der Objekthierarchie

Alle Datentypen sind Objekte. String und Object sind als class vereinbart. Alle anderen Datentypen sind als struct vereinbart. Es kann sowohl der Objektname als auch der C# Datentyp verwendet werden. Die Begriffe struct und class werden in den Kapiteln 2 und 3 erläutert.

Die kleinsten und größten darstellbaren Werte der numerischen Datentypen:

```
// Datei 1.4_1.cs
using System;

class Typen
{
  public static void Main( )
  {
    Console.WriteLine("   Byte.MinValue = {0}",Byte.MinValue);
    Console.WriteLine("   Byte.MaxValue = {0}",Byte.MaxValue);
    Console.WriteLine("  SByte.MinValue = {0}",SByte.MinValue);
    Console.WriteLine("  SByte.MaxValue = {0}\n",SByte.MaxValue);
    Console.WriteLine("  Int16.MinValue = {0}",Int16.MinValue);
    Console.WriteLine("  Int16.MaxValue = {0}",Int16.MaxValue);
```

```
        Console.WriteLine("  Int32.MinValue = {0}",Int32.MinValue);
        Console.WriteLine("  Int32.MaxValue = {0}",Int32.MaxValue);
        Console.WriteLine("  Int64.MinValue = {0}",Int64.MinValue);
        Console.WriteLine("  Int64.MaxValue = {0}\n",Int64.MaxValue);
        Console.WriteLine(" UInt16.MinValue = {0}",UInt16.MinValue);
        Console.WriteLine(" UInt16.MaxValue = {0}",UInt16.MaxValue);
        Console.WriteLine(" UInt32.MinValue = {0}",UInt32.MinValue);
        Console.WriteLine(" UInt32.MaxValue = {0}",UInt32.MaxValue);
        Console.WriteLine(" UInt64.MinValue = {0}",UInt64.MinValue);
        Console.WriteLine(" UInt64.MaxValue = {0}\n",UInt64.MaxValue);
        Console.WriteLine(" Single.MinValue = {0}",Single.MinValue);
        Console.WriteLine(" Single.MaxValue = {0}",Single.MaxValue);
        Console.WriteLine(" Double.MinValue = {0}",Double.MinValue);
        Console.WriteLine(" Double.MaxValue = {0}",Double.MaxValue);
        Console.WriteLine("Decimal.MinValue = {0}",Decimal.MinValue);
        Console.WriteLine("Decimal.MaxValue = {0}",Decimal.MaxValue);
    }
}
```

Ausgabe:

```
   Byte.MinValue = 0
   Byte.MaxValue = 255
  SByte.MinValue = -128
  SByte.MaxValue = 127

  Int16.MinValue = -32768
  Int16.MaxValue = 32767
  Int32.MinValue = -2147483648
  Int32.MaxValue = 2147483647
  Int64.MinValue = -9223372036854775808
  Int64.MaxValue = 9223372036854775807

 UInt16.MinValue = 0
 UInt16.MaxValue = 65535
 UInt32.MinValue = 0
 UInt32.MaxValue = 4294967295
 UInt64.MinValue = 0
 UInt64.MaxValue = 18446744073709551615

 Single.MinValue = -3,402823E+38
 Single.MaxValue = 3,402823E+38
 Double.MinValue = -1,79769313486232E+308
 Double.MaxValue = 1,79769313486232E+308
Decimal.MinValue = -79228162514264337593543950335
Decimal.MaxValue = 79228162514264337593543950335
```

Die Datentypen decimal, double und float im Vergleich:

```
// Datei 1.4_2.cs
using System;

class Dezimalzahlen
{
  public static void Main( )
  {
    decimal de;
    double db;
    float f;

    de = 4721341253645712146l512412.671M;
    db = 4721341253645712146l512412.671;
    f  = 4721341253645712146l512412.671F;
    Console.WriteLine(de);
    Console.WriteLine(db);
    Console.WriteLine(f);
  }
}
```

Ausgabe:

```
47213412536457121461512412.671
4.72134125364571E+25
4.721341E+25
```

Beispiel 1.4_1 verwendet Klassennamen und Beispiel 1.4_2 C# Datentypen. Der Datentyp decimal kann Zahlen mit und ohne Nachkommastellen mit einer Genauigkeit von 29 bis 30 Dezimalstellen darstellen. Gleitkommazahlen mit Exponent werden durch double und float repräsentiert, wobei double eine Genauigkeit von 14 bis 15 Dezimalstellen besitzt und float eine Genauigkeit von 6 bis 7 Dezimalstellen.

Der Datentyp char:

```
// Datei 1.4_3.cs
using System;
class Zeichensatz
{
  public static void Main( )
  {
    int j=1;
    for(int i=30; i<128; i++)
    {
      Console.Write("   {0:D4}: {1}", i, (char)i);
      if(j == 5)
```

```
        {
        Console.WriteLine( );
        j = 0;
      }
      j++;
      }
      Console.WriteLine( );
    }
  }
```

Das Programm gibt einen Ausschnitt des Zeichensatzes aus. Hierzu wird eine Laufanweisung (for-Schleife) benutzt, in der die Laufvariable i von 30 bis 127 läuft. Die bedingte Anweisung (if-Anweisung) lässt die Variable j bis 5 zählen und bewirkt nach jeder fünften Ausgabe einen Zeilenwechsel. Die Umwandlung des Wertes der Variablen i von int in char wird durch (char)i bewirkt. Diese Art der Umwandlung nennt man Type Cast.

Ausgabe:

```
030: -   031:     032:     033: !   034: "
035: #   036: $   037: %   038: &   039: '
040: (   041: )   042: *   043: +   044: ,
045: -   046: .   047: /   048: 0   049: 1
050: 2   051: 3   052: 4   053: 5   054: 6
055: 7   056: 8   057: 9   058: :   059: ;
060: <   061: =   062: >   063: ?   064: @
065: A   066: B   067: C   068: D   069: E
070: F   071: G   072: H   073: I   074: J
075: K   076: L   077: M   078: N   079: O
080: P   081: Q   082: R   083: S   084: T
085: U   086: V   087: W   088: X   089: Y
090: Z   091: [   092: \   093: ]   094: ^
095: _   096: `   097: a   098: b   099: c
100: d   101: e   102: f   103: g   104: h
105: i   106: j   107: k   108: l   109: m
110: n   111: o   112: p   113: q   114: r
115: s   116: t   117: u   118: v   119: w
120: x   121: y   122: z   123: {   124: |
125: }   126: ~   127:
```

Der Datentyp bool repräsentiert die Werte true für wahr oder richtig und false für nicht wahr oder falsch.

```
// Datei 1.4_4.cs
using System;

class logisch
{
```

```
    public static void Main( )
    {
      int i;
      bool b;

      i = 4;
      b = i < 5;
      Console.WriteLine(b);

      b = i > 5;
      Console.WriteLine(b);
    }
}
```

Da i gleich 4 und damit kleiner 5 ist, hat der Ausdruck i < 5 den Wert true. Dieser Wert wird der Variablen b zugewiesen. Console.WriteLine(b); gibt daher True aus. Im zweiten Fall wird wegen b = i > 5; der Wert False ausgegeben. Die logischen Werte true und false werden klein geschrieben. Console.WriteLine gibt die Werte jedoch mit großen Anfangsbuchstaben aus.

1.5 Literale, Zeichen- und Zeichenkettenkonstanten

Literale mit \:

```
\a   Alarm, Signalton
\t   Tabulator
\v   vertikaler Tabulator
\b   Rückschritt
\r   Wagenrücklauf
\n   neue Zeile
\f   Seitenvorschub
\e   Esc-Taste
\c   Strg-Taste zB.: \cu entspricht u mit gedrückter Strg-Taste
\x   Hexadezimalzahl zB.: \x0A entspricht der dezimalen 10
\u   16 bit Unicode-Zeichen
\0   Null
\    Steht hinter dem Rückstrich ein Zeichen, das keine spezielle
     Bedeutung im Zusammenhang mit dem Rückstrich hat, so wird dieses
     Zeichen ausgegeben und nicht als Steuerzeichen interpretiert.
\"   gibt " aus
\\   gibt \ aus
```

```
// Datei 1.5_1.cs
using System;

class Haupt
{
  public static void Main( )
  {
```

```
    Console.WriteLine(
      "Hallo\n\"\\\x40\x20Holla\x20\x40\\\"");
  }
}
```

Ausgabe:

```
Hallo
"\@ Holla @\"
```

Die Zeichenkette ist in Anführungszeichen eingeschlossen. Diese äußeren Anführungszeichen werden nicht ausgegeben. Die Ausgabe beginnt daher mit Hallo gefolgt von einem Zeilenwechsel. \" gibt ein Anführungszeichen aus und \\ einen Rückstrich. \x40 ist der Hexadezimalcode des Kletteraffen @ und \x20 der des Leerzeichens.

Boolean-Literale, logische Konstanten:

```
true   wahr, richtig
false  nicht wahr, falsch
```

Numerische Konstanten:

```
125         ganze Zahl 8, 16 oder 32 bit (sbyte, short, int)
3465L       ganze Zahl 64 bit (long)
125U        vorzeichenlose ganze Zahl 8, 16 oder 32 bit
            (byte, ushort, uint)
3465UL      vorzeichenlose ganze Zahl 64 bit (ulong)
15.33F      Gleitkommazahl 32 bit (float)
346.38      Gleitkommazahl 64 bit (double)
346.38D     Gleitkommazahl 64 bit (double)
1.234M      Dezimalzahl 96 bit (decimal)
```

```
// Datei 1.5_2.cs
using System;

class Haupt
{
  public static void Main( )
  {
    int     i;
    long    l;
    uint    ui;
    ulong   ul;
    float   f;
    double  dou;
    decimal dec;
```

```
        i   = 125;
        l   = 3465L;
        ui  = 125U;
        ul  = 3465UL;
        f   = 15.33F;
        dou = 346.38;
        dec = 1.234M;

        Console.WriteLine("{0}\n{1}\n{2}\n{3}", i, l, ui, ul);
        Console.WriteLine("{0}\n{1}\n{2}", f, dou, dec);
    }
}
```

Das Programm 1.5_2 verwendet die oben aufgeführten numerischen Konstanten. Es werden zunächst Variablen mit den entsprechenden Datentypen vereinbart. Anschließend werden diesen Variablen Werte zugewiesen, und zum Schluss werden die Werte ausgegeben.

Zeichen und Zeichenkettenkonstanten:

```
'a'            Zeichen (char)
"Hallo"        Zeichenkette (string)
@"\nHallo"     Verbatimstring
```

Der Verbatimstring ist wie alle Strings in Anführungszeichen eingeschlossen. Der Kletteraffe bewirkt, dass alle Zeichen außer den Anführungszeichen, als Schriftzeichen interpretiert werden.

```
// Datei 1.5_3.cs
using System;

class Haupt
{
  public static void Main( )
  {
    Console.WriteLine(@"Hallo \n Holla");
  }
}
```

Ausgabe:

```
Hallo \n Holla
```

Es wird ein Verbatimstring verwendet. Statt bei \n einen Zeilenwechsel auszuführen, werden die Zeichen \ und n ausgegeben.

1.6 Operatoren und mathematische Funktionen

Man unterscheidet zwischen unären und binären Operatoren. Die unären Operatoren arbeiten mit einem Operanden und die binären mit zwei Operanden. In der Anweisung a = -b ist das Minuszeichen ein unärer Operator, während bei a = b - c das Minuszeichen ein binärer Operator ist. In den folgenden Tabellen sind sowohl unäre als auch binäre Operatoren aufgelistet.

Arithmetische Operatoren:

```
+     Addition oder Vorzeichen
-     Subtraktion oder Vorzeichen (Negation)
*     Multiplikation
/     Division
%     Modulo, Rest der ganzzahligen Division
++    Incrementieren, den Wert um 1 erhöhen
--    Decrementieren, den Wert um 1 erniedrigen
+=    Addition und Wertzuweisung, a += b entspricht a = a + b
-=    Subtraktion und Wertzuweisung, a -= b entspricht a = a - b
*=    Multiplikation und Wertzuweisung, a *= b entspricht a = a * b
/=    Division und Wertzuweisung, a /= b entspricht a = a /b
%=    Modulo und Wertzuweisung, a %= b entspricht a = a % b
```

```
// Datei 1.6_1.cs
using System;
class Haupt
{
  public static void Main( )
  {
    int a = 20;

    a += 25;
    Console.WriteLine(a);
    a *= 2;
    Console.WriteLine(a);
    a -= 90;
    Console.WriteLine(a);
    Console.WriteLine(155.0 / 20);
    Console.WriteLine(155 / 20);
    Console.WriteLine(155 % 20);
  }
}
```

Ausgabe:

```
45
90
0
7,75
7
15
```

Die Variable a hat den Wert 20. Es wird 25 addiert und das Ergebnis wieder der Variablen a zugewiesen. Die Ausgabe zeigt das Ergebnis. Nach dem gleichen Prinzip laufen die nächsten Operationen ab. Die letzten drei Zeilen demonstrieren die Division mit Gleitkommazahlen und ganzen Zahlen und die Modulo-Operation. 155.0 / 20 liefert das Ergebnis 7.75, das in der deutschen Version als 7,75 ausgegeben wird. 155.0 ist ein Literal vom Datentyp double. Infolgedessen wird die 20, die vom Typ integer ist implizit nach double umgewandelt, und dann erst wird die Division ausgeführt. Das Ergebnis ist vom Typ double. 155 / 20 liefert das Ergebnis 7, weil alle Operanden vom Typ Integer sind und bei einer ganzzahligen Division sämtliche Nachkommastellen abgeschnitten werden. Bei dieser Division bleibt der Rest 15, der in der Letzten Zeile mit der Modulo-Operation ermittelt wird.

Boolsche Operatoren:

```
==    gleich, Vergleich auf Gleichheit
!=    nicht gleich
>     größer
<     kleiner
>=    größer gleich
<=    kleiner gleich
&&    logisches und
||    logisches oder
!     logisches nicht
```

Bitweise Operatoren:

```
&     und, bitweise
|     oder, bitweise
^     exclusiv oder, bitweise
>>    Bitverschiebung nach rechts
<<    Bitverschiebung nach links
~     Komplement, bitweise
```

```
// Datei 1.6_2.cs
using System;

class Haupt
{
  public static void Main( )
  {
    int a = 20, b = 15;
    bool c, d;

    c = true;
```

```
    Console.WriteLine("c        = {0}", c);
    d = a == b;
    Console.WriteLine("d        = {0}", d);
    Console.WriteLine("c oder d = {0}", c || d);
    Console.WriteLine("c und  d = {0}", c && d);

    a = 8; b = 4;
    Console.WriteLine( );
    Console.WriteLine("a bitweise oder b              = {0}", a | b);
    Console.WriteLine("a bitweise und  b              = {0}", a & b);
    Console.WriteLine(
      "1 um 2 bit nach links geschoben = {0}", 1 << 2);
  }
}
```

Ausgabe:

```
c        = True
d        = False
c oder d = True
c und  d = False

a bitweise oder b               = 12
a bitweise und  b               = 0
1 um 2 bit nach links geschoben = 4
```

Im ersten Teil des Programms werden logische Operationen ausgeführt, bei denen es nur die Werte true und false gibt. In der Anweisung d = a == b ist das erste Gleichheitszeichen eine Wertzuweisung an d, die ausgeführt wird, nachdem der Ausdruck a == b ausgewertet worden ist. Der Vergleich a == b ergibt false, da a und b verschieden voneinander sind. Weil c den Wert true besitzt, ergibt die Oder-Verknüpfung true, währen die Und-Verknüpfung false ergibt. Der zweite Teil des Programms demonstriert bitweise Verknüpfungen. Es werden die 8 dual 1000 und die 4 dual 0100 verknüpft.

Oder-Verknüpfung:

```
1000
0100
-----------------------------
1100 entspricht 12 dezimal
```

Und-Verknüpfung:

```
1000
0100
-----------------------------
0000 entspricht 0 dezimal
```

Genauso ergründet man den Mechanismus der Bitverschiebung. 0001 um 2 bit nach links geschoben ergibt 0100, was der dezimalen 4 entspricht.

Mathematische Funktionen:

Abs	Absolutwert. Abs(a) entspricht a = a wenn a >=0 und a = -a wenn a < 0
Sqrt	Quadratwurzel
Pow	Pow(x,y) entspricht x^y
Exp	Exp(x) entspricht e^x, wobei e die Basis der natürlichen Logarithmen ist
Log	natürlicher Logarithmus, Logarithmus zur Basis e
Log10	Logarithmus zur Basis 10
Sin	Sinus
Asin	Arcussinus
Sinh	Sinushyperbolicus
Cos	Cosinus
Acos	Arcuscosinus
Cosh	Cosinushyperbolicus
Tan	Tangens
Atan	Arcustangens
Tanh	Tangenshyperbolicus
Round	Runden, die Ziffern 1 bis 4 werden abgerundet, darüber wird aufgerundet
Ceiling	Aufrunden
Floor	Abrunden
Max	Max(a,b) ist der größere der Werte a und b
Min	Min(a,b) ist der kleinere der Werte a und b
Sign	Vorzeichen, Sign(a) ist 1 wenn a >= 0 und -1 wenn a < 0

Mathematische Konstanten:

E	e, die Basis der natürlichen Logarithmen, 2,71828
PI	π,das Verhältnis von Umfang zu Durchmesser beim Kreis, 3,14159265

```
// Datei 1.6_3.cs

using System;

class Haupt
{
  public static void Main( )
  {
    double a = Math.Sqrt(3.0*3.0+4.0*4.0);
    Console.WriteLine(
      "Wurzel aus 3 quadrat plus 4 quadrat = {0:f2}", a);
    a = Math.Sin(30.0*Math.PI/180.0);
    Console.WriteLine(
      "Sinus von 30 Grad                   = {0:f2}", a);
  }
}
```

Ausgabe:

```
Wurzel aus 3 quadrat plus 4 quadrat = 5.00
Sinus von 30 Grad                   = 0.50
```

Die mathematischen Funktionen und Konstanten gehören zur Klasse Math. Math.Sqrt berechnet die Quadratwurzel. Die Zahlen 3.0 und 4.0 sind mit Dezimalpunkt geschrieben. Dadurch sind sie vom Typ double und passen zur Definition der Funktion Sqrt. Die Winkelfunktionen erwarten Werte im Bogenmaß. Deshalb muss eine Umwandlung mit 30.0*Math.PI/180.0 stattfinden, bevor der Sinus von 30 Grad berechnet werden kann.

1.7 Konstanten und Variablen

Variablen werden durch Typ und Name vereinbart. Es dürfen mehrere Variablennamen durch Kommata getrennt angegeben werden. Die Vereinbarung int a, b, c; definiert drei Variablen vom Typ Integer. Variablen dürfen beliebig oft Werte zugewiesen werden.

Die Vereinbarung von Konstanten enthält das Schlüsselwort const. Konstanten müssen initialisiert werden. Der Wert der Konstanten kann im weiteren Verlauf des Programms nicht mehr geändert werden.

```
// Datei 1.7_1.cs
using System;

class Haupt
{
  public static void Main( )
  {
    const double a = 7.1;
    double b;

    b = 8.2;
    Console.WriteLine(a*b);

    b = 9.3;
    Console.WriteLine(a*b);
  }
}
```

In Beispiel 1.7_1 ist a eine Konstante, die mit 7.1 initialisiert ist. Dagegen ist b eine Variable, die nacheinander die Werte 8.2 und 9.3 zugewiesen bekommt.

1.8 Kontrollstrukturen, Ablaufsteuerung

Kontrollstrukturen dienen der Ablaufsteuerung. Bedingte Anweisungen lassen das Programm verzweigen. Sprunganweisungen setzen das Programm an einer anderen Stelle fort. Laufanweisungen, auch Schleifen genannt, wiederholen eine oder mehrere Anweisungen. Der bereits erläuterte Begriff des Blocks wird jetzt in Erinnerung gerufen. Ein Block ist eine Folge von Vereinbarungen und Anweisungen, die in geschweifte Klammern eingeschlossen sind. Es wird der Deutlichkeit halber { *Block* } geschrieben. Syntaktische Begriffe wie *Bedingung* oder *Anweisung* werden kursiv dargestellt.

1.8.1 Die if-Anweisung

```
if ( Bedingung ) Anweisung;
```

oder

```
if ( Bedingung ) { Block }
```

Die Anweisung oder der Block wird nur dann ausgeführt, wenn die Bedingung true ergibt. Die if-Anweisung wirkt nur auf eine einzige Anweisung. Soll sie auf mehrere Anweisungen wirken, so müssen diese einen Block bilden.

```
// Datei 1.8_1.cs
using System;
class Haupt
{
  public static void Main( )
  {
    Console.Write("Geben Sie eine Zahl von 1 bis 100 ein: ");
    int a = int.Parse( Console.ReadLine( ) );
    if((a >=1) && (a <= 100))
      Console.WriteLine("\nDie Zahl ist {0}\n", a);
  }
}
```

Ein- Ausgabe:

```
Geben Sie eine Zahl von 1 bis 100 ein: 35
Die Zahl ist 35
```

Das Programm schreibt die Aufforderung, eine Zahl von 1 bis 100 einzugeben, in die Eingabeaufforderung und wartet dann auf die Eingabe. Die Zahl ist ... wird nur dann ausgegeben, wenn die eingegebene Zahl größer oder gleich 1 und kleiner oder gleich 100 ist.

1.8.2 Die vollständige Alternative mit else

`if ( Bedingung ) Anweisung; else Anweisung;`

oder

`if ( Bedingung ) { Block } else { Block }`

Die Anweisung oder der Block vor else wird ausgeführt, wenn die Bedingung true ist. Die Anweisung oder der Block nach else wird ausgeführt, wenn die Bedingung false ist.

```
// Datei 1.8_2.cs

using System;

class Haupt
{
  public static void Main( )
  {
    Console.Write("Geben Sie eine Zahl von 1 bis 100 ein: ");
    int a = int.Parse( Console.ReadLine( ) );
    if((a >=1) && (a <= 100))
      Console.WriteLine("\nDie Zahl ist {0}\n", a);
    else
      Console.WriteLine("\nvoll daneben\n");
  }
}
```

Ein- Ausgabe:

```
Geben Sie eine Zahl von 1 bis 100 ein: 55
Die Zahl ist 55
```

Ein- Ausgabe 2:

```
Geben Sie eine Zahl von 1 bis 100 ein: 200
voll daneben
```

1.8.3 Mehrfaches Verzweigen mit switch

```
switch( Ausdruck ){
  case Ausdruck:
    Anweisungen . . .
    break;

  case Ausdruck:
    Anweisungen . . .
```

```
    break;

  default:
    Anweisungen . . .
    break;
}
```

Als *Ausdruck* darf eine Variable, ein numerischer Ausdruck, etwa 2*a+b, und sogar ein String eingesetzt werden. Der hinter switch stehende Ausdruck wird mit den hinter case stehenden Ausdrücken verglichen bis Gleichheit festgestellt wird. Die entsprechenden Anweisungen werden dann ausgeführt. Am Ende der Anweisungsfolge steht jeweils break. Dadurch wird der switch Block beendet. Wird keine Übereinstimmung gefunden, so werden die Anweisungen hinter default ausgeführt.

```
// Datei 1.8_3.cs
using System;
class Haupt
{
  public static void Main( )
  {
    Console.Write(
      "Geben Sie eine Zahl ein, deren Doppeltes " +
      "oder Dreifaches gleich 60 ist: ");
    int a = int.Parse( Console.ReadLine( ) );
    switch(a)
    {
      case 20:
        Console.WriteLine("\n20 ist richtig\n");
        break;
      case 30:
        Console.WriteLine("\n30 ist richtig\n");
        break;
      default:
        Console.WriteLine("\n{0} ist falsch\n", a);
        break;
    }
  }
}
```

Ein- Ausgabe 1

```
Geben Sie eine Zahl ein, deren Doppeltes oder Dreifaches gleich 60
ist: 10
10 ist falsch
```

Ein- Ausgabe 2:

```
Geben sie eine Zahl ein, deren Doppeltes oder Dreifaches gleich 60
ist: 20
20 ist richtig
```

Ein- Ausgabe 3:

```
Geben Sie eine Zahl ein, deren Doppeltes oder Dreifaches gleich 60
ist: 30
30 ist richtig
```

1.8.4 Der Bedingungsoperator ?

(*Bedingung*) ? *Ausdruck* : *Ausdruck*

Wenn die Bedingung true ist, wird der erste Ausdruck verwendet, andernfalls der zweite.

```
// Datei 1.8_4.cs
using System;
class Haupt
{
  public static void Main( )
  {
    int a, b;

    Console.Write("Geben Sie eine Zahl ein: ");
    b = int.Parse( Console.ReadLine( ) );

    a = (b >= 0)? 2*b : -2*b;

    Console.WriteLine(a);
  }
}
```

Ein- Ausgabe 1:

```
Geben Sie eine Zahl ein: -23
46
```

Ein- Ausgabe 2:

```
Geben Sie eine Zahl ein: 45
90
```

Es wird das positive Doppelte der eingegebenen Zahl ausgegeben.

1.8.5 Die Sprunganweisung goto

In vielen älteren Programmiersprachen ist goto eine bevorzugte und häufig verwendete Anweisung. Mit den hier beschriebenen Kontrollstrukturen kann man goto vollständig ersetzen. Es gibt jedoch auch Programmiersprachen, die kein goto enthalten. Trotzdem kann goto sehr nützlich sein, wenn man von verschiedenen Stellen im Programm an eine bestimmte Stelle springen möchte.

```
// Datei 1.8_5.cs

using System;

class Haupt
{
  public static void Main( )
  {
    int a, b;
    char c;

    Anfang:

    Console.Write("Geben Sie eine Zahl ein: ");
    b = int.Parse( Console.ReadLine( ) );

    a = (b >= 0)? 2*b : -2*b;
    Console.WriteLine(a);

    Console.Write("Möchten Sie weiter machen? (j/n)");
    c = char.Parse( Console.ReadLine( ) );
    if(c == 'j')goto Anfang;
  }
}
```

Ein- Ausgabe:

```
Geben Sie eine Zahl ein: 88
Möchten Sie weiter machen? (j/n) j
Geben Sie eine Zahl ein: 66
Möchten Sie weiter machen? (j/n) n
```

Damit man goto verwenden kann, muss eine Sprungmarke definiert werden. Der Doppelpunkt macht Anfang: zu einer Sprungmarke. Falls c gleich 'j' ist, wird die Sprunganweisung goto Anfang ausgeführt. In switch Blöcken kann auch case *Ausdruck*: als Sprungmarke verwendet werden.

1.8.6 Die for-Schleife

`for( Initialisierung ; Bedingung ; Aktualisierung ) Anweisung;`

oder

`for( Initialisierung ; Bedingung ; Aktualisierung ) { Block }`

Die Laufvariable i in der Laufanweisung for(i = 1; i <= 10; i++) wird zuerst mit dem Wert 1 initialisiert. Vor jedem Schleifendurchlauf, auch vor dem ersten, wird die Bedingung i <= 10 überprüft. Liefert diese Bedingung false, so wird die Schleife beendet. Falls die Schleife weiter läuft, so wird die Laufvariable nach jedem Durchlauf aktualisiert. Die Aktualisierung i++ erhöht den Wert von i um 1. Diese Schleife hat also 10 Durchläufe, wobei i die Werte von 1 bis 10 annimmt.

Die Laufvariable darf auch in einem Zug

```
for( int i = 1; i <= 10; i++)
```

vereinbart und initialisiert werden.

```
// Datei 1.8_6.cs

using System;

class Haupt
{
  public static void Main( )
  {
    int i;

    for(i = 1; i<=20; i++)
    {
      Console.WriteLine("{0} hoch 2 = {1}",
        i.ToString( ).PadLeft(5), (i*i).ToString( ).PadLeft(5));
    }
  }
}
```

Ausgabe:

```
1 hoch 2 =    1
2 hoch 2 =    4
3 hoch 2 =    9
4 hoch 2 =   16
```

```
 5 hoch 2 =    25
 6 hoch 2 =    36
 7 hoch 2 =    49
 8 hoch 2 =    64
 9 hoch 2 =    81
10 hoch 2 =   100
11 hoch 2 =   121
12 hoch 2 =   144
13 hoch 2 =   169
14 hoch 2 =   196
15 hoch 2 =   225
16 hoch 2 =   256
17 hoch 2 =   289
18 hoch 2 =   324
19 hoch 2 =   361
20 hoch 2 =   400
```

Das Programm berechnet die Quadratzahlen von 1 bis 20.

1.8.7 Die while-Schleife

`while(` *`Abbruchbedingung`* `)` *`Anweisung`*`;`

oder

`while(` *`Abbruchbedingung`* `) {` *`Block`* `}`

Die while-Schleife überprüft die Bedingung am Anfang jedes Durchlaufs. Falls die Bedingung true ergibt, so wird die Schleife durchlaufen.

```
// Datei 1.8_7.cs
using System;

class Haupt
{
  public static void Main( )
  {
    int i = 0;

    while(i < 20)
    {
      Console.WriteLine("2 hoch {0} = {1}",
      i.ToString( ).PadLeft(2), (Math.Pow(2, i)).ToString(
).PadLeft(10));

    i++;
    }
  }
}
```

Ausgabe:

```
2 hoch  0 =        1
2 hoch  1 =        2
2 hoch  2 =        4
2 hoch  3 =        8
2 hoch  4 =       16
2 hoch  5 =       32
2 hoch  6 =       64
2 hoch  7 =      128
2 hoch  8 =      256
2 hoch  9 =      512
2 hoch 10 =     1024
2 hoch 11 =     2048
2 hoch 12 =     4096
2 hoch 13 =     8192
2 hoch 14 =    16384
2 hoch 15 =    32768
2 hoch 16 =    65536
2 hoch 17 =   131072
2 hoch 18 =   262144
2 hoch 19 =   524288
```

Das Programm berechnet die Zweierpotenzen von 0 bis 19.

1.8.8 Die do-while-Schleife

`do Anweisung; while( Bedingung );`

oder

`do { *Block* } while( *Bedingung* );`

Die do-while-Schleife überprüft die Bedingung am Ende jedes Durchlaufs. Falls die Bedingung true ergibt, so wird die Schleife erneut durchlaufen. Die do-while-Schleife wird mindestens einmal durchlaufen.

```
// Datei 1.8_8.cs

using System;

class Haupt
{
  public static void Main( )
  {
    int i = 0;

    do
    {
      Console.WriteLine(
```

```
            "2 hoch {0} = {1}",
            i.ToString( ).PadLeft(2),
            (Math.Pow(2, i)).ToString( ).PadLeft(10));

         i++;
      }while(i < 20);
   }
}
```

Das Programm berechnet ebenfalls die Zweierpotenzen von 0 bis 19.

1.8.9 Die foreach-Schleife

```
foreach( Typ Variable in Array ) Anweisung;
```

oder

```
foreach( Typ Variable in Array ) { Block }
```

Die foreach-Schleife durchläuft den gesamten Array. Der Typ muss mit dem des Arrays übereinstimmen. Der Variablen werden die Werte der Arraykomponenten zugewiesen.

```
// Datei 1.8_9.cs

using System;

class Haupt
{
   public static void Main( )
   {
      string[] am =
      {
         "Am","Brunnen","vor","dem","Tore"
         ,"da","steht","ein","Lindenbaum"
      };

      foreach( string s in am )
         Console.WriteLine( s );
   }
}
```

Ausgabe:

```
Am
Brunnen
vor
dem
Tore
da
steht
ein
Lindenbaum
```

Jede Schleife kann mit break abgebrochen werden.

```
// Datei 1.8_10.cs

using System;

class Haupt
{
   public static void Main( )
   {
      string[] caesar =
      {
         "Am","Brunnen","vor","dem","Tore"
         ,"da","steht","ein","Lindenbaum"
      };

      foreach( string s in caesar )
      {
         Console.WriteLine( s );
         if( s == "vor" ) break;
      }
   }
}
```

Ausgabe:

```
Am
Brunnen
vor
```

Sobald die Variable s den String "vor" enthält, wird die break Anweisung ausgeführt.

2 Datenstrukturen

Dieses Kapitel beginnt mit der Erläuterung des Datentyps String. Strings werden häufig formatiert ausgegeben. Darum wird anschließend das Formatieren der Daten behandelt. Arrays sind die grundlegendste aller linearen Datenstrukturen. Sie können mit unterschiedlichen Datentypen vereinbart werden. Darüber hinaus werden Structs und Aufzählungen (enum) behandelt, und am Ende des Kapitels werden gekettete Listen und Bäume zusammengestellt.

2.1 Strings

```
// Datei 2.1_1.cs
using System;

class Haupt
{
  public static void Main( )
  {
    char[] c = new char[8];
    c[0] = 'S';
    c[1] = 't';
    c[2] = 'r';
    c[3] = 'i';
    c[4] = 'n';
    c[5] = 'g';
    c[6] = ' ';
    c[7] = '1';

    string s1 = new String(c);
    string s2 = "String 2";
    string s3 = s1 + " " + s2;

    Console.WriteLine(s1);
    Console.WriteLine(s2);
    Console.WriteLine(s3);
  }
}
```

Ein Array mit acht Komponenten vom Datentyp char wird vereinbart. Auf die Komponenten wird mit in eckigen Klammern stehenden Indizes zugegriffen. Jeder Komponente wird ein einzelnes Zeichen zugewiesen. Aus dem Charakter-Array c wird mit Hilfe des Konstruktors der Klasse String der String s1 gebildet. Danach wird s2 vereinbart und mit "String 2" direkt initialisiert. Das + Zeichen verbindet Strings miteinander. So entsteht s3 als Verbindung dreier Strings.

```
// Datei 2.1_2.cs
using System;

class Haupt
{
  public static void Main( )
  {
    string s = "A bis Z";
    Console.WriteLine("Der String \"{0}\" ist {1} Zeichen lang.",
    s, s.Length);
    Console.WriteLine("Er beginnt mit {0}",s[0]);
    Console.WriteLine("und endet mit {0}.",s[s.Length-1]);
    Console.WriteLine("In der Mitte steht {0}.",s.Substring(2,3));

    string s1 = s[0].ToString( ) + " - " + s.Substring(s.Length-1, 1);
    Console.WriteLine(s1);

    string s2 = string.Concat("Ende"," des Programms");
    Console.WriteLine(s2);
  }
}
```

Ausgabe:

```
Der String "A bis Z" ist 7 Zeichen lang.
Er beginnt mit A und endet mit Z.
In der Mitte steht bis.
A - Z
Ende des Programms
```

Length ist die Länge des Strings. Auf einzelne Zeichen kann man mit Indizes in eckigen Klammern zugreifen. Diese Operation liefert genau ein Zeichen vom Typ char. Um aus s einen Teilstring herauszulösen, benutzt man die Methode Substring. Der erste Parameter gibt die Startposition des Substrings an und der zweite dessen Länge. Der String s1 wird aus drei Strings zusammengesetzt. Da s[0] vom Typ char ist, wird die Methode ToString zur Umwandlung benutzt. Die Methode Concat verbindet die als Parameter übergebenen Strings.

```
// Datei 2.1_3.cs
using System;

class Haupt
{
  public static void Main( )
  {
    string s1 = "Apfel";
    string s2 = "Birne";
    string s3 = "Orange";

    if(s1.Equals("Birne"))
    {
      Console.WriteLine("s1       gleich Birne");
    }
    else
    {
      Console.WriteLine("s1 nicht gleich Birne");
    }
    if(s2.Equals("Birne"))
    {
      Console.WriteLine("s2       gleich Birne");
    }
    else
    {
      Console.WriteLine("s2 nicht gleich Birne");
    }
    if(s3.Equals("Birne"))
    {
      Console.WriteLine("s3       gleich Birne");
    }
    else
    {
      Console.WriteLine("s3 nicht gleich Birne");
    }
    Console.WriteLine(s1.IndexOf('r'));
    Console.WriteLine(s2.IndexOf('r'));
    Console.WriteLine(s3.IndexOf('r'));
  }
}
```

Ausgabe:

```
s1 nicht gleich Birne
s2       gleich Birne
s3 nicht gleich Birne
-1
2
1
```

s1.Equals("Birne") vergleicht den String s1 mit dem String "Birne". Bei Übereinstimmung gibt Equals true zurück, andernfalls false. s1.IndexOf(' r') gibt die Position r im String s1 zurück. Da r nicht in s1 enthalten ist, wird -1 zurückgegeben. In s2 ist r an Position 2 und in s3 an Position 1. Das erste Zeichen ist immer an Position 0.

```
// Datei 2.1_4.cs
using System;

class Haupt
{
  public static void Main( )
  {
    string s1 = "ÄpfelBirnen";
    string s2 = " und ";
    string s3 = " oder ";

    s1 = s1.Insert(5, s2);
    Console.WriteLine(s1);

    s1 = s1.Replace(s2, s3);
    Console.WriteLine(s1);

    s1 = s1.Remove(6, 5);
    Console.WriteLine(s1);

    Console.WriteLine(s1.ToUpper( ));
    Console.WriteLine(s1.ToLower( ));
  }
}
```

Ausgabe:

```
Äpfel und Birnen
Äpfel oder Birnen
Äpfel Birnen
ÄPFEL BIRNEN
äpfel birnen
```

s1 = s1.Insert(5, s2); fügt von Position 5 an s2 in s1 ein.

s1 = s1.Replace(s2, s3); ersetzt in s1 das " und " durch " oder ".

s1 = s1.Remove(6, 5); entfernt von Position 6 an 5 Zeichen aus s1.

ToUpper wandelt in Großbuchstaben und ToLower in Kleinbuchstaben um.

```
// Datei 2.1_5.cs
using System;
class Haupt
{
  public static void Main( )
  {
    string s = "Computer";

    Console.WriteLine(s.PadLeft(15) + "|");
    Console.WriteLine(s.PadRight(15) + "|");

    Console.WriteLine(s.PadLeft(15, '_') + "|");
    Console.WriteLine(s.PadRight(15, '_') + "|");
  }
}
```

Ausgabe:

```
       Computer|
Computer       |
_______Computer|
Computer_______|
```

PadLeft füllt einen String links bis zur angegebene Länge auf. Man kann mit Leerzeichen auffüllen oder ein Füllzeichen angeben. PadRight füllt rechts auf.

```
// Datei 2.1_6.cs
using System;
class Haupt
{
  public static void Main( )
  {
    string s = "     Computer Computer      ";

    Console.WriteLine(s + "|");
    Console.WriteLine(s.Trim( ) + "|");
    Console.WriteLine(s.TrimStart( ) + "|");
    Console.WriteLine(s.TrimEnd( ) + "|");
  }
}
```

Ausgabe:

```
     Computer Computer      |
Computer Computer|
Computer Computer      |
     Computer Computer|
```

```
Trim        entfernt Leerzeichen am Anfang und am Ende eines Strings.
TrimStart   entfernt Leerzeichen am Anfang eines Strings.
TrimEnd     entfernt Leerzeichen am Ende eines Strings.
```

```
// Datei 2.1_7.cs

using System;

class Haupt
{
  public static void Main( )
  {
    string s = "Artikel:Lüfter&Spannung:12V&Preis:24,--";
    string[] spl  = s.Split('&');
    string[] key  = new string[spl.Length];
    string[] wert = new string[spl.Length];
    string[] h;

    h = spl[0].Split(':');
    key[0]  = h[0];
    wert[0] = h[1];

    h = spl[1].Split(':');
    key[1]  = h[0];
    wert[1] = h[1];

    h = spl[2].Split(':');
    key[2]  = h[0];
    wert[2] = h[1];

    Console.WriteLine(s);
    Console.WriteLine( );

    Console.WriteLine(spl[0]);
    Console.WriteLine(spl[1]);
    Console.WriteLine(spl[2]);
    Console.WriteLine( );

    Console.WriteLine("Schlüssel 0 = {0}", key[0]);
    Console.WriteLine("Wert 0      = {0}", wert[0]);
    Console.WriteLine( );

    Console.WriteLine("Schlüssel 1 = {0}", key[1]);
    Console.WriteLine("Wert 1      = {0}", wert[1]);
    Console.WriteLine( );

    Console.WriteLine("Schlüssel 2 = {0}", key[2]);
    Console.WriteLine("Wert 2      = {0}", wert[2]);
  }
}
```

```
Ausgabe:

Artikel:Lüfter&Spannung:12V&Preis:24,--

Artikel:Lüfter
Spannung:12V
Preis:24,--

Schlüssel 0 = Artikel
Wert 0      = Lüfter

Schlüssel 1 = Spannung
Wert 1      = 12V

Schlüssel 2 = Preis
Wert 2      = 24,--
```

Der String s wird mit s.Split(' &') an den &-Zeichen gesplittet. Split bildet einen String-Array mit den drei Strings Artikel:Lüfter, Spannung:12V und Preis:24,--, die dann am Doppelpunkt getrennt und zunächst der Hilfsvariablen h zugewiesen werden. Anschließend werden h[0] und h[1] auf key und wert verteilt. Die Ausgabe des Programms macht den Vorgang deutlich.

2.2 Das Formatieren der Daten

Die Platzhalter in Console.WriteLine können Formatstrings enthalten. Numerische Daten können mit der Methode ToString in Strings umgewandelt und dabei formatiert werden. Es stehen Standardformate zur Verfügung und Formatierungszeichen, aus denen man individuelle Formatstrings bilden kann.

Standardformate:

```
C oder c  Währungsformat
D oder d  Dezimalformat
E oder e  Exponentialformat
F oder f  Festpunktformat
G oder g  generelles Format
N oder n  Nummernformat
P oder p  Prozentformat
R oder r  Bei der Rückumwandlung entsteht wieder die gleiche Zahl.
X oder x  Hexadezimalformat
```

```
// Datei 2.2_1.cs
using System;

class Haupt
{
```

```
  public static void Main( )
  {
    int i = 123;
    Console.WriteLine("D10: {0:D10}", i);
    Console.WriteLine("E8 : {0:E8}", i);
    Console.WriteLine("F5 : {0:F5}", i);
    Console.WriteLine("X  : {0:X}", i);

    double d = 123.4652;
    Console.WriteLine("\n   :" + d.ToString( ));
    Console.WriteLine("E6 :" + d.ToString("E6"));
    Console.WriteLine("F4 :" + d.ToString("F4"));
    Console.WriteLine("F3 :" + d.ToString("F3"));
    Console.WriteLine("F2 :" + d.ToString("F2"));
  }
}
```

Um Platzhalter mit Formatangaben zu versehen, wird ein Doppelpunkt und das gewünschte Format angehängt. Standardformate können mit Präzisionsangaben versehen werden. D10 bedeutet, dass zehn Stellen ausgegeben werden. Es wird links mit Nullen aufgefüllt. Bei E8 werden acht Nachkommastellen und der Exponent ausgegeben und bei F5 werden fünf Nachkommastellen ausgegeben.

Ausgabe:

```
D10: 0000000123
E8 : 1,23000000E+002
F5 : 123,00000
X  : 7B

   :123,4652
E6 :1,234652E+002
F4 :123,4652
F3 :123,465
F2 :123,47
```

Die letzten drei Zeilen zeigen, dass auf- und abgerundet wird.

Formatierungszeichen:

```
0          Platzhalter
#          Platzhalter
.          Dezimalpunkt
,          Trennzeichen
%          Prozentzeichen
E+0 E-0    Exponent
e+0 e-0
;          Trennzeichen für Sektionen
```

```
\         Das Zeichen nach dem Rückstrich ist kein Formatierungszei-
          chen.
'ABC'     In Apostroph eingeschlossene Zeichen sind keine
          Formatierungszeichen.
"ABC"     In Anführungszeichen eingeschlossene Zeichen sind keine
          Formatierungszeichen.
```

```
// Datei 2.2_2.cs
using System;

class Haupt
{
  public static void Main( )
  {
    double d = 195.4652;
    Console.WriteLine("{0:0.0000}", d);
    Console.WriteLine("{0:0.000}", d);
    Console.WriteLine("{0:0.00}", d);
    Console.WriteLine("{0:0.0}", d);

    Console.WriteLine( );
    Console.WriteLine("{0:0.0000000}", 0.001*d);
    Console.WriteLine("{0:#.0000000}", 0.001*d);

    Console.WriteLine( );
    Console.WriteLine("{0:0.000E+0}", d);
    Console.WriteLine("{0:0.000E-0}", d);

    Console.WriteLine( );
    Console.WriteLine("{0:#,#.00}", 100*d);
  }
}
```

Ausgabe:

```
195,4652
195,465
195,47
195,5

0,1954652
,1954652

1,955E+2
1,955E2

19.546,52
```

Die ersten vier Zeilen zeigen wie gerundet wird. Danach wird der Unterschied zwischen der 0 und dem # sichtbar. Auf

0.0000000 wird 0,1954652 ausgegeben, während das Format #.0000000 zur Ausgabe ,1954652 führt. Die nächsten zwei Zeilen formatieren mit Exponent. Das Format E+0 gibt den Exponenten immer mit Vorzeichen aus, Während E-0 das Vorzeichen nur dann ausgibt, wenn es negativ ist. Die letzte Zeile zeigt eine Zahl mit zwei Nachkommastellen und einem Punkt als Trennzeichen zwischen den Tausenderstellen. Hier zeigt sich deutlich der Unterschied zwischen Programm und Ausgabe. Im Programm wird immer der Dezimalpunkt verwendet. Die Ausgabe ist dagegen an den deutschen Sprachraum angepasst.

```
// Datei 2.2_3.cs
using System;

class Haupt
{
  public static void Main( )
  {
    double d = .1954652;
    Console.WriteLine("{0:0.00000;minus 0.00000}", d);
    Console.WriteLine("{0:0.00000;minus 0.00000}", -d);
  }
}
```

Ausgabe:

```
0,19547
minus 0,19547
```

Das Semikolon trennt zwei Formatangaben. Die erste wird benutzt, wenn der ausgegebene Wert größer oder gleich Null ist und die zweite bei einem Wert kleiner Null. Das Ausgabeformat des Beispiels 2.2_3 kennzeichnet daher negative Zahlen nicht durch das Vorzeichen, sondern durch das Wort minus.

```
// Datei 2.2_4.cs
using System;

class Haupt
{
  public static void Main( )
  {
    string s;

    s = 123.ToString("F2");
    Console.WriteLine(s.PadLeft(12));

    s = 12345.ToString("F2");
```

```
    Console.WriteLine(s.PadLeft(12));

    s = 123456.78.ToString("F2");
    Console.WriteLine(s.PadLeft(12));
  }
}
```

Ausgabe:

```
    123.00
  12345.00
 123456.78
```

Eine saubere tabellarische Ausgabe lässt sich mit Hilfe der Methode PadLeft erreichen.

2.3 Arrays

Ein Array speichert einen oder mehrere Werte gleichen Datentyps. Auf jede Komponente eines Arrays kann man mit dem Namen des Arrays und dem in eckigen Klammern stehenden Index zugreifen. Der Index beginnt bei 0. Der höchste Index ist um 1 kleiner als die Länge des Arrays. Es gibt mehrere Verfahren, einen Array zu vereinbaren und zu initialisieren. Eine Arrayvariable enthält unter anderem den Datentyp, die Länge des Arrays und einen Zeiger auf einen reservierten Speicherbereich, in dem die Werte abgelegt werden. Zur vollständigen Definition eines Arrays gehört daher einerseits die Vereinbarung der Arrayvariablen und andererseits die Reservierung des entsprechenden Speicherbereichs.

2.3.1 Eindimensionale Arrays

```
// Datei 2.3_1.cs
using System;
class Haupt
{
  static char[] c;

  public static void Main( )
  {
    int[] a = new int[3];
    Console.WriteLine("Die Länge von a ist {0}", a.Length);

    a[0] = 1;
    a[1] = 2;
    a[2] = 4;
```

```
        Console.WriteLine("a[0..2]: {0} {1} {2}", a[0], a[1], a[2]);

        int n = 2 * 5;
        a = new int[n];
        Console.WriteLine("Die Länge von a ist {0}\n", a.Length);

        a = null;

        char[] b = {'A','r','r','a','y'};
        Console.WriteLine("Die Länge von b ist {0}", b.Length);
        Console.WriteLine(
          "b enthält die Zeichenfolge {0}{1}{2}{3}{4}\n",
          b[0], b[1], b[2], b[3], b[4]);

        c = b;
        Console.WriteLine("Die Länge von c ist {0}", c.Length);
        Console.WriteLine(
          "c enthält die Zeichenfolge {0}{1}{2}{3}{4}\n",
          c[0], c[1], c[2], c[3], c[4]);

        b[0] = 'a';
        Console.WriteLine(
          "b enthält die Zeichenfolge {0}{1}{2}{3}{4}",
          b[0], b[1], b[2], b[3], b[4]);
        Console.WriteLine(
          "c enthält die Zeichenfolge {0}{1}{2}{3}{4}",
          c[0], c[1], c[2], c[3], c[4]);
    }
}
```

Ausgabe :

```
Die Länge von a ist 3
a[0..2]: 1 2 4
Die Länge von a ist 10

Die Länge von b ist 5
b enthält die Zeichenfolge Array

Die Länge von c ist 5
c enthält die Zeichenfolge Array

b enthält die Zeichenfolge array
c enthält die Zeichenfolge array
```

Die Vereinbarung int a definiert eine Variable a, die genau eine Integer-Zahl aufnehmen kann. Dagegen definiert int[ ] a eine Arrayvariable. Damit ist aber noch kein Speicher für die Aufnahme der Werte reserviert. Die vollständige Vereinbarung lautet:

```
int[] a = new int[3];
```

Dieser Array besitzt drei Komponenten vom Typ Integer. Man kann auch die Anzahl der zu speichernden Werte berechnen und das Ergebnis benutzen. Die Anweisung a = new int[n] benutzt die Variable n, deren Wert zuvor berechnet worden ist, um die Länge des Arrays neu festzulegen. Dabei wird ein neuer Bereich für n Komponenten im Speicher reserviert, und die Arrayvariable a zeigt auf diesen neuen Speicherbereich. Der zuvor benutzte Speicherbereich mit der Länge 3 kann jetzt nicht mehr benutzt werden. Die .net Laufzeitumgebung enthält einen Mechanismus, der sich automatische Garbage-Collection nennt. Dieser Mechanismus räumt von Zeit zu Zeit den Speicher auf und gibt nicht mehr benutzte Bereiche wieder frei. Die Anweisung a = null bewirkt, dass auf den Array nicht mehr zugegriffen werden kann. Die Arrayvariable a bleibt jedoch erhalten und kann mit new... erneut initialisiert werden. Arrays können auch direkt mit ihren Werten initialisiert werden. Die Werte stehen in geschweiften Klammern und werden durch Kommata getrennt. Die Anweisung char[ ] b = {' A' ,' r' ,' r' ,' a' ,' y' } demonstriert diese Möglichkeit. Die Zuweisung c = b ist möglich, weil c vom gleichen Typ ist wie b, wobei infolge dieser Zuweisung beide Variablen auf die gleichen Komponenten zeigen. Die Anweisung b[0] = ' a' liefert den Beweis, dass nur der Zeiger gesetzt wird und keine Werte kopiert werden, denn sowohl b als auch c zeigen jetzt auf die Zeichenfolge array mit kleinem a.

2.3.2 Mehrdimensionale Arrays

```
// Datei 2.3_2.cs
using System;

class Haupt
{
  public static void Main( )
  {
    int[,] a = new int[2,3] {{1, 2, 3}, {4, 5, 6}};
    Console.WriteLine("Die Länge von a ist {0}", a.Length);
    Console.WriteLine("Der Rang  von a ist {0}", a.Rank);
    Console.WriteLine("a[0,0] = {0}", a[0,0]);
    Console.WriteLine("a[1,0] = {0}", a[1,0]);
    Console.WriteLine("a[1,2] = {0}\n", a[1,2]);

    string[,,] b =
    {
      {{"0,0,0","0,0,1","0,0,2","0,0,3"},
       {"0,1,0","0,1,1","0,1,2","0,1,3"}},
      {{"1,0,0","1,0,1","1,0,2","1,0,3"},
```

```
        {"1.1.0","1.1.1","1.1.2","1.1.3"}},
      {{"2.0.0","2.0.1","2.0.2","2.0.3"},
        {"2.1.0","2.1.1","2.1.2","2.1.3"}}
    };
    Console.WriteLine("Die Länge von b ist {0}", b.Length);
    Console.WriteLine("Der Rang  von b ist {0}", b.Rank);
    Console.WriteLine("b[0,0,0] = {0}", b[0,0,0]);
    Console.WriteLine("b[0,1,3] = {0}", b[0,1,3]);
    Console.WriteLine("b[1,1,3] = {0}", b[1,1,3]);
    Console.WriteLine("b[2,0,1] = {0}", b[2,0,1]);
  }
}
```

Ausgabe:

```
Die Länge von a ist 6
Der Rang  von a ist 2
a[0,0] = 1
a[1,0] = 4
a[1,2] = 6

Die Länge von b ist 24
Der Rang  von b ist 3
b[0,0,0] = 0,0,0
b[0,1,3] = 0,1,3
b[1,1,3] = 1,1,3
b[2,0,1] = 2,0,1
```

Der Rang eines Arrays ist die Anzahl der Dimensionen und kann mit Rank abgefragt werden. Ein zweidimensionaler Array hat den Rang 2, ein dreidimensionaler den Rang 3. Ein zweidimensionaler Integer-Array wird mit int[,] a definiert und ein dreidimensionaler String-Array mit string[,,]. Dies lässt sich auf jeden Datentyp anwenden, wobei der Rang des Arrays um 1 größer ist als die Zahl der Kommata zwischen den eckigen Klammern. Beim Initialisieren muss man darauf achten, dass der erste Index in der äußersten und der letzte Index in der innersten Klammer läuft. Alle Indizes beginnen bei Null.

2.3.3 Ungleichförmige Arrays

Ungleichförmige Arrays können in jeder Zeile unterschiedliche Anzahlen von Spalten besitzen.

```
// Datei 2.3_3.cs
using System;
class Haupt
{
```

```
  public static void Main( )
  {
    double[][] a = new double[3][];
    a[0] = new double[3] {0.0, 0.1, 0.2};
    a[1] = new double[2] {1.0, 1.1};
    a[2] = new double[4] {2.0, 2.1, 2.2, 2.3};
    Console.WriteLine("{0:f1}\t{1:f1}\t{2:f1}",
                      a[0][0], a[0][1], a[0][2]);
    Console.WriteLine("{0:f1}\t{1:f1}",
                      a[1][0], a[1][1]);
    Console.WriteLine("{0:f1}\t{1:f1}\t{2:f1}\t{3:f1}",
                      a[2][0], a[2][1], a[2][2], a[2][3]);
  }
}
```

Ausgabe:

```
0,0 0,1 0,2
1,0 1,1
2,0 2,1 2,2 2,3
```

Durch double[ ] [ ] a = new double[3] [ ] wird ein Array der Länge 3 definiert, dessen Komponenten Arrays sind. Die Länge dieser Arrays ist noch nicht festgelegt. Erst die drei Zeilen beginnend mit a[0] = . . . initialisieren die Komponenten. Ein ungleichförmiger Array ist also ein Array, dessen Komponenten Arrays mit unterschiedlicher Länge sind.

Arrays können beträchtliche Ausmaße annehmen. Naturwissenschaftler und Ingenieure haben häufig Gleichungssysteme mit mehreren Tausend Unbekannten zu lösen. Nach dem Lösen des Gleichungssystems möchte man unter Umständen die Koeffizientenmatrix aus dem Speicher entfernen. Beispiel 2.3_4 zeigt wie es gemacht wird.

```
// Datei 2.3_4.cs
using System;

class Haupt
{
  public static void Main( )
  {
    double[,] a = new double[2000, 2000];

    Console.WriteLine(GC.GetTotalMemory(false));

    a = null;
    GC.Collect( );
```

```
    Console.WriteLine(GC.GetTotalMemory(false));
  }
}
```

Ausgabe:

```
32014868
12192
```

Es wird ein zweidimensionaler Array mit vier Millionen Komponenten definiert. Eine double Komponente belegt acht Byte. Es werden also 32 Millionen Byte benötigt. GetTotalMemory gibt den vom Programm belegten Speicher zurück, der wie erwartet etwas mehr als 32 Millionen Byte beträgt. Nach a = null kann der Speicher, um den Zeitpunkt des Aufräumens nicht dem Zufall zu überlassen, mit GC.Collect( ) aufgeräumt werden. Jetzt sind nur noch 12192 Byte belegt.

2.4 Structs

Structs können genau wie Klassen Daten und Methoden enthalten. Klassen sind jedoch Referenztypen, während Structs Wertetypen sind. Die Methode Haupt des Beispiels 2.4_1 enthält die Variable Koordinate k. Wäre Koordinate eine Klasse, also als class Koordinate definiert, so müsste man mit new die Instanz Koordinate k = new Koordinate( ) bilden.

```
// Datei 2.4_1.cs
using System;

class Haupt
{
  public Haupt( )
  {
    Koordinate k;
    k.x = 10.0;
    k.y = 20.0;
    k.z = 30.0;
    Console.WriteLine(
      "x = {0}\ny = {1}\nz = {2}\n", k.x, k.y, k.z);
    Console.WriteLine(
      "getx = {0}\ngety = {1}\ngetz = {2}",
      k.getx( ), k.gety( ), k.getz( ));
  }

  public static void Main( )
  {
    Haupt h = new Haupt( );
```

```
    }
  }

struct Koordinate
{
  public double x, y, z;

  public double getx( )
  {
    return x;
  }

  public double gety( )
  {
    return y;
  }

  public double getz( )
  {
    return z;
  }
}
```

Ausgabe:

```
x = 10
y = 20
z = 30

getx = 10
gety = 20
getz = 30
```

2.5 Aufzählungen

Aufzählungen werden durch `Modifikator enum Name : Typ` definiert, wobei Modifikator und Typ nicht zwingend vorhanden sein müssen. Wird kein Typ vereinbart, so sind die Werte vom Typ Integer.

Beispiel 2.5_1 definiert drei Aufzählungen. Die Aufzählung abc hat die Elemente a, b und c vom Typ byte. Das Element a hat den Wert 0 und b und c haben die Werte 1 und 2. Die Aufzählung def hat die Elemente d, e und f vom Typ Integer. Durch d = 3 erhält d den Wert 3 und e und f erhalten automatisch die Werte 4 und 5. In der Aufzählung Farbe ist schließlich jedem Element explizit ein Wert zugewiesen. Da kein Typ angegeben ist, haben die Elemente den Typ Integer. Die Methode Main protokolliert die Elemente aller Aufzählungen und deren Werte.

```
// Datei 2.5_1.cs
using System;

class Haupt
{
  public enum abc : byte
  {
    a, b, c
  }

  enum def : int
  {
    d=3, e, f
  }

  enum Farbe
  {
    Rot   = 10,
    Gruen = 20,
    Blau  = 30
  }

  public static void Main( )
  {
    Console.WriteLine("{0} = {1}", abc.a, (byte)abc.a);
    Console.WriteLine("{0} = {1}", abc.b, (byte)abc.b);
    Console.WriteLine("{0} = {1}", abc.c, (byte)abc.c);

    Console.WriteLine( );
    Console.WriteLine("{0} = {1}", def.d, (int)def.d);
    Console.WriteLine("{0} = {1}", def.e, (int)def.e);
    Console.WriteLine("{0} = {1}", def.f, (int)def.f);

    Console.WriteLine( );
    Console.WriteLine("{0}\t= {1}", Farbe.Rot, (int)Farbe.Rot);
    Console.WriteLine("{0}\t= {1}", Farbe.Gruen, (int)Farbe.Gruen);
    Console.WriteLine("{0}\t= {1}", Farbe.Blau, (int)Farbe.Blau);
  }
}
```

Ausgabe:

```
a = 0
b = 1
c = 2

d = 3
e = 4
f = 5
```

```
Rot = 10
Gruen  = 20
Blau   = 30
```

2.6 Zeiger

Der unter 2.3 beschriebene Mechanismus der Garbage Collection gibt nicht nur Speicher frei, sondern verschiebt auch Speicherblöcke. Die von C++ bekannten Zeiger mit fester Adresse sind daher in C# normalerweise nicht verwendbar. Wie C++ Zeiger dennoch benutzt werden können, ist im Abschnitt 4.7 erläutert.

In C# gibt es Referenztypen. Die Variable eines Referenztyps enthält nicht direkt die Daten, sondern einen Verweis auf die Daten. Die folgenden Klassendefinitionen sind Beispiele für Datenstrukturen [5], die sich mit Referenztypen konstruieren lassen.

Knoten einer einfach geketteten Liste:

```
class Knoten{
  public object wert;
  public Knoten nach;
}
```

Knoten einer doppelt geketteten Liste:

```
class Knoten{
  public object wert;
  public Knoten vor;
  public Knoten nach;
}
```

Knoten eines binären Baumes:

```
class Knoten{
  public object wert;
  public Knoten links;
  public Knoten rechts;
}
```

Hierbei nimmt die Variable wert die Daten auf. Da wert vom Typ object ist, können von object abgeleitete Datentypen zugeordnet werden. Alle Standard Datentypen sind von object abgeleitet. Die Variablen vor, nach, links und rechts sind Verweise auf die Klasse Knoten und dienen der Verknüpfung der Knoten miteinander. Beispiel 2.6_1 baut eine einfach gekettete Liste auf.

```
// Datei 2.6_1.cs
using System;
class Haupt
{
  public Haupt( )
  {
    Knoten k=null, kl=null;
    string s;
    do
    {
      Console.Write("Eingabe: ");
      s = Console.ReadLine( );
      if(s != "")
      {
        if(k == null)
        {
          k = new Knoten( );
          kl = k;
        }
        else
        {
          k.nach = new Knoten( );
          k = k.nach;
        }
        k.wert = s;
      }
      else
      {
        if(k != null)k.nach = null;
      }
    }while(s != "");
    Console.WriteLine("\nAusgabe:");
    k=kl;
    while(k != null)
    {
      Console.WriteLine(k.wert);
      k = k.nach;
    }
  }

  public static void Main( )
  {
    Haupt h = new Haupt( );
  }
}

class Knoten
{
  public object wert;
  public Knoten nach;
}
```

Ein- Ausgabe:

```
Eingabe: Diese Eingabe
Eingabe: wird als
Eingabe: gekettete Liste
Eingabe: gespeichert.
Eingabe:
```

Ausgabe:

```
Diese Eingabe
wird als
gekettete Liste
gespeichert.
```

Bei jeder nicht leeren Eingabe wird ein neuer Knoten erzeugt und der eingegebene String der Variablen wert dieses Knotens zugeordnet. Sind mehrere Knoten erzeugt, so zeigt nach auf den jeweils nächsten Knoten. Beim letzten Knoten ist nach gleich null. Die Variable k1 zeigt auf den ersten Knoten, während k durch k = k.nach von Knoten zu Knoten weiter gesetzt wird. Der Vorteil flexibler Datenstrukturen zeigt sich immer dann, wenn die Anzahl der zu speichernden Daten nicht von vornherein feststeht. Das .net Framework bietet im Namensraum System.Collections unter anderem die Klassen ArrayList und Stack an, die ähnlich flexible Eigenschaften besitzen.

Beispiel 2.6_2 erstellt einen binären Baum.

```
// Datei 2.6_2.cs

using System;

class Haupt
{
   public Haupt( )
   {
      Knoten wurzel=null, k=null;
      wurzel = new Knoten( );
      k = wurzel;
      k.wert = "Wurzel";
      k.links = new Knoten( );
      k.rechts = null;
      k = k.links;
      k.wert = "links";
      k.links = null;
      k.rechts = new Knoten( );
```

```
            k = wurzel.links.rechts;
            k.wert = "links-rechts";
            k.links = null;
            k.rechts = null;
            Ausgabe(wurzel);
        }

        void Ausgabe(Knoten k)
        {
            Console.WriteLine((string)k.wert);
            if(k.links != null)Ausgabe(k.links);
            if(k.rechts != null)Ausgabe(k.rechts);
        }
        public static void Main( )
        {
            Haupt h = new Haupt( );
        }
    }

    class Knoten
    {
        public object wert;
        public Knoten links;
        public Knoten rechts;
    }
```

Ausgabe:

```
Wurzel
links
links-rechts
```

Die Knoten des Baumes werden mit new instanziiert. Der Variablen wert wird ein String zugewiesen, der die Lage des Knotens im Baum charakterisiert. Mit k.links und k.rechts kann man sich im Baum von Knoten zu Knoten bewegen. Knoten, die keine Nachfolgeknoten besitzen, nennt man Blätter. Die Methode Ausgabe gibt das Objekt wert als String aus und ruft anschließend sich selbst für den linken und rechten Nachfolgeknoten auf, falls diese Knoten existieren. Auf diese Weise wird der Baum vollständig durchlaufen. Eine derartige Methode nennt man rekursiv. [2]

3 Klassen

Jedes C# Programm enthält mindestens eine Klassendefinition. Daran ist deutlich abzulesen, dass ohne das Schlüsselwort class in C# nichts geht. Es werden grundlegende Dinge wie Vererbung, Polymorphie und die Verwendung von Modifikatoren erläutert. Des weiteren wird die Bedeutung von Methoden und von speziellen Methoden wie Konstruktoren und Destruktoren behandelt. Den Abschluss bildet die Betrachtung der abstrakten und versiegelten Klassen und der Interfaces.

3.1 Grundlagen

Ein Objekt wird als Klasse mit Hilfe des Schlüsselwortes class definiert. Damit ist das Objekt nur definiert, aber noch nicht verwendbar. Auf die Mitglieder einer Klasse kann man erst zugreifen, wenn man mit Hilfe des Schlüsselwortes new eine Instanz der Klasse gebildet hat.

```
class abc
{
  public int x;
  public static int y;
  . . .
}
```

abc ist eine Klasse.

```
abc a;
```

a ist eine Variable vom Typ abc.

```
a = new abc( );
```

a ist eine Instanz von abc.

```
a.x = 5;
```

Dies ist ein Zugriff auf das Mitglied x der Klasse abc über die Instanz a.

Eine Ausnahme bilden Mitglieder, die als static vereinbart sind. Auf diese greift man mit Hilfe des Klassennamens zu, ohne eine Instanz der Klasse bilden zu müssen.

`abc.y = 6;` ist zulässig, weil y static vereinbart ist.

`abc.x = 5;` ist nicht zulässig, weil x nicht static vereinbart ist.

`a.y = 6;` ist nicht zulässig, weil y static vereinbart ist.

```
// Datei: 3.1_1.cs
using System;

class abc
{
  public int x;
  public static int y;
}

class Haupt
{
  static void Main( )
  {
    abc a = new abc( );
    abc b = new abc( );

    a.x   = 5;
    abc.y = 6;
    b.x   = 7;

    Console.WriteLine("a.x   = {0}",a.x);
    Console.WriteLine("abc.y = {0}",abc.y);
    Console.WriteLine("b.x   = {0}",b.x);
  }
}
```

Von der Klasse abc werden zwei Instanzen a und b gebildet. Man kann a.x und b.x unterschiedliche Werte zuweisen. Auf y kann man nur mit abc.y zugreifen, da y static vereinbart ist. Daher besitzt y auch in beiden Instanzen den gleichen Wert.

```
// Datei: 3.1_2.cs
using System;

class abc
{
  int x;
  static int y;

  public abc(int w1, int w2)
  {
    x = w1;
    y = w2;
  }
  public int getx( )
```

```
  {
    return x;
  }
  public int gety( )
  {
    return y;
  }
}

class Haupt
{
  static void Main( )
  {
    abc a = new abc(5, 6);
    abc b = new abc(7, 8);

    Console.WriteLine("a.x = {0}",a.getx( ));
    Console.WriteLine("a.y = {0}",a.gety( ));
    Console.WriteLine("b.x = {0}",b.getx( ));
    Console.WriteLine("b.y = {0}",b.gety( ));
  }
}
```

Ausgabe:

```
a.x = 5
a.y = 8
b.x = 7
b.y = 8
```

x und y werden durch den Konstruktor

```
public abc(int w1, int w2)
{
  x = w1;
  y = w2;
}
```

initialisiert. Während a.x und b.x unterschiedliche Werte aufnehmen können, gibt es keinen Unterschied zwischen a.y und b.y. Es gibt nämlich wegen der static Vereinbarung nur ein abc.y, dem zuerst der Wert 6 und anschließend 8 zugewiesen wird.

3.2 Vererbung

Beispiel 3.2_1 zeigt, wie grafische Elemente objektorientiert programmiert werden können. Neben der Klasse Haupt enthält dieses Beispiel drei weitere Klassen mit den Namen Grafik, Punkt und Strich. Man kann den Faden im Gedanken weiterspinnen und Kreis, Rechteck, Ellipse und weitere grafische Elemente mit und ohne Füllung, Schraffur, oder Musterung definieren.

In Beispiel 3.2_1 ist Grafik die Eltern- oder Basisklasse. Sie enthält die Koordinaten x0 und y0, die Dicke d und die Farbe. Das sind die Eigenschaften, die man vererben kann, weil sie von möglichst allen abgeleiteten Klassen gemeinsam genutzt werden können. Darüber hinaus gibt es in der Klasse Grafik zwei Konstruktoren. Der erste Konstruktor hat keine Parameter, während der zweite eine Parameterliste mit den vier oben genannten Werten besitzt. Wenn man mehrere Methoden mit gleichem Namen und unterschiedlichen Parametern verwendet, so spricht man vom Überladen der Methode. Die unterschiedlichen Parameterlisten ermöglichen die eindeutige Zuordnung der Methode. Man muss sorgfältig zwischen dem Überladen und dem Überschreiben von Methoden unterscheiden. Dieser Unterschied wird noch näher erläutert. Die letzte Methode der Klasse Grafik ist bewege. Sie weist den Koordinaten x0 und y0 neue Werte zu. Bei genauem Hinsehen fällt auf, dass in einigen Fällen das Schlüsselwort this benutzt worden ist. Wenn man innerhalb einer Klasse this benutzt, so bezeichnet dies die Mitglieder genau dieser Klasse. Die Variablen x0, y0, d und Farbe sowie die beiden Konstruktoren und die Methode bewege sind Mitglieder der Klasse Grafik. Die Parameter der Methoden sind dagegen lokale Variablen der Methoden. Sie sind nur innerhalb der Methode gültig und haben Vorrang vor allen außerhalb vereinbarten Variablen mit gleichem Namen. Die Anweisung this.x0 = x0 weist der außerhalb des Konstruktors vereinbarten Variablen x0 den Wert des Parameters x0 zu, wobei this.x0 außerhalb des Konstruktors vereinbart und x0 eine lokale Variable des Konstruktors ist. Dies gilt für jede lokale Variable einer Methode und nicht nur für Parameter. In der Methode bewege entsteht dieser Konflikt nicht, da keine namensgleiche lokale Variable existiert.

Die Klassen Punkt und Strich sind von Grafik abgeleitet, was durch : Grafik gekennzeichnet ist.

Punkt enthält nur einen leeren Konstruktor, der aber mit :base(x0, y0, d, Farbe) den Konstruktor der Basisklasse Grafik aufruft. Zur Kennzeichnung des Aufrufs wird auch hier wieder der Doppelpunkt benutzt. Beim Betrachten der Parameterliste sieht man, dass der zweite Konstruktor der Klasse Grafik aufgerufen wird.

Strich benutzt die geerbten Koordinaten x0 und y0 als Anfangspunkt des Striches und definiert x1 und y1 als Endpunkt. Der Konstruktor besitzt die Parameter x0, y0, x1, y1, d und Farbe. Er ruft den Konstruktor der Basisklasse auf und setzt anschließend x1 und y1. Die Methode bewege der Klasse Grafik ändert nur den Anfangspunkt des Striches und nicht den Endpunkt. Der Endpunkt muss aber um den gleichen Betrag bewegt werden wie der Anfangspunkt. Deshalb muss die Klasse Strich eine eigene Methode bewege bekommen, die den Endpunkt mit bewegt. Die Methode bewege der Klasse Strich überschreibt die gleichnamige Methode der Klasse Grafik. Voraussetzung für das Überschreiben von Methoden ist, dass die Methode der Basisklasse virtual vereinbart ist und die überschreibende Methode der abgeleiteten Klasse mit override gekennzeichnet wird.

```
// Datei 3.2_1.cs
using System;

class Haupt
{
  public Haupt( )
  {
    Punkt p = new Punkt(10, 15, 2, 7);

    Console.WriteLine(
      "{0}\t{1}\t{2}\t{3}",
      p.x0, p.y0, p.d, p.Farbe);

    p.bewege(20, 30);
    Console.WriteLine(
      "{0}\t{1}\t{2}\t{3}",
      p.x0, p.y0, p.d, p.Farbe);

    Strich s = new Strich(10, 15, 100, 120, 2, 7);

    Console.WriteLine(
      "{0}\t{1}\t{2}\t{3}\t{4}\t{5}",
      s.x0, s.y0, s.x1, s.y1, s.d, s.Farbe);

    s.bewege(40, 50);
    Console.WriteLine(
      "{0}\t{1}\t{2}\t{3}\t{4}\t{5}",
      s.x0, s.y0, s.x1, s.y1, s.d, s.Farbe);
  }
  public static void Main( )
  {
    Haupt h = new Haupt( );
  }
}
```

```
class Grafik
{
  public int x0, y0, d, Farbe;
  public Grafik( ){}
  public Grafik(int x0, int y0, int d, int Farbe)
  {
    this.x0    = x0;
    this.y0    = y0;
    this.d     = d;
    this.Farbe = Farbe;
  }
  public virtual void bewege(int x, int y)
  {
    x0 = x;
    y0 = y;
  }
}
class Punkt : Grafik
{
  public Punkt(int x0, int y0, int d, int Farbe):
  base(x0, y0, d, Farbe){}
}
class Strich : Grafik
{
  public int x1, y1;
  public Strich(int x0, int y0, int x1, int y1, int d, int Farbe):
    base(x0, y0, d, Farbe)
  {
    this.x1 = x1;
    this.y1 = y1;
  }
  public override void bewege(int x, int y)
  {
    int dx, dy;
    dx = x - x0;
    dy = y - y0;
    x0 = x;
    y0 = y;
    x1 += dx;
    y1 += dy;
  }
}
```

Ausgabe:

```
10  15  2   7
20  30  2   7
10  15  100 120 2   7
40  50  130 155 2   7
```

Die Methode Main erzeugt eine Instanz der Klasse Haupt. Damit wird der Konstruktor der Klasse Haupt aufgerufen. Im Konstruktor wird ein Punkt mit den Koordinaten 10 15, der Dicke 2 und der Farbe 7 definiert. Anschließend wird der Punkt nach 20 30 bewegt. Die ersten zwei Zeilen der Ausgabe protokollieren diese Aktion.

Danach wird ein Strich definiert und ebenfalls bewegt. Die letzten beiden Zeilen der Ausgabe zeigen deutlich, dass Anfangs- und Endpunkt des Striches verschoben worden sind. Es ist also tatsächlich die Methode bewege der Klasse Strich benutzt worden.

3.3 Polymorphie

Beispiel 3.3_1 macht nichts anderes als Beispiel 3.2_1. Es nutzt aber die Möglichkeiten des objektorientierten Programmierens in noch stärkerem Maße. Die Klassen Grafik und Strich sind durch je eine Methode schreibe ergänzt worden. Dadurch kann die Ausgabe rationeller vonstatten gehen. Das Wesentliche dieses Beispiels zeigt sich jedoch in den ersten drei Zeilen des Konstruktors Haupt. Mit Grafik[ ] g = new Grafik[2] wird ein Array vom Typ Grafik definiert. Anschließend werden der vom vorigen Beispiel bekannte Punkt und Strich definiert. Der Punkt wird g[0] zugewiesen und der Strich g[1]. Man kann also von Grafik abgeleitete Objekte als Grafik speichern. Das ist aber noch nicht alles, denn g[1].schreibe( ) findet die Methode schreibe in der Klasse Strich und benutzt diese auch. Das gleiche gilt für die Methode bewege. Man nennt die Eigenschaft des objektorientierten Konzeptes von C#, die dies ermöglicht, Polymorphie. Das Ganze funktioniert allerdings nur mit Methoden, die mit virtual in der Basisklasse und override in der abgeleiteten Klasse gekennzeichnet sind. Versucht man die Variable x1 mit g[1].x1 anzusprechen, so misslingt dies. Es ist eine Typkonvertierung ((Strich)g[1]).x1 erforderlich.

```
// Datei 3.3_1.cs

using System;

class Haupt
{
  public Haupt( )
  {
    Grafik[] g = new Grafik[2];
    g[0] = new Punkt(10, 15, 2, 7);
```

```
    g[1] = new Strich(10, 15, 100, 120, 2, 7);

    g[0].schreibe( );
    g[0].bewege(20, 30);
    g[0].schreibe( );

    g[1].schreibe( );
    g[1].bewege(40, 50);
    g[1].schreibe( );
  }
  public static void Main( )
  {
    Haupt h = new Haupt( );
  }
}

class Grafik
{
  public int x0, y0, d, Farbe;
  public Grafik( ){}
  public Grafik(int x0, int y0, int d, int Farbe)
  {
    this.x0    = x0;
    this.y0    = y0;
    this.d     = d;
    this.Farbe = Farbe;
  }
  public virtual void bewege(int x, int y)
  {
    x0 = x;
    y0 = y;
  }
  public virtual void schreibe( )
  {
    Console.WriteLine(
      "{0}\t{1}\t{2}\t{3}",
      x0, y0, d, Farbe);
  }
}

class Punkt : Grafik
{
  public Punkt(int x0, int y0, int d, int Farbe)
    : base(x0, y0, d, Farbe){}
}

class Strich : Grafik
{
  public int x1, y1;
  public Strich(int x0, int y0, int x1, int y1, int d, int Farbe)
    : base(x0, y0, d, Farbe)
```

```
    {
      this.x1 = x1;
      this.y1 = y1;
    }
    public override void bewege(int x, int y)
    {
      int dx, dy;
      dx = x - x0;
      dy = y - y0;
      x0 = x;
      y0 = y;
      x1 += dx;
      y1 += dy;
    }
    public override void schreibe( )
    {
      Console.WriteLine(
        "{0}\t{1}\t{2}\t{3}\t{4}\t{5}",
        x0, y0, x1, y1, d, Farbe);
    }
}
```

Ausgabe:

```
10  15  2   7
20  30  2   7
10  15  100 120 2   7
40  50  130 155 2   7
```

Die Ausgabe ist mit der von Beispiel 3.2_1 identisch und zeigt, dass bei g[1].bewege(40, 50)

und g[1].schreibe( ) die Methoden der Klasse Strich benutzt worden sind.

Beispiel 3.3_2 ist mit zwei Ausnahmen identisch mit Beispiel 3.3_1. Die Methode bewege der Klasse Grafik ist nicht virtual vereinbart. Deshalb kann bewege in der Klasse Strich auch nicht mit override gekennzeichnet werden. Statt dessen kann man das Schlüsselwort new benutzen, das die entsprechende Methode der Basisklasse in der abgeleiteten Klasse verbirgt und damit die Tür öffnet für eine Neudefinition. Hierbei gehen jedoch die polymorphen Eigenschaften verloren. Die Methode bewege der Klasse Strich kann nur von einer Instanz der Klasse Strich aufgerufen werden.

```
// Datei 3.3_2.cs

class Grafik
{
  . . .
  public void bewege(int x, int y)
  {
    . . .
  }
  . . .
}
. . .
class Strich : Grafik
{
  . . .
  new public void bewege(int x, int y)
  {
    . . .
  }
  . . .
}
```

Ausgabe:

```
10  15  2   7
20  30  2   7
10  15  100 120 2   7
40  50  100 120 2   7
```

Das Schlüsselwort new in new public void bewege(int x, int y) verbirgt die geerbte Methode bewege und ermöglicht damit die Neudefinition. Die beiden letzten Zeilen der Ausgabe zeigen, dass der Endpunkt des Striches nicht mitbewegt worden ist. g[1].bewege(40, 50) benutzt die Methode bewege der Basisklasse Grafik und nicht die der Klasse Strich. Will man Polymorphie nutzen, so muss man ganz konsequent virtual und override verwenden.

3.4 Methoden

In Algol 60 und einigen davon abgeleiteten Programmiersprachen gibt es Prozeduren und Funktionsprozeduren. Bei C und C++ gibt es Funktionen. Es werden auch die Begriffe Routine und Unterprogramm benutzt. Im objektorientierten Sprachgebrauch werden Funktionen, die innerhalb einer Klasse definiert sind, als Methoden dieser Klasse bezeichnet.

3.4.1 Ein Beispiel

Beispiel 3.4_1 enthält eine Auswahl von Funktionen. Es gibt einen Konstruktor und einen Destruktor. Diese Methoden werden im Anschluss an das Listing erläutert. Es gibt die Methode Main, die den Einstiegspunkt des Programms bildet. Und es gibt die Methode absolut mit einem Parameter vom Typ double, die den Betrag einer positiven oder negativen Zahl als Wert vom Typ double zurückgibt.

```
// Datei 3.4_1.cs
using System;
class Haupt
{
  public Haupt( )
  {
    double a;
    do
    {
      Console.Write("Geben Sie eine Zahl ein: ");
      a = double.Parse(Console.ReadLine( ));
      Console.WriteLine(absolut(a));
    }while(a != 0.0);
  }
  public ~Haupt( )
  {
    // Aufräumen
  }
  public double absolut(double x)
  {
    return (x >= 0.0)? x : -x;
  }
  public static void Main( )
  {
    Haupt h = new Haupt( );
  }
}
```

Ein- Ausgabe:

```
Geben Sie eine Zahl ein: 1,234
1,234
Geben Sie eine Zahl ein: -1,234
1,234
Geben Sie eine Zahl ein: -55
55
Geben Sie eine Zahl ein: 0
0
```

Im Programm wird der Dezimalpunkt verwendet. Bei der Ein- und Ausgabe wird im deutschen Sprachraum das Komma als dezimales Trennzeichen verwendet.

3.4.2 Konstruktor und Destruktor

Konstruktoren und Destruktoren sind Methoden mit spezieller Bedeutung. Sie haben den gleichen Namen wie die Klasse, der sie angehören. Der Konstruktor darf Parameter besitzen. Der Destruktor ist durch ~ gekennzeichnet. Er darf keine Parameter besitzen. Der Konstruktor hilft beim Aufbau der Klasse, während der Destruktor beim Entfernen hilft. Konstruktoren und Destruktoren werden nicht vererbt.

```
Konstruktor:  public Name( Parameterliste ){ Block }
Destruktor:   public ~Name( ){ Block }
```

Der Konstruktor der Klasse Haupt ist public Haupt( ){ . . . }. Durch die Anweisung Haupt h = new Haupt( ) wird eine Instanz der Klasse Haupt gebildet und der Konstruktor Haupt( ) aufgerufen.

Der Destruktor der Klasse Haupt ist public ~Haupt( ){ . . . }. Wenn die Instanz einer Klasse ihre Gültigkeit verliert, so wird bei der nächsten Garbage Collection der Destruktor aufgerufen. Da man nicht weiß, wann die Garbage Collection stattfindet, ist bei der Verwendung von Destruktoren Vorsicht geboten. Die Klasse System.GC enthält Methoden, die die Garbage Collection beeinflussen. Mit System.GC.Collect( ) wird eine Garbage Collection ausgelöst.

3.4.3 Parameter und Rückgabewerte

Das Hauptprogramm public static void Main( ) hat den Rückgabetyp void. Das bedeutet, dass kein Rückgabewert existiert.

Die Methode public double absolut(double x) hat den Rückgabetyp double. Mit return kann ein double Wert zurück gegeben werden. return (x >= 0.0)? x : -x gibt x zurück, wenn x größer gleich Null ist. Andernfalls wird -x zurückgegeben. Console.WriteLine(absolut(a)) übernimmt den Rückgabewert und gibt ihn aus.

Methoden können keinen, einen, oder mehrere Parameter besitzen. Hat eine Methode mehrere Parameter, so werden diese durch Kommata getrennt angegeben. Die Methode absolut besitzt den Parameter double x. Dies ist ein Wertparameter. Er kann einen Wert in die Methode hinein transportieren, aber nicht wieder heraus. Parameter, die Werte in Methoden hinein und wieder heraus transportieren können, nennt man Referenzparameter. Beispiel 3.4_2 verwendet den Referenzparameter ref double x.

```
// Datei 3.4_2.cs
using System;
class Haupt{
  public Haupt( ){
    double a;
    do{
      Console.Write("Geben Sie eine Zahl ein: ");
      a = double.Parse(Console.ReadLine( ));
      absolut(ref a);
      Console.WriteLine(a);
    }while(a != 0.0);
  }
  public void absolut(ref double x){
    x = (x >= 0.0)? x : -x;
  }
  public static void Main( ){
    Haupt h = new Haupt( );
  }
}
```

Beispiel 3.4_2 verhält sich seitens der Ein- und Ausgabe wie Beispiel 3.4_1. Die Anweisung absolut(ref a) ruft die Methode absolut auf und übergibt die Variable a an den Parameter x, der dadurch zu einer Referenz von a wird. Das heißt, dass x genau auf die Stelle im Speicher zeigt, an der der Wert von a gespeichert ist. In der Methode absolut wird der Wert von x geändert und damit natürlich auch der Wert von a.

3.4.4 Lokale Variablen

Variablen, die innerhalb einer Methode vereinbart sind, nennt man lokale Variablen dieser Methode. Die Parameter einer Methode sind ebenfalls lokale Variablen der Methode. Lokale Variablen sind außerhalb der Methode, in der sie vereinbart sind, nicht sichtbar. Sie verlieren mit dem Verlassen der Methode ihre Gültigkeit. Wird etwa eine Vereinbarung Object o = new Object( ) innerhalb einer Methode getroffen, so verliert die Variable o beim Verlassen der Methode ihre Gültigkeit, und das Speicherobjekt, auf das o zuvor verwiesen hat, wird bei der nächsten Garbage Collection aus dem Speicher entfernt.

3.5 Modifikatoren

Die nachfolgende Tabelle gibt einen Überblick über Modifikatoren.

new	versteckt die gleichnamige Methode der Basisklasse
public	Zugriff von außerhalb der Klasse
protected	Zugriff nur innerhalb der Klasse und innerhalb abgeleiteter Klassen
internal	Zugriff innerhalb des aktuellen Projekts
private	Zugriff nur innerhalb der Klasse
static	Zugriff über Klassenname ohne Instanz
virtual	siehe 3.3 Polymorphie
sealed	Versiegelt die Klasse. Verhindert, dass abgeleitete Klassen gebildet werden können.
override	siehe 3.3 Polymorphie
abstract	Von abstrakten Klassen kann keine Instanz gebildet werden. Abgeleitete Klassen müssen die Methoden Implementieren.
extern	Ermöglicht die Benutzung externer Methoden, die in Dlls vereinbart sind.
readonly	Kann von außerhalb der Klasse nur gelesen werden.
const	Konstantenvereinbarung
event	Ereignisvereinbarung

Neben der Vererbung und der Polymorphie ist die Kapselung der dritte Stützpfeiler des objektorientierten Programmierens. Jede Klasse kapselt ihre Mitglieder. Den Zugriff auf die Mitglieder von Klassen kann man mit Hilfe von Modifikatoren bestimmten Regeln unterwerfen. Beispiel 3.5_1 verdeutlicht den Unterschied zwischen public, protected und private.

```
// Datei 3.5_1.cs
using System;
class Haupt
{
  int s;
  public Haupt( )
  {
    c a = new c( );
    //s = a.r;
    s = a.x;
    //s = a.y;
    //s = a.z;
  }
  public static void Main( )
  {
    Haupt h = new Haupt( );
  }
```

```
  class c
  {
    int r;
    public    int x = 5;
    protected int y = 6;
    private   int z = 7;

    public c( )
    {
      r = x + y + z;
    }
  }
  class d : c
  {
    int s;
    public d( )
    {
      //s = r;
      s = x;
      s = y;
      //s = z;
    }
  }
}
```

In der Klasse c ist die Variable r ohne Modifikator vereinbart. Derartige Variablen sind immer private. Innerhalb der Klasse c kann, wie die Anweisung r = x + y + z zeigt, auf alle Variablen zugegriffen werden. In der von c abgeleiteten Klasse d kann nicht auf die private vereinbarten Variablen zugegriffen werden. In der Methode Haupt wird die Instanz a der Klasse c gebildet. Nur der Zugriff a.x auf die public vereinbarte Variable x ist erlaubt. Die nicht erlaubten Zugriffe sind als Kommentar unwirksam gemacht. Nach dem Entfernen der Kommentarstriche und dem Übersetzen des Beispiels bekommt man die entsprechenden Fehlermeldungen des Compilers.

Die hier beschriebenen Zugriffsregeln gelten nicht nur für Variablen, sondern auch für Methoden.

3.6 Abstrakte und versiegelte Klassen

Versiegelte Klassen werden durch das Schlüsselwort sealed gekennzeichnet. Von ihnen können keine Ableitungen gebildet werden.

Abstrakte Klassen werden durch das Schlüsselwort abstract gekennzeichnet. Von ihnen können Ableitungen, aber keine Instanzen gebildet werden. Die abstrakte Klasse kann der abgeleiteten Klasse ihre Mitglieder vererben. Neben implementierten dürfen auch abstrakte Methoden vorhanden sein. Das sind Prototypen von Methoden, die mit dem Schlüsselwort abstract gekennzeichnet sind. Sie müssen in der abgeleiteten Klasse implementiert werden.

```
// Datei 3.6_1.cs
using System;
class Haupt
{
  public Haupt( )
  {
    Punkt p = new Punkt(10, 20);
    Console.WriteLine("{0}\t{1}", p.x, p.y);

    Rechteck r = new Rechteck(25, 30, 200, 100);
    Console.WriteLine(
      "{0}\t{1}\t{2}\t{3}", r.getx( ), r.gety( ), r.b, r.h);
  }
  public static void Main( )
  {
    Haupt h = new Haupt( );
  }
}
sealed class Punkt
{
  public int x,y;

  public Punkt(int x, int y)
  {
    this.x=x;
    this.y=y;
  }
}
abstract class Koordinate
{
  public int x,y;

  public Koordinate(int x, int y)
  {
    this.x=x;
    this.y=y;
  }
  public abstract int getx( );
  public abstract int gety( );
}
class Rechteck : Koordinate
{
  public int b, h;
  public Rechteck(int x, int y, int b, int h) : base(x, y)
  {
```

```
      this.b = b;
      this.h = h;
    }
    public override int getx( )
    {
      return x;
    }
    public override int gety( )
    {
      return y;
    }
}
```

Ausgabe:

```
10  20
25  30  200 100
```

Von der versiegelten Klasse Punkt wird in der Methode Haupt die Instanz p gebildet. Der Versuch eine Ableitung dieser Klasse zu bilden, würde mit einer Fehlermeldung des Compilers enden. Von der abstrakten Klasse Koordinate wird die Klasse Rechteck abgeleitet, die getx und gety implementiert. Implementieren heißt: "Festlegen was die Methode zu tun hat". Von Rechteck wird in der Methode Haupt die Instanz r gebildet. Die Ausgabe protokolliert die den Konstruktoren übergebenen Werte.

3.7 Interfaces

C# kennt bei Klassen keine Mehrfachvererbung. Auch bei abstrakten Klassen gibt es keine Mehrfachvererbung. Interfaces sind dagegen Schnittstellen, die nur Prototypen von Methoden enthalten. Sie dienen der Vereinheitlichung von Programmen. Die Mehrfachvererbung ist erlaubt. So kann im nachfolgenden Beispiel die Klasse Rechteck von den Interfaces Ecke und Seiten abgeleitet werden. Rechteck muss alle geerbten Methoden implementieren. Damit ist sicher gestellt, dass Rechteck die Methoden zur Verfügung stellt, die durch die Interfaces vorgesehen sind.

```
// Datei 3.7_1.cs
using System;
class Haupt
{
  public Haupt( )
  {
    Rechteck r = new Rechteck(15, 30, 400, 300);
```

```
    Console.WriteLine(
      "{0}\t{1}\t{2}\t{3}", r.getx( ), r.gety( ), r.b, r.h);
  }

  public static void Main( )
  {
    Haupt h = new Haupt( );
  }
}
interface Ecke
{
  int getx( );
  int gety( );
}
interface Seiten
{
  int getb( );
  int geth( );
}
class Rechteck : Ecke, Seiten
{
  public int x, y, b, h;
  public Rechteck(int x, int y, int b, int h)
  {
    this.x = x;
    this.y = y;
    this.b = b;
    this.h = h;
  }
  public int getx( )
  {
    return x;
  }
  public int gety( )
  {
    return y;
  }
  public int getb( )
  {
    return b;
  }
  public int geth( )
  {
    return h;
  }
}
```

Ausgabe:

```
15  30  400 300
```

4 Weitere Themen

Dieses Kapitel schließt den Themenkreis, der die C# Grundkenntnisse vermittelt, ab. Dazu gehört das mit Einschränkungen von C++ übernommene Überladen von Methoden und Operatoren. Dazu gehören aber auch spezielle C# und .NET bezogene Themen wie Eigenschaften, Delegates, Ereignisse, Boxing und Unboxing, Attribute und Reflection, die Fehlerbehandlung und die Verwendung unsicheren Codes.

4.1 Überladen von Methoden und Operatoren

4.1.1 Überladen von Methoden

Das Überladen von Methoden ist unter 1.16 bereits für Konstruktoren erläutert worden. Beispiel 4.1_1 zeigt, dass beliebige Methoden überladen werden können. Die Methode addiere ist in zwei Versionen vorhanden. Im Gegensatz zum Überschreiben wird nicht etwa eine Version durch die nächste ersetzt, sondern alle Versionen stehen gleichberechtigt nebeneinander. Beim Aufruf entscheidet die aktuelle Parameterliste darüber, welche Version aufgerufen wird.

```
// Datei 4.1_1.cs
using System;

class Haupt
{
  public Haupt( )
  {
    Console.WriteLine(addiere(25, 26));
    Console.WriteLine(addiere(25, 26, 27));
  }

  public double addiere (double a, double b)
  {
    return a + b;
  }

  public double addiere(double a, double b, double c)
  {
    return a + b + c;
```

```
  }

  public static void Main( )
  {
    Haupt h = new Haupt( );
  }
}
```

Ausgabe:

```
51
78
```

Die Ausgabe ergibt sich aus den beiden Aufrufen von addiere in der Methode Haupt.

4.1.2 Überladen von Operatoren

Die überladbaren unären Operatoren sind:

```
+  -  !  ~  ++  --  true  false
```

Die überladbaren binären Operatoren sind:

```
+  -  *  /  %  &  |  ^  <<  >>  ==  !=  >  <  >=  <=
```

C# kennt keine komplexen Zahlen. Gerade darum ist eine Klasse Komplex, die komplexe Zahlen und deren Rechenregeln definiert, besonders gut geeignet, das Überladen von Operatoren zu erläutern.

Der Mathematiker Raffaele Bombelli bezeichnete in seiner 1572 veröffentlichten Algebra die Wurzel aus -1 als imaginäre Zahl. Als Basis der imaginären Zahlen wird üblicherweise der Buchstabe i verwendet. Es gilt $i * i = i^2 = -1$. Zahlen wie i, 5i, oder 23,9i nennt man imaginäre Zahlen. Zahlen wie 5i + 2 nennt man komplexe Zahlen, wobei 5i der Imaginärteil und 2 der Realteil ist. Die Klasse Komplex braucht also eine Variable i, die den Imaginärteil aufnimmt, und eine Variable r, die den Realteil aufnimmt. Für komplexe Zahlen gelten besondere Rechenregeln. Will man im Programm a = b + c schreiben, wobei a, b und c komplexe Zahlen sind, so muss man dem Pluszeichen eine neue Bedeutung geben. Ähnliches gilt für die Multiplikation Zu diesem Zweck überlädt die Klasse Komplex die binären Operatoren +, - und *, die für die Addition, die Subtraktion und die Multiplikation stehen. Der unäre Operator - wird ebenfalls überladen. Dadurch ist die Negation a = -b definiert.

Eine Methode, die einen Operator überlädt, sieht formal so aus:

`public static` *`Datentyp`* `operator` *`operator( Parameterliste`* `)`

Als Datentyp wird hier Komplex eingesetzt, und als operator wird +, -, oder * eingesetzt. Die Parameterliste besteht bei unären Operatoren aus einem Parameter und bei binären aus zwei Parametern.

```
// Datei 4.1_2.cs
using System;

class Haupt
{
  public Haupt( )
  {
    Komplex a = new Komplex(30.2, 20.5);
    Komplex b = new Komplex(10.0, 20.5);

    Console.WriteLine("    a = {0}", a.ToString( ));
    Console.WriteLine("    b = {0}", b.ToString( ));
    Komplex c = a + b;
    Console.WriteLine("a + b = {0}", c.ToString( ));
    c = a - b;
    Console.WriteLine("a - b = {0}", c.ToString( ));
    c = -a;
    Console.WriteLine("   -a = {0}", c.ToString( ));
    c = a * b;
    Console.WriteLine("a * b = {0}", c.ToString( ));
  }
  public static void Main( )
  {
    Haupt h = new Haupt( );
  }
}

class Komplex
{
  public double i, r;
  public Komplex(double i, double r)
  {
    this.i = i;
    this.r = r;
  }
  public static Komplex operator +(Komplex a, Komplex b)
  {
    return (new Komplex(a.i + b.i, a.r + b.r));
  }
  public static Komplex operator -(Komplex a, Komplex b)
  {
    return (new Komplex(a.i - b.i, a.r - b.r));
```

```
  }
  public static Komplex operator -(Komplex a)
  {
    return (new Komplex(-a.i, -a.r));
  }
  public static Komplex operator *(Komplex a, Komplex b)
  {
    return (new Komplex(
      a.r * b.i + a.i * b.r, a.r * b.r - a.i * b.i));
  }
  public override string ToString( )
  {
    if(r > 0.0)
      return (String.Format("{0}i + {1}", i, r));
    else if(r == 0.0)
      return (String.Format("{0}i", i));
    else
      return (String.Format("{0}i - {1}", i, -r));
  }
}
```

Ausgabe:

```
    a = 30,2i + 20,5
    b = 10i + 20,5
a + b = 40,2i + 41
a - b = 20,2i
   -a = -30,2i - 20,5
a * b = 824,1i + 118,25
```

In der Methode Haupt werden einige Rechenoperationen mit komplexen Zahlen ausgeführt. Um die Ergebnisse einigermaßen komfortabel ausgeben zu können, wird die Klasse Komplex durch die Methode ToString ergänzt, die komplexe Zahlen in Strings umwandelt und formatiert.

4.2 Eigenschaften

Beispiel 4.2_1 definiert eine Telefonliste. In der Klasse Telefonliste sind die Variablen vorname, nachname, vorwahl und nummer private vereinbart. Anschließend werden die Eigenschaften Vorname, Nachname, Vorwahl, Nummer und Telefon definiert, die einen Zugriff von außen ermöglichen.

Die get und set Routinen regeln den Zugriff auf die Eigenschaften. In den set Routinen werden Werte mit Hilfe des Schlüsselwortes value übergeben.

Vorname und Nachname haben get und set und können deshalb abgefragt und gesetzt werden. Vorwahl und Nummer können nur gesetzt werden und Telefon kann nur abgefragt werden. Die get Routine der Eigenschaft Telefon setzt vorwahl, einen Schrägstrich und nummer zu einem einzigen String zusammen. Damit ist klar, dass Eigenschaften das Erscheinungsbild von Klassenmitgliedern verändern können. Man kann dies auch dazu benutzen nach Änderung einer Klasse, das gewohnte Erscheinungsbild beizubehalten.

```
// Datei 4.2_1.cs
using System;

class Haupt
{

  public Haupt( )
  {
    Telefonliste t1 = new Telefonliste(
      "Gustav", "Meier", "0201", "224431");
    Telefonliste t2 = new Telefonliste( );

    t2.Vorname  = "Otto";
    t2.Nachname = "Müller";
    t2.Vorwahl  = "02191";
    t2.Nummer   = "562389";

    Console.WriteLine("{0}\t{1}\t{2}",
      t1.Vorname, t1.Nachname, t1.Telefon);
    Console.WriteLine("{0}\t{1}\t{2}",
      t2.Vorname, t2.Nachname, t2.Telefon);
  }

  public static void Main( )
  {
    new Haupt( );
  }
}

class Telefonliste
{
  private string vorname  = "";
  private string nachname = "";
  private string vorwahl  = "";
  private string nummer   = "";

  public string Vorname{
    get{ return vorname; }
    set{ vorname = value; }
  }
```

```
  public string Nachname
  {
    get{ return nachname; }
    set{ nachname = value; }
  }

  public string Vorwahl
  {
    set{ vorwahl = value; }
  }

  public string Nummer
  {
    set{ nummer = value; }
  }

  public string Telefon{
    get{ return vorwahl + "/" + nummer; }
  }

  public Telefonliste( ){}

  public Telefonliste(
    string vorname, string nachname, string vorwahl, string nummer)
  {

    this.vorname  = vorname;
    this.nachname = nachname;
    this.vorwahl  = vorwahl;
    this.nummer   = nummer;
  }
}
```

Ausgabe:

```
Gustav Meier  0201/224431
Otto   Müller 02191/562389
```

4.3 Delegates

Ein Delegate ist ein Prototyp einer Methode, der durch das Schlüsselwort delegate gekennzeichnet ist. Die Vereinbarung public delegate void Aus( ) in Beispiel 4.3_1 deklariert einen Delegate mit dem Namen Aus. Diesen Delegate kann man benutzen, um auf eine Methode gleichen Typs zu verweisen. Er lässt sich beispielsweise als Verweis, oder anders gesagt, Zeiger auf die Methode Ausgabe verwenden. Die Anweisung Aus a = new Aus(Ausgabe) definiert die Instanz a des Delegate Aus. Wobei a auf die Methode Ausgabe verweist. Die Ausgabe des Wortes Hallo kann jetzt nicht nur durch den Aufruf Ausgabe( ), sondern auch durch den Aufruf a( ) erreicht werden.

```
// Datei 4.3_1.cs

using System;

class Haupt
{
  public delegate void Aus( );

  public void Ausgabe( )
  {
    Console.WriteLine("Hallo");
  }

  public Haupt( )
  {
    Aus a = new Aus(Ausgabe);
    Ausgabe( );
    a( );
  }

  public static void Main( )
  {
    Haupt h = new Haupt( );
  }
}
```

Ausgabe:

```
Hallo
Hallo
```

Beispiel 4.3_2 definiert einen Delegate mit einem Parameter vom Typ string.

```
// Datei 4.3_2.cs
using System;

class Haupt
{
  public delegate void Aus(string s);

  public void Ausgabe(string st)
  {
    Console.WriteLine(st);
  }
```

```
  public Haupt( )
  {
    Aus a = new Aus(Ausgabe);
    a("Holla");
  }

  public static void Main( )
  {
    Haupt h = new Haupt( );
  }
}
```

Ausgabe:

```
Holla
```

4.4 Ereignisse

Ein Ereignis englisch Event wird folgendermaßen definiert:

`public event EventHandler EventName;`

EventName bezeichnet denNamen des Ereignisses, zB.: Mausklick oder Tastendruck

EventHandler ist vom Typ Delegate

Wie schon jetzt zu erkennen ist, wird ein Delegate gebraucht, der auf eine Methode verweist, die automatisch aufgerufen wird, sobald das entsprechende Ereignis auftritt. Ein solcher Delegate muss folgenden Regeln entsprechen:

`public delegate void EventHandler(object o, EventArgs e);`

Der erste Parameter ist vom Typ object und bezeichnet normalerweise das Objekt, das das Ereignis ausgesendet hat.

Der zweite Parameter ist vom Typ EventArgs. Er übergibt die Argumente des Ereignisses. Zur Definition der Argumente muss eine Klasse gebildet werden, die von der Klasse EventArgs abgeleitet ist.

Beispiel 4.4_1 löst zehn Ereignisse aus, die als Argument die Zahlen von 1 bis 10 übergeben. Dazu werden zunächst der Delegate numHandler und die Klasse Argumente, die die Eigenschaft Nummer besitzt, definiert. Anschließend wird das Ereignis numEvent mit dem Delegate numHandler definiert. Darüber hinaus gibt es noch die Methode OnNumEvent, die beim Auftreten des Ereignisses automatisch aufgerufen wird. Damit sind alle Vorbereitungen getroffen.

Es bleibt nur noch die Frage offen, wie man das Ganze zum Laufen bekommt. Die Antwort ist in der Methode Haupt zu finden.

```
numEvent += new numHandler(OnNumEvent);
```

Mit new numHandler(OnNumEvent) erreicht man, dass der Delegate numHandler auf die Methode OnNumEvent verweist. Dieser jetzt fertige Eventhandler wird zum Ereignis numEvent hinzugefügt. Damit ist die Verbindung zwischen dem Ereignis numEvent und der Ereignisbehandlungsroutine OnNumEvent hergestellt. Jetzt folgt noch eine for-Schleife. In dieser Schleife werden, um Ereignisse auszulösen, Instanzen der Klasse Argumente gebildet, denen die Zahlen von 1 bis 10 übergeben werden. Der Aufruf numEvent(new object( ), a) löst bei jedem Schleifendurchlauf ein Ereignis aus. OnNumEvent wird dadurch jedesmal aufgerufen und gibt das Wort Ereignis aus und das Argument e.Nummer.

```
// Datei 4.4_1.cs
using System;
public delegate void numHandler(object o, Argumente e);
public class Argumente : EventArgs
{
  private int nummer;
  public int Nummer
  {
    get{ return nummer; }
  }
  public Argumente(int nummer)
  {
    this.nummer = nummer;
  }
}
class Haupt
{
  public event numHandler numEvent;
  public void OnNumEvent(Object o, Argumente e)
  {
    Console.WriteLine("Ereignis {0}", e.Nummer);
  }
  public Haupt( )
  {
    numEvent += new numHandler(OnNumEvent);
    for(int i=1; i<=10; i++)
    {
      Argumente a = new Argumente(i);
      numEvent(new object( ), a);
    }
  }
  public static void Main( )
```

```
  {
    new Haupt( );
  }
}
```

Ausgabe:

```
Ereignis 1
Ereignis 2
Ereignis 3
Ereignis 4
Ereignis 5
Ereignis 6
Ereignis 7
Ereignis 8
Ereignis 9
Ereignis 10
```

4.5 Boxing und Unboxing

Boxing und Unboxing stellen eine Verbindung zwischen Wertetypen und Referenztypen her. Die Zuweisung box = i, bei der box vom Typ object und i vom Typ int ist, nennt man Boxing. Einer Variablen von einem Referenztyp wird eine Variable von einem Wertetyp zugewiesen. Der umgekehrte Weg ist das Unboxing j = (int)box. Voraussetzung für das Unboxing ist, dass der gleiche Wertetyp wie beim Boxing verwendet wird. Nach dem Boxing eines Integerwertes kann dieser beim Unboxing ausschließlich nach Integer konvertiert werden.

```
// Datei 4.5_1.cs
using System;
class Haupt
{
  public static void Main( )
  {
    int i, j;

    i = 95;
    object box = i;

    j = (int)box;
    Console.WriteLine(j);
  }
}
```

Ausgabe:

```
95
```

Abschließend sei noch bemerkt, dass Arrays vom Typ object und Methoden mit Parametern vom Typ object Elemente der Sprache C# sind, mit denen sich Boxing und Unboxing sehr vorteilhaft verwenden lässt.

4.6 Fehlerbehandlung

Tritt bei der Abarbeitung eines Programms ein Fehler auf, so wird automatisch eine Ausnahmebehandlung eingeleitet. Die Ausnahmebehandlung wird durch die Klasse Exception und durch von Exception abgeleitete Klassen ausgeführt. Wegen der großen Zahl von Exceptions wird hier nur eine kleine Auswahl vorgestellt.

```
System.OutOfMemoryException
zuviel Speicher mit new reserviert

System.StackOverflowException
zu viele rekursive Methoden Aufrufe

System.NullReferenceException
fehlende Initialisierung mit new

System.TypeInitializationException
Fehler bei Initialisierung

System.InvalidCastException
Fehler bei Typkonvertierung

System.ArrayTypeMismatchException
Array Komponente mit falschem Typ

System.IndexOutOfRangeException
Array Index kleiner Null oder größer als vereinbart

System.ArithmeticException
Basisklasse für die Fehlerbehandlung arithmetischer Operationen

System.DivideByZeroException
Division durch Null

System.OverflowException
eine arithmetische Operation überschreitet den zulässigen Wertebereich

System.IO.IOException
Fehler bei der Ein- Ausgabe
```

Im Zuge der Ausnahmebehandlung wird eine Fehlermeldung ausgegeben und anschließend das Programm beendet. Dieses Verhalten eines Programms ist in der Regel nicht wünschenswert. Man hat zwei Möglichkeiten, das Verhalten zu ändern. Im ersten Fall sorgt man dafür, dass kein Fehler auftritt. Mit if(b != 0) c = a / b kann man eine Division durch Null verhindern. Im zweiten Fall versucht man die Operation auszuführen und reagiert dann auf den eventuell auftretenden Fehler. Mit try und catch kann man Fehler abfangen und gezielt darauf reagieren. Das fehlerbedingte sofortige Beenden des Programms wird verhindert.

Beispiel 4.6_1 enthält eine Division durch Null, die eine DivideByZeroException auslöst. Da c = a / b in einem try Block steht, wird in den nachfolgenden catch Block verzweigt. Der catch Block kann beliebige Operationen zur Fehlerbehandlung enthalten. Die nach dem catch Block folgende Ausgabe Console.WriteLine("Ende des Programms") beweist, dass das Programm nicht abgebrochen worden ist.

```
// Datei 4.6_1.cs
using System;
class Haupt
{
  public static void Main( )
  {
    int a=1, b=0, c;
    try
    {
      c = a / b;
    }
    catch(Exception e)
    {
      Console.WriteLine("Fehler: {0}", e.Message);
    }
    Console.WriteLine("Ende des Programms");
  }
}
```

Ausgabe:

```
Fehler: Es wurde versucht, durch null zu teilen.
Ende des Programms
```

Beispiel 4.6_2 erzeugt eine IndexOutOfRangeException. Es verhält sich sonst wie Beispiel 4.6_1.

```
// Datei 4.6_2.cs
using System;
class Haupt
{
  public static void Main( )
  {
    double[] a = new double[5];
    try
    {
      a[10] = 3.0;
    }
    catch(Exception e)
    {
      Console.WriteLine("Fehler: {0}", e.Message);
    }
    Console.WriteLine("Ende des Programms");
  }
}
```

Ausgabe:

```
Fehler: Eine Ausnahme vom Typ System.IndexOutOfRangeException wurde
ausgelöst.
Ende des Programms
```

Beispiel 4.6_3 enthält zwei catch Blöcke. Der erste catch Block fängt nur eine DivideByZeroException ab, während der zweite catch Block mit catch(Exception e) alle Exceptions abfangen kann. Es wird eine DivideByZeroException ausgelöst. Die nachfolgende Anweisung d[10] = 3.0 wird nicht ausgeführt. Statt dessen wird zum ersten catch Block verzweigt und der zweite catch Block wird übersprungen

```
// Datei 4.6_3.cs
using System;
class Haupt
{
  public static void Main( )
  {
    int a=1, b=0, c;
    double[] d = new double[5];
    try
    {
      c = a / b;
      d[10] = 3.0;
    }
    catch(DivideByZeroException e)
    {
      Console.WriteLine("Fehler: {0}", e.Message);
```

```
    }
    catch(Exception e)
    {
      Console.WriteLine("Fehler: {0}", e.Message);
    }
    Console.WriteLine("Ende des Programms");
  }
}
```

Ausgabe:

```
Fehler: Es wurde versucht, durch null zu teilen.
Ende des Programms
```

Im Unterschied zu Beispiel 4.6_3 wird im Beispiel 4.6_4 eine IndexOutOfRangeException ausgelöst. Da der erste catch Block nur eine DivideByZeroException abfängt, wird zum zweiten catch Block verzweigt, der alle sonstigen Exceptions abfängt.

```
// Datei 4.6_4.cs
using System;
class Haupt
{
  public static void Main( )
  {
    int a=1, b=1, c;
    double[] d = new double[5];
    try
    {
      c = a / b;
      d[10] = 3.0;
    }
    catch(DivideByZeroException e)
    {
      Console.WriteLine("Fehler: {0}", e.Message);
    }
    catch(Exception e)
    {
      Console.WriteLine("Fehler: {0}", e.Message);
    }
    Console.WriteLine("Ende des Programms");
  }
}
```

Ausgabe:

```
Fehler: Eine Ausnahme vom Typ System.IndexOutOfRangeException wurde
ausgelöst.
Ende des Programms
```

Falls kein catch Block vorhanden ist oder ein catch Block, der die aufgetretene Exception nicht abfängt, so wird das Programm abgebrochen. In diesem Fall kann man mit Hilfe eines finally Blocks bereinigende Maßnahmen treffen. Der finally Block wird immer ausgeführt, auch wenn keine Exception auftritt. Man darf also in den finally Block nur die Anweisungen einfügen, die sowohl bei regulärer Ausführung des Programms, als auch im Fall des Programmabbruchs ausgeführt werden sollen.

Beispiel 4.6_5 löst eine DivideByZeroException aus. Der catch Block fängt aber nur eine IndexOutOfRangeException auf. Infolge dessen wird das Programm abgebrochen.

```
// Datei 4.6_5.cs
using System;
class Haupt
{
  public static void Main( )
  {
    int a=1, b=0, c;
    try
    {
      c = a / b;
    }
    catch(IndexOutOfRangeException e)
    {
      Console.WriteLine("Fehler: {0}", e.Message);
    }
    finally
    {
      Console.WriteLine("finally");
    }
    Console.WriteLine("Ende des Programms");
  }
}
```

Ausgabe:

```
Unbehandelte Ausnahme: System.DivideByZeroException: Es wurde
versucht, durch null zu teilen.
   at Haupt.Main( )
finally
```

Nach der automatisch ausgelösten Fehlermeldung folgt die Ausgabe finally, die beweist, dass der finally Block ausgeführt worden ist. Ende des Programms wird jedoch nicht ausgegeben.

Mit throw können eigene Exceptions erzeugt oder Exceptions weitergeleitet werden. Beispiel 4.6_6 leitet die zunächst mit catch abgefangene Exception weiter, was wiederum zum Abbruch des Programms führt.

```
// Datei 4.6_6.cs
using System;
class Haupt
{
  public static void Main( )
  {
    int a=1, b=0, c;
    try
    {
      c = a / b;
    }
    catch(Exception e)
    {
      Console.WriteLine("Fehler: {0}", e.Message);
      throw e;
    }
    Console.WriteLine("Ende des Programms");
  }
}
```

```
Ausgabe:

Fehler: Es wurde versucht, durch null zu teilen.

Unbehandelte Ausnahme: System.DivideByZeroException: Es wurde
versucht, durch null zu teilen.
   at Haupt.Main( )
```

Beispiel 4.6_7 erzeugt in der Methode dividiere für den Fall, dass b gleich Null ist, eine Exception mit der Fehlermeldung Division durch Null.

```
// Datei 4.6_7.cs
using System;
class Haupt
{
  public static void Main( )
  {
    int a=1, b=0, c;
    try
    {
      c = dividiere(a, b);
    }
    catch(Exception e)
    {
```

```
        Console.WriteLine("Fehler: {0}", e.Message);
      }
      Console.WriteLine("Ende des Programms");
    }
    public static int dividiere(int a, int b)
    {
      if(b == 0)throw new Exception("Division durch Null");
      return a / b;
    }
  }
```

Ausgabe:

```
Fehler: Division durch Null
Ende des Programms
```

Die Klasse Exception ist nicht versiegelt. Durch Definition eigener Klassen, die von Exception abgeleitet sind, kann man für den Benutzer verständliche Fehlermeldungen und eine sinnvolle Behandlung von Fehlern auf sehr komfortable Weise erreichen. Abschließend sei noch bemerkt, dass die Kombination aus präventiver Fehlerverhütung und den in diesem Abschnitt erläuterten Verfahren zur Fehlerbehandlung, gepaart mit kulanten Eingaberoutinen und Plausibilitätskontrollen, der richtige Weg ist, interaktive Programme gut handhabbar und auch möglichst sicher zu machen.

4.7 C++ Pointer und unsafe

C# Code ist managed Code. Dies beinhaltet unter anderem die Überprüfung der Initialisierung von Variablen, die Überprüfung der Indexgrenzen von Arrays und die Garbage Collection. Kennzeichnet man einen Bereich als unsafe, so verzichtet man auf diese Eigenschaften. Man kann dann wie bei C oder C++ mit Zeigern direkt auf den Speicher zugreifen. Dies ist oft der einzige Weg, um mit Dlls, die nicht mit dem .NET Framework erstellt sind, zusammenzuarbeiten.

Eine Methode kann unsafe gekennzeichnet werden. Im folgenden Beispiel ist die Methode Main( ) als unsafe gekennzeichnet. Die Variable i ist mit dem Wert 10 initialisiert. Mit int* j wird j als Zeiger auf einen Integerwert vereinbart. Die Adresse der Variablen i ist &i. Diese Adresse wird mit j = &i dem Zeiger j zugewiesen. j zeigt jetzt auf i. j ist also die Adresse von i und *j ist der Wert von i. Statt i = i + 1 kann man jetzt *j = *j +1 schreiben. Diese Anweisung erhöht den Wert von i um 1.

Beispiel 4.7_1 muss mit

```
csc /unsafe 4.7_1.cs
```

übersetzt werden.

```
//Datei: 4.7_1.cs
using System;
class Haupt
{
  unsafe static void Main( )
  {
    int i = 10;
    int* j;
    j = &i;
    *j = *j + 1;
    Console.WriteLine("i = {0}", i);
  }
}
```

Ausgabe:

```
i = 11
```

Auch einzelne Anweisungen oder Blöcke können unsafe gekennzeichnet werden. Die Anweisung `*j = *j * 2` verdoppelt den Wert von i.

```
//Datei: 4.7_2.cs
using System;
class Haupt
{
  static void Main( )
  {
    int i = 10;

    unsafe
    {
      int* j = &i;
      *j = *j * 2;
      Console.WriteLine("i = {0}", i);
    }
  }
}
```

Ausgabe:

```
i = 20
```

Arrays kann man mit

`fixed(`*`Datentyp* Pointervariable = Arrayvariable`*`)`

auf ihrer Speicheradresse fixieren. Das Verschieben des Arrays bei der Garbage Collection wird dadurch verhindert. fixed(char* p = c) fixiert den Array c und weist seine Anfangsadresse dem Zeiger p zu. Statt c[i] kann man jetzt *(p+i) schreiben.

```
//Datei: 4.7_3.cs
using System;
class Haupt
{
  unsafe static void Main( )
  {
    char[] c = {'A','r','r','a','y'};
    fixed(char* p = c)
    {
      for(int i=0; i<5; i++)
      {
        Console.Write(*(p+i));
      }
      Console.WriteLine( );
    }
  }
}
```

Auf Structs kann ebenfalls mit Zeigern zugegriffen werden. Statt `(*p).x` kann man wie in C++ `p->x` und statt `(*p).y` kann man auch `p->y` schreiben.

```
//Datei: 4.7_4.cs
using System;
class Haupt
{
  static void Main( )
  {
    Punkt a;

    unsafe
    {
      Punkt* p = &a;
      p->x = 5;
      p->y = 25;
      Console.WriteLine("x = {0}  y = {1}", p->x, p->y);
      Console.WriteLine("x = {0}  y = {1}", (*p).x, (*p).y);
    }
  }
}
struct Punkt
{
```

```
  public int x, y;
}
```

Ausgabe:

```
x = 5   y = 25
x = 5   y = 25
```

Die Ausgabe zeigt, dass beide Zugriffsvarianten gleichwertig sind.

4.8 Attribute und Reflection

Attribute enthalten Metadaten. Dies sind Daten, die etwas über Daten aussagen. Ein Attribut wird durch eine von System.Attribute abgeleitete Klasse definiert. Selbst definierte Attribute nennt man Custom Attribute. Im .NET Framework bereits fest definierte Attribute werden Intrinsic Attribute genannt. Es existiert eine große Zahl solcher Attribute. Hier einige Beispiele:

```
AttributeUsageAttribute
gibt an, wie ein Attribut verwendet werden kann.

STAThreadAttribute
legt das  Threading Model fest.

MTAThreadAttribute
legt das  Threading Model fest.

SerializableAttribute
macht das Speichern möglich.

BrowsableAttribute
legt fest, ob die Eigenschaft oder das Ereignis im Eigenschaften-
fenster erscheint.
```

Ein Attribut wird verwendet, in dem man es in eckigen Klammern direkt vor das Element setzt, auf das es angewendet wird.

```
[serializable]
public class xyz
{
  . . .
}
```

Durch das SerializableAttribute wird festgelegt, dass die Klasse xyz gespeichert werden kann.

Die Klasse Versionsdaten in Beispiel 4.8_1 definiert ein Attribut. Direkt vor der Definition eines Attributs muss das AttributeUsageAttribute stehen. Die AttributeTargets geben an, auf welche Elemente das definierte Attribut angewendet werden darf.

```
[AttributeUsage(
  AttributeTargets.All,
  AllowMultiple = true)]
public class Versionsdaten : Attribute
{
  . . .
}
```

AttributeTargets:

All	Das Attribut kann auf jedes Element angewendet werden.
Assembly	Das Attribut kann auf ein Assembly angewendet werden.
Class	Das Attribut kann auf eine Klasse angewendet werden.
Constructor	Das Attribut kann auf einen Konstruktor angewendet werden.
Delegate	Das Attribut kann auf einen Delegate angewendet werden.
Enum	Das Attribut kann auf eine Aufzählung angewendet werden.
Event	Das Attribut kann auf ein Ereignis angewendet werden.
Field	Das Attribut kann auf ein Feld angewendet werden.
Interface	Das Attribut kann auf ein Interface angewendet werden.
Method	Das Attribut kann auf eine Methode angewendet werden.
Module	Das Attribut kann auf ein Modul angewendet werden.
Parameter	Das Attribut kann auf einen Parameter angewendet werden.
Property	Das Attribut kann auf eine Eigenschaft angewendet werden.
ReturnValue	Das Attribut kann auf einen Rückgabewert angewendet werden.
Struct	Das Attribut kann auf Wertetypen angewendet werden.

Ist AllowMultiple gleich true, so dürfen mehrere Instanzen des Attributs auf ein Element angewendet werden. Ist Inherited gleich true, so wird das Attribut an abgeleitete Klassen oder überschriebene Mitglieder vererbt. AttributeTargets können bitweise oder verknüpft werden.

```
[AttributeUsage(
  AttributeTargets.Class |
  AttributeTargets.Method,
  AllowMultiple = true,
  Inherited = true)]
public class abcAttribut : Attribute
{
  . . .
}
```

Das abcAttribut ist auf Klassen und Methoden anwendbar, es dürfen mehrere Instanzen gebildet werden und es wird vererbt.

Das Attribut Versionsdaten besitzt die vier Eigenschaften Datum, Programmierer, Version und Kommentar. Die ersten drei Eigenschaften werden durch die Parameter des Konstruktors gesetzt und müssen daher bei jeder Instanzbildung angegeben werden. Der Kommentar kann zusätzlich angegeben werden. Zwei Instanzen des Attributs Versionsdaten werden auf die Klasse pidecimal angewendet

```
[Versionsdaten("01.07.02","Otto Meier","V1.0")]
[Versionsdaten("02.08.02","Otto Meier","V1.1",
   Kommentar="noch 3 Stellen ergänzt")]
public class pidecimal
{
  public decimal GetPi( )
  {
    return 3.1415926535897932384626433833M;
  }
}
```

Die in den Attributen vorhandenen Informationen werden mit Hilfe der im Namensraum System.Reflection enthaltenen Klassen gelesen. Die Methode GetCustomAttributes der Klasse MemberInfo liefert einen Array von Attributen. Als erster Parameter wird der Typ des Attributs übergeben. Der zweite Parameter gibt an, ob eine Vererbungskette durchsucht werden soll. Da dies hier nicht der Fall ist, wird false angegeben.

```
MemberInfo info = typeof(pidecimal);
  object[] attr =
    info.GetCustomAttributes(typeof(Versionsdaten),false);
```

Der Array von Attributen wird mit foreach durchlaufen.

```
foreach(object a in attr)
{
  Versionsdaten vd = (Versionsdaten) a;
  Console.WriteLine("\n{0} {1} {2} {3}",
    vd.Datum, vd.Programmierer, vd.Version, vd.Kommentar);
}
```

So können alle gelesenen Attribute protokolliert werden.

```
// Datei 4.8_1.cs
using System;
using System.Reflection;

[AttributeUsage(
  AttributeTargets.All,
  AllowMultiple = true)]
public class Versionsdaten : Attribute
{
  private string datum;
  private string programmierer;
  private string version;
  private string kommentar;
  public Versionsdaten(
    string datum, string programmierer, string version)
  {
    this.datum = datum;
    this.programmierer = programmierer;
    this.version = version;
  }
  public string Datum
  {
    get{ return datum; }
  }
  public string Programmierer
  {
    get{ return programmierer; }
  }
  public string Version
  {
    get{ return version; }
  }
  public string Kommentar
  {
    get{ return kommentar; }
    set{ kommentar = value; }
  }
}
[Versionsdaten("01.07.02","Otto Meier","V1.0")]
```

```
[Versionsdaten("02.08.02","Otto Meier","V1.1",
   Kommentar="noch 3 Stellen ergänzt")]
public class pidecimal
{
  public decimal GetPi( )
  {
    return 3.1415926535897932384626433 83M;
  }
}
class Haupt
{
  static void Main( )
  {
    pidecimal p = new pidecimal( );
    Console.WriteLine("pi = {0}", p.GetPi( ));

    MemberInfo info = typeof(pidecimal);
    object[] attr =
      info.GetCustomAttributes(typeof(Versionsdaten),false);
    foreach(object a in attr)
    {
      Versionsdaten vd = (Versionsdaten) a;
      Console.WriteLine("\n{0} {1} {2} {3}",
        vd.Datum, vd.Programmierer, vd.Version, vd.Kommentar);
    }
  }
}
```

Ausgabe:

```
pi = 3,1415926535897932384626433 83

01.07.02 Otto Meier V1.0

02.08.02 Otto Meier V1.1 noch 3 Stellen ergänzt
```

5 Windows Programmierung, Teil 1

Windows Anwendungen sind ereignisorientiert und besitzen normalerweise eine grafische Benutzeroberfläche. Die Handhabung von Fenstern und Steuerelementen und die damit verbundenen Programmiertechniken werden in diesem Kapitel vorgestellt.

5.1 Eine Windows Anwendung

Die Windows Programmierung wird durch das .NET Framework stark vereinfacht. Ein Fenster ist eine Instanz der Klasse Form oder einer von Form abgeleiteten Klasse. Die Abarbeitung des Programms beginnt wie gewohnt mit der Methode Main. Die Windows Anwendung wird mit Application.Run(new Haupt( )) gestartet. Der Parameter new Haupt( ) ist eine Instanz der Klasse Haupt, die von Form abgeleitet ist.

Die Klasse Form hat eine Vielzahl von Attributen und Methoden. Um einen ersten Eindruck davon zu vermitteln, sind im Beispiel 5.1_1 einige Attribute gesetzt. Text="Windows Forms" setzt den Titel des Fensters. ClientSize = new Size(300, 200) setzt die Fenstergröße. BackColor=Color.White setzt die Hintergrundfarbe. Damit wird der auf 300 x 200 gesetzte Klientbereich des Fensters weiß eingefärbt. Zum Schluss wird noch mit Icon=new Icon("smile.ico") ein Icon in die linke obere Ecke gesetzt.

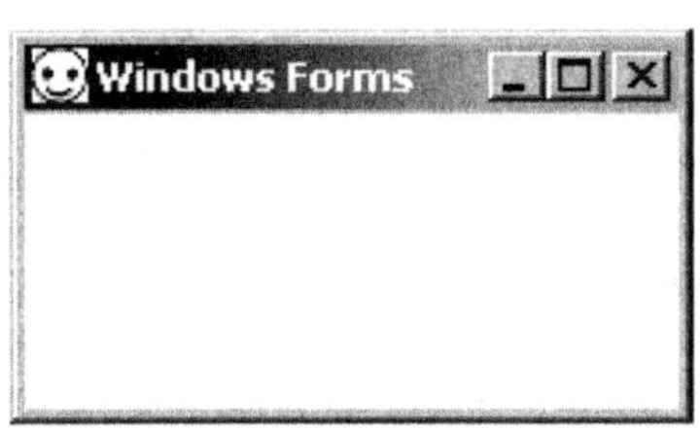

Abbildung 5.1_1

```
//Datei 5.1_1.cs

using System;
using System.Drawing;
using System.Windows.Forms;
class Haupt : Form
{
  public Haupt( )
  {
    Text = "Windows Forms";
    ClientSize = new Size(180, 80);
    BackColor = Color.White;
    Icon = new Icon("smile.ico");
  }

  static void Main( )
  {
    Application.Run(new Haupt( ));
  }
}
```

Windows Anwendungen werden mit

`csc /t:winexe` *`Dateiname`*`.cs`

übersetzt.

5.2 Ereignisse und Nachrichten

Wird eine Taste auf der Tastatur gedrückt, ein Mausknopf gedrückt, die Maus bewegt, ein Fenster geöffnet, geschlossen, vergrößert oder verkleinert, so löst dies Ereignisse aus. Kurz gesagt, löst jede Aktion, die stattfindet, Ereignisse aus. Infolge dieser Ereignisse werden zwischen Windows und den Anwendungen Nachrichten ausgetauscht.

Ein Beispiel verdeutlicht diesen komplexen Vorgang. Das A auf der Tastatur wird gedrückt. Dieses Ereignis soll der Einfachheit halber A gedrückt heißen. Windows sammelt derartige Ereignisse in einer System Queue genannten Warteschlange. Zusätzlich richtet Windows für jede Anwendung eine Warteschlange die Application Queue ein. A gedrückt wird von der System Queue zur Application Queue kopiert. Jede Anwendung muss über einen Message Loop verfügen. Das ist eine Endlosschleife, die fortwährend die Application Queue daraufhin abfragt, ob Nachrichten vorhanden sind. Erhält der Message Loop eine Nachricht, so schickt er diese wieder an Windows zurück, das eben diese Nachricht an die Window Procedure des gerade aktiven Fensters weiterleitet. Die Window Procedure überprüft die eingehenden

Nachrichten in der Regel mit switch und case, findet die Nachricht A gedrückt und führt eine Anweisung aus, die ein A an einer bestimmten Position im Fenster ausgibt. Die Anweisung, ein A auszugeben, geht nicht direkt an das Fenster, sondern auf dem Nachrichtenweg an Windows. Daraufhin erhält nun endlich das Fenster von Windows die Nachricht, ein A auszugeben. Dieses Thema wird im Abschnitt 7.20 noch einmal aufgegriffen.

Die Kommunikation mit Windows mittels Message Loop und Window Procedure übernimmt das .NET Framework. Es stellt, wie unter 4.4 erläutert, Klassen und Methoden zur Verfügung, die den Umgang mit Ereignissen unterstützen. Für die Windows Forms Komponenten sind bereits Delegates, Argumente und Ereignisse definiert.

Die Programmierarbeit reduziert sich dadurch auf das Schreiben von Eventhandlern in der Form

```
Modifikator void Eventhandler(Object Objekt, EventArgs Argumente)
```

und das Anbinden an die Ereignisse.

```
Event += new EventHandler( Eventhandler )
```

Darüber hinaus sind die Eventhandler der Windows Forms Komponenten bereits vordefiniert. In abgeleiteten Klassen kann man diese Eventhandler überschreiben und damit auf Ereignisse reagieren.

Beispiel 5.2_1 definiert ein Fenster mit einigen Steuerelementen.

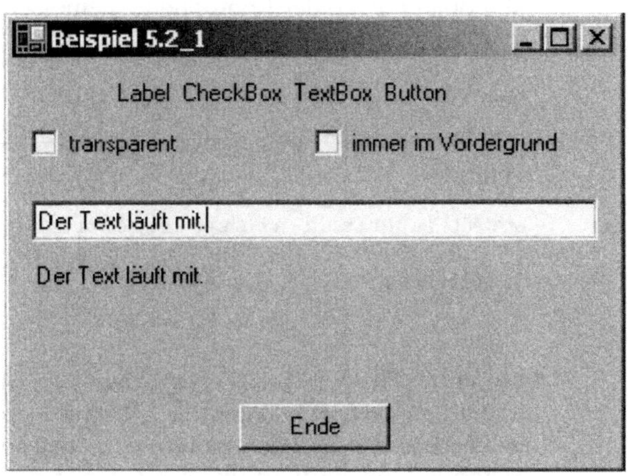

Abbildung 5.2_1

Die Abbildung zeigt das Fenster mit den definierten Komponenten. Die CheckBox zeigt beim Anklicken einen Haken an und lässt ihn beim nächsten Anklicken wieder verschwinden. Wenn man in die TextBox hineinklickt, so kann man anschließend Text eingeben. Fährt man mit dem Mauszeiger über den Button, so wird der Mauszeiger zur Hand.

Die Komponenten:

```
Label       zeigt Text an
CheckBox    stellt eine Option zur Auswahl
TextBox     ermöglicht die Eingabe von Text
Button      kann durch Anklicken gedrückt werden
```

Alle Komponenten werden auf die gleiche Art und Weise erzeugt. Zuerst wird mit new eine Instanz gebildet, die am Ende mit Controls.Add zu den Steuerelementen des Fensters hinzugefügt wird. Durch das Setzen von Eigenschaften werden unter anderem Aussehen, Größe, Position und Beschriftung festgelegt.

Die verwendeten Eigenschafen:

```
Text        wird angezeigt
Width       Breite in Bildschirmpixeln
Location    Position
Cursor      Pfeil, Hand, Fadenkreuz, . . .
```

Die Position wird in Bildschirmpixeln angegeben. Es wird von der linken oberen Ecke des Klientbereichs des Fensters zur linken oberen Ecke der Komponente gemessen.

Dem Ereignis Click des Buttons Ende wird mit

```
Ende.Click += new EventHandler(Ende_Click);
```

der Eventhandler Ende_Click zugeordnet, der die Anwendung beendet.

```
protected void Ende_Click(object sender, EventArgs e)
{
  Application.Exit( );
}
```

Bei der Textbox wird das TextChanged Ereignis von der Methode OnChangedText bedient, die Invalidate aufruft. Dadurch wird das Fenster neu gezeichnet und ein Paint Ereignis ausgelöst. Die Methode OnPaint wird überschrieben. Sie reagiert auf das Paint Ereignis und schreibt den Text der Textbox mit DrawString in das Fenster. Während man in die Textbox hineinschreibt, sieht man, wie der Text unterhalb der Textbox mitläuft. Bei den Checkboxen reagieren die Methoden cb1Changed und cb2Changed auf das Ereignis CheckStateChanged. Der Eventhandler cb1Changed ändert die Eigenschaft Opacity, die Werte zwischen 0.0 durchsichtig und 1.0 undurchsichtig annehmen kann. cb2Changed setzt TopMost auf true oder false. Wenn bei einem Fenster die Eigenschaft TopMost den Wert true hat, so bleibt dieses Fenster immer an oberster Stelle.

```
//Datei 5.2_1.cs

using System;
using System.Drawing;
using System.Windows.Forms;

class Haupt : Form
{
  TextBox tb;
  CheckBox cb1, cb2;

  public Haupt( )
  {
    Text = "Beispiel 5.2_1";
    ClientSize = new Size(300, 200);

    Label lb = new Label( );
    lb.Text = "Label  CheckBox  TextBox  Button";
    lb.Width = 200;
    lb.Location = new Point(50, 10);
    Controls.Add(lb);

    cb1 = new CheckBox( );
    cb1.Text = "transparent";
    cb1.Location = new Point(10, 30);
    cb1.CheckStateChanged += new EventHandler(cb1Changed);
    Controls.Add(cb1);

    cb2 = new CheckBox( );
    cb2.Text = "immer im Vordergrund";
    cb2.Width = 150;
    cb2.Location = new Point(150, 30);
    cb2.CheckStateChanged += new EventHandler(cb2Changed);
    Controls.Add(cb2);

    tb = new TextBox( );
    tb.Text = "";
    tb.Width = 280;
    tb.Location = new Point(10, 70);
    tb.TextChanged += new EventHandler(OnChangedText);
    Controls.Add(tb);
```

```
    Button Ende = new Button( );
    Ende.Text = "Ende";
    Ende.Cursor = Cursors.Hand;
    Ende.Location = new Point(112, 170);
    Ende.Click += new EventHandler(Ende_Click);
    Controls.Add(Ende);
  }

  protected void cb1Changed(object sender, EventArgs e)
  {
    if(cb1.CheckState == CheckState.Checked)
      Opacity = 0.7; else Opacity = 1.0;
  }

  protected void cb2Changed(object sender, EventArgs e){
    if(cb2.CheckState == CheckState.Checked)
      TopMost = true; else TopMost = false;
  }

  protected override void OnPaint(PaintEventArgs arg)
  {
    arg.Graphics.DrawString(
      tb.Text,new Font("Courier",8),Brushes.Black,10,100);
  }

  protected void OnChangedText(object sender, EventArgs e)
  {
    Invalidate( );
  }

  protected void Ende_Click(object sender, EventArgs e)
  {
    Application.Exit( );
  }

  static void Main( )
  {
    Application.Run(new Haupt( ));
  }
}
```

Beispiel 5.2_2 benutzt Komponenten vom Typ Label, um damit ein Menü aufzubauen. Der Cursor der Labels erscheint als Hand. Der Font ist Courier New mit der Schriftgröße 14. Bei jedem der drei Labels werden den Ereignissen MouseEnter, MouseLeave und MouseDown die entsprechenden Eventhandler zugeordnet. Der Eventhandler für lb1.MouseEnter ist lb1Enter. Die weiteren Eventhandler sind im Programm leicht zu erkennen. Das Ereignis

MouseDown erfordert einen MouseEventHandler. Der zweite Parameter ist beim MouseEventHandler vom Typ MouseEventArgs.

Wenn der Mauscursor über ein Label kommt, so wird das Ereignis MouseEnter ausgelöst und durch den Eventhandler die Vordergrundfarbe Rot gesetzt. Beim Verlassen des Labels, MouseLeave, wird die Vordergrundfarbe wieder Schwarz. Das dritte Ereignis, MouseDown, löst die Menüverzweigung aus, die bei den ersten beiden Menüpunkten durch das Anzeigen einer MessageBox simuliert wird. Der dritte Menüpunkt ruft Application.Exit( ) auf und beendet damit das Programm.

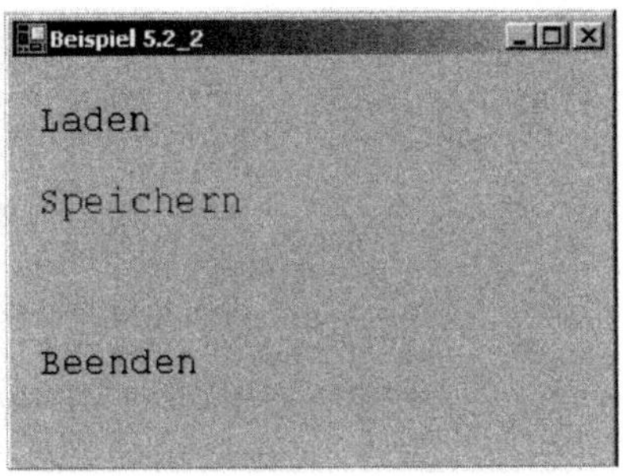

Abbildung 5.2_2

```
//Datei 5.2_2.cs

using System;
using System.Drawing;
using System.Windows.Forms;

class Haupt : Form
{
  Label lbl, lb2, lb3;

  public Haupt( )
  {
    Text = "Beispiel 5.2_2";
    ClientSize = new Size(300, 200);

    lbl = new Label( );
    lbl.Text = "Laden";
    lbl.Location = new Point(10, 20);
    lbl.Width = 120;
    lbl.Cursor = Cursors.Hand;
    lbl.Font = new Font("Courier New",14);
    lbl.MouseEnter += new EventHandler(lblEnter);
```

```
  lb1.MouseLeave += new EventHandler(lb1Leave);
  lb1.MouseDown  += new MouseEventHandler(lb1Down);
  Controls.Add(lb1);

  lb2 = new Label( );
  lb2.Text = "Speichern";
  lb2.Location = new Point(10, 60);
  lb2.Width = 120;
  lb2.Cursor = Cursors.Hand;
  lb2.Font = new Font("Courier New",14);
  lb2.MouseEnter += new EventHandler(lb2Enter);
  lb2.MouseLeave += new EventHandler(lb2Leave);
  lb2.MouseDown  += new MouseEventHandler(lb2Down);
  Controls.Add(lb2);

  lb3 = new Label( );
  lb3.Text = "Beenden";
  lb3.Location = new Point(10, 140);
  lb3.Width = 120;
  lb3.Cursor = Cursors.Hand;
  lb3.Font = new Font("Courier New",14);
  lb3.MouseEnter += new EventHandler(lb3Enter);
  lb3.MouseLeave += new EventHandler(lb3Leave);
  lb3.MouseDown  += new MouseEventHandler(lb3Down);
  Controls.Add(lb3);
}
protected void lb1Enter(object sender, EventArgs e)
{
  lb1.ForeColor = Color.Red;
}
protected void lb1Leave(object sender, EventArgs e)
{
  lb1.ForeColor = Color.Black;
}
protected void lb1Down(object sender, MouseEventArgs e)
{
  MessageBox.Show("Laden","Menüpunkt");
}
protected void lb2Enter(object sender, EventArgs e)
{
  lb2.ForeColor = Color.Red;
}
protected void lb2Leave(object sender, EventArgs e)
{
  lb2.ForeColor = Color.Black;
}
protected void lb2Down(object sender, MouseEventArgs e)
{
  MessageBox.Show("Speichern","Menüpunkt");
}
protected void lb3Enter(object sender, EventArgs e)
```

```
    {
      lb3.ForeColor = Color.Red;
    }
    protected void lb3Leave(object sender, EventArgs e)
    {
      lb3.ForeColor = Color.Black;
    }
    protected void lb3Down(object sender, MouseEventArgs e)
    {
      Application.Exit( );
    }

    static void Main( )
    {
      Application.Run(new Haupt( ));
    }
}
```

Beispiel 5.2_3 zeigt, sobald die linke Maustaste gedrückt ist, die Mauskoordinaten an. Es werden vier Labels definiert. lb1 zeigt X an und lb2 die dazugehörige x-Koordinate. lb3 und lb4 stellen die y-Koordinate dar.

Die in der Klasse Form bereits vorhandenen Eventhandler OnMouseDown, OnMouseUp und OnMouseMove werden überschrieben.

OnMouseDown wird beim Drücken einer der zwei oder drei Maustasten aufgerufen. Da das Programm aber nur auf die linke Maustaste reagieren soll, muss abgefragt werden, welche Maustaste gedrückt worden ist. Die MausEventArgs enthalten diese Information. Die bedingte Anweisung if(e.Button == MouseButtons.Left) stellt sicher, dass die weiteren Anweisungen nur dann ausgeführt werden, wenn die linke Maustaste gedrückt worden ist. Trifft dies zu, so wird zunächst die Variable down auf true gesetzt. Anschließend werden die Mauskoordinaten e.X und e.Y abgefragt und in die Labels lb2 und lb4 hinein geschrieben. Etwas in ein Label hinein zu schreiben heißt, der Eigenschaft Text des Labels einen String zuzuweisen.

OnMouseUp setzt down auf false und schreibt leere Strings in lb2 und lb4. Damit verschwindet die Anzeige der Mauskoordinaten.

OnMouseMove fragt die Variable down ab und aktualisiert, falls down gleich true ist, die Mauskoordinaten. Dadurch verändern sich die angezeigten Mauskoordinaten, wenn die Maus bewegt wird.

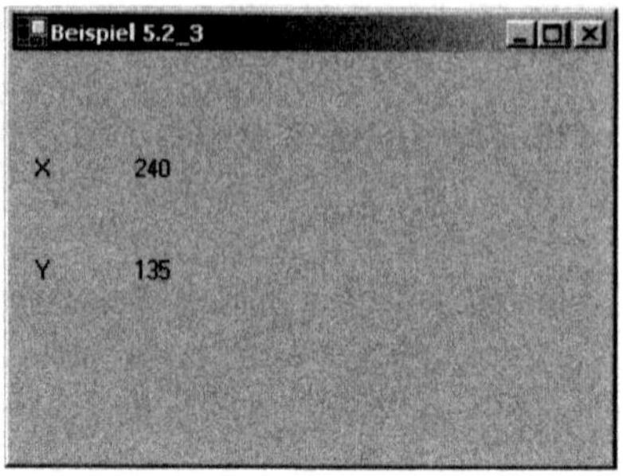

Abbildung 5.2_3

```
//Datei 5.2_3.cs

using System;
using System.Drawing;
using System.Windows.Forms;

class Haupt : Form
{
  Label lb1, lb2, lb3, lb4;
  bool down = false;

  public Haupt( )
  {
    Text = "Beispiel 5.2_3";
    ClientSize = new Size(300, 200);

    lb1 = new Label( );
    lb1.Text = "X";
    lb1.Width = 30;
    lb1.Location = new Point(10, 50);
    Controls.Add(lb1);

    lb2 = new Label( );
    lb2.Text = "";
    lb2.Location = new Point(60, 50);
    Controls.Add(lb2);

    lb3 = new Label( );
    lb3.Text = "Y";
    lb3.Width = 30;
    lb3.Location = new Point(10, 100);
    Controls.Add(lb3);

    lb4 = new Label( );
    lb4.Text = "";
    lb4.Location = new Point(60, 100);
```

```
    Controls.Add(lb4);
  }

  protected override void OnMouseDown(MouseEventArgs e)
  {
    if(e.Button == MouseButtons.Left)
    {
      down = true;
      lb2.Text = e.X.ToString( );
      lb4.Text = e.Y.ToString( );
    }
  }

  protected override void OnMouseUp(MouseEventArgs e)
  {
    down = false;
    lb2.Text = "";
    lb4.Text = "";
  }

  protected override void OnMouseMove(MouseEventArgs e)
  {
    if(down)
    {
      lb2.Text = e.X.ToString( );
      lb4.Text = e.Y.ToString( );
    }
  }

  static void Main( )
  {
    Application.Run(new Haupt( ));
  }
}
```

Beispiel 5.2_4 kann nur mit einer so genannten Wheel Maus getestet werden. Es wird angezeigt, ob das Rad gedrückt ist, ob es vorwärts oder rückwärts gedreht worden ist und um wie viele Rasten es gedreht worden ist. Das Rad ist eine erweiterte mittlere Maustaste.

Die Labels lb1 bis lb5 dienen auch in diesem Beispiel der Anzeige der Mausaktionen. lb1 zeigt oben an, wenn das Rad nicht gedrückt ist und unten, wenn es gedrückt ist. lb2 zeigt das Wort Delta an und lb3 den Wert von e.Delta. Dieser Wert ist 120, wenn das Rad vorwärts gedreht wird und -120 nach einer Rückwärtsdrehung. Die Variable wheel zählt die Drehung des Rades von Raste zu Raste mit. Der Wert von wheel wird größer, wenn das Rad vorwärts gedreht wird und kleiner, wenn das Rad rückwärts gedreht wird. Wird das Rad schnell gedreht, so kann Delta auch ein Vielfaches von 120 werden. Die Empfindlichkeit des Rades hängt vom Maustreiber ab.

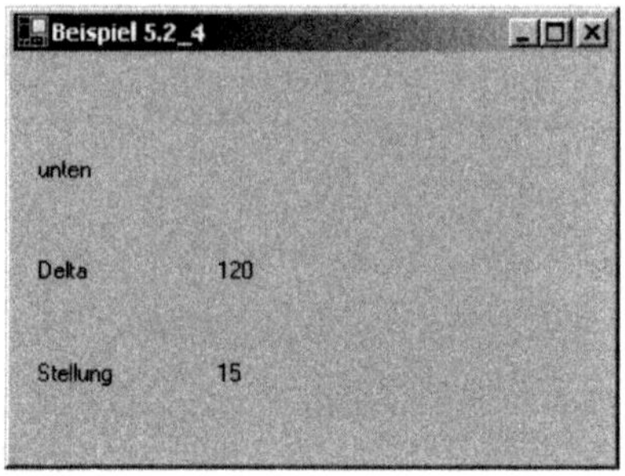

Abbildung 5.2_4

Die Eventhandler OnMouseDown, OnMouseUp und OnMouseWheel der Klasse Form werden überschrieben.

OnMouseDown weist, falls die mittlere Maustaste gedrückt worden ist, dem Text von lb1 den Wert unten zu.

OnMouseUp schreibt den String oben in lb1.

OnMouseWheel schreibt e.Delta in lb3 und vergrößert den Wert von wheel um 1, falls e.Delta größer 0 ist. Oder es verkleinert den Wert von wheel um 1, wenn e.Delta kleiner 0 ist. Der Wert von wheel wird in lb5 geschrieben.

//Datei 5.2_4.cs

```
using System;
using System.Drawing;
using System.Windows.Forms;

class Haupt : Form
{
  Label lb1, lb2, lb3, lb4, lb5;
  int wheel = 0;
  public Haupt( )
  {
    Text = "Beispiel 5.2_4";
    ClientSize = new Size(300, 200);

    lb1 = new Label( );
```

```
    lbl.Text = "oben";
    lbl.Width = 80;
    lbl.Location = new Point(10, 50);
    Controls.Add(lbl);

    lb2 = new Label( );
    lb2.Text = "Delta";
    lb2.Location = new Point(10, 100);
    lb2.Width = 80;
    Controls.Add(lb2);

    lb3 = new Label( );
    lb3.Text = "";
    lb3.Width = 100;
    lb3.Location = new Point(100, 100);
    Controls.Add(lb3);

    lb4 = new Label( );
    lb4.Text = "Stellung";
    lb4.Location = new Point(10, 150);
    lb4.Width = 80;
    Controls.Add(lb4);

    lb5 = new Label( );
    lb5.Text = "";
    lb5.Width = 100;
    lb5.Location = new Point(100, 150);
    Controls.Add(lb5);
  }

  protected override void OnMouseDown(MouseEventArgs e)
  {
    if(e.Button == MouseButtons.Middle)
    {
      lbl.Text = "unten";
    }
  }

  protected override void OnMouseUp(MouseEventArgs e)
  {
    lbl.Text = "oben";
  }

  protected override void OnMouseWheel(MouseEventArgs e)
  {
    lb3.Text = e.Delta.ToString( );
    if(e.Delta > 0) wheel++; else wheel--;
    lb5.Text = wheel.ToString( );
  }
  static void Main( )
  {
```

```
    Application.Run(new Haupt( ));
  }
}
```

Beispiel 5.2_5 behandelt Tastaturereignisse. Es wird angezeigt, ob eine Taste gedrückt oder losgelassen worden ist, welche Taste gedrückt worden ist und ob die Umschalt-, Steuerungs-, oder Alt-Taste gedrückt ist.

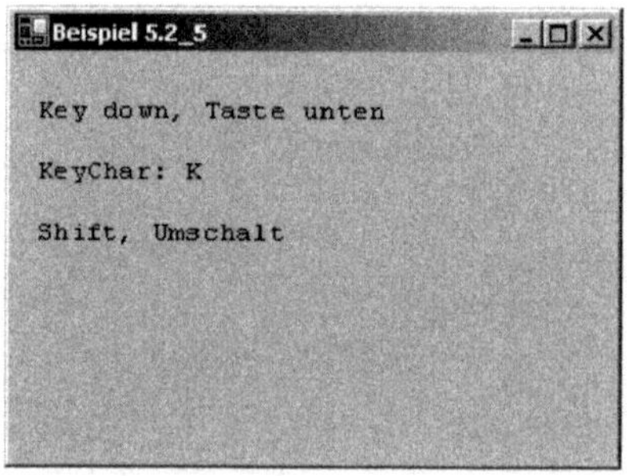

Abbildung 5.2_5

Mit Hilfe der Methode OnPaint wird direkt in das Fenster geschrieben. Da die Funktionsweise von OnPaint unter 5.3 näher erläutert wird, braucht nur noch erwähnt zu werden, dass die Strings s1, s2 und s3 mit DrawString in das Fenster geschrieben werden. s1 zeigt Key up, Taste oben an, wenn keine Taste gedrückt oder eine Taste gerade wieder losgelassen worden ist. Es zeigt Key down, Taste unten an, wenn eine Taste gedrückt ist.

s2 zeigt das Zeichen der gedrückten Taste KeyChar an. s3 zeigt Alt oder Ctrl, Strg, oder Shift, Umschalt an, wenn eine der drei Tasten gedrückt ist.

Zur Behandlung der Tastaturereignisse werden die Eventhandler OnKeyDown, OnKeyUp und OnKeyPress überschrieben.

OnKeyDown weist s1 den String Key down, Taste unten zu. Anschließend wird getestet, ob die Alt-, Strg-, oder Umschalttaste gedrückt ist. Der Variablen s3 wird der entsprechende Wert zugewiesen. Zum Schluss wird die sehr wichtige Anweisung Invalidate( ) ausgeführt, die ein Neuzeichnen des Fensters veranlasst. Erst dadurch werden die Änderungen sichtbar.

OnKeyUp weist s1 den String Key up, Taste oben zu. s2 wird KeyChar: und s3 ein leerer String zugewiesen. Wie bereits erwähnt darf am Ende Invalidate( ) nicht fehlen.

OnKeyPress führt die Anweisung s2 = "KeyChar: " + e.KeyChar aus. Dies ist ein zusammengesetzter String, der das Zeichen e.KeyChar der gedrückten Taste enthält. Wie üblich wird dann noch Invalidate( ) ausgeführt.

```
//Datei 5.2_5.cs

using System;
using System.Drawing;
using System.Windows.Forms;

class Haupt : Form
{
  string s1 = "Key up, Taste oben";
  string s2 = "KeyChar:";
  string s3 = "";

  public Haupt( )
  {
    Text = "Beispiel 5.2_5";
    ClientSize = new Size(300, 200);
  }

  protected override void OnPaint(PaintEventArgs arg)
  {
    Graphics g = arg.Graphics;
    Font f = new Font("Courier New",10);
    Brush b = Brushes.Black;

    g.DrawString(s1, f, b,10,20);
    g.DrawString(s2, f, b,10,50);
    g.DrawString(s3, f, b,10,80);
  }

  protected override void OnKeyDown(KeyEventArgs e)
  {
    s1 = "Key down, Taste unten";
    if(e.Alt) s3 = "Alt"; else
    if(e.Control) s3 = "Ctrl, Strg"; else
    if(e.Shift) s3 = "Shift, Umschalt";
    Invalidate( );
  }

  protected override void OnKeyUp(KeyEventArgs e)
  {
    s1 = "Key up, Taste oben";
    s2 = "KeyChar:";
```

```
    s3 = "";
    Invalidate( );
  }

  protected override void OnKeyPress(KeyPressEventArgs e)
  {
    s2 = "KeyChar: " + e.KeyChar;
    Invalidate( );
  }

  static void Main( )
  {
    Application.Run(new Haupt( ));
  }
}
```

5.3 Die Methode OnPaint

Beispiel 5.3_1 benutzt die Methode OnPaint der Klasse Form. OnPaint wird aus dem Programm heraus nicht aufgerufen, was auch nicht erforderlich ist, da Windowsprogramme Ereignis gesteuert sind. Windows schickt eine WM_PAINT Nachricht an das Fenster. Es wird ein Paint Ereignis ausgelöst, wodurch die Methode OnPaint der Klasse Form aufgerufen wird. Da die Klasse Haupt diese Methode überschreibt, wird letztendlich die Methode OnPaint der Klasse Haupt aufgerufen.

PaintEventArgs besitzt die Eigenschaften ClipRectangle und Graphics. Das Rechteck ClipRectangle schneidet jegliche Grafik außerhalb des Rechtecks ab. Die Klasse Graphics enthält die hier benutzten Draw Methoden. DrawString zeichnet Text, DrawLine Linien, DrawRectangle Rechtecke und DrawArc Kreisbögen. Weitere Angaben zur Grafik sind unter 6.5 bis 6.7 zufinden.

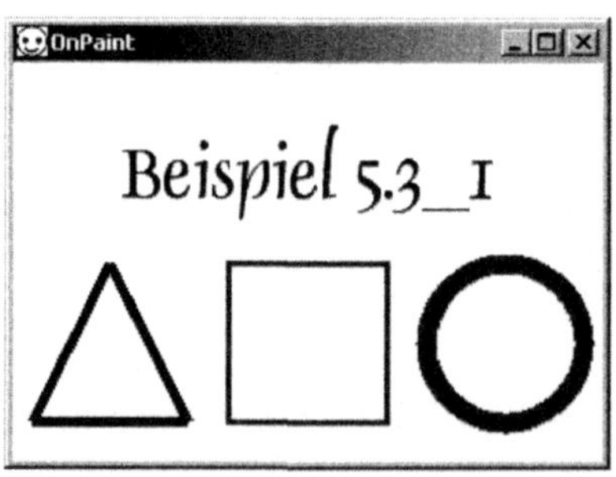

Abbildung 5.3_1

//Datei 5.3_1.cs

```
using System;
using System.Drawing;
using System.Windows.Forms;

class Haupt : Form
{
  public Haupt( )
  {
    Text="OnPaint";
    ClientSize = new Size(300, 200);
    BackColor = Color.White;
    Icon = new Icon("smile.ico");
  }

  protected override void OnPaint(PaintEventArgs arg)
  {
    Graphics g = arg.Graphics;

    g.DrawString("Beispiel 5.3_1",
      new Font("ScriptC",20),Brushes.Black,60,30);

    Pen blau = new Pen(Color.Blue,5);
    g.DrawLine(blau,10,180,50,100);
    g.DrawLine(blau,50,100,90,180);
    g.DrawLine(blau,90,180,10,180);

    Pen rot = new Pen(Color.Red,3);
    g.DrawRectangle(rot,110,100,80,80);

    Pen gruen = new Pen(Color.Green,10);
    g.DrawArc(gruen,210,100,80,80,0,360);
  }

  static void Main( )
  {
    Application.Run(new Haupt( ));
  }
}
```

5.4 Weitere Eigenschaften der Klasse Form

In Beispiel 5.4_1 werden Eigenschaften gesetzt und abgefragt. Die hier verwendeten Eigenschaften sind:

BackColor	Hintergrundfarbe
SizeGripStyle	rechte untere Ecke des Fensters zeigt an, dass die Größe des Fenster verändert werden kann
Auto	automatisch
Hide	nicht sichtbar

Show	sichtbar
MinimizeBox	sichtbar = true
MaximizeBox	nicht sichtbar = false
ClientSize	Breite und Höhe des Klientbereichs
MinimumSize	Mindestabmessungen
Location	Lage der linken oberen Ecke des Fensters auf dem Bildschirm entspricht Left, Top
Bounds	Lage und Abmessungen, entspricht Left, Top, Width, Height
Size	äußere Abmessungen, entspricht Width, Height
ClientRectangle	linke obere Ecke sowie Breite und Höhe des Klientbereichs
Left	Lage der linken Kante des Fensters
Right	Lage der rechten Kante des Fensters
Top	Lage der Oberkante des Fensters
Bottom	Lage der Unterkante des Fensters
Width	Breite
Height	Höhe

Abbildung 5.4_1

```
//Datei 5.4_1.cs

using System;
using System.Drawing;
using System.Windows.Forms;

class Haupt : Form
{
  public Haupt( )
  {
    Text = "Beispiel 5.4_1";
    ClientSize = new Size(300,200);
    MinimumSize = new Size(200, 150);
    BackColor = Color.Blue;
    SizeGripStyle = SizeGripStyle.Show;
```

```
    MinimizeBox = false;
    MaximizeBox = false;
  }

  protected override void OnPaint(PaintEventArgs e)
  {
    Graphics g = e.Graphics;
    g.DrawString("Hallo", Font, Brushes.White, 120, 90);
    base.OnPaint(e);
  }

  protected override void OnClosed(EventArgs e)
  {
    MessageBox.Show(Location.ToString( ), "Location");
    MessageBox.Show(Bounds.ToString( ), "Bounds");
    MessageBox.Show(Size.ToString( ), "Size");
    MessageBox.Show(ClientRectangle.ToString( ), "ClientRectangle");
    MessageBox.Show(ClientSize.ToString( ), "ClientSize");
    MessageBox.Show(Left.ToString( ), "Left");
    MessageBox.Show(Right.ToString( ), "Right");
    MessageBox.Show(Top.ToString( ), "Top");
    MessageBox.Show(Bottom.ToString( ), "Bottom");
    MessageBox.Show(Width.ToString( ), "Width");
    MessageBox.Show(Height.ToString( ), "Height");
  }

  static void Main( )
  {
    Application.Run(new Haupt( ));
  }
}
```

Beispiel 5.4_2 verändert mit jedem Druck auf den Button FormBorderStyle den Rahmen des Fensters.

FormBorderStyle kann folgende Werte annehmen:

Sizable	Rahmen mit veränderlichen Abmessungen
SizableToolWindow	Rahmen mit veränderlichen Abmessungen
None	kein Rahmen
Fixed3D	Rahmen mit festen Abmessungen
FixedDialog	Rahmen mit festen Abmessungen

Der aktive FormBorderStyle wird unterhalb des Buttons angezeigt.

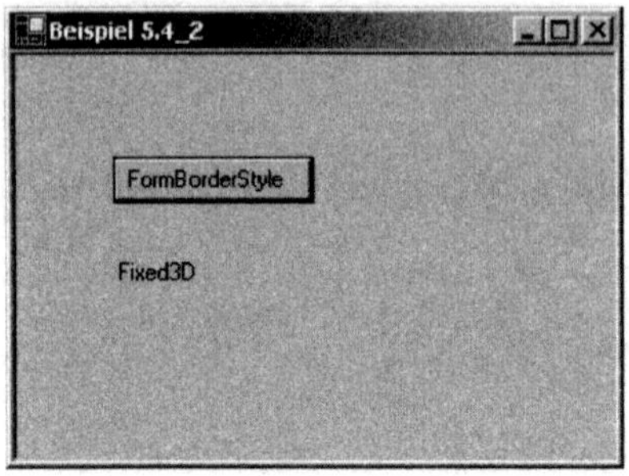

Abbildung 5.4_2

```
//Datei 5.4_2.cs

using System;
using System.Drawing;
using System.Windows.Forms;

class Haupt : Form
{
  int fsb = 0;
  public Haupt( )
  {
    Text = "Beispiel 5.4_2";
    ClientSize = new Size(300,200);

    Button b = new Button( );
    b.Location = new Point(50, 50);
    b.Width = 100;
    b.Text = "FormBorderStyle";
    b.Click += new EventHandler(b_Click);
    Controls.Add(b);
  }
  protected override void OnPaint(PaintEventArgs e)
  {
    Graphics g = e.Graphics;
    g.DrawString(
      FormBorderStyle.ToString( ), Font, Brushes.Black, 50, 100);
    base.OnPaint(e);
  }
  protected void b_Click(Object o, EventArgs e)
  {
    fsb = (fsb+1)%7;
    switch(fsb)
    {
      case 0:
        FormBorderStyle = FormBorderStyle.Sizable;
        break;
      case 1:
        FormBorderStyle = FormBorderStyle.SizableToolWindow;
```

```
          break;
        case 2:
          FormBorderStyle = FormBorderStyle.None;
          break;
        case 3:
          FormBorderStyle = FormBorderStyle.Fixed3D;
          break;
        case 4:
          FormBorderStyle = FormBorderStyle.FixedDialog;
          break;
        case 5:
          FormBorderStyle = FormBorderStyle.FixedSingle;
          break;
        case 6:
          FormBorderStyle = FormBorderStyle.FixedToolWindow;
          break;
      }
    }
    satic void Main( )
    {
      Application.Run(new Haupt( ));
    }
  }
```

Die Klasse Cursors stellt eine große Zahl von Cursors zur Verfügung, die der Eigenschaft Cursors zugewiesen werden können.

```
AppStarting Arrow Cross Default Hand Help HSplit IBeam No NoMove2D
NoMoveHoriz NoMoveVert PanEast PanNE PanNorth PanNW PanSE PanSouth
PanSW PanWest SizeAll SizeNESW SizeNS SizeNWSE SizeWE UpArrow VSplit
WaitCursor
```

Beispiel 5.4_3 verwendet eine kleine Auswahl dieser Cursor. Der Button Cursor ändert den Cursor. Außerdem wird ein Timer definiert.

```
timer = new Timer( );
timer.Interval = 5000;
timer.Tick += new EventHandler(timer_Tick);
```

Das Timerintervall wird auf 5000 Millisekunden eingestellt. Nach dem Start des Timers wird alle 5000 Millisekunden bzw. alle 5 Sekunden der Eventhandler timer_Tick aufgerufen. Nach Drücken einer Maustaste setzt OnMouseDown die Eigenschaft Visible auf false, wodurch das Fenster unsichtbar wird, und startet den Timer. Der Eventhandler timer_Tick setzt Visible auf true und stoppt den Timer. Das Fenster wird also nach 5 Sekunden wieder sichtbar.

Abbildung 5.4_3

```
//Datei 5.4_3.cs

using System;
using System.Drawing;
using System.Windows.Forms;

class Haupt : Form
{
  Timer timer;
  int cur = 0;

  public Haupt( )
  {
    Text = "Beispiel 5.4_3";
    ClientSize = new Size(180,100);

    Button b = new Button( );
    b.Location = new Point(50, 50);
    b.Text = "Cursor";
    b.Click += new EventHandler(b_Click);
    Controls.Add(b);

    timer = new Timer( );
    timer.Interval = 5000;
    timer.Tick += new EventHandler(timer_Tick);
  }
  protected void timer_Tick(Object o, EventArgs e)
  {
    Visible = true;
    timer.Stop( );
  }
  protected override void OnMouseDown(MouseEventArgs e)
  {
    Visible = false;
    timer.Start( );
  }
  protected void b_Click(Object o, EventArgs e)
```

```
    {
      cur = (cur+1)%5;
      switch(cur)
      {
        case 0:
          Cursor = Cursors.Default;
          break;
        case 1:
          Cursor = Cursors.Cross;
          break;
        case 2:
          Cursor = Cursors.Hand;
          break;
        case 3:
          Cursor = Cursors.IBeam;
          break;
        case 4:
          Cursor = Cursors.UpArrow;
          break;
      }
    }

    static void Main( )
    {
      Application.Run(new Haupt( ));
    }
  }
```

Beispiel 5.4_4 ändert beim Drücken eines der vier Buttons die Eigenschaften Left oder Top. Dadurch bewegt sich das Fenster in die entsprechende Richtung.

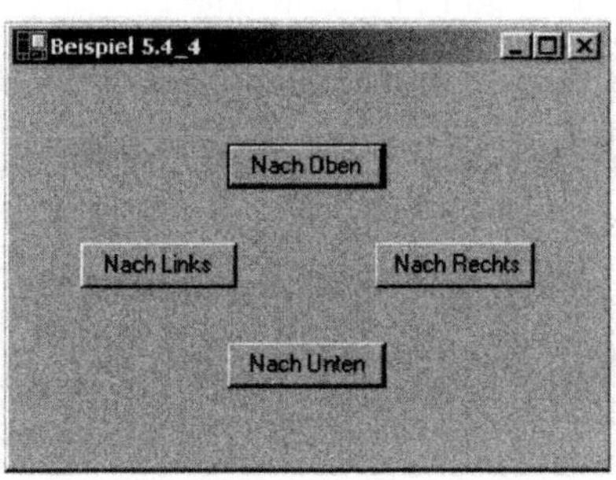

Abbildung 5.4_4

```
//Datei 5.4_4.cs

using System;
using System.Drawing;
using System.Windows.Forms;

class Haupt : Form
{
  public Haupt( )
  {
    Text = "Beispiel 5.4_4";
    ClientSize = new Size(300,200);

    Button b1 = new Button( );
    b1.Width = 80;
    b1.Location = new Point(150-b1.Width/2, 50-b1.Height/2);
    b1.Text = "Nach Oben";
    b1.Click += new EventHandler(b1_Click);

    Button b2 = new Button( );
    b2.Width = 80;
    b2.Location = new Point(150-b2.Width/2, 150-b2.Height/2);
    b2.Text = "Nach Unten";
    b2.Click += new EventHandler(b2_Click);

    Button b3 = new Button( );
    b3.Width = 80;
    b3.Location = new Point(75-b3.Width/2, 100-b3.Height/2);
    b3.Text = "Nach Links";
    b3.Click += new EventHandler(b3_Click);

    Button b4 = new Button( );
    b4.Width = 80;
    b4.Location = new Point(225-b4.Width/2, 100-b4.Height/2);
    b4.Text = "Nach Rechts";
    b4.Click += new EventHandler(b4_Click);

    Controls.AddRange(new Control[]{b1, b2, b3, b4});
  }

  protected void b1_Click(Object o, EventArgs e)
  {
    Top -= 50;
  }

  protected void b2_Click(Object o, EventArgs e)
  {
    Top += 50;
  }

  protected void b3_Click(Object o, EventArgs e)
```

```
    {
      Left -= 50;
    }

    protected void b4_Click(Object o, EventArgs e)
    {
      Left += 50;
    }

    static void Main( )
    {
      Application.Run(new Haupt( ));
    }
  }
```

5.5 Anchoring und Docking

Anchoring bezeichnet das Verankern von Komponenten. Der Eigenschaft Anchor können die Werte

```
AnchorStyles.Top        oben verankert
AnchorStyles.Bottom     unten verankert
AnchorStyles.Left       links verankert
AnchorStyles.Right      rechts verankert
```

oder Kombinationen dieser Werte zugewiesen werden. Die Verankerung links und oben ist voreingestellt. Der Button in Beispiel 5.5_1 nutzt diese Voreinstellung. Wenn die Größe des Fensters geändert wird, dann bleibt der Abstand des Buttons zum linken und oberen Rand des Fensters immer gleich.

Abbildung 5.5_1

```
//Datei 5.5_1.cs

using System;
using System.Drawing;
using System.Windows.Forms;

class Haupt : Form
{
  public Haupt( )
  {
    Text = "Beispiel 5.5_1";
    ClientSize = new Size(180, 100);

    Button b = new Button( );
    b.Location = new Point(50, 50);
    b.Text = "Left, Top";
    Controls.Add(b);
  }

  static void Main( )
  {
    Application.Run(new Haupt( ));
  }
}
```

Der Button in Beispiel 5.5_2 ist oben verankert und mit

```
b.Location = new Point((ClientSize.Width-b.Width)/2, 20);
```

horizontal zentriert. Bei einer Änderung der Fenstergröße hält der Button den Abstand zum oberen Rand und bleibt horizontal zentriert.

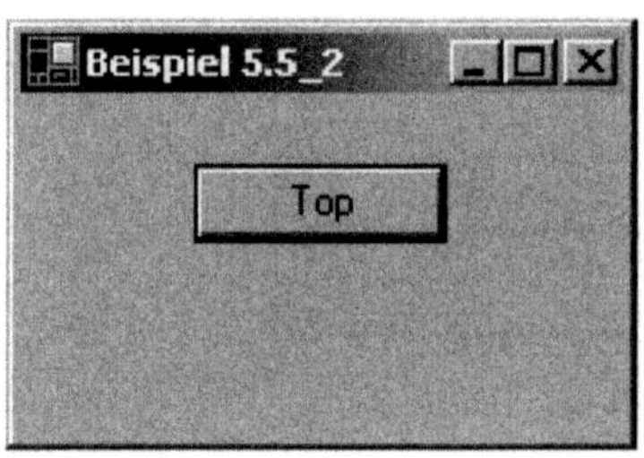

Abbildung 5.5_2

```
//Datei 5.5_2.cs

using System;
using System.Drawing;
using System.Windows.Forms;

class Haupt : Form
{
  public Haupt( )
  {
    Text = "Beispiel 5.5_2";
    ClientSize = new Size(180, 100);

    Button b = new Button( );
    b.Location = new Point((ClientSize.Width-b.Width)/2, 20);
    b.Text = "Top";
    b.Anchor = AnchorStyles.Top;
    Controls.Add(b);
  }

  static void Main( )
  {
    Application.Run(new Haupt( ));
  }
}
```

Die Textbox in Beispiel 5.5_3 ist links, oben und rechts verankert. Sie ändert ihre Breite mit der Fensterbreite. AnchorStyles werden bitweise oder verknüpft.

```
t.Anchor = AnchorStyles.Left | AnchorStyles.Top | AnchorStyles.Right;
```

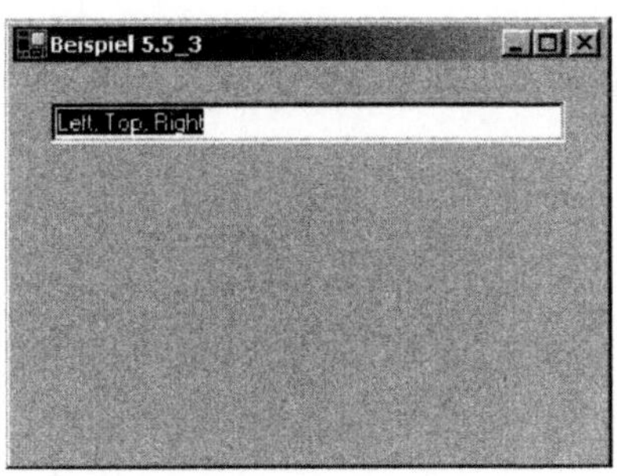

Abbildung 5.5_3a

Abbildung 5.5_3b

```
//Datei 5.5_3.cs

using System;
using System.Drawing;
using System.Windows.Forms;

class Haupt : Form
{
  public Haupt( )
  {
    Text = "Beispiel 5.5_3";
    ClientSize = new Size(300, 200);

    TextBox t = new TextBox( );

    t.Location = new Point(20, 20);
    t.Width = 260;
    t.Text = "Left, Top, Right";
    t.Anchor =
      AnchorStyles.Left | AnchorStyles.Top | AnchorStyles.Right;

    Controls.Add(t);
  }

  static void Main( )
  {
    Application.Run(new Haupt( ));
  }
}
```

Der Button in Beispiel 5.5_4 ist unten verankert und horizontal zentriert.

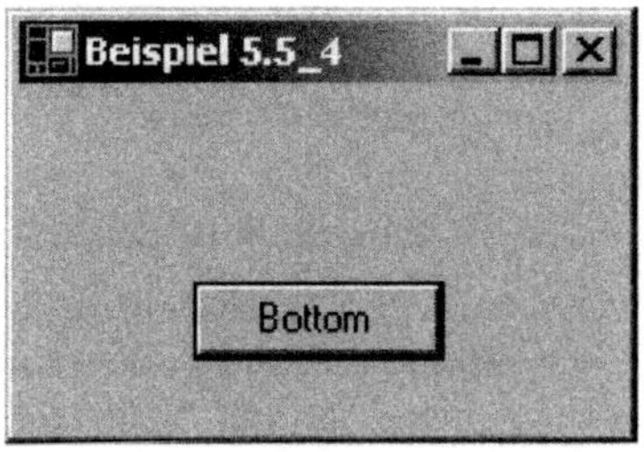

Abbildung 5.5_4

```
//Datei 5.5_4.cs

using System;
using System.Drawing;
using System.Windows.Forms;

class Haupt : Form
{
  public Haupt( )
  {
    Text = "Beispiel 5.5_4";
    ClientSize = new Size(180, 100);

    Button b = new Button( );
    b.Location = new Point(
      (ClientSize.Width-b.Width)/2, ClientSize.Height-b.Height-20);
    b.Text = "Bottom";
    b.Anchor = AnchorStyles.Bottom;
    Controls.Add(b);
  }

  static void Main( )
  {
    Application.Run(new Haupt( ));
  }
}
```

Beim Docking geht es darum, wie die übergeordnete Komponente von der angedockten Komponente ausgefüllt wird. Der Eigenschaft Dock können die Werte

```
DockStyle.Top        oben angedockt
DockStyle.Bottom     unten angedockt
DockStyle.Left       links angedockt
DockStyle.Right      rechts angedockt
DockStyle.Fill       ausgefüllt
DockStyle.None       nicht angedockt
```

zugewiesen werden. Voreingestellt ist DockStyle.None.

Die Textbox in Beispiel 5.5_5 ist oben angedockt. In horizontaler Richtung wird der Klientbereich des Fensters ausgefüllt. Wenn sich die Größe des Fensters ändert, bleibt die Höhe der Textbox konstant.

Abbildung 5.5_5

```
//Datei 5.5_5.cs

using System;
using System.Drawing;
using System.Windows.Forms;

class Haupt : Form
{
  public Haupt( )
  {
    Text = "Beispiel 5.5_5";
    ClientSize = new Size(180, 100);

    TextBox t = new TextBox( );
    t.Multiline = true;
    t.Height = 100;
    t.Dock = DockStyle.Top;
    Controls.Add(t);
  }
```

```
  static void Main( )
  {
    Application.Run(new Haupt( ));
  }
}
```

Die Textbox in Beispiel 5.5_6 ist links angedockt. In vertikaler Richtung wird der Klientbereich des Fensters ausgefüllt. Wenn sich die Größe des Fensters ändert, bleibt die Breite der Textbox konstant.

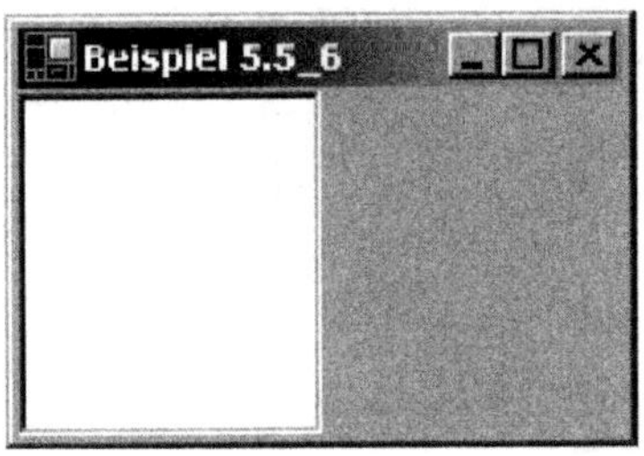

Abbildung 5.5_6

```
//Datei 5.5_6.cs

using System;
using System.Drawing;
using System.Windows.Forms;

class Haupt : Form
{
  public Haupt( )
  {
    Text = "Beispiel 5.5_6";
    ClientSize = new Size(180, 100);

    TextBox t = new TextBox( );
    t.Multiline = true;
    t.Width = 150;
    t.Dock = DockStyle.Left;
    Controls.Add(t);
  }

  static void Main( )
  {
    Application.Run(new Haupt( ));
  }
}
```

In Beispiel 5.5_7 ist die Textbox t1 links angedockt und die Textbox t2 ist ausfüllend. Beim Verändern der Fensterbreite verändert t1 nur die Höhe, während die Textbox t2 ihre Höhe und Breite ändert. Es ist wichtig, dass die ausfüllende Textbox t2 zuerst mit

```
Controls.AddRange(new Control[]{t2, t1});
```

eingebaut wird.

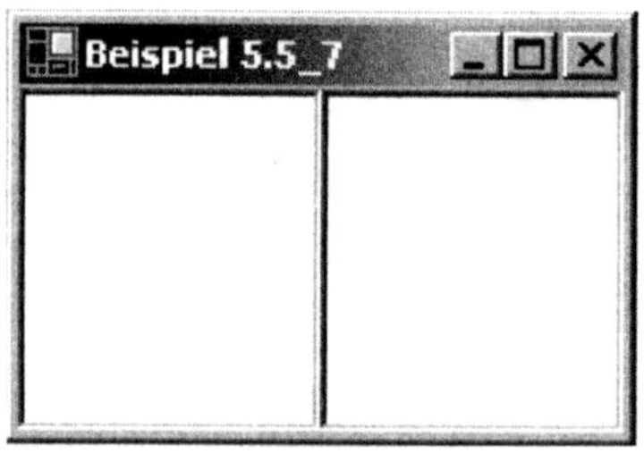

Abbildung 5.5_7

```
//Datei 5.5_7.cs

using System;
using System.Drawing;
using System.Windows.Forms;

class Haupt : Form
{
  public Haupt( )
  {
    Text = "Beispiel 5.5_7";
    ClientSize = new Size(180, 100);

    TextBox t1 = new TextBox( );
    t1.Multiline = true;
    t1.Width = 150;
    t1.Dock = DockStyle.Left;

    TextBox t2 = new TextBox( );
    t2.Multiline = true;
    t2.Dock = DockStyle.Fill;

    Controls.AddRange(new Control[]{t2, t1});
  }
```

```
    static void Main( )
    {
      Application.Run(new Haupt( ));
    }
}
```

5.6 Panel und Splitter

Panels dienen der Gliederung von Fenstern und, da sie Komponenten aufnehmen können, der Gruppierung dieser Komponenten. Splitter können zwischen Komponenten gesetzt werden. Dadurch kann ein Rand jeder Komponente verschoben werden, wodurch die Komponenten je nach Lage und Schieberichtung vergrößert oder verkleinert werden. Über einem Splitter ändert sich der Mauscursor zu:

	horizontal verschieblicher Splitter	DockStyle: Left oder Right
	vertikal verschieblicher Splitter	DockStyle: Top oder Bottom

Beispiel 5.6_1 enthält drei Panels und zwei Splitter. Die Reihenfolge des Einbaus und das Docking der Komponenten sind die entscheidenden Faktoren für das Layout.

```
Controls.AddRange(new Control[]
{
  panel3,
  splitter2,
  panel2,
  splitter1,
  panel1
});
```

Zuerst wird panel3 mit DockStyle.Fill eingebaut. es folgt splitter2 mit DockStyle.Top und panel2 mit DockStyle.Top. Dadurch sitzt splitter2 über panel3 und panel2 über splitter2.

Nun folgen splitter1 mit DockStyle.Left und panel1 mit DockStyle.Left, wodurch splitter1 links von allen zuvor eingebauten Komponenten sitzt und panel1 links von splitter1.

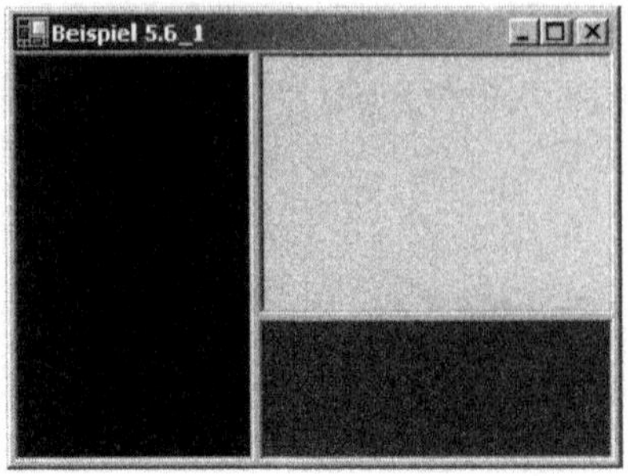

Abbildung 5.6_1

```
//Datei 5.6_1.cs

using System;
using System.Drawing;
using System.Windows.Forms;

class Haupt : Form
{
  public Haupt( )
  {
    Text = "Beispiel 5.6_1";
    ClientSize = new Size(300, 200);

    Panel panel1 = new Panel( );
    Panel panel2 = new Panel( );
    Panel panel3 = new Panel( );
    Splitter splitter1 = new Splitter( );
    Splitter splitter2 = new Splitter( );

    panel1.BackColor = Color.Blue;
    panel1.BorderStyle = System.Windows.Forms.BorderStyle.Fixed3D;
    panel1.Dock = DockStyle.Left;
    panel1.Width = 120;

    panel2.BackColor = Color.Yellow;
    panel2.BorderStyle = System.Windows.Forms.BorderStyle.Fixed3D;
    panel2.Dock = DockStyle.Top;
    panel2.Height = 128;

    panel3.BackColor = Color.Red;
    panel3.BorderStyle = System.Windows.Forms.BorderStyle.Fixed3D;
    panel3.Dock = DockStyle.Fill;

    splitter1.Dock = DockStyle.Left;
    splitter2.Dock = DockStyle.Top;
```

```
      Controls.AddRange(new Control[]
      {
        panel3,
        splitter2,
        panel2,
        splitter1,
        panel1
      });
    }

    static void Main( )
    {
      Application.Run(new Haupt( ));
    }
  }
```

Durch zwei Panels und einen Splitter wird das Fenster in Beispiel 5.6_2 in eine linke und eine rechte Hälfte aufgeteilt, welche in der Reihenfolge panel2 mit DockStyle.Fill, splitter1 mit DockStyle.Left und panel1 mit DockStyle.Left zusammengebaut werden.

Auf jeder Seite werden eine Listbox, ein Datagrid und ein Splitter eingebaut. Diese Komponenten werden nicht direkt ins Fenster, sondern links in panel1 und rechts in panel2 eingebaut. Die Abbildungen zeigen deutlich, wie die Reaktion beim Ändern der Fenstergröße und beim Verschieben der Splitter ist.

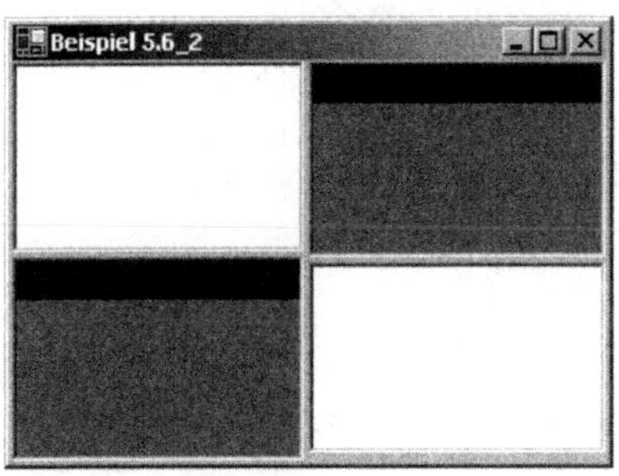

Abbildung 5.6_2a

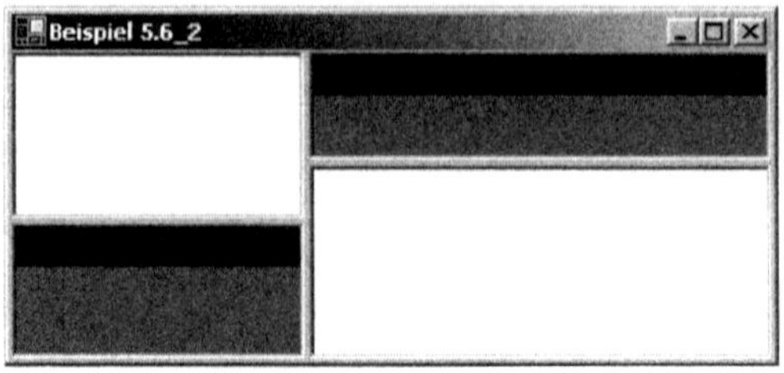

Abbildung 5.6_2b

```
//Datei 5.6_2.cs

using System;
using System.Drawing;
using System.Windows.Forms;

class Haupt : Form
{
  public Haupt( )
  {
    Text = "Beispiel 5.6_2";
    ClientSize = new Size(300, 200);

    Panel panel1 = new Panel( );
    Panel panel2 = new Panel( );
    Splitter splitter1 = new Splitter( );
    Splitter splitter2 = new Splitter( );
    Splitter splitter3 = new Splitter( );
    ListBox listBox1 = new ListBox( );
    ListBox listBox2 = new ListBox( );
    DataGrid dataGrid1 = new DataGrid( );
    DataGrid dataGrid2 = new DataGrid( );

    panel1.Dock = DockStyle.Left;
    panel1.Width = 148;
    panel2.Dock = DockStyle.Fill;

    splitter1.Dock = DockStyle.Left;
    splitter2.Dock = DockStyle.Top;
    splitter3.Dock = DockStyle.Top;

    listBox1.Dock = DockStyle.Top;
    listBox1.Height = 98;
    listBox2.Dock = DockStyle.Fill;

    dataGrid1.Dock = DockStyle.Fill;
    dataGrid2.Dock = DockStyle.Top;
    dataGrid2.Height = 98;
```

```
      panel1.Controls.AddRange(new Control[]
      {
        dataGrid1,
        splitter2,
        listBox1
      });

      panel2.Controls.AddRange(new Control[]
      {
        listBox2,
        splitter3,
        dataGrid2
      });

      Controls.AddRange(new Control[]
      {
        panel2,
        splitter1,
        panel1
      });
    }

    static void Main( )
    {
      Application.Run(new Haupt( ));
    }
  }
```

5.7 Z-Order, TabStop und TabIndex

Die z-Order ist die Reihenfolge, in der die Komponenten mit Add oder AddRange eingebaut werden. Die zuerst eingebaute Komponente liegt zuoberst. Beispiel 5.7_1 demonstriert dies anhand dreier überlappender Komponenten vom Typ GroupBox.

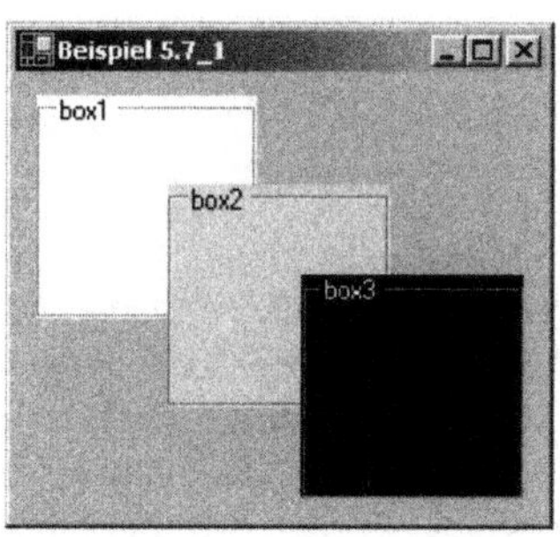

Abbildung 5.7_1

```
//Datei 5.7_1.cs

using System;
using System.Drawing;
using System.Windows.Forms;

class Haupt : Form
{
  public Haupt( )
  {
    Text = "Beispiel 5.7_1";
    ClientSize = new Size(240, 200);

    GroupBox box1 = new GroupBox( );
    GroupBox box2 = new GroupBox( );
    GroupBox box3 = new GroupBox( );

    box1.BackColor = Color.White;
    box1.Text = "box1";
    box1.Bounds = new Rectangle(10, 10, 100, 100);

    box2.BackColor = Color.Yellow;
    box2.Text = "box2";
    box2.Bounds = new Rectangle(70, 50, 100, 100);

    box3.BackColor = Color.Blue;
    box3.ForeColor = Color.White;
    box3.Text = "box3";
    box3.Bounds = new Rectangle(130, 90, 100, 100);

    Controls.AddRange(new Control[]
    {
      box3,
      box2,
      box1
    });
  }

  static void Main( )
  {
    Application.Run(new Haupt( ));
  }
}
```

Die oberste Komponente in der z-Order wird zuerst aktiviert. Beim Betätigen der Tab-Taste wird die Folgekomponente in der z-Order aktiviert. Diese Reihenfolge kann man durch Setzen der Eigenschaft TabIndex ändern, der ganze Zahlen größer oder gleich Null zugewiesen werden können. Die Komponente mit dem niedrigsten TabIndex wird zuerst aktiviert. Beim Drücken der Tab-Taste wird die Folgekomponente nach aufsteigendem TabIndex aktiviert.

Der Eigenschaft TabStop kann true oder false zugewiesen werden. Hat TabStop den Wert true, so kann die betreffende Komponente mit der Tab-Taste aktiviert werden.

Die z-Order in Beispiel 5.7_2 ist button, textbox2, textbox1. Die textbox2 ist wegen

```
textbox2.TabStop = false;
```

nur durch Mausklick erreichbar. Die Eigenschaft TabIndex ist bei textbox1 gleich 0 und bei button gleich 1. Deshalb wird textbox1 zuerst aktiviert. Mit der Tab-Taste kann man zwischen textbox1 und button umschalten.

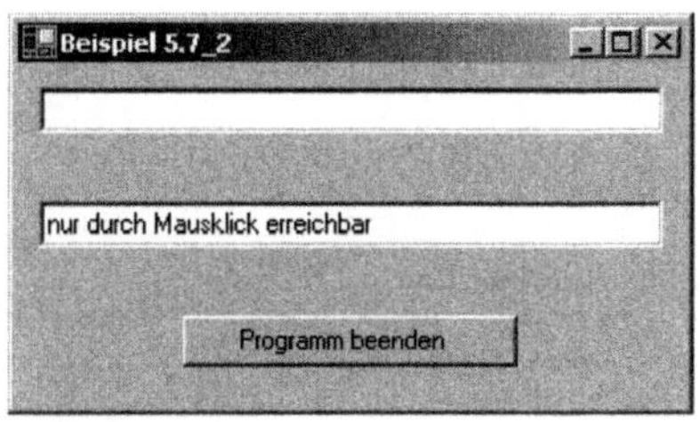

Abbildung 5.7_2

```
//Datei 5.7_2.cs

using System;
using System.Drawing;
using System.Windows.Forms;

class Haupt : Form
{
  public Haupt( )
  {
    Text = "Beispiel 5.7_2";
    ClientSize = new Size(300, 150);

    TextBox textbox1= new TextBox( );
    TextBox textbox2= new TextBox( );
    Button button = new Button( );

    textbox1.Bounds = new Rectangle(10, 10, 280, textbox1.Height);
    textbox1.TabIndex = 0;

    textbox2.Bounds = new Rectangle(10, 60, 280, textbox2.Height);
```

```
      textbox2.Text = "nur durch Mausklick erreichbar";
      textbox2.TabStop = false;

      button.Bounds = new Rectangle(75, 110, 150, button.Height);
      button.Text = "Programm beenden";
      button.TabIndex = 1;
      button.Click += new EventHandler(button_Click);

      Controls.AddRange(new Control[]
      {
        button,
        textbox2,
        textbox1
      });
    }

    protected void button_Click(Object o, EventArgs e)
    {
      Close( );
    }

    static void Main( )
    {
      Application.Run(new Haupt( ));
    }
  }
```

5.8 Modale und nicht modale Dialoge

Ein Dialog ist modal, wenn er mit ShowDialog modal aufgerufen wird. Er ist dagegen nicht modal, wenn er mit Show aufgerufen wird. Dies gilt für jede Instanz der Klasse Form oder davon abgeleiteter Klassen. Ob man die Bezeichnung Fenster, Box oder Dialog verwendet ist dabei unerheblich. Modale Dialoge behalten den Fokus bis sie geschlossen werden. Öffnet man einen modalen Dialog, so kann man keine Aktionen in einem anderen Fenster der gleichen Anwendung ausführen. Man kann jedoch ohne weiteres mehrere nicht modale Dialoge öffnen und beliebig zwischen ihnen wechseln. Es gibt zum Beispiel Zeichenprogramme, bei denen man ein oder mehrere Fenster zum Zeichnen öffnen kann und gleichzeitig einen Werkzeugdialog, einen Farbauswahldialog, einen Texturdialog und noch vieles mehr. Wenn diese Dialoge nicht modal sind, so kann man Farben und Werkzeuge auswählen und anschließend zum Zeichnen benutzen, ohne ständig Dialoge öffnen und schließen zu müssen. Man sollte beide Arten von Dialogen so verwenden, wie es am sinnvollsten erscheint.

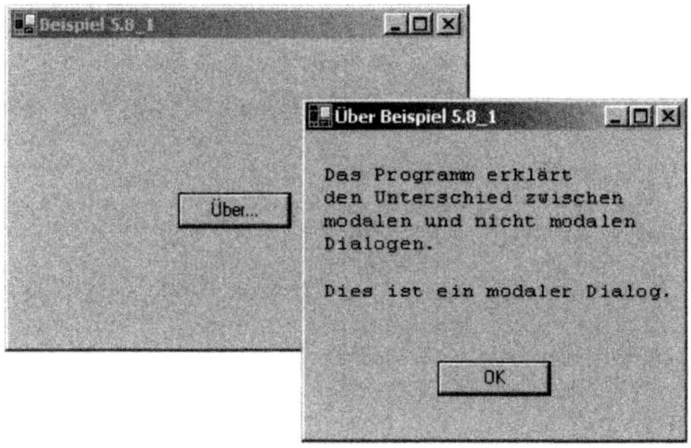

Abbildung 5.8_1

Beispiel 5.8_1 definiert die Klassen Hauptfenster und MyAboutBox, die beide von Form abgeleitet sind. Eine Instanz der Klasse Hauptfenster wird mit Application.Run(new Hauptfenster( )) in der Methode Main gebildet. Dadurch erscheint nach dem Programmstart das Hauptfenster zuerst. Nachdem der Button Über... angeklickt worden ist, erscheint, wie oben zu sehen, die MyAboutBox. Versucht man, in das Hauptfenster zu klicken, so behält der modale Dialog MyAboutBox den Fokus. Der Button OK beendet den Dialog. Erst jetzt kann das Hauptfenster die Kontrolle wieder übernehmen.

In der Klasse Hauptfenster wird die Instanz ABox der Klasse MyAboutBox gebildet. Diese Instanz wird nur einmal gebildet und bleibt während der gesamten Laufzeit des Programms erhalten.

Der Button ueber, der mit Über... beschriftet ist, hat den Eventhandler ueber_Click für das Click Ereignis, welcher die Anweisung ABox.ShowDialog( ) ausführt. Dadurch wird die MyAboutBox modal aufgerufen.

Die Klasse MyAboutBox enthält die Methode OnPaint, die den in der obigen Abbildung sichtbaren Text schreibt. Darüber hinaus gibt es noch den Button ok. Für diesen Button braucht kein Eventhandler geschrieben zu werden. Durch die Anweisung ok.DialogResult = DialogResult.OK erhält der Button die Fähigkeit, den Dialog zu schließen, wobei die Instanz ABox erhalten bleibt. ok.DialogResult ist eine Eigenschaft des Buttons ok. Dieser Eigenschaft wird der Wert DialogResult.OK der Aufzählung DialogResult zugewiesen.

Die Aufzählung DialogResult hat folgende Werte:

```
Abort     Rückgabewert
Cancel    Rückgabewert
Ignore    Rückgabewert
No        Rückgabewert
None      Der Dialog ist noch nicht geschlossen.
OK        Rückgabewert
Retry     Rückgabewert
Yes       Rückgabewert
```

```
//Datei 5.8_1.cs

using System;
using System.Drawing;
using System.Windows.Forms;

class Hauptfenster : Form
{
  MyAboutBox ABox = new MyAboutBox( );

  public Hauptfenster( )
  {
    Text = "Beispiel 5.8_1";
    ClientSize = new Size(300,200);

    Button ueber = new Button( );
    ueber.Text = "Über...";
    ueber.Location = new Point(112, 100);
    ueber.Click += new EventHandler(ueber_Click);
    Controls.Add(ueber);
  }

  private void ueber_Click(object sender, EventArgs e)
  {
    ABox.ShowDialog( );
  }

  static void Main( )
  {
    Application.Run(new Hauptfenster( ));
  }
}

class MyAboutBox : Form
{
  public MyAboutBox( )
```

```
  {
    Text = "Über Beispiel 5.8_1";
    FormBorderStyle = FormBorderStyle.FixedDialog;
    ClientSize = new Size(250,200);

    Button ok = new Button( );
    ok.Text = "OK";
    ok.Location = new Point(87, 150);
    ok.DialogResult = DialogResult.OK;
    Controls.Add(ok);
  }

  protected override void OnPaint(PaintEventArgs arg)
  {
    Graphics g = arg.Graphics;
    Font f = new Font("Courier New",10);
    Brush b = Brushes.Black;
    string s = "Das Programm erklärt\nden Unterschied zwischen"
             + "\nmodalen und nicht modalen\nDialogen."
             + "\n\nDies ist ein modaler Dialog.";
    g.DrawString(s, f, b, 10,20);
  }
}
```

Der Programmcode, der dem Aufruf eines modalen Dialogs mit ShowDialog folgt, wird erst ausgeführt, nachdem der Dialog geschlossen ist. Man hat also die Möglichkeit, die Eigenschaft DialogResult direkt nach dem Schließen des Dialogs abzufragen.

Die vollständige Definition von ShowDialog ist:

```
public DialogResult ShowDialog( );
```

oder

```
public DialogResult ShowDialog(IWin32Window owner);
```

owner ist der Besitzer des Dialogs. Häufig wird this verwendet.

Weitere mögliche Aufrufe von ShowDialog sind:

```
DialogResult res = dia.ShowDialog( );
DialogResult res = dia.ShowDialog( this );
if( dia.ShowDialog( ) == DialogResult.OK ){ . . . }
if( dia.ShowDialog( this ) == DialogResult.OK ){ . . . }
```

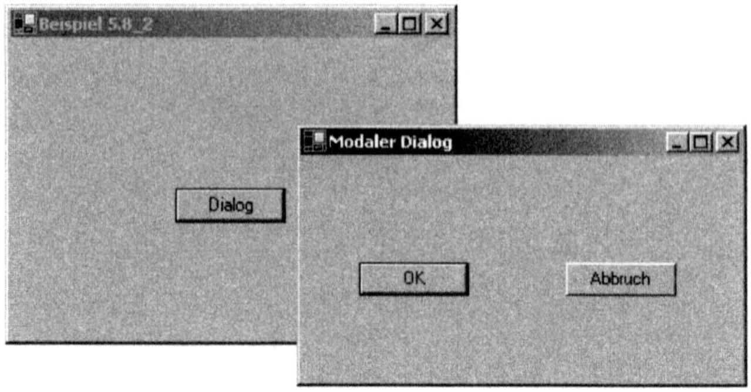

Abbildung 5.8_2

Der mit Dialog beschriftete Button but öffnet den modalen Dialog dia vom Typ MyModalDialog, der einen OK Button ok und einen Abbruch Button ca besitzt.

Durch

```
ok.DialogResult = DialogResult.OK;
```

und

```
ca.DialogResult = DialogResult.Cancel;
```

sind die Buttons in der Lage, den Dialog zu beenden. Dabei wird OK oder Cancel zurück gegeben.

```
private void but_Click(object sender, EventArgs e)
{
  if(dia.ShowDialog( ) == DialogResult.OK)
  {
    MessageBox.Show("OK","DialogResult");
  }
  else
  {
    MessageBox.Show("Cancel","DialogResult");
  }
}
```

Der Eventhandler but_Click des Buttons but öffnet den Dialog dia modal und fragt nach dem Schließen des Dialogs ab, ob OK zurück gegeben worden ist. Je nach Ergebnis erscheint die erste oder zweite MessageBox.

```
//Datei 5.8_2.cs

using System;
using System.Drawing;
using System.Windows.Forms;

class Hauptfenster : Form
{
  MyModalDialog dia = new MyModalDialog( );

  public Hauptfenster( )
  {
    Text = "Beispiel 5.8_2";
    ClientSize = new Size(300,200);

    Button but = new Button( );
    but.Text = "Dialog";
    but.Location = new Point(112, 100);
    but.Click += new EventHandler(but_Click);
    Controls.Add(but);
  }

  private void but_Click(object sender, EventArgs e)
  {
    if(dia.ShowDialog( ) == DialogResult.OK)
    {
      MessageBox.Show("OK","DialogResult");
    }
    else
    {
      MessageBox.Show("Cancel","DialogResult");
    }
  }

  static void Main( )
  {
    Application.Run(new Hauptfenster( ));
  }
}

class MyModalDialog : Form
{
  public MyModalDialog( )
  {
    Text = "Modaler Dialog";
    FormBorderStyle = FormBorderStyle.FixedDialog;
    ClientSize = new Size(300,150);

    Button ok = new Button( );
    ok.Text = "OK";
    ok.Location = new Point(40, 70);
```

```
        ok.DialogResult = DialogResult.OK;
        Controls.Add(ok);

        Button ca = new Button( );
        ca.Text = "Abbruch";
        ca.Location = new Point(180, 70);
        ca.DialogResult = DialogResult.Cancel;
        Controls.Add(ca);
    }
}
```

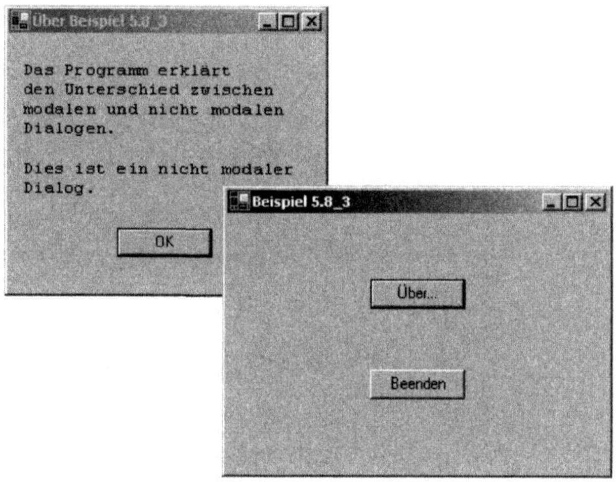

Abbildung 5.8_3

Beispiel 5.8_3 besitzt eine große Ähnlichkeit mit Beispiel 5.8_1. Da der Dialog dieses Mal mit ABox.Show( ) nicht modal geöffnet wird, resultiert daraus ein völlig anderes Verhalten. Man kann beiden Fenstern abwechselnd durch Anklicken den Fokus erteilen. Jetzt ist es auch möglich, das Programm zu beenden, während der Dialog noch nicht geschlossen ist. Wird das Hauptfenster geschlossen, so wird die Methode Application.Run beendet. Alle geöffneten Fenster werden dadurch geschlossen. Das lässt sich durch Anklicken des Buttons Beenden, dessen Eventhandler die Anweisung Close( ) ausführt, oder des X Buttons in der rechten oberen Ecke des Hauptfensters leicht nachvollziehen.

DialogResult kann nur bei modalen Dialogen verwendet werden. Deshalb bekommt der Button ok in MyAboutBox den Eventhandler ok_Click, der die Anweisung Close( ) enthält. Close( ) schließt nicht nur den Dialog, sondern führt auch eine Dispose Anweisung aus. Die Konsequenz sieht man im Eventhandler ueber_Click.

```
private void ueber_Click(object sender, EventArgs e)
{
  ABox = new MyAboutBox( );
  ABox.Show( );
}
```

Vor jedem Aufruf von Show muss eine neue Instanz der Klasse MyAboutBox gebildet werden.

```
//Datei 5.8_3.cs

using System;
using System.Drawing;
using System.Windows.Forms;

class Hauptfenster : Form
{
  MyAboutBox ABox;

  public Hauptfenster( )
  {
    Text = "Beispiel 5.8_3";
    ClientSize = new Size(300,200);

    Button ueber = new Button( );
    ueber.Text = "Über...";
    ueber.Location = new Point(112, 50);
    ueber.Click += new EventHandler(ueber_Click);
    Controls.Add(ueber);

    Button ende = new Button( );
    ende.Text = "Beenden";
    ende.Location = new Point(112, 120);
    ende.Click += new EventHandler(ende_Click);
    Controls.Add(ende);
  }

  private void ueber_Click(object sender, EventArgs e)
  {
    ABox = new MyAboutBox( );
    ABox.Show( );
  }
```

```
    private void ende_Click(object sender, EventArgs e)
    {
      Close( );
    }

    static void Main( )
    {
      Application.Run(new Hauptfenster( ));
    }
  }

  class MyAboutBox : Form
  {
    public MyAboutBox( )
    {
      Text = "Über Beispiel 5.8_3";
      FormBorderStyle = FormBorderStyle.FixedDialog;
      ClientSize = new Size(250,200);

      Button ok = new Button( );
      ok.Text = "OK";
      ok.Location = new Point(87, 150);
      ok.Click += new EventHandler(ok_Click);
      Controls.Add(ok);
    }

    private void ok_Click(object sender, EventArgs e)
    {
      Close( );
    }

    protected override void OnPaint(PaintEventArgs arg)
    {
      Graphics g = arg.Graphics;
      Font f = new Font("Courier New",10);
      Brush b = Brushes.Black;
      string s = "Das Programm erklärt\nden Unterschied zwischen"
               + "\nmodalen und nicht modalen\nDialogen."
               + "\n\nDies ist ein nicht modaler\nDialog.";
      g.DrawString(s, f, b, 10,20);
    }
  }
```

5.9 Hauptmenü und Kontextmenü

Im Namensraum System.Windows.Forms gibt es die Klassen MainMenu, ContextMenu und MenuItem.

Um ein Hauptmenü zu definieren, bildet man zunächst eine Instanz der Klasse MainMenu. Anschließend bildet man für jede

Menüoption eine Instanz der Klasse MenuItem. Die Reihenfolge der Menüoptionen wird durch die Eigenschaft Index festgelegt. Die erste Menüoption bekommt den Index 0. Die sichtbare Bezeichnung einer Menüoption wird der Eigenschaft Text zugewiesen. Die Menüoptionen, die beim Anklicken reagieren sollen, versieht man mit Eventhandlern. Anschließend baut man das Menü unter Verwendung der Methoden Add und AddRange zusammen. Im Unterschied zu Add kann man mit AddRange direkt mehrere Menüoptionen zuordnen. Damit das Menü als Hauptmenü sichtbar wird, weist man der Eigenschaft Menu der Klasse Form die Instanz der Klasse MainMenu zu.

Ein Kontextmenü lässt sich auf ganz analoge Weise definieren. Man bildet zuerst eine Instanz der Klasse ContextMenu, verfährt dann genauso wie beim Hauptmenü und weist der Eigenschaft ContextMenu der Klasse Form die Instanz der Klasse ContextMenu zu. Das Kontextmenü wird geöffnet, sobald man mit der rechten Maustaste in das Fenster klickt.

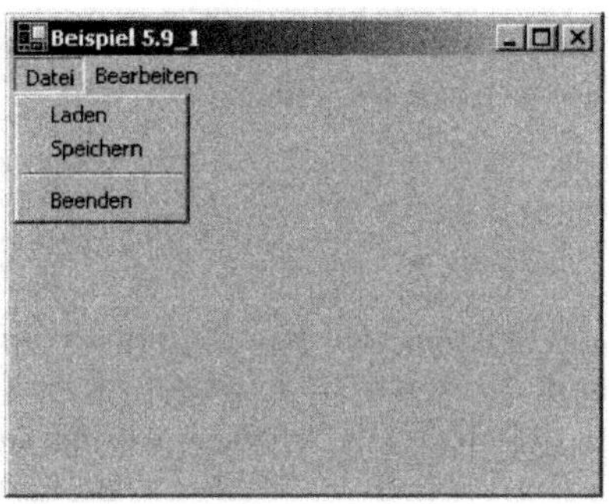

Abbildung 5.9_1

Beispiel 5.9_1 enthält ein Hauptmenü. Zuerst werden die Instanzen von MainMenu und MenuItem gebildet.

```
MainMenu HauptMenu   = new MainMenu( );

MenuItem mDatei      = new MenuItem( );
MenuItem mBearbeiten = new MenuItem( );
```

mDatei und mBearbeiten werden mit AddRange in die Instanz HauptMenu eingefügt.

```
HauptMenu.MenuItems.AddRange(new MenuItem[]
{
  mDatei,
  mBearbeiten
});
```

mDatei erhält den Index 0 und den Text Datei. mBearbeiten wird entsprechend definiert. Es erhält jedoch den Index 1.

```
mDatei.Index = 0
mDatei.Text = "Datei";
mDatei.MenuItems.AddRange(new MenuItem[]
{
  mLaden,
  mSpeichern,
  mSeparator,
  mBeenden
});
```

Die vier in mDatei eingefügten Menüoptionen erhalten die Indizes 0, 1, 2 und 3. Die Indizierung fängt also bei jedem Untermenü wieder mit 0 an. Der Trennstrich mSeparator bekommt als Text ein Minuszeichen zugewiesen.

```
mSeparator.Text = "-";
```

Den Click Ereignissen der Menüoptionen mLaden, mSpeichern und mBeenden, sowie der Menüoptonen mKopieren und mEinfuegen im Menü Bearbeiten, werden Eventhandler zugeordnet.

```
mLaden.Click += new EventHandler(mLaden_Click);
```

Die weiteren Eventhandler sind weiter unten im Listing zu sehen. Sobald das Menü vollständig definiert ist, wird mit der Anweisung

```
Menu = HauptMenu;
```

der Eigenschaft Menu der Klasse Haupt die Instanz HauptMenu zugewiesen. Das Menü wird damit sichtbar und benutzbar.

```
//Datei 5.9_1.cs

using System;
using System.Drawing;
using System.Windows.Forms;

class Haupt : Form
{
  public Haupt( )
  {
    Text = "Beispiel 5.9_1";
    ClientSize = new Size(300,200);

    MainMenu HauptMenu    = new MainMenu( );

    MenuItem mDatei       = new MenuItem( );
    MenuItem mBearbeiten = new MenuItem( );

    MenuItem mLaden       = new MenuItem( );
    MenuItem mSpeichern   = new MenuItem( );
    MenuItem mSeparator   = new MenuItem( );
    MenuItem mBeenden     = new MenuItem( );

    MenuItem mKopieren    = new MenuItem( );
    MenuItem mEinfuegen   = new MenuItem( );

    HauptMenu.MenuItems.AddRange(new MenuItem[]
    {
      mDatei,
      mBearbeiten
    });

    mDatei.Index = 0;
    mDatei.Text = "Datei";
    mDatei.MenuItems.AddRange(new MenuItem[]
    {
      mLaden,
      mSpeichern,
      mSeparator,
      mBeenden
    });

    mLaden.Index = 0;
    mLaden.Text = "Laden";
    mLaden.Click += new EventHandler(mLaden_Click);

    mSpeichern.Index = 1;
    mSpeichern.Text = "Speichern";

    mSeparator.Index = 2;
    mSeparator.Text = "-";
```

```
    mBeenden.Index = 3;
    mBeenden.Text = "Beenden";
    mBeenden.Click += new EventHandler(mBeenden_Click);

    mBearbeiten.Index = 1;
    mBearbeiten.Text = "Bearbeiten";
    mBearbeiten.MenuItems.AddRange(new MenuItem[]
    {
      mKopieren,
      mEinfuegen
    });

    mKopieren.Index = 0;
    mKopieren.Text = "Kopieren";

    mEinfuegen.Index = 1;
    mEinfuegen.Text = "Einfügen";

    Menu = HauptMenu;
  }

  protected void mLaden_Click(object sender, EventArgs e)
  {
    MessageBox.Show("Laden","Menüpunkt");
  }

  protected void mBeenden_Click(object sender, EventArgs e)
  {
    Close( );
  }

  public static void Main( )
  {
    Application.Run(new Haupt( ));
  }
}
```

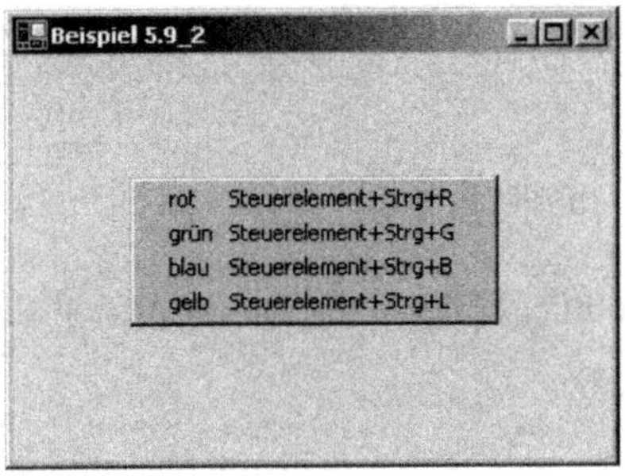

Abbildung 5.9_2

Beispiel 5.9_2 definiert ein Kontextmenü. Zuerst wird eine Instanz

```
Menue = new ContextMenu( );
```

der Klasse ContextMenu gebildet. Anschließend werden die Menüoptionen definiert und mit AddRange in das Menü eingefügt. Dies geschieht nach dem gleichen Prinzip wie im vorigen Beispiel. Es gibt jedoch einige Unterschiede. In die Texte der Menüoptionen sind & Zeichen eingefügt worden. Das Zeichen hinter dem & kann benutzt werden, um die Menüoption auszuwählen.

```
mRot.Text = "&rot";
mGruen.Text = "&grün";
mGelb.Text = "ge&lb";
mBlau.Text = "&blau";
```

Dadurch kann grün durch ein g und gelb, das ebenfalls mit einem g beginnt, durch ein l ausgewählt werden.

Normalerweise wird ein Kontextmenü durch Drücken der rechten Maustaste aktiviert. Die Anweisung

```
mRot.Shortcut = Shortcut.CtrlR;
```

bewirkt, dass die Menüoption mRot durch die Tastenkombination Ctrl R bzw. Strg R ausgelöst werden kann. Entsprechende Shortcuts sind auch für die anderen Menüoptionen definiert.

Die Eventhandler der Menüoptionen setzen die Hintergrundfarbe des Fensters auf Rot, Grün, Blau oder Gelb. Durch die Anweisung

```
ContextMenu = Menue;
```

wird das definierte Menü zum Kontextmenü der Klasse Haupt.

```
//Datei 5.9_2.cs

using System;
using System.Drawing;
using System.Windows.Forms;

class Haupt : Form
{
  ContextMenu Menue;

  public Haupt( )
  {
    Text = "Beispiel 5.9_2";
    ClientSize = new Size(300,200);
    Menue = new ContextMenu( );

    MenuItem mRot   = new MenuItem( );
    MenuItem mGruen = new MenuItem( );
    MenuItem mBlau  = new MenuItem( );
    MenuItem mGelb  = new MenuItem( );

    Menue.MenuItems.AddRange(new MenuItem[]
    {
      mRot,
      mGruen,
      mBlau,
      mGelb
    });

    mRot.Index = 0;
    mRot.Text = "&rot";
    mRot.Shortcut = Shortcut.CtrlR;
    mRot.Click += new EventHandler(mRot_Click);

    mGruen.Index = 1;
    mGruen.Text = "&grün";
    mGruen.Shortcut = Shortcut.CtrlG;
    mGruen.Click += new EventHandler(mGruen_Click);

    mBlau.Index = 2;
    mBlau.Text = "&blau";
    mBlau.Shortcut = Shortcut.CtrlB;
```

```
    mBlau.Click += new EventHandler(mBlau_Click);

    mGelb.Index = 3;
    mGelb.Text = "ge&lb";
    mGelb.Shortcut = Shortcut.CtrlL;
    mGelb.Click += new EventHandler(mGelb_Click);

    ContextMenu = Menue;
  }

  protected void mRot_Click(object sender, EventArgs e)
  {
    BackColor = Color.Red;
  }

  protected void mGruen_Click(object sender, EventArgs e)
  {
    BackColor = Color.Green;
  }

  protected void mBlau_Click(object sender, EventArgs e)
  {
    BackColor = Color.Blue;
  }

  protected void mGelb_Click(object sender, EventArgs e)
  {
    BackColor = Color.Yellow;
  }

  public static void Main( )
  {
    Application.Run(new Haupt( ));
  }
}
```

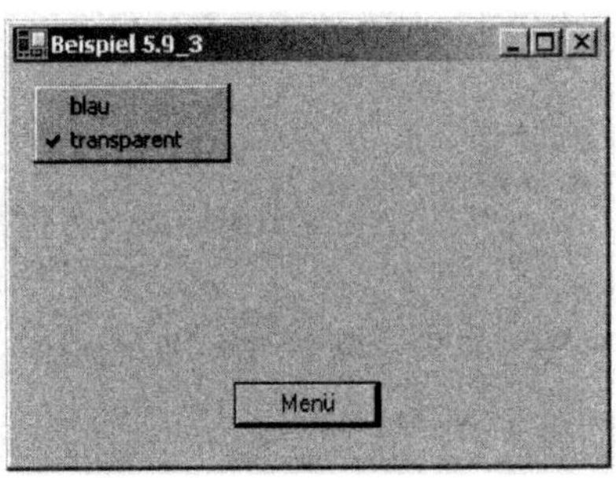

Abbildung 5.9_3

Es wird wieder die Klasse ContextMenu verwendet. Diesmal wird das Menü aber durch Anklicken des Buttons Menü aktiviert. Man bezeichnet ein solches Menü als Popup Menü.

Die Anweisung

```
Menue.Show(this, new Point(10, 10));
```

aktiviert das Menü an der Position 10, 10 im Klientbereich des Fensters. Die Menüoption mBlau färbt den Hintergrund des Fensters blau. Mit der Anweisung

```
mBlau.Enabled = false;
```

deaktiviert sich die Menüoption selbst. Der Eventhandler der Menüoption mTrans enthält die Anweisungen:

```
if(mTrans.Checked)
{
  Opacity = 1.0;
  mTrans.Checked = false;
}
else
{
  Opacity = 0.7;
  mTrans.Checked = true;
}
```

Ist die Eigenschaft Checked wahr, so wird das Fenster opak bzw. undurchsichtig und Checked wird der Wert false zugewiesen. Andernfalls wird das Fenster transparent und Checked wird auf true gesetzt. Diesen Zustand erkennt man an einem Häkchen vor der Menüoption transparent.

```
//Datei 5.9_3.cs

using System;
using System.Drawing;
using System.Windows.Forms;

class Haupt : Form
{
  ContextMenu Menue = new ContextMenu( );

  MenuItem mBlau  = new MenuItem( );
  MenuItem mTrans = new MenuItem( );

  Button bMenu = new Button( );
```

```
public Haupt( )
{
  Text = "Beispiel 5.9_3";
  ClientSize = new Size(300,200);

  Menue.MenuItems.AddRange(new MenuItem[]
  {
    mBlau,
    mTrans
  });

  mBlau.Index = 0;
  mBlau.Text = "blau";
  mBlau.Click += new EventHandler(mBlau_Click);

  mTrans.Index = 1;
  mTrans.Text = "transparent";
  mTrans.Click += new EventHandler(mTrans_Click);

  bMenu.Text = "Menü";
  bMenu.Location = new Point(112, 160);
  bMenu.BackColor = Color.LightGray;
  bMenu.Click += new EventHandler(bMenu_Click);
  Controls.Add(bMenu);
}

protected void mBlau_Click(object sender, EventArgs e)
{
  BackColor = Color.Blue;
  mBlau.Enabled = false;
}

protected void mTrans_Click(object sender, EventArgs e)
{
  if(mTrans.Checked)
  {
    Opacity = 1.0;
    mTrans.Checked = false;
  }
  else
  {
    Opacity = 0.7;
    mTrans.Checked = true;
  }
}

protected void bMenu_Click(object sender, EventArgs e)
{
  Menue.Show(this, new Point(10, 10));
}
```

```
  public static void Main( )
  {
    Application.Run(new Haupt( ));
  }
}
```

5.10 Toolbar und Statusbar

Die Klassen ToolBar und ToolBarButton werden zur Definition einer Toolbar und die Klassen StatusBar und StatusBarPanel zur Definition einer Statusbar benutzt. Das englische Wort Tool bedeutet Werkzeug. Als Werkzeuge der Toolbar stehen ToolBarButton und Control zur Verfügung. Dadurch kann jedes beliebige Steuerelement in die Toolbar eingebaut werden. Die Statusbar zeigt etwas an. Bei einem Textprogramm kann dies zum Beispiel die Seite, die Zeile und die Spalte sein, in der sich gerade der Cursor befindet. Die Statusbar kann mit Hilfe der Klasse StatusBarPanel in mehrere Anzeigebereiche unterteilt werden.

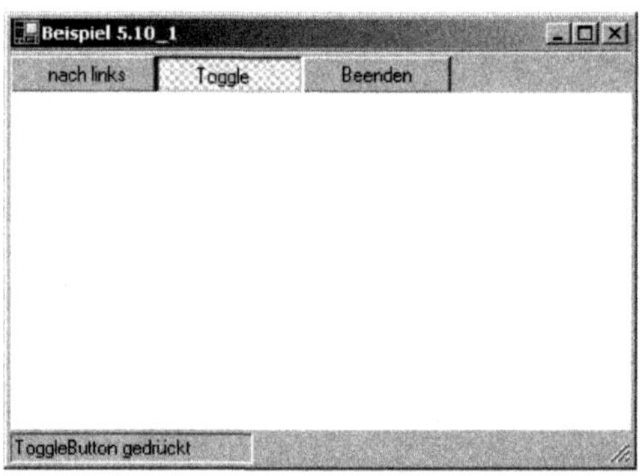

Abbildung 5.10_1a

Beispiel 5.10_1 verwendet eine Toolbar am oberen Rand und eine Statusbar am unteren Rand des Fensters. Die Toolbar hat drei Buttons. Der Button nach links bewirkt, dass die Toolbar an den linken Rand des Fensters gesetzt wird. Die Beschriftung dieses Buttons ändert sich dabei in nach oben.

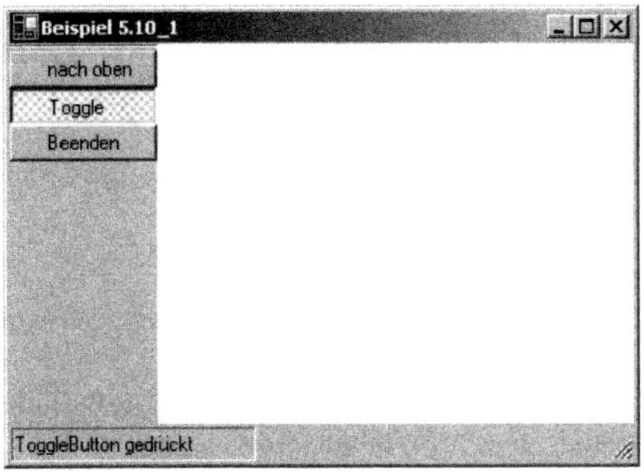

Abbildung 5.10_1b

Der zweite Button mit der Aufschrift Toggle ist ein Druckknopf, der ein- und wieder ausrastet. Ist der Toggle Button gedrückt, so wird dies in der Statusbar angezeigt. Der dritte Button beendet das Programm.

Die Buttons werden durch

```
posBut = new ToolBarButton( );
posBut.Text = "nach links";

toggleBut = new ToolBarButton( );
toggleBut.Style = ToolBarButtonStyle.ToggleButton;
toggleBut.Text = "Toggle";

endeBut = new ToolBarButton( );
endeBut.Text = "Beenden";
```

definiert. Für jeden Button wird eine Instanz der Klasse ToolBarButton gebildet und die Beschriftung der Eigenschaft Text zugewiesen. Beim zweiten Button toggleBut wird die Eigenschaft Style auf ToggleButton gesetzt, so dass dieser Button beim Anklicken einrastet.

Die Toolbar ist eine Instanz der Klasse ToolBar.

```
toolBar = new ToolBar( );
toolBar.ButtonSize = new Size(90, 22);
toolBar.TextAlign = ToolBarTextAlign.Right;
```

Die Eigenschaft ButtonSize legt die Größe der Buttons fest. Als Textausrichtung TextAlign stehen Right rechts und Underneath unten zur Verfügung.

Die Toolbar wird mit AddRange zusammengebaut und anschließend wird der Eventhandler

```
toolBar.ButtonClick +=
      new ToolBarButtonClickEventHandler(toolBar_ButtonClick);
```

zugeordnet. Es gibt nur einen Eventhandler für die gesamte Toolbar. Durch bedingte Anweisungen wie

```
if(e.Button == posBut)
```

wird herausgefunden, welcher Button angeklickt worden ist. Das Andocken der Toolbar am linken Rand des Fensters wird durch die Anweisung

```
toolBar.Dock = DockStyle.Left;
```

bewirkt. Neben Left links stehen Right rechts, Top oben und Bottom unten zur Verfügung.

Die Statusbar mit einem Panel wird durch

```
statusBar = new StatusBar( );
sBarPanel = new StatusBarPanel( );
sBarPanel.Width = 150;
statusBar.Panels.Add(sBarPanel);
statusBar.ShowPanels = true;
```

definiert. Nach der Bildung der Instanzen statusBar und sBarPanel wird die Breite des Panels festgelegt und das Panel mit Add in die Statusbar eingebaut. Die Eigenschaft ShowPanels wird auf true gesetzt, und am Ende werden Toolbar und Statusbar mit AddRange in das Hauptfenster eingebaut.

Die Anweisungen

```
if(toggleBut.Pushed)
  sBarPanel.Text="ToggleButton gedrückt";
else
  sBarPanel.Text="";
```

im Eventhandler der Toolbar setzen den Zustand des Buttons toggleBut in die Statusbar.

```
//Datei 5.10_1.cs

using System;
using System.Drawing;
using System.Windows.Forms;

class Haupt : Form
{
  ToolBar toolBar;
  ToolBarButton posBut, toggleBut, endeBut;
  StatusBar statusBar;
  StatusBarPanel sBarPanel;

  public Haupt( )
  {
    Text = "Beispiel 5.10_1";
    ClientSize = new Size(380,250);
    BackColor = Color.White;

    posBut = new ToolBarButton( );
    posBut.Text = "nach links";

    toggleBut = new ToolBarButton( );
    toggleBut.Style = ToolBarButtonStyle.ToggleButton;
    toggleBut.Text = "Toggle";

    endeBut = new ToolBarButton( );
    endeBut.Text = "Beenden";

    toolBar = new ToolBar( );
    toolBar.ButtonSize = new Size(90, 22);
    toolBar.TextAlign = ToolBarTextAlign.Right;

    toolBar.Buttons.AddRange(new ToolBarButton[]
    {
      posBut,
      toggleBut,
      endeBut
    });

    toolBar.ButtonClick +=
      new ToolBarButtonClickEventHandler(toolBar_ButtonClick);

    statusBar = new StatusBar( );
    sBarPanel = new StatusBarPanel( );
    sBarPanel.Width = 150;
    statusBar.Panels.Add(sBarPanel);
    statusBar.ShowPanels = true;
```

```
    Controls.AddRange(new Control[]
    {
      toolBar,
      statusBar
    });
  }

  private void toolBar_ButtonClick(
    object sender, ToolBarButtonClickEventArgs e)
  {
    if(e.Button == posBut)
    {
      if(posBut.Text == "nach links")
      {
        toolBar.Dock = DockStyle.Left;
        posBut.Text = "nach rechts";
      }
      else
      {
        toolBar.Dock = DockStyle.Top;
        posBut.Text = "nach links";
      }
    }
    else if(e.Button == toggleBut)
    {
      if(toggleBut.Pushed)
        sBarPanel.Text="ToggleButton gedrückt";
      else
        sBarPanel.Text="";
    }
    else if(e.Button == endeBut)
    {
      Close( );
    }
  }

  public static void Main( )
  {
    Application.Run(new Haupt( ));
  }
}
```

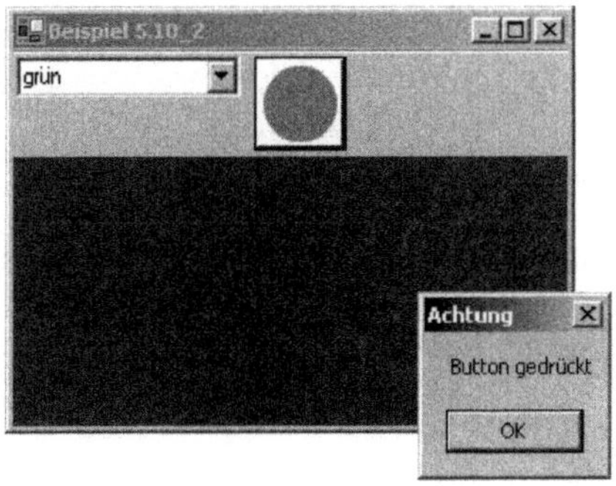

Abbildung 5.10_2

In diesem Beispiel werden eine Combobox und ein Button in die Toolbar gesetzt. Die Items bzw. Optionen der Combobox werden mit Items.AddRange festgelegt.

```
cb.Items.AddRange(new object[]
{
  "weiß",
  "rot",
  "grün",
  "blau",
  "gelb"
});
```

Dem Ereignis SelectedIndexChanged der Combobox wird ein Eventhandler zugeordnet, der mit switch(cb.SelectedIndex) und case den Index der angeklickten Option erkennt und dementsprechend die Hintergrundfarbe des Fensters ändert.

Der Eigenschaft Image des Buttons wird eine Bitmapdatei zugeordnet.

```
but.Image = new Bitmap("button.bmp");
```

Nachdem der Button mit einem Eventhandler, der eine Messagebox aufruft, versehen worden ist, kann nun die Toolbar zusammengebaut werden.

```
tb.Controls.AddRange(new Control[]
{
  cb,
  but
});
```

Im Gegensatz zum Beispiel 5.10_1, bei dem Buttons.AddRange benutzt worden ist, muss beim Beispiel 5.10_2 Controls.AddRange benutzt werden.

```
//Datei 5.10_2.cs

using System;
using System.Drawing;
using System.Windows.Forms;

class Haupt : Form
{
  ToolBar tb = new ToolBar( );
  ComboBox cb = new ComboBox( );
  Button but = new Button( );

  public Haupt( )
  {
    Text = "Beispiel 5.10_2";
    ClientSize = new Size(300,200);
    BackColor = Color.White;

    tb.ButtonSize = new Size(80, 54);

    cb.Items.AddRange(new object[]
    {
      "weiß",
      "rot",
      "grün",
      "blau",
      "gelb"
    });
    cb.Location = new Point(2, 2);
    cb.Size = new Size(121, 21);
    cb.SelectedIndexChanged += new
EventHandler(cb_SelectedIndexChanged);

    but.Image = new Bitmap("button.bmp");
    but.Location = new Point(130, 2);
    but.Size = new Size(50, 50);
    but.BackColor = Color.White;
    but.Click += new EventHandler(but_Click);

    tb.Controls.AddRange(new Control[]
```

```
    {
      cb,
      but
    });

    Controls.Add(tb);
  }

  private void cb_SelectedIndexChanged(object sender, EventArgs e)
  {
    switch(cb.SelectedIndex)
    {
      case 0:
        BackColor = Color.White;
        break;
      case 1:
        BackColor = Color.Red;
        break;
      case 2:
        BackColor = Color.Green;
        break;
      case 3:
        BackColor = Color.Blue;
        break;
      case 4:
        BackColor = Color.Yellow;
        break;
    }
  }

  private void but_Click(object sender, EventArgs e)
  {
    MessageBox.Show("Button gedrückt", "Achtung");
  }

  public static void Main( )
  {
    Application.Run(new Haupt( ));
  }
}
```

5.11 MDI, das Multi Document Interface

Eine MDI Anwendung zeichnet sich durch die Existenz eines Hauptfensters aus, das ein oder mehrere untergeordnete Fenster beherbergt. Um dem Begriff Multi Document gerecht zu werden, sollten die untergeordneten Fenster in der Lage sein, unterschiedliche Dokumente darzustellen.

Alle Fenster sind Instanzen der Klasse Form oder davon abgeleiteter Klassen. Beim Hauptfenster wird IsMdiContainer = true gesetzt und bei den untergeordneten Fenstern wird MdiParent = Hauptfenster.this gesetzt. Damit wird erreicht, dass das Haupt- bzw. Elternfenster seine Hintergrundfarbe ändert und die untergeordneten Kindfenster nicht auf dem Desktop sondern im Klientbereich des Hauptfensters dargestellt werden. Darüber hinaus führt das Hauptfenster eine Liste der Kindfenster, die als Array Form[ ] MdiChildren gespeichert ist. Das aktive Kindfenster kann mit Hilfe der Eigenschaft ActiveMdiChild ermittelt werden. Durch LayoutMdi(MdiLayout.Cascade) werden die Kindfenster überlappend dargestellt.

Durch LayoutMdi(MdiLayout.TileHorizontal) werden sie untereinander und durch LayoutMdi(MdiLayout.TileVertical) nebeneinander angeordnet.

Beispiel 5.11_1 enthält das Grundgerüst einer einfachen MDI Anwendung. Damit das Beispiel der besseren Anschaulichkeit halber mit etwas Funktionalität ausgestattet ist, wird jedes Kindfenster mit einer RichTextBox versehen, so dass man Texte schreiben, speichern und wieder laden kann. Auf darüber hinausgehende Funktionen und Einstellungen, die bei Textprogrammen üblich sind, wird bewusst verzichtet.

Nach dem Programmstart erscheint das leere Hauptfenster mit dem Menü Datei. Die Menüoption Neu öffnet ein leeres Fenster, während Laden ein Fenster öffnet und eine Textdatei lädt, die in der RichTextBox abgebildet wird.

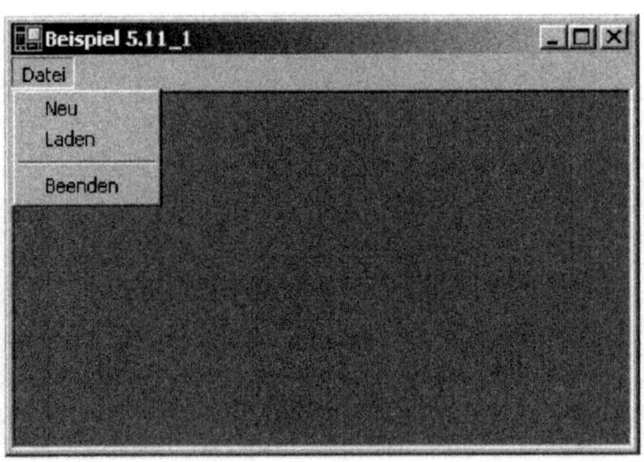

Abbildung 5.11_1a

Die Fenster können überlappend angeordnet werden.

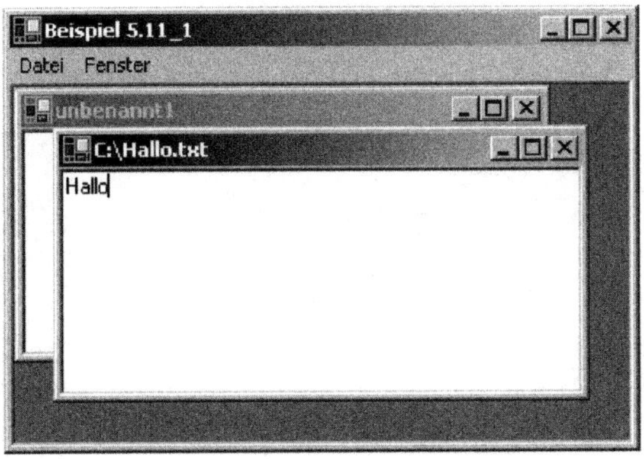

Abbildung 5.11_1b

Sobald wenigstens ein Fenster geöffnet ist, bekommt das Menü Datei zusätzliche Optionen und das Menü Fenster erscheint.

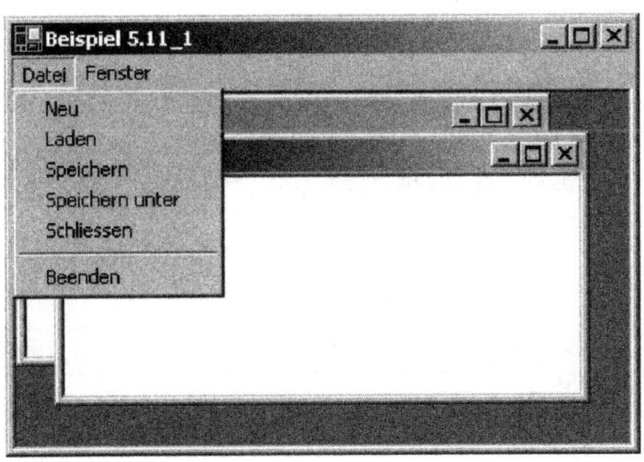

Abbildung 5.11_1c

Mit dem Menü Fenster können Fenster unterschiedlich angeordnet werden. Unterhalb des Trennstriches sind die Kindfenster verzeichnet. Durch Anklicken einer derartigen Menüoption erhält das entsprechende Fenster den Fokus.

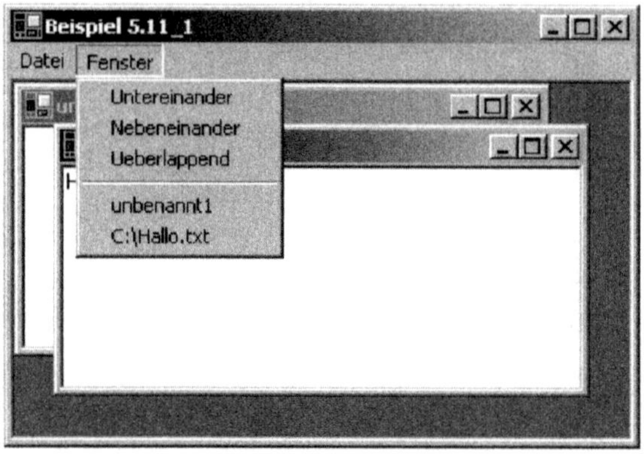

Abbildung 5.11_1d

Die Fenster können durch Anklicken der entsprechenden Option des Menüs Fenster untereinander angeordnet werden.

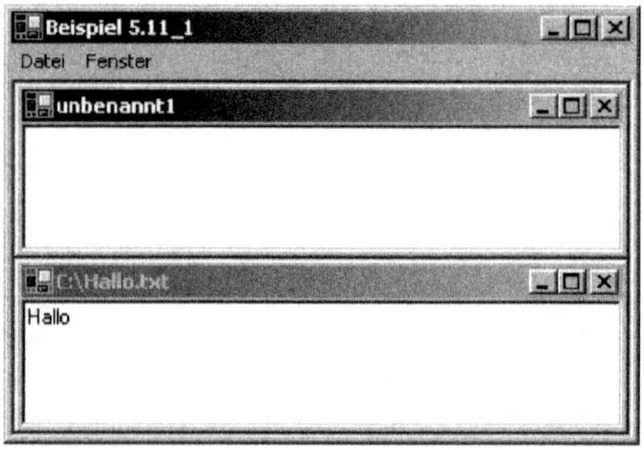

Abbildung 5.11_1e

Die Fenster können durch Anklicken der entsprechenden Option des Menüs Fenster nebeneinander angeordnet werden.

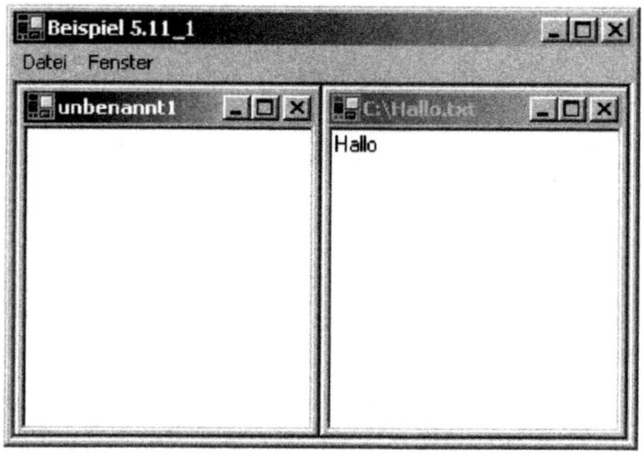

Abbildung 5.11_1f

Die von der Klasse Form abgeleitete Klasse Haupt definiert das Hauptfenster. Daher wird im Konstruktor der Klasse Haupt die Eigenschaft IsMdiContainer = true gesetzt. Die beiden Menüs werden in den Methoden Menu1 und Menu2 zusammengestellt. Die Rückgabewerte dieser Methoden werden der Eigenschaft Menu der Klasse Haupt zugewiesen. Beim Programmstart wird Menu1 aufgerufen. Sobald ein Fenster geöffnet wird, sich die Anzahl der Fenster ändert oder sich die Eigenschaft Text eines Fensters ändert, wird Menu2 aufgerufen. Daher wird Menu2 durch die Menüoptionen Neu, Laden, Speichern unter und durch den Eventhandler ChildClosing aufgerufen. Beim Schließen des letzten Fensters wird durch ChildClosing wiederum Menu1 aufgerufen. Damit ist der Wechsel zwischen den beiden Menüs festgelegt. Die Menüoptionen sind Instanzen der von MenuItem abgeleiteten Klasse mItem. Damit ist eine Erweiterung der Klasse MenuItem um die hier benötigte zusätzliche Funktionalität möglich. Dies wird weiter unten näher erläutert.

Die Kindfenster werden durch die Klasse Kind definiert, die eine RichTextBox enthält. Da die RichTextBox zur Klasse Kind gehört, gehören die Daten der RichTextBox zur jeweiligen Instanz der Klasse Kind. Damit wird erreicht, dass jedes Fenster seine eigenen Daten verwaltet. Die Methoden Laden, Speichern und Speichern unter der Klasse Kind greifen automatisch auf diese Daten zu. Die in der Klasse Haupt enthaltenen Eventhandler mLaden_Click, mSpeichern_Click und mSpeichernUnter_Click rufen die entsprechenden Methoden der Klasse Kind auf.

Die Anweisungen

```
Kind k = new Kind( );
k.MdiParent=this;
k.Closing += new CancelEventHandler(ChildClosing);
k.Show( );
Menu = Menu2(null);
```

sind in den Eventhandlern mNeu_Click und mLaden_Click enthalten. Es wird eine Instanz der Klasse Kind gebildet und MdiParent zugewiesen. Ferner wird dem Event Closing der Eventhandler ChildClosing zugeordnet, der beim Schließen eines Fensters aufgerufen wird. Mit k.Show( ) wird das Fenster sichtbar und anschließend wird noch Menu2 zum Hauptmenü. Beim Öffnen eines neuen Fensters wird mit

```
unbenannt++;
k.Text = "unbenannt" + unbenannt.ToString( );
```

der Text des Fensters auf unbenannt1, unbenannt2 usw. gesetzt. Im Unterschied dazu wird beim Laden mit

```
if(k.Laden( ))
{
   . . .
}
```

die Methode Laden der Klasse Kind aufgerufen. Gibt Laden true zurück, so wird das Fenster geöffnet. Andernfalls wird dieser Vorgang übersprungen. Beim Speichern wird das aktive Kindfenster mit

```
Kind k = (Kind)ActiveMdiChild;
```

ermittelt. Anschließend werden die Methoden Speichern oder SpeichernUnter der Klasse Kind aufgerufen. Beim Schließen wird ebenfalls das aktive Kindfenster ermittelt und anschließend mit

```
k.Close( );
```

geschlossen. Da man Fenster auch durch einen Mausklick in die rechte obere Ecke schließen kann, wird der Vorgang des Schließens im Eventhandler ChildClosing behandelt, der in jedem Fall aufgerufen wird, und der in der Lage ist, diesen Vorgang durchzuführen oder abzubrechen. Nach der Ermittlung des aktiven Kindfensters k wird mit

```
if(!k.Speichern(false))e.Cancel = true;
```

gefragt, ob, falls sich die Daten geändert haben, diese gespeichert werden sollen. Wird dieser Vorgang abgebrochen, so wird e.Cancel = true gesetzt und das Fenster nicht geschlossen. Danach wird Menu1 oder Menu2 aufgerufen. Während in allen bisher beschriebenen Fällen Menu2(null) aufgerufen worden ist, wird jetzt Menu2(k) aufgerufen. Wobei k das Fenster ist, das geschlossen wird. Dadurch wird die Menüoption zur Aktivierung des Fensters k, welches immer noch im Array MdiChildren enthalten ist, aus dem Menü Fenster entfernt.

Jetzt ist noch die Frage offen, wie man einer Menüoption, die der Aktivierung von Fenstern dient, mitteilen kann, welches Fenster aktiviert werden soll. Aus diesem Grund wird die Klasse mItem mit einem ActivateEvent versehen. Der dazugehörige Delegate ActivateHandler ermöglicht es mit

```
mi = new mItem(ki.Text, ki);
mi.ActivateEvent += new ActivateHandler(ActivateChild);
```

dem ActivateEvent in der Methode Menu2 den Eventhandler ActivateChild zuzuordnen, der den Parameter ActivateArgs e besitzt. Dies setzt wiederum voraus, dass eine Klasse ActivateArgs mit der Eigenschaft kind besteht. Nun kann das entsprechende Fenster mit

```
e.kind.Activate( );
```

aktiviert werden. Da aber das Anklicken einer Menüoption den Event Click auslöst und nicht den ActivateEvent, so muss dafür gesorgt werden, dass Click den ActivateEvent auslöst. Zu diesem Zweck wird die Klasse mItem mit dem Konstruktor

```
public mItem(string text, Kind k):base(text){ kind = k; }
```

versehen und der Eventhandler

```
protected override void OnClick(EventArgs e)
{
  if(kind != null)
  {
    ActivateArgs a = new ActivateArgs(kind);
    ActivateEvent(this, a);
  }
  base.OnClick(e);
}
```

überschrieben. Wenn kind != null ist, erzeugt OnClick eine Instanz der Klasse ActivateArgs und löst anschließend den ActivateEvent aus. Der Aufruf

```
base.OnClick(e);
```

sorgt dafür, dass das Eventhandling der anderen Menüoptionen weiterhin funktioniert.

```
//Datei 5.11_1.cs

using System;
using System.IO;
using System.ComponentModel;
using System.Drawing;
using System.Windows.Forms;

class Haupt : Form
{
  int unbenannt = 0;
  public Haupt( )
  {
    Text = "Beispiel 5.11_1";
    ClientSize = new Size(350,200);
    BackColor = Color.White;
    IsMdiContainer = true;
    Menu = Menu1( );
  }

  protected MainMenu Menu1( )
  {
    MainMenu m = new MainMenu( );
    mItem mDatei = new mItem("Datei");
    mItem mNeu = new mItem("Neu", new EventHandler(mNeu_Click));
    mItem mLaden= new mItem(
      "Laden", new EventHandler(mLaden_Click));
    mItem mSeparator = new mItem("-");
    mItem mBeenden = new mItem(
      "Beenden", new EventHandler(mBeenden_Click));
```

```
    mDatei.Index = 0;

    mNeu.Index = 0;
    mLaden.Index = 1;
    mSeparator.Index = 2;
    mBeenden.Index = 3;

    mDatei.MenuItems.AddRange(new mItem[]
    {
      mNeu, mLaden, mSeparator, mBeenden
    });
    m.MenuItems.Add(mDatei);
    return m;
  }

  protected MainMenu Menu2(Kind kind)
  {
    MainMenu m = new MainMenu( );
    mItem mDatei = new mItem("Datei");
    mItem mFenster = new mItem("Fenster");

    mItem mNeu = new mItem("Neu", new EventHandler(mNeu_Click));
    mItem mSchliessen = new mItem(
      "Schliessen", new EventHandler(mSchliessen_Click));
    mItem mLaden = new mItem(
      "Laden", new EventHandler(mLaden_Click));
    mItem mSpeichern = new mItem(
      "Speichern", new EventHandler(mSpeichern_Click));
    mItem mSpeichernUnter = new mItem(
      "Speichern unter", new EventHandler(mSpeichernUnter_Click));
    mItem mSeparator = new mItem("-");
    mItem mBeenden = new mItem(
      "Beenden", new EventHandler(mBeenden_Click));

    mItem mHorizontal = new mItem(
      "Untereinander", new EventHandler(mHorizontal_Click));
    mItem mVertikal = new mItem(
      "Nebeneinander", new EventHandler(mVertikal_Click));
    mItem mUeberlappend = new mItem(
      "Ueberlappend", new EventHandler(mUeberlappend_Click));
    mItem mSeparat = new mItem("-");

    mDatei.Index = 0;
    mFenster.Index = 1;

    mNeu.Index = 0;
    mLaden.Index = 1;
    mSpeichern.Index = 2;
    mSpeichernUnter.Index = 3;
    mSchliessen.Index = 4;
    mSeparator.Index = 5;
```

```
    mBeenden.Index = 6;

    mHorizontal.Index = 0;
    mVertikal.Index = 1;
    mUeberlappend.Index = 2;
    mSeparat.Index = 3;

    mDatei.MenuItems.AddRange(new mItem[]
    {
      mNeu, mLaden, mSpeichern, mSpeichernUnter,
      mSchliessen, mSeparator, mBeenden
    });

    mFenster.MenuItems.AddRange(new mItem[]
    {
      mHorizontal, mVertikal, mUeberlappend, mSeparat
    });

    Kind ki;
    mItem mi;
    foreach(Form k in MdiChildren)
    {
      ki = (Kind)k;
      if(ki != kind)
      {
        mi = new mItem(ki.Text, ki);
        mi.ActivateEvent += new ActivateHandler(ActivateChild);
        mFenster.MenuItems.Add(mi);
      }
    }

    m.MenuItems.AddRange(new mItem[]
    {
      mDatei, mFenster
    });
    return m;
  }

  public void ActivateChild(Object o, ActivateArgs e)
  {
    e.kind.Activate( );
  }

  protected void mNeu_Click(object sender, EventArgs e)
  {
    Kind k = new Kind( );
    k.MdiParent=this;
    unbenannt++;
    k.Text = "unbenannt" + unbenannt.ToString( );
    k.Closing += new CancelEventHandler(ChildClosing);
    k.Show( );
```

```
  Menu = Menu2(null);
}

protected void mLaden_Click(object sender, EventArgs e)
{
  Kind k = new Kind( );
  if(k.Laden( ))
  {
    k.MdiParent=this;
    k.Closing += new CancelEventHandler(ChildClosing);
    k.Show( );
    Menu = Menu2(null);
  }
}

protected void mSpeichern_Click(object sender, EventArgs e)
{
  Kind k = (Kind)ActiveMdiChild;
  k.Speichern(true);
}

protected void mSpeichernUnter_Click(object sender, EventArgs e)
{
  Kind k = (Kind)ActiveMdiChild;
  k.SpeichernUnter( );
  Menu = Menu2(null);
}

protected void mSchliessen_Click(object sender, EventArgs e)
{
  Kind k = (Kind)ActiveMdiChild;
  k.Close( );
}

protected void mBeenden_Click(object sender, EventArgs e)
{
  Close( );
}

protected void mHorizontal_Click(object sender, EventArgs e)
{
  LayoutMdi(MdiLayout.TileHorizontal);
}

protected void mVertikal_Click(object sender, EventArgs e)
{
  LayoutMdi(MdiLayout.TileVertical);
}

protected void mUeberlappend_Click(object sender, EventArgs e)
{
```

```
    LayoutMdi(MdiLayout.Cascade);
  }

  protected void ChildClosing(object sender, CancelEventArgs e)
  {
    Kind k = (Kind)ActiveMdiChild;
    if(!k.Speichern(false))e.Cancel = true;
    if(MdiChildren.Length == 1)
      Menu = Menu1( );
    else
      Menu = Menu2(k);
  }

  public static void Main( )
  {
    Application.Run(new Haupt( ));
  }
}

public class Kind : Form
{
  RichTextBox box = new RichTextBox( );
  bool benannt = false;

  public Kind( ) : base( )
  {
    ClientSize = new Size(250, 150);
    box.Dock = DockStyle.Fill;
    Controls.Add(box);
  }

  public bool Laden( )
  {
    string s;
    Speichern(false);
    OpenFileDialog d = new OpenFileDialog( );
    if(d.ShowDialog( ) == DialogResult.OK)
    {
      Text = d.FileName;
      benannt = true;
      StreamReader sr = new StreamReader(Text);
      if((s = sr.ReadLine( )) != null)
      {
        box.Clear( );
        box.AppendText(s);
      }
      while((s = sr.ReadLine( )) != null)box.AppendText("\n" + s);
      sr.Close( );
      box.Modified = false;
      return true;
    }
```

```
    return false;
  }

  public bool Speichern(bool immer)
  {
    if(immer || box.Modified)
    {
      DialogResult dr = DialogResult.Yes;
      if(!immer)
      {
        string s = "Möchten Sie die geänderten Daten ";
        if(benannt)s +=  "in\n\n" + Text + "\n\n";
        s += "speichern?";
        dr = MessageBox.Show(s,
          "Die Daten sind geändert worden.",
          MessageBoxButtons.YesNoCancel);
      }
      if(dr == DialogResult.Cancel)return false;
      if(dr == DialogResult.No)return true;
      if(!benannt)
      {
        if(SpeichernUnter( ))return true; else return false;
      }
      else
      {
        StreamWriter sw = new StreamWriter(Text);
        foreach(string s in box.Lines)sw.WriteLine(s);
        sw.Close( );
        box.Modified = false;
        return true;
      }
    }
    return true;
  }

  public bool SpeichernUnter( )
  {
    SaveFileDialog d = new SaveFileDialog( );
    if(d.ShowDialog( ) == DialogResult.OK)
    {
      Text = d.FileName;
      benannt = true;
      StreamWriter sw = new StreamWriter(Text);
      foreach(string s in box.Lines)sw.WriteLine(s);
      sw.Close( );
      box.Modified = false;
      return true;
    }
    return false;
  }
}
```

```
public delegate void ActivateHandler(object o, ActivateArgs e);

public class ActivateArgs : EventArgs
{
  private Kind k;
  public Kind kind{ get{ return k; } }
  public ActivateArgs(Kind k){ this.k = k; }
}

public class mItem : MenuItem
{
  protected Kind kind;
  public event ActivateHandler ActivateEvent;

  public mItem(string text):base(text){}
  public mItem(string text, EventHandler onClick):base(text,
onClick){}
  public mItem(string text, Kind k):base(text){ kind = k; }

  protected override void OnClick(EventArgs e)
  {
    if(kind != null)
    {
      ActivateArgs a = new ActivateArgs(kind);
      ActivateEvent(this, a);
    }
    base.OnClick(e);
  }
}
```

5.12 Drucken

Der Kern der Druckfunktionalität ist die Klasse System.Drawing.Printing.PrintDocument. Das Drucken wird durch das Bilden einer Instanz der Klasse PrintDocument vorbereitet und durch die Methode Print dieser Klasse eingeleitet. Print löst die Events BeginPrint, PrintPage und EndPrint aus.

Die Eventhandler zu BeginPrint und EndPrint sind vom Typ:

```
PrintEventHandler( Object o, PrintEventArgs e )
```

Der Eventhandler zu PrintPage ist vom Typ:

```
PrintPageEventHandler( Object o, PrintPageEventArgs e )
```

Im Eventhandler zu BeginPrint können Vorbereitungen zum Drucken getroffen werden. Der Druckvorgang kann durch Setzen der Eigenschaft e.Cancel = true abgebrochen werden. Solange e.HasMorePages = true ist, wird der Event PrintPage wiederholt ausgelöst. Ist e.HasMorePages = false, so wird der Event EndPrint ausgelöst. Dadurch erhält man die Gelegenheit, Maßnahmen zu treffen, die beim Beenden des Druckens erforderlich sind. Zwei Dialoge, die das bisher Beschriebene ergänzen, sind im Namensraum System.Windows.Forms enthalten. Der PrintDialog ermöglicht verschiedene Einstellungen und das Auswählen des Druckers und der PrintPreviewDialog zeigt eine Druckvorschau.

Beispiel 5.12_1 stellt auf dem Bildschirm einen Text mit dem Font Arial und eine Grafik dar. Beides soll ausgedruckt werden. Dabei soll der Textfont Verdana verwendet werden.

Der Textfont Arial wird im Konstruktor der Klasse Haupt festgelegt. Der Eventhandler OnPaint ruft die Methode zeichne(Graphics g) auf, die den Text und die Grafik im Fenster abbildet. Der Eventhandler OnClick leitet das Drucken ein. Um, falls der Drucker nicht bereit ist, einen Abbruch des Programms zu verhindern, wird eine Ausnahmebehandlung mit try und catch vorgesehen. Zuerst wird mit

```
PrintDocument d = new PrintDocument( );
```

das PrintDocument definiert. Dann werden die Eventhandler

```
d.BeginPrint += new PrintEventHandler(d_BeginPrint);
d.PrintPage += new PrintPageEventHandler(d_PrintPage);
d.EndPrint += new PrintEventHandler(d_EndPrint);
```

festgelegt. Mit

```
PrintDialog dia = new PrintDialog( );
```

wird eine Instanz der Klasse PrintDialog gebildet. Der Eigenschaft Document wird das PrintDocument zugewiesen.

```
dia.Document = d;
```

Dies ist sehr wichtig, damit die im PrintDialog getroffenen Einstellungen im PrintDocument wirksam werden.

Dann wird mit

```
if(dia.ShowDialog( ) == DialogResult.OK)
{
  d.Print( );
}
```

der PrintDialog angezeigt und, falls dieser mit OK beendet wird, so wird durch Aufruf von Print gedruckt. Der Eventhandler

```
protected void d_BeginPrint(object o, PrintEventArgs e)
{
  oldFont = Font;
  Font = new Font("Verdana", 8);
}
```

sichert die Eigenschaft Font der Klasse Haupt in oldFont und legt einen neuen Font fest. Der Eventhandler

```
protected void d_PrintPage(object o, PrintPageEventArgs e)
{
  zeichne(e.Graphics);
  e.HasMorePages = false;
}
```

druckt den Fensterinhalt durch Aufruf von zeichne(e.Graphics) aus. Da nur eine Seite gedruckt werden soll, wird e.HasMorePages = false gesetzt. Zum Schluss wird mit

```
protected void d_EndPrint(object o, PrintEventArgs e)
{
  Font = oldFont;
}
```

der Eigenschaft Font wieder der zuvor gesicherte oldFont zugewiesen.

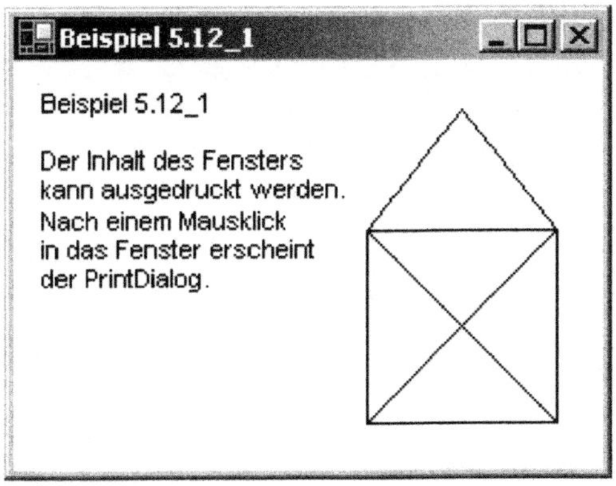

Abbildung 5.12_1a

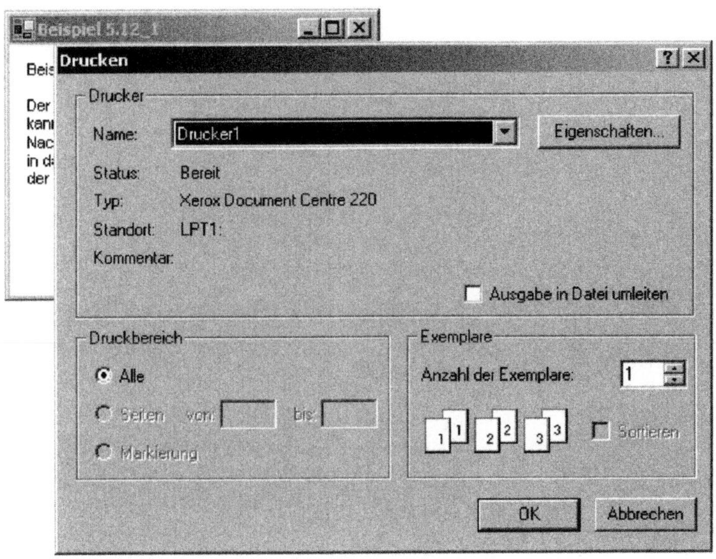

Abbildung 5.12_1b

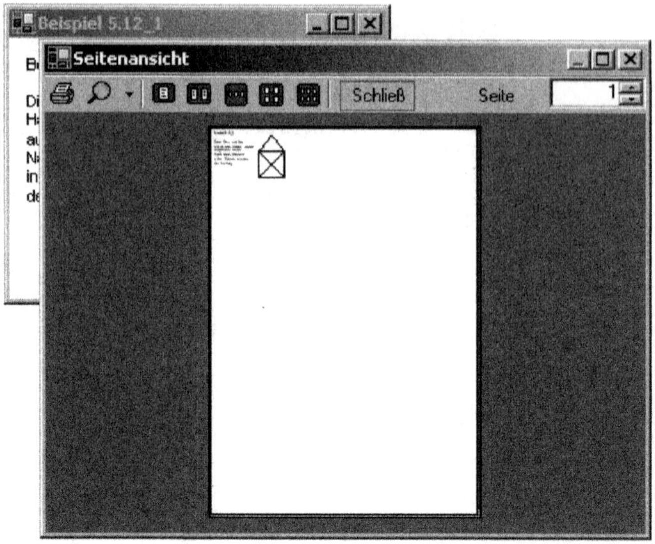

Abbildung 5.12_1c

```
//Datei 5.12_1.cs

using System;
using System.Drawing;
using System.Drawing.Printing;
using System.Windows.Forms;

class Haupt : Form
{
  Font oldFont;

  public Haupt( )
  {
    Text = "Beispiel 5.12_1";
    ClientSize = new Size(250, 170);
    BackColor = Color.White;
    Font = new Font("Arial", 8);
  }

  void zeichne(Graphics g)
  {
    string s =
      "Beispiel 5.12_1\n\n" +
      "Der Inhalt des Fensters\n" +
      "kann ausgedruckt werden.\n" +
      "Nach einem Mausklick\n" +
```

```
        "in das Fenster erscheint\n" +
        "der PrintDialog.";

    g.DrawString(s, Font, Brushes.Black,10,10);

    Point[] p = new Point[9];
    p[0] = new Point(150, 150);
    p[1] = new Point(230, 150);
    p[2] = new Point(230,  70);
    p[3] = new Point(150, 150);
    p[4] = new Point(150,  70);
    p[5] = new Point(230,  70);
    p[6] = new Point(190,  20);
    p[7] = new Point(150,  70);
    p[8] = new Point(230, 150);

    g.DrawLines(Pens.Black, p);
}

protected override void OnPaint(PaintEventArgs e)
{
    zeichne(e.Graphics);
}

protected override void OnClick(EventArgs e)
{
    try
    {
        PrintDocument d = new PrintDocument( );
        d.BeginPrint += new PrintEventHandler(d_BeginPrint);
        d.PrintPage += new PrintPageEventHandler(d_PrintPage);
        d.EndPrint += new PrintEventHandler(d_EndPrint);

        PrintDialog dia = new PrintDialog( );
        dia.Document = d;

        if(dia.ShowDialog( ) == DialogResult.OK)
        {
            d.Print( );
        }
    }
    catch(Exception ex)
    {
        MessageBox.Show(ex.Message);
    }
}

protected void d_BeginPrint(object o, PrintEventArgs e)
{
    oldFont = Font;
    Font = new Font("Verdana", 8);
```

```
    }

    protected void d_PrintPage(object o, PrintPageEventArgs e)
    {
      zeichne(e.Graphics);
      e.HasMorePages = false;
    }

    protected void d_EndPrint(object o, PrintEventArgs e)
    {
      Font = oldFont;
    }

    static void Main( )
    {
      Application.Run(new Haupt( ));
    }
  }
```

Beispiel 5.12_2 druckt den Text einer RichTextBox. Das Menü Datei enthält die Optionen Druckeinstellungen, Drucken, Druckvorschau und Beenden. Da eine separate Menüoption für die Druckeinstellungen existiert, muss das PrintDocument, das die Einstellungen vorhält, während der gesamten Programmlaufzeit seine Gültigkeit behalten. Aus diesem Grund wird das PrintDocument zu Beginn der Klasse Haupt vereinbart. Der Eventhandler mEinstell_Click der Menüoption Druckeinstellungen ruft den PrintDialog auf, der nach dem Anklicken von OK die Einstellungen an das PrintDocument übergibt. Der Eventhandler mDrucken_Click der Menüoption Drucken ruft den PrintDialog auf und anschließend die Methode Print, falls der PrintDialog mit OK beendet worden ist. Der Eventhandler mVorschau_Click ruft den PrintPreviewDialog auf. Auch beim PrintPreviewDialog muss der Eigenschaft Document das PrintDocument zugewiesen werden. Die Methode Print wird vom PrintPreviewDialog nach Anklicken des Druckersymbols aufgerufen. Darum gibt es hier keinen expliziten Aufruf der Methode Print.

Der Eventhandler d_PrintPage des Events PrintPage weist im Vergleich zum vorigen Beispiel einige Unterschiede auf. Die RichTextBox ist mit 120 Zeilen gefüllt und wird mit Courier in der Schriftgröße 12 ausgedruckt. Daraus ergibt sich, dass drei Seiten gedruckt werden.

In d_PrintPage sind zunächst einige Variablen definiert.

```
float x, y;
int zeile = 0;
float h = box.Font.GetHeight(e.Graphics);
float zeilenProSeite = e.MarginBounds.Height/h;
```

```
x, y            Druckposition auf dem Papier
zeile           Nummer der Zeile auf dem Papier
h               Höhe einer Zeile auf dem Papier
zeilenProSeite  Anzahl der Zeilen einer gedruckten Seite
```

Mit MarginBounds.Height wird die Höhe des Druckbereichs einer Seite abgefragt.

Ein Aufruf von d_PrintPage druckt genau eine Seite. Daher läuft die while-Schleife solange wie einerseits die Seite noch nicht vollgeschrieben ist und andererseits noch Zeilen in der Richtextbox zur Verfügung stehen, wobei iBox die aktuelle Zeile in der Richtextbox und nBox die Anzahl der Zeilen der Richtextbox ist.

```
while(zeile < zeilenProSeite && iBox < nBox)
{
  x = e.MarginBounds.Left;
  y = e.MarginBounds.Top + zeile*h;
  e.Graphics.DrawString(
    box.Lines[iBox], box.Font, Brushes.Black, x, y);
  zeile++; iBox++;
}
```

Die horizontale Druckposition x wird mit MarginBounds.Left auf den linken Randabstand gesetzt. Die vertikale Druckposition rückt mit jeder Zeile vom oberen Randabstand MarginBounds.Top um h nach unten. DrawString übergibt den String an den Druckertreiber mit dem Font der RichTextBox. Anschließend werden die Variablen zeile und iBox um eins erhöht. Zum Schluss wird geprüft, ob noch Zeilen in der RichTextBox vorhanden sind. Wenn noch Zeilen vorhanden sind wird HasMorePages = true gesetzt und andernfalls false.

```
if(iBox < nBox)
  e.HasMorePages = true;
else
{
  e.HasMorePages = false;
  iBox = 0;
}
```

Die Anweisung iBox = 0 ist wichtig beim Drucken mit Vorschau. Da die Vorschau ebenfalls mit Hilfe des Eventhandlers d_PrintPage erstellt wird, ist die Variable iBox am Ende gleich nBox. Sie muss daher für die Ausgabe an den Drucker zurückgesetzt werden.

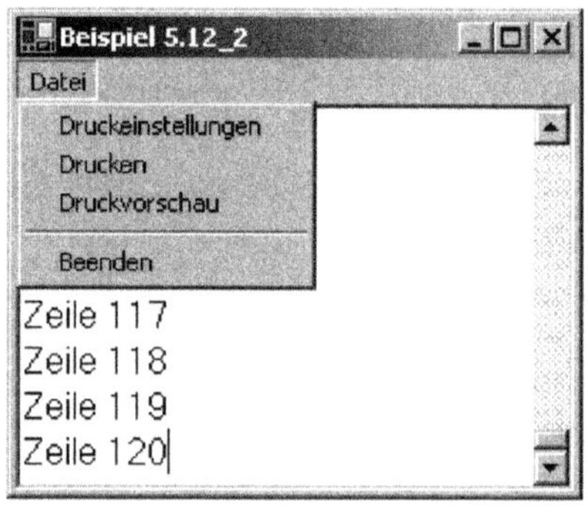

Abbildung 5.12_2a

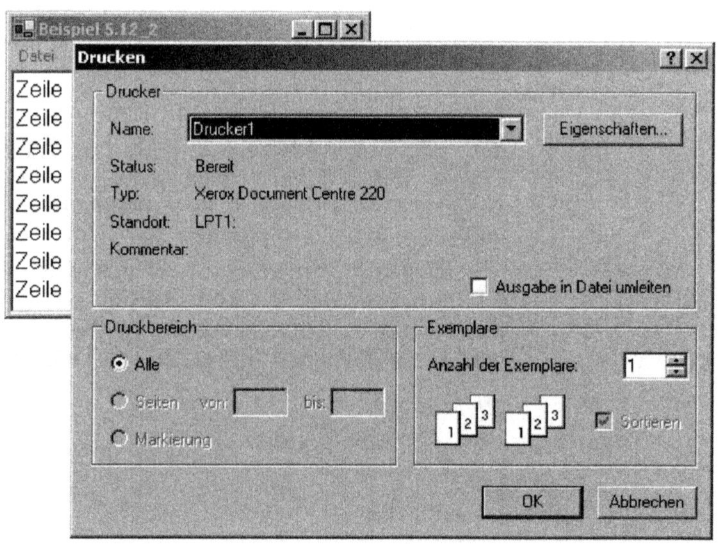

Abbildung 5.12_2b

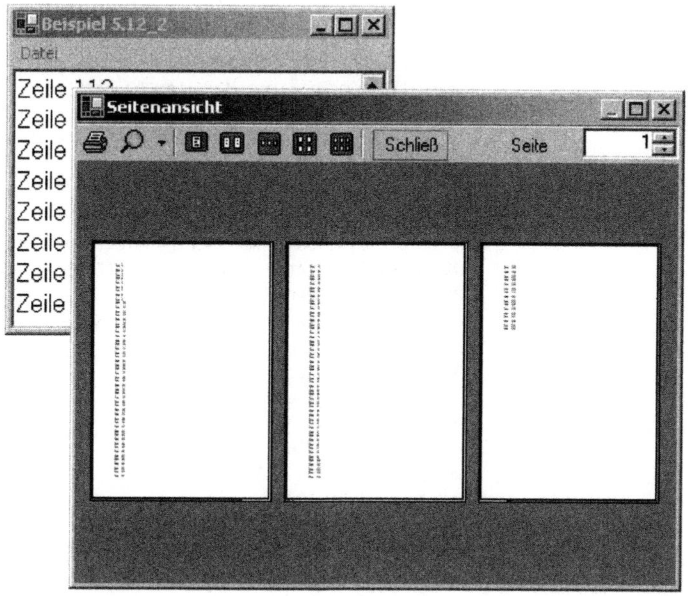

Abbildung 5.12_2c

```
//Datei 5.12_2.cs

using System;
using System.IO;
using System.Drawing;
using System.Drawing.Printing;
using System.Windows.Forms;

class Haupt : Form
{
  PrintDocument doc = new PrintDocument( );
  RichTextBox box = new RichTextBox( );
  int iBox, nBox;

  public Haupt( )
  {
    Text = "Beispiel 5.12_2";
    ClientSize = new Size(250, 170);
    box.Dock = DockStyle.Fill;
    box.Font = new Font("Courier", 12);
    Controls.Add(box);

    box.AppendText("Zeile 1");
    for(int i=2; i<121; i++)
```

```
    box.AppendText("\nZeile " + i.ToString( ));

    MainMenu m = new MainMenu( );
    MenuItem mDatei = new MenuItem("Datei");
    MenuItem mEinstell = new MenuItem(
      "Druckeinstellungen", new EventHandler(mEinstell_Click));
    MenuItem mDrucken = new MenuItem(
      "Drucken", new EventHandler(mDrucken_Click));
    MenuItem mVorschau = new MenuItem(
      "Druckvorschau", new EventHandler(mVorschau_Click));
    MenuItem mSeparator = new MenuItem("-");
    MenuItem mBeenden = new MenuItem(
      "Beenden", new EventHandler(mBeenden_Click));

    mDatei.Index = 0;
    mEinstell.Index = 0;
    mDrucken.Index = 1;
    mVorschau.Index = 2;
    mSeparator.Index = 3;
    mBeenden.Index = 4;

    mDatei.MenuItems.AddRange(new MenuItem[]
    {
      mEinstell, mDrucken, mVorschau, mSeparator, mBeenden
    });
    m.MenuItems.Add(mDatei);
    Menu = m;

    doc.PrintPage += new PrintPageEventHandler(d_PrintPage);
  }

  protected void d_PrintPage(object o, PrintPageEventArgs e)
  {
    float x, y;
    int zeile = 0;
    float h = box.Font.GetHeight(e.Graphics);
    float zeilenProSeite = e.MarginBounds.Height/h;

    while(zeile < zeilenProSeite && iBox < nBox)
    {
      x = e.MarginBounds.Left;
      y = e.MarginBounds.Top + zeile*h;
      e.Graphics.DrawString(
        box.Lines[iBox], box.Font, Brushes.Black, x, y);
      zeile++; iBox++;
    }
    if(iBox < nBox)
      e.HasMorePages = true;
    else
    {
      e.HasMorePages = false;
```

```
      iBox = 0;
    }
  }

  protected void mEinstell_Click(object sender, EventArgs e)
  {
    try
    {
      PrintDialog dia = new PrintDialog( );
      dia.Document = doc;
      dia.ShowDialog( );
    }
    catch(Exception ex)
    {
      MessageBox.Show(ex.Message);
    }
  }

  protected void mDrucken_Click(object sender, EventArgs e)
  {
    try
    {
      iBox = 0;
      nBox = box.Lines.Length;
      PrintDialog dia = new PrintDialog( );
      dia.Document = doc;
      if(dia.ShowDialog( ) == DialogResult.OK)doc.Print( );
    }
    catch(Exception ex)
    {
      MessageBox.Show(ex.Message);
    }
  }

  protected void mVorschau_Click(object sender, EventArgs e)
  {
    try
    {
      iBox = 0;
      nBox = box.Lines.Length;
      PrintPreviewDialog pre = new PrintPreviewDialog( );
      pre.Document = doc;
      pre.ShowDialog( );
    }
    catch(Exception ex)
    {
      MessageBox.Show(ex.Message);
    }
  }

  protected void mBeenden_Click(object sender, EventArgs e)
```

```
    {
      Close( );
    }

    static void Main( )
    {
      Application.Run(new Haupt( ));
    }
  }
```

5.13 Das Hilfesystem

5.13.1 Grundlagen

Die Klasse System.Windows.Forms.Help besitzt die statischen Methoden ShowHelp, ShowHelpIndex und ShowPopup. ShowHelp zeigt ein Hilfethema an. ShowHelpIndex zeigt den Hilfeindex an. ShowPopup zeigt ein Popup-Fenster mit einem Hilfetext an. Die Methoden ShowHelp und ShowHelpIndex können kompilierte Windows-Hilfedateien mit der Dateiendung .hlp und HTML-Hilfedateien mit der Endung .chm und auch nicht kompilierte HTML-Dateien anzeigen.

Die Klasse System.Windows.Forms.HelpProvider ermöglicht Steuerelementen zugeordnete kontextsensitive Hilfe. Die Eigenschaft HelpNamespace nimmt den Dateinamen der Hilfedatei auf. Die Methode SetHelpString ordnet einem Steuerelement einen Hilfetext zu. SetHelpKeyword legt ein Schlüsselwort oder ein Hilfethema für ein Steuerelement fest. SetHelpNavigator ordnet einem Steuerelement einen Wert aus der Aufzählung HelpNavigator zu. Die Aufzählung System.Windows.Forms.HelpNavigator enthält die Werte AssociateIndex, Find, Index, KeywordIndex, TableOfContents und Topic. Von dem gewählten Wert hängt die Bedeutung der mit SetHelpKeyword festgelegten Zuordnung ab. Wird zB. einem Steuerelement mit SetHelpNavigator der Wert Topic zugeordnet, so wird diesem Steuerelement mit SetHelpKeyword ein Hilfethema zugeordnet.

Das Anfordern von Hilfe löst ein HelpRequested-Ereignis aus. In Ergänzung dazu gibt es den Delegate HelpEventHandler und die Klasse HelpEventArgs mit der Eigenschaft Handled, die angibt, ob die Hifeanforderung schon behandelt wurde und der Eigenschaft MousePos, die die Mauskoordinaten enthält. Dies ist der Schlüssel zu einem benutzerdefinierten Hilfesystem.

5.13.2 WinHelp

Die traditionelle Windows-Hilfe basiert auf dem Richtextformat. Daher wird ein Textprogramm wie zB. Microsoft Word benötigt, das dieses Format bearbeiten kann. Ferner wird einer der Hilfecompiler hcw.exe oder hcrtf.exe benötigt. Beide Dateien sind im Help Workshop enthalten, der per Download von

```
ftp://ftp.microsoft.com/Softlib/MSLFILES/hcwsetup.exe
```

frei bezogen werden kann.

Der erste Schritt besteht im Anfertigen einer Datei im Richtextformat. Die unten abgebildete Datei hat vier Seiten und wird unter dem Namen WinHelp.rtf abgespeichert. Bei der Arbeit mit Microsoft Word ist es vorteilhaft, im Menü Extras-Optionen die Absatzmarken und Ausgeblendeten Text sichtbar zu schalten.

Die Seite 1 der Datei WinHelp.rtf:

#$K
{bmc Help.bmp}

Die statischen Methoden der Klasse Help

ShowHelpm_ShowHelp
ShowHelpIndexm_ShowHelpIndex
ShowPopupm_ShowPopup

---¶

 # m_Inhalt¶
$ Inhalt¶
K Inhalt¶

Die Seite 2 der Datei WinHelp.rtf:

#$K¶

Die Überladungen der statischen Methode ShowHelp¶

¶

```
public static void ShowHelp¶
(¶
  Control parent,¶
  string url¶
)¶
¶
public static void ShowHelp¶
(¶
  Control parent,¶
  string url,¶
  string keyword¶
)¶
¶
public static void ShowHelp(¶
  Control parent,¶
  string url,¶
  HelpNavigator command,¶
  object param¶
)¶
¶
public static void ShowHelp¶
(¶
  Control parent,¶
  string url,¶
  HelpNavigator navigator¶
)¶
```

¶

m_ShowHelp¶
$ ShowHelp¶
K ShowHelp¶

Die Seite 3 der Datei WinHelp.rtf:

#$K¶

Die statische Methode ShowHelpIndex¶

¶

```
public static void ShowHelpIndex¶
(¶
  Control parent,¶
  string url¶
)¶
```

¶

m_ShowHelpIndex¶
$ ShowHelpIndex¶
K ShowHelpIndex¶

Die Seite 4 der Datei WinHelp.rtf:

#$K

Die statische Methode ShowPopup

```
public static void ShowPopup
(
  Control parent,
  string caption,
  Point location
)
```

¶

m_ShowPopup¶
$ ShowPopup¶
K ShowPopup¶

Die Seitenwechsel sind manuell mit

`Einfügen - Manueller Wechsel - Seitenwechsel`

eingefügt. Am Anfang jeder Seite befindet sich die Zeichenfolge #$K. Das # wird mit Einfügen-Fußnote Benutzerdefiniert: # als

Fußnote festgelegt. Der dazu gehörende Fußnotentext wird am unteren Ende der Seite eingegeben. Zur Fußnote # der Seite 1 gehört der Fußnotentext m_Inhalt. Auf die gleiche Weise werden die Fußnoten $ und K eingefügt und mit den entsprechenden Fußnotentexten versehen. Der hinter dem # stehende Text wird in der kompilierten Hilfedatei als Sprungmarke benutzt. Der Text hinter dem K ist ein Keyword, das im Index verwendet wird. Der Text hinter der Fußnote $ ist ein Titel oder Thema. Benutzt man die Stichwortsuche unter Index - Suchen, so bestehen die Stichwörter aus den Keywords und aus allen Wörtern des gesamten Hilfetextes. Zu jedem Stichwort werden ein oder mehrere Themen angegeben. Genau diese Themen entsprechen den Fußnotentexten der mit $ gekennzeichneten Fußnoten.

Auf der Seite 1 gibt es Textstellen, deren Anfang doppelt unterstrichen und deren Ende gepunktet unterstrichen ist. Das sind Sprunganweisungen bzw. Links. Die Zeile

ShowHelpm_ShowHelp

definiert den Link ShowHelp. Durch Anklicken dieses Links verzweigt die Hilfe zu der Fußnote # mit dem Fußnotentext m_ShowHelp. ShowHelp ist ganz normal doppelt unterstrichen, während m_ShowHelp ein ausgeblendeter Text ohne Unterstreichung ist. Die Formateinstellungen werden im Menü Format-Zeichen vorgenommen.

Die Bitmapdatei Help.bmp wird durch die Anweisung {bmc Help.bmp} als Zeichen (Character) ausgerichtet in den Hilfetext hineingeladen. Die Anweisung {bml Help.bmp} würde das Bild links ausrichten und die Anweisung {bmr Help.bmp} würde das Bild rechts ausrichten. Ist das Bild als Zeichen ausgerichtet, so kann es durch Leerzeichen nach rechts verschoben werden.

Nun folgt als zweiter Schritt das Kompilieren der Hilfedatei. Der Help Workshop wird mit

```
Start - Programme - Microsoft Help Workshop - Help Workshop
```

gestartet. Der weitere Ablauf wird stichwortartig beschrieben.

```
File - New   Help Project   OK
Project File Name:  WinHelp  Speichern
Files - Add  WinHelp.rtf  Öffnen  OK
```

Dadurch wird die Projektdatei WinHelp.hpj generiert und die Datei WinHelp.rtf in das Projekt eingebunden.

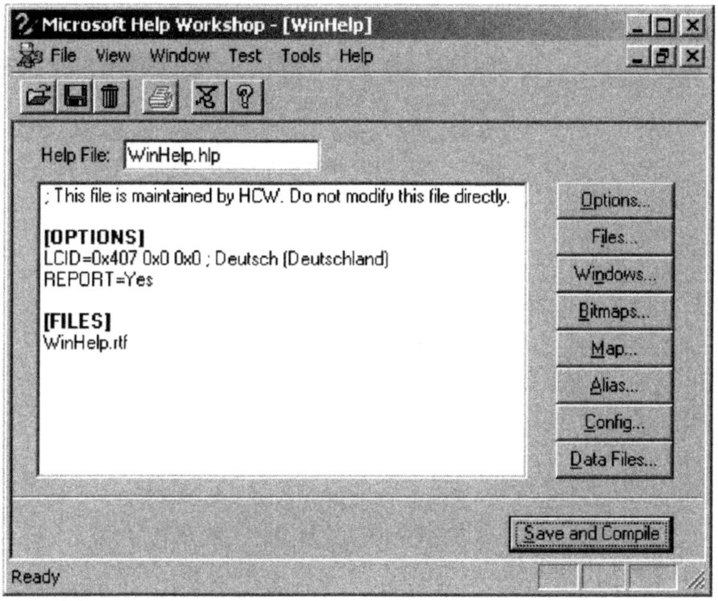

Abbildung 5.13_1a

Durch Anklicken von Save and Compile entsteht die Hilfedatei WinHelp.hlp, die direkt zB. durch Doppelklick geöffnet werden kann.

Abbildung 5.13_1b

Durch Anklicken der Links und der Schaltflächen Inhalt, Index, Suchen und Zurück kann die Hilfedatei getestet werden.

Nun folgt der letzte Schritt. Beispiel 5.13_1 ruft in der Methode OnMouseDown die statische Methode ShowHelp der Klasse Help auf, um nach einem Mausklick in das Fenster die Datei WinHelp.hlp zu öffnen.

```
//Datei 5.13_1.cs

using System;
using System.Drawing;
using System.Windows.Forms;

class Haupt : Form
{
  public Haupt( )
  {
    Text = "Beispiel 5.13_1";
    ClientSize = new Size(170, 80);
  }

  protected override void OnMouseDown(MouseEventArgs e)
  {
    Help.ShowHelp(this, "WinHelp.hlp");
  }

  static void Main( )
  {
    Application.Run(new Haupt( ));
  }
}
```

5.13.3 HtmlHelp

Wie die Bezeichnung HtmlHelp schon andeutet, sind die Hilfethemen in Html-Dateien untergebracht. Eine Html-Datei entspricht im Vergleich zum vorigen Abschnitt einer Seite der Rtf-Datei. Falls der jetzt benötigte Html Help Workshop nicht bereits vorhanden ist, so kann er vom Microsoft Downloadcenter frei bezogen werden. Die Arbeit beginnt mit dem Starten des Html Help Workshops mit

```
Start - Programme - Html Help Workshop - Html Help Workshop
```

und dem Anlegen eines Projekts.

Durch Anklicken von

```
File - New - Project
```

wird ein Wizzard gestartet, dem der Name HtmlHelp der Projektdatei und ein Verzeichnispfad angegeben wird. Jetzt existiert die Datei HtmlHelp.hhp in dem vorgesehenen Verzeichnis und mit File - New - HTML File wird das Gerüst einer Html-Datei erzeugt, die unter dem Namen help1 htm gesichert wird. Genauso werden die Dateien help2.htm bis help4.htm erstellt. Durch Anklicken der Schaltfläche Add/Remove topic files werden diese Dateien dem Projekt hinzugefügt. Der Inhalt der Dateien wird wie unten ersichtlich ergänzt.

Die Datei help1.htm:

```
<!DOCTYPE HTML PUBLIC "-//W3C//DTD HTML 3.2 Final//EN">
<HTML>
<HEAD>
<META HTTP-EQUIV="Content-Type" Content="text/html; charset=Windows-
1252">
<TITLE>Inhalt</TITLE>
</HEAD>
<BODY BGCOLOR="#FFFFFF" TEXT="#000000">
<img src=Help.bmp>
<P>
<B>Die statischen Methoden der Klasse Help</B>
</P>
<P>
<A HREF="help2.htm">ShowHelp</A><BR>
<A HREF="help3.htm">ShowHelpIndex</A><BR>
<A HREF="help4.htm">ShowPopup</A>
</P>
</BODY>
</HTML>
```

Die Datei help2.htm:

```
<!DOCTYPE HTML PUBLIC "-//W3C//DTD HTML 3.2 Final//EN">
<HTML>
<HEAD>
<META HTTP-EQUIV="Content-Type" Content="text/html; charset=Windows-
1252">
<TITLE>ShowHelp</TITLE>
</HEAD>
```

```
<BODY BGCOLOR="#FFFFFF" TEXT="#000000">
<H3>Die Überladungen der statischen Methode ShowHelp</H3>
<FONT FACE="Courier New" SIZE=-1>
<P>
public static void <B>ShowHelp<BR>
(</B><BR>
  Control <I>parent</I><B>,</B><BR>
  string <I>url</I><BR>
<B>)</B>
</P>
<P>
public static void <B>ShowHelp<BR>
(</B><BR>
  Control <I>parent</I><B>,</B><BR>
  string <I>url</I><B>,</B><BR>
  string <I>keyword</I><BR>
<B>)</B>
</P>
<P>
public static void <B>ShowHelp<BR>
(</B><BR>
  Control <I>parent</I><B>,</B><BR>
  string <I>url</I><B>,</B><BR>
  HelpNavigator <I>command</I><B>,</B><BR>
  object <I>param</I><BR>
<B>)</B>
</P>
<P>
public static void <B>ShowHelp<BR>
(</B><BR>
  Control <I>parent</I><B>,</B><BR>
  string <I>url</I><B>,</B><BR>
  HelpNavigator <I>navigator</I><BR>
<B>)</B>
</P>
</FONT>
</BODY>
</HTML>
```

Die Datei help3.htm:

```
<!DOCTYPE HTML PUBLIC "-//W3C//DTD HTML 3.2 Final//EN">
<HTML>
<HEAD>
<META HTTP-EQUIV="Content-Type" Content="text/html; charset=Windows-
1252">
<TITLE>ShowHelpIndex</TITLE>
</HEAD>
<BODY BGCOLOR="#FFFFFF" TEXT="#000000">
<H3>Die statische Methode ShowHelpIndex</H3>
```

```
<FONT FACE="Courier New" SIZE=-1>
<P>
public static void <B>ShowHelpIndex<BR>
(</B><BR>
  Control <I>parent</I><B>,</B><BR>
  string <I>url</I><BR>
<B>)</B>
</P>
</FONT>
</BODY>
</HTML>
```

Die Datei help4.htm:

```
<!DOCTYPE HTML PUBLIC "-//W3C//DTD HTML 3.2 Final//EN">
<HTML>
<HEAD>
<META HTTP-EQUIV="Content-Type" Content="text/html; charset=Windows-
1252">
<TITLE>ShowPopup</TITLE>
</HEAD>
<BODY BGCOLOR="#FFFFFF" TEXT="#000000">
<H3>Die statische Methode ShowPopup</H3>
<FONT FACE="Courier New" SIZE=-1>
<P>
public static void <B>ShowPopup<BR>
(</B><BR>
  Control <I>parent</I><B>,</B><BR>
  string <I>caption</I><B>,</B><BR>
  Point <I>location</I><BR>
<B>)</B>
</P>
</FONT>
</BODY>
</HTML>
```

Sobald die Html-Dateien fertiggestellt sind, wird das Projekt durch Anklicken der Schaltfläche Save all files and compile übersetzt. Der Compiler generiert die Datei HtmlHelp.chm, die durch Doppelklick geöffnet wird. Nach dem Testen der Hilfe folgt ein weiterer Bearbeitungsschritt mit dem Html Helpworkshop.

Im Html Help Workshop wird Contents angeklickt. Es erscheint ein Dialog, der vorschlägt, ein Inhaltsverzeichnis (table of contents) mit der Dateiendung .hhc zu erstellen. Dies wird mit OK bestätigt. Dann wird der Dateiname HtmlHelp.hhc angegeben und Speichern angeklickt. Die Schaltfläche Insert a heading wird angeklickt. Mit Hilfe des nun erscheinenden Dialogs werden die Titel Inhalt, ShowHelp, ShowHelpIndex und ShowPopup hinzugefügt. Um einen Titel hinzuzufügen, gibt man den Text des Titels ein, klickt Add an, wählt einen Html-Titel aus oder gibt die Zieldatei an und bestätigt mit OK. Dann geht man wieder auf Project und klickt Save all files and compile an, um eine aktualisierte Hilfedatei zu kompilieren. Nach dem Öffnen der Hilfedatei erkennt man sofort, dass sich die Handhabung wesentlich verbessert hat.

Die Indexdatei HtmlHelp.hhk wird erstellt. Im Html Helpworkshop wird Index angeklickt. Es erscheint ein Dialog, der vorschlägt, eine Indexdatei mit der Dateiendung .hhk zu erstellen. Dies wird mit OK bestätigt. Dann wird der Dateiname HtmlHelp.hhk angegeben und Speichern angeklickt. Die Schaltfläche Insert a keyword wird angeklickt. Mit Hilfe des nun erscheinenden Dialogs werden die Keywords Inhalt, ShowHelp, ShowHelpIndex und ShowPopup hinzugefügt. Um ein Keyword hinzuzufügen, gibt man den Text des Keywords ein, klickt Add an, wählt einen Html-Titel aus oder gibt die Zieldatei an und bestätigt mit OK.

Zum Schluss wird Change project options und Compile full-text search information angeklickt, um das Volltextsuchen zu aktivieren. Damit ist die Projektdatei fertig.

Das Anklicken der Schaltfläche Save all files and compile aktualisiert noch einmal die Datei HtmlHelp.chm. Nun folgt der letzte Schritt. Das Öffnen der Hilfe aus einem Programm heraus.

Beispiel 5.13_2 entält das Menü Datei mit der Option Beenden und das Menü Hilfe mit den Optionen Inhalt und Index. Wie Menüs programmiert werden, ist unter 5.9 erläutert.

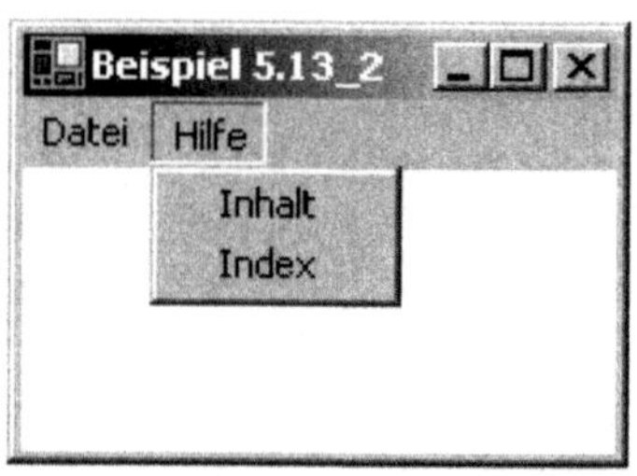

Abbildung 5.13_2a

Klickt man die Menüoption Inhalt an, so ruft der Eventhandler

```
protected void mInhalt_Click(object sender, EventArgs e)
{
  Help.ShowHelp(this, "HtmlHelp.chm");
}
```

ShowHelp auf.

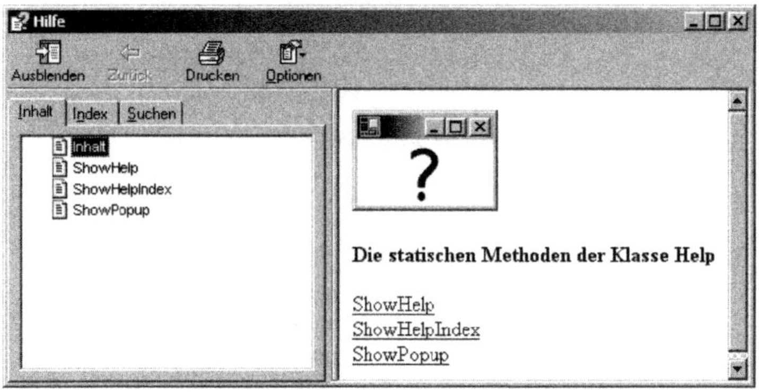

Abbildung 5.13_2b

Wird Index angeklickt, so ruft der EventHandler

```
protected void mIndex_Click(object sender, EventArgs e)
{
  Help.ShowHelpIndex(this, "HtmlHelp.chm");
}
```

ShowHelpIndex auf.

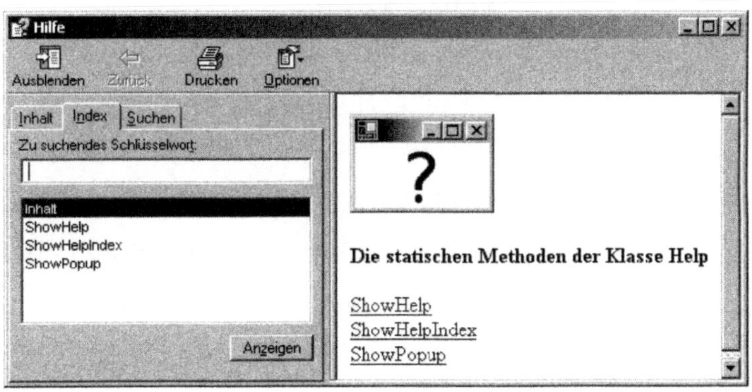

Abbildung 5.13_2c

```
//Datei 5.13_2.cs

using System;
using System.Drawing;
using System.Windows.Forms;

class Haupt : Form
{
  public Haupt( )
  {
    Text = "Beispiel 5.13_2";
    ClientSize = new Size(170, 80);
    BackColor = Color.White;

    MainMenu HauptMenu = new MainMenu( );

    MenuItem mDatei    = new MenuItem( );
    MenuItem mHilfe    = new MenuItem( );
    MenuItem mBeenden  = new MenuItem( );
    MenuItem mInhalt   = new MenuItem( );
    MenuItem mIndex    = new MenuItem( );

    HauptMenu.MenuItems.AddRange(new MenuItem[]
    {
      mDatei,
      mHilfe
    });

    mDatei.Index = 0;
    mDatei.Text = "Datei";
    mDatei.MenuItems.Add(mBeenden);

    mBeenden.Index = 0;
    mBeenden.Text = "Beenden";
    mBeenden.Click += new EventHandler(mBeenden_Click);

    mHilfe.Index = 1;
    mHilfe.Text = "Hilfe";

    mInhalt.Index = 0;
    mInhalt.Text = "Inhalt";
    mInhalt.Click += new EventHandler(mInhalt_Click);

    mIndex.Index = 1;
    mIndex.Text = "Index";
    mIndex.Click += new EventHandler(mIndex_Click);

    mHilfe.MenuItems.AddRange(new MenuItem[]
    {
      mInhalt,
      mIndex
```

```
    });

    Menu = HauptMenu;
  }

  protected void mBeenden_Click(object sender, EventArgs e)
  {
    Close( );
  }

  protected void mInhalt_Click(object sender, EventArgs e)
  {
    Help.ShowHelp(this, "HtmlHelp.chm");
  }

  protected void mIndex_Click(object sender, EventArgs e)
  {
    Help.ShowHelpIndex(this, "HtmlHelp.chm");
  }

  static void Main( )
  {
    Application.Run(new Haupt( ));
  }
}
```

Mit der Methode ShowHelp können auch HTML-Dateien geöffnet werden. Nach einem Mausklick ins Fenster öffnet Beispiel 5.13_3 die Datei help1.htm im Browser.

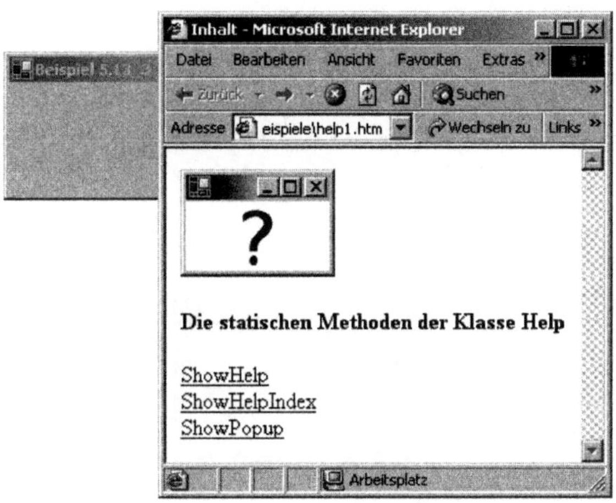

Abbildung 5.13_3

```
//Datei 5.13_3.cs

using System;
using System.Drawing;
using System.Windows.Forms;

class Haupt : Form
{
  public Haupt( )
  {
    Text = "Beispiel 5.13_3";
    ClientSize = new Size(170, 80);
  }

  protected override void OnMouseDown(MouseEventArgs e)
  {
    Help.ShowHelp(this, "help1.htm");
  }

  static void Main( )
  {
    Application.Run(new Haupt( ));
  }
}
```

Nach einem Mausklick ins Fenster ruft Beispiel 5.13_4 die Methode

```
Help.ShowPopup(this,
  "OnMouseDown ruft\nShowPopup auf.",
  new Point(Location.X+100, Location.Y+50));
```

auf. Daraufhin wird ein Popup-Fenster geöffnet, das den als zweiter Parameter übergebenen String anzeigt. Der dritte Parameter positioniert das Popup-Fenster auf Grund der Abfrage der Eigenschaft Location relativ zur oberen linken Ecke des Programmfensters.

Abbildung 5.13_4

```
//Datei 5.13_4.cs

using System;
using System.Drawing;
using System.Windows.Forms;

class Haupt : Form
{
  public Haupt( )
  {
    Text = "Beispiel 5.13_4";
    ClientSize = new Size(170, 80);
  }

  protected override void OnMouseDown(MouseEventArgs e)
  {
    Help.ShowPopup(this,
      "OnMouseDown ruft\nShowPopup auf.",
      new Point(Location.X+100, Location.Y+50));
  }

  static void Main( )
  {
    Application.Run(new Haupt( ));
  }
}
```

5.13.4 Kontextsensitive Hilfe

Die Klasse HelpProvider verwaltet Verweise auf Steuerelemente und den Steuerelementen zugeordnete Hilfethemen. Die kontextsensitive Hilfe wird dadurch aktiviert, dass man den Mauszeiger über ein Steuerelement schiebt und dann F1 drückt.

Beispiel 5.13_5 erzeugt mit

```
HelpProvider hp = new HelpProvider( );
hp.HelpNamespace = "HtmlHelp.chm";
```

eine Instanz der Klasse HelpProvider und gibt die Datei an, die die Hilfethemen enthält. Dann wird mit

```
hp.SetHelpNavigator(b1, HelpNavigator.Topic);
hp.SetHelpKeyword(b1, "help1.htm");
```

das Hifethema für den Button b1 festgelegt.

Mit

```
hp.SetHelpNavigator(b2, HelpNavigator.Topic);
hp.SetHelpKeyword(b2, "help2.htm");
```

wird die entsprechende Angabe für den Button b2 gemacht.

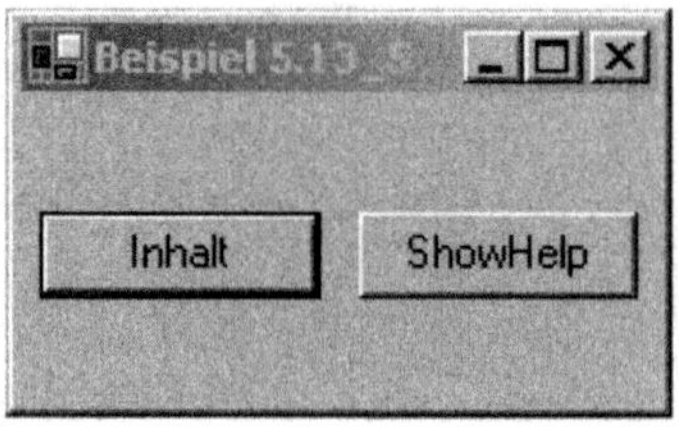

Abbildung 15.13_5a

Schiebt man den Mauspfeil über den Button b1 und drückt F1, so erscheint das abgebildete Hilfethema des Buttons b1.

Abbildung 5.13_5b

Klickt man den Button b2 an und wiederholt den gerade beschriebenen Vorgang, so erscheint das Hilfethema des Buttons b2.

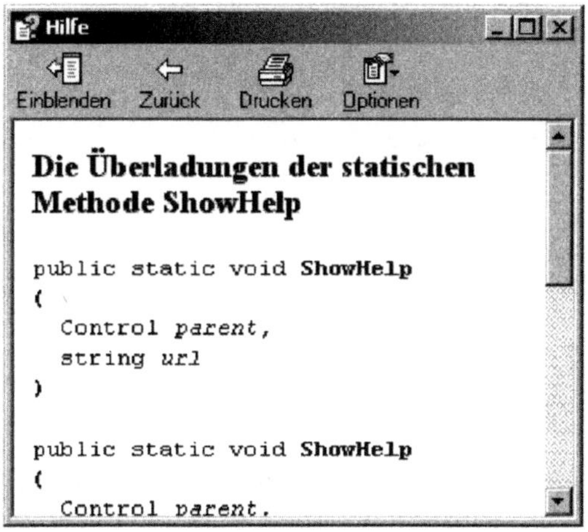

Abbildung 5.13_5c

```
//Datei 5.13_5.cs

using System;
using System.Drawing;
using System.Windows.Forms;

class Haupt : Form
{
  public Haupt( )
  {
    Text = "Beispiel 5.13_5";
    ClientSize = new Size(170, 80);

    Button b1 = new Button( );
    b1.Text = "Inhalt";
    b1.Location = new Point(5, 30);
    Controls.Add(b1);

    Button b2 = new Button( );
    b2.Text = "ShowHelp";
    b2.Location = new Point(90, 30);
    Controls.Add(b2);
```

```
    HelpProvider hp = new HelpProvider( );
    hp.HelpNamespace = "HtmlHelp.chm";

    hp.SetHelpNavigator(b1, HelpNavigator.Topic);
    hp.SetHelpKeyword(b1, "help1.htm");

    hp.SetHelpNavigator(b2, HelpNavigator.Topic);
    hp.SetHelpKeyword(b2, "help2.htm");
  }

  static void Main( )
  {
    Application.Run(new Haupt( ));
  }
}
```

In Beispiel 5.13_6 wird mit den Anweisungen

```
HelpButton = true;
MinimizeBox = false;
MaximizeBox = false;
```

der durch ein Fragezeichen gekennzeichnete HelpButton aktiviert, während die MinimizeBox und die MaximizeBox deaktiviert werden. Klickt man zuerst den HelpButton und dann einen der Buttons Inhalt oder ShowHelp, so wird das Hilfethema des angeklickten Buttons angezeigt.

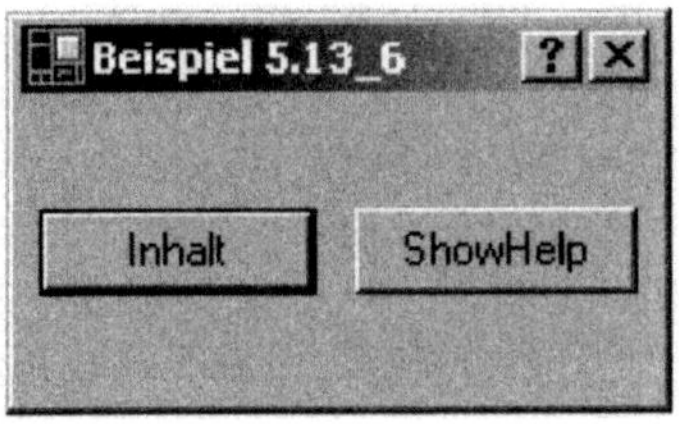

Abbildung 5.13_6

```
//Datei 5.13_6.cs

using System;
using System.Drawing;
using System.Windows.Forms;

class Haupt : Form
{
  public Haupt( )
  {
    Text = "Beispiel 5.13_6";
    ClientSize = new Size(170, 80);
    HelpButton = true;
    MinimizeBox = false;
    MaximizeBox = false;

    Button b1 = new Button( );
    b1.Text = "Inhalt";
    b1.Location = new Point(5, 30);
    Controls.Add(b1);

    Button b2 = new Button( );
    b2.Text = "ShowHelp";
    b2.Location = new Point(90, 30);
    Controls.Add(b2);

    HelpProvider hp = new HelpProvider( );
    hp.HelpNamespace = "HtmlHelp.chm";

    hp.SetHelpNavigator(b1, HelpNavigator.Topic);
    hp.SetHelpKeyword(b1, "help1.htm");

    hp.SetHelpNavigator(b2, HelpNavigator.Topic);
    hp.SetHelpKeyword(b2, "help2.htm");
  }

  static void Main( )
  {
    Application.Run(new Haupt( ));
  }
}
```

5.13.5 Das HelpRequested-Ereignis

Beispiel 5.13_7 überschreibt die Methode OnHelpRequested, die auf das HelpRequested-Ereignis reagiert. Eine MessageBox protokolliert die Eigenschaften Handled und MousePos, der Klasse HelpEventArgs. Das HelpRequested-Ereignis wird ausgelöst, wenn man nach dem Programmstart F1 drückt. Die Mauskoordinaten sind absolute Bildschirmkoordinaten.

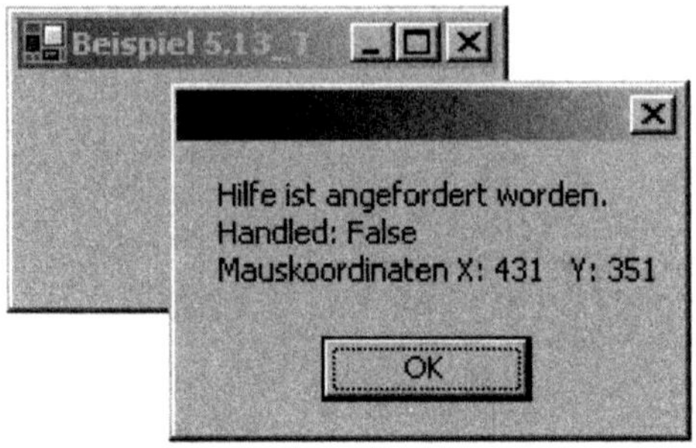

Abbildung 5.13_7

```
//Datei 5.13_7.cs

using System;
using System.Drawing;
using System.Windows.Forms;

class Haupt : Form
{
  public Haupt( )
  {
    Text = "Beispiel 5.13_7";
    ClientSize = new Size(170, 80);
  }

  protected override void OnHelpRequested(HelpEventArgs e)
  {
    MessageBox.Show(string.Format(
      "Hilfe ist angefordert worden.\n" +
      "Handled: {0}\n" +
      "Mauskoordinaten X: {1}   Y: {2}"
      , e.Handled, e.MousePos.X, e.MousePos.Y
    ));
  }

  static void Main( )
  {
    Application.Run(new Haupt( ));
  }
}
```

Beispiel 5.13_8 ordnet dem HelpRequested-Ereignis des Buttons b den Eventhandler help_handler zu. Das HelpRequested-Ereignis wird ausgelöst, wenn man zuerst den HelpButton mit dem Fragezeichen und anschließend den Button b mit dem Text OK anklickt. Eine MessageBox zeigt mit Hilfe des Objekts o an, für welches Steuerelement die Hilfe angefordert worden ist.

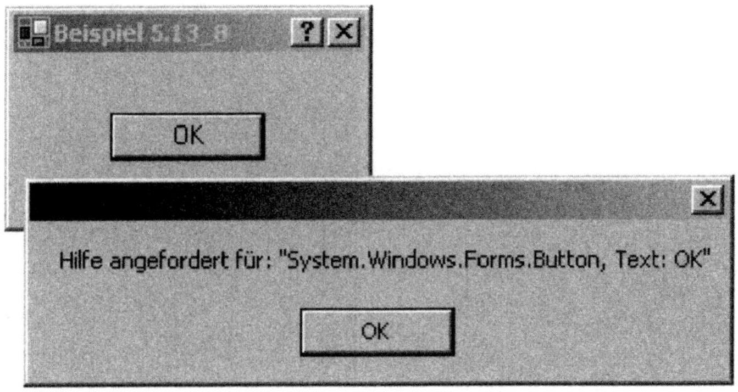

Abbildung 13.5_8

```
//Datei 5.13_8.cs

using System;
using System.Drawing;
using System.Windows.Forms;

class Haupt : Form
{
  public Haupt( )
  {
    Text = "Beispiel 5.13_8";
    ClientSize = new Size(170, 80);
    HelpButton = true;
    MinimizeBox = false;
    MaximizeBox = false;

    Button b = new Button( );
    b.Text = "OK";
    b.Location = new Point(
      (ClientSize.Width-b.Width)/2,
      (ClientSize.Height-b.Height)/2
    );
```

```
    b.HelpRequested += new HelpEventHandler(help_handler);
    Controls.Add(b);
  }

  protected void help_handler(object o, HelpEventArgs e)
  {
    MessageBox.Show(string.Format(
      "Hilfe angefordert für: \"{0}\""
      , o.ToString( )
    ));
  }

  static void Main( )
  {
    Application.Run(new Haupt( ));
  }
}
```

6 Windows Programmierung, Teil 2

Dieses Kapitel behandelt spezielle Themen wie Drag & Drop, den Datenaustausch über die Zwischenablage und den Selbstbau von Steuerelementen. Für Windows API Aufrufe werden Dlls verwendet, die älter sind, als das .NET Framework. Der größte Teil des Kapitels wird durch 2D und 3D Grafik bestimmt.

6.1 Drag & Drop

Drag & Drop heißt, ein Objekt anzuklicken, es mit gedrückter Maustaste an eine andere Stelle zu ziehen und dort abzulegen. Eine Drag & Drop Operation wird durch DoDragDrop eingeleitet.

```
public DragDropEffects DoDragDrop(
  object data, DragDropEffects allowedEffects);
```

Als Parameter werden die Daten, die gezogen werden sollen, und die DragDropEeffects übergeben.

DragDropEeffects:

None	Die Daten werden nicht akzeptiert.
Move	Die Daten werden verschoben.
Copy	Die Daten werden kopiert.
Link	Es wird eine Verknüpfung hergestellt.
Scroll	Die Daten werden im Ziel gescrollt.
All	Die Daten werden bewegt oder kopiert und eventuell im Ziel gescrollt.

DoDragDrop gibt None zurück, wenn es erfolglos verläuft. Das kann bedeuten, dass kein Objekt zur Verfügung steht oder das Objekt nicht abgelegt werden kann. Das Ziel muss in der Lage sein, das Objekt aufzunehmen, und es muss die Erlaubnis dazu erteilen. Dazu muss AllowDrop auf true gesetzt werden. Wird das Objekt ins Ziel gezogen, so löst dies ein DragEnter Ereignis aus. Wird das Objekt durch loslassen der Maustaste im Ziel abgelegt, so löst dies ein DragDrop Ereignis aus.

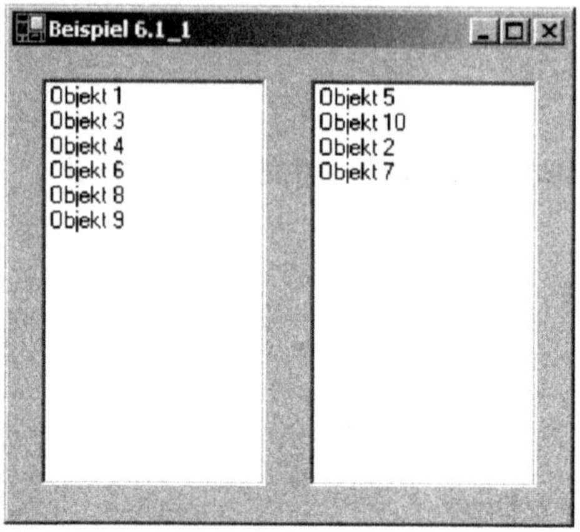

Abbildung 6.1_1

Das Beispiel ist so ausgelegt, dass von links nach rechts gezogen werden kann. Die Objekte, die nach rechts gezogen worden sind, werden links gelöscht. Das Fenster enthält links die Listbox lb1 und rechts lb2. Mit Items.AddRange werden die Strings Objekt 1 bis Objekt 10 zur Listbox lb1 hinzugefügt. Der Eventhandler

```
private void lb1_MouseDown(object sender, MouseEventArgs e)
{
  int i = lb1.SelectedIndex;
  if(i >= 0)
  {
    DragDropEffects eff =
      DoDragDrop(lb1.Items[i], DragDropEffects.Move);

    if(eff != DragDropEffects.None)lb1.Items.RemoveAt(i);
  }
}
```

leitet den Drag & Drop Vorgang ein. lb1.SelectedIndex ist der Index des angeklickten Strings. Er wird benutzt, um der Methode DoDragDrop das Objekt lb1.Items[i] zu übergeben. DragDropEffects.Move bedeutet, dass das Objekt ins Ziel gezogen und aus der Quelle lb1 gelöscht werden soll. Die Anweisung

```
if(eff != DragDropEffects.None)lb1.Items.RemoveAt(i);
```

löscht das Objekt aus der Listbox lb1, falls Drag & Drop erfolgreich ausgeführt werden konnte.

Die Listbox lb2 ist das Ziel. Mit lb2.AllowDrop = true wird erreicht, dass Objekte in dieser Listbox abgelegt werden können. Sobald ein Objekt in lb2 hineingezogen wird, tritt das DragEnter Ereignis auf. Dadurch wird der Eventhandler

```
private void lb2_DragEnter(object sender, DragEventArgs e)
{
  e.Effect = DragDropEffects.Move;
}
```

aufgerufen. Der Mauscursor wechselt jetzt vom Verbotsschild zum Drag Move Cursor.

Wird nun die Maustaste losgelassen, so tritt das DragDrop Ereignis ein. Der Eventhandler

```
private void lb2_DragDrop(object sender, DragEventArgs e)
{
  lb2.Items.Add((string)e.Data.GetData(typeof(string)));
}
```

wandelt das Objekt in einen String um und legt es in der Listbox lb2 ab.

```
//Datei 6.1_1.cs

using System;
using System.Drawing;
using System.Windows.Forms;


class Haupt : Form
{
  ListBox lb1, lb2;

  public Haupt( )
  {
    ClientSize = new Size(296, 245);
    Text = "Beispiel 6.1_1";

    lb1 = new ListBox( );
    lb1.Bounds = new Rectangle(16, 16, 120, 212);
    lb1.SelectionMode = SelectionMode.One;
    lb1.Items.AddRange(new object[]
```

```
    {
      "Objekt 1",
      "Objekt 2",
      "Objekt 3",
      "Objekt 4",
      "Objekt 5",
      "Objekt 6",
      "Objekt 7",
      "Objekt 8",
      "Objekt 9",
      "Objekt 10"
    });
    lb1.MouseDown += new MouseEventHandler(lb1_MouseDown);
    Controls.Add(lb1);

    lb2 = new ListBox( );
    lb2.Bounds = new Rectangle(160, 16, 120, 212);
    lb2.AllowDrop = true;
    lb2.DragDrop += new DragEventHandler(lb2_DragDrop);
    lb2.DragEnter += new DragEventHandler(lb2_DragEnter);
    Controls.Add(lb2);
  }

  private void lb1_MouseDown(object sender, MouseEventArgs e)
  {
    int i = lb1.SelectedIndex;
    if(i >= 0)
    {
      DragDropEffects eff =
        DoDragDrop(lb1.Items[i], DragDropEffects.Move);

      if(eff != DragDropEffects.None)lb1.Items.RemoveAt(i);
    }
  }

  private void lb2_DragEnter(object sender, DragEventArgs e)
  {
    e.Effect = DragDropEffects.Move;
  }

  private void lb2_DragDrop(object sender, DragEventArgs e)
  {
    lb2.Items.Add((string)e.Data.GetData(typeof(string)));
  }

  public static void Main( )
  {
    Application.Run(new Haupt( ));
  }
}
```

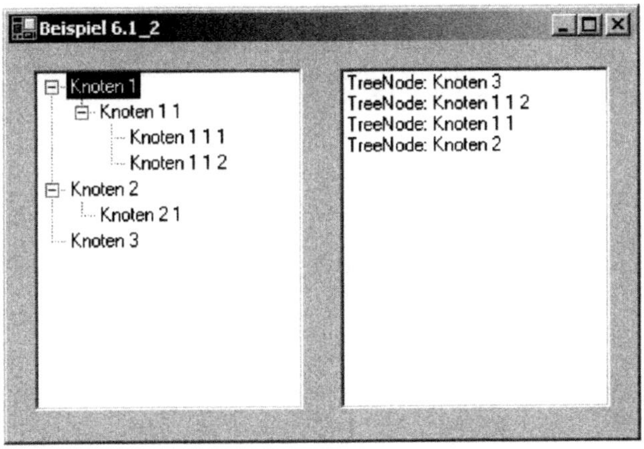

Abbildung 6.1_2

Auch bei diesem Beispiel wird von links nach rechts gezogen. Die Klassen TreeView und TreeNode werden benutzt, um im linken Bereich des Fensters eine Baumstruktur aufzubauen. Der Instanz tv der Klasse TreeView werden mit Nodes.AddRange Knoten hinzugefügt. Die hierzu verwendeten Konstruktoren

```
public TreeNode(string text);
public TreeNode(string text, TreeNode[] children);
```

haben den Parameter text, der die sichtbare Bezeichnung des Knotens darstellt. Der zweite Konstruktor übernimmt zusätzlich einen Array von Knoten. Mit diesen Mitteln wird die gesamte Baumstruktur aufgebaut.

Beim TreeView kann man den Eventhandler des Ereignisses ItemDrag benutzen, um Drag & Drop einzuleiten.

```
private void tv_ItemDrag(object sender, ItemDragEventArgs e)
{
  string s = e.Item.ToString( );
  DoDragDrop(s, DragDropEffects.Copy);
}
```

Der angeklickte Knoten ist e.Item. Er wird in einen String umgewandelt und an DoDragDrop übergeben. Im Unterschied zum vorigen Beispiel wird diesmal der Copy Effekt benutzt.

Im rechten Bereich des Fensters ist die Listbox lb mit den Eventhandlern für das DragEnter und das DragDrop Ereignis.

```
//Datei 6.1_2.cs

using System;
using System.Drawing;
using System.Windows.Forms;


class Haupt : Form
{
  TreeView tv;
  ListBox lb;

  public Haupt( )
  {
    ClientSize = new Size(396, 245);
    Text = "Beispiel 6.1_2";

    tv = new TreeView( );
    tv.Bounds = new Rectangle(16, 16, 170, 212);
    tv.Nodes.AddRange(new TreeNode[]
    {
      new TreeNode("Knoten 1", new TreeNode[]
      {
        new TreeNode("Knoten 1 1", new TreeNode[]
        {
          new TreeNode("Knoten 1 1 1"),
          new TreeNode("Knoten 1 1 2")
        })
      }),
      new TreeNode("Knoten 2", new TreeNode[]
      {
        new TreeNode("Knoten 2 1")
      }),
      new TreeNode("Knoten 3")
    });
    tv.ItemDrag += new ItemDragEventHandler(tv_ItemDrag);
    Controls.Add(tv);

    lb = new ListBox( );
    lb.Bounds = new Rectangle(210, 16, 170, 212);
    lb.AllowDrop = true;
    lb.DragDrop += new DragEventHandler(lb_DragDrop);
    lb.DragEnter += new DragEventHandler(lb_DragEnter);
    Controls.Add(lb);
  }

  private void tv_ItemDrag(object sender, ItemDragEventArgs e)
  {
```

```
    string s = e.Item.ToString( );
    DoDragDrop(s, DragDropEffects.Copy);
  }

  private void lb_DragEnter(object sender, DragEventArgs e)
  {
    e.Effect = DragDropEffects.Copy;
  }

  private void lb_DragDrop(object sender, DragEventArgs e)
  {
    lb.Items.Add((string)e.Data.GetData(typeof(string)));
  }

  public static void Main( )
  {
    Application.Run(new Haupt( ));
  }
}
```

6.2 Der Datenaustausch über die Zwischenablage

Die Klasse Clipboard enthält zwei Methoden, die den Datenaustausch bewirken. SetDataObject kopiert das Objekt data in die Zwischenablage. Die Daten werden nach dem Beenden der Anwendung aus der Zwischenablage gelöscht. In der überladenen Methode kann man für copy true einsetzen, wenn man möchte, dass die Daten nach Beendigung der Anwendung in der Zwischenablage bleiben. Andernfalls setzt man false ein.

```
public static void SetDataObject(object data)
public static void SetDataObject(object data, bool copy)
```

GetDataObject holt die aktuellen Daten aus der Zwischenablage und übergibt sie als IDataObject.

```
public static IDataObject GetDataObject( )
```

Das Interface IDataObject definiert vier Methoden. GetDataPresent prüft, ob Daten in dem angegebenen Format vorhanden sind. Das Format kann als String oder als Type angegeben werden. Sind keine Daten im gewünschten Format vorhanden, so wird geprüft, ob sich die Daten in das Format konvertieren lassen. Falls passende Daten vorhanden sind oder Daten konvertiert werden können, so wird true zurückgegeben. Andernfalls wird false zurückgegeben. Wenn für autoConvert false eingesetzt wird, so wird nicht versucht, Daten zu konvertieren.

```
bool GetDataPresent(string format)
bool GetDataPresent(Type format)
bool GetDataPresent(string format, bool autoConvert)
```

GetData holt Daten in dem angegebenen Format aus dem IDataObject und übergibt diese als object. Das Format kann als String oder als Type angegeben werden. Sind keine Daten im gewünschten Format vorhanden, so wird versucht, die Daten in das Format zu konvertieren. Wenn für autoConvert false eingesetzt wird, so werden keine Daten konvertiert.

```
object GetData(string format)
object GetData(Type format)
object GetData(string format, bool autoConvert)
```

SetData setzt Daten und ihr Format in das IDataObject.

```
void SetData(object data)
void SetData(string format, object data)
void SetData(Type format, object data)
void SetData(string format, bool autoConvert, object data)
```

GetFormats gibt einen Stringarray mit Formaten zurück.

```
string[] GetFormats( )
string[] GetFormats(bool autoConvert)
```

Beispiel 6.2_1 kopiert mit Bearbeiten-Kopieren den Text von textbox1 in die Zwischenablage und mit Bearbeiten-Einfügen den Text aus der Zwischenablage in textbox2.

Die Anweisung

```
Clipboard.SetDataObject(textbox1.Text);
```

kopiert das Objekt textbox1.Text in die Zwischenablage. Mit

```
IDataObject d = Clipboard.GetDataObject( );
```

werden Daten aus der Zwischenablage in das IDataObject d kopiert. Anschließend wird mit GetDataPresent geprüft, ob Daten im Format Text vorhanden sind. Falls Daten vorhanden sind oder konvertiert werden können, so werden die Daten mit GetData dem String s übergeben.

```
if(d.GetDataPresent(DataFormats.Text))
{
  string s = (string)d.GetData(DataFormats.Text);
  textbox2.Text = s;
}
```

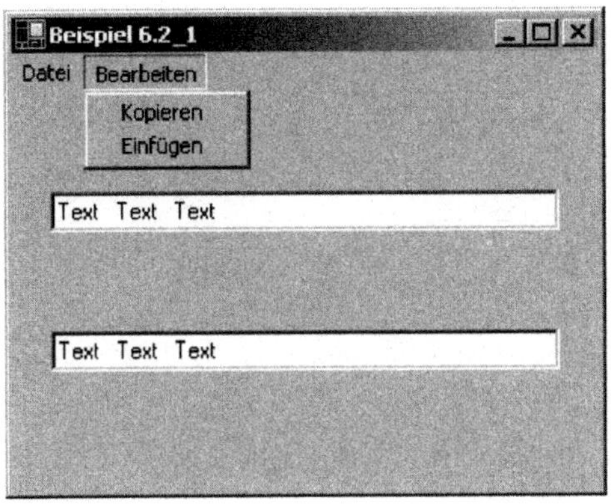

Abbildung 6.2_1

```
//Datei 6.2_1.cs

using System;
using System.Drawing;
using System.Windows.Forms;

class Haupt : Form
{
  TextBox textbox1 = new TextBox( );
  TextBox textbox2 = new TextBox( );

  public Haupt( )
  {
    Text = "Beispiel 6.2_1";
    ClientSize = new Size(300,200);

    textbox1.Bounds = new Rectangle(20, 50, 260, textbox1.Height);
    Controls.Add(textbox1);

    textbox2.Bounds = new Rectangle(20, 120, 260, textbox2.Height);
    Controls.Add(textbox2);
```

```
MainMenu HauptMenu    = new MainMenu( );

MenuItem mDatei       = new MenuItem( );
MenuItem mBearbeiten = new MenuItem( );

MenuItem mLaden       = new MenuItem( );
MenuItem mSpeichern   = new MenuItem( );
MenuItem mSeparator   = new MenuItem( );
MenuItem mBeenden     = new MenuItem( );

MenuItem mKopieren    = new MenuItem( );
MenuItem mEinfuegen   = new MenuItem( );

HauptMenu.MenuItems.AddRange(new MenuItem[]
{
  mDatei,
  mBearbeiten
});

mDatei.Index = 0;
mDatei.Text = "Datei";
mDatei.MenuItems.AddRange(new MenuItem[]
{
  mLaden,
  mSpeichern,
  mSeparator,
  mBeenden
});

mLaden.Index = 0;
mLaden.Text = "Laden";

mSpeichern.Index = 1;
mSpeichern.Text = "Speichern";

mSeparator.Index = 2;
mSeparator.Text = "-";

mBeenden.Index = 3;
mBeenden.Text = "Beenden";
mBeenden.Click += new EventHandler(mBeenden_Click);

mBearbeiten.Index = 1;
mBearbeiten.Text = "Bearbeiten";
mBearbeiten.MenuItems.AddRange(new MenuItem[]
{
  mKopieren,
  mEinfuegen
});
```

```
    mKopieren.Index = 0;
    mKopieren.Text = "Kopieren";
    mKopieren.Click += new EventHandler(mKopieren_Click);

    mEinfuegen.Index = 1;
    mEinfuegen.Text = "Einfügen";
    mEinfuegen.Click += new EventHandler(mEinfuegen_Click);

    Menu = HauptMenu;
  }

  protected void mBeenden_Click(object sender, EventArgs e)
  {
    Close( );
  }

  protected void mKopieren_Click(object sender, EventArgs e)
  {
    Clipboard.SetDataObject(textbox1.Text);
  }

  protected void mEinfuegen_Click(object sender, EventArgs e)
  {
    IDataObject d = Clipboard.GetDataObject( );
    if(d.GetDataPresent(DataFormats.Text))
    {
      string s = (string)d.GetData(DataFormats.Text);
      textbox2.Text = s;
    }
  }

  public static void Main( )
  {
    Application.Run(new Haupt( ));
  }
}
```

Durch Anklicken eines der beiden oberen Buttons kann man dessen Bitmap in die Zwischenablage kopieren. Durch Anklicken des unteren Buttons kann man die Bitmap aus der Zwischenablage der Eigenschaft Image dieses Buttons zuweisen. Es werden die gleichen Anweisungen wie im vorigen Beispiel benutzt. Nur das Format ist jetzt Bitmap.

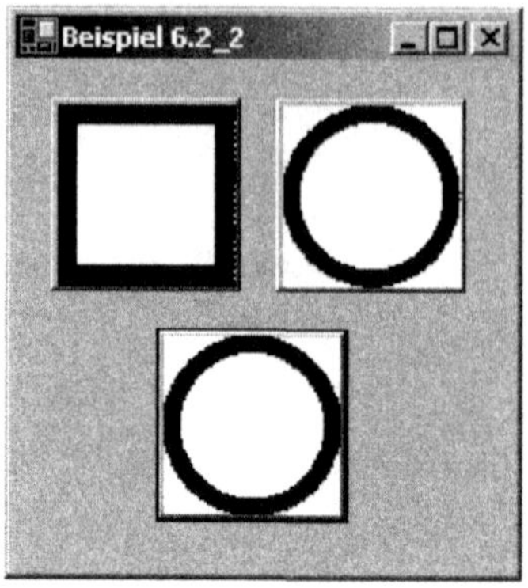

Abbildung 6.2_2

```
//Datei 6.2_2.cs

using System;
using System.Drawing;
using System.Windows.Forms;

class Haupt : Form
{
  Button quadrat = new Button( );
  Button kreis = new Button( );
  Button clip = new Button( );

  public Haupt( )
  {
    ClientSize = new Size(210, 210);
    Text = "Beispiel 6.2_2";

    quadrat.Bounds = new Rectangle(15, 15, 80, 80);
    quadrat.Image = new Bitmap("quadrat.bmp");
    quadrat.Click += new EventHandler(quadrat_Click);
    Controls.Add(quadrat);

    kreis.Bounds = new Rectangle(110, 15, 80, 80);
    kreis.Image = new Bitmap("kreis.bmp");
    kreis.Click += new EventHandler(kreis_Click);
    Controls.Add(kreis);

    clip.Bounds = new Rectangle(60, 110, 80, 80);
    clip.Click += new EventHandler(clip_Click);
    Controls.Add(clip);
  }

  protected void clip_Click(Object o, EventArgs e)
```

```
    {
      IDataObject d = Clipboard.GetDataObject( );
      if(d.GetDataPresent(DataFormats.Bitmap))
      {
        Bitmap b = (Bitmap)d.GetData(DataFormats.Bitmap);
        clip.Image = b;
      }
    }

    protected void quadrat_Click(Object o, EventArgs e)
    {
      Clipboard.SetDataObject(quadrat.Image);
    }

    protected void kreis_Click(Object o, EventArgs e)
    {
      Clipboard.SetDataObject(kreis.Image);
    }

    public static void Main( )
    {
      Application.Run(new Haupt( ));
    }
  }
```

6.3 Ein Togglebutton im Eigenbau

Ein Togglebutton ist ein Button, der nach dem Anklicken gedrückt bleibt und erst beim nächsten Anklicken wieder herausspringt. In Beispiel 6.3_1 wird ein derartiger Button programmiert und verwendet.

Der Togglebutton wird durch die Klasse tButton definiert, die von Controls abgeleitet ist. In der Klasse tButton werden die von Controls geerbten Eigenschaften Text und BackColor verwendet und die geerbten Eventhandler OnPaint, OnClick, OnMouseDown und OnMouseUp überschrieben.

Die Methode OnPaint zeichnet zuerst ein schwarzes Rechteck, das den gesamten Button ausfüllt. Dann wird ein um vier Pixel kleineres Rechteck mit der Farbe BackColor gezeichnet, das je nach Zustand des Buttons um ein oder drei Pixel gegenüber dem schwarzen Rechteck verschoben ist. Die Beschriftung Text wird in dem zweiten Rechteck zentriert. Die Verschiebung wird durch die Abfrage

```
if(unten || Mausunten) x = y = 3; else x = y = 1;
```

festgelegt. Mausunten wird von OnMouseDown auf true und von OnMouseUp auf false gesetzt. Beide Eventhandler rufen Invalidate auf damit der Button neu gezeichnet wird. Die Anweisung

```
if(unten) unten = false; else unten = true;
```

im Eventhandler OnClick setzt die Variable unten abwechselnd auf true oder false. Dadurch entsteht der Eindruck, dass der Button ein- und wieder ausrastet. Um die Definition des Buttons zu vervollständigen, wird das Ereignis tButtonClick definiert.

```
public event tButtonEventHandler tButtonClick;
```

Der dazugehörige Delegate ist:

```
public delegate void tButtonEventHandler(
                        object o, tButtonEventArgs e);
```

Die von EventArgs abgeleitete Klasse tButtonEventArgs enthält die Eigenschaft Pressed, die es ermöglicht, den Zustand des Buttons abzufragen. Die Methode OnClick bildet mit

```
tButtonEventArgs a = new tButtonEventArgs(unten);
```

eine Instanz der Klasse tButtonEventArgs und löst anschließend das Ereignis tButtonClick aus. Der so definierte Button kann wie jede andere Windows Komponente verwendet werden.

Der Konstruktor der Klasse Haupt bildet die Instanz b von tButton, legt die Eigenschaften Bounds, Text und BackColor fest und ordnet mit

```
b.tButtonClick += new tButtonEventHandler(bClick);
```

dem Ereignis tButtonClick den Eventhandler bClick zu, der e.Pressed abfragt und die Hintergrundfarbe des Fensters ändert.

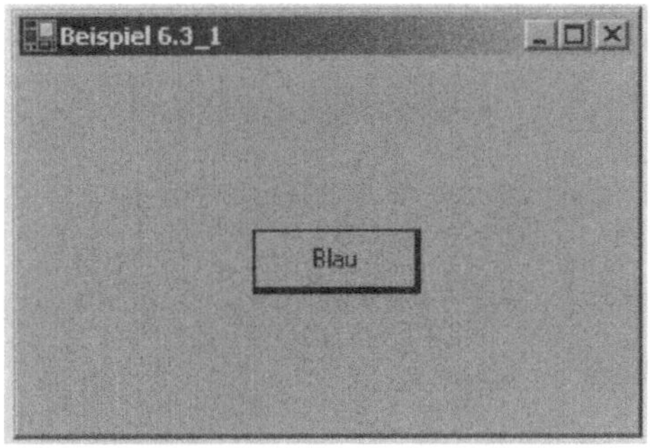

Abbildung 6.3_1

```
//Datei 6.3_1.cs

using System;
using System.Drawing;
using System.Windows.Forms;

class Haupt : Form
{
  Color oldColor;

  public Haupt( )
  {
    Size = new Size(300, 200);
    Text = "Beispiel 6.3_1";

    tButton b = new tButton( );
    b.Bounds = new Rectangle(110,80,80,30);
    b.Text = "Blau";
    b.BackColor = SystemColors.Control;
    b.tButtonClick += new tButtonEventHandler(bClick);
    Controls.Add(b);
  }

  protected void bClick(Object o, tButtonEventArgs e)
  {
    if(e.Pressed)
    {
      oldColor = BackColor;
   BackColor = Color.Blue;
    }
    else
      BackColor = oldColor;
  }

  public static void Main( )
```

```
    {
      Application.Run(new Haupt( ));
    }
  }

  public delegate void tButtonEventHandler(
    object o, tButtonEventArgs e);

  public class tButtonEventArgs : EventArgs
  {
    private bool unten;

    public bool Pressed
    {
      get{ return unten; }
    }

    public tButtonEventArgs(bool unten)
    {
      this.unten = unten;
    }
  }

  class tButton : Control
  {
    private bool unten = false, Mausunten = false;
    public event tButtonEventHandler tButtonClick;

    protected override void OnPaint(PaintEventArgs e)
    {
      int x, y, b ,h, xt, yt;

      Graphics g = e.Graphics;
      Rectangle r1 = new Rectangle(0, 0, Width, Height);

      b = Width-4;
      h = Height-4;
      if(unten || Mausunten) x = y = 3; else x = y = 1;

      g.FillRectangle(Brushes.Black, r1);
      Rectangle r2 = new Rectangle(x, y, b, h);
      g.FillRectangle(new SolidBrush(BackColor), r2);

      xt = x+b/2;
      yt = y+(h-Font.Height)/2;
      StringFormat sf = new StringFormat( );
      sf.Alignment = StringAlignment.Center;
      g.DrawString(Text, Font, new SolidBrush(ForeColor), xt, yt, sf);
    }

    protected override void OnClick(EventArgs e)
```

```
    {
      if(unten) unten = false; else unten = true;
      tButtonEventArgs a = new tButtonEventArgs(unten);
      tButtonClick(this, a);
    }

    protected override void OnMouseDown(MouseEventArgs e)
    {
      Mausunten = true;
      Invalidate( );
    }

    protected override void OnMouseUp(MouseEventArgs e)
    {
      Mausunten = false;
      Invalidate( );
    }
}
```

6.4 Windows API Aufrufe

Die Dlls, die Windows API Aufrufe enthalten, sind nicht mit dem .NET Framework programmiert. Sie sind zum Teil lange vor dem .NET Framework entstanden und enthalten daher unmanged Code. Derartige Funktionen werden als externe Funktionen deklariert. Das DllImportAttribute gibt an, in welcher Dll die entsprechende Funktion enthalten ist.

```
[DllImport("Kernel32.dll")]
public static extern void GetSystemTime(ref SystemTime sysTime);
```

Die Funktion StructLayout erwartet als Parameter die Adresse eines Structs, das die abgefragte Systemzeit aufnimmt.

```
[StructLayout(LayoutKind.Sequential)]
public struct SystemTime
{
  . . .
}
```

Da GetSystemTime unmanged code ist, darf das Layout des Structs SystemTime nicht vom .NET Framework gemanagt werden. Das StructLayout Attribute stellt sicher, dass das physikalische Layout von SystemTime exakt der Reihenfolge im Programmtext entspricht. Außer Sequential gibt es noch Auto und Explicit. Bei Auto hat man keinen Einfluss auf das Layout und mit Explicit kann man für jede Komponente einen Offset angeben.

Um die Systemzeit im Sekundentakt anzeigen zu können, wird ein Timer mit einem Intervall von 1000 Millisekunden verwendet. Dem Elapsed Ereignis des Timers, das nach dem Start des Timers einmal pro Sekunde auftritt, wird der Eventhandler Timer_Elapsed zugeordnet. Der Eventhandler ruft GetSystemTime auf, legt die Systemzeit im Format Stunde:Minute:Sekunde im String st ab und ruft Invalidate auf. Dadurch wird das Paint Ereignis ausgelöst und der überschriebene Eventhandler OnPaint bildet den String st im Fenster ab.

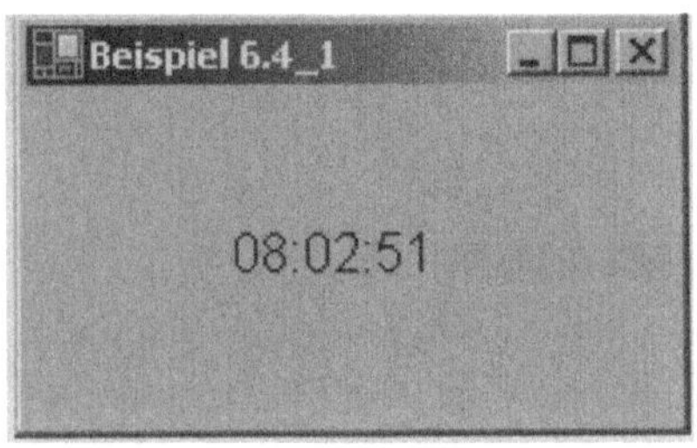

Abbildung 6.4_1

```
//Datei 6.4_1.cs

using System;
using System.Drawing;
using System.Windows.Forms;
using System.Timers;
using System.Runtime.InteropServices;


class Haupt : Form
{
  [StructLayout(LayoutKind.Sequential)]
  public struct SystemTime
  {
    public ushort wYear;
    public ushort wMonth;
    public ushort wDayOfWeek;
    public ushort wDay;
    public ushort wHour;
    public ushort wMinute;
    public ushort wSecond;
    public ushort wMilliseconds;
```

```
    }

    [DllImport("Kernel32.dll")]
    public static extern void GetSystemTime(ref SystemTime sysTime);

    string st="";
    SystemTime time;

    public Haupt( )
    {
      ClientSize = new Size(200, 100);
      Text = "Beispiel 6.4_1";

      System.Timers.Timer timer = new System.Timers.Timer( );
      timer.Interval = 1000;
      timer.Elapsed += new ElapsedEventHandler(Timer_Elapsed);
      timer.Start( );
      time = new SystemTime( );
    }

    protected override void OnPaint(PaintEventArgs e)
    {
      Graphics g = e.Graphics;
      g.DrawString(st, new Font("Arial", 12), Brushes.Black, 60, 40);
    }

    protected void Timer_Elapsed(Object o, ElapsedEventArgs e)
    {
      GetSystemTime(ref time);

      string h = time.wHour.ToString( ).PadLeft(2, '0');
      string m = time.wMinute.ToString( ).PadLeft(2, '0');
      string s = time.wSecond.ToString( ).PadLeft(2, '0');

      st = h + ":" + m + ":" + s;

      Invalidate( );
    }

    public static void Main( )
    {
      Application.Run(new Haupt( ));
    }
  }
```

6.5 Grafik, Stifte und Bürsten

Graphische Figuren werden mit einem Stift bzw. Pen gezeichnet und mit einer Bürste bzw. Brush ausgefüllt. Pen und Brush können die Farben der Struktur Color und der Klasse SystemColors annehmen.

Color:

```
AliceBlue AntiqueWhite Aqua Aquamarine Azure Beige Bisque Black
BlanchedAlmond Blue BlueViolet Brown BurlyWood CadetBlue Chartreuse
Chocolate Coral CornflowerBlue Cornsilk Crimson Cyan DarkBlue DarkCyan
DarkGoldenrod DarkGray DarkGreen DarkKhaki DarkMagenta DarkOliveGreen
DarkOrange DarkOrchid DarkRed DarkSalmon DarkSeaGreen DarkSlateBlue
DarkSlateGray DarkTurquoise DarkViolet DeepPink DeepSkyBlue DimGray
DodgerBlue Firebrick FloralWhite ForestGreen Fuchsia Gainsboro
GhostWhite Gold Goldenrod Gray Green GreenYellow Honeydew HotPink
IndianRed Indigo Ivory Khaki Lavender LavenderBlush LawnGreen
LemonChiffon LightBlue LightCoral LightCyan LightGoldenrodYellow
LightGray LightGreen LightPink LightSalmon LightSeaGreen LightSkyBlue
LightSlateGray LightSteelBlue LightYellow Lime LimeGreen Linen Magenta
Maroon MediumAquamarine MediumBlue MediumOrchid MediumPurple
MediumSeaGreen MediumSlateBlue MediumSpringGreen MediumTurquoise
MediumVioletRed MidnightBlue MintCream MistyRose Moccasin NavajoWhite
Navy OldLace Olive OliveDrab Orange OrangeRed Orchid PaleGoldenrod
PaleGreen PaleTurquoise PaleVioletRed PapayaWhip PeachPuff Peru Pink
Plum PowderBlue Purple Red RosyBrown RoyalBlue SaddleBrown Salmon
SandyBrown SeaGreen SeaShell Sienna Silver SkyBlue SlateBlue SlateGray
Snow SpringGreen SteelBlue Tan Teal Thistle Tomato Transparent
Turquoise Violet Wheat White WhiteSmoke Yellow YellowGreen
```

SystemColors:

```
ActiveBorder ActiveCaption ActiveCaptionText AppWorkspace Control
ControlDark ControlDarkDark ControlLight ControlLightLight ControlText
Desktop GrayText Highlight HighlightText HotTrack InactiveBorder
InactiveCaption InactiveCaptionText Info InfoText Menu MenuText
ScrollBar Window WindowFrame WindowText
```

Mit der Methode

```
public static Color FromArgb(
  int alpha, int red, int green, int blue);
```

können beliebige Farben definiert werden. Die Parameter sind Integerzahlen von 0 bis 255. Ist *alpha* gleich 0, so ist die Farbe vollständig transparent. Ist *alpha* gleich 255, so ist die Farbe deckend. Die Farbe entsteht durch Mischen der Rot-, Grün- und Blauanteile. Ein Stift ist eine Instanz der Klasse Pen. Durch

```
Pen pen = new Pen(Color.Black, 4);
```

wird ein schwarzer Stift mit der Strichstärke 4 definiert. Die Anweisung

```
g.DrawLine(pen, 20, 20, 380, 20);
```

zeichnet eine Linie mit dem Stift pen vom Anfangspunkt x = 20, y = 20 zum Endpunkt x = 380, y = 20. Durch Ändern der Eigenschaften des Stiftes werden unterschiedliche Linientypen erzeugt.

```
Color       Stiftfarbe, Voreinstellung: Schwarz
Width       Strichstärke, Voreinstellung: 1
```

DashStyle:

```
Custom      durch den Benutzer definiert
Dash        gestrichelt
DashDot     strichpunktiert
DashDotDot  Strich-Punkt-Punkt
Dot         punktiert
Solid       durchgezogen, voreingestellt

DashOffset  Abstand vom Anfang der Linie bis zum Start des Musters
```

Dieser Abstand wird durch pen.DashOffset = 40 auf 40 Pixel gesetzt.

```
StartCap    Ausbildung des Anfangspunktes mit LineCap
EndCap      Ausbildung des Endpunktes mit LineCap
```

LineCap: AnchorMask, ArrowAnchor, Custom, DiamondAnchor, Flat, NoAnchor, Round, RoundAnchor, Square, SquareAnchor, Triangle

Durch pen.StartCap = LineCap.Round wird der Anfangspunkt der Linie abgerundet.

DashCap wirkt auf das mit DashStyle festgelegte Muster. Es wirkt jedoch nicht auf den Anfangs- und Endpunkt.

```
DashCap: Flat, Round, Triangle
```

Durch pen.DashCap = DashCap.Round wird das Muster der Linie abgerundet. Beispiel 6.5_1 zeigt diesen Effekt an der fünften bis siebten Linie. Die Anfangs- und Endpunkte der achten und neunten Linie sind vom Typ Anchor.

Ein vom Benutzer definierter Linientyp wird durch die Anweisungen

```
float[] pat = {4f, 1f, 1f, 1f, 1f, 1f, 1f, 1f};
pen.DashPattern = pat;
pen.DashStyle = DashStyle.Custom;
```

erzeugt. Der Array pat enthält das Muster. Dabei werden abwechselnd die Längen der sichtbaren Abschnitte und der Zwischenräume angegeben. Das hier erzeugte Muster definiert einen Strich gefolgt von drei Punkten.

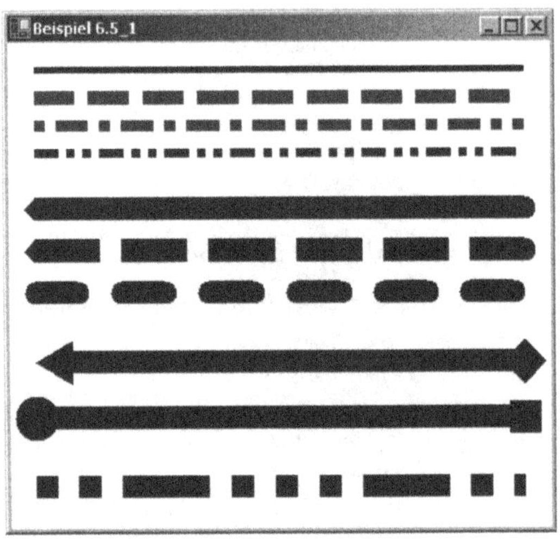

Abbildung 6.5_1

```
// Datei 6.5_1.cs

using System;
using System.Drawing;
using System.Drawing.Drawing2D;
using System.Windows.Forms;

class Haupt : Form
{
  public Haupt( )
  {
    ClientSize = new Size(400, 350);
    BackColor = Color.White;
  }

  protected override void OnPaint(PaintEventArgs e)
  {
    Graphics g = e.Graphics;

    Pen pen = new Pen(Color.Black, 4);
    g.DrawLine(pen, 20, 20, 380, 20);

    pen.Color = Color.Red;
    pen.Width = 10;
    pen.DashStyle = DashStyle.Dash;
    pen.DashOffset = 40;
    g.DrawLine(pen, 20, 40, 380, 40);

    pen.Color = Color.Green;
    pen.Width = 8;
    pen.DashStyle = DashStyle.DashDot;
    g.DrawLine(pen, 20, 60, 380, 60);

    pen.Color = Color.Blue;
    pen.Width = 6;
    pen.DashStyle = DashStyle.DashDotDot;
    g.DrawLine(pen, 20, 80, 380, 80);

    pen.Color = Color.Black;
    pen.Width = 16;
    pen.DashStyle = DashStyle.Solid;
    pen.StartCap = LineCap.Triangle;
    pen.EndCap = LineCap.Round;
    g.DrawLine(pen, 20, 120, 380, 120);

    pen.DashStyle = DashStyle.Dash;
    pen.DashOffset = 80;
    g.DrawLine(pen, 20, 150, 380, 150);

    pen.StartCap = LineCap.Round;
    pen.DashCap = DashCap.Round;
```

```
    g.DrawLine(pen, 20, 180, 380, 180);

    pen.DashStyle = DashStyle.Solid;
    pen.StartCap = LineCap.ArrowAnchor;
    pen.EndCap = LineCap.DiamondAnchor;
    g.DrawLine(pen, 20, 230, 380, 230);

    pen.StartCap = LineCap.RoundAnchor;
    pen.EndCap = LineCap.SquareAnchor;
    g.DrawLine(pen, 20, 270, 380, 270);

    float[] pat = {4f, 1f, 1f, 1f, 1f, 1f, 1f, 1f};
    pen.DashPattern = pat;
    pen.DashStyle = DashStyle.Custom;
    pen.DashOffset = 40;
    pen.StartCap = LineCap.Flat;
    pen.EndCap = LineCap.Flat;
    pen.DashCap = DashCap.Flat;
    g.DrawLine(pen, 20, 320, 380, 320);
  }

  static void Main( )
  {
    Application.Run(new Haupt( ));
  }
}
```

Die Eigenschaft Brush der Klasse Pen kann benutzt werden, um Füllmuster zu definieren. Die Klasse Brush ist eine abstrakte Klasse. Folgende Klassen sind davon abgeleitet:

HatchBrush	Schraffur
LinearGradientBrush	Farbverlauf
PathGradientBrush	Farbverlauf
SolidBrush	gleichmäßige Füllung
TextureBrush	Texturfüllung

Beispiel 6.5_2 benutzt die HatchBrush, um Schraffuren darzustellen. Die Aufzählung HatchStyle stellt Schraffuren zur Verfügung.

HatchStyle:

```
BackwardDiagonal Cross DarkDownwardDiagonal DarkHorizontal
DarkUpwardDiagonal DarkVertical DashedDownwardDiagonal
DashedHorizontal DashedUpwardDiagonal DashedVertical DiagonalBrick
DiagonalCross Divot DottedDiamond DottedGrid ForwardDiagonal
Horizontal HorizontalBrick LargeCheckerBoard LargeConfetti LargeGrid
LightDownwardDiagonal LightHorizontal LightUpwardDiagonal
```

```
LightVertical Max Min NarrowHorizontal NarrowVertical OutlinedDiamond
Percent05 Percent10 Percent20 Percent25 Percent30 Percent40 Percent50
Percent60 Percent70 Percent75 Percent80 Percent90 Plaid Shingle
SmallCheckerBoard SmallConfetti SmallGrid SolidDiamond Sphere Trellis
Vertical Wave Weave WideDownwardDiagonal WideUpwardDiagonal ZigZag
```

Die Anweisung

```
pen.Brush = new HatchBrush(
  HatchStyle.DottedDiamond, Color.White, Color.Blue);
```

weist der Eigenschaft Brush des Stiftes pen eine Instanz der Klasse HatchBrush zu. Der Schraffurstil HatchStyle ist DottedDiamond, die Vordergrundfarbe ist Weiß und die Hintergrundfarbe Blau.

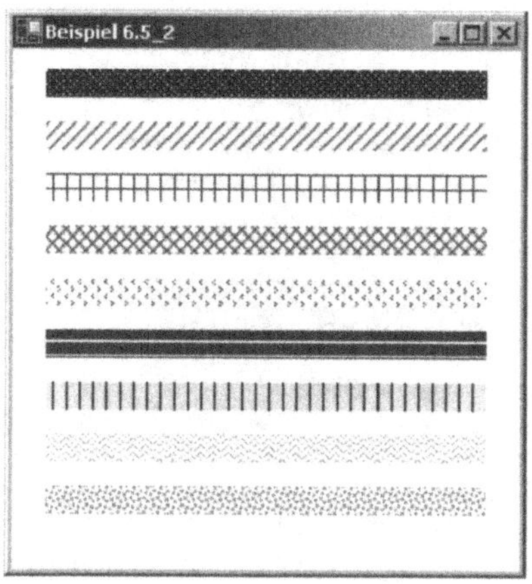

Abbildung 6.5_2

```
// Datei 6.5_2.cs

using System;
using System.Drawing;
using System.Drawing.Drawing2D;
using System.Windows.Forms;

class Haupt : Form
{
  public Haupt( )
  {
    ClientSize = new Size(300, 300);
```

```
    Text = "Beispiel 6.5_2";
    BackColor = Color.White;
  }

  protected override void OnPaint(PaintEventArgs e)
  {
    Graphics g = e.Graphics;

    Pen pen = new Pen(Color.Black, 16);
    pen.Brush = new HatchBrush(
      HatchStyle.DottedDiamond, Color.White, Color.Blue);
    g.DrawLine(pen, 20, 20, 280, 20);

    pen.Brush = new HatchBrush(
    HatchStyle.BackwardDiagonal, Color.Red, Color.White);
    g.DrawLine(pen, 20, 50, 280, 50);

    pen.Brush = new HatchBrush(
    HatchStyle.Cross, Color.Green, Color.White);
    g.DrawLine(pen, 20, 80, 280, 80);

    pen.Brush = new HatchBrush(
    HatchStyle.DiagonalCross, Color.Green, Color.White);
    g.DrawLine(pen, 20, 110, 280, 110);

    pen.Brush = new HatchBrush(
    HatchStyle.Divot, Color.Brown, Color.White);
    g.DrawLine(pen, 20, 140, 280, 140);

    pen.Brush = new HatchBrush(
    HatchStyle.Horizontal, Color.White, Color.Red);
    g.DrawLine(pen, 20, 170, 280, 170);

    pen.Brush = new HatchBrush(
    HatchStyle.Vertical, Color.Black, Color.Beige);
    g.DrawLine(pen, 20, 200, 280, 200);

    pen.Brush = new HatchBrush(
    HatchStyle.ZigZag, Color.Gold, Color.White);
    g.DrawLine(pen, 20, 230, 280, 230);

    pen.Brush = new HatchBrush(
    HatchStyle.LargeConfetti, Color.Aqua, Color.White);
    g.DrawLine(pen, 20, 260, 280, 260);
  }

  static void Main( )
  {
    Application.Run(new Haupt( ));
  }
}
```

Beispiel 6.5_3 benutzt die LinearGradientBrush und die TextureBrush.

Die Anweisungen

```
Point p1 = new Point(20, 20);
Point p2 = new Point(140, 140);
Brush brush = new LinearGradientBrush(
       p1, p2, Color.Yellow, Color.Green);
```

definieren einen Farbverlauf von Gelb nach Grün. Die Punkte p1 und p2 legen den Startpunkt und den Endpunkt des Farbverlaufs fest.

Die Anweisungen

```
Image img = new Bitmap(Image.FromFile("ballon.bmp"));
brush = new TextureBrush(img);
```

definieren eine Texturfüllung mit der Bitmap ballon.bmp. Die Klasse Image ist eine abstrakte Klasse, von der die Klassen Bitmap und Metafile abgeleitet sind. Mit

```
g.FillRectangle(brush, 20, 20, 120, 120);
```

wird ein Rechteck gezeichnet. Die Parameter sind die Bürste brush, die linke obere Ecke x = 20 und y = 20, die Breite 120 und die Höhe 120.

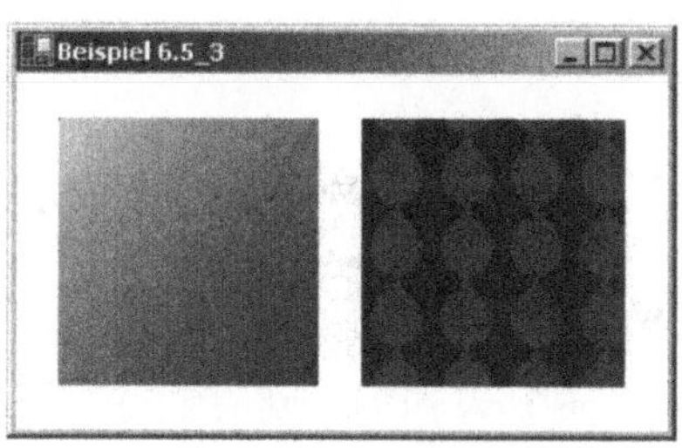

Abbildung 6.5_3

```
// Datei 6.5_3.cs

using System;
using System.Drawing;
using System.Drawing.Drawing2D;
using System.Windows.Forms;

class Haupt : Form
{
  public Haupt( )
  {
    ClientSize = new Size(300, 160);
    Text = "Beispiel 6.5_3";
    BackColor = Color.White;
  }

  protected override void OnPaint(PaintEventArgs e)
  {
    Graphics g = e.Graphics;

    Point p1 = new Point(20, 20);
    Point p2 = new Point(140, 140);
    Brush brush = new LinearGradientBrush(
      p1, p2, Color.Yellow, Color.Green);

    g.FillRectangle(brush, 20, 20, 120, 120);

    Image img = new Bitmap(Image.FromFile("ballon.bmp"));
    brush = new TextureBrush(img);
    g.FillRectangle(brush, 160, 20, 120, 120);
  }

  static void Main( )
  {
    Application.Run(new Haupt( ));
  }
}
```

Beispiel 6.5_4 benutzt die Methode FromArgb zur Definition von Farben.

Der alpha Wert 100 in

```
pen.Color = Color.FromArgb(100, 255, 255, 0);
```

ist kleiner als 255. Die Farbe ist daher durchscheinend. Bei den drei Farbanteilen fehlt der blaue Anteil, deshalb ist die definierte Farbe Gelb, die Komplementärfarbe von Blau.

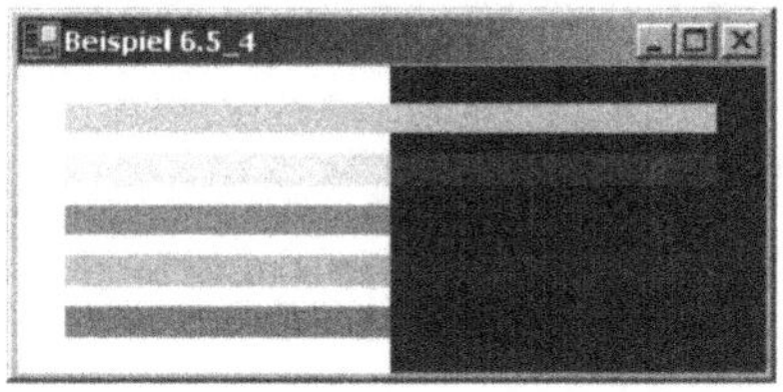

Abbildung 6.5_4

```
// Datei 6.5_4.cs

using System;
using System.Drawing;
using System.Windows.Forms;

class Haupt : Form
{
  Image img;

  public Haupt( )
  {
    ClientSize = new Size(300, 120);
    Text = "Beispiel 6.5_4";
    BackColor = Color.White;

    img = new Bitmap(150, 120);
    Graphics gi = Graphics.FromImage(img);
    gi.FillRectangle(Brushes.Black, 0, 0, 150, 120);
  }

  protected override void OnPaint(PaintEventArgs e)
  {
    Graphics g = e.Graphics;

    g.DrawImage(img, 150, 0);

    Pen pen = new Pen(Color.FromArgb(255, 255, 255, 0), 12);
    g.DrawLine(pen, 20,20,280,20);

    pen.Color = Color.FromArgb(100, 255, 255, 0);
    g.DrawLine(pen, 20,40,280,40);

    pen.Color = Color.FromArgb(100, 255, 0, 0);
    g.DrawLine(pen, 20,60,280,60);

    pen.Color = Color.FromArgb(100, 0, 255, 0);
    g.DrawLine(pen, 20,80,280,80);

    pen.Color = Color.FromArgb(100, 0, 0, 255);
```

```
    g.DrawLine(pen, 20,100,280,100);
  }

  static void Main( )
  {
    Application.Run(new Haupt( ));
  }
}
```

Beispiel 6.5_5 benutzt ebenfalls transparente Farben.

Die Anweisung

```
Point[] p1 = {new Point(20, 20),
  new Point(140, 20),new Point(80, 140)};
```

definiert einen Array von Punkten, welche die Ecken eines Dreiecks festlegen, das mit

```
g.FillPolygon(br, p1);
```

gezeichnet wird. Die Füllung wird durch die Brush br festgelegt.

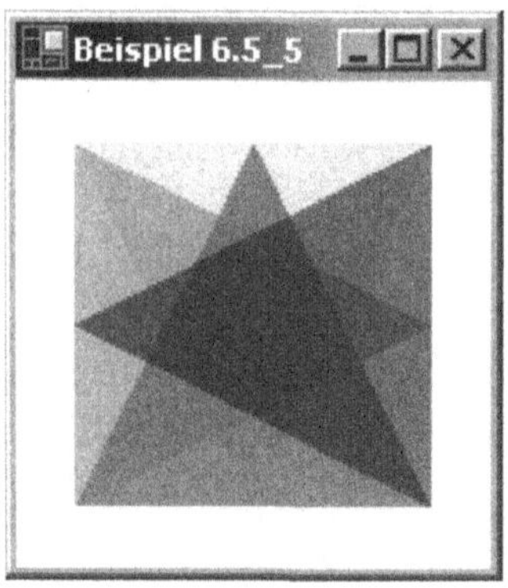

Abbildung 6.5_5

```
// Datei 6.5_5.cs

using System;
using System.Drawing;
using System.Windows.Forms;

class Haupt : Form
{

  public Haupt( )
  {
    ClientSize = new Size(160, 160);
    Text = "Beispiel 6.5_5";
    BackColor = Color.White;
  }

  protected override void OnPaint(PaintEventArgs e)
  {
    Graphics g = e.Graphics;

    Brush br = new SolidBrush(Color.FromArgb(100, 255, 255, 0));
    Point[] p1 = {new Point(20, 20),
      new Point(140, 20),new Point(80, 140)};
    g.FillPolygon(br, p1);

    br = new SolidBrush(Color.FromArgb(100, 255, 0, 0));
    Point[] p2 = {new Point(80, 20),
      new Point(20, 140),new Point(140, 140)};
    g.FillPolygon(br, p2);

    br = new SolidBrush(Color.FromArgb(100, 0, 255, 0));
    Point[] p3 = {new Point(140, 80),
    new Point(20, 20),new Point(20, 140)};
    g.FillPolygon(br, p3);

    br = new SolidBrush(Color.FromArgb(100, 0, 0, 255));
    Point[] p4 = {new Point(20, 80),
    new Point(140, 20),new Point(140, 140)};
    g.FillPolygon(br, p4);
  }

  static void Main( )
  {
    Application.Run(new Haupt( ));
  }
}
```

6.6 Grafik, Draw und Fill

Die Klasse System.Drawing.Graphics enthält Methoden, mit denen grafische Figuren gezeichnet oder ausgefüllt werden. Der Koordinatenursprung liegt in der linken oberen Ecke des Klientbereichs des Fensters. Die x-Achse weist nach rechts und die y-Achse nach unten.

Die Draw- und Fillmethoden der Klasse Graphics:

```
DrawArc( Pen, x, y, Breite, Höhe, Startwinkel, Öffnungswinkel );
```

zeichnet einen Bogen.

Pen ist der Zeichenstift siehe 6.5

x, y, Breite, Höhe ist das den Bogen umschreibende Rechteck.

Startwinkel und *Öffnungswinkel* werden im Uhrzeigersinn in Grad angegeben.

```
DrawBezier( Pen, Punkt1, Punkt2, Punkt3, Punkt4 );
```

zeichnet eine Bezierkurve.

Punkt1 Anfagspunkt

Punkt2 Stützstelle

Punkt3 Stützstelle

Punkt4 Endpunkt

Die Stützstellen liegen nicht auf der Bezierkurve. Sie krümmen die Kurve quasi mit Gummibändern.

```
DrawBeziers( Pen, Punktarray );
```

zeichnet aneinander hängende Bezierkurven.

Der erste Punkt des Punktarrays ist der Anfangspunkt der ersten Bezierkurve. Danach folgen zwei Stützstellen und der Endpunkt der ersten Bezierkurve, der zugleich der Anfangspunkt der zweiten Bezierkurve ist. Es folgen nun wieder zwei Stützstellen und der Endpunkt der zweiten Bezierkurve. Dieser Rhythmus setzt sich fort bis alle Bezierkurven definiert sind.

`DrawCurve(` *Pen*, *Punktarray* `);`

zeichnet eine Kurve.

Die Kurve ist ein Spline. Sie verhält sich wie ein biegsames Lineal. Alle im ***Punktarray*** enthaltenen Stützstellen liegen auf der Kurve.

`DrawClosedCurve(` *Pen*, *Punktarray* `);`

zeichnet eine geschlossene Kurve (Spline).

`DrawEllipse(` *Pen*, *Rechteck* `);`

zeichnet eine Ellipse.

Die Hauptachsen der Ellipse werden durch das umschreibende ***Rechteck*** festgelegt.

`DrawIcon(` *Icon*, *x*, *y* `);`

zeichnet ein Icon.

x, *y* ist die Lage der linken oberen Ecke des Icons

`DrawIcon(` *Icon*, *Rechteck* `);`

zeichnet ein Icon.

Das Icon wird so skaliert, dass es das ***Rechteck*** ausfüllt.

`DrawIconUnstretched(` *Icon*, *Rechteck* `);`

zeichnet ein Icon.

Das Icon behält seine Originalgröße. Falls das ***Rechteck*** kleiner ist als das Icon, so werden die außerhalb des Rechtecks liegenden Bereiche abgeschnitten.

`DrawImage(` *Image*, *Punkt* `);`

zeichnet ein Image.

Punkt ist die Lage der linken oberen Ecke des Image. Mit DrawImage können Icons, Bitmaps und Metafiles gezeichnet werden.

`DrawImage(` *Image*, *Rechteck* `);`

zeichnet ein Image.

Das Image wird so skaliert, dass es das ***Rechteck*** ausfüllt.

```
DrawImageUnscaled( Image, Rechteck );
```

zeichnet ein Image.

Das Image behält seine Originalgröße. Falls das *Rechteck* kleiner ist als das Image, so werden die außerhalb des Rechtecks liegenden Bereiche abgeschnitten.

```
DrawLine( Pen, Punkt1, Punkt2 );
```

zeichnet eine Linie.

Punkt1 Anfagspunkt

Punkt2 Endpunkt

```
DrawLine( Pen, x1, y1, x2, y2 );
```

zeichnet eine Linie.

x1, y1 Anfagspunkt

x2, y2 Endpunkt

```
DrawLines( Pen, Punktarray );
```

zeichnet einen Linienzug (Polygonzug).

Punktarray enthält die Anfangs und Endpunkte der Linien, wobei der Anfangspunkt der nachfolgenden Linie gleich dem Endpunkt der vorhergehenden Linie ist.

```
DrawPath( Pen, GraphicsPath );
```

zeichnet ein Objekt vom Typ GraphicsPath.

Erläuterungen siehe Beispiel 6.6_5

```
DrawPie( Pen, Rechteck, Startwinkel, Endwinkel );
```

zeichnet eine Torte.

Die Torte ist ein Kreis, aus dem ein Segment ausgeschnitten wurde.

Rechteck ist das umschreibende Rechteck.

Startwinkel und *Endwinkelwinkel* der Torte werden im Uhrzeigersinn angegeben.

```
DrawPie( Pen, x, y, b, h, Startwinkel, Endwinkel );
```

zeichnet eine Torte.

x, y, b, h ist das umschreibende Rechteck.

```
DrawPolygon( Pen, Punktarray );
```

zeichnet ein Vieleck.

Punktarray enthält die Ecken des Polygons.

```
DrawRectangle( Pen, Rechteck );
```

zeichnet ein Rechteck.

```
DrawRectangle( Pen, x, y, b, h );
```

zeichnet ein Rechteck.

x, y, b, h ist das Rechteck.

```
DrawRectangles( Pen, Rechteckarray );
```

zeichnet Rechtecke.

Rechteckarray ist vom Typ Rectangle[ ].

```
DrawString( String, Font, Brush, x, y );
```

zeichnet Text.

String ist der ausgegebene Textstring

Font ist der Textfont.

Brush ist die Bürste siehe 6.5.

x, y ist die linke obere Ecke des Textes.

```
DrawString( String, Font, Brush, x, y, StringFormat );
```

zeichnet Text mit dem angegebenen *StringFormat.*

```
DrawString( String, Font, Brush, Rechteck, StringFormat );
```

passt Text mit dem angegebenen *StringFormat* in das *Rechteck* ein.

`FillClosedCurve( Brush, Punktarray );`

füllt eine geschlossene Kurve. Die Kurve ist ein Spline. Sie verhält sich wie ein biegsames Lineal. Alle im *Punktarray* enthaltenen Stützstellen liegen auf der Kurve.

`FillEllipse( Brush, Rechteck );`

füllt eine Ellipse.

Die Hauptachsen der Ellipse werden durch das umschreibende *Rechteck* festgelegt.

`FillPath( Brush, GraphicsPath );`

füllt ein Objekt vom Typ GraphicsPath.

Erläuterungen siehe Beispiel 6.6_6.

`FillPie( Brush, Rechteck, Startwinkel, Endwinkel );`

füllt eine Torte aus.

Die Torte ist ein Kreis, aus dem ein Segment ausgeschnitten wurde.

Rechteck ist das umschreibende Rechteck.

Startwinkel und *Endwinkel* der Torte werden im Uhrzeigersinn angegeben.

`FillPie( Brush, x, y, b, h, Startwinkel, Endwinkel );`

füllt eine Torte aus.

x, *y*, *b*, *h* ist das umschreibende Rechteck.

`FillPolygon( Brush, Punktarray );`

füllt ein Vieleck.

Punktarray enthält die Ecken des Polygons.

`FillRectangle( Brush, Rechteck );`

füllt ein Rechteck.

`FillRectangle( Brush, x, y, b, h );`

füllt ein Rechteck

x, *y*, *b*, *h* ist das Rechteck.

```
FillRectangles( Brush, Rechteckarray );
```

füllt Rechtecke.

Rechteckarray ist vom Typ Rectangle[ ].

```
FillRegion( Brush, Region );
```

füllt ein Objekt vom Typ Region.

Erläuterungen siehe Beispiel 6.6_7.

Beispiel 6.6_1 zeichnet mit

```
g.FillEllipse(Brushes.Blue, 20, 20, 160, 160);
g.DrawEllipse(blackpen, 20, 20, 160, 160);
g.DrawRectangle(blackpen, 20, 20, 160, 160);
```

einen blau ausgefüllten Kreis und in schwarz den Umfang und das umschreibende Rechteck. Die Anweisung

```
g.FillRectangle(Brushes.Green, 60, 60, 80, 80);
```

füllt ein kleineres Quadrat. Die Anweisungen

```
g.FillPie(Brushes.White, 70, 70, 60, 60, 0, 270);
g.DrawPie(new Pen(Color.Black, 2), 70, 70, 60, 60, 0, 270);
```

zeichnen eine ausgefüllte und eine nicht ausgefüllte Torte. Die Torte beginnt bei 0 Grad und endet bei 270 Grad. Zum Schluss wird mit

```
g.DrawArc(whitepen, 60, 20, 80, 160, 90, 180);
```

ein Bogen gezeichnet, der bei 90 Grad beginnt und einen Öffnungswinkel von 180 Grad besitzt.

Abbildung 6.6_1

```
// Datei 6.6_1.cs

using System;
using System.Drawing;
using System.Drawing.Drawing2D;
using System.Windows.Forms;

class Haupt : Form
{
  public Haupt( )
  {
    ClientSize = new Size(200, 200);
    Text = "Beispiel 6.6_1";
    BackColor = Color.White;
  }

  protected override void OnPaint(PaintEventArgs e)
  {
    Graphics g = e.Graphics;

    Pen blackpen = new Pen(Color.Black, 4);
    Pen whitepen = new Pen(Color.White, 4);

    g.FillEllipse(Brushes.Blue, 20, 20, 160, 160);
    g.DrawEllipse(blackpen, 20, 20, 160, 160);
    g.DrawRectangle(blackpen, 20, 20, 160, 160);
    g.FillRectangle(Brushes.Green, 60, 60, 80, 80);
    g.FillPie(Brushes.White, 70, 70, 60, 60, 0, 270);
    g.DrawPie(new Pen(Color.Black, 2), 70, 70, 60, 60, 0, 270);
    g.DrawArc(whitepen, 60, 20, 80, 160, 90, 180);
```

```
  }

  static void Main( )
  {
    Application.Run(new Haupt( ));
  }
}
```

Beispiel 6.6_2 erzeugt einen Punktarray und benutzt diesen in den Anweisungen DrawPolygon und FillPolygon.

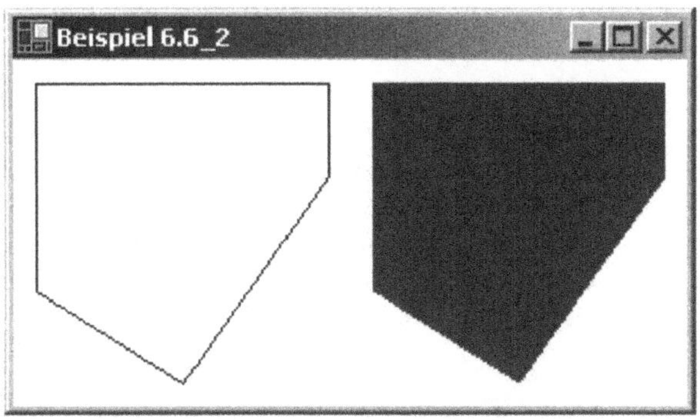

Abbildung 6.6_2

```
// Datei 6.6_2.cs

using System;
using System.Drawing;
using System.Drawing.Drawing2D;
using System.Windows.Forms;

class Haupt : Form
{
  public Haupt( )
  {
    ClientSize = new Size(300, 150);
    Text = "Beispiel 6.6_2";
    BackColor = Color.White;
  }

  protected override void OnPaint(PaintEventArgs e)
  {
    Graphics g = e.Graphics;

    Point[] punkte = new Point[5];
```

```
    punkte[0] = new Point(10, 10);
    punkte[1] = new Point(10, 100);
    punkte[2] = new Point(75, 140);
    punkte[3] = new Point(140, 50);
    punkte[4] = new Point(140, 10);
    g.DrawPolygon(Pens.Blue, punkte);

    for(int i=0; i<5; i++)punkte[i].X += 150;
    g.FillPolygon(Brushes.Green, punkte);
  }

  static void Main( )
  {
    Application.Run(new Haupt( ));
  }
}
```

Beispiel 6.6_3 erzeugt ebenfalls einen Punktarray und benutzt ihn in den Methoden DrawCurve, DrawClosedCurve und FillClosedCurve. Um zu zeigen, dass die Kurven exakt durch die Stützstellen gehen, werden die Stützstellen mit DrawRectangle auf den Kurven markiert.

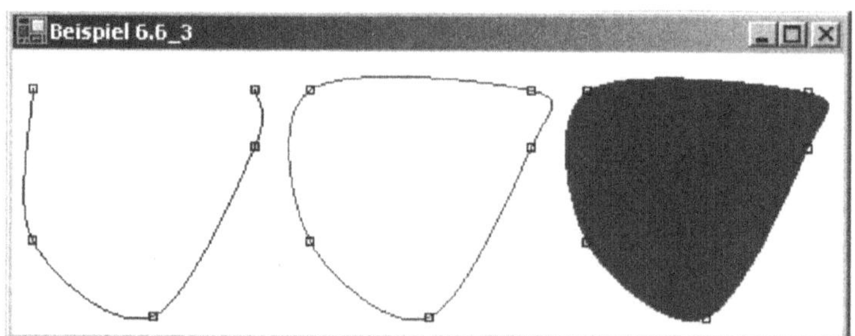

Abbildung 6.6_3

```
// Datei 6.6_3.cs

using System;
using System.Drawing;
using System.Drawing.Drawing2D;
using System.Windows.Forms;

class Haupt : Form
{
  public Haupt( )
  {
```

```
      ClientSize = new Size(450, 150);
      Text = "Beispiel 6.6_3";
      BackColor = Color.White;
    }

    protected override void OnPaint(PaintEventArgs e)
    {
      int i;
      Graphics g = e.Graphics;

      Point[] punkte = new Point[5];
      punkte[0] = new Point(10, 20);
      punkte[1] = new Point(10, 100);
      punkte[2] = new Point(75, 140);
      punkte[3] = new Point(130, 50);
      punkte[4] = new Point(130, 20);
      g.DrawCurve(Pens.Blue, punkte);
      for(i=0; i<5; i++)
        g.DrawRectangle(Pens.Black, punkte[i].X-2, punkte[i].Y-2, 4, 4);

      for(i=0; i<5; i++)punkte[i].X += 150;
      g.DrawClosedCurve(Pens.Green, punkte);
      for(i=0; i<5; i++)
        g.DrawRectangle(Pens.Black, punkte[i].X-2, punkte[i].Y-2, 4, 4);

      for(i=0; i<5; i++)punkte[i].X += 150;
        g.FillClosedCurve(Brushes.Red, punkte);
      for(i=0; i<5; i++)
        g.DrawRectangle(Pens.Black, punkte[i].X-2, punkte[i].Y-2, 4, 4);
    }

    static void Main( )
    {
      Application.Run(new Haupt( ));
    }
  }
```

Beispiel 6.6_4 benutzt DrawBezier. Auch hier sind wieder Anfangs- und Endpunkt sowie die Stützstellen durch Rechtecke markiert. Die Bezierkurve geht exakt vom Anfangs- zum Endpunkt. Die beiden dazwischen liegenden Stützstellen liegen jedoch nicht auf der Kurve. Sie krümmen die Kurve wie einen biegsamen Stab, der an Gummibändern gezogen wird.

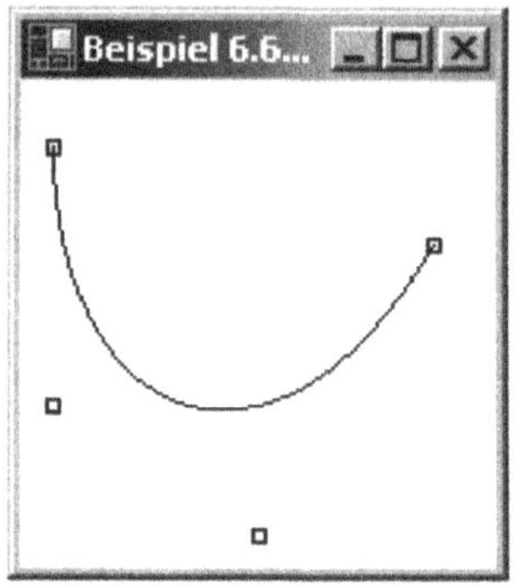

Abbildung 6.6_4

```
// Datei 6.6_4.cs

using System;
using System.Drawing;
using System.Drawing.Drawing2D;
using System.Windows.Forms;

class Haupt : Form
{
  public Haupt( )
  {
    ClientSize = new Size(150, 150);
    Text = "Beispiel 6.6_4";
    BackColor = Color.White;
  }
  protected override void OnPaint(PaintEventArgs e)
  {
    Graphics g = e.Graphics;

    Point p1 = new Point(10, 20);
    Point p2 = new Point(10, 100);
    Point p3 = new Point(75, 140);
    Point p4 = new Point(130, 50);
    g.DrawBezier(Pens.Blue, p1, p2, p3, p4);
    g.DrawRectangle(Pens.Black, p1.X-2, p1.Y-2, 4, 4);
    g.DrawRectangle(Pens.Black, p2.X-2, p2.Y-2, 4, 4);
    g.DrawRectangle(Pens.Black, p3.X-2, p3.Y-2, 4, 4);
    g.DrawRectangle(Pens.Black, p4.X-2, p4.Y-2, 4, 4);
  }
  static void Main( )
  {
    Application.Run(new Haupt( ));
  }
}
```

Beispiel 6.6_5 erzeugt eine Instanz der Klasse GraphicsPath. Anschließend werden mit AddEllipse, AddRectangle und AddPie grafische Elemente zum GraphicsPath hinzugefügt. DrawPath zeichnet den Pfad. Der Zeichenstift ist dem gesamten Pfad und nicht den einzelnen Elementen zugeordnet.

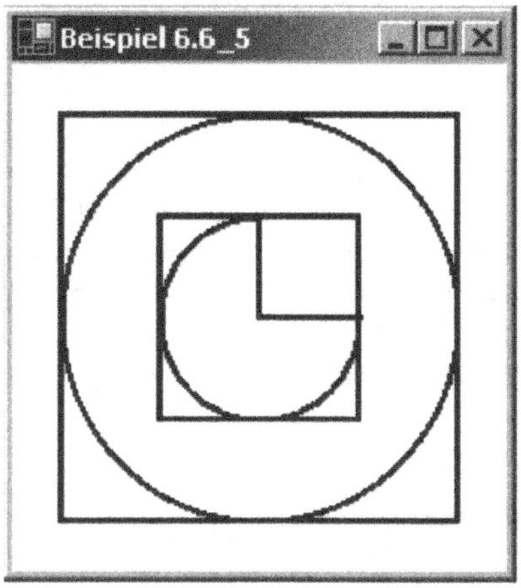

Abbildung 6.6_5

```
// Datei 6.6_5.cs

using System;
using System.Drawing;
using System.Drawing.Drawing2D;
using System.Windows.Forms;

class Haupt : Form
{
  public Haupt( )
  {
    ClientSize = new Size(200, 200);
    Text = "Beispiel 6.6_5";
    BackColor = Color.White;
  }

  protected override void OnPaint(PaintEventArgs e)
  {
    Graphics g = e.Graphics;

    GraphicsPath p = new GraphicsPath( );
    p.AddEllipse(20, 20, 160, 160);
```

```
    p.AddRectangle(new Rectangle(20, 20, 160, 160));
    p.AddRectangle(new Rectangle(60, 60, 80, 80));
    p.AddPie(60, 60, 80, 80, 0, 270);
    g.DrawPath(new Pen(Color.Black, 2), p);
  }

  static void Main( )
  {
    Application.Run(new Haupt( ));
  }
}
```

Beispiel 6.6_6 definiert den gleichen GraphicsPath wie Beispiel 6.6_5. Diesmal wird der Pfad jedoch mit FillPath ausgegeben. Es wird alternierend gefüllt. Das Füllen beginnt mit der äußersten Begrenzung und endet an der nächsten inneren Begrenzung. Wenn man auf diese Weise weiter von außen nach innen geht, so beginnt oder endet das Füllen an der jeweils nächsten Begrenzung.

Abbildung 6.6_6

```
// Datei 6.6_6.cs

using System;
using System.Drawing;
using System.Drawing.Drawing2D;
using System.Windows.Forms;

class Haupt : Form
```

```
{
  public Haupt( )
  {
    ClientSize = new Size(200, 200);
    Text = "Beispiel 6.6_6";
    BackColor = Color.White;
  }

  protected override void OnPaint(PaintEventArgs e)
  {
    Graphics g = e.Graphics;

    GraphicsPath p = new GraphicsPath( );
    p.AddEllipse(20, 20, 160, 160);
    p.AddRectangle(new Rectangle(20, 20, 160, 160));
    p.AddRectangle(new Rectangle(60, 60, 80, 80));
    p.AddPie(60, 60, 80, 80, 0, 270);
    g.FillPath(Brushes.Blue, p);
  }

  static void Main( )
  {
    Application.Run(new Haupt( ));
  }
}
```

Beispiel 6.6_7 ist weitgehend identisch mit Beispiel 6.6_6. Der GraphicsPath wird jedoch in eine Region umgewandelt und mit FillRegion dargestellt. Es entsteht das gleiche Bild wie zuvor.

Abbildung 6.6_7

```
// Datei 6.6_7.cs

using System;
using System.Drawing;
using System.Drawing.Drawing2D;
using System.Windows.Forms;

class Haupt : Form
{
  public Haupt( )
  {
    ClientSize = new Size(200, 200);
    Text = "Beispiel 6.6_7";
    BackColor = Color.White;
  }

  protected override void OnPaint(PaintEventArgs e)
  {
    Graphics g = e.Graphics;

    GraphicsPath p = new GraphicsPath( );
    p.AddEllipse(20, 20, 160, 160);
    p.AddRectangle(new Rectangle(20, 20, 160, 160));
    p.AddRectangle(new Rectangle(60, 60, 80, 80));
    p.AddPie(60, 60, 80, 80, 0, 270);

    Region r = new Region(p);
    g.FillRegion(Brushes.Blue, r);
  }

  static void Main( )
  {
    Application.Run(new Haupt( ));
  }
}
```

Um Text in einem Fenster ausgeben zu können, muss eine Instanz der Klasse Font gebildet werden. Es gibt zahlreiche Überladungen des Konstruktors. Die im nächsten Beispiel verwendeten Konstruktoren sind:

Font(*FontFamilyName*, *FontSize*) und
Font(*FontFamilyName*, *FontSize*, *FontStyle*)

FontFamilyName ist ein String z.B.: "Helvetica", "Arial", "Verdana", "Courier"

FontSize ist die Schriftgröße

FontStyle ist der Stil. Hier werden Werte der Aufzählung FontStyle eingesetzt.

FontStyle:

Bold	fett
Italic	kursiv
Regular	normal gesetzt
Strikeout	durchgestrichen
Underline	unterstrichen

Die beiden folgenden Anweisungen erzeugen Instanzen der Klasse Font.

```
Font f = new Font("Helvetica", 24);
f = new Font("Courier", 24, FontStyle.Bold | FontStyle.Italic);
```

Der erste Font ist Helvetica mit der Schriftgröße 24. Der zweite Font ist Courier mit der Schriftgröße 24 und dem Stil fett und kursiv. Werden mehrere Stile kombiniert, so werden diese mit dem Vertikalstrich bitweise oder verknüpft. Um den Text auszugeben werden in Beispiel 6.6_8 die Überladungen

```
DrawString( String, Font, Brush, x, y );
DrawString( String, Font, Brush, x, y, StringFormat );
```

benutzt. Der Konstruktor der Klasse StringFormat besitzt einen Parameter vom Typ StringFormatFlags.

StringFormatFlags:

DirectionRightToLeft	Schreibrichtung von rechts nach links
DirectionVertical	Schreibrichtung vertikal
DisplayFormatControl	zeigt Formatzeichen an
FitBlackBox	passt den Text an ein Rechteck an
LineLimit	passt eine Zeile an ein Rechteck an
MeasureTrailingSpaces	Leerzeichen werden beim Formatieren berücksichtigt
NoClip	Teile außerhalb des Formatrechtecks sind sichtbar
NoFontFallback	kein Alternativfont wird verwendet
NoWrap	verhindert ein Zerstückeln des Textes

Die Anweisung

```
g.DrawString(s, f, Brushes.Red, 180, 20,
  new StringFormat(StringFormatFlags.DirectionVertical));
```

gibt Text in vertikaler Richtung aus. Eine Überladung von DrawString, bei der man einen Neigungswinkel angeben kann, existiert nicht. Durch eine Koordinatentransformation ist es möglich Text und andere grafische Figuren in beliebiger Richtung zu zeichnen. Die Anweisung

```
g.RotateTransform(30f);
```

dreht das Koordinatensystem um 30 Grad im Uhrzeigersinn. Alle nachfolgenden Draw- und Fillanweisungen benutzen das transformierte Koordinatensystem. Weitere Erläuterungen zu diesem Thema sind unter 6.8 zu finden.

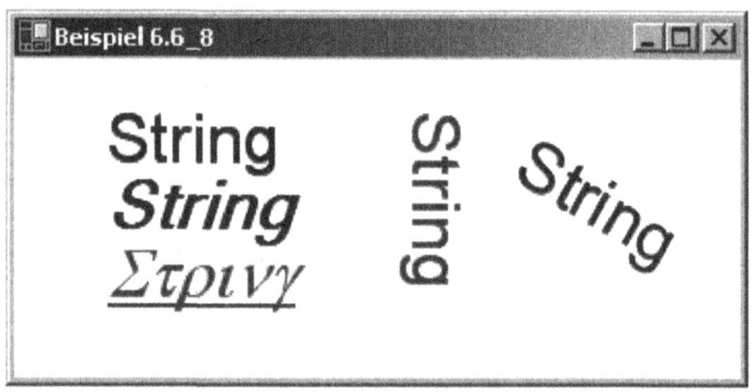

Abbildung 6.6_8

```
// Datei 6.6_8.cs

using System;
using System.Drawing;
using System.Drawing.Drawing2D;
using System.Windows.Forms;

class Haupt : Form
{
  public Haupt( )
  {
```

```
    ClientSize = new Size(350, 150);
    Text = "Beispiel 6.6_8";
    BackColor = Color.White;
  }

  protected override void OnPaint(PaintEventArgs e)
  {
    Graphics g = e.Graphics;

    Font f = new Font("Helvetica", 24);
    string s = "String";
    g.DrawString(s, f, Brushes.Black, 40, 20);

    f = new Font("Courier", 24, FontStyle.Bold | FontStyle.Italic);
    g.DrawString(s, f, Brushes.Blue, 40, 50);

    f = new Font("Symbol", 24, FontStyle.Underline |
FontStyle.Italic);
    g.DrawString(s, f, Brushes.Green, 40, 80);

    f = new Font("Helvetica", 24);
    g.DrawString(
      s, f, Brushes.Red, 180, 20,
      new StringFormat(StringFormatFlags.DirectionVertical));

    g.RotateTransform(30f);
    g.DrawString(s, f, Brushes.Blue, 230, -100);
  }

  static void Main( )
  {
    Application.Run(new Haupt( ));
  }
}
```

Beispiel 6.6_9 zentriert einen String im Fenster. Die Anweisung

```
SizeF si = g.MeasureString(s, f);
```

berechnet die Abmessungen si des den String umgebenden Rechtecks. Die Parameter sind der String s und der Font f. DrawString zentriert den String durch die Berechnung von (ClientSize.Width-si.Width)/2 und (ClientSize.Height-si.Height) /2). Damit die Zentrierung auch beim Ändern der Fensterabmessungen erhalten bleibt, wird der Eventhandler OnResize überschrieben. OnResize löst durch den Aufruf von Invalidate ein Neuzeichnen des Fensters aus.

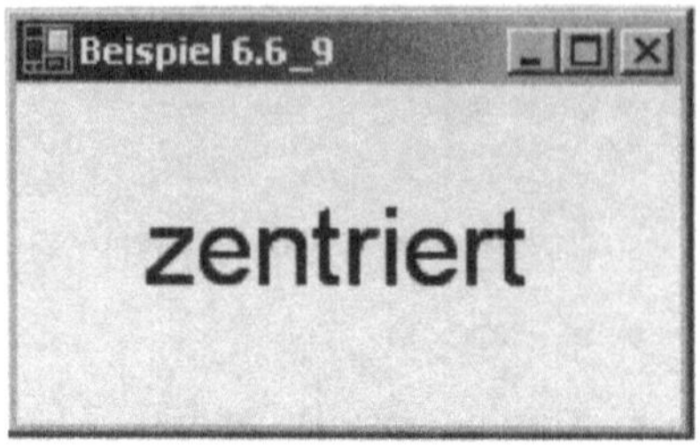

Abbildung 6.6_9

```
// Datei 6.6_9.cs

using System;
using System.Drawing;
using System.Drawing.Drawing2D;
using System.Windows.Forms;

class Haupt : Form
{
  public Haupt( )
  {
    ClientSize = new Size(200, 100);
    Text = "Beispiel 6.6_9";
    BackColor = Color.White;
  }

  protected override void OnPaint(PaintEventArgs e)
  {
    Graphics g = e.Graphics;

    Font f = new Font("Helvetica", 24);
    string s = "zentriert";
    SizeF si = g.MeasureString(s, f);
    g.DrawString(s, f, Brushes.Black,
      (ClientSize.Width-si.Width)/2, (ClientSize.Height-si.Height)/2);
  }

  protected override void OnResize(EventArgs e)
  {
    Invalidate( );
  }

  static void Main( )
  {
    Application.Run(new Haupt( ));
  }
}
```

6.7 Grafik, Animation

Das Fenster von Beispiel 6.7_1 enthält ein weißes Rechteck, das wiederum einen Kreis, ein Rechteck und ein Dreieck enthält. Darunter befinden sich drei Starttasten. Drückt man eine der Starttasten, so beginnt die entsprechende Figur, das weiße Rechteck zu umfahren, und die Starttaste verwandelt sich in eine Stopptaste. Auf diese Weise lassen sich die drei Figuren unabhängig voneinander starten und wieder anhalten.

Es werden Buttons benutzt, die sowohl durch ein Image, als auch durch einen Text gekennzeichnet sind.

```
but1.Image = new Bitmap("circ.bmp");
but1.ImageAlign = ContentAlignment.TopCenter;
but1.Text = "Start";
but1.TextAlign = ContentAlignment.BottomCenter;
```

Neben der schon bekannten Eigenschaft Text besitzen Buttons die Eigenschaft Image, die benutzt werden kann, um Buttons mit Bitmaps und Icons zu versehen. Durch ImageAlign und TextAlign wird festgelegt, an welcher Stelle im Button das Image und der Text erscheinen. Die Aufzählung ContentAlignment enthält folgende Werte:

ContentAlignment:

```
BottomCenter
BottomLeft
BottomRight
MiddleCenter
MiddleLeft
MiddleRight
TopCenter
TopLeft
TopRight
```

Der Konstruktor Haupt( ) definiert die Buttons und das Rechteck r, das die Position und Abmessungen der weißen Fläche enthält. Danach folgen drei SetStyle Anweisungen, die dafür sorgen, dass das Bild, das ständig aufgefrischt werden muss, bei diesem Vorgang weniger flimmert. Die SetStyle Anweisungen setzen ControlStyles auf true.

ControlStyles:

`AllPaintingInWmPaint`

Der Hintergrund wird nicht automatisch gelöscht.

`CacheText`

Ein Text-Cache wird angelegt.

`ContainerControl`

Das Steuerelement wird wie ein Container behandelt.

`DoubleBuffer`

Es wird ein Hintergrundspeicher verwendet.

`EnableNotifyMessage`

Für jede Nachricht wird eine OnNotifyMessage aufgerufen.

`FixedHeight`

Das Steuerelement hat eine feste Höhe.

`FixedWidth`

Das Steuerelement hat eine feste Breite.

`Opaque`

Es wird opak (deckend) gezeichnet.

`ResizeRedraw`

Nach Änderung der Abmessungen wird neu gezeichnet.

`Selectable`

Das Steuerelement kann den Fokus erhalten.

`StandardClick`

standard Click Verhalten

`StandardDoubleClick`

standard DoubleClick Verhalten

`SupportsTransparentBackColor`

transparente Hintergrundfarbe

`UserMouse`

Mouse Processing durch das Steuerelement

`UserPaint`

Das Steuerelement zeichnet sich selbst.

Die ControlStyles UserPaint, AllPaintingInWmPaint und DoubleBuffer sollen zusammen verwendet werden. Dadurch bekommt die laufende Anwendung die Kontrolle über den Bildaufbau. Das Bild wird in einem Hintergrundspeicher aufgebaut und dann als Gesamtes auf den Bildschirm übertragen.

Die Anweisungen

```
timer = new System.Timers.Timer(20);
timer.Elapsed += new ElapsedEventHandler(timer_Elapsed);
timer.Start( );
```

definieren einen Timer mit einem Intervall von 20 Millisekunden und starten diesen Timer. Dadurch wird der Eventhandler timer_Elapsed alle 20 Millisekunden aufgerufen. Unter der Voraussetzung, dass sich wenigstens eine der drei Figuren bewegt, wird durch

```
Invalidate(new Rectangle(20,20,260,260));
```

und den damit verbundenen Aufruf von OnPaint, das weiße Rechteck mit den darin befindlichen Figuren bei jedem Aufruf von timer_Elapsed neu gezeichnet. Die anschließend aufgerufene Methode update verändert die Koordinaten der Figuren. Dabei werden die variablen start1, start2 und start3 abgefragt, so dass sich nur die Figuren bewegen, die gestartet worden sind. Die Eventhandler der Buttons setzen die Startvariablen auf true oder false und ändern den Text der Buttons.

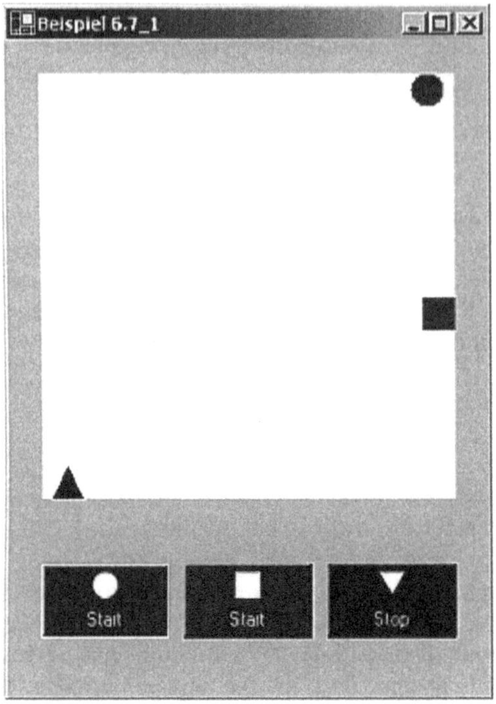

Abbildung 6.7_1

```
//Datei 6.7_1.cs

using System;
using System.Drawing;
using System.Windows.Forms;
using System.Timers;
//using System.Threading;

class Haupt : Form
{
  Button but1, but2, but3;
  bool start1 = false;
  bool start2 = false;
  bool start3 = false;
  int w1 = 0, x1 = 20, y1 = 20;
  int w2 = 0, x2 = 40, y2 = 20;
  int w3 = 0, x3 = 60, y3 = 20;
  Rectangle r;
  System.Timers.Timer timer;
```

```
public Haupt( )
{
  Text = "Beispiel 6.7_1";
  ClientSize = new Size(300,400);

  but1 = new Button( );
  but1.Bounds = new Rectangle(20,320,80,45);
  but1.Image = new Bitmap("circ.bmp");
  but1.ImageAlign = ContentAlignment.TopCenter;
  but1.Text = "Start";
  but1.TextAlign = ContentAlignment.BottomCenter;
  but1.BackColor = Color.Red;
  but1.ForeColor = Color.White;
  but1.Click += new EventHandler(but1_Click);

  but2 = new Button( );
  but2.Image = new Bitmap("quad.bmp");
  but2.ImageAlign = ContentAlignment.TopCenter;
  but2.Text = "Start";
  but2.TextAlign = ContentAlignment.BottomCenter;
  but2.BackColor = Color.Green;
  but2.ForeColor = Color.White;
  but2.Bounds = new Rectangle(110,320,80,45);
  but2.Click += new EventHandler(but2_Click);

  but3 = new Button( );
  but3.Image = new Bitmap("triang.bmp");
  but3.ImageAlign = ContentAlignment.TopCenter;
  but3.Text = "Start";
  but3.TextAlign = ContentAlignment.BottomCenter;
  but3.BackColor = Color.Blue;
  but3.ForeColor = Color.White;
  but3.Bounds = new Rectangle(200,320,80,45);
  but3.Click += new EventHandler(but3_Click);

  Controls.AddRange(new Control[]{but1, but2, but3});

  r = new Rectangle(20,20,260,260);
  SetStyle(ControlStyles.UserPaint, true);
  SetStyle(ControlStyles.AllPaintingInWmPaint, true);
  SetStyle(ControlStyles.DoubleBuffer, true);

  timer = new System.Timers.Timer(20);
  timer.Elapsed += new ElapsedEventHandler(timer_Elapsed);
  timer.Start( );
}

protected void timer_Elapsed(object o, ElapsedEventArgs e)
{
  if(start1 || start2 || start3)
  {
```

```
    Invalidate(new Rectangle(20,20,260,260));
    update( );
  }
}

protected override void OnPaint(PaintEventArgs arg)
{
  arg.Graphics.FillRectangle(Brushes.White,20,20,260,260);
  arg.Graphics.FillEllipse(Brushes.Red,x1,y1,20,20);
  arg.Graphics.FillRectangle(Brushes.Green,x2,y2,20,20);
  Point[] po = {new Point(x3,y3+20),
    new Point(x3+20,y3+20),new Point(x3+10,y3)};
  arg.Graphics.FillPolygon(Brushes.Blue, po);
}

private void but1_Click(Object sender, EventArgs e)
{
  if(!start1)
  {
    but1.Text = "Stop";
    start1 = true;
  }
  else
  {
    but1.Text = "Start";
    start1 = false;
  }
}

private void but2_Click(Object sender, EventArgs e)
{
  if(!start2)
  {
    but2.Text = "Stop";
    start2 = true;
  }
  else
  {
    but2.Text = "Start";
    start2 = false;
  }
}

private void but3_Click(Object sender, EventArgs e)
{
  if(!start3)
  {
    but3.Text = "Stop";
    start3 = true;
  }else
  {
```

```
        but3.Text = "Start";
        start3 = false;
      }
    }

    public void update( )
    {
      if(start1)switch(w1)
      {
        case 0:
          if(x1 < 260)x1++; else w1 = 1;
          break;
        case 1:
          if(y1 < 260)y1++; else w1 = 2;
          break;
        case 2:
          if(x1 >  20)x1--; else w1 = 3;
          break;
        case 3:
          if(y1 >  20)y1--; else w1 = 0;
          break;
      }
      if(start2)switch(w2)
      {
        case 0:
          if(x2 < 260)x2++; else w2 = 1;
          break;
        case 1:
          if(y2 < 260)y2++; else w2 = 2;
          break;
        case 2:
          if(x2 >  20)x2--; else w2 = 3;
          break;
        case 3:
          if(y2 >  20)y2--; else w2 = 0;
          break;
      }
      if(start3)switch(w3)
      {
        case 0:
          if(x3 < 260)x3++; else w3 = 1;
          break;
        case 1:
          if(y3 < 260)y3++; else w3 = 2;
          break;
        case 2:
          if(x3 >  20)x3--; else w3 = 3;
          break;
        case 3:
          if(y3 >  20)y3--; else w3 = 0;
          break;
```

```
    }
  }

  static void Main( )
  {
    Application.Run(new Haupt( ));
  }
}
```

Beispiel 6.7_2 enthält fünf ausgefüllte Kreise, die an der Umrandung des Klientbereichs reflektiert werden. Diese Kreise werden durch die Klasse Ball definiert.

Der Konstruktor der Klasse Ball:

```
public Ball(int d, Color c,
    int vx, int vy, int px, int py, int b, int h)
```

Parameter:

```
d           Durchmesser
vx, vy      Geschwindigkeit
px, py      Position
b, h        das Rechteck, in dem sich der Ball bewegt
```

Die Klasse Ball enthält die Methoden update, die die Position des Balles ändert, und draw, die den Ball zeichnet.

Die Anweisungen

```
puffer = new Bitmap(b, h);
gpuffer = Graphics.FromImage(puffer);
```

definieren einen Hintergrundspeicher. OnPaint zeichnet mittels gpuffer sämtliche Bälle in den Hintergrundspeicher und überträgt anschließend mit

```
g.DrawImage(puffer, 0, 0);
```

den Hintergrundspeicher in das Fenster. Die Bälle könnte man, wie im vorigen Beispiel, mit einem Timer in Bewegung setzen. Um eine andere Möglichkeit zu demonstrieren, wird hier ein Thread benutzt.

```
thread = new Thread(new ThreadStart(run));
thread.Start( );
```

Ein Thread ist eine Instanz der Klasse Thread. Dem Konstruktor wird die Startmethode run übergeben. Die Anweisung thread.Start bewirkt eine Verzweigung des Programms. Einerseits wird die Methode run aufgerufen und andererseits läuft das Programm hinter thread.Start weiter. Die Methode run enthält eine Schleife, die abbricht wenn ende gleich true ist. Beim Beenden des Programms wird ende auf true gesetzt.

```
while(!ende)
{
  Invalidate( );
  for(int i=0; i<nBall; i++)baelle[i].update( );
  Thread.Sleep(20);
}
```

Invalidate ruft OnPaint auf, wodurch die Bälle gezeichnet werden. Anschließend wird mit update die Position der Bälle geändert. Mit Thread.Sleep(20) wird eine Pause von 20 Millisekunden eingelegt. Danach folgt der nächste Schleifendurchlauf.

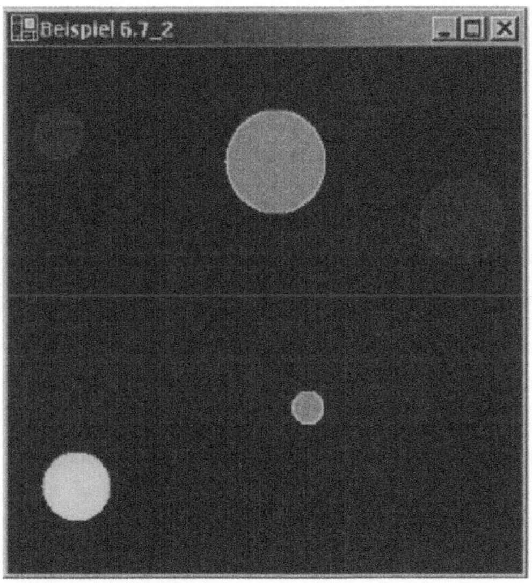

Abbildung 6.7_2

```
//Datei 6.7_2.cs

using System;
using System.Drawing;
using System.Threading;
using System.Windows.Forms;

class Haupt : Form
{
  int nBall, b, h;
  Ball[] baelle;
  Image puffer;
  Graphics gpuffer;
  Thread thread;
  static bool ende = false;

  public Haupt( )
  {
    Text = "Beispiel 6.7_2";
    b = 300;
    h = 300;
    ClientSize = new Size(b, h);
    BackColor = Color.Black;
    puffer = new Bitmap(b, h);
    gpuffer = Graphics.FromImage(puffer);

    SetStyle(ControlStyles.UserPaint, true);
    SetStyle(ControlStyles.AllPaintingInWmPaint, true);
    SetStyle(ControlStyles.DoubleBuffer, true);

    nBall = 5;
    baelle = new Ball[nBall];
    baelle[0]=new Ball(20, Color.LightBlue, 1, 5, 100, 10, b, h);
    baelle[1]=new Ball(50, Color.Red, 2, 4, 50, 30, b, h);
    baelle[2]=new Ball(30, Color.Green, 3, 3, 150, 200, b, h);
    baelle[3]=new Ball(40, Color.White, 4, 2, 200, 80, b, h);
    baelle[4]=new Ball(60, Color.LightGreen, 5, 1, 1, 70, b, h);

    thread = new Thread(new ThreadStart(run));
    thread.Start( );
  }

  protected override void OnPaint(PaintEventArgs e)
  {
    Graphics g = e.Graphics;

    gpuffer.Clear(Color.Black);
    for(int i=0; i< nBall; i++)baelle[i].draw(gpuffer);
    g.DrawImage(puffer, 0, 0);
  }
```

```
  protected void run( )
  {
    while(!ende)
    {
      Invalidate( );
      for(int i=0; i<nBall; i++)baelle[i].update( );
      Thread.Sleep(20);
    }
  }

  static void Main( )
  {
    Application.Run(new Haupt( ));
    ende = true;
  }
}

class Ball
{
  protected int d, vx, vy, px, py, b, h;
  protected Color c;

  public Ball(int d, Color c,
    int vx, int vy, int px, int py, int b, int h)
  {
    this.d = d;
    this.c = c;
    this.vx = vx;
    this.vy = vy;
    this.px = px;
    this.py = py;
    this.b = b;
    this.h = h;
  }

  public void update( )
  {
    if((px <= 0) || (px >= b-d))vx = -vx;
    if((py <= 0) || (py >= h-d))vy = -vy;
    px += vx;
    py += vy;
  }

  public void draw(Graphics g)
  {
    g.FillEllipse(new SolidBrush(c), px, py, d, d);
  }
}
```

Beispiel 6.7_3 ist eine stark vereinfachte, nicht kriegerische Variante eines bekannten Spiels. Mit Gas gefüllte Luftballons steigen auf. Die dreizackige Gabel, die mit der Maus bewegt werden kann, lässt die Ballons platzen. Wenn 25 Ballons entflogen sind, so hat man verloren. Schafft man es 50 Ballons zerplatzen zu lassen, so hat man gewonnen. Durch Ändern der Konstanten maxentflogen und maxgeplatzt kann die Spielstärke angepasst werden.

Die grafischen Objekte werden durch die Klassen Gabel und Ballon definiert. Der Konstruktor der Klasse Gabel besitzt den Parameter w, der die Bewegungsbreite der Gabel repräsentiert. Mit

```
gabel = new Bitmap(Image.FromFile("gabel.bmp"));
```

wird die Datei gabel.bmp geladen und als 32*32 Bitmap gespeichert. Die Methode draw der Klasse Gabel zeichnet die Gabel mit DrawImage. Die Position der Gabel ist xGabel. Um die Gabel mit der Maus bewegen zu können, verändert der Eventhandler OnMouseMove die Variable xGabel. Die Anweisung

```
Invalidate(new Rectangle(0, 0, 400, 32));
```

zeichnet nur den Bereich, in dem sich die Gabel bewegt, neu.

Die Ballons werden in einer ArrayList gespeichert. Die ArrayList dient der Speicherung von Objekten. Die Länge der ArrayList ist variabel. Mit Add können Objekte hinzugefügt und mit Remove können diese wieder entfernt werden. Ein Timer mit einem Intervall von 1500 Millisekunden dient der Erzeugung der Ballons. Der Eventhandler timer_Elapsed erzeugt mit

```
ballons.Add(new Ballon(this, 400, 400));
```

einen Ballon und reduziert anschließend das Timerintervall um 100 Millisekunden bis ein Intervall von 400 Millisekunden erreicht ist. Dadurch werden mit fortschreitender Spieldauer die Ballons in immer schnellerer Folge erzeugt. Der Konstruktor der Klasse Ballon besitzt die Parameter Haupt f, int w und int h. Haupt f ermöglicht den Zugriff auf Mitglieder der Klasse Haupt. Der Bereich, in dem der Ballon aufsteigen kann, ist durch w und h festgelegt. Der Konstruktor lädt vier Bitmaps. Das Bild des intakten Ballons ist in ballon.bmp enthalten. Die drei Bitmaps ex1.bmp, ex2.bmp und ex3.bmp stellen den platzenden Ballon dar. Die Größe der Bitmaps ist 32*32. Die Hintergrundfarbe der

Bitmaps wird mit MakeTransparent(Color.Black) transparent gemacht. Dadurch wird vermieden, dass die schwarzen Ecken der Bitmaps bei Überlappungen sichtbar werden. Der Ballon befindet sich an der Position x, y. Durch

```
rand = new Random( );
x = rand.Next(0, w-32);
```

wird der x-Position eine Pseudozufallszahl zugewiesen. Um den Ballon in Bewegung zu setzen, wird mit

```
thr = new Thread(new ThreadStart(start));
thr.Start( );
```

ein Thread, der den Ballon in Bewegung setzt, erzeugt und gestartet. Die Startmethode des Threads durchläuft solange die while-Schleife, bis die Variable aktiv der Klasse Ballon gleich false oder die Variable ende der Klasse Haupt gleich true ist. Wenn ein Ballon platzt oder entfliegt, wird aktiv gleich false gesetzt und damit wird der Thread des Ballons beendet. Beim Erreichen von maxentflogen oder maxgeplatzt sowie beim Beenden des Programms wird ende gleich true gesetzt, wodurch alle noch laufenden Threads abgebrochen werden. Innerhalb der while-Schleife wird überprüft, ob der Ballon an die Gabel stößt. Trifft dies zu, so werden die Bitmaps ex1 bis ex3 gezeichnet, und anschließend wird die Variable geplatzt der Klasse Haupt um eins erhöht und aktiv gleich false gesetzt. Andernfalls wird y-Koordinate des Ballons geändert und überprüft, ob der Ballon den oberen Rand erreicht hat. Mit Erreichen des oberen Randes ist der Ballon entflogen. Die Variable entflogen der Klasse Haupt wird um eins erhöht und wiederum aktiv gleich false gesetzt. Bei jeder Veränderung der Position oder des Aussehens des Ballons veranlasst die Methode start ein Neuzeichnen des Ballons. Die Anweisungen

```
y -=3;
f.Invalidate(new Rectangle(x, y, 32, 32-y+ay));
ay = y;
```

zeigen das Charakteristische dieses Vorgangs. Die Variable y stellt die aktuelle y-Position des Ballons dar, während ay die vorherige Position ist. Mit Invalidate wird ein Bereich neu gezeichnet, der gerade so groß ist, dass der Ballon von seiner alten

Position verschwindet und an der neuen Position erscheint. Die Anweisungen

```
f.geplatzt++;
f.Invalidate(new Rectangle(250, 320, 150, 100));
```

und

```
f.entflogen++;
f.Invalidate(new Rectangle(250, 320, 150, 80));
```

veranlassen das Zeichnen der Anzeige der geplatzten und entflogenen Ballons. Auch hier wird nur der Bereich der Anzeige gezeichnet. Wenn man sich die Methode OnPaint näher ansieht, so fragt man sich, ob das oben geschriebene richtig ist, denn OnPaint zeichnet, solange ende gleich false ist, sämtliche Ballons und die Gabel, es zeichnet immer die Anzeige des Spielstandes und, wenn ende gleich true ist, eins der Worte gewonnen oder verloren. Das Geheimnis liegt bei den Invalidate Anweisungen. Dadurch, dass bei jedem Invalidate ein Rechteck angegeben ist, beschränkt sich der zeitaufwändige Vorgang des Zeichnens auf dieses Rechteck.

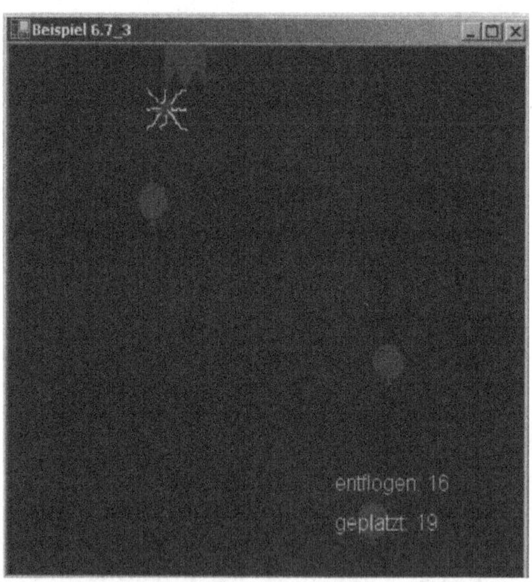

Abbildung 6.7_3

```
//Datei 6.7_3.cs

using System;
using System.Drawing;
using System.Timers;
using System.Threading;
using System.Collections;
using System.Windows.Forms;

class Haupt:Form
{
  Gabel gabel;
  ArrayList ballons = new ArrayList( );
  System.Timers.Timer timer;

  public int xGabel = 184, entflogen = 0, geplatzt = 0;
  public static bool ende = false;
  const int maxentflogen = 25;
  const int maxgeplatzt = 50;

  public Haupt( )
  {
    Text = "Beispiel 6.7_3";
    FormBorderStyle = FormBorderStyle.Fixed3D;
    ClientSize = new Size(400,400);
    BackColor = Color.Black;

    gabel = new Gabel(400);

    timer = new System.Timers.Timer(1500);
    timer.Elapsed += new ElapsedEventHandler(timer_Elapsed);
    timer.Start( );

    SetStyle(ControlStyles.UserPaint, true);
    SetStyle(ControlStyles.AllPaintingInWmPaint, true);
    SetStyle(ControlStyles.DoubleBuffer, true);
  }

  protected override void OnPaint(PaintEventArgs e)
  {
    String s;
    Graphics g = e.Graphics;

    if(!ende)
    {
      for(int i=0; i< ballons.Count; i++)
      {
        Ballon b = (Ballon)ballons[i];
        if(b.aktiv)
          b.draw(g);
        else
```

```
            ballons.Remove(i);
          }
          gabel.draw(g, xGabel);

          if(entflogen >= maxentflogen || geplatzt >= maxgeplatzt)
          {
            ende = true;
            Invalidate( );
          }
        }

        s = "entflogen: " + entflogen.ToString( );
        g.DrawString(s, new Font("Arial", 12), Brushes.White, 250, 320);
        s = "geplatzt: " + geplatzt.ToString( );
        g.DrawString(s, new Font("Arial", 12), Brushes.White, 250, 350);

        if(ende)
        {
          if(entflogen < maxentflogen)
            s = "gewonnen";
          else
            s = "verloren";
          g.DrawString(s, new Font("Arial", 36), Brushes.White, 80, 200);
        }
      }

      protected override void OnMouseMove(MouseEventArgs e)
      {
        xGabel = e.X;
        Invalidate(new Rectangle(0, 0, 400, 32));
      }

      protected void timer_Elapsed(object o, ElapsedEventArgs e)
      {
        ballons.Add(new Ballon(this, 400, 400));
        if(timer.Interval > 400)timer.Interval -= 100;
      }

      static void Main( )
      {
        Application.Run(new Haupt( ));
        ende = true;
      }
    }

    class Gabel
    {
      protected Bitmap gabel;
      protected int w;

      public Gabel(int w)
```

```
  {
    this.w = w;
    gabel = new Bitmap(Image.FromFile("gabel.bmp"));
    gabel.MakeTransparent(Color.Black);
  }

  public void draw(Graphics g, int x)
  {
    if(x < 16)x = 16;
    if(x > w-16)x = w-16;
    g.DrawImage(gabel, x-16, 0);
  }
}

class Ballon
{
  protected Bitmap ballon, ex1, ex2, ex3;
  protected Thread thr;
  protected Haupt f;
  protected int w, h, x, ay, y, image = 0;
  protected Random rand;
  public bool aktiv = true;

  public Ballon(Haupt f, int w, int h)
  {
    this.w = w;
    this.h = h;
    this.f = f;
    y = h - 32;
    ay = y;
    ballon = new Bitmap(Image.FromFile("ballon.bmp"));
    ballon.MakeTransparent(Color.Black);
    ex1 = new Bitmap(Image.FromFile("ex1.bmp"));
    ex1.MakeTransparent(Color.Black);
    ex2 = new Bitmap(Image.FromFile("ex2.bmp"));
    ex2.MakeTransparent(Color.Black);
    ex3 = new Bitmap(Image.FromFile("ex3.bmp"));
    ex3.MakeTransparent(Color.Black);

    rand = new Random( );
    x = rand.Next(0, w-32);

    thr = new Thread(new ThreadStart(start));
    thr.Start( );
  }
  protected void start( )
  {
    while(aktiv && !Haupt.ende)
    {
      if(y <= 32 && x > f.xGabel-48 && x < f.xGabel+16)
      {
```

```
        y = 32;
        image = 1;
        f.Invalidate(new Rectangle(x, y, 32, 32-y+ay));
        ay = y;
        Thread.Sleep(100);
        image = 2;
        f.Invalidate(new Rectangle(x, y, 32, 32));
        Thread.Sleep(100);
        image = 3;
        f.Invalidate(new Rectangle(x, y, 32, 32));
        Thread.Sleep(100);
        aktiv = false;
        f.Invalidate(new Rectangle(x, y, 32, 32));
        f.geplatzt++;
        f.Invalidate(new Rectangle(250, 320, 150, 100));
      }
      else
      {
        y -=3;
        f.Invalidate(new Rectangle(x, y, 32, 32-y+ay));
        ay = y;
        Thread.Sleep(10);
        if(y <= 0)
        {
          aktiv = false;
          f.Invalidate(new Rectangle(x, ay, 32, 32));
          f.entflogen++;
          f.Invalidate(new Rectangle(250, 320, 150, 80));
        }
      }
    }
  }
  public void draw(Graphics g)
  {
    switch(image)
    {
      case 0:
        g.DrawImage(ballon, x, y);
        break;
      case 1:
        g.DrawImage(ex1, x, y);
        break;
      case 2:
        g.DrawImage(ex2, x, y);
        break;
      case 3:
        g.DrawImage(ex3, x, y);
        break;
    }
  }
}
```

Vergleicht man die drei Beispiele hinsichtlich der Methode des Bildaufbaus, so sieht man, dass ganz unterschiedliche Methoden verwendet werden. Beispiel 6.7_1 zeichnet einmal pro Timerintervall die gesamte weiße Fläche neu, wobei sämtliche Veränderungen im Bild berücksichtigt werden. Beispiel 6.7_2 zeichnet alle Bälle in einen Hintergrundspeicher und überträgt diesen anschließend auf den Bildschirm. Beispiel 6.7_3 zeichnet immer in dem Moment neu, in dem eine Veränderung des Bildes entsteht. Es wird jedoch nur der Teil des Bildes neu gezeichnet, der sich geändert hat.

6.8 Grafik, Transformationen

Eine Matrix ist ein quadratisches oder rechteckiges Schema von Zahlen. Die in einer Matrix zusammengefassten Zahlen nennt man Koeffizienten oder Elemente der Matrix. Koeffizienten werden mit Indizes bezeichnet. Der Koeffizient $a_{i,j}$ steht in der Zeile i und der Spalte j der Matrix A.

$$\begin{pmatrix} a_{1,1} & a_{1,2} & a_{1,3} \\ a_{2,1} & a_{2,2} & a_{2,3} \end{pmatrix}$$

Die Anzahl der Zeilen und Spalten bezeichnet man als den Rang der Matrix. Die oben dargestellte Matrix besitzt den Rang 2 x 3. Bei einer quadratischen Matrix ist die Anzahl der Zeilen gleich der Anzahl der Spalten. Die Koeffizienten mit gleichen Indizes $a_{1,1}$, $a_{2,2}$, $a_{3,3}$ usw. bilden die Hauptdiagonale. Bei einer Einheitsmatrix sind alle Koeffizienten in der Hauptdiagonalen gleich 1 und alle übrigen Koeffizienten gleich 0.

$$\begin{pmatrix} 1 & 0 & 0 \\ 0 & 1 & 0 \\ 0 & 0 & 1 \end{pmatrix} \quad \text{Einheitsmatrix}$$

Transponiert man eine Matrix, so vertauscht man die Indizes.

$$A = \begin{pmatrix} 1 & 2 \\ 3 & 4 \\ 5 & 6 \end{pmatrix} \qquad A^T = \begin{pmatrix} 1 & 3 & 5 \\ 2 & 4 & 6 \end{pmatrix} \quad \text{transponierte Matrix}$$

Eine Matrix multipliziert man mit einer Zahl, indem man jeden Koeffizienten mit der Zahl multipliziert.

$$\begin{pmatrix} 1 & 2 \\ 0 & 3 \end{pmatrix} * 5 = \begin{pmatrix} 5 & 10 \\ 0 & 15 \end{pmatrix}$$

Matrizen addiert man, indem man Koeffizienten mit gleichen Indizes addiert. Nur Matrizen mit gleichem Rang können addiert werden.

$$\begin{pmatrix}5 & 4\\ 1 & 0\end{pmatrix} + \begin{pmatrix}2 & 0\\ 8 & 1\end{pmatrix} = \begin{pmatrix}5+2 & 4+0\\ 1+8 & 0+1\end{pmatrix} = \begin{pmatrix}7 & 4\\ 9 & 1\end{pmatrix}$$

Die Matrizenmultiplikation C = A * B ist die Summe über j von

$a_{i,j} * b_{j,k}$.

Dies bedeutet:

$c_{i,k} = a_{i,1} * b_{1,k} + a_{i,2} * b_{2,k} + \ldots + a_{i,n} * b_{n,k}$

für $j = 1 \ldots n$

Matrizen können nur dann multipliziert werden, wenn die Anzahl der Spalten der ersten Matrix gleich der Anzahl der Zeilen der zweiten Matrix ist. Als Eselsbrücke zur Bildung der Produktsummen kann man sich merken:

„Man multipliziert Zeile * Spalte."

Die folgende Schreibweise verbessert die Übersichtlichkeit.

				B	
			1	2	0
			3	4	0
			5	6	1
7	8	0	31	46	0
9	1	0	12	22	0
2	3	1	16	22	1
	A			C = A * B	

Den Koeffizienten $c_{3,2}$ erhält man als Produktsumme der dritten Zeile von A und der zweiten Spalte von B.

$c_{3,2} = 2 * 2 + 3 * 4 + 1 * 6 = 22$

Um zu zeigen, dass A * B in der Regel nicht gleich B * A ist, wird die Multiplikation mit vertauschten Matrizen wiederholt.

A

			7	8	0
			9	1	0
			2	3	1
1	2	0	25	10	0
3	4	0	57	28	0
5	6	1	91	49	1

B C = B * A

Die Multiplikation der Matrix A mit der Einheitsmatrix I verändert nicht die Matrix A.

$A * I = I * A = A$

Für das Transponieren eines Produktes gilt:

$(A * B)^T = B^T * A^T$

Invertiert man die Matrix A, so erhält man die Inverse A^{-1}. Die Multiplikation

$A^{-1} * A = I$

ergibt die Einheitsmatrix. Man kann dies unter anderem benutzen, um Gleichungssysteme aufzulösen.

$A * X = B$

ist ein Gleichungssystem. A ist die Koeffizientenmatrix. X ist eine n*1 Matrix, die die Unbekannten repräsentiert. B ist die rechte Seite. Dies ist ebenfalls eine n*1 Matrix. Multipliziert man beide Seiten der Gleichung mit A^{-1}, so erhält man:

$A^{-1} * A * X = A^{-1} * B$

Da $A^{-1} * A = I$ und $I * X = X$ ist, bekommt man die Lösung

$X = A^{-1} * B$

Die Klasse System.Drawing.Drawing2D.Matrix definiert eine Matrix mit 6 Koeffizienten. Die Instanz

Matrix A = new Matrix(1f, 2f, 3f, 4f, 5f, 6f);

entspricht der Matrix

$$\begin{pmatrix} 1 & 3 & 5 \\ 2 & 4 & 6 \\ 0 & 0 & 1 \end{pmatrix}$$

Die dritte Zeile, die immer die Werte 0, 0, 1 enthält, wird nicht gespeichert.

Eigenschaften der Klasse Matrix:

Elements	ein Array float[] mit den Koeffizienten der Matrix
IsIdentity	ist true, wenn die Matrix gleich der Einheitsmatrix ist
IsInvertible	ist true, wenn die Matrix invertiert werden kann
OffsetX	x-Verschiebungswert
OffsetY	y-Verschiebungswert

Einige Methoden der Klasse Matrix:

```
Clone          erstellt eine Kopie der Matrix
Equals         prüft auf Gleichheit
Invert         invertiert die Matrix
Multiply       Multiplikation
Reset          macht die Matrix zur Einheitsmatrix
Rotate         Drehung
RotateAt       Drehung ohne Verschiebungsanteile
Scale          Skalierung
Shear          Scherung
Translate      Verschiebung
```

Die Eigenschaft Transform der Klasse Graphics besitzt den Datentyp Matrix. Diese Matrix transformiert die in einem Fenster ausgegebene Grafik.

Transformationsmethoden der Klasse Graphics:

```
ResetTransform       Transformationsmatrix gleich Einheitsmatrix
RotateTransform      Drehung
ScaleTransform       Skalierung
TranslateTransform   Verschiebung
MultiplyTransform    Multiplikation
TransformPoints      Transformation von Punktkoordinaten
```

Die Matrix A in Beispiel 6.8_1 ist eine Instanz der Klasse Matrix. Der Eventhandler des Buttons aktion führt nacheinander mehrere Transformationen aus. Diese Transformationen werden durch das schwarze Rechteck grafisch dargestellt. Die dazugehörige Transformationsmatrix wird in einer Messagebox protokolliert. Die erste Abbildung zeigt den nicht transformierten Zustand. A ist die Einheitsmatrix. OnPaint überträgt A zur Transformationsmatrix und zeichnet das Rechteck.

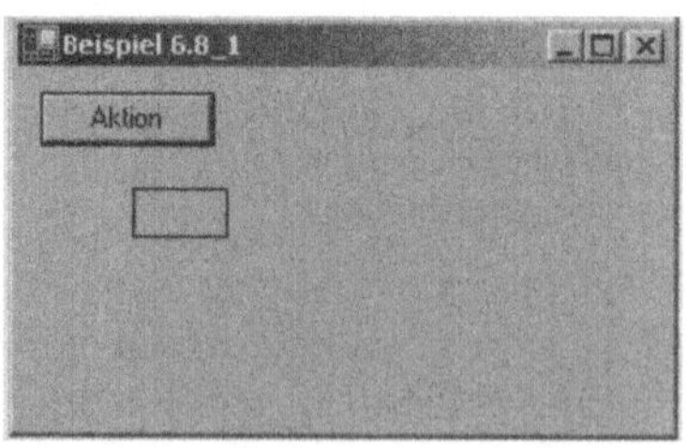

Abbildung 6.8_1a

Eine Drehung des Punktes P um den Winkel α in Matrizenschreibweise:

$$\begin{pmatrix} \cos\alpha & -\sin\alpha & 0 \\ \sin\alpha & \cos\alpha & 0 \\ 0 & 0 & 1 \end{pmatrix} \begin{pmatrix} p_x \\ p_y \\ 1 \end{pmatrix} = \begin{pmatrix} p_x * \cos\alpha - p_y * \sin\alpha \\ p_x * \sin\alpha + p_y * \cos\alpha \\ 1 \end{pmatrix}$$

Die Anweisungen

```
A.Rotate(30f);
Invalidate( );
MatrixBox(A, "Drehung um 30 Grad");
```

erstellen eine Transformationsmatrix für eine Drehung um 30 Grad im Uhrzeigersinn, frischen den Fensterinhalt auf und protokollieren die Transformationsmatrix in einer Messagebox.

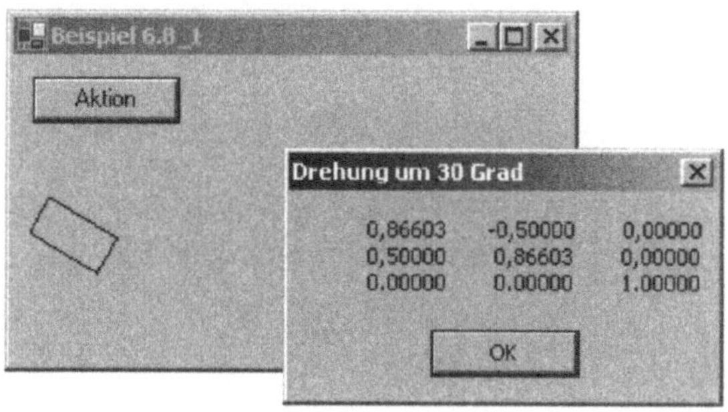

Abbildung 6.8_1b

Eine Verschiebung lässt sich am einfachsten als Addition schreiben:

$$\begin{pmatrix} p_x \\ p_y \end{pmatrix} + \begin{pmatrix} v_x \\ v_y \end{pmatrix} = \begin{pmatrix} p_x + v_x \\ p_y + v_y \end{pmatrix}$$

Eine Folge von Verschiebungen V und Drehungen D, die den Punkt P transformieren, kann dann so aussehen:

$$P' = D_3 (V_2 + D_2 (V_1 + D_1 P))$$

Dieser Term lässt sich nicht zusammenfassen.

Eine Verschiebung kann aber auch durch Multiplikation mit einer 3*3 Matrix berechnet werden.

$$\begin{pmatrix} 1 & 0 & v_x \\ 0 & 1 & v_y \\ 0 & 0 & 1 \end{pmatrix} \begin{pmatrix} p_x \\ p_y \\ 1 \end{pmatrix} = \begin{pmatrix} p_x + v_x \\ p_y + v_y \\ 1 \end{pmatrix}$$

Der entscheidende Vorteil dieser Methode ist, dass nicht nur Verschiebungen und Drehungen sondern alle Transformationen als 3*3 Matrix geschrieben werden können. Dadurch kann man eine beliebige Folge von Transformationen

$$T = T1 * T2 * T3 * T4 * \ldots$$

durch Multiplikation zu einer einzigen Transformationsmatrix T zusammenfassen. Jetzt kann man auf sehr rationelle Weise Punktkoordinaten mit

$$P' = T P$$

transformieren.

Die folgenden Anweisungen führen eine Verschiebung unter Benutzung einer 3*3 Matrix aus.

```
A.Reset( );
A.Translate(100f, 50f);
Invalidate( );
MatrixBox(A, "Verschiebung x:100  y:50");
```

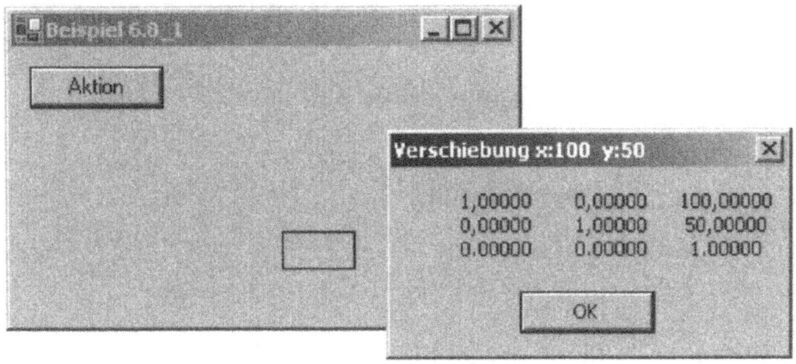

Abbildung 6.8_1c

Die Skalierung:

$$\begin{pmatrix} s_x & 0 & 0 \\ 0 & s_y & 0 \\ 0 & 0 & 1 \end{pmatrix} \begin{pmatrix} p_x \\ p_y \\ 1 \end{pmatrix} = \begin{pmatrix} s_x * p_x \\ s_y * p_y \\ 1 \end{pmatrix}$$

```
A.Reset( );
A.Scale(3f, 1.5f);
Invalidate( );
MatrixBox(A, "Skalierung x:3  y:1.5");
```

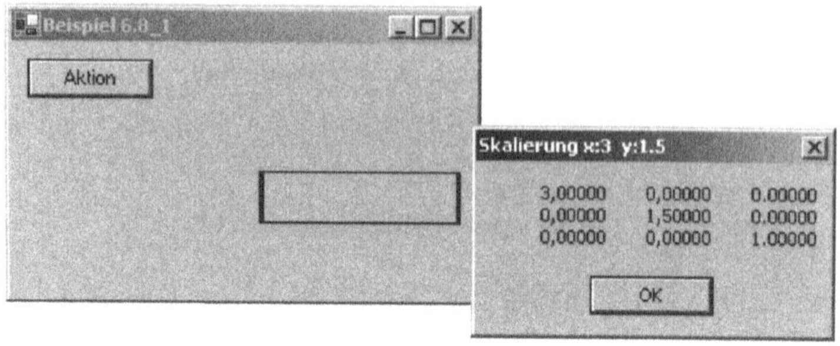

Abbildung 6.8_1d

Die Scherung:

$$\begin{pmatrix} 1 & s_x & 0 \\ s_y & 1 & 0 \\ 0 & 0 & 1 \end{pmatrix} \begin{pmatrix} p_x \\ p_y \\ 1 \end{pmatrix} = \begin{pmatrix} p_x + p_y * s_x \\ p_x * s_y + p_y \\ 1 \end{pmatrix}$$

In den folgenden Anweisungen ist :

$s_x = 0{,}5$ und $s_y = 0{,}3$

```
A.Reset( );
A.Shear(0.5f, 0.3f);
Invalidate( );
MatrixBox(A, "Scherung x:0.5  y:0.3");
```

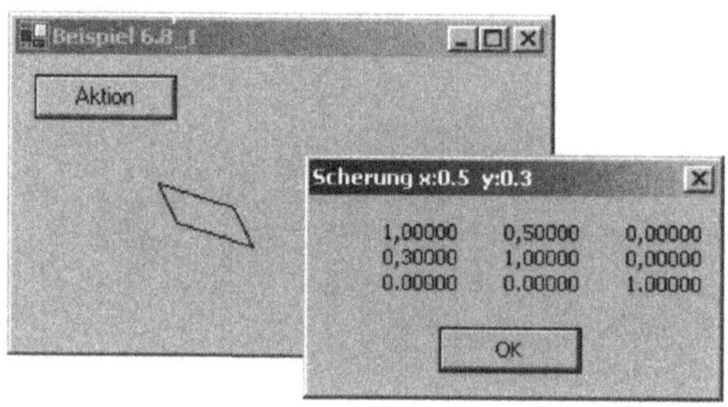

Abbildung 6.8_1e

```
//Datei 6.8_1.cs

using System;
using System.Drawing;
using System.Drawing.Drawing2D;
using System.Windows.Forms;

class Haupt : Form
{
  Matrix A = new Matrix( );
  public Haupt( )
  {
    Text = "Beispiel 6.8_1";
    ClientSize = new Size(280, 150);

    Button aktion = new Button( );
    aktion.Location = new Point(10, 10);
    aktion.Text = "Aktion";
    aktion.Click += new EventHandler(aktion_Click);
    Controls.Add(aktion);
  }

  protected void aktion_Click(object o, EventArgs e)
  {
    A.Rotate(30f);
    Invalidate( );
    MatrixBox(A, "Drehung um 30 Grad");

    A.Reset( );
    A.Translate(100f, 50f);
    Invalidate( );
    MatrixBox(A, "Verschiebung x:100  y:50");

    A.Reset( );
    A.Scale(3f, 1.5f);
    Invalidate( );
    MatrixBox(A, "Skalierung x:3  y:1.5");

    A.Reset( );
    A.Shear(0.5f, 0.3f);
    Invalidate( );
    MatrixBox(A, "Scherung x:0.5  y:0.3");

    A.Reset( );
    Invalidate( );
  }

  protected override void OnPaint(PaintEventArgs e)
  {
    Graphics g = e.Graphics;
    g.Transform = A;
```

```
    g.DrawRectangle(Pens.Black, 50, 50, 40, 20);
  }

  void MatrixBox(Matrix m, string text)
  {
    float[] a = m.Elements;
    string[] s = new string[6];
    for(int i=0; i<6; i++)
      s[i] = string.Format("{0:F5}", a[i]).PadLeft(15);
    MessageBox.Show(this,
      s[0]+s[2]+s[4]+"\n"+
      s[1]+s[3]+s[5]+"\n"+
      "        0.00000         0.00000         1.00000"
      ,text);
  }

  static void Main( )
  {
    Application.Run(new Haupt( ));
  }
}
```

Beispiel 6.8_2 führt die gleichen Transformationen wie Beispiel 6.8_1 aus. Diesmal werden die Transformationen der Klasse Graphics benutzt. Da die Klasse Graphics keine Scherung anbietet, wird hierzu wieder auf die Klasse Matrix zurückgegriffen. Ein Timer wechselt alle zwei Sekunden die Darstellung der Transformation.

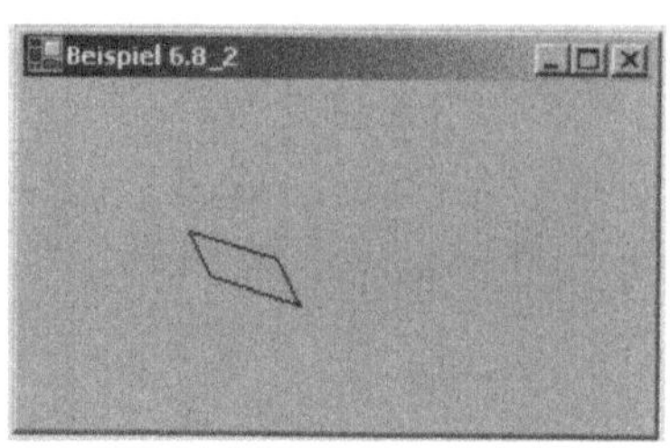

Abbildung 6.8_2

```
//Datei 6.8_2.cs

using System;
using System.Drawing;
using System.Drawing.Drawing2D;
using System.Windows.Forms;
```

```
class Haupt : Form
{
  int trans = 0;
  Matrix A = new Matrix( );
  public Haupt( )
  {
    Text = "Beispiel 6.8_2";
    ClientSize = new Size(280, 150);
    Timer timer = new Timer( );
    timer.Interval = 2000;
    timer.Tick += new EventHandler(timer_Tick);
    timer.Start( );
  }

  protected void timer_Tick(object o, EventArgs e)
  {
    Invalidate( );
    trans = (trans+1)%5;
  }

  protected override void OnPaint(PaintEventArgs e)
  {
    Graphics g = e.Graphics;

    switch(trans)
    {
      case 0:
        g.ResetTransform( );
        break;

      case 1:
        g.ResetTransform( );
        g.RotateTransform(30f);
        break;

      case 2:
        g.ResetTransform( );
        g.TranslateTransform(100f, 50f);
        break;

      case 3:
        g.ResetTransform( );
        g.ScaleTransform(3f, 1.5f);
        break;

      case 4:
        Matrix A = new Matrix( );
        A.Shear(0.5f, 0.3f);
        g.Transform = A;
        break;
```

```
    }
    g.DrawRectangle(Pens.Black, 50, 50, 40, 20);
  }

  static void Main( )
  {
    Application.Run(new Haupt( ));
  }
}
```

Beispiel 6.8_3 berechnet die Transformationen

```
B.Rotate(30f);
B.Translate(100f, 50f, MatrixOrder.Append);
```

und zeichnet die transformierten Koordinatenachsen X' und Y'. Anschließend wird

```
A.Shear(0.5f, 0.3f);
B.Multiply(A);
```

berechnet. In diesem nochmals transformierten Koordinatensystem werden die Achsen X'', Y'' und ein Rechteck gezeichnet. Das Rechteck wird durch die Scherung zum Parallelogramm. Bei den Transformationen und der Matrizenmultiplikation kann man die Reihenfolge durch das Angeben der MatrixOrder wählen. Wird nichts angegeben oder MatrixOrder.Prepend, so wird vormultipliziert. Bei Matrixorder.Append wird nachmultipliziert. Bezeichnet man die Rotation mit R, die Translation mit T und die Scherung mit S, so ist zuerst

$B = R$

und im zweiten Schritt wegen Matrixorder.Append

$B = R\ T.$

Anschließend wird $A = S$ und $B = A\ B$ ausgeführt. Damit ist am Ende

$B = S\ R\ T.$

Die Transformation des Punktes P ist

```
P'' = B P = S R T P = ( S ( R ( T P ) ) ).
```

Die Klammern machen deutlich, dass die Translation zuerst erfolgt, dann die Rotation und zum Schluss die Scherung. Ändert man die Reihenfolge der einzelnen Transformationen, so ändert sich auch die resultierende Transformation.

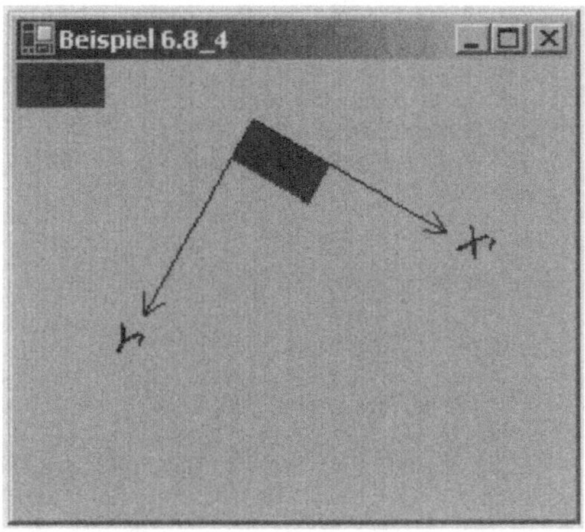

Abbildung 6.8_3

```
//Datei 6.8_3.cs

using System;
using System.Drawing;
using System.Drawing.Drawing2D;
using System.Windows.Forms;

class Haupt : Form
{
  int trans = 0;
  Matrix A = new Matrix( );
  public Haupt( )
  {
    Text = "Beispiel 6.8_3";
    ClientSize = new Size(250, 200);
  }
```

```
  protected override void OnPaint(PaintEventArgs e)
  {
    Graphics g = e.Graphics;

    Matrix B = new Matrix( );

    B.Rotate(30f);
    B.Translate(100f, 50f, MatrixOrder.Append);

    g.Transform = B;
    Achsen(g, "X'", "Y'");

    Matrix A = new Matrix( );
    A.Shear(0.5f, 0.3f);
    B.Multiply(A);

    g.Transform = B;
    g.FillRectangle(Brushes.Red, 0, 0, 40, 20);
    Achsen(g, "X''", "Y''");
  }

  void Achsen(Graphics g, string s1, string s2)
  {
    g.DrawLine(Pens.Black, 0, 0, 100, 0);
    g.DrawLine(Pens.Black, 100, 0, 90, 5);
    g.DrawLine(Pens.Black, 100, 0, 90, -5);
    Font f = new Font("Helvetica", 12);
    g.DrawString(s1, f, Brushes.Black,105, -10);

    g.DrawLine(Pens.Black, 0, 0, 0, 100);
    g.DrawLine(Pens.Black, 0, 100, 5, 90);
    g.DrawLine(Pens.Black, 0, 100, -5, 90);
    g.DrawString(s2, f, Brushes.Black, -10, 105);
  }

  static void Main( )
  {
    Application.Run(new Haupt( ));
  }
}
```

Die Anweisungen

```
A.RotateAt(30f, new Point(50, 0));
A.Translate(100f, 50f, MatrixOrder.Append);
```

in Beispiel 6.8_4 bewirken, dass $A = R\ T$ ist. Die Translation wird zuerst ausgeführt. Danach erfolgt eine Drehung um 30 Grad um den Punkt (50, 0) bezüglich des verschobenen Koordinatensystems. Zum Schluss wird mit

```
A.Invert( );
g.MultiplyTransform(A);
```

die Inverse von A und das Produkt A^{-1} A berechnet. Damit wird A zur Einheitsmatrix, und dadurch wird das zuletzt gezeichnete Rechteck im nicht transformierten Koordinatensystem gezeichnet.

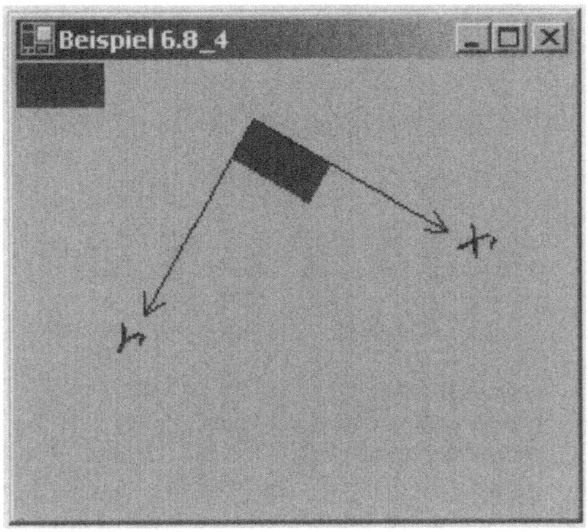

Abbildung 6.8_4

```
//Datei 6.8_4.cs

using System;
using System.Drawing;
using System.Drawing.Drawing2D;
using System.Windows.Forms;

class Haupt : Form
{
  int trans = 0;
  Matrix A = new Matrix( );
  public Haupt( )
  {
    Text = "Beispiel 6.8_4";
    ClientSize = new Size(250, 200);
  }

  protected override void OnPaint(PaintEventArgs e)
```

```
{
  Graphics g = e.Graphics;

  Matrix A = new Matrix( );
  A.RotateAt(30f, new Point(50, 0));
  A.Translate(100f, 50f, MatrixOrder.Append);

  g.Transform = A;
  g.FillRectangle(Brushes.Red, 0, 0, 40, 20);
  Achsen(g, "X'", "Y'");

  A.Invert( );
  g.MultiplyTransform(A);
  g.FillRectangle(Brushes.Green, 0, 0, 40, 20);
}

void Achsen(Graphics g, string s1, string s2)
{
  Font f = new Font("Helvetica", 12);

  g.DrawLine(Pens.Black, 0, 0, 100, 0);
  g.DrawLine(Pens.Black, 100, 0, 90, 5);
  g.DrawLine(Pens.Black, 100, 0, 90, -5);
  g.DrawString(s1, f, Brushes.Black,105, -10);

  g.DrawLine(Pens.Black, 0, 0, 0, 100);
  g.DrawLine(Pens.Black, 0, 100, 5, 90);
  g.DrawLine(Pens.Black, 0, 100, -5, 90);
  g.DrawString(s2, f, Brushes.Black, -10, 105);
}

static void Main( )
{
  Application.Run(new Haupt( ));
}
}
```

Beispiel 6.8_5 führt die Transformationen

```
A.Translate(20f, 20f);
A.Shear(0.2588f, 0.2588f);
```

aus, wodurch A = S T wird. Die Wirkung auf die transformierten Punkte tritt also in der Reihenfolge Translation, Scherung auf. Das große Parallelogramm ist ein transformiertes Rechteck. Die Methode OnMouseMove speichert die Mauskoordinaten xm, ym bei jeder Bewegung der Maus. Das Ziel besteht darin, das kleine Parallelogramm beim Bewegen der Maus an den Ecken und Seitenmitten des großen Parallelogramms einrasten zu lassen. Die

Koordinaten dieser Stellen sind im Punktarray p gespeichert. Da das große Parallelogramm transformiert gezeichnet worden ist, können die Mauskoordinaten nicht direkt mit den Punktkoordinaten verglichen werden. Die Anweisungen

```
pm[0].X = xm;
pm[0].Y = ym;
g.TransformPoints(
  CoordinateSpace.World, CoordinateSpace.Device, pm);
```

transformieren die Mauskoordinaten. Jetzt können die Mauskoordinaten mit den Punktkoordinaten verglichen werden. Das kleine Parallelogramm rastet an den gewünschten Stellen ein.

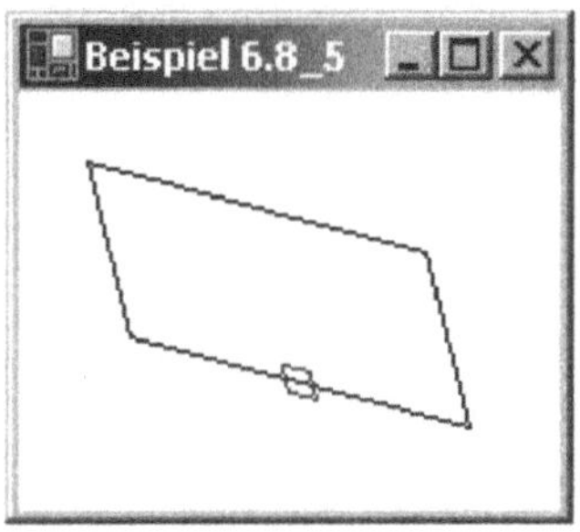

Abbildung 6.8_5

```
//Datei 6.8_5.cs

using System;
using System.Drawing;
using System.Drawing.Drawing2D;
using System.Windows.Forms;

class Haupt : Form
{
  Point[] p = new Point[8];
  Point[] pm = new Point[1];
  int xm = 0, ym = 0;
  Matrix A = new Matrix( );

  public Haupt( )
  {
    Text = "Beispiel 6.8_5";
    ClientSize = new Size(160, 120);
    BackColor = Color.White;
```

```
  SetStyle(ControlStyles.UserPaint, true);
  SetStyle(ControlStyles.AllPaintingInWmPaint, true);
  SetStyle(ControlStyles.DoubleBuffer, true);

  p[0] = new Point(  0, 0);
  p[1] = new Point( 50, 0);
  p[2] = new Point(100, 0);
  p[3] = new Point(  0, 50);
  p[4] = new Point( 50, 50);
  p[5] = new Point(100, 50);
  p[6] = new Point(  0, 25);
  p[7] = new Point(100, 25);
}

protected override void OnPaint(PaintEventArgs e)
{
  Graphics g = e.Graphics;
  int i, dx, dy, d0, di, x0, y0,xi, yi;

  Matrix A = new Matrix( );
  A.Translate(20f, 20f);
  A.Shear(0.2588f, 0.2588f);
  g.Transform = A;
  g.DrawRectangle(Pens.Black, 0, 0, 100, 50);

  pm[0].X = xm;
  pm[0].Y = ym;
  g.TransformPoints(
  CoordinateSpace.World, CoordinateSpace.Device, pm);

  x0 = p[0].X;
  y0 = p[0].Y;
  dx = pm[0].X-x0;
  dy = pm[0].Y-y0;
  d0 = dx*dx+dy*dy;

  for(i = 1; i<8; i++)
  {
    xi = p[i].X;
    yi = p[i].Y;
    dx = pm[0].X-xi;
    dy = pm[0].Y-yi;
    di = dx*dx+dy*dy;
    if(di<d0)
    {
      d0 = di;
      x0 = xi;
      y0 = yi;
    }
  }
```

```
    g.DrawRectangle(Pens.Red, x0-4, y0-4, 8, 8);
  }

  protected override void OnMouseMove(MouseEventArgs e)
  {
    xm = e.X;
    ym = e.Y;
    Invalidate( );
  }

  static void Main( )
  {
    Application.Run(new Haupt( ));
  }
}
```

6.9 Grafik, 3D mit OpenGL

OpenGL ist eine Entwicklungsumgebung für interaktive 2D und 3D Grafikanwendungen. Mit Hilfe von Dll-Importen aus den Dateien opengl32.dll und glu32.dll und durch die Definition einiger Konstanten kann OpenGL mit C# benutzt werden. Da OpenGL sehr umfangreich ist und hier nur der Weg zu OpenGL gewiesen wird, ist die im Anschluss beschriebene Schnittstelle stark eingeschränkt. Wer sich jedoch für OpenGL interessiert, kann die Schnittstelle ohne große Schwierigkeiten selbst erweitern.

Bevor man OpenGL Grafiken darstellen kann, benötigt man einen Devicecontext, der auf einem OpenGL Pixelformat beruht. Diese Aufgabe lässt sich mit C++ bewältigen. Die Datei initgl.cpp definiert die Funktion initGL, die mit wenigen Anweisungen das gewohnte mit C# erstellte Fenster OpenGL tauglich macht. Die unten abgebildete Fassung von initgl.cpp ist mit Visual C++ 6.0 zur Datei initgl.dll kompiliert worden. Um einen Dll-Import zu ermöglichen, muss die Datei initgl.def mitkompiliert werden. Dem Linker müssen die Bibliotheken opengl32.lib und glu32.lib angegeben werden. Die Parameter der Funktion initGL werden im Zusammenhang mit Beispiel 6.9_1 erläutert.

```
// initgl.cpp

#include "stdafx.h"

int APIENTRY initGL
  (HDC DC, DWORD flags,BYTE type, BYTE cBits, BYTE dBits)
{
   PIXELFORMATDESCRIPTOR px;
```

```
    memset(&px, 0, sizeof(px));
    px.nSize        = sizeof(px);
    px.nVersion     = 1;
    px.dwFlags      = flags;
    px.iPixelType   = type;
    px.cColorBits   = cBits;
    px.cDepthBits   = dBits;

    int pf = ChoosePixelFormat(DC, &px);
    if(pf == 0)return 0;
    if(!SetPixelFormat(DC, pf, &px))return 0;
    HGLRC RC = wglCreateContext(DC);
    if(RC == NULL)return 0;
    if(!wglMakeCurrent(DC, RC))return 0;

    return 1;
}
```

Die Datei initgl.def:

```
; initgl.def

LIBRARY       "initgl"

EXPORTS
    initGL     @1
```

Die benötigten Konstanten und Dll-Importe werden in den Dateien gl.cs und glu.cs gesammelt.

```
//Datei gl.cs

using System;
using System.Runtime.InteropServices;

class gl
{
  public const uint PFD_DOUBLEBUFFER          = 0x00000001;
  public const uint PFD_DRAW_TO_WINDOW        = 0x00000004;
  public const uint PFD_SUPPORT_OPENGL        = 0x00000020;

  public const uint GL_DEPTH_BUFFER_BIT       = 0x00000100;
  public const uint GL_COLOR_BUFFER_BIT       = 0x00004000;

  public const uint GL_FRONT                  = 0x0404;

  public const uint GL_POINTS                 = 0x0000;
  public const uint GL_LINES                  = 0x0001;
  public const uint GL_LINE_LOOP              = 0x0002;
  public const uint GL_LINE_STRIP             = 0x0003;
```

```
public const uint GL_TRIANGLES              = 0x0004;
public const uint GL_TRIANGLE_STRIP         = 0x0005;
public const uint GL_TRIANGLE_FAN           = 0x0006;
public const uint GL_QUADS                  = 0x0007;
public const uint GL_QUAD_STRIP             = 0x0008;
public const uint GL_POLYGON                = 0x0009;

public const uint GL_LIGHTING               = 0x0B50;
public const uint GL_DEPTH_TEST             = 0x0B71;
public const uint GL_MATRIX_MODE            = 0x0BA0;
public const uint GL_NORMALIZE              = 0x0BA1;
public const uint GL_MODELVIEW_MATRIX       = 0x0BA6;
public const uint GL_PROJECTION_MATRIX      = 0x0BA7;
public const uint GL_DOUBLEBUFFER           = 0x0C32;

public const uint GL_LIGHT0                 = 0x4000;
public const uint GL_LIGHT1                 = 0x4001;
public const uint GL_LIGHT2                 = 0x4002;
public const uint GL_LIGHT3                 = 0x4003;
public const uint GL_LIGHT4                 = 0x4004;
public const uint GL_LIGHT5                 = 0x4005;
public const uint GL_LIGHT6                 = 0x4006;
public const uint GL_LIGHT7                 = 0x4007;

public const uint GL_AMBIENT                = 0x1200;
public const uint GL_DIFFUSE                = 0x1201;
public const uint GL_SPECULAR               = 0x1202;
public const uint GL_POSITION               = 0x1203;
public const uint GL_SPOT_DIRECTION         = 0x1204;
public const uint GL_SPOT_EXPONENT          = 0x1205;
public const uint GL_SPOT_CUTOFF            = 0x1206;
public const uint GL_CONSTANT_ATTENUATION   = 0x1207;
public const uint GL_LINEAR_ATTENUATION     = 0x1208;
public const uint GL_QUADRATIC_ATTENUATION  = 0x1209;

public const uint GL_COMPILE                = 0x1300;
public const uint GL_COMPILE_AND_EXECUTE    = 0x1301;

public const uint GL_EMISSION               = 0x1600;
public const uint GL_SHININESS              = 0x1601;
public const uint GL_AMBIENT_AND_DIFFUSE    = 0x1602;
public const uint GL_MODELVIEW              = 0x1700;
public const uint GL_PROJECTION             = 0x1701;
public const uint GL_FLAT                   = 0x1D00;
public const uint GL_SMOOTH                 = 0x1D01;

[DllImport("initgl")]
public  static extern bool initGL(
  IntPtr DC, uint flags, byte type, byte cBits, byte dBits);
[DllImport("gdi32")]
public  static extern voidSwapBuffers(IntPtr DC);
```

```
[DllImport("opengl32")]
public unsafe static extern void glBegin (uint mode);
[DllImport("opengl32")]
public unsafe static extern void glCallList (uint list);
[DllImport("opengl32")]
public unsafe static extern void glClear (uint mask);
[DllImport("opengl32")]
public unsafe static extern void glClearColor (
  float red, float green, float blue, float alpha);
[DllImport("opengl32")]
public unsafe static extern void glColor3f (
  float red, float green, float blue);
[DllImport("opengl32")]
public unsafe static extern void glColor3fv (float[] v);
[DllImport("opengl32")]
public unsafe static extern void glDisable (uint cap);
[DllImport("opengl32")]
public unsafe static extern void glEnable (uint cap);
[DllImport("opengl32")]
public unsafe static extern void glEnableClientState (uint array);
[DllImport("opengl32")]
public unsafe static extern void glEnd ( );
[DllImport("opengl32")]
public unsafe static extern void glEndList ( );
[DllImport("opengl32")]
public unsafe static extern void glFinish ( );
[DllImport("opengl32")]
public unsafe static extern void glFlush ( );
[DllImport("opengl32")]
public unsafe static extern void glFrustum (
  double left, double right, double bottom,
  double top, double zNear, double zFar);
[DllImport("opengl32")]
public unsafe static extern uint glGenLists (int range);
[DllImport("opengl32")]
public unsafe static extern void glGetFloatv (
  uint pname, float[] parms);
[DllImport("opengl32")]
public unsafe static extern void glGetLightfv (
  uint light, uint pname, float[] parms);
[DllImport("opengl32")]
public unsafe static extern void glLightf (
  uint light, uint pname, float param);
[DllImport("opengl32")]
public unsafe static extern void glLightfv (
  uint light, uint pname, float[] parms);
[DllImport("opengl32")]
public unsafe static extern void glLoadIdentity ( );
[DllImport("opengl32")]
public unsafe static extern void glLoadMatrixf (float[] m);
[DllImport("opengl32")]
```

```
    public unsafe static extern void glLoadName (uint name);
    [DllImport("opengl32")]
    public unsafe static extern void glLogicOp (uint opcode);
    [DllImport("opengl32")]
    public unsafe static extern void glMaterialf (
      uint face, uint pname, float param);
    [DllImport("opengl32")]
    public unsafe static extern void glMaterialfv (
      uint face, uint pname, float[] parms);
    [DllImport("opengl32")]
    public unsafe static extern void glMatrixMode (uint mode);
    [DllImport("opengl32")]
    public unsafe static extern void glMultMatrixf (float[] m);
    [DllImport("opengl32")]
    public unsafe static extern void glNewList (uint list, uint mode);
    [DllImport("opengl32")]
    public unsafe static extern void glNormal3f (
      float nx, float ny, float nz);
    [DllImport("opengl32")]
    public unsafe static extern void glNormal3fv (float[] v);
    [DllImport("opengl32")]
    public unsafe static extern void glOrtho (
      double left, double right, double bottom,
      double top, double zNear, double zFar);
    [DllImport("opengl32")]
    public unsafe static extern void glPopMatrix ( );
    [DllImport("opengl32")]
    public unsafe static extern void glPushMatrix ( );
    [DllImport("opengl32")]
    public unsafe static extern int  glRenderMode (uint mode);
    [DllImport("opengl32")]
    public unsafe static extern void glRotatef (
      float angle, float x, float y, float z);
    [DllImport("opengl32")]
    public unsafe static extern void glScalef (
      float x, float y, float z);
    [DllImport("opengl32")]
    public unsafe static extern void glShadeModel (uint mode);
    [DllImport("opengl32")]
    public unsafe static extern void glTranslatef (
      float x, float y, float z);
    [DllImport("opengl32")]
    public unsafe static extern void glVertex3f (
      float x, float y, float z);
    [DllImport("opengl32")]
    public unsafe static extern void glVertex3fv (float[] v);
    [DllImport("opengl32")]
    public unsafe static extern void glViewport (
      int x, int y, int width, int height);
}
```

```
//Datei glu.cs

using System;
using System.Runtime.InteropServices;

class glu
{
  [DllImport("glu32")]
  public unsafe static extern void gluOrtho2D (
    double left, double right, double bottom, double top);
  [DllImport("glu32")]
  public unsafe static extern void gluPerspective (
    double fovy, double aspect, double zNear, double zFar);
  [DllImport("glu32")]
  public unsafe static extern void gluLookAt (
    double eyex, double eyey, double eyez, double centerx,
    double centery, double centerz, double upx, double upy,
    double upz);
}
```

Beispiel 6.9_1 initialisiert ein OpenGL Fenster und zeichnet ein Quadrat mit einem Farbverlauf. Wegen der bereits getroffenen Vorbereitungen erfordert die Initialisierung nur wenige Programmzeilen. Die Anweisungen

```
Graphics g = CreateGraphics( );
IntPtr DC = g.GetHdc( );
```

ermitteln den Devicecontext DC, der der Funktion initGL mit

```
bool ok = gl.initGL(DC,
  gl.PFD_DRAW_TO_WINDOW | gl.PFD_SUPPORT_OPENGL, 0, 24, 32);
```

übergeben wird. Der zweite Parameter von initGL ist eine Folge von bitweise oder verknüpften Flags, die bedeuten, dass in ein Fenster mit OpenGL Unterstützung gezeichnet wird. Der Parameter type wird auf Null gesetzt. Demzufolge werden Farben als RGBA mit Rot-, Grün-, Blau- und Alphawert definiert. Der Parameter cBits bezeichnet die Farbtiefe, die hier auf 24 Bit gesetzt wird. Zum Schluss wird die Tiefeninformation dBits mit 32 Bit festgelegt. Ein Devicecontext muss mit

```
g.ReleaseHdc(DC);
```

freigegeben werden, sobald er nicht mehr benutzt wird. Damit ist die Initialisierung abgeschlossen und dem Programmieren von OpenGL Grafiken steht nichts mehr im Wege.

Zuerst wird die Hintergrundfarbe Schwarz festgelegt.

```
gl.glClearColor(0f,0f,0f,0f);
```

Da Farben im RGBA System angegeben werden, ist die Bedeutung der Parameter Rot, Grün, Blau und Alpha. Als ShadeModel stehen GL_FLAT und GL_SMOOTH zur Verfügung. Beim Flatshading sind Farbe und Helligkeit innerhalb einer Fläche konstant. Smoothshading erlaubt Farbverläufe, Helligkeitsunterschiede innerhalb einer Fläche und Lichtreflexe. Mit

```
gl.glShadeModel(gl.GL_SMOOTH);
```

wird Smoothshading eingestellt. Die nächsten Anweisungen legen die Art der Projektion fest.

```
gl.glMatrixMode(gl.GL_PROJECTION);
gl.glLoadIdentity( );
gl.glOrtho(0.0,1.0,0.0,1.0,-1.0,1.0);
gl.glMatrixMode(gl.GL_MODELVIEW);
```

Um auf die Projektionsmatrizen zugreifen zu können, muss der MatrixMode auf GL_PROJECTION eingestellt werden. Die Projektionsmatrix wird durch glLoadIdentity zur Einheitsmatrix. Anschließend wird mit glOrtho eine rechtwinklige Parallelprojektion eingestellt. Das Koordinatensystem ist ein orthogonales Rechtssystem. Die x-Achse weist nach rechts, y nach oben und z aus der Bildebene heraus nach vorne. Die ersten vier Parameter haben die Bedeutung links, rechts, unten und oben. In der Projektionsfläche ist

```
links  x = 0
rechts x = 1
unten  y = 0
oben   y = 1
```

Die beiden letzten Parameter legen die Clipping-Ebenen auf der z-Achse fest. Der Bereich von -1 bis +1 wird dargestellt. Jetzt muss der MatrixMode GL_MODELVIEW eingestellt werden, damit

Gegenstände dargestellt werden können. Die Methode OnPaint definiert ein Polygon.

```
gl.glClear (gl.GL_COLOR_BUFFER_BIT);
gl.glBegin(gl.GL_POLYGON);
  gl.glColor3f(1f,0f,0f);
  gl.glVertex3f(0.25f,0.25f,0f);
  gl.glColor3f(0f,1f,0f);
  gl.glVertex3f(0.75f,0.25f,0f);
  gl.glColor3f(0f,0f,1f);
  gl.glVertex3f(0.75f,0.75f,0f);
  gl.glColor3f(1f,1f,0f);
  gl.glVertex3f(0.25f,0.75f,0f);
gl.glEnd( );
```

Zunächst wird das Fenster durch glClear mit der Hintergrundfarbe gefüllt. Mit glBegin beginnt die Definition des Polygons. Die Farben der Ecken werden mit glColor3f und die Koordinaten der Ecken mit glVertex3f festgelegt. Wird nur eine Farbe angegeben, so gilt diese für alle Ecken. Hier ist für jede Ecke eine andere Farbe angegeben, so dass sich über die Fläche hinweg ein Farbverlauf bildet. Die Definition des Polygons endet mit glEnd. Jetzt muss nur noch mit glFlush der Grafikpuffer auf den Bildschirm übertragen werden, und die definierte Figur wird sichtbar. Das Beispiel wird mit

```
csc /unsafe /t:winexe /out:6.9_1.exe 6.9_1.cs gl.cs
```

übersetzt.

Abbildung 6.9_1

```
//Datei 6.9_1.cs

using System;
using System.Drawing;
using System.Windows.Forms;
using System.Runtime.InteropServices;

class Haupt : Form
{
  public Haupt( )
  {
    Text = "Beispiel 6.9_1";
    Graphics g = CreateGraphics( );
    IntPtr DC = g.GetHdc( );
    bool ok = gl.initGL(DC,
      gl.PFD_DRAW_TO_WINDOW | gl.PFD_SUPPORT_OPENGL, 0, 24, 32);
    g.ReleaseHdc(DC);
    if(!ok)
    {
      MessageBox.Show("Initialisierung fehlgeschlagen");
      Close( );
    }

    gl.glClearColor(0f,0f,0f,0f);
    gl.glShadeModel(gl.GL_SMOOTH);
    gl.glMatrixMode(gl.GL_PROJECTION);
    gl.glLoadIdentity( );
    gl.glOrtho(0.0,1.0,0.0,1.0,-1.0,1.0);
    gl.glMatrixMode(gl.GL_MODELVIEW);
  }

  protected override void OnPaint(PaintEventArgs e)
```

```
    {
      gl.glClear (gl.GL_COLOR_BUFFER_BIT);
      gl.glBegin(gl.GL_POLYGON);
        gl.glColor3f(1f,0f,0f);
        gl.glVertex3f(0.25f,0.25f,0f);
        gl.glColor3f(0f,1f,0f);
        gl.glVertex3f(0.75f,0.25f,0f);
        gl.glColor3f(0f,0f,1f);
        gl.glVertex3f(0.75f,0.75f,0f);
        gl.glColor3f(1f,1f,0f);
        gl.glVertex3f(0.25f,0.75f,0f);
      gl.glEnd( );
      gl.glFlush( );
    }

    static void Main( )
    {
      Application.Run(new Haupt( ));
    }
  }
```

Die Initialisierung ist bei Beispiel 6.9_2 geringfügig anders, als beim vorigen Beispiel. Der Funktion initGL wird als zusätzliches Flag PFD_DOUBLEBUFFER übergeben. Dadurch wird das Bild im Hintergrund aufgebaut und quasi an einem Stück mit SwapBuffers auf den Bildschirm übertragen. Als ShadeModel wird GL_FLAT verwendet. Die zusätzliche Anweisung

```
gl.glEnable(gl.GL_DEPTH_TEST);
```

bewirkt, dass die Tiefeninformation gespeichert und ausgewertet wird, die OpenGL in die Lage versetzt zu erkennen, welche Teile einer Figur verdeckt sind. Die Methode figur definiert einen Würfel mit verschiedenfarbigen Flächen. Statt des Polygons wird hier das Recheck GL_QUADS benutzt. OnPaint wird nicht mehr durch Invalidate aus dem Programm heraus aufgerufen, sondern nur noch, wenn Windows von sich aus eine WM_PAINT Nachricht sendet. Da dies beim Programmstart und einigen anderen Gelegenheiten vorkommt, kann nicht auf OnPaint verzichtet werden. Die Arbeit der Transformation und Darstellung des Bildes übernimmt die Methode zeichne. Dadurch wird ein Neuzeichnen des Bildes ermöglicht, das ausschließlich der Kontrolle von OpenGL unterliegt. Ein Nachteil, der im vorigen Beispiel beim Vergrößern und Verkleinern des Fensters zu Tage tritt, wird durch OnResize ausgeräumt. Die Methoden OnMouseDown und

OnMouseMove fragen die Mauskoordinaten und Mausknöpfe ab, so dass das Bild gedreht, verschoben und skaliert werden kann.

Betrachtet man OnMouseDown und OnMouseMove näher, so sieht man, dass bei jedem Drücken einer Taste die Mauskoordinaten in m_x1 und m_y1 gespeichert werden. Beim Bewegen der Maus werden die Koordinaten in m_x2 und m_y2 gespeichert. Anschließend werden die Mausknöpfe abgefragt und die Variablen px, py, size, x0 und y0 in Abhängigkeit von der Differenz der Mauskoordinaten verändert. Nach dem Drücken des linken Mausknopfes kann der Würfel durch Bewegen der Maus gedreht werden. Mit dem mittleren Mausknopf kann man den Würfel skalieren, und mit dem rechten Mausknopf kann man ihn verschieben. In der Methode zeichne laufen sämtliche Fäden zusammen. Hier werden die Projektion, die Blickrichtung und die Transformation des Würfels festgelegt. Danach wird der Würfel durch den Aufruf von figur und SwapBuffers dargestellt.

Bei der hier verwendeten perspektivischen Projektion wird ein Punkt an der Stelle in der Projektionsebene abgebildet, an der der Sehstrahl vom Auge zum Punkt die Projektionsebene durchstößt. Mit der Funktion

```
glViewport( x, y, Breite, Höhe )
```

wird das in der Projektionsebene liegende Projektionsrechteck an den Bildschirm bzw. das Fenster angepasst.

x, y ist die Position der linken unteren Ecke des Projektionsrechtecks im Fenster.

Breite ist die Breite des Projektionsrechtecks im Fenster.

Höhe ist die Höhe des Projektionsrechtecks im Fenster.

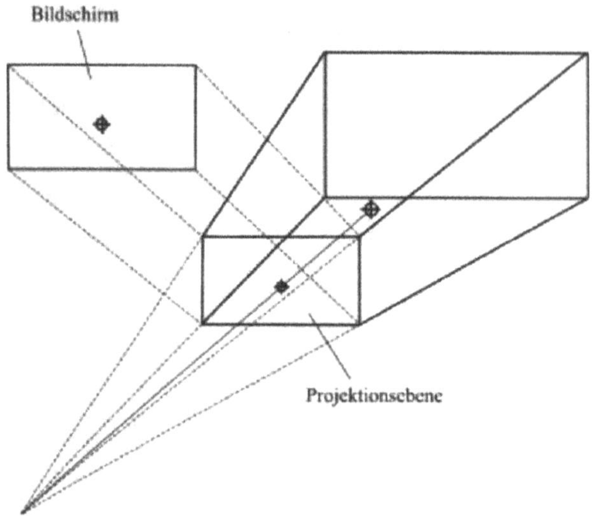

Abbildung 6.9_2a

Die perspektivische Projektion wird durch

```
glFrustum( links, rechts, oben, unten, w1, w2 )
```

definiert.

links, rechts, oben, unten legt das Projektionrechteck fest

w1 ist der Abstand der Projektionsebene vom Auge.

w2 ist der Abstand der hinteren Clippingebene vom Auge.

Damit ist ein vierseitiger Pyramidenstumpf definiert. Alle Begrenzungsflächen des Pyramidenstumpfes definieren Clipping-Ebenen. Das heißt, dass nur das dargestellt wird, was sich innerhalb des Pyramidenstumpfes befindet.

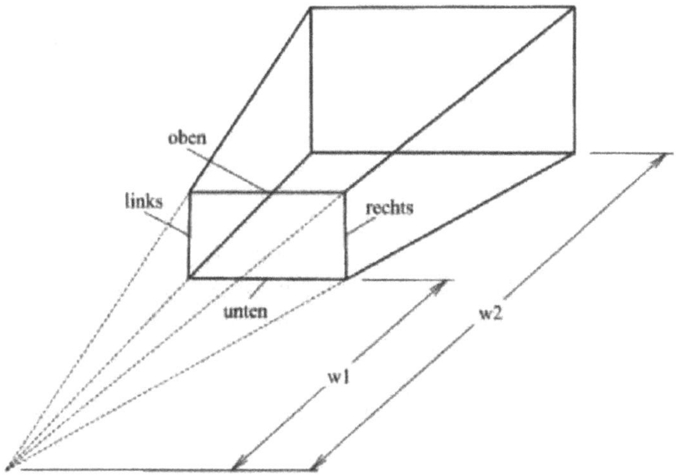

Abbildung 6.9_2b

Die Funktion

```
gluLookAt( x1, y1, z1, x2, y2, z2, x3, y3, z3 )
```

dreht und verschiebt die Projektionspyramide im Raum.

x1, y1, z1	ist die Position des Auges
x2, y2, z2	ist das Zentrum der Szene
x3, y3, z3	definiert die Richtung, die in der Projektion senkrecht nach oben zeigt

Durch *x1, y1, z1* und *x2, y2, z2* wird die Blickrichtung festgelegt. Die Gerade durch diese beiden Punkte ist die Mittelachse der Projektionspyramide. Mit *x3, y3, z3* wird die Projektionspyramide um ihre Mittelachse gedreht. In Beispiel 6.9_2 wird mit

```
glu.gluLookAt(0.0, 0.0, 5.0, 0.0, 0.0, 0.0, 0.0, 1.0, 0.0)
```

entlang der z-Achse vom Punkt 0.0, 0.0, 5.0 zum Punkt 0.0, 0.0, 0.0 geblickt, wobei wegen der Parameter 0.0, 1.0, 0.0 die y-Achse nach oben zeigt. Jetzt folgt die Transformation des Modells.

Die Anweisungen

```
gl.glTranslatef(x0,y0,z0);
float s=size*scale;
gl.glScalef(s,s,s);
gl.glRotatef(py,0f,1f,0f);
gl.glRotatef(px,1f,0f,0f);
```

verschieben den Würfel nach *x0, y0, z0,* skalieren ihn mit dem Faktor s und drehen ihn mit py um die y-Achse und mit px um die x-Achse. Bei glRotatef ist der erste Parameter der Drehwinkel, während die drei folgenden Parameter die x-, y- und z-Komponenten der Drehachse angeben. Wenn man die Translation mit T, die Skalierung mit S und die Rotationen mit R_x und R_y bezeichnet, so kann man die resultierende Transformation als Produkt $T\ S\ R_y\ R_x$ schreiben. Die Transformation des Würfels W in der Schreibweise

$$W' = T\ S\ R_y\ R_x\ W = (\ T\ (S\ (R_y\ (\ R_x\ W\ )\ )\ )\ )$$

verdeutlicht die Reihenfolge, in der die Transformationen wirksam werden. Der um die x-Achse gedrehte Würfel wird um die y-Achse gedreht, anschließend skaliert und am Ende verschoben. Nach dem Übersetzen des Programms mit

```
csc /unsafe /t:winexe /out:6.9_2.exe 6.9_2.cs gl.cs glu.cs
```

und dem Starten, kann man das oben geschriebene anschaulich nachvollziehen.

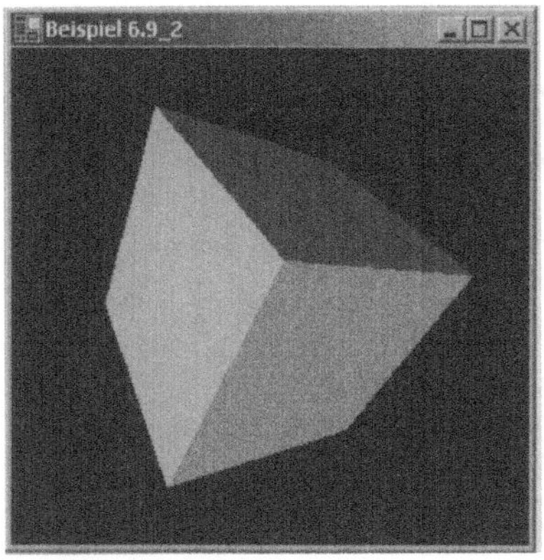

Abbildung 6.9_2c

```
//Datei 6.9_2.cs

using System;
using System.Drawing;
using System.Windows.Forms;
using System.Runtime.InteropServices;

class Haupt : Form
{
  int m_x1=0, m_y1=0, m_x2=0, m_y2=0;
  float x0=0f, y0=0f, z0=0f, size=1f, scale=1f, px=0f, py=0f;

  public Haupt( )
  {
    Text = "Beispiel 6.9_2";
    Graphics g = CreateGraphics( );
    IntPtr DC = g.GetHdc( );
    bool ok = gl.initGL(DC,
      gl.PFD_DOUBLEBUFFER | gl.PFD_DRAW_TO_WINDOW |
gl.PFD_SUPPORT_OPENGL,
      0, 24, 32);
    g.ReleaseHdc(DC);
    if(!ok)
    {
      MessageBox.Show("Initialisierung fehlgeschlagen");
      Close( );
    }
    gl.glClearColor(0f, 0f, 0f, 0f);
    gl.glShadeModel(gl.GL_FLAT);
    gl.glEnable(gl.GL_DEPTH_TEST);
  }
```

```
void figur( ){
  gl.glColor3f(1f, 0f, 0f);
  gl.glBegin(gl.GL_QUADS);
    gl.glVertex3f(-0.5f, -0.5f, 0.5f);
    gl.glVertex3f(0.5f, -0.5f, 0.5f);
    gl.glVertex3f(0.5f, 0.5f, 0.5f);
    gl.glVertex3f(-0.5f, 0.5f, 0.5f);
  gl.glEnd( );

  gl.glColor3f(0f, 1f, 0f);
  gl.glBegin(gl.GL_QUADS);
    gl.glVertex3f(0.5f, -0.5f, 0.5f);
    gl.glVertex3f(0.5f, -0.5f, -0.5f);
    gl.glVertex3f(0.5f, 0.5f, -0.5f);
    gl.glVertex3f(0.5f, 0.5f, 0.5f);
  gl.glEnd( );

  gl.glColor3f(0f, 0f, 1f);
  gl.glBegin(gl.GL_QUADS);
  gl.glVertex3f(-0.5f, -0.5f, -0.5f);
    gl.glVertex3f(0.5f, -0.5f, -0.5f);
    gl.glVertex3f(0.5f, 0.5f, -0.5f);
    gl.glVertex3f(-0.5f, 0.5f, -0.5f);
  gl.glEnd( );

  gl.glColor3f(1f, 1f, 0f);
  gl.glBegin(gl.GL_QUADS);
    gl.glVertex3f(-0.5f, -0.5f, -0.5f);
    gl.glVertex3f(-0.5f, -0.5f, 0.5f);
    gl.glVertex3f(-0.5f, 0.5f, 0.5f);
    gl.glVertex3f(-0.5f, 0.5f, -0.5f);
  gl.glEnd( );

  gl.glColor3f(1f, 0f, 1f);
  gl.glBegin(gl.GL_QUADS);
    gl.glVertex3f(-0.5f, 0.5f, 0.5f);
    gl.glVertex3f(0.5f, 0.5f, 0.5f);
    gl.glVertex3f(0.5f, 0.5f, -0.5f);
    gl.glVertex3f(-0.5f, 0.5f, -0.5f);
  gl.glEnd( );

  gl.glColor3f(0f, 1f, 1f);
  gl.glBegin(gl.GL_QUADS);
    gl.glVertex3f(-0.5f, -0.5f, -0.5f);
    gl.glVertex3f(0.5f, -0.5f, -0.5f);
    gl.glVertex3f(0.5f, -0.5f, 0.5f);
    gl.glVertex3f(-0.5f, -0.5f, 0.5f);
  gl.glEnd( );
}

void zeichne(Graphics g)
```

```
{
  IntPtr DC = g.GetHdc( );

  int w=ClientRectangle.Width;
  int h=ClientRectangle.Height;
  float a=(float)h/(float)w;
  if(a < 1f)scale=a; else scale=1f;
  gl.glViewport(0, 0, w, h);
  gl.glMatrixMode(gl.GL_PROJECTION);
  gl.glLoadIdentity( );
  gl.glFrustum(-1.0, 1.0, -a, a, 1.5, 20.0);
  gl.glMatrixMode(gl.GL_MODELVIEW);

  gl.glClear(gl.GL_COLOR_BUFFER_BIT | gl.GL_DEPTH_BUFFER_BIT);
  gl.glLoadIdentity( );
  glu.gluLookAt(0.0, 0.0, 5.0, 0.0, 0.0, 0.0, 0.0, 1.0, 0.0);
  gl.glTranslatef(x0,y0,z0);
  float s=size*scale;
  gl.glScalef(s,s,s);
  gl.glRotatef(py,0f,1f,0f);
  gl.glRotatef(px,1f,0f,0f);
  figur( );
  gl.SwapBuffers(DC);

  g.ReleaseHdc(DC);
}

protected override void OnPaint(PaintEventArgs e)
{
  Graphics g = e.Graphics;
  zeichne(g);
}

protected override void OnResize(EventArgs e)
{
  gl.glViewport(0, 0, ClientSize.Width, ClientSize.Height);
  Graphics g = CreateGraphics( );
  zeichne(g);
}

protected override void OnMouseDown(MouseEventArgs e)
{
  m_x1=e.X;
  m_y1=e.Y;
}

protected override void OnMouseMove(MouseEventArgs e)
{
  Graphics g = CreateGraphics( );
  m_x2=e.X;
  m_y2=e.Y;
```

```
    switch(e.Button)
    {
      case MouseButtons.Left:
        py+=(float)(m_x2-m_x1);
        px+=(float)(m_y2-m_y1);
        zeichne(g);
        break;
      case MouseButtons.Middle:
        size+=(float)(m_y2-m_y1)*0.01f;
        if(size < 0.01f) size = 0.01f;
        zeichne(g);
        break;
      case MouseButtons.Right:
        x0+=(float)(m_x2-m_x1)*0.02f;
        y0-=(float)(m_y2-m_y1)*0.02f;
        zeichne(g);
        break;
    }
    m_x1=m_x2;
    m_y1=m_y2;
  }

  static void Main( )
  {
    Application.Run(new Haupt( ));
  }
}
```

Beispiel 6.9_3 stimmt in weiten Teilen mit Beispiel 6.9_2 überein. Es werden jedoch einerseits Displaylisten verwendet, die bei umfangreicheren Modellen ganz erheblich die Performance verbessern, andererseits wird eine Technik des Transformierens verwendet, durch die der Würfel ein anderes Verhalten beim Drehen bekommt.

Durch die Anweisungen

```
Wuerfel = gl.glGenLists(1);
gl.glNewList(Wuerfel, gl.GL_COMPILE);
  figur( );
gl.glEndList( );
```

wird der in der Methode figur definierte Würfel als Displayliste gespeichert. Die Variable Wuerfel bekommt von glGenLists den nächsten freien Index in dem als Parameter angegebenen Bereich. Eine Displayliste beginnt mit glNewList und endet mit glEndList. Die Parameter von glNewList sind der Index Wuerfel und der Modus GL_COMPILE. Als Modus kann auch GL_COMPILE_AND_EXECUTE angegeben werden. Im ersten Fall wird die Displayliste zur späteren Verwendung gespeichert. Im zweiten Fall wird sie zusätzlich sofort ausgeführt. Die Methode zeichne ruft

```
gl.glCallList(Wuerfel);
```

auf, um den Würfel zu zeichnen.

Während im Beispiel 6.9_2 die Gesamtbeträge der Drehungen, der Skalierung und der Verschiebung in den Variablen px, py, size, x0 und y0 gespeichert werden, werden im Beispiel 6.9_3 nur deren Veränderungen gespeichert. Die Transformationsmatrix wird nicht vollständig neu berechnet. Sie bleibt erhalten und wird mit den erforderlichen Änderungen versehen. Dazu muss man natürlich den Aufbau der Transformationsmatrix kennen. Aus den unter 6.8 erläuterten Gründen werden für dreidimensionale Transformationen 4 * 4 Matrizen verwendet.

Die Anweisungen

```
float[] mvmat = new float[16];
gl.glGetFloatv(gl.GL_MODELVIEW_MATRIX, mvmat);
```

übertragen die Transformationsmatrix in den Array mvmat. Die Matrix wird folgendermaßen auf den Array abgebildet:

$$\begin{pmatrix} \texttt{mvmat[0]} & \texttt{mvmat[4]} & \texttt{mvmat[8]} & \texttt{mvmat[12]} \\ \texttt{mvmat[1]} & \texttt{mvmat[5]} & \texttt{mvmat[9]} & \texttt{mvmat[13]} \\ \texttt{mvmat[2]} & \texttt{mvmat[6]} & \texttt{mvmat[10]} & \texttt{mvmat[14]} \\ \texttt{mvmat[3]} & \texttt{mvmat[7]} & \texttt{mvmat[11]} & \texttt{mvmat[15]} \end{pmatrix}$$

Die Verschiebungsanteile sind unter den Indizes 12, 13 und 14 zu finden. Eine Transformationsmatrix, die nur die drei Verschiebungsanteile enthält, ist unten abgebildet.

$$\begin{pmatrix} 1 & 0 & 0 & vx \\ 0 & 1 & 0 & vy \\ 0 & 0 & 1 & vz \\ 0 & 0 & 0 & 1 \end{pmatrix}$$

Die Verschiebungsanteile werden durch

```
float vx = mvmat[12]; mvmat[12] = 0f;
float vy = mvmat[13]; mvmat[13] = 0f;
float vz = mvmat[14]; mvmat[14] = 0f;
```

in den Variablen vx, vy und vz gespeichert und in mvmat auf Null gesetzt. Anschließend wird mit

```
gl.glLoadIdentity( );
gl.glRotatef(py,0f,1f,0f);
gl.glRotatef(px,1f,0f,0f);
float[] rot = new float[16];
gl.glGetFloatv(gl.GL_MODELVIEW_MATRIX, rot);
```

eine Transformationsmatrix mit den Rotationsdifferenzen gebildet und in den Array rot übertragen. Dann wird die Skalierung mit

```
float[] sc = new float[16];
float s=size*scale;
sc[0] = 1f+s;
sc[5] = 1f+s;
sc[10] = 1f+s;
sc[15] = 1f;
```

im Array sc definiert. Um wieder eine vollständige Transformationsmatrix zu erhalten, wird mit

```
gl.glLoadMatrixf(sc);
gl.glMultMatrixf(rot);
gl.glMultMatrixf(mvmat);
```

die Skalierung sc geladen und mit rot und mvmat multipliziert. In dieser Matrix fehlt die Verschiebung, die mit

```
gl.glGetFloatv(gl.GL_MODELVIEW_MATRIX, mvmat);
mvmat[12] = vx+x0;
mvmat[13] = vy+y0;
mvmat[14] = vz;
gl.glLoadMatrixf(mvmat);
```

in die Matrix eingebaut wird. Der Würfel lässt sich jetzt um die festen x- und y-Achsen drehen. Das Programm wird mit

```
csc /unsafe /t:winexe /out:6.9_3.exe 6.9_3.cs gl.cs glu.cs
```

übersetzt.

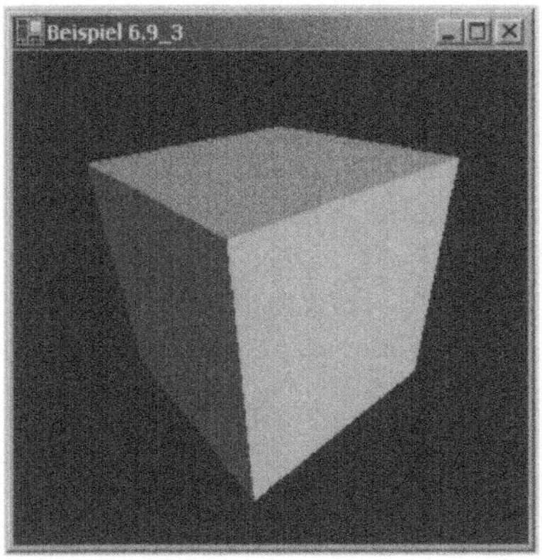

Abbildung 6.9_3

```
//Datei 6.9_3.cs

using System;
using System.Drawing;
using System.Windows.Forms;
using System.Runtime.InteropServices;

class Haupt : Form
{
  int m_x1=0, m_y1=0, m_x2=0, m_y2=0;
  float x0=0f, y0=0f, size=0f, scale=1f;
  float px=0f, py=0f;
  uint Wuerfel;

  public Haupt( )
  {
    Text = "Beispiel 6.9_3";
```

```
    Graphics g = CreateGraphics( );
    IntPtr DC = g.GetHdc( );
    bool ok = gl.initGL(DC,
      gl.PFD_DOUBLEBUFFER | gl.PFD_DRAW_TO_WINDOW |
gl.PFD_SUPPORT_OPENGL,
      0, 24, 32);
    g.ReleaseHdc(DC);
    if(!ok)
    {
      MessageBox.Show("Initialisierung fehlgeschlagen");
      Close( );
    }
    gl.glClearColor(0f, 0f, 0f, 0f);
    gl.glShadeModel(gl.GL_FLAT);
    gl.glEnable(gl.GL_DEPTH_TEST);

    Wuerfel = gl.glGenLists(1);
    gl.glNewList(Wuerfel, gl.GL_COMPILE);
    figur( );
    gl.glEndList( );

    gl.glMatrixMode(gl.GL_MODELVIEW);
    gl.glLoadIdentity( );
    glu.gluLookAt(0.0, 0.0, 5.0, 0.0, 0.0, 0.0, 0.0, 1.0, 0.0);
  }

  void figur( )
  {
    gl.glColor3f(1f, 0f, 0f);
    gl.glBegin(gl.GL_QUADS);
      gl.glVertex3f(-0.5f, -0.5f, 0.5f);
      gl.glVertex3f(0.5f, -0.5f, 0.5f);
      gl.glVertex3f(0.5f, 0.5f, 0.5f);
      gl.glVertex3f(-0.5f, 0.5f, 0.5f);
    gl.glEnd( );

    gl.glColor3f(0f, 1f, 0f);
    gl.glBegin(gl.GL_QUADS);
      gl.glVertex3f(0.5f, -0.5f, 0.5f);
      gl.glVertex3f(0.5f, -0.5f, -0.5f);
      gl.glVertex3f(0.5f, 0.5f, -0.5f);
      gl.glVertex3f(0.5f, 0.5f, 0.5f);
    gl.glEnd( );

    gl.glColor3f(0f, 0f, 1f);
    gl.glBegin(gl.GL_QUADS);
      gl.glVertex3f(-0.5f, -0.5f, -0.5f);
      gl.glVertex3f(0.5f, -0.5f, -0.5f);
      gl.glVertex3f(0.5f, 0.5f, -0.5f);
      gl.glVertex3f(-0.5f, 0.5f, -0.5f);
    gl.glEnd( );
```

```
  gl.glColor3f(1f, 1f, 0f);
  gl.glBegin(gl.GL_QUADS);
    gl.glVertex3f(-0.5f, -0.5f, -0.5f);
    gl.glVertex3f(-0.5f, -0.5f, 0.5f);
    gl.glVertex3f(-0.5f, 0.5f, 0.5f);
    gl.glVertex3f(-0.5f, 0.5f, -0.5f);
  gl.glEnd( );

  gl.glColor3f(1f, 0f, 1f);
  gl.glBegin(gl.GL_QUADS);
    gl.glVertex3f(-0.5f, 0.5f, 0.5f);
    gl.glVertex3f(0.5f, 0.5f, 0.5f);
    gl.glVertex3f(0.5f, 0.5f, -0.5f);
    gl.glVertex3f(-0.5f, 0.5f, -0.5f);
  gl.glEnd( );

  gl.glColor3f(0f, 1f, 1f);
  gl.glBegin(gl.GL_QUADS);
    gl.glVertex3f(-0.5f, -0.5f, -0.5f);
    gl.glVertex3f(0.5f, -0.5f, -0.5f);
    gl.glVertex3f(0.5f, -0.5f, 0.5f);
    gl.glVertex3f(-0.5f, -0.5f, 0.5f);
  gl.glEnd( );
}

void zeichne(Graphics g)
{
  IntPtr DC = g.GetHdc( );

  int w=ClientRectangle.Width;
  int h=ClientRectangle.Height;
  float a=(float)h/(float)w;
  if(a < 1f)scale=a; else scale=1f;
  gl.glViewport(0, 0, w, h);
  gl.glMatrixMode(gl.GL_PROJECTION);
  gl.glLoadIdentity( );
  gl.glFrustum(-1.0, 1.0, -a, a, 1.5, 20.0);

  gl.glMatrixMode(gl.GL_MODELVIEW);
  gl.glClear(gl.GL_COLOR_BUFFER_BIT | gl.GL_DEPTH_BUFFER_BIT);

  float[] mvmat = new float[16];
  gl.glGetFloatv(gl.GL_MODELVIEW_MATRIX, mvmat);
  float vx = mvmat[12]; mvmat[12] = 0f;
  float vy = mvmat[13]; mvmat[13] = 0f;
  float vz = mvmat[14]; mvmat[14] = 0f;

  gl.glLoadIdentity( );
  gl.glRotatef(py,0f,1f,0f);
  gl.glRotatef(px,1f,0f,0f);
```

```
    float[] rot = new float[16];
    gl.glGetFloatv(gl.GL_MODELVIEW_MATRIX, rot);

    float[] sc = new float[16];
    float s=size*scale;
    sc[0] = 1f+s;
    sc[5] = 1f+s;
    sc[10] = 1f+s;
    sc[15] = 1f;

    gl.glLoadMatrixf(sc);
    gl.glMultMatrixf(rot);
    gl.glMultMatrixf(mvmat);
    gl.glGetFloatv(gl.GL_MODELVIEW_MATRIX, mvmat);
    mvmat[12] = vx+x0;
    mvmat[13] = vy+y0;
    mvmat[14] = vz;
    gl.glLoadMatrixf(mvmat);

    gl.glCallList(Wuerfel);

    gl.SwapBuffers(DC);
    g.ReleaseHdc(DC);
  }

  protected override void OnPaint(PaintEventArgs e)
  {
    Graphics g = e.Graphics;
    zeichne(g);
  }

  protected override void OnResize(EventArgs e)
  {
    gl.glViewport(0, 0, ClientSize.Width, ClientSize.Height);
    Graphics g = CreateGraphics( );
    px = py = x0 = y0 = size = 0f;
    zeichne(g);
  }

  protected override void OnMouseDown(MouseEventArgs e)
  {
    m_x1=e.X;
    m_y1=e.Y;
  }

  protected override void OnMouseMove(MouseEventArgs e)
  {
    Graphics g = CreateGraphics( );
    m_x2=e.X;
    m_y2=e.Y;
```

```
        switch(e.Button)
        {
          case MouseButtons.Left:
            py=(float)(m_x2-m_x1);
            px=(float)(m_y2-m_y1);
            x0=y0=size=0f;
            zeichne(g);
            break;
          case MouseButtons.Middle:
            size=(float)(m_y2-m_y1)*0.01f;
            px=py=x0=y0=0f;
            zeichne(g);
            break;
          case MouseButtons.Right:
            x0=(float)(m_x2-m_x1)*0.02f;
            y0=-(float)(m_y2-m_y1)*0.02f;
            px=py=size=0f;
            zeichne(g);
            break;
        }
        m_x1=m_x2;
        m_y1=m_y2;
      }

      static void Main( )
      {
        Application.Run(new Haupt( ));
      }
    }
```

In Beispiel 6.9_4 werden zwei aneinander sitzende Kegel generiert, die sich genauso mit der Maus bewegen und skalieren lassen, wie der Würfel im vorigen Beispiel. Die Oberfläche der Kegel wird mit Normalenvektoren und einem Material versehen. Ein Richtungslicht mit parallelen Lichtstrahlen ähnlich dem Sonnenlicht beleuchtet die Kegel. Als ShadeModel wird GL_SMOOTH verwendet. Dadurch entstehen auf dem Kegel unterschiedlich helle Schattierungen und Lichtreflexe.

Vorbereitend werden einige Arrays definiert, die die Eigenschaften des Materials und des Lichtes beschreiben. Der Array position definiert ein Richtungslicht. Die ersten drei Werte sind die x-, y- und z-Komponente der Richtung des Lichtes. Der vierte Wert legt die Art des Lichtes fest. Ist dieser Wert gleich Null, so handelt es sich um ein Richtungslicht. Ist er ungleich Null, so definieren die ersten drei Werte die Position eines Positionslichtes, das einer Stehlampe oder Deckenleuchte entspricht. Die Arrays diffuse und weiss enthalten Farben im RGBA System. Die

Reflektionseigenschaften des Materials werden durch shininess festgelegt.

```
float[] position  = {1f, 1f, 1f, 0f};
float[] diffuse   = {0f, 0f, 1f, 1f};
float[] weiss     = {1f, 1f, 1f, 1f};
float[] shininess = {50f};
```

Dem Material werden drei Eigenschaften zugeordnet. GL_DIFFUSE ordnet dem Material die Grundfarbe zu, die im Array diffuse als blaue Farbe festgelegt ist. Dies ist die Farbe des vom Material ausgehenden Streulichtes. GL_SPECULAR ordnet den Lichtreflexen die Farbe Weiß zu. GL_SHININESS beeinflusst die Leuchtkraft der Lichtreflexe. Damit lassen sich matte und glänzende Materialien definieren.

```
gl.glMaterialfv(gl.GL_FRONT, gl.GL_DIFFUSE, diffuse);
gl.glMaterialfv(gl.GL_FRONT, gl.GL_SPECULAR, weiss);
gl.glMaterialfv(gl.GL_FRONT, gl.GL_SHININESS, shininess);
```

GL_POSITION definiert, wie oben beschrieben, ein Richtungslicht. GL_DIFFUSE ordnet der Beleuchtung den Streulichtanteil zu, während GL_SPECULAR die Farbe der von dieser Beleuchtung erzeugten Lichtreflexe festlegt. Wenn beim Material und beim Licht unterschiedliche Farben angegeben sind, so mischen sich diese.

```
gl.glLightfv(gl.GL_LIGHT0, gl.GL_POSITION, position);
gl.glLightfv(gl.GL_LIGHT0, gl.GL_DIFFUSE, weiss);
gl.glLightfv(gl.GL_LIGHT0, gl.GL_SPECULAR, weiss);
```

Es folgen einige notwendige Aktivierungen. Neben glEnable gibt es auch glDisable, das deaktivierend wirkt. Man kann dies unter anderem dazu benutzen, das Licht an und aus zu schalten.

```
gl.glEnable(gl.GL_LIGHTING);
gl.glEnable(gl.GL_LIGHT0);
gl.glEnable(gl.GL_DEPTH_TEST);
gl.glEnable(gl.GL_NORMALIZE);
```

Die folgenden Anweisungen speichern die Szene als Displayliste.

```
Kegel = gl.glGenLists(1);
gl.glNewList(Kegel, gl.GL_COMPILE_AND_EXECUTE);
  figur(1.570796327f, 7.853981634f, Tiefe);
gl.glEndList( );
```

Die Methode figur ist rekursiv. Bei jedem rekursiven Aufruf wird die Rekursionstiefe t um 1 verringert. Sobald figur mit der Rekursionstiefe 0 aufgerufen wird, folgt ein Aufruf der Methode dreieck. Dadurch werden drei Dreiecke für jeden der beiden Kegel definiert. Die Parameter a und d sind Winkel im Bogenmaß. Sie bezeichnen den Anfangs- und den Endwinkel der Teilfigur in der Kegelgrundfläche. Die Methode dreieck benutzt GL_TRIANGLES zur Definition der Dreiecke. Im Gegensatz zu den vorigen Beispielen werden nicht nur Ecken, sondern mit glNormal3fv auch Normalenvektoren definiert. Diese Normalenvektoren stehen senkrecht auf der gekrümmten Kegelfläche. Die Richtung der Normalenvektoren beeinflusst das Schattieren des definierten Körpers. Diesmal wird mit

```
gl.glClearColor(1f, 1f, 1f, 1f);
```

die Hintergrundfarbe Weiß eingestellt. Das Programm wird mit

```
csc /unsafe /t:winexe /out:6.9_3.exe 6.9_3.cs gl.cs glu.cs
```

übersetzt.

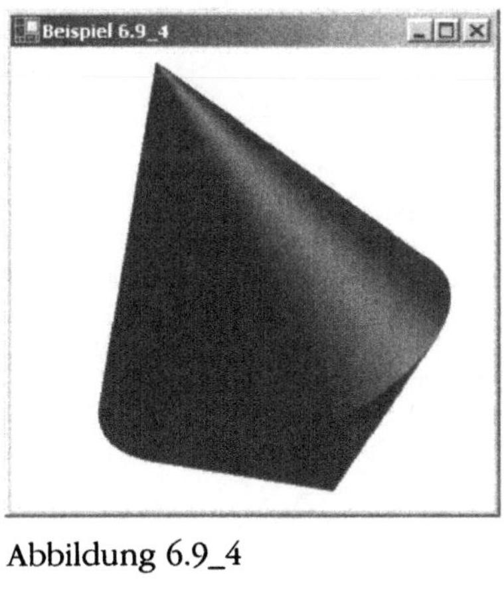

Abbildung 6.9_4

```
//Datei 6.9_4.cs

using System;
using System.Drawing;
using System.Windows.Forms;
using System.Runtime.InteropServices;

class Haupt : Form
{
  int m_x1=0, m_y1=0, m_x2=0, m_y2=0;
  float x0=0f, y0=0f, size=0f, scale=1f;
  float px=0f, py=0f;
  float R = 0.5f;
  int Tiefe = 4;
  float H;
  uint Kegel;

  public Haupt( )
  {
    Text = "Beispiel 6.9_4";
    H = R*(float)Math.Sqrt(2.0);
    Graphics g = CreateGraphics( );
    IntPtr DC = g.GetHdc( );
    bool ok = gl.initGL(
      DC,
      gl.PFD_DOUBLEBUFFER | gl.PFD_DRAW_TO_WINDOW |
gl.PFD_SUPPORT_OPENGL,
      0, 24, 32);
    g.ReleaseHdc(DC);
    if(!ok)
    {
      MessageBox.Show("Initialisierung fehlgeschlagen");
      Close( );
    }
    gl.glClearColor(1f, 1f, 1f, 1f);
    gl.glShadeModel(gl.GL_SMOOTH);

    float[] position  = {1f, 1f, 1f, 0f};
    float[] diffuse   = {0f, 0f, 1f, 1f};
    float[] weiss     = {1f, 1f, 1f, 1f};
    float[] shininess = {50f};

    gl.glMaterialfv(gl.GL_FRONT, gl.GL_DIFFUSE, diffuse);
    gl.glMaterialfv(gl.GL_FRONT, gl.GL_SPECULAR, weiss);
    gl.glMaterialfv(gl.GL_FRONT, gl.GL_SHININESS, shininess);
    gl.glLightfv(gl.GL_LIGHT0, gl.GL_POSITION, position);
    gl.glLightfv(gl.GL_LIGHT0, gl.GL_DIFFUSE, weiss);
    gl.glLightfv(gl.GL_LIGHT0, gl.GL_SPECULAR, weiss);

    gl.glEnable(gl.GL_LIGHTING);
    gl.glEnable(gl.GL_LIGHT0);
```

```
    gl.glEnable(gl.GL_DEPTH_TEST);
    gl.glEnable(gl.GL_NORMALIZE);

    Kegel = gl.glGenLists(1);
    gl.glNewList(Kegel, gl.GL_COMPILE_AND_EXECUTE);
    figur(1.570796327f, 7.853981634f, Tiefe);
    gl.glEndList( );

    gl.glMatrixMode(gl.GL_MODELVIEW);
    gl.glLoadIdentity( );
    glu.gluLookAt(0.0, 0.0, 5.0, 0.0, 0.0, 0.0, 0.0, 1.0, 0.0);
  }

  void figur(float a, float d, int t)
  {
    float phi = (d-a)/3f;
    float b = a+phi;
    float c = b+phi;

    if(t == 0)
    {
      dreieck(a, b, c, d);
    }
    else
    {
      figur(a, b, t-1);
      figur(b, c, t-1);
      figur(c, d, t-1);
    }
  }

  void dreieck(float a, float b, float c, float d)
  {
    float cosa = (float)Math.Cos(a); float xa = R*cosa;
    float sina = (float)Math.Sin(a); float za = R*sina;
    float cosb = (float)Math.Cos(b); float xb = R*cosb;
    float sinb = (float)Math.Sin(b); float zb = R*sinb;
    float cosc = (float)Math.Cos(c); float xc = R*cosc;
    float sinc = (float)Math.Sin(c); float zc = R*sinc;
    float cosd = (float)Math.Cos(d); float xd = R*cosd;
    float sind = (float)Math.Sin(d); float zd = R*sind;
    float l = (float)Math.Sqrt(R*R+H*H);
    float sinz = R/l;
    float cosz = H/l;
    float[] na = {cosa*cosz, sinz, sina*cosz};
    float[] nb = {cosb*cosz, sinz, sinb*cosz};
    float[] nc = {cosc*cosz, sinz, sinc*cosz};
    float[] nd = {cosd*cosz, sinz, sind*cosz};
    float[] nab = {0.5f*(na[0]+nb[0]), sinz, 0.5f*(na[2]+nb[2])};
    float[] nbc = {0.5f*(nb[0]+nc[0]), sinz, 0.5f*(nb[2]+nc[2])};
    float[] ncd = {0.5f*(nc[0]+nd[0]), sinz, 0.5f*(nc[2]+nd[2])};
```

```
gl.glBegin(gl.GL_TRIANGLES);
  gl.glNormal3fv(na);
  gl.glVertex3f(xa, 0f, za);
  gl.glNormal3fv(nb);
  gl.glVertex3f(xb, 0f, zb);
  gl.glNormal3fv(nab);
  gl.glVertex3f(0f, H, 0f);
gl.glEnd( );
gl.glBegin(gl.GL_TRIANGLES);
  gl.glNormal3fv(nb);
  gl.glVertex3f(xb, 0f, zb);
  gl.glNormal3fv(nc);
  gl.glVertex3f(xc, 0f, zc);
  gl.glNormal3fv(nbc);
  gl.glVertex3f(0f, H, 0f);
gl.glEnd( );
gl.glBegin(gl.GL_TRIANGLES);
  gl.glNormal3fv(nc);
  gl.glVertex3f(xc, 0f, zc);
  gl.glNormal3fv(nd);
  gl.glVertex3f(xd, 0f, zd);
  gl.glNormal3fv(ncd);
  gl.glVertex3f(0f, H, 0f);
gl.glEnd( );
na[1] = -na[1]; nb[1] = -nb[1]; nc[1] = -nc[1]; nd[1] = -nd[1];
nab[1] = -nab[1]; nbc[1] = -nbc[1]; ncd[1] = -ncd[1];
gl.glBegin(gl.GL_TRIANGLES);
  gl.glNormal3fv(na);
  gl.glVertex3f(xa, 0f, za);
  gl.glNormal3fv(nb);
  gl.glVertex3f(xb, 0f, zb);
  gl.glNormal3fv(nab);
  gl.glVertex3f(0f, -H, 0f);
gl.glEnd( );
gl.glBegin(gl.GL_TRIANGLES);
  gl.glNormal3fv(nb);
  gl.glVertex3f(xb, 0f, zb);
  gl.glNormal3fv(nc);
  gl.glVertex3f(xc, 0f, zc);
  gl.glNormal3fv(nbc);
  gl.glVertex3f(0f, -H, 0f);
gl.glEnd( );
gl.glBegin(gl.GL_TRIANGLES);
  gl.glNormal3fv(nc);
  gl.glVertex3f(xc, 0f, zc);
  gl.glNormal3fv(nd);
  gl.glVertex3f(xd, 0f, zd);
  gl.glNormal3fv(ncd);
  gl.glVertex3f(0f, -H, 0f);
gl.glEnd( );
```

```
}

void zeichne(Graphics g)
{
  IntPtr DC = g.GetHdc( );

  int w=ClientRectangle.Width;
  int h=ClientRectangle.Height;
  float a=(float)h/(float)w;
  if(a < 1f)scale=a; else scale=1f;
  gl.glViewport(0, 0, w, h);
  gl.glMatrixMode(gl.GL_PROJECTION);
  gl.glLoadIdentity( );
  gl.glFrustum(-1.0, 1.0, -a, a, 1.5, 20.0);

  gl.glMatrixMode(gl.GL_MODELVIEW);
  gl.glClear(gl.GL_COLOR_BUFFER_BIT | gl.GL_DEPTH_BUFFER_BIT);

  float[] mvmat = new float[16];
  gl.glGetFloatv(gl.GL_MODELVIEW_MATRIX, mvmat);
  float vx = mvmat[12]; mvmat[12] = 0f;
  float vy = mvmat[13]; mvmat[13] = 0f;
  float vz = mvmat[14]; mvmat[14] = 0f;

  gl.glLoadIdentity( );
  gl.glRotatef(py,0f,1f,0f);
  gl.glRotatef(px,1f,0f,0f);
  float[] rot = new float[16];
  gl.glGetFloatv(gl.GL_MODELVIEW_MATRIX, rot);

  float[] sc = new float[16];
  float s=size*scale;
  sc[0] = 1f+s;
  sc[5] = 1f+s;
  sc[10] = 1f+s;
  sc[15] = 1f;

  gl.glLoadMatrixf(sc);
  gl.glMultMatrixf(rot);
  gl.glMultMatrixf(mvmat);
  gl.glGetFloatv(gl.GL_MODELVIEW_MATRIX, mvmat);
  mvmat[12] = vx+x0;
  mvmat[13] = vy+y0;
  mvmat[14] = vz;
  gl.glLoadMatrixf(mvmat);
  gl.glCallList(Kegel);
  gl.SwapBuffers(DC);
  g.ReleaseHdc(DC);
}

protected override void OnPaint(PaintEventArgs e)
```

```
    {
      Graphics g = e.Graphics;
      zeichne(g);
    }
    protected override void OnResize(EventArgs e)
    {
      gl.glViewport(0, 0, ClientSize.Width, ClientSize.Height);
      Graphics g = CreateGraphics( );
      px = py = x0 = y0 = size = 0f;
      zeichne(g);
    }
    protected override void OnMouseDown(MouseEventArgs e)
    {
      m_x1=e.X;
      m_y1=e.Y;
    }
    protected override void OnMouseMove(MouseEventArgs e)
    {
      Graphics g = CreateGraphics( );
      m_x2=e.X;
      m_y2=e.Y;

      switch(e.Button)
      {
        case MouseButtons.Left:
          py=(float)(m_x2-m_x1);
          px=(float)(m_y2-m_y1);
          x0=y0=size=0f;
          zeichne(g);
          break;
        case MouseButtons.Middle:
          size=(float)(m_y2-m_y1)*0.01f;
          px=py=x0=y0=0f;
          zeichne(g);
          break;
        case MouseButtons.Right:
          x0=(float)(m_x2-m_x1)*0.02f;
          y0=-(float)(m_y2-m_y1)*0.02f;
          px=py=size=0f;
          zeichne(g);
          break;
      }
      m_x1=m_x2;
      m_y1=m_y2;
    }
    static void Main( )
    {
      Application.Run(new Haupt( ));
    }
  }
```

7 Windows Programmierung, Teil 3

Dieses Kapitel hat einen zusammenfassenden Charakter. In den Abschnitten 7.2 bis 7.19 werden weitere Windows Steuerelemente vorgestellt. Zum Schluss wird der Mechanismus der Ereignissteuerung genauer unter die Lupe genommen. Damit schließt sich der Kreis durch den Bezug zum Anfang der drei Windowskapitel.

7.1 Die Struktur des Namensraums System.Windows.Forms

Der Namensraum System.Windows.Forms enthält Klassen, Schnittstellen, Strukturen, Delegates und Aufzählungen. Er lässt sich in Formulare, Steuerelemente, Standarddialog und weitere Komponenten, die die Windows Programmierung unterstützen, einteilen.

Die Formularklasse ist die Klasse Form. Sie stellt Fenster zur Verfügung, die mit Komponenten wie zB. Menüs und Steuerelementen ergänzt werden können. Darüber hinaus können modale und nicht modale Dialoge sowie MDI-Hauptfenster und untergeordnete MDI-Fenster mit dieser Klasse erzeugt werden.

In die Kategorie der Steuerelemente fallen Komponenten wie Button, Label, TextBox und GroupBox.

Standarddialoge sind der OpenFileDialog, der SaveFileDialog, der FontDialog, der ColorDialog, der PrintDialog, der PrintPreviewDialog und der PageSetupDialog.

Bei den sonstigen Komponenten findet man unter anderem die Klassen Menu, MenuItem, ContextMenu, ToolTip und Help und die sehr wichtige Klasse Application, die Methoden und Eigenschaften zum Starten und Beenden von Anwendungen und zur Nachrichtenbearbeitung besitzt.

Hilfreich beim Auffinden von Steuerelementen und sonstigen Windows Komponenten ist der Anhang C.

7.2 CheckedListBox

Eine Zeile der CheckedListBox wird als Item oder Element bezeichnet. Die Eigenschaft Items nimmt die Elemente in einer ObjectCollection auf. Die Elemente werden mit 0 beginnend indiziert. Man kann mit Items[index] auf einzelne Elemente zugreifen.

Methoden der ObjectCollection:

Add	fügt ein Element hinzu
AddRange	fügt einen oder mehrere Elemente hinzu
Clear	löscht alle Elemente
Insert	fügt ein Element an der angegebenen Indexposition ein
Remove	entfernt ein Element
RemoveAt	entfernt das Element dem angegebenen Index
Contains	prüft, ob der Item vorhanden ist.
IndexOf	gibt den Index des angegebenen Items oder bei Misserfolg -1 zurück.
CopyTo	kopiert die Items.

Ereignisse der CheckedListBox:

ItemCheck	wird durch das Anklicken der Checkbox ausgelöst.
SelectedIndexChanged	wird durch das Auswählen eines Items ausgelöst.

Abfragen des Zustands:

GetItemChecked	gibt true zurück, wenn ein Haken in der Checkbox ist.
GetSelected	gibt true zurück, wenn der Item ausgewählt ist.

Die durch

```
box.ItemCheck += new ItemCheckEventHandler(box_check);
box.SelectedIndexChanged += new EventHandler(box_select);
```

definierten Eventhandler rufen Invalidate auf. Die Methode OnPaint prüft und protokolliert den Zustand der Items.

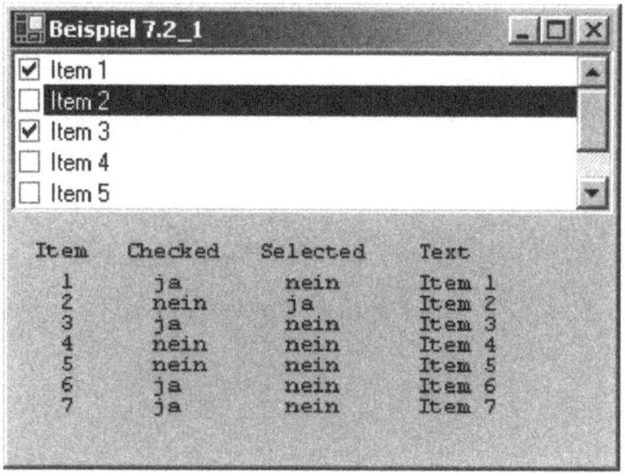

Abbildung 7.2_1

```
//Datei 7.2_1.cs

using System;
using System.Drawing;
using System.Windows.Forms;

class Haupt : Form
{
  CheckedListBox box;

  public Haupt( )
  {
    Text = "Beispiel 7.2_1";
    ClientSize = new Size(300, 200);

    box = new CheckedListBox( );
    box.Height = 80;
    box.Dock = DockStyle.Top;
    box.ItemCheck += new ItemCheckEventHandler(box_check);
    box.SelectedIndexChanged += new EventHandler(box_select);
    box.Items.Add("Item 1");
    box.Items.Add("Item 2");
    box.Items.Add("Item 3");
    box.Items.Add("Item 4");
    box.Items.Add("Item 5");
    box.Items.Add("Item 6");
    box.Items.Add("Item 7");

    Controls.Add(box);
  }
```

```
protected override void OnPaint(PaintEventArgs e)
{
  Graphics g = e.Graphics;
  g.DrawString("Item   Checked   Selected    Text",
    new Font("Courier New", 8), Brushes.Black, 10, 90);

  for(int i=0; i < box.Items.Count; i++)
  {
    string s = (i+1).ToString( ).PadLeft(3) + "      ";

    if(box.GetItemChecked(i))
      s += "ja        ";
    else
      s += "nein      ";

    if(box.GetSelected(i))
      s += "ja        ";
    else
      s += "nein      ";

    s += (string)box.Items[i];

    g.DrawString(
      s, new Font("Courier New", 8), Brushes.Black, 10, 105+10*i);
  }
}

protected void box_check(object o, ItemCheckEventArgs e)
{
  Invalidate( );
}

protected void box_select(object o, EventArgs e)
{
  Invalidate( );
}

static void Main( )
{
  Application.Run(new Haupt( ));
}
}
```

7.3 ColorDialog

Das Anklicken des Fensters ruft den Eventhandler

```
protected override void OnClick(EventArgs e)
{
  if(cd.ShowDialog( ) == DialogResult.OK)
    BackColor = cd.Color;
}
```

auf, der den ColorDialog sichtbar macht. Da ShowDialog einen modalen Dialog erzeugt, kann DialogResult.OK abgefragt und die Eigenschaft Color des ColorDialog übernommen werden. Durch die Zuweisung der Farbe an BackColor wird der Hintergrund des Fensters eingefärbt.

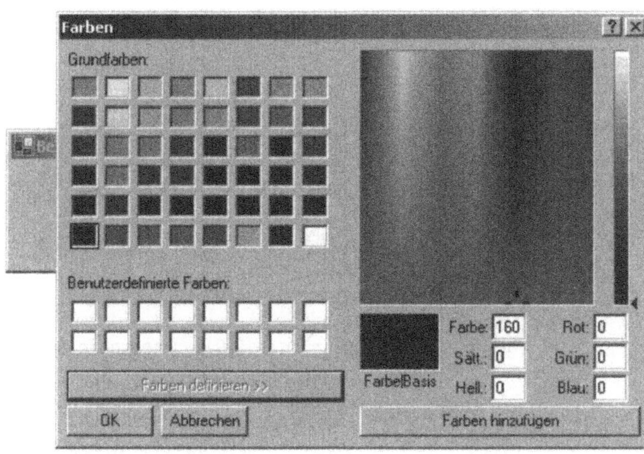

Abbildung 7.3_1

```
//Datei 7.3_1.cs

using System;
using System.Drawing;
using System.Windows.Forms;

class Haupt : Form
{
  ColorDialog cd = new ColorDialog( );

  public Haupt( )
```

```
  {
    Text = "Beispiel 7.3_1";
    ClientSize = new Size(100, 80);
  }

  protected override void OnClick(EventArgs e)
  {
    if(cd.ShowDialog( ) == DialogResult.OK)
      BackColor = cd.Color;
  }

  static void Main( )
  {
    Application.Run(new Haupt( ));
  }
}
```

7.4 DateTimePicker

Eigenschaften der Struktur DateTime:

Date	Datum
Day	Tag
DayOfWeek	Wochentag
DayOfYear	Tag innerhalb des Jahres
Hour	Stunde
Millisecond	Millisekunde
Minute	Minute
Month	Monat
Now	aktuelles Datum und aktuelle Uhrzeit
Second	Sekunde
Ticks	Anzahl der 100-Nanosekunden-Intervalle seit dem 1. Januar 1
TimeOfDay	Uhrzeit
Today	aktuelles Datum
UtcNow	Datum und Uhrzeit als UTC (Coordinated Universal Time)
Year	Jahr

Zunächst werden die Eigenschaft Text des DateTimePicker, die das zuletzt angeklickte Datum enthält, sowie DateTime.Now und DateTime.Today angezeigt.

Dann wird die Zeitspanne t in Millisekunden angezeigt, die mit den Anweisungen

```
t1 = DateTime.Now;
for(int i=0; i < 150000000; i++)x = 2.0+5.0*i;
t2 = DateTime.Now;
t = ((t2.Hour*60+t2.Minute)*60+t2.Second)*1000+t2.Millisecond
  - ((t1.Hour*60+t1.Minute)*60+t1.Second)*1000+t1.Millisecond;
```

berechnet worden ist. Die for-Schleife dient dem Zweck, zwischen den beiden Abfragen von DateTime.Now eine gewisse Zeit verstreichen zu lassen.

Das Ereignis TextChanged des DateTimePicker wird benutzt, um die Anzeige aufzufrischen.

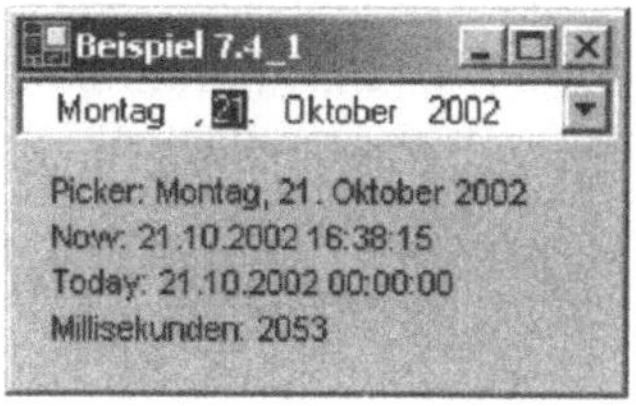

Abbildung 7.4_1

```
//Datei 7.4_1.cs

using System;
using System.Drawing;
using System.Windows.Forms;

class Haupt : Form
{
  DateTimePicker dtp = new DateTimePicker( );
  DateTime t1, t2;
  int t;
  double x;

  public Haupt( )
  {
    Text = "Beispiel 7.4_1";
    ClientSize = new Size(200, 100);
    dtp.TextChanged += new EventHandler(dtp_changed);
    Controls.Add(dtp);

    t1 = DateTime.Now;
    for(int i=0; i < 150000000; i++)x = 2.0+5.0*i;
    t2 = DateTime.Now;
    t = ((t2.Hour*60+t2.Minute)*60+t2.Second)*1000+t2.Millisecond
      - ((t1.Hour*60+t1.Minute)*60+t1.Second)*1000+t1.Millisecond;
  }
```

```
protected override void OnPaint(PaintEventArgs e)
{
  Graphics g = e.Graphics;

  g.DrawString("Picker: " + dtp.Text,
    new Font("Arial", 8), Brushes.Black, 10, 30);

  g.DrawString("Now: " + DateTime.Now.ToString( ),
    new Font("Arial", 8), Brushes.Black, 10, 45);

  g.DrawString("Today: " + DateTime.Today.ToString( ),
    new Font("Arial", 8), Brushes.Black, 10, 60);

  g.DrawString("Millisekunden: " + t.ToString( ),
    new Font("Arial", 8), Brushes.Black, 10, 75);
}

protected void dtp_changed(object o, EventArgs e)
{
  Invalidate( );
}

static void Main( )
{
  Application.Run(new Haupt( ));
}
}
```

7.5 DomainUpDown

Die Eigenschaft Items des DomainUpDown ist eine ObjectCollection. Die Methoden der ObjectCollection sind im Abschnitt 7.2 erläutert. Die Methode Add wird benutzt, um Items hinzuzufügen. Die Items können nicht editiert werden, wenn die Eigenschaft Readonly gleich true gesetzt wird. Das Ereignis TextChanged wird benutzt, um die angezeigte Eigenschaft Text bei jeder Veränderung neu zu zeichnen.

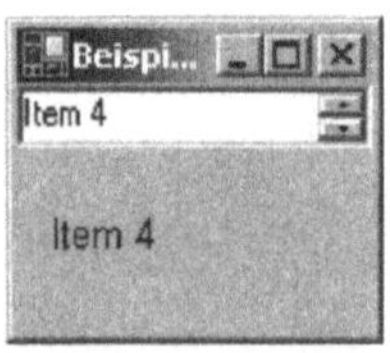

Abbildung 7.5_1

```
//Datei 7.5_1.cs

using System;
using System.Drawing;
using System.Windows.Forms;

class Haupt : Form
{
  DomainUpDown dup;

  public Haupt( )
  {
    Text = "Beispiel 7.5_1";
    ClientSize = new Size(120, 80);

    dup = new DomainUpDown( );
    dup.Items.Add("Item 1");
    dup.Items.Add("Item 2");
    dup.Items.Add("Item 3");
    dup.Items.Add("Item 4");
    dup.Items.Add("Item 5");
    dup.Items.Add("Item 6");
    dup.Items.Add("Item 7");
    dup.ReadOnly = true;
    dup.BackColor = Color.White;
    dup.TextChanged += new EventHandler(dup_changed);

    Controls.Add(dup);
  }

  protected override void OnPaint(PaintEventArgs e)
  {
    Graphics g = e.Graphics;

    g.DrawString(dup.Text,
      new Font("Arial", 10), Brushes.Black, 10, 40);
  }

  protected void dup_changed(object o, EventArgs e)
  {
    Invalidate( );
  }

  static void Main( )
  {
    Application.Run(new Haupt( ));
  }
}
```

7.6 FontDialog

Das Anklicken des Fensters ruft den Eventhandler

```
protected override void OnClick(EventArgs e)
{
  if(fd.ShowDialog( ) == DialogResult.OK)font = fd.Font;
  Invalidate( );
}
```

auf, der den FontDialog sichtbar macht. Da ShowDialog einen modalen Dialog erzeugt, kann DialogResult.OK abgefragt und die Eigenschaft Font des FontDialog der Variablen font zugewiesen werden. Durch den Aufruf von Invalidate zeichnet OnPaint das Wort Font mit dem ausgewählten Schriftfont neu.

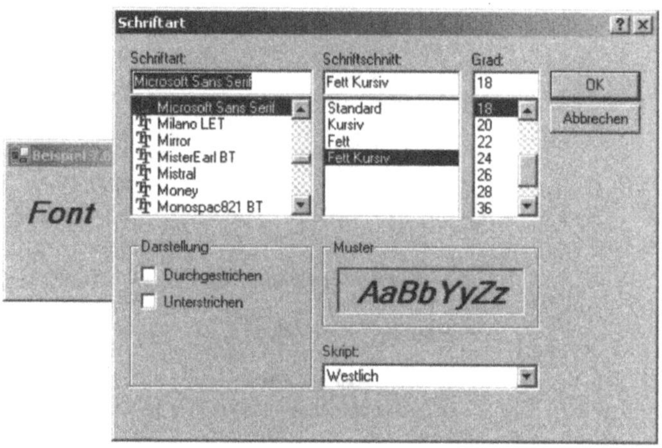

Abbildung 7.6_1

```
//Datei 7.6_1.cs

using System;
using System.Drawing;
using System.Windows.Forms;

class Haupt : Form
{
  FontDialog fd = new FontDialog( );
  Font font = new Font("Arial", 12);
```

```
    public Haupt( )
    {
      Text = "Beispiel 7.6_1";
      ClientSize = new Size(150, 100);
    }

    protected override void OnPaint(PaintEventArgs e)
    {
      Graphics g = e.Graphics;
      g.DrawString("Font", font, Brushes.Black, 10, 20);
    }

    protected override void OnClick(EventArgs e)
    {
      if(fd.ShowDialog( ) == DialogResult.OK)font = fd.Font;
      Invalidate( );
    }

    static void Main( )
    {
      Application.Run(new Haupt( ));
    }
  }
```

7.7 HScrollBar

Die Eigenschaften Minimum und Maximum legen den Wertebereich fest, der beim Betätigen der HScrollBar durchlaufen wird. Die eingestellte Position erhält man durch Abfragen von Value. Die Position kann durch eine Wertzuweisung an die Eigenschaft Value eingestellt werden. SmallChange gibt an, um welchen Betrag sich Value beim Anklicken der Pfeile ändert. Die Änderung der Position durch ein Klicken links oder rechts des Schiebereglers wird mit LargeChange festgelegt.

Jede Änderung der Schiebeposition löst das Ereignis Scroll aus. Der Eventhandler

```
protected void scroll(object o, ScrollEventArgs e)
{
  x = e.NewValue;
  Invalidate( );
}
```

weist der Variablen x die Eigenschaft NewValue der ScrollEventArgs zu und OnPaint verwendet diese Information, um den Text zu verschieben.

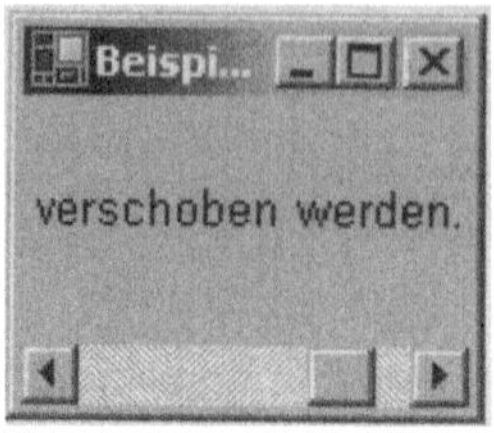

Abbildung 7.7_1

```
//Datei 7.7_1.cs

using System;
using System.Drawing;
using System.Windows.Forms;

class Haupt : Form
{
  HScrollBar bar;
  int x =0;

  public Haupt( )
  {
    Text = "Beispiel 7.7_1";
    ClientSize = new Size(120, 80);

    bar = new HScrollBar( );
    bar.Dock = DockStyle.Bottom;
    bar.Minimum = 0;
    bar.Maximum = 250;
    bar.Value = 0;
    bar.SmallChange = 5;
    bar.LargeChange = 50;
    bar.Scroll += new ScrollEventHandler(scroll);
    Controls.Add(bar);
  }

  protected override void OnPaint(PaintEventArgs e)
  {
    Graphics g = e.Graphics;

    g.DrawString("Dieser Text kann horizontal verschoben werden.",
      new Font("Arial", 10), Brushes.Black, 10-x, 20);
  }

  protected void scroll(object o, ScrollEventArgs e)
  {
    x = e.NewValue;
    Invalidate( );
```

```
  }

  static void Main( )
  {
    Application.Run(new Haupt( ));
  }
}
```

7.8 ImageList

Die Eigenschaft Images der ImageList ist eine ImageCollection. Die Indizierung beginnt mit 0. Ein Zugriff mit eckigen Klammern ist möglich.

Methoden der ImageCollection:

```
Add         fügt ein Bild hinzu
Clear       löscht alle Bilder
RemoveAt    löscht ein Bild mit einem bestimmten Index
```

Abbildung 7.8_1

```
//Datei 7.8_1.cs

using System;
using System.Drawing;
using System.Windows.Forms;

class Haupt : Form
{
  ImageList il;

  public Haupt( )
  {
    Text = "Beispiel 7.8_1";
    ClientSize = new Size(205, 35);

    il = new ImageList( );
    il.Images.Add(Image.FromFile("ballon.bmp"));
    il.Images.Add(Image.FromFile("ex1.bmp"));
    il.Images.Add(Image.FromFile("ex2.bmp"));
    il.Images.Add(Image.FromFile("ex3.bmp"));
```

```
    }

    protected override void OnPaint(PaintEventArgs e)
    {
      Graphics g = e.Graphics;

      g.DrawImage(il.Images[0], 20, 10);
      g.DrawImage(il.Images[1], 70, 10);
      g.DrawImage(il.Images[2], 120, 10);
      g.DrawImage(il.Images[3], 170, 10);
    }

    static void Main( )
    {
      Application.Run(new Haupt( ));
    }
  }
```

7.9 LinkLabel

Der Eigenschaft Text des LinkLabel wird ein String zugewiesen. Die Eigenschaft Links ist eine LinkCollection mit den Methoden Add, Clear und RemoveAt. Die Anweisungen

```
label.LinkColor = Color.Green;
label.VisitedLinkColor = Color.Red;
```

lassen den Link zunächst grün und nach dem Anklicken rot erscheinen. Wegen der Anweisung

```
label.LinkBehavior = LinkBehavior.NeverUnderline;
```

werden die Links nicht unterstrichen. Es stehen die Werte

```
AlwaysUnderline   immer unterstrichen
HoverUnderline    unterstrichen, sobald der Mauszeiger über dem Link
                  ist
NeverUnderline    nie unterstrichen
SystemDefault     Anzeige durch Standardmethode des Systems
```

zur Verfügung. Die Methode Add des LinkLabel erwartet drei Parameter.

Mit

```
label.Links.Add(28, 3, "http://www.gnu.org");
```

wird ein Link definiert, der ab der Position 28 des Textes 3 Zeichen lang ist. Das Anklicken eines Links löst das Ereignis LinkClicked aus. Der Eventhandler

```
protected void link_clicked(object o, LinkLabelLinkClickedEventArgs e)
{
  e.Link.Visited = true;
  link = e.Link.LinkData.ToString( );
  Invalidate( );
}
```

wertet die Eigenschaft Link der LinkLabelLinkClickedEventArgs aus. Zunächst wird Visited gleich true gesetzt, wodurch der Link seine Farbe ändert. Dann wird der Variablen link die Eigenschaft LinkData des Links als String zugewiesen. OnPaint zeichnet diesen String.

Abbildung 7.9_1

```
//Datei 7.9_1.cs

using System;
using System.Drawing;
using System.Windows.Forms;

class Haupt : Form
{
  LinkLabel label;
  string link = "";

  public Haupt( )
```

```
  {
    Text = "Beispiel 7.9_1";
    ClientSize = new Size(170, 100);

    label = new LinkLabel( );
    label.Height = 50;
    label.Dock = DockStyle.Top;
    label.LinkColor = Color.Green;
    label.VisitedLinkColor = Color.Red;
    label.LinkBehavior = LinkBehavior.NeverUnderline;
    label.Text = "Sie haben die Wahl zwischen GNU, CPAN und Cygwin.";
    label.Links.Add(28, 3, "http://www.gnu.org");
    label.Links.Add(33, 4, "http://www.cpan.org");
    label.Links.Add(42, 6, "http://www.cygwin.com");
    label.LinkClicked +=
      new LinkLabelLinkClickedEventHandler(link_clicked);

    Controls.Add(label);
  }

  protected override void OnPaint(PaintEventArgs e)
  {
    Graphics g = e.Graphics;
    g.DrawString(link, new Font("Courier", 12), Brushes.Blue, 5, 50);
  }

  protected void link_clicked(
    object o, LinkLabelLinkClickedEventArgs e)
  {
    e.Link.Visited = true;
    link = e.Link.LinkData.ToString( );
    Invalidate( );
  }

  static void Main( )
  {
    Application.Run(new Haupt( ));
  }
}
```

7.10 ListView

Ein ListView kann Elemente vom Typ ListViewItem auf vier unterschiedliche Arten darstellen. Die Eigenschaft Items ist eine ListViewItemCollection, die diese Elemente aufnimmt. Ein ListViewItem besitzt die Eigenschaft SubItems, die ebenfalls vom Typ ListViewItemCollection ist. Dadurch ist es möglich, zu jedem Element eine Hierarchie von untergeordneten Elementen festzulegen.

Methoden der ListViewItemCollection:

Add	fügt ein Element hinzu
AddRange	fügt ein oder mehrere Elemente hinzu
Clear	löscht alle Elemente
Contains	prüft, ob das angegebene Element in der Collection enthalten ist
CopyTo	kopiert die Collection in einen Array
IndexOf	ermittelt den Index eines Elementes
Insert	fügt ein Element ein
Remove	entfernt ein Element
RemoveAt	entfernt ein Element mit einem bestimmten Index

Die Eigenschaft View legt die Art der Darstellung fest. Ihr können die Werte Details, LargeIcon, List und SmallIcon der Aufzählung View zugewiesen werden. Dies ist vergleichbar mit den Einstellungen des Menüs Ansicht des Windows-Explorers.

Beispiel 7.10_1 enthält einen ListView mit dem Erscheinungsbild einer Tabelle Die Anweisung

```
view.View = View.Details;
```

bewirkt, dass jedes Element mit seinen Unterelementen in einer Zeile abgebildet wird. Durch

```
view.CheckBoxes = true;
```

wird jede Zeile mit einer Checkbox versehen. Durch

```
view.FullRowSelect = true;
```

wird bei jedem Anklicken eines Elementes die ganze Zeile ausgewählt, und

```
view.GridLines = true;
```

macht die Gitternetzlinien der Tabelle sichtbar. Ein Spaltenkopf wird durch

```
view.Columns.Add("Spalte 1", -1, HorizontalAlignment.Left);
```

festgelegt. Die Parameter der Methode Add sind der Titel der Spalte, die Spaltenbreite und die Textausrichtung. Wird als Spaltenbreite -1 angegeben, so richtet sich die Spaltenbreite nach dem breitesten Unterelementtext. Wird -2 angegeben, so richtet sie sich nach der Breite des Titels. Die Anweisungen

```
ListViewItem it1 = new ListViewItem("Zeile 1");
it1.SubItems.Add("1_1");
it1.SubItems.Add("1_2");
```

legen ein Element mit zwei Unterelementen fest. Die Elemente werden mit

```
view.Items.AddRange(new ListViewItem[]{it1, it2, it3});
```

in den ListView eingebaut. Durch das Anklicken eines Elements wird das Ereignis SelectedIndexChanged ausgelöst. Das Anklicken einer Checkbox löst das Ereignis ItemCheck aus. Beide Ereignisse sind mit Eventhandlern versehen. Der Eventhandler index_changed legt mit

```
if(view.SelectedIndices.Count > 0)index = view.SelectedIndices[0];
```

den Index des ausgewählten Elements in der Variablen index ab und ruft dann Invalidate auf. Der Eventhandler item_check ruft nur Invalidate auf. OnPaint protokolliert den Zustand des ListView. Die Laufanweisung for(int i=0; . . .) stellt für jede Zeile einen String s zusammen. Die Laufvariable i ist gleich dem Zeilen- bzw Elementindex. Die Elemente werden mit

```
ListViewItem item = view.Items[i];
```

ausgewählt und die Checkboxen mit item.Checked abgefragt. Ist der Wert von i gleich dem der Variablen index, so ist die Zeile ausgewählt. In der inneren Laufanweisung for(int j; . . .) wird der Text der Unterelemente mit item.SubItems[j].Text ermittelt. Am Ende jedes Schleifendurchlaufs wird der String s im unteren Bereich des Fensters ausgegeben.

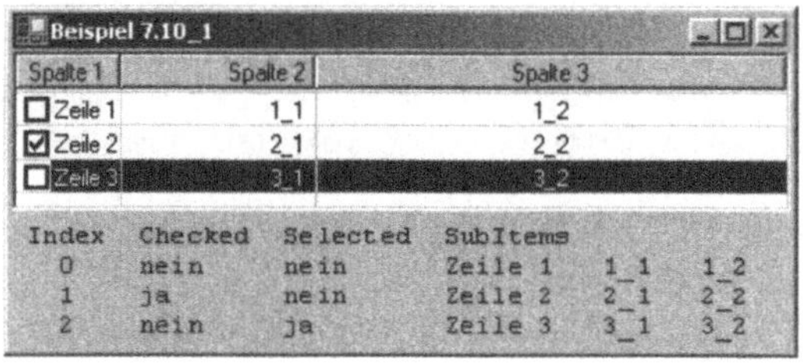

Abbildung 7.10_1

```
//Datei 7.10_1.cs

using System;
using System.Drawing;
using System.Windows.Forms;

class Haupt : Form
{
  ListView view;
  int index = -1;

  public Haupt( )
  {
    Text = "Beispiel 7.10_1";
    ClientSize = new Size(400, 150);

    view = new ListView( );
    view.View = View.Details;
    view.Height = 80;
    view.Dock = DockStyle.Top;
    view.CheckBoxes = true;
    view.FullRowSelect = true;
    view.GridLines = true;
    view.Columns.Add("Spalte 1", -1, HorizontalAlignment.Left);
    view.Columns.Add("Spalte 2", 100, HorizontalAlignment.Right);
    view.Columns.Add("Spalte 3", -2, HorizontalAlignment.Center);

    ListViewItem it1 = new ListViewItem("Zeile 1");
    it1.SubItems.Add("1_1");
    it1.SubItems.Add("1_2");

    ListViewItem it2 = new ListViewItem("Zeile 2");
    it2.SubItems.Add("2_1");
    it2.SubItems.Add("2_2");

    ListViewItem it3 = new ListViewItem("Zeile 3");
    it3.SubItems.Add("3_1");
    it3.SubItems.Add("3_2");
```

```
    view.Items.AddRange(new ListViewItem[]{it1, it2, it3});
    view.SelectedIndexChanged += new EventHandler(index_changed);
    view.ItemCheck += new ItemCheckEventHandler(item_check);

    Controls.Add(view);
  }

  protected override void OnPaint(PaintEventArgs e)
  {
    Graphics g = e.Graphics;

    Font font = new Font("Courier New", 10);
    g.DrawString(
      "Index  Checked  Selected  SubItems",
      font, Brushes.Black, 5, 85);

    for(int i=0; i<view.Items.Count; i++)
    {
      ListViewItem item = view.Items[i];
      string s = i.ToString( ).PadLeft(3);
      if(item.Checked)s += "     ja   ";
      else
        s += "     nein";
      if(i == index)s += "      ja         ";
      else
        s += "      nein       ";
      for(int j=0; j<item.SubItems.Count; j++)
      {
        s += item.SubItems[j].Text + "    ";
      }
      g.DrawString(s, font, Brushes.Blue, 5, 100+15*i);
    }
  }

  protected void index_changed(object o, EventArgs e)
  {
    if(view.SelectedIndices.Count > 0)index = view.SelectedIndices[0];
    Invalidate( );
  }

  protected void item_check(object o, ItemCheckEventArgs e)
  {
    Invalidate( );
  }

  static void Main( )
  {
    Application.Run(new Haupt( ));
  }
}
```

7.11 MonthCalendar

Der MonthCalendar zeigt den Kalender eines Monats und das aktuelle Datum an. Der zuerst angezeigte Monat ist der laufende Monat. Das aktuelle Datum ist im Kalender markiert. Durch Mausklick oder durch Betätigen der Tasten Bild auf, Bild ab sowie der Cursertasten kann man den Monat und das ausgewählte Datum ändern. Dies löst das Ereignis DateChanged aus. Man kann ein einzelnes Datum oder einen Datumsbereich durch Ziehen mit gedrückter Maustaste auswählen.

Eigenschaften des MonthCalendar:

SelectionStart	das erste Datum im ausgewählten Bereich
SelectionEnd	das letzte Datum im ausgewählten Bereich
SelectionRange	der ausgewählte Datumsbereich

Die Eigenschaft SelectionRange gibt eine Instanz der Klasse SelectionRange zurück, welche die Eigenschaften Start und End besitzt. Die Abfrage von SelectionStart führt zu dem gleichen Ergebnis wie SelectionRange.Start, und SelectionEnd entspricht SelectionRange.End. Wird nur ein Datum ausgewählt, so ist SelectionStart gleich SelectionEnd.

Beispiel 7.11_1 benutzt den Eventhandler date_changed, der Invalidate aufruft, um das ausgewählte Datum anzuzeigen. OnPaint fragt mit

```
DateTime dt = cal.SelectionStart;
```

das ausgewählte Datum bzw. das erste Datum des ausgewählten Bereichs ab und setzt mit

```
string s = dt.Day + "." + dt.Month + "." + dt.Year;
```

einen String zusammen, der unterhalb des Kalenders angezeigt wird.

Abbildung 7.11_1

```
//Datei 7.11_1.cs

using System;
using System.Drawing;
using System.Windows.Forms;

class Haupt : Form
{
  MonthCalendar cal;

  public Haupt( )
  {
    Text = "Beispiel 7.11_1";
    ClientSize = new Size(190, 180);

    cal = new MonthCalendar( );
    cal.Dock = DockStyle.Top;
    cal.DateChanged += new DateRangeEventHandler(date_changed);

    Controls.Add(cal);
  }

  protected override void OnPaint(PaintEventArgs e)
  {
    Graphics g = e.Graphics;
    DateTime dt = cal.SelectionStart;
    string s = dt.Day + "." + dt.Month + "." + dt.Year;
    g.DrawString(s, new Font("Arial", 10), Brushes.Black, 10, 160);
  }

  protected void date_changed(object o, DateRangeEventArgs e)
  {
    Invalidate( );
  }
```

```
  static void Main( )
  {
    Application.Run(new Haupt( ));
  }
}
```

7.12 NumericUpDown

Die Eigenschaften Minimum und Maximum legen den Wertebereich des NumericUpDown fest. Das Ereignis TextChanged wird benutzt, um die angezeigte Eigenschaft Text bei jeder Veränderung neu zu zeichnen.

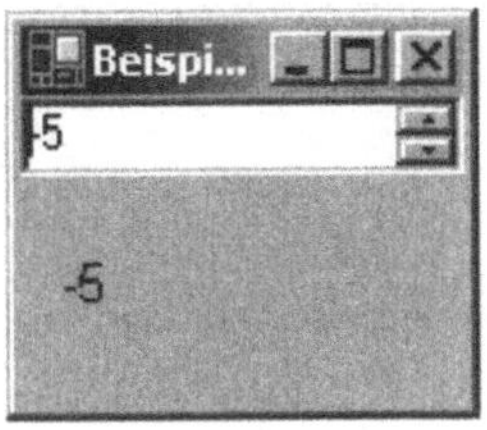

Abbildung 7.12_1

```
//Datei 7.12_1.cs

using System;
using System.Drawing;
using System.Windows.Forms;

class Haupt : Form
{
  NumericUpDown nup;

  public Haupt( )
  {
    Text = "Beispiel 7.12_1";
    ClientSize = new Size(120, 80);

    nup = new NumericUpDown( );
    nup.Minimum = -10;
    nup.Maximum = 10;
    nup.TextChanged += new EventHandler(text_changed);

    Controls.Add(nup);
  }

  protected override void OnPaint(PaintEventArgs e)
```

```
  {
    Graphics g = e.Graphics;

    g.DrawString(nup.Text,
      new Font("Arial", 10), Brushes.Black, 10, 40);
  }

  protected void text_changed(object o, EventArgs e)
  {
    Invalidate( );
  }

  static void Main( )
  {
    Application.Run(new Haupt( ));
  }
}
```

7.13 PictureBox

Die PictureBox zeigt ein Bild an. Das Bild wird mit

```
box.Image = Image.FromFile("ballon.bmp");
```

aus der Datei ballon.bmp geladen und der Eigenschaft Image der PictureBox zugewiesen. Die Anweisungen

```
box.Size = box.Image.Size;
box.Location = new Point((ClientSize.Width-box.Width)/2, 4);
```

bewirken, dass die Abmessungen der PictureBox gleich den Abmessungen des Bildes sind und die PictureBox im Fenster horizontal zentriert wird.

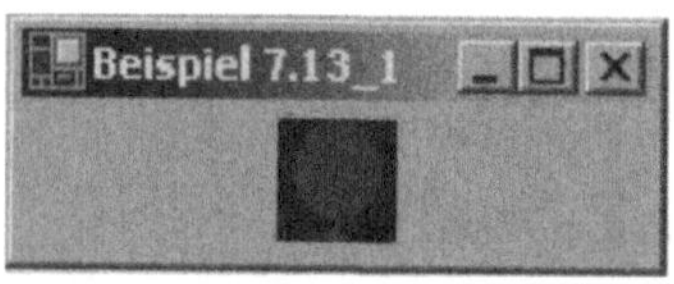

Abbildung 7.13_1

```
//Datei 7.13_1.cs

using System;
using System.Drawing;
using System.Windows.Forms;

class Haupt : Form
{
  PictureBox box;

  public Haupt( )
  {
    Text = "Beispiel 7.13_1";
    ClientSize = new Size(170, 40);

    box = new PictureBox( );
    box.Image = Image.FromFile("ballon.bmp");
    box.Size = box.Image.Size;
    box.Location = new Point((ClientSize.Width-box.Width)/2, 4);

    Controls.Add(box);
  }

  static void Main( )
  {
    Application.Run(new Haupt( ));
  }
}
```

7.14 ProgressBar

Die ProgressBar zeigt den Fortschritt eines Vorgangs an. Der Wertebereich wird durch die Eigenschaften Minimum und Maximum festgelegt. Die Eigenschaft Value gibt den numerischen Wert des Fortschritts wieder. Value kann gelesen und gesetzt werden. Die Methode PerformStep führt die Operation Value = Value + Step aus, wobei die Eigenschaft Step die Schrittweite enthält. Indem man Visible gleich true oder false setzt, kann man die ProgressBar ein- und ausblenden.

Beispiel 7.14_1 benutzt einen Timer, dessen Eventhandler durch den Aufruf von PerformStep den Balken der ProgressBar alle 100 Millisekunden um einen Schritt weiter setzt. Sobald Value gleich Maximum ist, wird der Timer angehalten und die ProgressBar ausgeblendet.

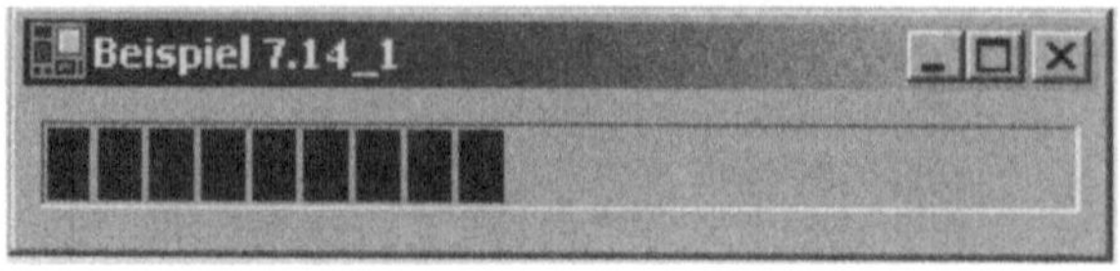

Abbildung 7.14_1

```
//Datei 7.14_1.cs
using System;
using System.Drawing;
using System.Timers;
using System.Windows.Forms;

class Haupt : Form
{
  ProgressBar bar;
  System.Timers.Timer timer;
  public Haupt( )
  {
    Text = "Beispiel 7.14_1";
    ClientSize = new Size(293, 40);
    bar = new ProgressBar( );
    bar.Width = 283;
    bar.Location = new Point(5, 8);
    bar.Visible = true;
    bar.Minimum = 1;
    bar.Maximum = 20;
    bar.Value = 1;
    bar.Step = 1;
    Controls.Add(bar);
    timer = new System.Timers.Timer(100);
    timer.Elapsed += new ElapsedEventHandler(elapsed);
    timer.Start( );
  }
  protected void elapsed(object o, ElapsedEventArgs e)
  {
    bar.PerformStep( );
    if(bar.Value == bar.Maximum)
    {
      timer.Stop( );
      bar.Visible = false;
    }
  }
  static void Main( )
  {
    Application.Run(new Haupt( ));
  }
}
```

7.15 RadioButton

Die Bezeichnung Radio Button stammt von den Senderwahltasten des Radios. Drückt man eine Taste hinein, so springt eine andere Taste heraus. Die Radio Buttons eines Containers bilden eine Gruppe. Die Radio Buttons der Group Box Hintergrundfarbe bilden untereinander eine Gruppe und die Radio Buttons der Group Box Darstellung bilden ebenfalls untereinander eine Gruppe. Beide Gruppen sind aber voneinander unabhängig. Die Eigenschaft Checked, die abgefragt und gesetzt werden kann, gibt an, ob ein Radio Button ausgewählt ist. Das Ändern der Eigenschaft Checked löst das CheckedChanged Ereignis aus. Im folgenden Beispiel werden die Eventhandler farbe_changed und darstellung_changed benutzt, um die Wirkung der Radio Buttons sichtbar zu machen.

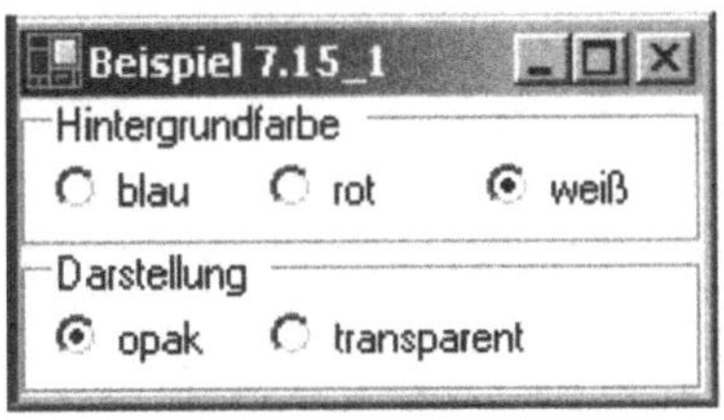

Abbildung 7.15_1

```
//Datei 7.15_1.cs
using System;
using System.Drawing;
using System.Timers;
using System.Windows.Forms;

class Haupt : Form
{
  RadioButton r1 = new RadioButton( );
  RadioButton r2 = new RadioButton( );
  RadioButton r3 = new RadioButton( );
  RadioButton r4 = new RadioButton( );
  RadioButton r5 = new RadioButton( );
  public Haupt( )
  {
    Text = "Beispiel 7.15_1";
    ClientSize = new Size(190, 80);
    BackColor = Color.Blue;
    r1.Location = new Point(10,15);
```

```
      r1.Size = new Size(50,20);
      r1.Text = "blau";
      r1.Checked=true;
      r1.CheckedChanged += new EventHandler(farbe_changed);
      r2.Location = new Point(70,15);
      r2.Size = new Size(50,20);
      r2.Text = "rot";
      r2.CheckedChanged += new EventHandler(farbe_changed);
      r3.Location = new Point(130,15);
      r3.Size = new Size(50,20);
      r3.Text = "weiß";
      r3.CheckedChanged += new EventHandler(farbe_changed);
      r4.Location = new Point(10,15);
      r4.Size = new Size(50,20);
      r4.Text = "opak";
      r4.Checked=true;
      r4.CheckedChanged += new EventHandler(darstellung_changed);
      r5.Location = new Point(70,15);
      r5.Size = new Size(80,20);
      r5.Text = "transparent";
      r5.CheckedChanged += new EventHandler(darstellung_changed);

      GroupBox g1 = new GroupBox( );
      g1.Text = "Hintergrundfarbe";
      g1.Height = 40;
      g1.Dock = DockStyle.Top;
      g1.Controls.AddRange(new Control[]{r3,r2,r1});
      GroupBox g2 = new GroupBox( );
      g2.Text = "Darstellung";
      g2.Height = 40;
      g2.Dock = DockStyle.Top;
      g2.Controls.AddRange(new Control[]{r5,r4});

      Controls.AddRange(new Control[]{g2, g1});
    }
    public void farbe_changed(object o, EventArgs e)
    {
      if(r1.Checked)BackColor = Color.Blue;
      if(r2.Checked)BackColor = Color.Red;
      if(r3.Checked)BackColor = Color.White;
    }
    public void darstellung_changed(object o, EventArgs e)
    {
      if(r4.Checked)Opacity = 1.0;
      if(r5.Checked)Opacity = 0.7;
    }
    static void Main( )
    {
      Application.Run(new Haupt( ));
    }
  }
```

7.16 TabControl

Ein TabControl ist mit einem Karteikasten vergleichbar. Die Eigenschaft TabPages des TabControl ist eine TabPageCollection, die Elemente vom Typ TabPage aufnimmt. Das sind die Seiten des TabControl, die mit Karteikarten vergleichbar sind.

Methoden der TabPageCollection:

Add	fügt ein Element hinzu
AddRange	fügt ein oder mehrere Elemente hinzu
Clear	löscht alle Elemente
Remove	löscht ein Element
RemoveAt	löscht ein Element mit einem bestimmten Index
Contains	prüft, ob das angegebene Element vorhanden ist
IndexOf	gibt den Index des angegebenen Elements oder bei Misserfolg -1 zurück

Die Eigenschaft Text der TabPage entspricht der Beschriftung des Reiters einer Karteikarte, und die Eigenschaft Controls nimmt den Inhalt der Karteikarte auf. Die Vielzahl von Steuerelementen, die man auf einer Seite anordnen kann, zeigt deutlich den Unterschied zum herkömmlichen Karteikasten. Ein TabControl ist ein interaktiver Karteikasten.

Beispiel 7.16_1 definiert ein TabControl mit drei Seiten. Der Inhalt der Seiten besteht der Einfachheit halber aus einem Label.

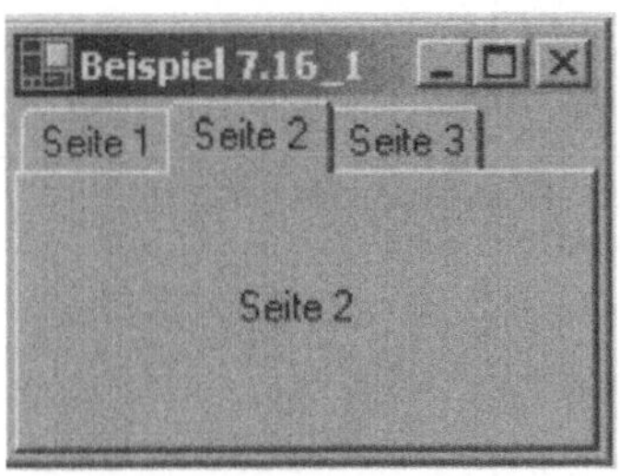

Abbildung 7.16_1

```
//Datei 7.16_1.cs

using System;
using System.Drawing;
using System.Windows.Forms;

class Haupt : Form
{
  public Haupt( )
  {
    Text = "Beispiel 7.16_1";
    ClientSize = new Size(170, 100);

    TabControl tab = new TabControl( );
    tab.Dock = DockStyle.Fill;

    TabPage p1 = new TabPage( );
    p1.Text = "Seite 1";
    Label l1 = new Label( );
    l1.Text = "Seite 1";
    l1.Location = new Point(60, 30);
    p1.Controls.Add(l1);

    TabPage p2 = new TabPage( );
    p2.Text = "Seite 2";
    Label l2 = new Label( );
    l2.Text = "Seite 2";
    l2.Location = new Point(60, 30);
    p2.Controls.Add(l2);

    TabPage p3 = new TabPage( );
    p3.Text = "Seite 3";
    Label l3 = new Label( );
    l3.Text = "Seite 3";
    l3.Location = new Point(60, 30);
    p3.Controls.Add(l3);

    tab.TabPages.AddRange(new TabPage[]{p1, p2, p3});
    Controls.Add(tab);
  }

   static void Main( )
   {
      Application.Run(new Haupt( ));
   }
}
```

7.17 ToolTip

Ein ToolTip erläutert die Bedeutung eines Steuerelements. Es handelt sich um einen Hilfetext begrenzten Umfangs, der erscheint, sobald man den Mauszeiger auf das Steuerelement schiebt. Die Eigenschaft InitialDelay ist die Verzögerung mit der ein ToolTip sichtbar wird und AutoPopDelay ist die Zeitspanne, die es sichtbar bleibt. Ein ToolTip wird mit SetToolTip an ein Steuerelement gebunden. Diese Methode erwartet die Instanz des Steuerelementes und den anzuzeigenden Text als Parameter.

Abbildung 7.17_1

```
//Datei 7.17_1.cs

using System;
using System.Drawing;
using System.Windows.Forms;

class Haupt : Form
{
  public Haupt( )
  {
    Text = "Beispiel 7.17_1";
    ClientSize = new Size(160, 50);

    ToolTip tip = new ToolTip( );
    tip.InitialDelay = 100;
    tip.AutoPopDelay = 5000;
    tip.SetToolTip(this, "Hauptfenster");
  }

  static void Main( )
  {
    Application.Run(new Haupt( ));
  }
}
```

7.18 TrackBar

Die Eigenschaften Minimum und Maximum legen den Wertebereich fest, der beim Betätigen der TrackBar durchlaufen wird. Die eingestellte Position erhält man durch Abfragen von Value. Die Position kann durch eine Wertzuweisung an die Eigenschaft Value eingestellt werden. SmallChange gibt an, um welchen Betrag sich Value bei kleinen Verschiebungen des Schiebereglers ändert. Die Änderung der Position durch ein Klicken links oder rechts des Schiebereglers wird mit LargeChange festgelegt.

Jede Änderung der Schiebeposition löst das Ereignis ValueChanged aus. Der Eventhandler

```
protected void value_changed(object o, EventArgs e)
{
  v = bar.Value;
  Invalidate( );
}
```

weist der Variablen v den Wert der Eigenschaft Value zu und ruft anschließend Invalidate auf. OnPaint zeigt den Wert der Variablen v unterhalb der TrackBar an.

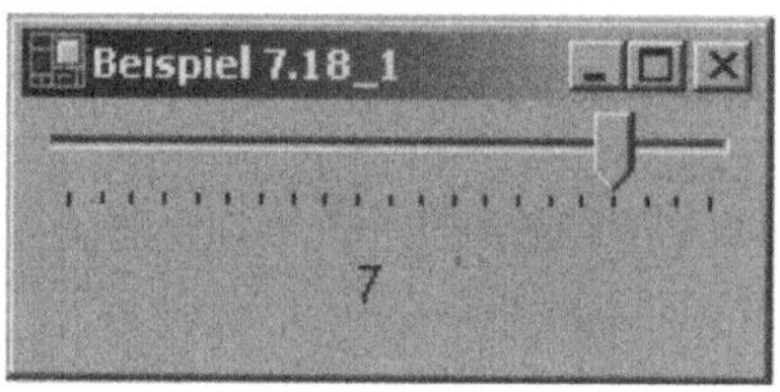

Abbildung 7.18_1

```
//Datei 7.18_1.cs

using System;
using System.Drawing;
using System.Windows.Forms;

class Haupt : Form
{
  TrackBar bar;
  int v;

  public Haupt( )
  {
    Text = "Beispiel 7.18_1";
    ClientSize = new Size(200, 70);

    bar = new TrackBar( );
    bar.Dock = DockStyle.Top;
    bar.Minimum = -10;
    bar.Maximum = 10;
    bar.Value = 0;
    bar.LargeChange = 5;
    bar.ValueChanged += new EventHandler(value_changed);

    Controls.Add(bar);
  }

  protected override void OnPaint(PaintEventArgs e)
  {
    Graphics g = e.Graphics;
    g.DrawString(
      v.ToString( ), new Font("Helvetica", 10), Brushes.Black, 90,
40);
  }

  protected void value_changed(object o, EventArgs e)
  {
    v = bar.Value;
    Invalidate( );
  }

  static void Main( )
  {
    Application.Run(new Haupt( ));
  }
}
```

7.19 VScrollBar

Die Eigenschaften Minimum und Maximum legen den Wertebereich fest, der beim Betätigen der VScrollBar durchlaufen wird. Die eingestellte Position erhält man durch Abfragen von Value. Die Position kann durch eine Wertzuweisung an die Eigenschaft Value eingestellt werden. SmallChange gibt an, um welchen Betrag sich Value beim Anklicken der Pfeile ändert. Die Änderung der Position durch ein Klicken unterhalb oder oberhalb des Schiebereglers wird mit LargeChange festgelegt.

Jede Änderung der Schiebeposition löst das Ereignis Scroll aus.

Der Eventhandler

```
protected void scroll(object o, ScrollEventArgs e)
{
  y = e.NewValue;
  Invalidate( );
}
```

weist der Variablen y die Eigenschaft NewValue der ScrollEventArgs zu, und OnPaint verwendet diese Information, um den Text zu verschieben.

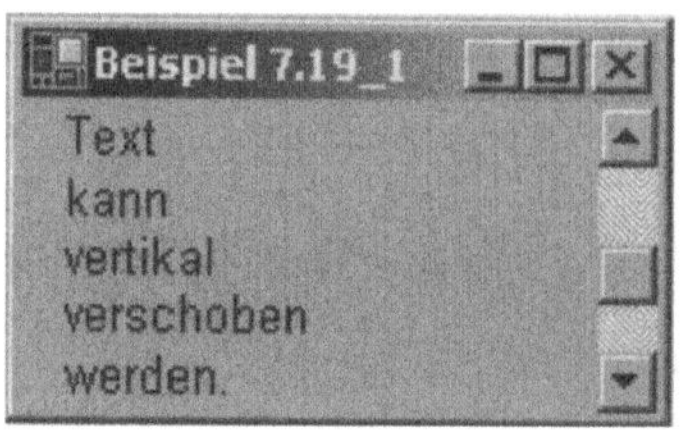

Abbildung 7.19_1

```
//Datei 7.19_1.cs

using System;
using System.Drawing;
using System.Windows.Forms;

class Haupt : Form
{
  VScrollBar bar;
```

```
    int y =0;

    public Haupt( )
    {
      Text = "Beispiel 7.19_1";
      ClientSize = new Size(120, 80);

      bar = new VScrollBar( );
      bar.Dock = DockStyle.Right;
      bar.Minimum = 0;
      bar.Maximum = 150;
      bar.Value = 0;
      bar.SmallChange = 5;
      bar.LargeChange = 50;
      bar.Scroll += new ScrollEventHandler(scroll);
      Controls.Add(bar);
    }

    protected override void OnPaint(PaintEventArgs e)
    {
      Graphics g = e.Graphics;

      g.DrawString(
        "Dieser\nText\nkann\nvertikal\nverschoben\nwerden.",
        new Font("Arial", 10), Brushes.Black, 10, 50-y);
    }

    protected void scroll(object o, ScrollEventArgs e)
    {
      y = e.NewValue;
      Invalidate( );
    }

    static void Main( )
    {
      Application.Run(new Haupt( ));
    }
  }
```

7.20 Die Ereignissteuerung unter die Lupe genommen

Windows Anwendungen sind ereignisgesteuert. Deshalb wird jetzt am Ende der Kapitel über Windows Programmierung noch einmal an den Abschnitt 5.2 angeknüpft. Der grundsätzliche Ablauf einer Windows Anwendung wird an einem in C++ [1] geschriebenen Beispiel erläutert, das die im Betriebssystem Windows vorhandenen Funktionen, Datenstrukturen und Konstanten benutzt.

In jeder Windows Anwendung muss eine Funktion mit dem Namen WinMain enthalten sein. Diese Funktion ist das Hauptprogramm und damit der Einstiegspunkt des Programms. Das Hauptprogramm definiert und registriert eine Fensterklasse, erzeugt das Fenster, macht es sichtbar und tritt dann in den unter 5.2 bereits erwähnten Message Loop ein. Wenn der Message Loop endet, endet das Programm. Die eingehenden Nachrichten werden von der Window Procedure mit dem Namen WndProc verarbeitet. Dies ist möglich, weil die Funktion WndProc in der Fensterklasse verzeichnet und daher mit der Fensterklasse registriert ist. Nach der Auswertung der Nachrichten mit switch und case ruft WndProc in diesem Beispiel gegebenenfalls eine der Funktionen OnPaint und OnMouseMove auf. Zum Zweck der besseren Vergleichbarkeit mit einem .NET Programm sind die Parameter dieser Funktionen in den Strukturen PaintEventArgs und MouseEventArgs zusammengefasst. Diese Strukturen sind nicht mit den entsprechenden Klassen des .NET Frameworks identisch, sondern an die Erfordernisse des C++ Programms angepasst.

```
// Datei MeinFenster.cpp

#include <windows.h>

PAINTSTRUCT ps;
int x = 80, y = 25;

struct PaintEventArgs
{
  HDC Graphics;
};

struct MouseEventArgs
{
  HWND hWnd;
  int X, Y;
};

// Der Klientbereich des Fensters
// soll neu gezeichnet werden
void OnPaint(PaintEventArgs e)
{
  // Der Kreis wird gezeichnet
  Ellipse(e.Graphics, x, y, x+20, y+20);
}
```

```
// Die Maus ist bewegt worden
void OnMouseMove(MouseEventArgs e)
{
  // Die Koordinaten der Maus
  x = e.X-10; y = e.Y-10;
  // Klientbereich neu zeichnen
  InvalidateRect(e.hWnd,NULL,TRUE);
}

// Die Nachrichtenbehandlung
LONG WINAPI WndProc(
  HWND hWnd, UINT msg,
  WPARAM wParam, LPARAM lParam)
{
  // msg ist die Nachricht
  // wParam und lParam enthalten
  // Informationen zur Nachricht
  switch(msg)
  {
    // Die Maus ist bewegt worden
    case WM_MOUSEMOVE:
      MouseEventArgs mouseArgs;
      mouseArgs.hWnd = hWnd;
      mouseArgs.X = LOWORD(lParam);
      mouseArgs.Y = HIWORD(lParam);
      OnMouseMove(mouseArgs);
      break;

    // Der Klientbereich des Fensters
    // soll neu gezeichnet werden
    case WM_PAINT:
      PaintEventArgs paintArgs;
      paintArgs.Graphics = BeginPaint(hWnd, &ps);
      OnPaint(paintArgs);
      EndPaint(hWnd, &ps);
      break;

    // Die Anwendung wird beendet
    case WM_DESTROY:
      PostQuitMessage(0);
  }

  // Standardnachrichtenbehandlung
  return DefWindowProc(
    hWnd, msg, wParam, lParam);
}

// Das Hauptprogramm
int WINAPI WinMain(
  HINSTANCE hInst, HINSTANCE hPrevInst,
  LPSTR lpCmdLine, int nCmdShow)
```

```
{
  HWND        hWnd;
  WNDCLASS    wc;
  MSG msg;

  // Die Fensterklasse wird definiert
  wc.style         = NULL;
  // Die Window Procedure heißt WndProc
  wc.lpfnWndProc   = WndProc;
  wc.cbClsExtra    = 0;
  wc.cbWndExtra    = 0;
  wc.hInstance     = hInst;
  // Das Icon in der linken oberen Ecke
  wc.hIcon         = LoadIcon(NULL, IDI_APPLICATION);
  // Der Cursor als Pfeil
  wc.hCursor       = LoadCursor(NULL, IDC_ARROW);
  // Die Hintergrundfarbe
  wc.hbrBackground = (HBRUSH)6;
  wc.lpszMenuName  = NULL;
  wc.lpszClassName = "MeineFensterKlasse";

  // Die Fensterklasse wird registriert
  if(!RegisterClass(&wc))return 1;

  // Das Fenster wird erstellt
  hWnd = CreateWindow(
    "MeineFensterKlasse",
    "Mein Fenster",        // entspricht Text
    WS_OVERLAPPEDWINDOW,
    10, 10, 180, 100,      // entspricht Bounds
    NULL, NULL, hInst, NULL);

  if(hWnd == NULL)return 1;

  // Das Fenster wird sichtbar
  ShowWindow(hWnd, nCmdShow);
  // WM_PAINT Nachricht
  UpdateWindow(hWnd);

  // Der Message Loop
  while(GetMessage(&msg, NULL, 0, 0))
  {
    TranslateMessage(&msg);
    DispatchMessage(&msg);
  }
  // Das Programm wird beendet
  return msg.wParam;
}
```

Das vergleichbare C# Programm ist, da das .NET Framework viele der oben programmierten Aufgaben übernimmt, wesentlich kürzer.

```
// Datei MeinFenster.cs

using System;
using System.Drawing;
using System.Windows.Forms;

class MeinFenster : Form
{
  int x = 80, y = 25;

  // Der Konstruktor
  public MeinFenster( )
  {
    // Der Titel des Fensters
    Text = "Mein Fenster";
    // Lage und Abmessungen des Fensters
    Bounds = new Rectangle(10, 10, 180, 100);
    // Die Hintergrundfarbe
    BackColor = Color.White;
    // Das Icon links oben
    Icon = SystemIcons.Application;
  }

  protected override void OnPaint(PaintEventArgs e)
  {
    // Der Kreis wird gezeichnet
    e.Graphics.DrawEllipse(Pens.Black, x, y, 20, 20);
  }

  protected override void OnMouseMove(MouseEventArgs e)
  {
    // Die Mauskoordinaten
    x = e.X-10; y = e.Y-10;
    // Der Klientbereich wird neu gezeichnet
    Invalidate( );
  }

  // Das Hauptprogramm
  static void Main( )
  {
    // Die Windows Anwendung wird gestartet
    Application.Run(new MeinFenster( ));
  }
}
```

Beide Programme erzeugen identische Fenster mit weißem Hintergrund und einem Kreis.

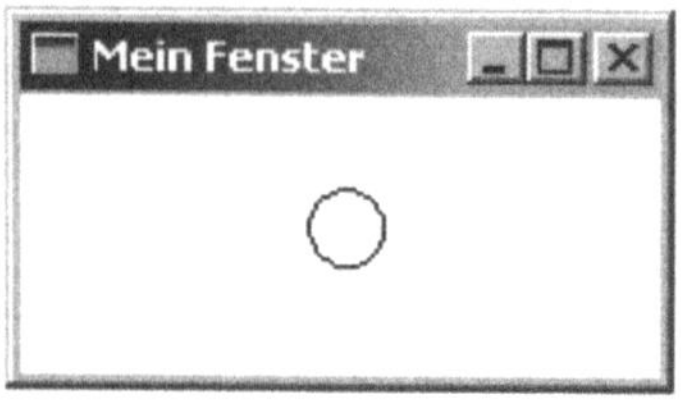

Abbildung 7.20_1

Sobald man den Mauszeiger in das Fenster schiebt, hängt sich der Kreis an dessen Spitze und verändert seine Position mit der Mausbewegung. Beide Programme rufen dabei abwechselnd ereignisgesteuert OnMouseMove und OnPaint auf.

Das Fazit dieser Betrachtungen liegt auf der Hand. Die registrierte Fensterklasse, der Message Loop und die Window Procedure bilden den Kern einer Windows Anwendung. Bei .NET Programmen werden die entsprechenden Aufgaben durch das Zusammenspiel der Klassen Form und Application erledigt.

8 Datenbankanbindung mit ADO.NET

Zunächst werden die wesentlichsten Merkmale relationaler Datenbanken und des Microsoft SQL Server 2000 erläutert. Anschließend nimmt die Abfragesprache SQL verhältnismäßig viel Raum in Anspruch. Diese Vorbereitung ist erforderlich, da einerseits mehrere unterschiedliche SQL Implementierungen existieren und andererseits in diesem Kapitel ohne SQL nichts geht. Der C# und .NET bezogene Teil dieses Kapitels behandelt das Abfragen und Ändern von SQL Server 2000 und Access Datenbanken.

8.1 ADO.NET und Relationale Datenbanken

ADO ist die Abkürzung von ActiveX Data Objects. ADO.NET ist die ADO Version des .NET Frameworks. ADO.NET stellt Objekte wie SqlConnection, SqlCommand, SqlDataReader, SqlDataAdapter, DataSet und DataTable sowie OleDbConnection, OleDbCommand, OleDbDataReader und OleDbDataAdapter zur Verfügung, die es erlauben, in sehr rationeller Weise Datenbanken zu bearbeiten, zu verwalten und abzufragen. ADO.NET Objekte werden unter 8.4 und 8.6 erläutert.

Gegenüber vielen anderen Datenbankmodellen hat sich wegen seiner Einfachheit, Klarheit und universellen Verwendbarkeit das Modell der relationalen Datenbank durchgesetzt. Eine relationale Datenbank besteht aus Tabellen. Aufbau und Funktionsprinzip einer relationalen Datenbank lassen sich am schnellsten anhand eines Beispiels erklären.

Eine Firma sammelt Daten über ihre Mitarbeiter. Dies können persönliche Daten wie Geburtsdatum, Adresse, Telefon, Hobby, Anzahl und Namen der Kinder sein. Es können aber auch auf die Firma bezogene Daten sein wie Anzahl der geleisteten Überstunden, Eintritt in die Firma, Abteilung, Arbeitsgruppe, Aufgabengebiet . . .

Die Firma hat drei Mitarbeiter, die ausgerechnet alle auf den Namen Meier hören. Zu allem Überfluss kommt auch noch der Vorname Otto doppelt vor. Es ist daher dringend angeraten, jeden Mitarbeiter mit einem eindeutigen Schlüssel zu versehen. Im einfachsten Fall ist dies eine laufende Nummer. Die Firma stellt nur ein Produkt her und führt eine Auftragstabelle.

Die Tabelle Mitarbeiter:

Nr.	Vorname	Name	Telefon
1	Emil	Meier	452873
2	Otto	Meier	637219
3	Otto	Meier	29478211

Die Tabelle Auftrag:

Nr.	Datum	Stck.	Kunde	Verkäufer
1	01.03.1999	1	abc GmbH	1
2	28.02.2000	5	def KG	3
3	28.02.2000	33	xyz AG	1
4	31.03.2001	10	abc GmbH	3
5	15.08.2002	8	def KG	2

Will man nun alle Aufträge vom 28.02.2000 auflisten, so durchsucht man die Spalte Datum der Tabelle Auftrag und findet die Aufträge 2 und 3. Die verkaufte Stückzahl, der Kunde und die Nummer des Verkäufers können direkt dieser Tabelle entnommen werden. Will man aber nicht die laufende Nummer des Verkäufers wissen, sondern dessen Telefonnummer, so geht man mit der Nummer des Verkäufers in die Spalte Telefon der Tabelle Mitarbeiter. Das Ergebnis der Abfrage kann dann so aussehen.

Stck.	Kunde	Verkäufer-Telefon
5	def KG	29478211
33	xyz AG	452873

8.2 Microsoft SQL Server 2000

Der Microsoft SQL Server 2000 ist ein Datenbankserver. Er kann relationale Datenbanken nicht nur auf dem lokalen Computer, sondern auch im Netzwerk zur Verfügung stellen. Die nachfolgenden Beispiele basieren überwiegend auf dem SQL Server 2000. Die SQL Server 2000 Evaluation Edition -- German Version kann vom Microsoft Download Center bezogen werden und ist nach erfolgreicher Installation für 120 Tage lauffähig. Eine ausführliche Installationsanweisung ist in der mitgelieferten Onlinedokumentation zu finden. Das installierte Programmpaket enthält einige Dienstprogramme. Dies sind der Enterprise Manager, der Query Analyser, der Dienst Manager und der Profiler sowie Programme zur Konfiguration und zum Datenimport und Export.

8.3 Die Abfragesprache SQL

SQL ist eine Abkürzung von Structured Query Language. Dies ist eine formale Sprache, die der Formulierung von Datenbankabfragen dient. Zunächst werden in knapper Form die Grundlagen von SQL mit Hilfe des Query Analysers beschrieben. Beim Start des Query Analysers wird der Server angegeben, zu dem die Verbindung hergestellt werden soll. Es kann (local) oder localhost für den eigenen Computer oder der Name eines Servers im Netzwerk angegeben werden. Sobald die Verbindung steht, kann mit SQL Abfragen begonnen werden.

Da der Server mehrere Datenbanken verwaltet, muss zunächst eine Datenbank ausgewählt werden.

USE *Datenbank* wählt die Datenbank zur Benutzung aus.

Die Beispieldatenbank Northwind wird wie unten abgebildet ausgewählt. Die Abfrage wird ausgeführt sobald das mit der Spitze nach rechts weisende Dreieck oder die Menüoption Abfrage-Ausführen angeklickt wird.

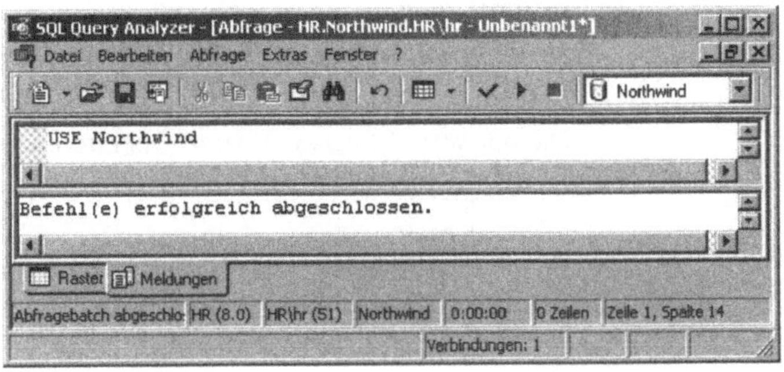

Abbildung 8.3_1

SELECT *Spalte,Spalte* FROM *Tabelle* wählt eine oder mehrere Spalten aus einer Tabelle aus.

SELECT * FROM *Tabelle* zeigt die gesamte Tabelle an.

SELECT * FROM Customers zeigt die Tabelle Customers an.

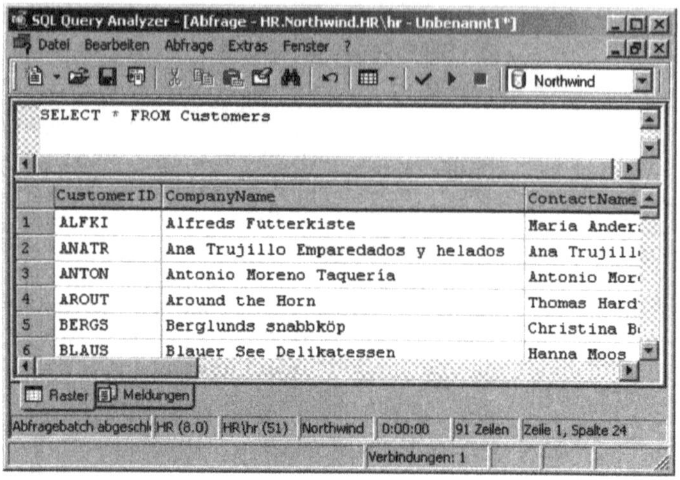

Abbildung 8.3_2

Mit dem Schlüsselwort WHERE können zusätzliche Bedingungen gesetzt werden.

WHERE *Spalte* = '*Wert*' wählt die Zeilen aus, die in der angegebenen Spalte den angegebenen Wert enthalten.

Die mit WHERE verwendbaren Operatoren:

=	gleich
<	kleiner
<=	kleiner gleich
>	größer
>=	größer gleich
<>	nicht gleich
LIKE	Vergleich mit einem Zeichenmuster

Während = nur den exakten Vergleich zulässt, kann mit LIKE das %-Zeichen als Ersatz für beliebige andere Zeichen verwendet werden.

WHERE a LIKE '%x' ist dann richtig, wenn die Zeichenkette a mit einem x endet.

WHERE a LIKE 'Ab%' ist dann richtig, wenn die Zeichenkette a mit Ab beginnt.

Die unten abgebildete Abfrage zeigt die Spalten CompanyName und Address der Tabelle Customers an. Es werden nur die Zeilen berücksichtigt, die in der Spalte City den Wert Paris enthalten. Kurz gesagt werden der Name und die Adresse der in Paris ansässigen Firmen ermittelt.

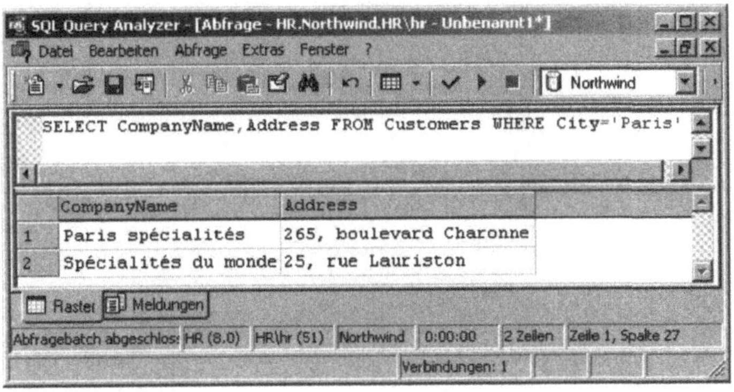

Abbildung 8.3_3

Die mit WHERE formulierten Bedingungen können logisch verknüpft werden. Dazu dienen die folgenden Schlüsselwörter:

```
AND    Undverknüpfung
OR     Oderverknüpfung
NOT    Negation
```

Die Namen und Adressen der entweder in London oder in Madrid ansässigen Firmen werden gesucht. Zusätzlich soll die Bedingung erfüllt werden, dass ContactTitle nicht gleich Owner ist.

Die Oderverknüpfung City='London' OR City='Madrid' bewirkt, dass beide Städte berücksichtigt werden.

Die Undverknüpfung mit Negation AND NOT ContactTitle ='Owner' bewirkt, dass nur die Zeilen ausgewählt werden, die die Bedingung ContactTitle='Owner' nicht erfüllen.

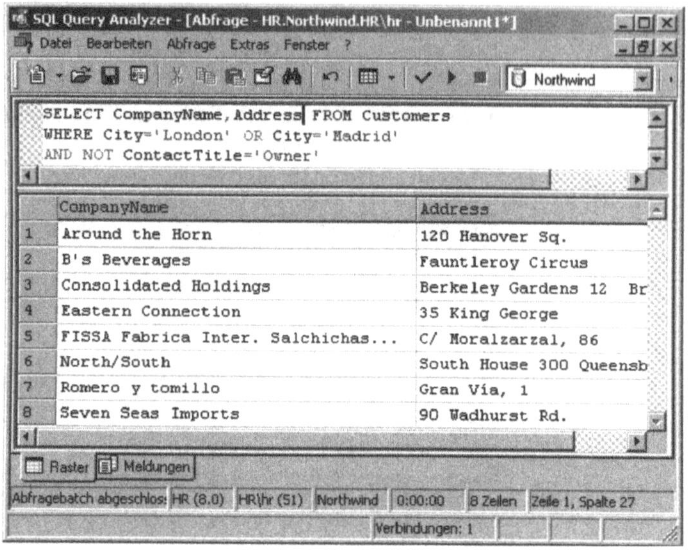

Abbildung 8.3_4

Eine neue Datenbank wird erstellt und für den Zugriff aktiviert.

```
CREATE DATABASE meineDB
USE meineDB
```

Eine neue Tabelle mit den Spalten ID, Vorname und Nachname wird erstellt.

```
CREATE TABLE Personen (
  ID INT NOT NULL,
  Vorname VARCHAR(20),
  Nachname VARCHAR(20),
  PRIMARY KEY (ID))
```

Für jede Spalte wird ein Datentyp angegeben. Der Wert NULL in einem Feld bedeutet, dass das Feld leer ist. Die Bedingung NOT NULL bedeutet, dass für dieses Feld ein Wert angegeben werden muss. Es darf nicht leer bleiben. Die Spalte ID enthält einen Primärschlüssel PRIMARY KEY. Primärschlüssel müssen eindeutig sein. Sie dürfen also nicht doppelt vergeben werden.

Die wichtigsten Datentypen:

```
CHAR(n)            Zeichenkette fester Länge mit n Zeichen
VARCHAR(n)         Zeichenkette variabler Länge mit höchstens n Zeichen
TEXT               Zeichenkette variabler Länge
INT                ganze Zahl
FLOAT oder REAL    Gleitkommazahl
MONEY              Währungsbetrag
DATETIME           Datum und Uhrzeit
```

Jede INSERT INTO Anweisung generiert eine Zeile und fügt diese in die Datenbank ein.

```
INSERT INTO Personen VALUES (1, 'Anton', 'Meier')
INSERT INTO Personen VALUES (2, 'Otto', 'Müller')
INSERT INTO Personen VALUES (3, 'Fritz', 'Schulze')
INSERT INTO Personen VALUES (4, 'Karl', 'Schmitz')
```

Die Werte stehen in Klammern und sind durch Kommata getrennt. Reihenfolge und Datentypen müssen der Struktur der Tabelle entsprechen.

	ID	Vorname	Nachname
1	1	Anton	Meier
2	2	Otto	Müller
3	3	Fritz	Schulze
4	4	Karl	Schmitz

Abbildung 8.3_5

Ein Tabellenfeld wird geändert.

```
UPDATE Personen SET Vorname='Oskar' WHERE Nachname='Schmitz'
```

	ID	Vorname	Nachname
1	1	Anton	Meier
2	2	Otto	Müller
3	3	Fritz	Schulze
4	4	Oskar	Schmitz

Abbildung 8.3_6

Eine Zeile wird gelöscht.

```
DELETE FROM Personen WHERE Nachname='Müller'
```

	ID	Vorname	Nachname
1	1	Anton	Meier
2	3	Fritz	Schulze
3	4	Oskar	Schmitz

Abbildung 8.3_7

Die Spalte Stadt mit dem Datentyp VARCHAR(20) wird hinzugefügt. Alle Felder dieser Spalte enthalten den Wert NULL.

```
ALTER TABLE Personen ADD Stadt VARCHAR(20)
```

	ID	Vorname	Nachname	Stadt
1	1	Anton	Meier	NULL
2	3	Fritz	Schulze	NULL
3	4	Oskar	Schmitz	NULL

Abbildung 8.3_8

Die Werte der Spalte Stadt werden geändert.

```
UPDATE Personen SET Stadt='Essen' WHERE Nachname='Meier'
UPDATE Personen SET Stadt='Wuppertal' WHERE Nachname='Schulze'
UPDATE Personen SET Stadt='Köln' WHERE Nachname='Schmitz'
```

	ID	Vorname	Nachname	Stadt
1	1	Anton	Meier	Essen
2	3	Fritz	Schulze	Wuppertal
3	4	Oskar	Schmitz	Köln

Abbildung 8.3_9

Die Tabelle Personen wird gelöscht.

```
DROP TABLE Personen
```

Die Datenbank meineDB wird gelöscht. Man kann die Datenbank nur dann löschen, wenn sie nicht in Gebrauch ist.

```
DROP DATABASE meineDB
```

Die Datenbank meineDB2 wird erzeugt.

```
CREATE DATABASE meineDB2
USE meineDB2
```

Die Tabelle Preise wird erzeugt und mit Daten versehen.

```
CREATE TABLE Preise (
  ID INT NOT NULL,
  Artikel INT,
  Anbieter INT,
  Preis DECIMAL(10,2),
  PRIMARY KEY (ID))
```

```
INSERT INTO Preise VALUES (1, 001, 001, 13.95)
INSERT INTO Preise VALUES (2, 002, 004, 25.70)
INSERT INTO Preise VALUES (3, 001, 002, 15.80)
INSERT INTO Preise VALUES (4, 001, 003, 14.50)
INSERT INTO Preise VALUES (5, 003, 003, 112.88)
INSERT INTO Preise VALUES (6, 002, 004, 27.90)
```

```
SELECT * FROM Preise
```

	ID	Artikel	Anbieter	Preis
1	1	1	1	13.95
2	2	2	4	25.70
3	3	1	2	15.80
4	4	1	3	14.50
5	5	3	3	112.88
6	6	2	4	27.90

Abbildung 8.3_10

Die Schlüsselwörter ALL und DISTINCT.

Die Anweisungen

```
SELECT ALL Artikel FROM Preise
```

und

```
SELECT Artikel FROM Preise
```

sind gleichwertig. Die gesamte Spalte Artikel wird aufgelistet. Verwendet man dagegen DISTINCT, so werden mehrfach vorkommende Werte nur einmal übernommen.

```
SELECT DISTINCT Artikel FROM Preise
```

	Artikel
1	1
2	2
3	3

Abbildung 8.3_11

Die Daten werden nach aufsteigender Artikelnummer sortiert. Die Anweisungen

```
SELECT * FROM Preise ORDER BY Artikel ASC
```

und

```
SELECT * FROM Preise ORDER BY Artikel
```

sind gleichwertig.

	ID	Artikel	Anbieter	Preis
1	1	1	1	13.95
2	3	1	2	15.80
3	4	1	3	14.50
4	2	2	4	25.70
5	6	2	4	27.90
6	5	3	3	112.88

Abbildung 8.3_12

Durch den Zusatz DESC werden die Daten nach absteigender Artikelnummer sortiert.

```
SELECT * FROM Preise ORDER BY Artikel DESC
```

	ID	Artikel	Anbieter	Preis
1	5	3	3	112.88
2	6	2	4	27.90
3	2	2	4	25.70
4	1	1	1	13.95
5	3	1	2	15.80
6	4	1	3	14.50

Abbildung 8.3_13

Aggregatfunktionen:

```
MIN       gibt den kleinsten Wert einer Spalte zurück
MAX       gibt den größten Wert einer Spalte zurück
AVG       gibt das arithmetische Mittel der Werte einer Spalte zurück
SUM       gibt die Summe der numerischen Werte einer Spalte zurück
COUNT     gibt die Anzahl der Werte in einer Spalte zurück
COUNT(*)  gibt die Anzahl der Zeilen einer Tabelle zurück.
```

Der niedrigste und höchste Preis in der Tabelle werden ermittelt.

SELECT MIN(Preis) AS ' niedrigster Preis' , MAX(Preis) AS ' höchster Preis' FROM Preise

	niedrigster Preis	höchster Preis
1	13.95	112.88

Abbildung 8.3_14

Setzt man GROUP BY Artikel hinzu, so werden der niedrigste und höchste Preis eines jeden Artikels ermittelt.

```
SELECT Artikel, MIN(Preis) AS 'niedrigster Preis',
MAX(Preis) AS 'höchster Preis'
FROM Preise GROUP BY Artikel
```

	Artikel	niedrigster Preis	höchster Preis
1	1	13.95	15.80
2	2	25.70	27.90
3	3	112.88	112.88

Abbildung 8.3_15

Auch die Preisspanne eines einzelnen Artikels kann ermittelt werden.

SELECT MIN(Preis) AS ' niedrigster Preis' , MAX(Preis) AS ' höchster Preis'

FROM Preise WHERE Artikel=1 GROUP BY Artikel

	niedrigster Preis	höchster Preis
1	13.95	15.80

Abbildung 8.3_16

Mit HAVING können für die Zeilen der einzelnen Gruppen Zusatzbedingungen angegeben werden.

```
SELECT Artikel, MIN(Preis) AS 'niedrigster Preis',
MAX(Preis) AS 'höchster Preis'
FROM Preise GROUP BY Artikel HAVING MIN(Preis)>20
```

	Artikel	niedrigster Preis	höchster Preis
1	2	25.70	27.90
2	3	112.88	112.88

Abbildung 8.3_17

Die Preise zwischen 13.95 und 25.70 werden ermittelt, wobei die genannten Preise in die Auswahl einbezogen sind.

```
SELECT * FROM Preise WHERE Preis>=13.95 AND Preis<=25.70
```

Zu dem gleichen Ergebnis kommt man mit der folgenden Anweisung.

```
SELECT * FROM Preise WHERE Preis BETWEEN 13.95 AND 25.70
```

	ID	Artikel	Anbieter	Preis
1	1	1	1	13.95
2	2	2	4	25.70
3	3	1	2	15.80
4	4	1	3	14.50

Abbildung 8.3_18

Die Datenbank Northwind wird benutzt.

```
USE Northwind
```

Es werden Firmen aus Berlin, Bern und Mannheim gesucht.

```
SELECT CompanyName, City FROM Customers
WHERE City='Berlin' OR City='Mannheim' OR City='Bern'
```

Zu dem gleichen Ergebnis kommt man mit der folgenden Anweisung.

```
SELECT CompanyName, City FROM Customers
WHERE City IN ('Berlin', 'Mannheim', 'Bern')
```

	CompanyName	City
1	Alfreds Futterkiste	Berlin
2	Chop-suey Chinese	Bern
3	Blauer See Delikatessen	Mannheim

Abbildung 8.3_19

Arithmetische Operatoren:

+	Addition
-	Subtrktion
*	Multiplikation
/	Division
%	Modulo, Rest der ganzzahligen Division

Mathematische Funktionen:

ABS	Absolutwert
ACOS	Arkuskosinus
ASIN	Arkussinus
ATAN	Arkustangens
ATN2(a, b)	Winkel, dessen Tangens zwischen a und b liegt
CEILING	kleinster ganzzahliger Wert, der größer ist
COS	Kosinus
COT	Kotangens
DEGREES	Umrechnung von Bogenmaß in Grad
EXP	e-Funktion EXP(x) = e^x
FLOOR	größter ganzzahliger Wert, der kleiner ist
LOG	Logarithmus zur Basis e, natürlicher Logarithmus
LOG10	Logarithmus zur Basis 10
PI	Verhältnis von Umfang zu Durchmesser beim Kreis, PI = 3.141592653 . . .
POWER	Potenzieren, POWER(2, 5) = 2^5
RADIANS	Umrechnung von Grad in Bogenmaß
RAND	Pseudozufallszahl zwischen 0 und 1
ROUND	auf ganze Zahl runden
SIGN	Vorzeichen
SIN	Sinus
SQUARE	Quadrat
SQRT	Quadratwurzel
TAN	Tangens

```
SELECT 5*5+2 AS Ergebnis
```

	Ergebnis
1	27

Abbildung 8.3_20

Die trigonometrischen Funktionen benutzen das Bogenmaß. Ein Winkel in Grad muss daher mit RADIANS ins Bogenmaß umgewandelt werden. Mit ROUND(. . . , 5) wird das Ergebnis auf 5 Stellen gerundet.

```
SELECT 45.0 AS Winkel, ROUND(TAN(RADIANS(45.0)),5) AS Tangens
```

	Winkel	Tangens
1	45.0	1.0

Abbildung 8.3_21

```
SELECT 30.0 AS Winkel, ROUND(SIN(RADIANS(30.0)),5) AS Sinus
```

	Winkel	Sinus
1	30.0	0.5

Abbildung 8.3_22

Der Arkustangens ist die Umkehrfunktion des Tangens. Es wird der Winkel im Bogenmaß berechnet, dessen Tangens gleich 1.0 ist. Der Winkel wird anschließend mit DEGREES in Grad umgerechnet.

```
SELECT DEGREES(ATAN(1.0)) AS Grad
```

	Grad
1	45.0

Abbildung 8.3_23

```
SELECT POWER(2,5) AS '2 hoch 5'
```

	2 hoch 5
1	32

Abbildung 8.3_24

Datum und Uhrzeit werden im DATETIME Format ausgegeben.

```
SELECT CURRENT_TIMESTAMP AS 'Datum und Uhrzeit'
```

	Datum und Uhrzeit
1	2002-07-07 16:22:52.620

Abbildung 8.3_25

Mit CAST oder CONVERT können Datentypen konvertiert werden. Bei der Umwandlung des DATETIME Formats in eine Zeichenkette ändert sich die Darstellung.

```
SELECT CAST(CURRENT_TIMESTAMP AS CHAR(20)) AS 'Datum und Uhrzeit'
```

```
SELECT CONVERT(CHAR(20), CURRENT_TIMESTAMP) AS 'Datum und Uhrzeit'
```

	Datum und Uhrzeit
1	Jul 7 2002 4:22PM

Abbildung 8.3_26

SQL verfügt über eine große Zahl von Zeichenfolgenfunktionen.

Hier eine Auswahl:

LEFT(*String*, *n*)	schneidet n Zeichen von links beginnend aus dem String aus.
RIGHT(*String*, *n*)	schneidet n Zeichen von rechts beginnend aus dem String aus.
SUBSTRING(*String*, *Start*, *n*)	schneidet n Zeichen bei Start beginnend aus dem String aus.
LTRIM(*String*)	entfernt führende Leerzeichen.
RTRIM(*String*)	entfernt nachfolgende Leerzeichen.

LEFT und RIGHT wandeln das DATETIME Format automatisch in eine Zeichenkette um.

```
SELECT LEFT(CURRENT_TIMESTAMP, 11) AS Datum
```

	Datum
1	Jul 7 2002

Abbildung 8.3_27

```
SELECT RIGHT(CURRENT_TIMESTAMP, 6) AS Uhrzeit
```

	Uhrzeit
1	4:41PM

Abbildung 8.3_28

Damit SUBSTRING verwendet werden kann, muss zunächst das DATETIME Format mit LEFT, RIGHT, CAST oder CONVERT konvertiert werden.

```
SELECT RIGHT(LEFT(CURRENT_TIMESTAMP,11), 4) AS Jahr
```

oder

```
SELECT SUBSTRING(LEFT(CURRENT_TIMESTAMP,20), 8, 4) AS Jahr
```

	Jahr
1	2002

Abbildung 8.3_29

Nun einige Beispiele zur Verwendung von Apostroph und Anführungszeichen. Die Bezeichnung ' 5*5=' muss in Apostroph eingeschlossen werden. Wäre sie in Anführungszeichen eingeschlossen, so würde sie als Spaltenname interpretiert.

```
SELECT '5*5='+CONVERT(CHAR(10), 5*5) AS Multiplikation
```

	Multiplikation
1	5*5=25

Abbildung 8.3_30

Apostroph und Anführungszeichen können geschachtelt werden.

```
SELECT 5*5 AS ' "5*5" '
```

	"5*5"
1	25

Abbildung 8.3_31

```
SELECT 5*5 AS " '5*5' "
```

	'5*5'
1	25

Abbildung 8.3_32

Auch Abfragen über mehrere Tabellen sind möglich. Die Tabellen, die miteinander verbunden werden sollen, werden durch Kommata getrennt angegeben. Falls in mehreren Tabellen gleiche Spaltennamen vorkommen, so kann man durch die Angabe von *Tabelle.Spalte* die erforderliche Eindeutigkeit herbeiführen.

In einer Abfrage über drei Tabellen sollen den durch OrderID gekennzeichneten Bestellungen 10249 bis 10252 die Namen der bestellten Produkte zugeordnet werden. Es werden die Tabellen Orders, Products und Order Details der Datenbank Northwind benutzt. Die Tabelle Orders enthält die Bestellungen. Die Tabelle Order Details verbindet jede Bestellung mit den dazugehörigen Produkten durch die Spalten OrderID und ProductID. Die dritte Tabelle Products schafft nun endlich die Verbindung von der ProductID zum ProductName. Der Tabellenname Order Details muss in Anführungszeichen gesetzt werden, da er ein Leerzeichen enthält. Die Spalte ProductName kommt nur in der Tabelle Products vor. Daher kann sie als Products.ProductName oder einfach als ProductName angegeben werden.

```
SELECT Orders.OrderID, ProductName FROM Orders,
Products, "Order Details"
WHERE Orders.OrderID BETWEEN 10249 AND 10252
AND Orders.OrderID = "Order Details".OrderID
AND "Order Details".ProductID = Products.ProductID
```

	OrderID	ProductName
1	10249	Tofu
2	10249	Manjimup Dried Apples
3	10250	Jack's New England Clam Chowder
4	10250	Manjimup Dried Apples
5	10250	Louisiana Fiery Hot Pepper Sauce
6	10251	Gustaf's Knäckebröd
7	10251	Ravioli Angelo
8	10251	Louisiana Fiery Hot Pepper Sauce
9	10252	Sir Rodney's Marmalade
10	10252	Geitost
11	10252	Camembert Pierrot

Abbildung 8.3_33

8.4 Verbindung zum SQL Server 2000 mit C#

Die Klasse System.Data.SQLClient.SQLConnection ermöglicht den Aufbau einer Verbindung zum SQL Server. Die Eigenschaft ConnectionString enthält die erforderlichen Angaben zur Verbindung.

Einige der möglichen Angaben im ConnectionString:

```
Server               Name oder Netzwerkadresse des SQL Servers
Database             Name der Datenbank
Integrated Security  true = vertrauenswürdige Verbindung
                     (Trusted Connection)
Password             Passwort
User ID              Benutzerkennung
Workstation ID       Kennung der lokalen Workstation
```

Beispiel 8.4_1 benutzt den ConnectionString:

```
string ve =
  "Server=(local);Database=Northwind;Integrated Security=true;";
```

Die Verbindung ist eine Instanz der Klasse SQLConnection. Dem Konstruktor kann der ConnectionString als Parameter übergeben werden.

```
SqlConnection Verbindung = new SqlConnection(ve);
```

Falls ein Server im Netzwerk benutzt wird, so müssen unter Umständen Workstation ID, User ID und Password angegeben werden. Die Verbindung kann mit Verbindung.Open( ) hergestellt und mit Verbindung.Close( ) wieder geschlossen werden. Drüber hinaus benötigt man noch eine Instanz der Klasse System.Data.SQLClient.SQLCommand und eine Variable vom Typ System.Data.SQLClient.SQLDataReader. Der Abfragestring ab und die Verbindung werden dem Konstruktor der Klasse SQLCommand übergeben, wodurch die Eigenschaften CommandText und Connection gesetzt werden.

```
SqlCommand Abfrage = new SqlCommand(ab, Verbindung);
```

Bei geöffneter Verbindung wird die Abfrage mit

```
datareader = Abfrage.ExecuteReader( );
```

an den SQL Server gesendet. Danach kann man mit

```
while(datareader.Read( )){ . . . }
```

Zeile für Zeile die Antwort des Servers abrufen solange Read den Wert true zurückgibt. Die Felder der Datenzeile erhält man durch Abfragen des Stringarrays datareader[0], datareader[1], . . .

```
//Datei 8.4_1.cs

using System;
using System.Data.SqlClient;

class Haupt
{
  static void Main( )
  {
    string ve =
      "Server=(local);Database=Northwind;Integrated Security=true;";

    string ab  = "SELECT CompanyName, ContactName FROM Customers ";
           ab += "WHERE CustomerID LIKE 'A%'";

    SqlConnection Verbindung= new SqlConnection(ve);
    SqlCommand Abfrage = new SqlCommand(ab, Verbindung);
    SqlDataReader datareader = null;
    try
    {
      Verbindung.Open( );
      datareader = Abfrage.ExecuteReader( );
      Console.WriteLine(
        "Firma                              | Ansprechpartner");
      Console.Write("-----------------------------------|");
      Console.WriteLine("--------------------");

      while (datareader.Read( ))
      {
        Console.WriteLine(
          ((string)datareader[0]).PadRight(35)+"| "+
          (string)datareader[1]);
      }
    }
    catch (Exception e)
    {
```

```
        Console.WriteLine("Fehler:\n{0}", e.Message);
      }
      finally
      {
        Verbindung.Close( );
      }
    }
}
```

Ausgabe:

```
Firma                              | Ansprechpartner
-----------------------------------|--------------------
Alfreds Futterkiste                | Maria Anders
Ana Trujillo Emparedados y helados | Ana Trujillo
Antonio Moreno Taquer¡a            | Antonio Moreno
Around the Horn                    | Thomas Hardy
```

Beispiel 8.4_2 ist eine Variante von Beispiel 8.4_1. Es werden Konstruktoren ohne Parameter benutzt. Die Anweisung

```
Verbindung.ConnectionString =
  "Server=(local);Integrated Security=true;";
```

setzt den ConnectionString. Diesmal ist keine Datenbank angegeben. Die Datenbank wird durch die SQL Anweisung USE festgelegt. Die Abfrage wird durch

```
Abfrage.Connection = Verbindung;
Abfrage.CommandText = "USE Northwind";
```

für den Gebrauch vorbereitet und nach Öffnen der Verbindung mit

```
datareader = Abfrage.ExecuteReader( );
```

zum Server gesendet. Da eine zweite Abfrage folgt, muß der Datareader geschlossen werden.

```
datareader.Close( );
```

Jetzt wird eine neue Abfrage formuliert und, wie bereits bekannt, mit ExecuteReader zum Server geschickt.

```
Abfrage.CommandText =
  "SELECT CompanyName, ContactName FROM Customers ";
Abfrage.CommandText +=
  "WHERE CustomerID LIKE 'A%'";
```

Das Ergebnis wird wie bei 8.4_1 abgefragt und ausgegeben.

```
//Datei 8.4_2.cs

using System;
using System.Data.SqlClient;

class Haupt
{
  static void Main( )
  {
    SqlConnection Verbindung= new SqlConnection( );
    Verbindung.ConnectionString =
      "Server=(local);Integrated Security=true;";

    SqlCommand Abfrage = new SqlCommand( );
    Abfrage.Connection = Verbindung;
    Abfrage.CommandText = "USE Northwind";

    SqlDataReader datareader = null;
    try
    {
      Verbindung.Open( );
      datareader = Abfrage.ExecuteReader( );
      datareader.Close( );

      Abfrage.CommandText =
        "SELECT CompanyName, ContactName FROM Customers ";
      Abfrage.CommandText +=
        "WHERE CustomerID LIKE 'A%'";

      datareader = Abfrage.ExecuteReader( );
      Console.WriteLine(
        "Firma                               | Ansprechpartner");
      Console.Write("-----------------------------------|");
      Console.WriteLine("--------------------");

      while (datareader.Read( ))
      {
        Console.WriteLine(
          ((string)datareader[0]).PadRight(35)+"| "+
          (string)datareader[1]);
      }
    }
    catch (Exception e)
    {
```

```
        Console.WriteLine("Fehler:\n{0}", e.Message);
      }
      finally
      {
        Verbindung.Close( );
      }
    }
}
```

Ausgabe siehe 8.4_1

Beispiel 8.4_3 ist eine Windows Anwendung. Es werden wieder die von den vorherigen Beispielen bekannten Strings ve mit den Angaben zur Verbindung und ab mit der SQL Abfrage definiert. Der Kern des Programms

```
adapter = new SqlDataAdapter(ab, ve);
table = new DataTable( );
adapter.Fill(table);
view = new DataView(table);
grid = new DataGrid( );
grid.DataSource = view;
```

besteht aus Anweisungen, die die folgenden Klassen benutzen.

```
System.Data.SQLClient.SQLDataAdapter
System.Data.DataTable
System.Data.DataView
System.Windows.Forms.DataGrid
```

Dem Konstruktor der Klasse SQLDataAdapter werden die Strings ab und ve übergeben. Die Methode Fill dieser Klasse sendet die Abfrage zum Server und schreibt das Ergebnis der Abfrage in eine Tabelle vom Typ DataTable. Die Klasse DataView stellt die Verbindung zum DataGrid her. Der Eigenschaft DataSource wird die Instanz der Klasse DataView als Datenquelle zugeordnet.

Da DataTable die Eigenschaft DefaultView besitzt, kann man alternativ die Daten auch direkt mit

```
grid.DataSource = table.DefaultView;
```

an das DataGrid übergeben.

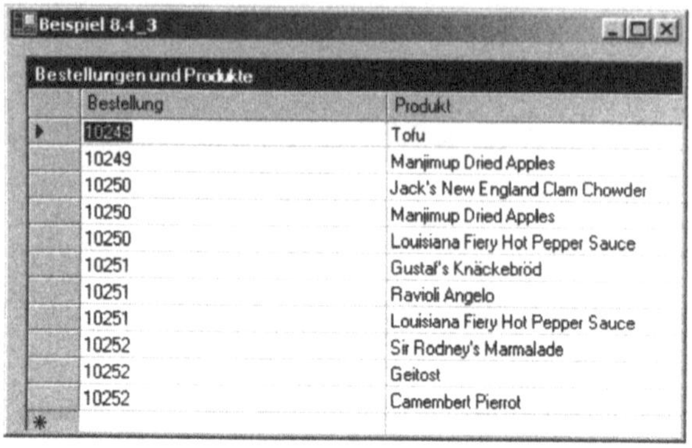

Abbildung 8.4_3

```
//Datei 8.4_3.cs

using System;
using System.Drawing;
using System.Windows.Forms;
using System.Data;
using System.Data.SqlClient;

class Haupt : Form
{
  SqlDataAdapter adapter;
  DataTable table;
  DataView view;
  DataGrid grid;

  public Haupt( )
  {
    Text = "Beispiel 8.4_3";
    ClientSize = new Size(440, 250);

    string ve =
      "Server=(local);Database=Northwind;Integrated Security=true";

    string ab =
      "SELECT o.OrderID AS Bestellung, "+
      "ProductName AS Produkt "+
      "FROM Orders o, Products p, \"Order Details\" d "+
      "WHERE o.OrderID BETWEEN 10249 AND 10252 "+
      "AND o.OrderID = d.OrderID "+
      "AND d.ProductID = p.ProductID";

    try
    {
```

```
        adapter = new SqlDataAdapter(ab, ve);
        table = new DataTable( );
        adapter.Fill(table);
        view = new DataView(table);
        grid = new DataGrid( );
        grid.DataSource = view;
        grid.Bounds = new Rectangle(10, 10, 580, 480);
        grid.PreferredColumnWidth = 200;
        grid.CaptionText = "Bestellungen und Produkte";
        Controls.Add(grid);
      }
      catch(Exception e)
      {
        Console.WriteLine("Fehler:\n{0}", e.Message);
      }
    }

    public static void Main( )
    {
      Application.Run(new Haupt( ));
    }
  }
```

Beispiel 8.4_4 benutzt die Klasse System.Data.DataSet, um mehrere Tabellen zu speichern. Die Eigenschaft Tables ist eine DataTableCollection, der mit Tables.Add Tabellen hinzugefügt werden können.

```
adapter.Fill(table);
dataset.Tables.Add(table);
```

Der Eigenschaft SelectCommand.CommandText wird eine neue SQL Abfrage zugewiesen. Nachdem eine neue Instanz der Klasse DataTable gebildet ist, wird mit Fill die nächste Tabelle vom Server abgerufen und anschließend im DataSet gespeichert.

```
adapter.SelectCommand.CommandText = "SELECT * FROM Orders";
table = new DataTable( );
adapter.Fill(table);
dataset.Tables.Add(table);
```

Diese Anweisungsfolge wird noch zweimal wiederholt. Danach sind vier Tabellen im DataSet gespeichert. Zur Darstellung der Tabellen werden neben dem Hauptfenster noch drei Instanzen der Klasse Form gebildet und vier Instanzen der Klasse DataGrid.

Die Anweisungen

```
grid1.DataSource = dataset.Tables[0].DefaultView;
grid2.DataSource = dataset.Tables[1].DefaultView;
grid3.DataSource = dataset.Tables[2].DefaultView;
grid4.DataSource = dataset.Tables[3].DefaultView;
```

übertragen die Daten in grid1 bis grid4. Damit ist es möglich vier Tabellen gleichzeitig darzustellen. Das Konzept lässt sich leicht auf eine variable Anzahl unabhängiger Fenster oder eine MDI Anwendung erweitern.

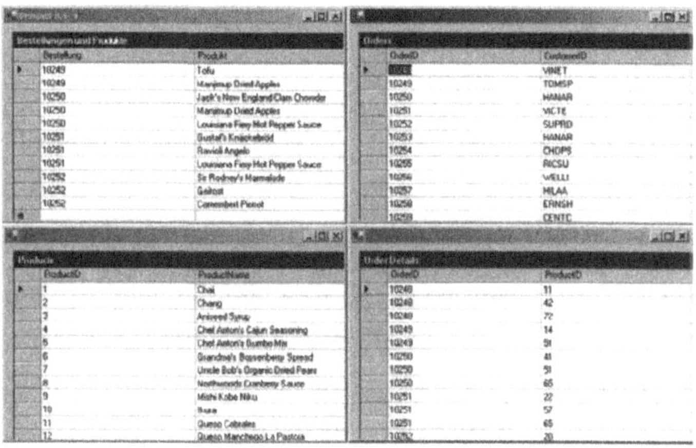

Abbildung 8.4_4

```
//Datei 8.4_4.cs

using System;
using System.Drawing;
using System.Windows.Forms;
using System.Data;
using System.Data.SqlClient;

class Haupt : Form
{
  SqlDataAdapter adapter;
  DataSet dataset;
  DataTable table;
  DataGrid grid1, grid2, grid3, grid4;
  Form form2, form3, form4;
```

```
public Haupt( )
{
  Text = "Beispiel 8.4_4";
  ClientSize = new Size(440, 250);

  string ve =
    "Server=(local);Database=Northwind;Integrated Security=true";

  string ab =
    "SELECT o.OrderID AS Bestellung, "+
    "ProductName AS Produkt "+
    "FROM Orders o, Products p, \"Order Details\" d "+
    "WHERE o.OrderID BETWEEN 10249 AND 10252 "+
    "AND o.OrderID = d.OrderID "+
    "AND d.ProductID = p.ProductID";

  try
  {
    adapter = new SqlDataAdapter(ab, ve);
    dataset = new DataSet( );
    table = new DataTable( );

    adapter.Fill(table);
    dataset.Tables.Add(table);

    adapter.SelectCommand.CommandText = "SELECT * FROM Orders";
    table = new DataTable( );
    adapter.Fill(table);
    dataset.Tables.Add(table);

    adapter.SelectCommand.CommandText = "SELECT * FROM Products";
    table = new DataTable( );
    adapter.Fill(table);
    dataset.Tables.Add(table);

    adapter.SelectCommand.CommandText =
                    "SELECT * FROM \"Order Details\"";
    table = new DataTable( );
    adapter.Fill(table);
    dataset.Tables.Add(table);

    grid1 = new DataGrid( );
    grid1.DataSource = dataset.Tables[0].DefaultView;
    grid1.Bounds = new Rectangle(10, 10, 580, 480);
    grid1.PreferredColumnWidth = 200;
    grid1.CaptionText = "Bestellungen und Produkte";
    Controls.Add(grid1);

    form2 = new Form( );
    form2.ClientSize = new Size(440, 250);
```

```
        grid2 = new DataGrid( );
        grid2.DataSource = dataset.Tables[1].DefaultView;
        grid2.Bounds = new Rectangle(10, 10, 580, 480);
        grid2.PreferredColumnWidth = 200;
        grid2.CaptionText = "Orders";
        form2.Controls.Add(grid2);
        form2.Show( );

        form3 = new Form( );
        form3.ClientSize = new Size(440, 250);
        grid3 = new DataGrid( );
        grid3.DataSource = dataset.Tables[2].DefaultView;
        grid3.Bounds = new Rectangle(10, 10, 580, 480);
        grid3.PreferredColumnWidth = 200;
        grid3.CaptionText = "Products";
        form3.Controls.Add(grid3);
        form3.Show( );

        form4 = new Form( );
        form4.ClientSize = new Size(440, 250);
        grid4 = new DataGrid( );
        grid4.DataSource = dataset.Tables[3].DefaultView;
        grid4.Bounds = new Rectangle(10, 10, 580, 480);
        grid4.PreferredColumnWidth = 200;
        grid4.CaptionText = "Order Details";
        form4.Controls.Add(grid4);
        form4.Show( );
      }
      catch(Exception e)
      {
        Console.WriteLine("Fehler:\n{0}", e.Message);
      }
    }

    public static void Main( )
    {
      Application.Run(new Haupt( ));
    }
}
```

Beispiel 8.4_5 ermöglicht die Eingabe des Servers, der Datenbank und der SQL Abfrage. Der Button SQL Abfrage löst den Dialog mit dem Server aus. Das Ergebnis der Abfrage wird als Tabelle ausgegeben.

Die Buttons:

```
but1      SQL Abfrage
but2      Beenden
```

Die Textboxen:

```
box1      SQL Abfrage (Multiline)
box2      Server
box3      Datenbank
```

Weitere Elemente:

```
grid      DataGrid zur Darstellung der Ergebnistabelle
splitter  Splitter zwischen box1 und grid
```

Der Eventhandler toolbar_ButtonClick behandelt das Zusammenspiel der oben aufgeführten Elemente, stellt die Verbindung zum Server her, sendet die SQL Abfrage, nimmt die Ergebnistabelle vom Server entgegen und stellt diese dar. Falls but2 angeklickt worden ist, so wird das Programm beendet. Falls but1 angeklickt worden ist, so wird zunächst der String mit den Angaben zur Verbindung unter Verwendung der Texte der Boxen box2 und box3 definiert.

```
connection = "Server=" + box2.Text +
  ";Database=" + box3.Text +
  ";Integrated Security=true";
```

Die SQL Abfrage wird zeilenweise aus box1 gelesen. Die Teilstrings werden durch Leerzeichen getrennt.

```
query = "" ;
for(int i=0; i<box1.Lines.Length; i++)
  query += box1.Lines[i] + " ";
```

Unerwünschte Leerzeichen werden entfernt.

```
string tq = query.Trim( );
```

Es wird abgefragt, ob die SQL Abfrage mit USE beginnt.

```
if(tq.ToUpper( ).StartsWith("USE"))
```

Falls die SQL Abfrage mit USE beginnt, so folgt eine Sonderbehandlung. Der auf USE folgende Teilstring wird herausgelöst. Falls die SQL Abfrage syntaktisch richtig ist, so enthält jetzt die Variable db den Namen der Datenbank. Dieser wird box3.Text zugewiesen.

```
string db = tq.Substring(3,tq.Length-3).Trim( );
box3.Text = db;
```

Abschließend wird eine eventuell dargestellte Tabelle gelöscht.

```
grid.DataSource = null;
```

Falls die SQL Abfrage nicht mit USE beginnt, so wird die Abfrage in der bekannten Weise an den Server gesendet und die Ergebnistabelle dargestellt. Wird keine Ergebnistabelle zurückgegeben, so zeigt eine Messagebox an, welche Abfrage ausgeführt worden ist.

```
adapter = new SqlDataAdapter(query, connection);
table = new DataTable( );
if(adapter.Fill(table) > 0)
{
  grid.DataSource = table.DefaultView;
}
else
{
  MessageBox.Show("Abfrage wurde ausgeführt:\n" +
  query.Substring(0,10) + " . . .");
}
```

Die Abbildung zeigt eine Abfrage der Datenbank Northwind.

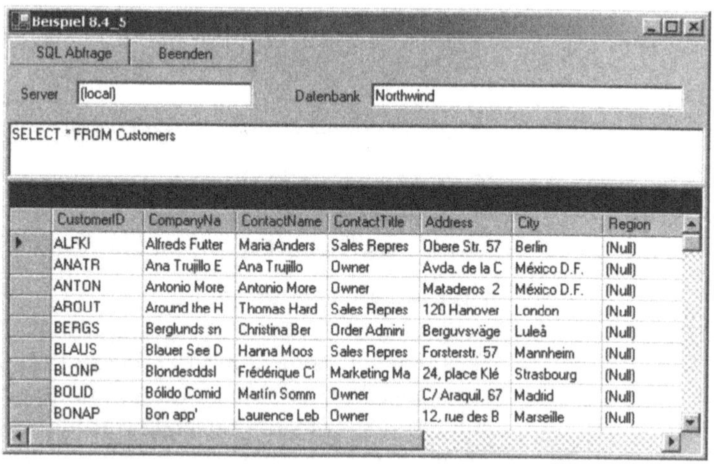

Abbildung 8.4_5

```
//Datei 8.4_5.cs

using System;
using System.Drawing;
using System.Windows.Forms;
using System.Data;
using System.Data.SqlClient;

class Haupt : Form
{
  ToolBar toolbar;
  Panel panel;
  ToolBarButton but1, but2;
  TextBox box1, box2, box3;
  Splitter splitter;
  Label label1, label2;
  SqlDataAdapter adapter;
  DataTable table;
  DataGrid grid;
  string query, connection;

  public Haupt( )
  {
    Text = "Beispiel 8.4_5";
    ClientSize = new Size(570, 450);

    grid = new DataGrid( );
    grid.Dock = DockStyle.Fill;
    Controls.Add(grid);

    splitter = new Splitter( );
    splitter.Dock = DockStyle.Top;
    Controls.Add(splitter);

    box1 = new TextBox( );
    box1.Dock = DockStyle.Top;
    box1.Multiline = true;
    box1.Height = 150;
    Controls.Add(box1);

    panel = new Panel( );
    panel.Dock = DockStyle.Top;
    panel.Height = 45;
    Controls.Add(panel);

    label1 = new Label( );
    label1.Location = new Point(8, 16);
    label1.Size = new Size(40, 16);
    label1.Text = "Server";
    panel.Controls.Add(label1);
```

```
    box2 = new TextBox( );
    box2.Location = new Point(56, 12);
    box2.Size = new Size(144, 20);
    panel.Controls.Add(box2);

    label2 = new Label( );
    label2.Location = new Point(232, 16);
    label2.Size = new Size(64, 16);
    label2.Text = "Datenbank";
    panel.Controls.Add(label2);

    box3 = new TextBox( );
    box3.Location = new System.Drawing.Point(296, 12);
    box3.Size = new Size(256, 20);
    panel.Controls.Add(box3);

    toolbar = new ToolBar( );
    toolbar.Height = 25;
    toolbar.ButtonSize = new Size(100, 22);
    toolbar.TextAlign = ToolBarTextAlign.Right;
    toolbar.ButtonClick +=
      new ToolBarButtonClickEventHandler(toolbar_ButtonClick);
    Controls.Add(toolbar);

    but1 = new ToolBarButton( );
    but1.Text = "SQL Abfrage";
    toolbar.Buttons.Add(but1);

    but2 = new ToolBarButton( );
    but2.Text = "Beenden";
    toolbar.Buttons.Add(but2);
  }

  protected void toolbar_ButtonClick(
    object sender, ToolBarButtonClickEventArgs e)
  {
    if(e.Button == but1)
    {
      try
      {
        connection = "Server=" + box2.Text +
          ";Database=" + box3.Text +
          ";Integrated Security=true";

        query = "" ;
        for(int i=0; i<box1.Lines.Length; i++)
          query += box1.Lines[i] + " ";

        string tq = query.Trim( );
        if(tq.ToUpper( ).StartsWith("USE"))
        {
```

```
                string db = tq.Substring(3,tq.Length-3).Trim( );
                box3.Text = db;
                grid.DataSource = null;
              }
              else
              {
                adapter = new SqlDataAdapter(query, connection);
                table = new DataTable( );
                if(adapter.Fill(table) > 0)
                {
                  grid.DataSource = table.DefaultView;
                }
                else
                {
                  MessageBox.Show("Abfrage wurde ausgeführt:\n" +
                  query.Substring(0,10) + " . . .");
                }
              }
            }
            catch(Exception ex)
            {
              grid.DataSource = null;
              MessageBox.Show(ex.Message,"Fehler");
            }
          }
          if(e.Button == but2)Close( );
        }

        public static void Main( )
        {
          Application.Run(new Haupt( ));
        }
      }
```

8.5 Abfragen von Systemtabellen

Jede Datenbank enthält Systemtabellen, die Informationen über den Aufbau der Datenbank enthalten. Eine Sonderstellung nimmt die Datenbank master ein. Sie enthält Informationen über alle auf dem Server vorhandenen Datenbanken.

Die Tabelle sysdatabases der Datenbank master gibt Aufschluss darüber, welche Datenbanken der angewählte Server zur Verfügung stellt. Dies ist eine gute Gelegenheit, das Programm aus Beispiel 8.4_5 zu testen.

```
SELECT * FROM sysdatabases
```

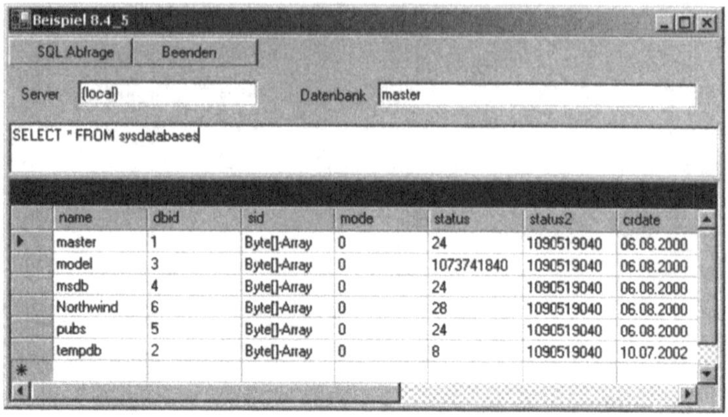

Abbildung 8.5_1

Die System- und Benutzertabellen einer Datenbank sind in der Tabelle sysobjects verzeichnet. Die Spalte xtype enthält einen Schlüssel, der die Art der Tabelle beschreibt.

Einige Schlüssel in der Spalte xtype:

```
S  Systemtabelle
U  Benutzertabelle (User Table)
V  Sicht (View)
```

Weitere Angaben sind in der Onlinedokumentation des SQL Server 2000 zu finden.

Die Benutzertabellen der Datenbank Northwind:

```
SELECT * FROM sysobjects
WHERE xtype='U'
```

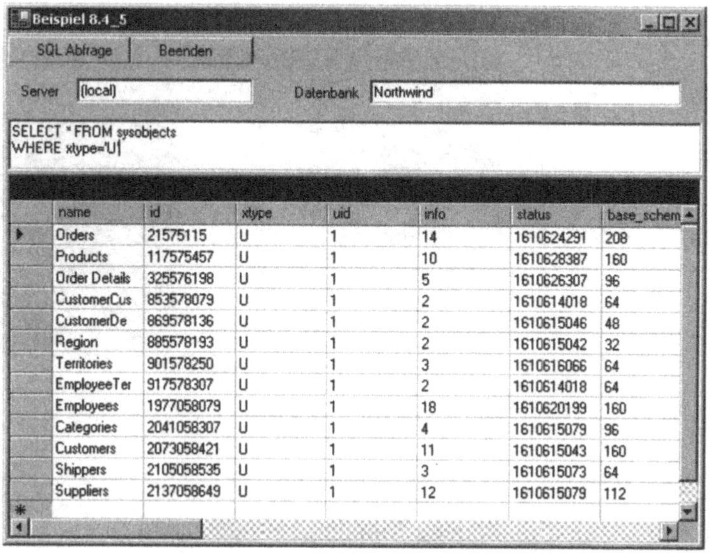

name	id	xtype	uid	info	status	base_schem
Orders	21575115	U	1	14	1610624291	208
Products	117575457	U	1	10	1610628387	160
Order Details	325576198	U	1	5	1610626307	96
CustomerCus	853578079	U	1	2	1610614018	64
CustomerDe	869578136	U	1	2	1610615046	48
Region	885578193	U	1	2	1610615042	32
Territories	901578250	U	1	3	1610616066	64
EmployeeTer	917578307	U	1	2	1610614018	64
Employees	1977058079	U	1	18	1610620199	160
Categories	2041058307	U	1	4	1610615079	96
Customers	2073058421	U	1	11	1610615043	160
Shippers	2105058535	U	1	3	1610615073	64
Suppliers	2137058649	U	1	12	1610615079	112

Abbildung 8.5_2

Die Spaltennamen, Datentypen und Spaltenlängen der Tabelle Customers der Datenbank Northwind :

```
SELECT sc.name AS Spalte, st.name AS Datentyp, sc.length AS Länge
FROM syscolumns sc, systypes st, sysobjects so
WHERE sc.xtype=st.xtype
AND sc.id=so.id
AND so.name='Customers'
AND NOT(st.name='sysname')
ORDER BY sc.name
```

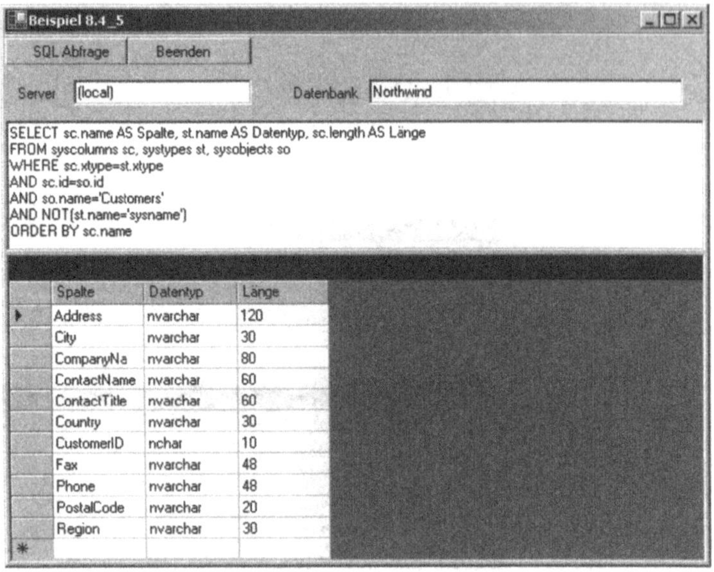

Abbildung 8.5_3

8.6 Access Tabellen abfragen

Eine mit Microsoft Access erstellte Datenbank Test.mdb, die die Tabelle Personen enthält, wird abgefragt.

Beispiel 8.6_1 verwendet die Klassen:

```
System.Data.OleDb.OleDbConnection
System.Data.OleDb.OleDbCommand
System.Data.OleDb.OleDbDataReader
```

Diese Klassen werden genauso verwendet, wie die entsprechenden mit Sql beginnenden Klassen. Dem Konstruktor der Klasse OleDbConnection wird der ConnectionString

```
Provider=Microsoft.Jet.OLEDB.4.0;Data Source=Test.mdb
```

als Parameter übergeben.

Das Ergebnis der Abfrage

```
SELECT * FROM Personen
```

ist die gesamte Tabelle Personen. Erläuterungen zum Ablauf des Programms sind bei Beispiel 8.4_1 zu finden, wobei man im Gedanken Sql durch OleDb ersetzen muss.

```
//Datei 8.6_1.cs

using System;
using System.Data;
using System.Data.OleDb;

class Haupt{
  static void Main( )
  {
    string ve =
      "Provider=Microsoft.Jet.OLEDB.4.0;Data Source=Test.mdb";
    string ab = "SELECT * FROM Personen" ;
    OleDbConnection Verbindung = new OleDbConnection(ve);
    OleDbCommand Abfrage = new OleDbCommand( ab, Verbindung );
    OleDbDataReader datareader = null;
    try
    {
      Verbindung.Open( );
      datareader = Abfrage.ExecuteReader( );
      Console.WriteLine( " ----------------------------------");
      Console.WriteLine( "|     ID     | Vorname    | Nachname   |");
      Console.WriteLine( "|----------------------------------|");
      while (datareader.Read( ) )
      {
        Console.WriteLine("| {0}| {1}| {2}|",
          datareader["ID"].ToString( ).PadLeft(9, ' ')+" ",
          ((string)datareader["Vorname"]).PadRight(10, ' '),
          ((string)datareader["Nachname"]).PadRight(10, ' '));
      }
      Console.WriteLine( " ----------------------------------");
    }
    catch (Exception e)
    {
      Console.WriteLine("Fehler:\n{0}", e.Message);
    }
    finally
    {
      Verbindung.Close( );
    }
  }
}
```

Ausgabe:

```
 ---------------------------------
|   ID     | Vorname    | Nachname  |
|---------------------------------|
|        1 | Anton      | Meier     |
|        2 | Otto       | Müller    |
|        3 | Fritz      | Schulze   |
|        4 | Karl       | Schmitz   |
 ---------------------------------
```

Bei Beispiel 8.6_2 ist für den ConnectionString, wie in der Abbildung unten zu sehen, die als Verbindung gekennzeichnete Textbox vorgesehen. Darunter befinden sich die Textbox für die SQL Abfrage und die Ergebnistabelle. Statt des SqlDataAdapter wird der System.Data.OleDb.OleDbDataAdapter verwendet. Eine Abfrage mit USE ist hier nicht möglich, da der Dateiname der Datenbank im ConnectionString enthalten ist. Der weitere Ablauf des Programms entspricht genau dem des Beispiels 8.4_5.

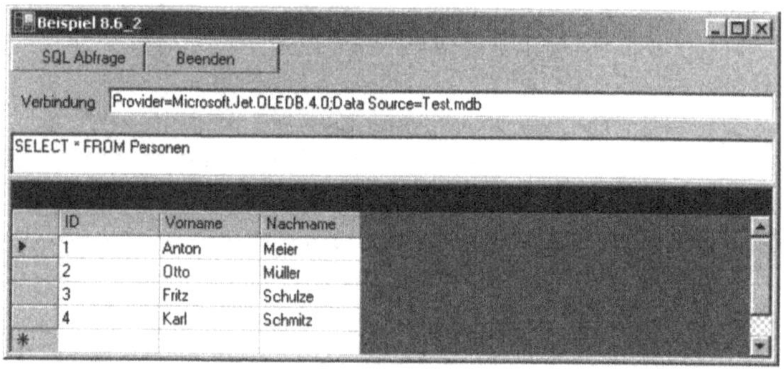

Abbildung 8.6_2

```
//Datei 8.6_2.cs

using System;
using System.Drawing;
using System.Windows.Forms;
using System.Data;
using System.Data.OleDb;

class Haupt : Form
{
  ToolBar toolbar;
```

```
Panel panel;
ToolBarButton but1, but2;
TextBox box1, box2;
Splitter splitter;
Label label1;
OleDbDataAdapter adapter;
DataTable table;
DataGrid grid;
string query;

public Haupt( )
{
  Text = "Beispiel 8.6_2";
  ClientSize = new Size(570, 450);

  grid = new DataGrid( );
  grid.Dock = DockStyle.Fill;
  Controls.Add(grid);

  splitter = new Splitter( );
  splitter.Dock = DockStyle.Top;
  Controls.Add(splitter);

  box1 = new TextBox( );
  box1.Dock = DockStyle.Top;
  box1.Multiline = true;
  box1.Height = 150;
  Controls.Add(box1);

  panel = new Panel( );
  panel.Dock = DockStyle.Top;
  panel.Height = 45;
  Controls.Add(panel);

  label1 = new Label( );
  label1.Location = new Point(6, 16);
  label1.Size = new Size(67, 16);
  label1.Text = "Verbindung";
  panel.Controls.Add(label1);

  box2 = new TextBox( );
  box2.Location = new Point(72, 12);
  box2.Size = new Size(498, 20);
  panel.Controls.Add(box2);

  toolbar = new ToolBar( );
  toolbar.Height = 25;
  toolbar.ButtonSize = new Size(100, 22);
  toolbar.TextAlign = ToolBarTextAlign.Right;
  toolbar.ButtonClick +=
    new ToolBarButtonClickEventHandler(toolbar_ButtonClick);
```

```
    Controls.Add(toolbar);

    but1 = new ToolBarButton( );
    but1.Text = "SQL Abfrage";
    toolbar.Buttons.Add(but1);

    but2 = new ToolBarButton( );
    but2.Text = "Beenden";
    toolbar.Buttons.Add(but2);
  }

  protected void toolbar_ButtonClick(
    object sender, ToolBarButtonClickEventArgs e)
  {
    if(e.Button == but1)
    {
      try
      {
        query = "" ;
        for(int i=0; i<box1.Lines.Length; i++)
          query += box1.Lines[i] + " ";

        string tq = query.Trim( );
        if(tq.ToUpper( ).StartsWith("USE"))
        {
          grid.DataSource = null;
          MessageBox.Show("Abfrage USE . . . wird nicht ausgeführt");
        }
        else
        {
          adapter = new OleDbDataAdapter(query, box2.Text);
          table = new DataTable( );
          if(adapter.Fill(table) > 0)
          {
            grid.DataSource = table.DefaultView;
          }
          else
          {
            MessageBox.Show("Abfrage wurde ausgeführt:\n" +
            query.Substring(0,10) + " . . .");
          }
        }
      }
      catch(Exception ex)
      {
        grid.DataSource = null;
        MessageBox.Show(ex.Message,"Fehler");
      }
    }
    if(e.Button == but2)Close( );
  }
```

```
  public static void Main( )
  {
    Application.Run(new Haupt( ));
  }
}
```

8.7 Tabellen ändern

Jede Änderung an einer Datenbank oder Tabelle kann mit Hilfe von SQL-Anweisungen bewirkt werden. Der benötigte SQL-String kann durch das Zusammenwirken von SqlDataAdapter und SqlCommandBuilder bzw. OleDbDataAdapter und OleDbCommandBuilder automatisch generiert und zum SQL-Server gesendet werden. Dieses Zusammenwirken wird benutzt, um eine Zeile einzufügen, zu ändern und wieder zu löschen. In allen drei Fällen kann man prinzipiell gleich vorgehen. Nachdem der Verbindungs- und der Abfragestring definiert worden sind, bildet man Instanzen der Klassen SqlDataAdapter und SqlCommandBuilder. Um ein Zusammenwirken zu ermöglichen, wird dem Konstruktor des SqlCommandBuilder die Instanz des SqlDataAdapter als Parameter übergeben.

```
SqlDataAdapter adapter =
  new SqlDataAdapter(ab, ve);
SqlCommandBuilder comm =
  new SqlCommandBuilder(adapter);
```

Damit sind alle erforderlichen Vorbreitungen getroffen, und es kann ein DataSet oder DataTable definiert und durch Aufruf der Methode Fill mit dem Abfrageergebnis aufgefülllt werden. Ändert man eine einzelne Tabelle oder mehrere Tabellen eines DataSet, so können die Änderungen mit der Methode Update zur Datenbank übertragen werden.

Die Methode Update der Klasse SqlDataAdapter bzw. OleDbDataAdapter:

```
public int Update( DataRow[] Zeilen )
public virtual int Update(DataSet dataSet )
public int Update(DataSet dataSet, string Quelltabelle )
public int Update(DataTable dataTable )
```

Als Parameter können ein Array von Zeilen, ein DataSet oder ein DataTable übergeben werden. Soll nur eine Tabelle eines DataSet aktualisiert werden, so werden das DataSet und der Name der zu aktualisierenden Quelltabelle innerhalb der Datenbank angegeben.

Die Ausgangstabelle für die nun folgenden Beispiele ist die Tabelle Personen der Datenbank Test aus Abschnitt 8.3.

	ID	Vorname	Nachname
1	1	Anton	Meier
2	2	Otto	Müller
3	3	Fritz	Schulze
4	4	Karl	Schmitz

Abbildung 8.7_1a

Die Beispiele 8.7_1 bis 8.7_3 folgen genau dem oben beschriebenen Schema. Beispiel 8.7_1 definiert eine neue Zeile und hängt diese mit

```
table.Rows.Add(row);
```

an die Tabelle an. Die Anweisung

```
adapter.Update(table);
```

überträgt die Änderungen zur Datenbank. Den Erfolg kann man kontrollieren, indem man die Datenbank mit dem Query Analyzer oder mit dem Programm 8.4_5 abfragt.

	ID	Vorname	Nachname
1	1	Anton	Meier
2	2	Otto	Müller
3	3	Fritz	Schulze
4	4	Karl	Schmitz
5	5	Franz	Schmied

Abbildung 8.7_1b

```
//Datei 8.7_1.cs

using System;
using System.Data;
using System.Data.SqlClient;

class Haupt
{
  public Haupt( )
  {
    string ve =
      "Server=(local);Database=Test;" +
      "Integrated Security=true";
    string ab =
      "SELECT * From Personen";
    try
    {
      SqlDataAdapter adapter =
        new SqlDataAdapter(ab, ve);
      SqlCommandBuilder comm =
        new SqlCommandBuilder(adapter);

      DataTable table = new DataTable( );
      adapter.Fill(table);
      DataRow row = table.NewRow( );
      row["ID"] = 5;
      row["Vorname"] = "Franz";
      row["Nachname"] = "Schmied";

      table.Rows.Add(row);
      adapter.Update(table);
    }
    catch(Exception e)
    {
      Console.WriteLine(e.Message);
    }
  }

  public static void Main( )
  {
    new Haupt( );
  }
}
```

Beispiel 8.7_2 ändert mit

```
table.Rows[4]["Nachname"] = "Wimmer";
```

den Nachnamen in der Zeile 5. Da die Indizierung der Zeilen mit 0 beginnt, entspricht die Zeilennummer 5 dem Index 4.

	ID	Vorname	Nachname
1	1	Anton	Meier
2	2	Otto	Müller
3	3	Fritz	Schulze
4	4	Karl	Schmitz
5	5	Franz	Wimmer

Abbildung 8.7_2

```
//Datei 8.7_2.cs
using System;
using System.Data;
using System.Data.SqlClient;

class Haupt
{
  public Haupt( )
  {
    string ve =
      "Server=(local);Database=Test;" +
      "Integrated Security=true";
    string ab =
      "SELECT * From Personen";
    try
    {
      SqlDataAdapter adapter =
        new SqlDataAdapter(ab, ve);
      SqlCommandBuilder comm =
        new SqlCommandBuilder(adapter);
      DataTable table = new DataTable( );
      adapter.Fill(table);

      table.Rows[4]["Nachname"] = "Wimmer";
      adapter.Update(table);
    }
    catch(Exception e)
    {
      Console.WriteLine(e.Message);
    }
  }
  public static void Main( )
  {
    new Haupt( );
  }
}
```

Beispiel 8.7_3 löscht mit

```
table.Rows[4].Delete( );
```

die Zeile 5. Damit entspricht die Tabelle wieder der Ausgangstabelle.

	ID	Vorname	Nachname
1	1	Anton	Meier
2	2	Otto	Müller
3	3	Fritz	Schulze
4	4	Karl	Schmitz

Abbildung 8.7_3

```
//Datei 8.7_3.cs
using System;
using System.Data;
using System.Data.SqlClient;

class Haupt
{
  public Haupt( )
  {
    string ve =
      "Server=(local);Database=Test;" +
      "Integrated Security=true";
    string ab =
      "SELECT * From Personen";
    try
    {
      SqlDataAdapter adapter =
        new SqlDataAdapter(ab, ve);
      SqlCommandBuilder comm =
        new SqlCommandBuilder(adapter);
      DataTable table = new DataTable( );
      adapter.Fill(table);

      table.Rows[4].Delete( );
      adapter.Update(table);
    }
    catch(Exception e)
    {
      Console.WriteLine(e.Message);
    }
  }
```

```
  public static void Main( )
  {
    new Haupt( );
  }
}
```

Die Beispiele 8.7_4 und 8.7_5 benutzen die im Abschnitt 8.4 beschriebenen Klassen SqlConnection und SqlCommand, um eine Spalte einzufügen und wieder zu löschen.

Beispiel 8.7_4 öffnet eine Verbindung zum SQL-Server und fügt der Tabelle mit

```
ALTER TABLE Personen ADD Telefon VARCHAR(20)
```

die Spalte Telefon an. Das SqlCommand cmd wird mit der Anweisung

```
cmd.ExecuteNonQuery( );
```

zum SQL-Server übertragen. Anschließend wird die Verbindung wieder geschlossen. Die Telefonnummern werden wie bei Beispiel 8.7_2 mit Hilfe der Kombination aus SqlDataAdapter, SqlCommandBuilder und DataTable eingetragen.

	ID	Vorname	Nachname	Telefon
1	1	Anton	Meier	273546
2	2	Otto	Müller	938577
3	3	Fritz	Schulze	883644
4	4	Karl	Schmitz	293847

Abbildung 8.7_4

```
//Datei 8.7_4.cs

using System;
using System.Data;
using System.Data.SqlClient;

class Haupt
{
  SqlDataAdapter adapter;
  SqlCommandBuilder comm;
  DataTable table;
  public Haupt( )
  {
```

```
    string ve =
      "Server=(local);Database=Test; " +
      "Integrated Security=true";
    string ab =
      "ALTER TABLE Personen ADD Telefon VARCHAR(20)";
    SqlConnection con = new SqlConnection(ve);
    SqlCommand cmd = new SqlCommand(ab, con);
    try
    {
      con.Open( );
      cmd.ExecuteNonQuery( );
    }
    catch(Exception e1)
    {
      Console.WriteLine(e1.Message);
    }
    finally
    {
      con.Close( );
    }

    ab = "SELECT * From Personen";
    try
    {
      adapter = new SqlDataAdapter(ab, ve);
      comm = new SqlCommandBuilder(adapter);
      table = new DataTable( );
      adapter.Fill(table);
      table.Rows[0]["Telefon"] = "273546";
      table.Rows[1]["Telefon"] = "938577";
      table.Rows[2]["Telefon"] = "883644";
      table.Rows[3]["Telefon"] = "293847";
      adapter.Update(table);
    }
    catch(Exception e2)
    {
      Console.WriteLine(e2.Message);
    }
  }
  public static void Main( )
  {
    new Haupt( );
  }
}
```

Beispiel 8.7_5 löscht mit

```
ALTER TABLE Personen DROP COLUMN Telefon
```

die Spalte Telefon. Die Übertragung des SQL-Strings zum SQL-Server ist bei Beispiel 8.7_4 beschrieben.

	ID	Vorname	Nachname
1	1	Anton	Meier
2	2	Otto	Müller
3	3	Fritz	Schulze
4	4	Karl	Schmitz

Abbildung 8.7_5

```
//Datei 8.7_5.cs

using System;
using System.Data;
using System.Data.SqlClient;

class Haupt
{
  public Haupt( )
  {
    string ve =
      "Server=(local);Database=Test;Integrated Security=true";
    string ab =
      "ALTER TABLE Personen DROP COLUMN Telefon";

    SqlConnection con = new SqlConnection(ve);
    SqlCommand cmd = new SqlCommand(ab, con);
    try
    {
      con.Open( );
      cmd.ExecuteNonQuery( );
    }
    catch(Exception e)
    {
      Console.WriteLine(e.Message);
    }
    finally
    {
      con.Close( );
    }
  }

  public static void Main( )
  {
    new Haupt( );
  }
}
```

9 Threads

Nach einer kurzen Einführung in die Bedeutung der Threads wird erläutert, wie Threads gestartet, angehalten und synchronisiert werden. Den Abschluss bildet das aus der Literatur bekannte Beispiel der n Philosophen.

9.1 Threads starten und anhalten

Die Betriebssysteme Windows 95 / 98 / NT / 2000 / XP und selbstverständlich Unix und damit verwandte Betriebssysteme sind in der Lage mehrere Prozesse quasi gleichzeitig abzuarbeiten. Da im PC normalerweise nur ein Prozessor vorhanden ist, setzt das Betriebssystem alle gestarteten Prozesse in eine Warteschlange und erteilt ihnen rundum immer wieder für einen kurzen Augenblick den Zugriff auf den Prozessor, so dass es für den Benutzer so aussieht, als würden alle Prozesse gleichzeitig laufen. Mit jedem Programmstart wird ein Prozess gestartet. So kann man mehrere Programme starten, und während ein Programm eine aufwändige Rechenaufgabe löst, kann man mit einem anderen Programm einen Text schreiben oder im Internet surfen. Ein Prozess wird auch als Task oder Thread bezeichnet. Threads im engeren Sinne sind Prozesse, die aus einem Programm heraus gestartet werden und es ermöglichen, mehrere Bereiche des Programms quasi gleichzeitig abzuarbeiten.

Ein Thread im .NET Framework ist eine Instanz der Klasse System.Threading.Thread. Dem Konstruktor dieser Klasse wird ein Parameter vom Typ System.Threading.ThreadStart übergeben. Dem Konstruktor der Klasse ThreadStart wird die Startroutine des Threads als Parameter übergeben. Sind beide Instanzen gebildet, so kann der Thread mit der Methode Start der Klasse Thread gestartet werden. Die Abarbeitung des Programms spaltet sich dadurch auf. Einerseits wird die Startroutine des Threads abgearbeitet und andererseits läuft das Programm hinter dem Aufruf von Start weiter. Das Programm läuft also auf zwei Wegen quasi parallel. Dieser Vorgang wird nun in Einzelschritten erläutert.

Mit

```
Thread t = new Thread(new ThreadStart(t_start));
```

wird der Thread t mit der Startroutine t_start erzeugt. Dies setzt voraus, dass eine Startroutine

```
protected void t_start( )
{
   . . .
}
```

vorhanden ist. Der Thread befindet sich zunächst im Zustand Unstarted. Er wird mit

```
t.Start( );
```

gestartet und befindet sich nach erfolgreichem Start im Zustand Running. Die Aufzählung System.Threading.ThreadState enthält die Zustände, die ein Thread annehmen kann.

ThreadState:

Aborted	Der Thread ist gestoppt.
AbortRequested	Abort ist aufgerufen worden.
Background	Der Thread ist ein Hintergrund Thread.
Running	Der Thread läuft.
Stopped	Der Thread ist gestoppt.
StopRequested	Der Thread soll gestoppt werden.
Suspended	Der Thread ist durch Suspend blockiert.
SuspendRequested	Suspend ist aufgerufen worden.
Unstarted	Der Thread ist mit new erzeugt aber nicht gestartet.
WaitSleepJoin	Der Thread ist durch Wait, Sleep oder Join blockiert.

Es gibt eine ganze Reihe von Methoden, die den Zustand eines Threads beeinflussen.

Interrupt löst eine ThreadInterruptedException aus, die den Thread stoppt, sobald er sich im Zustand WaitSleepJoin befindet. Nach erfolgreichem Interrupt ist der Thread im Zustand Stopped.

Abort löst eine ThreadAbortException aus, die den Thread stoppt. Nach erfolgreichem Abort ist der Thread im Zustand Stopped.

Suspend blockiert den Thread, bis er mit Resume wieder aktiviert wird. Während der Thread blockiert ist, befindet er sich im Zustand Suspended.

Sleep blockiert den aufrufenden Thread für eine bestimmte Zahl von Millisekunden im Zustand WaitSleepJoin.

Join blockiert den aufrufenden Thread solange im Zustand WaitSleepJoin, bis der aufgerufene Thread beendet ist.

Beispiel 9.1_1 vermittelt ein erstes Gefühl vom Verhalten der Threads. Zu diesem Zweck wird eine Windows Anwendung mit einer Toolbar, einer Textbox und einer Statusbar entwickelt. Die Toolbar-Buttons lösen die Anweisungen Start, Suspend, Resume, Interrupt und Abort aus. Die Statusbar zeigt den ThreadState an. Im linken Panel steht der sofort abgefragte Zustand und im rechten Panel der mit Verzögerung abgefragte Zustand oder der Zustand Running des laufenden Threads. Während der Thread läuft, wird alle 100 Millisekunden das Wort Hallo in die Textbox geschrieben.

Der Konstruktor der Klasse Haupt definiert zunächst die Toolbar, die Textbox und die Statusbar. Die Anweisungen

```
thread = new Thread(new ThreadStart(t_Run));
panel2.Text = thread.ThreadState.ToString( );
```

am Ende des Konstruktors erzeugen einen Thread und protokollieren seinen Zustand im rechten Panel der Statusbar. Nach dem Programmstart steht dort Unstarted. Die Startroutine des Threads

```
private void t_Run( )
{
  while(true)
  {
    box.AppendText("Hallo ");
    Thread.Sleep(100);
    panel2.Text = thread.ThreadState.ToString( );
  }
}
```

enthält die Endlosschleife while(true). Der Thread schreibt das Wort Hallo in die Textbox, legt sich für 100 Millisekunden schlafen und protokolliert dann den Zustand Running im rechten

Panel der Statusbar. Das ist etwas gemogelt, da sich der Thread wegen der Sleep Anweisung überwiegend im Zustand WaitSleepJoin befindet.

Der Eventhandler toolBar_ButtonClick reagiert auf die angeklickten Buttons. Da jederzeit jeder Button gedrückt werden kann, ist der Zustand des Threads im Moment des Anklickens nicht fest vorgegeben. Es ist also nicht ausgeschlossen, dass Konflikte entstehen. Das Programm verfolgt daher zwei Strategien. Erstens sollen die Anweisungen Start und Abort und das Beenden des Programms fehlerfrei funktionieren. Zweitens sollen bei Suspend, Resume und Interrupt Konflikte zugelassen und sichtbar gemacht werden.

Mit der Anweisungsfolge

```
if(e.Button == b_Start)
{
  try{thread.Resume( );}catch(Exception ex){}
  if(thread.ThreadState == ThreadState.Running ||
    (thread.ThreadState == ThreadState.WaitSleepJoin))
  {
    thread.Abort( );
    thread.Join( );
  }
  box.Clear( );
  thread = new Thread(new ThreadStart(t_Run));
  thread.Start( );
}
```

wird nach dem Anklicken des Buttons Start ein eventuell laufender Thread beendet, die Textbox gelöscht und einer neuer Thread gestartet. Das Beenden eines Threads erfordert erhöhte Aufmerksamkeit. Ein Thread, der sich im Zustand Suspended befindet, kann nicht mit Abort beendet werden. Um diesen Zustand auszuschließen, wird zunächst versucht, eine Resume Anweisung auszuführen. Dann wird der Zustand des Threads untersucht und, falls der Thread läuft, die Abort Anweisung ausgeführt. Durch Join wird das Hauptprogramm an den Thread angehängt. Es muss also an dieser Stelle warten, bis der Thread beendet ist, und kann erst dann seine Arbeit fortsetzen. Die hier beschriebenen Vorkehrungen werden beim Button Abort benutzt.

Die Anweisungen Suspend, Resume und Interrupt sind in try-catch Blöcke gesetzt. Tritt eine Exception auf, so erscheint eine Messagebox mit der entsprechenden Meldung. Da Interrupt nur im Zustand WaitSleepJoin wirkt, kann man folgendes Experiment machen. Man klickt die Buttons in der Reihenfolge Start, Suspend, Interrupt an und merkt, dass Interrupt nicht zur Wirkung kommt, was am Zustand des Threads zu erkennen ist. Erst wenn man Resume drückt, wird Interrupt ausgeführt. Hätte der Thread keine Sleep Anweisung, so würde auch dies nicht gelingen.

Am Ende des Eventhandlers wird mit den Anweisungen

```
panel1.Text = thread.ThreadState.ToString( );
Thread.Sleep(150);
panel2.Text = thread.ThreadState.ToString( );
```

der Zustand des Threads in die Statusbar geschrieben. Wie in der Abbildung zu sehen ist, kann der Thread mehrere kombinierbare Zustände gleichzeitig annehmen.

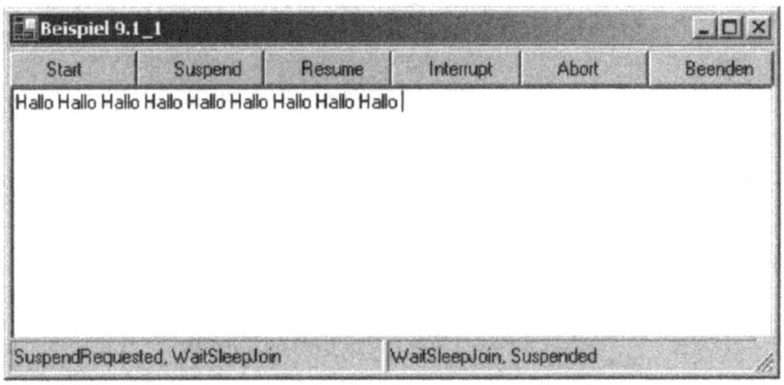

Abbildung 9.1_1

```
//Datei 9.1_1.cs

using System;
using System.Drawing;
using System.Windows.Forms;
using System.Threading;
using System.Timers;
using System.ComponentModel;

class Haupt : Form
{
```

```
ToolBar toolBar;
ToolBarButton b_Start, b_Suspend,
  b_Resume, b_Interrupt, b_Abort, b_End;
StatusBar statusBar;
StatusBarPanel panel1, panel2;
TextBox box;
Thread thread;

public Haupt( )
{
  Text = "Beispiel 9.1_1";
  ClientSize = new Size(480,200);
  BackColor = Color.White;

  b_Start = new ToolBarButton( );
  b_Start.Text = "Start";
  b_Suspend = new ToolBarButton( );
  b_Suspend.Text = "Suspend";
  b_Resume = new ToolBarButton( );
  b_Resume.Text = "Resume";
  b_Interrupt = new ToolBarButton( );
  b_Interrupt.Text = "Interrupt";
  b_Abort = new ToolBarButton( );
  b_Abort.Text = "Abort";
  b_End = new ToolBarButton( );
  b_End.Text = "Beenden";

  toolBar = new ToolBar( );
  toolBar.ButtonSize = new Size(80, 22);
  toolBar.TextAlign = ToolBarTextAlign.Right;
  toolBar.Buttons.AddRange(new ToolBarButton[]
  {
    b_Start, b_Suspend, b_Resume,
    b_Interrupt, b_Abort, b_End
  });
  toolBar.ButtonClick +=
    new ToolBarButtonClickEventHandler(toolBar_ButtonClick);

  statusBar = new StatusBar( );
  panel1 = new StatusBarPanel( );
  panel1.Width = 235;
  panel2 = new StatusBarPanel( );
  panel2.Width = 235;
  statusBar.Panels.AddRange(new StatusBarPanel[]{panel1, panel2});
  statusBar.ShowPanels = true;

  box = new TextBox( );
  box.Multiline = true;
  box.Dock = DockStyle.Fill;

  Controls.AddRange(new Control[]{statusBar, box, toolBar});
```

```
  thread = new Thread(new ThreadStart(t_Run));
  panel2.Text = thread.ThreadState.ToString( );
}

private void toolBar_ButtonClick(
  object sender, ToolBarButtonClickEventArgs e)
{
  if(e.Button == b_Start)
  {
    try{thread.Resume( );}catch(Exception ex){}
    if(thread.ThreadState == ThreadState.Running ||
      (thread.ThreadState == ThreadState.WaitSleepJoin))
    {
      thread.Abort( );
      thread.Join( );
    }
    box.Clear( );
    thread = new Thread(new ThreadStart(t_Run));
    thread.Start( );
  }
  else if(e.Button == b_Suspend)
  {
    try
    {
      thread.Suspend( );
    }
    catch(Exception ex)
    {
      MessageBox.Show(ex.Message);
    }
  }
  else if(e.Button == b_Resume)
  {
    try
    {
      thread.Resume( );
    }
    catch(Exception ex)
    {
      MessageBox.Show(ex.Message);
    }
  }
  else if(e.Button == b_Interrupt)
  {
    thread.Interrupt( );
  }
  else if(e.Button == b_Abort)
  {
    try{thread.Resume( );}catch(Exception ex){}
    if(thread.ThreadState == ThreadState.Running ||
```

```
        (thread.ThreadState == ThreadState.WaitSleepJoin))
      {
        thread.Abort( );
        thread.Join( );
      }
    }
    else if(e.Button == b_End)
    {
      Close( );
    }
    panel1.Text = thread.ThreadState.ToString( );
    Thread.Sleep(150);
    panel2.Text = thread.ThreadState.ToString( );
  }

  private void t_Run( )
  {
    while(true)
    {
      box.AppendText("Hallo ");
      Thread.Sleep(100);
      panel2.Text = thread.ThreadState.ToString( );
    }
  }

  protected override void OnClosing(CancelEventArgs e)
  {
    try{thread.Resume( );}catch(Exception ex){}
    if(thread.ThreadState == ThreadState.Running ||
      (thread.ThreadState == ThreadState.WaitSleepJoin))
    {
      thread.Abort( );
      thread.Join( );
    }
    panel2.Text = thread.ThreadState.ToString( );
    MessageBox.Show("Closing");
  }

  static void Main( )
  {
    Application.Run(new Haupt( ));
  }
}
```

9.2 Threads synchronisieren

Durch Join wird der aufrufende Thread an den aufgerufenen Thread angehängt. Beispiel 9.2_1 macht die Wirkungsweise deutlich.

Die Threads t1 und t2 werden erzeugt und gestartet. Die Startroutinen der Threads geben fünf mal t1 bzw. t2 aus. Bei jedem Schleifendurchlauf legen sich die Threads für 10 Millisekunden schlafen. Da beide Threads direkt nacheinander gestartet werden, sollte in etwa abwechselnd t1 und t2 ausgegeben werden.

Die Anweisung

```
t1.Join( );
```

zu Beginn der Startroutine des Threads t2 bewirkt, dass t2 an dieser Stelle so lange warten muss, bis t1 beendet ist. Der Thread t2 wird also an t1 angehängt.

```
// Datei 9.2_1.cs

using System;
using System.Threading;

class Haupt
{
  Thread t1, t2;

  public Haupt( )
  {
    t1 = new Thread(new ThreadStart(t1_Run));
    t2 = new Thread(new ThreadStart(t2_Run));
    t1.Start( );
    t2.Start( );
  }

  void t1_Run( )
  {
    for(int i=0; i<5;i++)
    {
      Console.WriteLine("t1");
      Thread.Sleep(10);
    }
  }

  void t2_Run( )
  {
```

```
    t1.Join( );
    for(int i=0; i<5;i++)
    {
      Console.WriteLine("t2");
      Thread.Sleep(10);
    }
  }

  static void Main( )
  {
    new Haupt( );
  }
}
```

Ausgabe:

```
t1
t1
t1
t1
t1
t2
t2
t2
t2
t2
```

Die Klasse System.Threading.Interlocked stellt Methoden zur Verfügung, die unteilbare Operationen ausführen. Während eine dieser Methoden eine Operation ausführt, kann kein anderer Thread auf das in Bearbeitung befindliche Objekt zugreifen.

Increment(ref a)	erhöht den Wert von a um 1
Decrement(ref a)	verringert den Wert von a um 1
Exchange(ref a, b)	ersetzt den Wert von a durch b
CompareExchange(ref a, b, c)	ersetzt den Wert von a durch b falls a gleich c ist

Die Parameter können bei Increment und Decrement vom Typ int oder long und bei Exchange und CompareExchange vom Typ int, float oder object sein.

Beispiel 9.2_2 startet die Threads t1 und t2. Der Thread t1 inkrementiert die Variable j 10 mal und schläft bei jedem Durchlauf 10 Millisekunden. Der Thread t2 dekrementiert j 10 mal und schläft bei jedem Durchlauf 20 Millisekunden.

Dadurch, dass t1 mit

```
Interlocked.Increment(ref j);
```

und t2 mit

```
Interlocked.Decrement(ref j);
```

den Wert der Variablen j verändert, wird ein gleichzeitiger Zugriff beider Threads auf j verhindert. Es könnte sonst ein unvorhersehbares Ergebnis entstehen.

```
// Datei 9.2_2.cs

using System;
using System.Threading;

class Haupt
{
  Thread t1, t2;
  int j=0;

  public Haupt( )
  {
    t1 = new Thread(new ThreadStart(t1_Run));
    t2 = new Thread(new ThreadStart(t2_Run));
    t1.Start( );
    t2.Start( );
  }

  void t1_Run( )
  {
    for(int i=0; i<10;i++)
    {
      Interlocked.Increment(ref j);
      Console.Write("{0} ", j);
      Thread.Sleep(10);
    }
  }

  void t2_Run( )
  {
    for(int i=0; i<10;i++)
    {
      Interlocked.Decrement(ref j);
      Console.Write("{0} ", j);
      Thread.Sleep(20);
    }
```

```
  }

  static void Main( )
  {
    new Haupt( );
  }
}
```

Ausgabe:

```
1 0 1 0 1 2 1 2 3 2 3 4 3 4 5 4 3 2 1 0
```

Die Methode tij in Beispiel 9.2_3 nimmt den String t und den Integerwert i entgegen, speichert i in der Variablen j, schläft drei Millisekunden und gibt anschließend t und j aus. Der Thread t1 übergibt tij 10 mal die Werte t1 und 1. Der Thread t2 übergibt tij 10 mal die Werte t2 und 0. Es müsste daher 10 mal t1: 1 und 10 mal t2: 0 ausgegeben werden. Dies ist aber nicht der Fall. Zwischen der Zuweisung j = i und der Ausgabe vergeht eine Zeitspanne, in der der jeweils andere Thread tij aufrufen und damit den Wert von j verändern kann. In der Ausgabe sind die fehlerhaften Zuordnungen deutlich zu erkennen.

```
// Datei 9.2_3.cs

using System;
using System.Threading;

class Haupt
{
  Thread t1, t2;
  int j=0;

  public Haupt( )
  {
    t1 = new Thread(new ThreadStart(t1_Run));
    t2 = new Thread(new ThreadStart(t2_Run));
    t1.Start( );
    t2.Start( );
  }

  void tij(string t, int i)
  {
    j = i;
    Thread.Sleep(3);
    Console.WriteLine(t + j.ToString( ));
```

```
    }

    void t1_Run( )
    {
      for(int i=0; i<10;i++)
      {
        tij("t1: ", 1);
        Thread.Sleep(1);
      }
    }

    void t2_Run( )
    {
      for(int i=0; i<10;i++)
      {
        tij("t2: ", 0);
        Thread.Sleep(1);
      }
    }

    static void Main( )
    {
      new Haupt( );
    }
}
```

Ausgabe:

```
t1: 0
t2: 0
t1: 0
t2: 0
t1: 0
t2: 0
t1: 0
t2: 0
t2: 0
t1: 0
t2: 1
t1: 1
t2: 1
t1: 1
t2: 1
t1: 1
t1: 0
t2: 0
t1: 0
t2: 0
```

Beispiel 9.2_4 ist abgesehen von der Methode tij mit dem vorigen Beispiel identisch. Das Schlüsselwort lock macht den Anweisungsblock

```
lock(this)
{
  j = i;
  Thread.Sleep(3);
  Console.WriteLine(t + j.ToString( ));
}
```

zu einer unteilbaren Operation. Durchläuft ein Thread diesen Anweisungsblock, so muss ein anderer Thread, der tij aufruft, warten bis sein Vorgänger den Block verlassen hat. In der Ausgabe stimmen daher jetzt die Zuordnungen t1: 1 und t2: 0.

```
// Datei 9.2_4.cs

using System;
using System.Threading;

class Haupt
{
  Thread t1, t2;
  int j=0;

  public Haupt( )
  {
    t1 = new Thread(new ThreadStart(t1_Run));
    t2 = new Thread(new ThreadStart(t2_Run));
    t1.Start( );
    t2.Start( );
  }

  void tij(string t, int i)
  {
    lock(this)
    {
      j = i;
      Thread.Sleep(3);
      Console.WriteLine(t + j.ToString( ));
    }
  }

  void t1_Run( )
  {
    for(int i=0; i<10;i++)
    {
```

```
      tij("t1: ", 1);
      Thread.Sleep(1);
    }
  }

  void t2_Run( )
  {
    for(int i=0; i<10;i++)
    {
      tij("t2: ", 0);
      Thread.Sleep(1);
    }
  }

  static void Main( )
  {
    new Haupt( );
  }
}
```

Ausgabe:

```
t1: 1
t2: 0
t1: 1
t2: 0
t1: 1
t2: 0
t1: 1
t2: 0
t1: 1
t2: 0
t1: 1
t2: 0
t1: 1
t2: 0
t1: 1
t2: 0
t1: 1
t2: 0
t1: 1
t2: 0
```

Die Klasse System.Threading.Monitor stellt weitere Methoden zur Synchronisation von Threads zur Verfügung.

```
Enter       verriegelt ein Objekt
TryEnter    versucht ein Objekt zu verriegeln
Exit        gibt ein verriegeltes Objekt frei
Wait        gibt ein verriegeltes Objekt frei und blockiert den aufru-
            fenden Thread
Pulse       gibt einen blockierten Thread frei
PulseAll    gibt alle blockierten Threads frei
```

Die Klammerung der Anweisungen mit

```
Monitor.Enter(this);
```

und

```
Monitor.Exit(this);
```

im Beispiel 9.2_5 hat die gleiche Wirkung wie die Klammerung mit lock im vorigen Beispiel. Enter verriegelt das Objekt this. Dadurch wird jeder Thread, der tij aufruft, blockiert bis die Verriegelung mit Exit aufgehoben wird. Die Ausgabe entspricht der von Beispiel 9.2_4.

```
// Datei 9.2_5.cs

using System;
using System.Threading;

class Haupt
{
  Thread t1, t2;
  int j=0;

  public Haupt( )
  {
    t1 = new Thread(new ThreadStart(t1_Run));
    t2 = new Thread(new ThreadStart(t2_Run));
    t1.Start( );
    t2.Start( );
  }

  void tij(string t, int i)
  {
    Monitor.Enter(this);
    j = i;
    Thread.Sleep(3);
```

```
    Console.WriteLine(t + j.ToString( ));
    Monitor.Exit(this);
  }

  void t1_Run( )
  {
    for(int i=0; i<10;i++)
    {
      tij("t1: ", 1);
      Thread.Sleep(1);
    }
  }

  void t2_Run( )
  {
    for(int i=0; i<10;i++)
    {
      tij("t2: ", 0);
      Thread.Sleep(1);
    }
  }

  static void Main( )
  {
    new Haupt( );
  }
}
```

Der Thread t1 in Beispiel 9.2_6 verringert bei jedem Schleifendurchlauf den Wert von j um 1. Die Anweisung

```
if(j<=3)Monitor.Wait(this);
```

blockiert den Thread t1, wenn j kleiner oder gleich 3 ist. Durch Wait wird t1 in eine Warteschlange, die waiting queue, gesetzt. Der Thread t2 erhöht bei jedem Schleifendurchlauf den Wert von j um 1. Die Anweisung

```
if(j>=8)Monitor.Pulse(this);
```

weckt t1 wieder auf. Durch Pulse wird ein Thread, in diesem Beispiel t1, von der waiting queue in die ready queue transferiert. Dadurch kann t1 sobald als möglich seine Arbeit wieder aufnehmen. Im Unterschied zu Pulse befördert PulseAll nicht nur einen, sondern alle Threads von der waiting queue zur ready queue. Die vom Programm ausgegebenen Werte gehen von 3 bis 8.

```
// Datei 9.2_6.cs

using System;
using System.Threading;

class Haupt
{
  Thread t1, t2;
  int j=3;

  public Haupt( )
  {
    t1 = new Thread(new ThreadStart(t1_Run));
    t2 = new Thread(new ThreadStart(t2_Run));
    t1.Start( );
    t2.Start( );
  }

  void t1_Run( )
  {
    for(int i=0; i<10;i++)
    {
      try
      {
        Monitor.Enter(this);
        if(j<=3)Monitor.Wait(this);
        j--;
        Console.WriteLine("t1: " + j.ToString( ));
      }
      finally
      {
        Monitor.Exit(this);
      }
      Thread.Sleep(10);
    }
    t2.Abort( );
  }

  void t2_Run( )
  {
    while(true)
    {
      try
      {
        Monitor.Enter(this);
        j++;
        Console.WriteLine("t2: " + j.ToString( ));
        if(j>=8)Monitor.Pulse(this);
      }
      finally
      {
```

```
                Monitor.Exit(this);
            }
            Thread.Sleep(50);
        }
    }

    static void Main( )
    {
        new Haupt( );
    }
}
```

Ausgabe:

```
t2: 4
t2: 5
t2: 6
t2: 7
t2: 8
t1: 7
t1: 6
t1: 5
t1: 4
t1: 3
t2: 4
t2: 5
t2: 6
t2: 7
t2: 8
t1: 7
t1: 6
t1: 5
t1: 4
t1: 3
t2: 4
```

Beispiel 9.2_7 lässt zu, dass sich mehrere Prozesse gleichzeitig in einem kritischen Abschnitt des Programms befinden. Zu diesem Zweck werden 8 Threads gestartet. Jeder Thread versucht 7 mal den kritischen Abschnitt zu betreten. Es dürfen sich jedoch nicht mehr als 4 Threads gleichzeitig im kritischen Abschnitt befinden.

Zur Lösung dieses Problems wird auf die von dem holländischen Mathematikprofessor Edsger Wybe Dijkstra formulierten Semaphoroperationen [4] zurückgegriffen. Das Wort Semaphor stammt aus der Seefahrt und bedeutet Zeichenträger. Zur Synchronisation von Prozessen verwendete Semaphore sind Zustandsvariablen. Für die Arbeit mit Semaphoren hat Dijkstra die von den holländischen Worten passeer und verlaat abgeleiteten Operationen

P(Semaphor) und V(Semaphor) definiert. Beim Betreten eines kritischen Abschnitts wird P(Semaphor) aufgerufen und beim Verlassen V(Semaphor).

```
  unkritischer Abschnitt
P(Semaphor)
  kritischer Abschnitt
V(Semaphor)
  unkritischer Abschnitt
```

Sowohl die P- als auch die V-Operation müssen unteilbare Operationen sein. Deshalb werden beide Operationen mit Monitor.Enter(this) und Monitor.Exit(this) verriegelt.

Die P-Operation fragt den Semaphor s ab. Falls s größer oder gleich 1 ist, so wird der Wert von s um 1 verringert. Ist s kleiner als 1, so wird Monitor.Wait(this) aufgerufen. Dadurch wird der aufrufende Thread blockiert und die Verriegelung gelöst.

```
public void P(ref int s)
{
  Monitor.Enter(this);
  while(s < 1)Monitor.Wait(this);
  Interlocked.Decrement(ref s);
  Monitor.Exit(this);
}
```

Die V-Operation erhöht den Wert von s um 1 und weckt mit Monitor.Pulse(this) einen blockierten Thread auf.

```
public void V(ref int s)
{
  Monitor.Enter(this);
  Interlocked.Increment(ref s);
  Monitor.Pulse(this);
  Monitor.Exit(this);
}
```

In der Klasse Haupt des Beispiels 9.2_7 ist die Konstante npr die Anzahl der zu erzeugenden Prozesse und ns die Anzahl der Prozesse, die sich gleichzeitig im kritischen Abschnitt befinden dürfen. Die im Konstruktor der Klasse Haupt erzeugten Prozesse werden im Array pr abgelegt. Jeder Prozess bekommt dadurch eine Nummer zwischen 0 und npr-1 zugewiesen. Im Array k wird festgehalten welcher Prozess sich im kritischen Abschnitt befindet. Dadurch ist es möglich, den Ablauf des Programms zu protokollieren.

Ein Prozess ist in diesem Beispiel eine Instanz der Klasse Prozess. Der Konstruktor der Klasse Prozess besitzt den Parameter h, der es ermöglicht, auf die public vereinbarten Mitglieder der Klasse Haupt zuzugreifen. Der zweite Parameter n ist die Nummer des Prozesses. Nach dem Abspeichern der Parameter startet der Konstruktor den Thread t.

Die Startroutine t_Run gibt zuerst die Meldung aus, welcher Prozess gestartet worden ist. Danach folgen 7 Schleifendurchläufe, in denen der Prozess versucht, den kritischen Abschnitt mit der Anweisung

```
h.P(ref h.semaphor);
```

zu betreten. Die Variable semaphor der Klasse Haupt ist mit dem Wert 4 initialisiert. Der erste Aufruf der P-Operation verringert diesen Wert auf 3, der zweite auf 2, der dritte auf 1 und der vierte auf 0. Folgt jetzt ein fünfter Aufruf der P-Operation, so bleibt der Wert von semaphor gleich 0 und der aufrufende Prozess wird blockiert. Mit der Anweisung

```
h.V(ref h.semaphor);
```

wird der kritische Abschnitt wieder verlassen. Die V-Operation erhöht den Wert von semaphor um 1 und weckt einen Prozess aus der Warteschlange auf. Durch das Zusammenspiel der aufgerufenen P- und V-Operationen wird sichergestellt, dass höchstens 4 Prozesse im kritischen Abschnitt sind.

Am Anfang des kritischen Abschnitts trägt sich der Prozess mit

```
lock(h.k)
{
  h.k[n] = 1;
}
```

in den Array k der Klasse Haupt ein und am Ende des kritischen Abschnitts trägt er sich mit

```
lock(h.k)
{
  h.k[n] = 0;
}
```

wieder aus. Der Zugriff auf den Array k ist mit lock(h.k) verriegelt, um auszuschließen, dass mehrere Prozesse gleichzeitig auf den Array zugreifen.

Sobald der Prozess sich eingetragen hat, legt er sich für 5 bis 50 Millisekunden schlafen und gibt dann den Array k und die Anzahl der Prozesse im kritischen Abschnitt aus. Diese Anweisungen sind ebenfalls mit lock verriegelt, da der Array k ständig von anderen Prozessen verändert wird.

Nach 7 Schleifendurchläufen meldet der Prozess, dass er beendet ist und verlässt die Startroutine.

```
// Datei 9.2_7.cs

using System;
using System.Threading;

class Haupt
{
  public const int npr = 8;
  public const int ns =4;

  Prozess[] pr = new Prozess[npr];
  public int[] k = new int[npr];
  public int semaphor = ns;
  public Random rand = new Random( );

  public Haupt( )
  {
    for(int i=0; i<npr; i++)
      pr[i] = new Prozess(this, i);
  }

  public void P(ref int s)
  {
    Monitor.Enter(this);
    while(s < 1)Monitor.Wait(this);
    Interlocked.Decrement(ref s);
    Monitor.Exit(this);
  }

  public void V(ref int s)
  {
    Monitor.Enter(this);
    Interlocked.Increment(ref s);
    Monitor.Pulse(this);
    Monitor.Exit(this);
  }
```

```
  static void Main( )
  {
    new Haupt( );
  }
}

class Prozess
{
  Thread t;
  Haupt h;
  int n;

  public Prozess(Haupt h, int n)
  {
    this.n = n;
    this.h = h;
    Thread.Sleep(1);
    t = new Thread(new ThreadStart(t_Run));
    t.Start( );
  }

  void t_Run( )
  {
    Console.WriteLine("Prozess {0} gestartet", n);
    for(int i=0; i<7; i++)
    {
      h.P(ref h.semaphor);

      lock(h.k)
      {
        h.k[n] = 1;
      }
      Thread.Sleep(h.rand.Next(5, 50));

      lock(h.k)
      {
        int np = 0;
        for(int j=0; j<Haupt.npr; j++)
        {
          np += h.k[j];
          Console.Write("{0} ", h.k[j]);
        }
        Console.WriteLine(" Prozesse im krit. Abschn.: {0}", np);
      }
      Thread.Sleep(h.rand.Next(5, 50));

      lock(h.k)
      {
        h.k[n] = 0;
      }
      h.V(ref h.semaphor);
```

```
    }
    Console.WriteLine("Prozess {0} beendet", n);
  }
}
```

Ausgabe:

```
Prozess 0 gestartet
Prozess 1 gestartet
Prozess 2 gestartet
1 1 1 0 0 0 0 0  Prozesse im krit. Abschn.: 3
Prozess 3 gestartet
1 1 1 1 0 0 0 0  Prozesse im krit. Abschn.: 4
Prozess 4 gestartet
1 1 1 1 0 0 0 0  Prozesse im krit. Abschn.: 4
Prozess 5 gestartet
Prozess 6 gestartet
Prozess 7 gestartet
0 0 1 1 1 1 0 0  Prozesse im krit. Abschn.: 4
1 0 0 1 1 1 0 0  Prozesse im krit. Abschn.: 4
1 0 0 1 1 1 0 0  Prozesse im krit. Abschn.: 4
1 1 0 0 1 1 0 0  Prozesse im krit. Abschn.: 4
1 1 0 0 1 1 0 0  Prozesse im krit. Abschn.: 4
1 1 0 0 1 1 0 0  Prozesse im krit. Abschn.: 4
0 1 0 1 1 1 0 0  Prozesse im krit. Abschn.: 4
0 1 0 1 1 1 0 0  Prozesse im krit. Abschn.: 4
0 1 0 1 1 1 0 0  Prozesse im krit. Abschn.: 4
0 1 0 1 1 1 0 0  Prozesse im krit. Abschn.: 4
0 1 0 1 1 1 0 0  Prozesse im krit. Abschn.: 4
0 1 0 1 1 1 0 0  Prozesse im krit. Abschn.: 4
0 1 0 1 1 1 0 0  Prozesse im krit. Abschn.: 4
0 1 0 1 1 1 0 0  Prozesse im krit. Abschn.: 4
0 1 0 1 1 1 0 0  Prozesse im krit. Abschn.: 4
0 1 0 1 1 1 0 0  Prozesse im krit. Abschn.: 4
0 1 0 1 1 1 0 0  Prozesse im krit. Abschn.: 4
0 1 0 1 1 1 0 0  Prozesse im krit. Abschn.: 4
0 1 0 1 1 1 0 0  Prozesse im krit. Abschn.: 4
0 1 0 1 1 1 0 0  Prozesse im krit. Abschn.: 4
0 1 0 1 1 1 0 0  Prozesse im krit. Abschn.: 4
0 1 0 1 1 1 0 0  Prozesse im krit. Abschn.: 4
0 1 0 1 1 1 0 0  Prozesse im krit. Abschn.: 4
0 1 0 1 1 1 0 0  Prozesse im krit. Abschn.: 4
Prozess 5 beendet
0 1 1 1 0 0 0 1  Prozesse im krit. Abschn.: 4
0 1 1 1 0 0 0 1  Prozesse im krit. Abschn.: 4
0 1 1 1 0 0 0 1  Prozesse im krit. Abschn.: 4
0 1 1 1 0 0 0 1  Prozesse im krit. Abschn.: 4
0 1 1 1 0 0 0 1  Prozesse im krit. Abschn.: 4
Prozess 1 beendet
1 0 1 1 0 0 0 1  Prozesse im krit. Abschn.: 4
1 0 1 1 0 0 0 1  Prozesse im krit. Abschn.: 4
```

```
1 0 1 1 0 0 0 1  Prozesse im krit. Abschn.: 4
Prozess 3 beendet
1 0 1 0 1 0 0 1  Prozesse im krit. Abschn.: 4
1 0 1 0 1 0 0 1  Prozesse im krit. Abschn.: 4
1 0 1 0 1 0 0 1  Prozesse im krit. Abschn.: 4
1 0 1 0 1 0 0 1  Prozesse im krit. Abschn.: 4
1 0 1 0 1 0 0 1  Prozesse im krit. Abschn.: 4
Prozess 4 beendet
1 0 1 0 0 0 1 1  Prozesse im krit. Abschn.: 4
1 0 1 0 0 0 1 1  Prozesse im krit. Abschn.: 4
1 0 1 0 0 0 1 1  Prozesse im krit. Abschn.: 4
1 0 1 0 0 0 1 1  Prozesse im krit. Abschn.: 4
1 0 1 0 0 0 1 1  Prozesse im krit. Abschn.: 4
1 0 1 0 0 0 1 1  Prozesse im krit. Abschn.: 4
1 0 1 0 0 0 1 1  Prozesse im krit. Abschn.: 4
1 0 1 0 0 0 1 1  Prozesse im krit. Abschn.: 4
Prozess 0 beendet
0 0 1 0 0 0 1 1  Prozesse im krit. Abschn.: 3
0 0 1 0 0 0 1 1  Prozesse im krit. Abschn.: 3
0 0 1 0 0 0 1 1  Prozesse im krit. Abschn.: 3
Prozess 2 beendet
0 0 0 0 0 0 1 1  Prozesse im krit. Abschn.: 2
0 0 0 0 0 0 1 1  Prozesse im krit. Abschn.: 2
Prozess 7 beendet
0 0 0 0 0 0 1 0  Prozesse im krit. Abschn.: 1
0 0 0 0 0 0 1 0  Prozesse im krit. Abschn.: 1
0 0 0 0 0 0 1 0  Prozesse im krit. Abschn.: 1
Prozess 6 beendet
```

9.3 n Philosophen

Die im Abschnitt 9.2_7 erläuterten Semaphore eignen sich hervorragend zur Lösung des ebenfalls von Dijkstra stammenden Problems der n Philosophen.

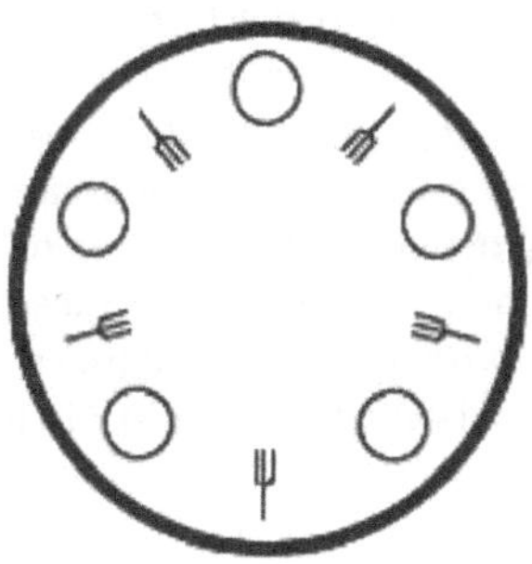

Abbildung 9.3_1a

Fünf oder mehr Philosophen sitzen um einen runden Tisch. Sie durchlaufen zyklisch die Zustände des Denkens, des hungrig werdens und des Essen. Dabei gibt es jedoch ein Problem. Vor jedem Philosophen steht ein Teller und zwischen je zwei Tellern liegt nur eine Gabel. Es liegen also genau so viele Gabeln auf dem Tisch, wie Philosophen an ihm sitzen. Jeder Philosoph braucht aber zwei Gabeln, um die aufgetragene Speise essen zu können. Ein Philosoph kann also nur dann essen, wenn keiner seiner Nachbarn isst. Außerdem besteht die Gefahr, dass keinem der Philosophen zwei Gabeln zur Verfügung stehen, wenn mehrere Philosophen bereits eine Gabel aufgehoben haben. In diesem Fall entsteht ein Deadlock. Das gesamte Programm blockiert.

Beispiel 9.3_1 löst die Aufgabe mit Hilfe von Semaphoren. Ein Philosoph ist eine Instanz der Klasse Philosoph. Diese Klasse hat eine gewisse Ähnlichkeit mit der Klasse Prozess des Beispiels 9.2_7. Die Anzahl der Philosophen, die im Array ph abgelegt werden, ist nph. Der Index, unter dem die Philosophen abgelegt werden, wird dem Konstruktor der Klasse Philosoph als Parameter übergeben. Der zweite Parameter übergibt die Instanz der Klasse Haupt. Der Zustand der Philosophen wird im Array zustand festgehalten. Der Zustand wird mit 0 initialisiert und kann die Werte 0, 1 und 2 annehmen. Auf den als Array mit einem Element implementierten Semaphor gemeinsam dürfen alle Prozesse bzw. Philosophen sowohl die P-, als auch die V-Operation ausführen. Der Semaphor gemeinsam ist mit 1 initialisiert. Für jeden Philosophen ist ein privater Semaphor definiert. Diese Semaphore sind im Array privat gespeichert. Auf den Semaphor privat[i] darf nur der Philosoph i die P-Operation ausführen. Die V-Operation führt die unten beschriebene Methode Status aus. Die privaten Semaphore sind mit 0 initialisiert, so dass zunächst keiner der Prozesse den kritischen Abschnitt betreten kann. Mit anderen Worten gesagt, kann der Philosoph i erst dann essen, wenn eine V-Operation auf den Semaphor privat[i] ausgeführt worden ist. Die Startroutine der erzeugten Threads ist die Methode t_Run der Klasse Philosoph. Da diese Methode eine Endlosschleife enthält, wird ein Timer definiert, der das Programm nach fünf Sekunden abbricht. Nun zum Ablauf des Programms.

Der Konstruktor der Klasse Haupt

```
public Haupt( )
{
  timer = new System.Timers.Timer(5000);
  timer.Elapsed += new ElapsedEventHandler(elapsed);
  gemeinsam[0] = 1;
  P(ref gemeinsam[0]);
  for(int i=0; i<nph; i++)
  {
    zustand[i] = 0;
    privat[i] = 0;
    ph[i] = new Philosoph(this, i);
  }
  timer.Start( );
  V(ref gemeinsam[0]);
}
```

definiert den Timer und setzt den Semaphor gemeinsam auf 1. In der darauf folgenden Laufanweisung werden die Arrays zustand und privat initialisiert und die Instanzen der Klasse Philosoph gebildet. Der Konstruktor der Klasse Philosoph speichert die übergebenen Parameter ab, erzeugt den Thread t mit der Startroutine t_Run und startet ihn. Die beschriebene Laufanweisung funktioniert nur dann konfliktfrei, wenn alle Statusvariablen gesetzt sind, bevor der erste Philosoph mit dem Essen beginnen möchte. Dies ist in diesem Beispiel normalerweise der Fall, weil alle Philosophen zuerst 250 bis 500 Millisekunden denken und anschließend die gleiche Zeitspanne über hungrig werden. Trotzdem ist es besser, Vorkehrungen zu treffen. Dadurch, dass auf den Semaphor gemeinsam vor der Laufanweisung eine P-Operation ausgeführt wird und die Startroutine t_Run ebenfalls mit einer P-Operation auf diesen Semaphor beginnt, ist zunächst jeder Philosoph blockiert. Nach der Laufanweisung wird der Timer gestartet und dann die V-Operation auf den Semaphor gemeinsam ausgeführt. Damit beginnt der Lebenszyklus der Philosophen. Um das Programm zu beenden, bricht der Timer nach fünf Sekunden alle Threads ab.

Bevor nun die Startroutine t_Run im einzelnen erläutert werden kann, sind noch einige Worte zu den P- und V-Operationen und zur Methode Status erforderlich. Die P- und V-Operationen sind identisch mit denen des Beispiels 9.2_7. Sie werden hier jedoch nicht nur auf einen Semaphor sondern auf mehrere Semaphore angewendet.

Die Methode

```
public void Status(int i)
{
  Monitor.Enter(this);
  if(zustand[i] == 1
    && zustand[(i+1) % nph] < 2
    && zustand[(i-1+nph) % nph] < 2)
  {
    zustand[i] = 2;
    V(ref privat[i]);
  }
  Monitor.Exit(this);
}
```

ist mit Monitor.Enter und Monitor.Exit verriegelt. Dies ist erforderlich, da die Variable zustand abgefragt und verändert wird. Wie bereits erwähnt wurde, kann die Variable zustand die Werte 0, 1 oder 2 annehmen. Im Zustand 0 denkt der Philosoph oder er wird hungrig. Im Zustand 1 will der Philosoph mit dem Essen beginnen und im Zustand 2 isst der Philosoph. Beim Übergang vom Zustand 1 zum Zustand 2 blickt der Philosoph nach links und rechts und nimmt, falls dies möglich ist, beide Gabeln auf. Genau dieser Vorgang wird in der Methode Status behandelt, die nur dann den Zustand des Philosophen i auf 2 setzt, wenn sein eigener Zustand gleich 1 ist und der Zustand der Philosophen i-1 und i+1 kleiner als 2 ist. Die Tatsache, dass der Vorgänger des Philosophen 0 der Philosoph nph-1 ist und umgekehrt der Nachfolger des Philosophen nph-1 der Philosoph 0 ist, wird durch die Modulo-Anweisung %nph berücksichtigt. Die anschließende V-Operation setzt den Semaphor privat[i] auf 1. Ist der Wert des Semaphors privat[i] gleich 0, so wird der Philosoph i, sobald er eine P-Operation auf diesen Semaphor ausführt, blockiert. Ist der Wert gleich 1, so kann er die P-Operation passieren.

Durch die Anweisungen

```
h.P(ref h.gemeinsam[0]);
h.V(ref h.gemeinsam[0]);
Console.WriteLine(" Philosoph {0}: Denken", n);
```

am Anfang der Startroutine t_Run wird der aktuelle Thread blockiert, bis der Konstruktor der Klasse Haupt die bereits erwähnte V-Operation ausführt. Die der P-Operation der Startroutine folgende V-Operation weckt einen weiteren Philosophen auf, der dann wiederum den nächsten aufweckt, bis alle Philosophen gemeldet haben, dass sie denken und die Endlosschleife

```
while(true)
{
  . . .
}
```

durchlaufen. Die Anweisungen

```
Thread.Sleep(h.rand.Next(250, 500));
Console.WriteLine(" Philosoph {0}: Hungrig werden", n);
Thread.Sleep(h.rand.Next(250, 500));
```

versinnbildlichen die 250 bis 500 Millisekunden andauernden Zustände des Denkens und des hungrig Werdens. Anschließend versucht der Philosoph n mit

```
h.P(ref h.gemeinsam[0]);
h.zustand[n]=1;
h.Status(n);
h.V(ref h.gemeinsam[0]);
```

die beiden Gabeln aufzunehmen und zu essen. Da die Variable zustand[n] = 1 gesetzt wird, prüft die Methode Status(n) den Zustand der beiden Nachbarphilosophen und führt gegebenenfalls eine V-Operation auf den Semaphor privat[n] aus. Diese Anweisungen sind durch die P- und V-Operation auf den Semaphor gemeinsam verriegelt, damit kein anderer Philosoph gleichzeitig die Werte des Arrays zustand ändern kann. Falls die V-Operation auf den Semaphor privat[n] nicht ausgeführt worden ist, so wird der Philosoph n durch die Anweisung

```
h.P(ref h.privat[n]);
```

blockiert. Andernfalls darf er essen, was durch

```
Console.WriteLine(" Philosoph {0}: Essen", n);
Thread.Sleep(1000);
```

angezeigt wird. Nach dem Essen beginnt der Philosoph wieder zu denken.

```
h.P(ref h.gemeinsam[0]);
h.zustand[n]= 0;
Console.WriteLine(" Philosoph {0}: Denken", n);
h.Status((n+1) % Haupt.nph);
h.Status((n-1+Haupt.nph) % Haupt.nph);
h.V(ref h.gemeinsam[0]);
```

Dazu wird zustand[n] = 0 gesetzt und das Denken protokolliert. Anschließend wird die Methode Status für beide Nachbarphilosophen aufgerufen, so dass diese, falls sie essen möchten, gegebenenfalls durch die V-Operation auf ihren privaten Semaphor die Erlaubnis dazu bekommen.

```
// Datei 9.3_1.cs

using System;
using System.Threading;
using System.Timers;

class Haupt
{
  public const int nph = 5;

  Philosoph[] ph = new Philosoph[nph];
  public int[] zustand = new int[nph];
  public int[] gemeinsam = new int[1];
  public int[] privat = new int[nph];
  public Random rand = new Random( );
  System.Timers.Timer timer;

  public Haupt( )
  {
    timer = new System.Timers.Timer(5000);
    timer.Elapsed += new ElapsedEventHandler(elapsed);
    gemeinsam[0] = 1;
    P(ref gemeinsam[0]);
    for(int i=0; i<nph; i++)
    {
      zustand[i] = 0;
      privat[i] = 0;
      ph[i] = new Philosoph(this, i);
    }
    timer.Start( );
    V(ref gemeinsam[0]);
  }

  protected void elapsed(object o, ElapsedEventArgs e)
  {
    Monitor.Enter(this);
    Monitor.PulseAll(this);
```

```
      for(int i=0; i<nph; i++)
      {
        ph[i].t.Abort( );
        ph[i].t.Join( );
      }
      Monitor.Exit(this);
    }

    public void P(ref int s)
    {
      Monitor.Enter(this);
      while(s < 1)Monitor.Wait(this);
      Interlocked.Decrement(ref s);
      Monitor.Exit(this);
    }

    public void V(ref int s)
    {
      Monitor.Enter(this);
      Interlocked.Increment(ref s);
      Monitor.Pulse(this);
      Monitor.Exit(this);
    }

    public void Status(int i)
    {
      Monitor.Enter(this);
      if(zustand[i] == 1
        && zustand[(i+1) % nph] < 2
        && zustand[(i-1+nph) % nph] < 2)
      {
        zustand[i] = 2;
        V(ref privat[i]);
      }
      Monitor.Exit(this);
    }

    static void Main( )
    {
      new Haupt( );
    }
  }

  class Philosoph
  {
    public Thread t;
    Haupt h;
    int n;

    public Philosoph(Haupt h, int n)
    {
```

```
    this.n = n;
    this.h = h;
    Thread.Sleep(1);
    t = new Thread(new ThreadStart(t_Run));
    t.Start( );
  }

  void t_Run( )
  {
    h.P(ref h.gemeinsam[0]);
    h.V(ref h.gemeinsam[0]);
    Console.WriteLine(" Philosoph {0}: Denken", n);

    while(true)
    {
      Thread.Sleep(h.rand.Next(250, 500));
      Console.WriteLine(" Philosoph {0}: Hungrig werden", n);
      Thread.Sleep(h.rand.Next(250, 500));

      h.P(ref h.gemeinsam[0]);
      h.zustand[n]=1;
      h.Status(n);
      h.V(ref h.gemeinsam[0]);

      h.P(ref h.privat[n]);
      Console.WriteLine(" Philosoph {0}: Essen", n);
      Thread.Sleep(1000);

      h.P(ref h.gemeinsam[0]);
      h.zustand[n]= 0;
      Console.WriteLine(" Philosoph {0}: Denken", n);
      h.Status((n+1) % Haupt.nph);
      h.Status((n-1+Haupt.nph) % Haupt.nph);
      h.V(ref h.gemeinsam[0]);
    }
  }
}
```

Ausgabe:

```
Philosoph 0: Denken
Philosoph 1: Denken
Philosoph 2: Denken
Philosoph 3: Denken
Philosoph 4: Denken
Philosoph 2: Hungrig werden
Philosoph 3: Hungrig werden
Philosoph 0: Hungrig werden
Philosoph 1: Hungrig werden
Philosoph 4: Hungrig werden
Philosoph 3: Essen
```

```
Philosoph 1: Essen
Philosoph 3: Denken
Philosoph 4: Essen
Philosoph 1: Denken
Philosoph 2: Essen
Philosoph 3: Hungrig werden
Philosoph 1: Hungrig werden
Philosoph 4: Denken
Philosoph 0: Essen
Philosoph 2: Denken
Philosoph 3: Essen
Philosoph 2: Hungrig werden
Philosoph 4: Hungrig werden
Philosoph 0: Denken
Philosoph 3: Denken
Philosoph 1: Essen
Philosoph 3: Hungrig werden
Philosoph 0: Hungrig werden
Philosoph 4: Essen
Philosoph 1: Denken
Philosoph 1: Hungrig werden
```

Beispiel 9.3_2 ist eine grafische Variante des Beispiels 9.3_1. Die Klasse Haupt ist von Form abgeleitet und die Methode Main startet eine Windows Anwendung. Die Synchronisation der Prozesse wird ohne Änderung von Beispiel 9.3_1 übernommen. Die Tätigkeiten der Philosophen werden durch Bitmaps mit 32 * 32 Punkten dargestellt.

 Denken

Abbildung 9.3_1b

 Hungrig werden

Abbildung 9.3_1c

 Essen

Abbildung 9.3_1d

Der Array

```
public Bitmap[] philo= new Bitmap[3];
```

nimmt die Bitmaps auf, die mit den Anweisungen

```
philo[0] = new Bitmap(Image.FromFile("Philo1.bmp"));
philo[0].MakeTransparent(Color.White);
philo[1] = new Bitmap(Image.FromFile("Philo2.bmp"));
philo[1].MakeTransparent(Color.White);
philo[2] = new Bitmap(Image.FromFile("Philo3.bmp"));
philo[2].MakeTransparent(Color.White);
```

geladen und mit einem transparenten Hintergrund versehen werden. Alle Threads werden beim Schließen des Fensters vom Eventhandler OnClosing beendet. Der zweite Eventhandler in der Klasse Haupt

```
protected override void OnPaint(PaintEventArgs e)
{
  Graphics g = e.Graphics;
  for(int i=0; i<nph; i++)ph[i].draw(g);
}
```

zeichnet die Philosophen. Dabei bedient er sich der Methode

```
public void draw(Graphics g)
{
  g.DrawImage(h.philo[bild], x, y);
}
```

der Klasse Philosoph. Die Variablen bild, x und y sind ebenfalls Mitglieder der Klasse Philosoph. Der Konstruktor dieser Klasse berechnet die Koordinaten der Bitmaps.

```
x = (int)(80.0*Math.Sin(2.0*n*Math.PI/Haupt.nph))+84;
y = (int)(-80.0*Math.Cos(2.0*n*Math.PI/Haupt.nph))+84;
```

Der Wert der Variablen bild ist gleich 0, wenn der Philosoph denkt, der Wert ist gleich 1, wenn der Philosoph hungrig wird und gleich 2, wenn er isst. Die Anweisung

```
h.Invalidate(new Rectangle(x, y, 32, 32));
```

wird nach jeder Änderung des Wertes der Variablen bild ausgeführt. Dadurch wird ein Paint Ereignis ausgelöst, auf das der Eventhandler OnPaint reagiert. In der Startroutine t_Run muss daher im Vergleich zu Beispiel 9.3_1 lediglich jede Textausgabe durch eine Wertzuweisung an die Variable bild und den anschließenden Aufruf von Invalidate ersetzt werden.

Eine Momentaufnahme mit nph = 5

Abbildung 9.3_2a

Eine Momentaufnahme mit nph = 12

Abbildung 9.3_2b

```
// Datei 9.3_2.cs

using System;
using System.Drawing;
using System.Windows.Forms;
using System.Threading;
using System.ComponentModel;

class Haupt : Form
{
  public const int nph = 5;

  Philosoph[] ph = new Philosoph[nph];
  public int[] zustand = new int[nph];
  public int[] gemeinsam = new int[1];
  public int[] privat = new int[nph];
  public Bitmap[] philo= new Bitmap[3];
  public Random rand = new Random( );

  public Haupt( )
  {
    Text = "Beispiel 9.3_2";
    ClientSize = new Size(200,200);
    BackColor = Color.White;
    SetStyle(ControlStyles.UserPaint, true);
    SetStyle(ControlStyles.AllPaintingInWmPaint, true);
    SetStyle(ControlStyles.DoubleBuffer, true);

    philo[0] = new Bitmap(Image.FromFile("Philo1.bmp"));
    philo[0].MakeTransparent(Color.White);
    philo[1] = new Bitmap(Image.FromFile("Philo2.bmp"));
    philo[1].MakeTransparent(Color.White);
    philo[2] = new Bitmap(Image.FromFile("Philo3.bmp"));
    philo[2].MakeTransparent(Color.White);

    gemeinsam[0] = 1;
    P(ref gemeinsam[0]);
    for(int i=0; i<nph; i++)
    {
      zustand[i] = 0;
      privat[i] = 0;
      ph[i] = new Philosoph(this, i);
    }
    V(ref gemeinsam[0]);
  }
  protected override void OnPaint(PaintEventArgs e)
  {
    Graphics g = e.Graphics;
    for(int i=0; i<nph; i++)ph[i].draw(g);
  }
```

```
    protected override void OnClosing(CancelEventArgs e)
    {
      Monitor.Enter(this);
      Monitor.PulseAll(this);
      Thread.Sleep(1);
      for(int i=0; i<nph; i++)
      {
        ph[i].t.Abort( );
        ph[i].t.Join( );
      }
      Monitor.Exit(this);
    }
    public void P(ref int s)
    {
      Monitor.Enter(this);
      while(s < 1)Monitor.Wait(this);
      Interlocked.Decrement(ref s);
      Monitor.Exit(this);
    }
    public void V(ref int s)
    {
      Monitor.Enter(this);
      Interlocked.Increment(ref s);
      Monitor.Pulse(this);
      Monitor.Exit(this);
    }
    public void Status(int i)
    {
      Monitor.Enter(this);
      if(zustand[i] == 1
        && zustand[(i+1) % nph] < 2
        && zustand[(i-1+nph) % nph] < 2)
      {
        zustand[i] = 2;
        V(ref privat[i]);
      }
      Monitor.Exit(this);
    }
    static void Main( )
    {
      Application.Run(new Haupt( ));
    }
  }

  class Philosoph
  {
    public Thread t;
    Haupt h;
    int n, bild, x, y;

    public Philosoph(Haupt h, int n)
```

```
{
  this.n = n;
  this.h = h;
  Thread.Sleep(1);

  x = (int)(80.0*Math.Sin(2.0*n*Math.PI/Haupt.nph))+84;
  y = (int)(-80.0*Math.Cos(2.0*n*Math.PI/Haupt.nph))+84;

  t = new Thread(new ThreadStart(t_Run));
  t.Start( );
}

void t_Run( )
{
  bild = 0;
  h.Invalidate(new Rectangle(x, y, 32, 32));
  h.P(ref h.gemeinsam[0]);
  h.V(ref h.gemeinsam[0]);
  while(true)
  {
    Thread.Sleep(2000);
    bild = 1;
    h.Invalidate(new Rectangle(x, y, 32, 32));
    Thread.Sleep(h.rand.Next(100, 1000));

    h.P(ref h.gemeinsam[0]);
    h.zustand[n]=1;
    h.Status(n);
    h.V(ref h.gemeinsam[0]);

    h.P(ref h.privat[n]);
    bild = 2;
    h.Invalidate(new Rectangle(x, y, 32, 32));
    Thread.Sleep(2000);

    h.P(ref h.gemeinsam[0]);
    h.zustand[n]=0;
    bild = 0;
    h.Invalidate(new Rectangle(x, y, 32, 32));
    h.Status((n+1) % Haupt.nph);
    h.Status((n-1+Haupt.nph) % Haupt.nph);
    h.V(ref h.gemeinsam[0]);
  }
}

public void draw(Graphics g)
{
  g.DrawImage(h.philo[bild], x, y);
}
}
```

10 Dateien, Streams und Sockets

Zur Verwaltung von Dateien stehen die Klassen Directory, DirectoryInfo, File und FileInfo zur Verfügung. Streams ermöglichen das Lesen und Schreiben von Daten. Sockets dienen dem Transport von Daten im Netzwerk. Es wird gezeigt, wie Dateien, Streams, Sockets und andere Elemente beim Datentransfer zusammenwirken.

10.1 Directory und DirectoryInfo

Die Klasse System.IO.Directory enthält statische Methoden, und die Klasse System.IO.DirectoryInfo enthält Eigenschaften und Methoden zur Manipulation von Dateien und Verzeichnissen.

Methoden der Klasse Directory:

CreateDirectory	erstellt ein neues Verzeichnis
Delete	löscht ein Verzeichnis und dessen Inhalt
Exists	gibt true zurück, wenn das Verzeichnis existiert
GetCreationTime	gibt Datum und Uhrzeit des Erstellens zurück
GetCurrentDirectory	gibt das aktuelle Arbeitsverzeichnis zurück
GetDirectories	gibt die Namen der Unterverzeichnisse zurück
GetDirectoryRoot	gibt das Wurzelverzeichnis oder Laufwerk zurück
GetFiles	gibt die Namen der Dateien in einem Verzeichnis zurück
GetFileSystemEntries	gibt die Namen der Dateien und Unterverzeichnisse zurück
GetLastAccessTime	gibt Datum und Uhrzeit des letzten Zugriffs zurück
GetLastWriteTime	gibt Datum und Uhrzeit des letzten Schreibzugriffs zurück
GetLogicalDrives	gibt die logischen Laufwerke als "<Laufwerk Buchstabe>:\". zurück
GetParent	gibt das Elternverzeichnis zurück
Move	verschiebt Dateien oder Verzeichnisse
SetCreationTime	setzt Datum und Uhrzeit des Erstellens
SetCurrentDirectory	setzt das aktuelle Arbeitsverzeichnis
SetLastAccessTime	setzt Datum und Uhrzeit des letzten Zugriffs
SetLastWriteTime	setzt Datum und Uhrzeit des letzten Schreibzugriffs

Die Methoden der Klasse Directory sind static vereinbart. Sie werden mit Directory.*Methode* aufgerufen.

Beispiel 10.1_1 protokolliert eine Verzeichnishierarchie mit Hilfe der rekursiven Methode Verzeichnis. Der Aufruf

```
Verzeichnis(@"C:\Programme\Microsoft.NET", 0);
```

führt zu einem Durchfahren des als Parameter übergebenen Verzeichnisses und aller Unterverzeichnisse. Der zweite Parameter ist die Rekursionstiefe, die benutzt wird, die ausgegebenen Zeilen einzurücken. Der Aufruf

```
string[] s = Directory.GetDirectories(d);
```

gibt einen Stringarray mit sämtlichen Unterverzeichnissen zurück. Die darauf folgende Laufanweisung protokolliert die Unterverzeichnisse und ruft die Methode Verzeichnis rekursiv auf. Bei jedem Aufruf wird die Rekursionstiefe r um 1 erhöht.

```
// Datei 10.1_1.cs

using System;
using System.IO;

class Haupt
{
  public Haupt( )
  {
    Verzeichnis(@"C:\Programme\Microsoft.NET", 0);
  }

  void Verzeichnis(string d, int r)
  {
    string[] s = Directory.GetDirectories(d);
    for(int i=0; i<s.Length; i++)
    {
      for(int j=0; j<r; j++)Console.Write("  ");
      Console.WriteLine(s[i]);
      Verzeichnis(s[i], r+1);
    }
  }

  static void Main( )
  {
    new Haupt( );
  }
}
```

Ausgabe:

```
C:\Programme\Microsoft.NET\FrameworkSDK
  C:\Programme\Microsoft.NET\FrameworkSDK\Samples
    C:\Programme\Microsoft.NET\FrameworkSDK\Samples\Tutorials
C:\Programme\Microsoft.NET\FrameworkSDK\Samples\Tutorials\PlatformIntr
oduction
C:\Programme\Microsoft.NET\FrameworkSDK\Samples\Tutorials\PlatformIntr
oduction\HelloWorld
C:\Programme\Microsoft.NET\FrameworkSDK\Samples\Tutorials\PlatformIntr
oduction\HelloWorld\VC
C:\Programme\Microsoft.NET\FrameworkSDK\Samples\Tutorials\PlatformIntr
oduction\HelloWorld\VB
C:\Programme\Microsoft.NET\FrameworkSDK\Samples\Tutorials\PlatformIntr
oduction\HelloWorld\CS
C:\Programme\Microsoft.NET\FrameworkSDK\Samples\Tutorials\PlatformIntr
oduction\CompTest
C:\Programme\Microsoft.NET\FrameworkSDK\Samples\Tutorials\PlatformIntr
oduction\CompTest\CompVC
C:\Programme\Microsoft.NET\FrameworkSDK\Samples\Tutorials\PlatformIntr
oduction\CompTest\CompVB

. . .

      C:\Programme\Microsoft.NET\FrameworkSDK\Tool Developers
Guide\Samples\countdown
      C:\Programme\Microsoft.NET\FrameworkSDK\Tool Developers
Guide\Samples\clisp
      C:\Programme\Microsoft.NET\FrameworkSDK\Tool Developers
Guide\Samples\adepends
        C:\Programme\Microsoft.NET\FrameworkSDK\Tool Developers
Guide\Samples\adepends\gui
    C:\Programme\Microsoft.NET\FrameworkSDK\Tool Developers Guide\docs
  C:\Programme\Microsoft.NET\FrameworkSDK\Bin
    C:\Programme\Microsoft.NET\FrameworkSDK\Bin\DE
  C:\Programme\Microsoft.NET\FrameworkSDK\Docs
    C:\Programme\Microsoft.NET\FrameworkSDK\Docs\1031
  C:\Programme\Microsoft.NET\FrameworkSDK\GuiDebug
    C:\Programme\Microsoft.NET\FrameworkSDK\GuiDebug\vspkgs
      C:\Programme\Microsoft.NET\FrameworkSDK\GuiDebug\vspkgs\1031
```

Beispiel 10.1_2 ermittelt mit GetFiles die Dateien im angegebenen Verzeichnis.

```
// Datei 10.1_2.cs

using System;
using System.IO;

class Haupt
{
  public Haupt( )
  {
    string[] s = Directory.GetFiles(
      @"C:\Programme\Microsoft.NET\FrameworkSDK\bin");
    for(int i=0; i<s.Length; i++)Console.WriteLine(s[i]);
  }

  static void Main( )
  {
    new Haupt( );
  }
}
```

Ausgabe:

```
C:\Programme\Microsoft.NET\FrameworkSDK\bin\nmake.exe
C:\Programme\Microsoft.NET\FrameworkSDK\bin\lc.exe
C:\Programme\Microsoft.NET\FrameworkSDK\bin\Microsoft.VisualStudio.dll

. . .

C:\Programme\Microsoft.NET\FrameworkSDK\bin\DASMHLP.HLP
C:\Programme\Microsoft.NET\FrameworkSDK\bin\corvars.bat
C:\Programme\Microsoft.NET\FrameworkSDK\bin\WinCV.exe.config
```

Beispiel 10.1_3 ermittelt mit GetFileSystemEntries die Dateien und Unterverzeichnisse im angegebenen Verzeichnis.

```
// Datei 10.1_3.cs

using System;
using System.IO;

class Haupt
{
  public Haupt( )
  {
    string d = @"C:\Programme\Microsoft.NET\FrameworkSDK\bin";
    string[] fse = Directory.GetFileSystemEntries(d);
```

```
    foreach(string s in fse)
    {
      Console.WriteLine(s);
    }
  }

  static void Main( )
  {
    new Haupt( );
  }
}
```

Ausgabe:

```
C:\Programme\Microsoft.NET\FrameworkSDK\bin\DE
C:\Programme\Microsoft.NET\FrameworkSDK\bin\nmake.exe
C:\Programme\Microsoft.NET\FrameworkSDK\bin\lc.exe

. . .

C:\Programme\Microsoft.NET\FrameworkSDK\bin\DASMHLP.HLP
C:\Programme\Microsoft.NET\FrameworkSDK\bin\corvars.bat
C:\Programme\Microsoft.NET\FrameworkSDK\bin\WinCV.exe.config
```

Beispiel 10.1_4 erstellt ein Verzeichnis mit CreateDirectory und lösch es wieder mit Delete. Nach beiden Aktionen wird die Methode existiert aufgerufen, die mit Exists ermittelt, ob das Verzeichnis existiert.

```
// Datei 10.1_4.cs

using System;
using System.IO;

class Haupt
{
  public Haupt( )
  {
    Directory.CreateDirectory(@"C:\Programme\Test");
    existiert(@"C:\Programme\Test");
    Directory.Delete(@"C:\Programme\Test");
    existiert(@"C:\Programme\Test");
  }

  void existiert(string d)
  {
    if(Directory.Exists(d))
      Console.WriteLine(d + " existiert");
    else
      Console.WriteLine(d + " existiert nicht");
```

```
  }

  static void Main( )
  {
    new Haupt( );
  }
}
```

Ausgabe:

```
C:\Programme\Test existiert
C:\Programme\Test existiert nicht
```

Beispiel 10.1_5 erstellt das Verzeichnis Test, setzt CreationTime, LastWriteTime und LastAccessTime und fragt diese Attribute wieder ab. LastAccessTime gibt nur das Datum zurück. Als Uhrzeit wird immer 00:00:00 zurückgegeben. Darüber hinaus wird das Verzeichnis Test mit SetCurrentDirectory zum aktuellen Verzeichnis erklärt, wodurch sich alle relativen Pfadangaben auf dieses Verzeichnis beziehen. Nach der Abfrage und dem Protokollieren des aktuellen Verzeichnisses wird C:\ zum aktuellen Verzeichnis gemacht und das Verzeichnis Test gelöscht. Das aktuelle Verzeichnis kann nicht gelöscht werden.

```
// Datei 10.1_5.cs

using System;
using System.IO;

class Haupt
{
  public Haupt( )
  {
    string s;
    string d = @"C:\Programme\Test";
    DateTime crt = new DateTime(2002, 8, 20, 15 ,13, 12);
    DateTime wrt = new DateTime(2002, 8, 21, 15 ,14, 20);
    DateTime act = new DateTime(2002, 8, 22, 15 ,15, 17);

    Directory.CreateDirectory(d);

    Directory.SetCreationTime(d, crt);
    Directory.SetLastWriteTime(d, wrt);
    Directory.SetLastAccessTime(d, act);

    Directory.SetCurrentDirectory(d);

    s = Directory.GetCreationTime(d).ToString( );
    Console.WriteLine("CreationTime:     " + s);
```

```
    s = Directory.GetLastWriteTime(d).ToString( );
    Console.WriteLine("LastWriteTime:     " + s);
    s = Directory.GetLastAccessTime(d).ToString( );
    Console.WriteLine("LastAccessTime:    " + s);
    s = Directory.GetCurrentDirectory( );
    Console.WriteLine("CurrentDirectory: " + s);

    Directory.SetCurrentDirectory(@"C:\");
    Directory.Delete(d);
  }

  static void Main( )
  {
    new Haupt( );
  }
}
```

Ausgabe:

```
CreationTime:     20.08.2002 15:13:12
LastWriteTime:    21.08.2002 15:14:20
LastAccessTime:   22.08.2002 00:00:00
CurrentDirectory: C:\Programme\Test
```

Beispiel 10.1_6 erstellt das Verzeichnis Test und fragt mit GetParent das Elternverzeichnis und mit GetDirectoryRoot das Rootverzeichnis ab. Das Rootverzeichnis ist das oberste Verzeichnis in einer Verzeichnishierarchie. Mit GetLogicalDrives werden die logischen Laufwerke abgefragt. Dei Abfragen werden protokolliert und das Verzeichnis wird am Ende wieder gelöcht.

```
// Datei 10.1_6.cs

using System;
using System.IO;

class Haupt
{
  public Haupt( )
  {
    string d = @"C:\Programme\Test";
    Directory.CreateDirectory(d);

    Console.WriteLine("Parent: " + Directory.GetParent(d));
    Console.WriteLine("Root:   " + Directory.GetDirectoryRoot(d));

    Console.WriteLine("LogicalDrives:");
    string[] ld = Directory.GetLogicalDrives( );
    foreach(string s in ld)Console.WriteLine(s);
```

```
    Directory.Delete(d);
  }
  static void Main( )
  {
    new Haupt( );
  }
}
```

Ausgabe:

```
Parent: C:\Programme
Root:   C:\
LogicalDrives:
A:\
C:\
D:\
```

Eigenschaften der Klasse DirectoryInfo:

Attributes	Dateiattribute
CreationTime	Datum und Zeit des Erstellens
Exists	gleich true, wenn das Verzeichnis existiert
Extension	Dateierweiterung
FullName	voller Pfadname des Verzeichnisses oder der Datei
LastAccessTime	Datum und Uhrzeit des letzten Zugriffs
LastWriteTime	Datum und Uhrzeit des letzten Schreibzugriffs
Name	Name des Verzeichnisses oder der Datei
Parent	das Elternverzeichnis
Root	das Rootverzeichnis oder Laufwerk

Methoden der Klasse DirectoryInfo:

Create	erstellt ein neues Verzeichnis
CreateSubdirectory	erstellt ein neues Unterverzeichnis
Delete	löscht ein DirectoryInfo und dessen Inhalt
GetDirectories	gibt die Unterverzeichnisse zurück
GetFiles	gibt eine Dateiliste zurück
GetFileSystemInfos	gibt einen Array vom FileSystemInfo Objekten zurück
GetType	gibt den Typ der aktuellen Instanz zurück
MoveTo	verschiebt ein Directory Info und dessen Inhalt

Die Klasse DirectoryInfo enthält Eigenschaften und nicht statische Methoden. Die Benutzung dieser Klasse beginnt daher immer mit dem Bilden einer Instanz.

Beispiel 10.1_7 bildet die Instanz di des DirectoryInfo des Verzeichnisses C:\Programme\Microsoft.NET. Unter der Voraussetzung, dass dieses Verzeichnis existiert, werden die Eigenschaften Name, Extension, FullName, Parent und Root des DirectoryInfo abgefragt und protokolliert.

```
// Datei 10.1_7.cs

using System;
using System.IO;

class Haupt
{
  public Haupt( )
  {
    string d = @"C:\Programme\Microsoft.NET";
    DirectoryInfo di = new DirectoryInfo(d);

    if(di.Exists)
    {
      Console.WriteLine("Name:       " + di.Name);
      Console.WriteLine("Extension:  " + di.Extension);
      Console.WriteLine("FullName:   " + di.FullName);
      Console.WriteLine("Parent:     " + di.Parent);
      Console.WriteLine("Root:       " + di.Root);
    }
    else
      Console.WriteLine("Das Verzeichnis \"" + d + "\" existiert
nicht");
  }

  static void Main( )
  {
    new Haupt( );
  }
}
```

Ausgabe:

```
Name:      Microsoft.NET
Extension: .NET
FullName:  C:\Programme\Microsoft.NET
Parent:    Programme
Root:      C:\
```

Beispiel 10.1_8 benutzt die Klasse DateTime, um Datum-Uhrzeit-Formate zu erstellen. Die Parameter des Konstruktors sind Jahr, Monat, Tag, Stunde, Minute und Sekunde. Für das DirectoryInfo des Verzeichnisses C:\Programme\Test werden die Eigenschaften CreationTime, LastWriteTime und LastAccessTime gesetzt und abgefragt. LastAccessTime gibt nur das Datum zurück. Als Uhrzeit wird immer 00:00:00 zurückgegeben.

```
// Datei 10.1_8.cs

using System;
using System.IO;

class Haupt
{
  public Haupt( )
  {
    string d = @"C:\Programme\Test";
    DateTime crt = new DateTime(2002, 8, 20, 15 ,13, 12);
    DateTime wrt = new DateTime(2002, 8, 21, 15 ,14, 20);
    DateTime act = new DateTime(2002, 8, 22, 15 ,15, 17);

    DirectoryInfo di = new DirectoryInfo(d);
    di.Create( );

    di.CreationTime   = crt;
    di.LastWriteTime  = wrt;
    di.LastAccessTime = act;
    Console.WriteLine("CreationTime:   " + di.CreationTime.ToString(
));
    Console.WriteLine("LastWriteTime:  " + di.LastWriteTime.ToString(
));
    Console.WriteLine("LastAccessTime: " + di.LastAccessTime.ToString(
));

    di.Delete( );
  }

  static void Main( )
  {
    new Haupt( );
  }
}
```

Ausgabe:

```
CreationTime:   20.08.2002 15:13:12
LastWriteTime:  21.08.2002 15:14:20
LastAccessTime: 22.08.2002 00:00:00
```

Beispiel 10.1_9 fragt rekursiv in der Methode Verzeichnis mit GetDirectories die mit C:\Programme\Microsoft.NET beginnende Verzeichnishierarchie ab. Das Ergebnis ist ein Array vom Typ DirectoryInfo. In einer Laufanweisung wird die Eigenschaft Name der Arrayelemente protokolliert. Ersetzt man Name durch FullName, so ist die Ausgabe mit der des Beispiels 10.1_1 identisch.

```
// Datei 10.1_9.cs

using System;
using System.IO;

class Haupt
{
  public Haupt( )
  {
    Verzeichnis(@"C:\Programme\Microsoft.NET", 0);
  }
  void Verzeichnis(string d, int r)
  {
    DirectoryInfo di = new DirectoryInfo(d);
    DirectoryInfo[] dirs = di.GetDirectories( );
    for(int i=0; i<dirs.Length; i++)
    {
      for(int j=0; j<r; j++)Console.Write("  ");
      Console.WriteLine(dirs[i].Name);
      Verzeichnis(dirs[i].FullName, r+1);
    }
  }
  static void Main( )
  {
    new Haupt( );
  }
}
```

Ausgabe:

```
FrameworkSDK
  Samples
    Tutorials
      PlatformIntroduction
        HelloWorld
          VC
          VB
          CS
```

```
    clisp
    adepends
      gui
  docs
Bin
  DE
Docs
  1031
GuiDebug
  vspkgs
    1031
```

Beispiel 10.1_10 fragt mit

```
FileInfo[] f = di.GetFiles( );
```

die Dateien des Verzeichnisses

```
C:\Programme\Microsoft.NET\FrameworkSDK\bin
```

ab. Das Ergebnis ist ein Array vom Typ FileInfo.

```
// Datei 10.1_10.cs

using System;
using System.IO;

class Haupt
{
  public Haupt( )
  {
    DirectoryInfo di = new DirectoryInfo(
      @"C:\Programme\Microsoft.NET\FrameworkSDK\bin");

    FileInfo[] f = di.GetFiles( );
    foreach(FileInfo fi in f)Console.WriteLine(fi.Name);

  }

  static void Main( )
  {
    new Haupt( );
  }
}
```

Ausgabe:

```
nmake.exe
lc.exe
Microsoft.VisualStudio.dll

. . .

DASMHLP.HLP
corvars.bat
WinCV.exe.config
```

Beispiel 10.1_11 legt mit CreateSubdirectory das Unterverzeichnis Test des Verzeichnisses C:\Programme an. Anschließend wird der vollständige Pfad protokolliert.

```
// Datei 10.1_11.cs

using System;
using System.IO;

class Haupt
{
  public Haupt( )
  {
    DirectoryInfo di = new DirectoryInfo(@"C:\Programme");
    di.CreateSubdirectory("Test");
    di = new DirectoryInfo(@"C:\Programme\Test");

    Console.WriteLine(di.FullName);

    di.Delete( );
  }

  static void Main( )
  {
    new Haupt( );
  }
}
```

Ausgabe.

```
C:\Programme\Test
```

Beispiel 10.1_12 erstellt ebenfalls ein DirectoryInfo. Es gibt zuerst eine Überschrift aus, die den mit GetType abgefragten Typ des DirectoryInfo enthält. Anschließend wird durch den Aufruf von GetFileSystemInfos ein Array vom Typ FileSystemInfo mit Informationen über die Dateien und Unterverzeichnisse des DirectoryInfo abgefragt. Mit Hilfe der Eigenschaft Name des FileSystemInfo wird der Verzeichnisinhalt protokolliert.

```
// Datei 10.1_12.cs

using System;
using System.IO;

class Haupt
{
  public Haupt( )
  {
    string d = @"C:\Programme\Microsoft.NET\FrameworkSDK\bin";
    DirectoryInfo di = new DirectoryInfo(d);

    Console.WriteLine(di.GetType( ).ToString( ) + ".Name von\n" + d);
    Console.WriteLine( );

    FileSystemInfo[] fsi = di.GetFileSystemInfos( );
    foreach(FileSystemInfo fi in fsi)
      Console.WriteLine(fi.Name);
  }

  static void Main( )
  {
    new Haupt( );
  }
}
```

Ausgabe:

```
System.IO.DirectoryInfo.Name von
C:\Programme\Microsoft.NET\FrameworkSDK\bin

DE
nmake.exe
lc.exe
.  .  .

DASMHLP.HLP
corvars.bat
WinCV.exe.config
```

Beispiel 10.1_13 erstellt das Verzeichnis C:\Programme\Test und benutzt die Eigenschaften Attributes und FullName des DirectoryInfo in der Ausgabe. Die Attribute sind in der Aufzählung FileAttributes zusammengefasst.

```
// Datei 10.1_13.cs

using System;
using System.IO;

class Haupt
{
  public Haupt( )
  {
    string d = @"C:\Programme\Test";
    DirectoryInfo di = new DirectoryInfo(d);
    di.Create( );
    di.MoveTo(@"C:\CTest");

    Console.WriteLine(di.Attributes + ": " + di.FullName);

    di.Delete( );
  }

  static void Main( )
  {
    new Haupt( );
  }
}
```

Ausgabe:

```
Directory: C:\CTest
```

10.2 File und FileInfo

Die Klasse System.IO.File enthält statische Methoden und die Klasse System.IO.FileInfo Eigenschaften und Methoden zur Manipulation von Dateien.

Methoden der Klasse File:

AppendText	hängt Text an eine existierende Datei an
Copy	kopiert eine Datei
Create	erstellt eine neue Datei
CreateText	erstellt eine neue Textdatei

Delete	löscht eine Datei
Exists	gibt true zurück, wenn die Datei existiert
GetAttributes	gibt die Dateiattribute zurück
GetCreationTime	Datum und Uhrzeit des Erstellens
GetLastAccessTime	Datum und Uhrzeit des letzten Zugriffs
GetLastWriteTime	Datum und Uhrzeit des letzten Schreibzugriffs
Move	verschiebt eine Datei
Open	öffnet eine Datei
OpenRead	öffnet eine Datei zum Lesen
OpenText	öffnet eine Textdatei zum Lesen
OpenWrite	öffnet eine Datei zum Schreiben
SetAttributes	setzt die Dateiattribute
SetCreationTime	setzt Datum und Uhrzeit des Erstellens
SetLastAccessTime	setzt Datum und Uhrzeit des letzten Zugriffs
SetLastWriteTime	setzt Datum und Uhrzeit des letzten Schreibzugriffs

Die Methoden der Klasse File sind static vereinbart. Sie werden mit File.*Methode* aufgerufen. Beispiel 10.2_1 legt das Verzeichnis C:\Programme\Test an und macht es zum aktuellen Verzeichnis. Anschließend wird mit

```
FileStream fs = File.Create(f);
```

die Datei Text angelegt. Die Methode Create gibt einen FileStream zurück, der benutzt wird, um mit

```
fs.Write(a, 0, a.Length);
```

den Byte Array a in die Datei zu schreiben. Die Anweisung

```
fs.Close( );
```

schließt den FileStream. Damit ist die Datei geschlossen.

```
// Datei 10.2_1.cs

using System;
using System.IO;

class Haupt
{

  public Haupt( )
  {
    string d = @"C:\Programme\Test";
```

```
        string f = "Text";
        byte[] a = {65, 66, 67, 68, 69, 70, 71};

        Directory.CreateDirectory(d);
        Directory.SetCurrentDirectory(d);

        FileStream fs = File.Create(f);
        fs.Write(a, 0, a.Length);
        fs.Close( );
    }
    static void Main( )
    {
        new Haupt( );
    }
}
```

Inhalt der Datei Text:

```
ABCDEFG
```

Beispiel 10.2_2 legt ebenfalls das Verzeichnis C:\Programme\Test an und macht es zum aktuellen Verzeichnis. anschließend wird mit

```
StreamWriter sw = File.CreateText(f);
```

eine Textdatei mit dem Namen Text angelegt. Die Methode CreateText gibt einen StreamWriter zurück, der benutzt wird, um mit

```
sw.WriteLine("Zeile 1");
sw.WriteLine("Zeile 2");
```

zwei Zeilen in die Datei zu schreiben. Der StreamWriter kann mit Write und mit WriteLine schreiben. Die Datei wird zunächst geschlossen und dann mit

```
sw = File.AppendText(f);
```

zum Anhängen von Text geöffnet. Mit

```
sw.Write("Zeile 3");
sw.WriteLine(" angehaengt");
sw.Write("Zeile 4");
sw.WriteLine(" angehaengt");
```

werden zwei Zeilen an die Datei angehängt.

```
// Datei 10.2_2.cs

using System;
using System.IO;

class Haupt
{
  public Haupt( )
  {
    string d = @"C:\Programme\Test";
    string f = "Text";

    Directory.CreateDirectory(d);
    Directory.SetCurrentDirectory(d);

    StreamWriter sw = File.CreateText(f);
    sw.WriteLine("Zeile 1");
    sw.WriteLine("Zeile 2");
    sw.Close( );

    sw = File.AppendText(f);
    sw.Write("Zeile 3");
    sw.WriteLine(" angehaengt");
    sw.Write("Zeile 4");
    sw.WriteLine(" angehaengt");
    sw.Close( );
  }

  static void Main( )
  {
    new Haupt( );
  }
}
```

Inhalt der Datei:

```
Zeile 1
Zeile 2
Zeile 3 angehaengt
Zeile 4 angehaengt
```

Beispiel 10.2_3 benutzt wie Beispiel 10.1_5 die Klasse DateTime und setzt CreationTime, LastWriteTime und LastAccessTime. Anschließend wird mit

```
File.SetAttributes(
  f, File.GetAttributes(f) | FileAttributes.ReadOnly);
Console.WriteLine(File.GetAttributes(f));
```

das Attribut ReadOnly zusätzlich zu den vorhandenen Attributen gesetzt. Man erreicht dies, indem man die vorhandenen Attribute abfragt und mit ReadOnly bitweise oder verknüpft. Die Attribute sind in der Aufzählung FileAttributes zusammengefasst.

FileAttributes:

Archive	Archiv
Compressed	komprimiert
Device	für späteren Gebrauch reserviert
Directory	Verzeichnis
Encrypted	verschlüsselt
Hidden	versteckt
Normal	normal, keine anderen Attribute gesetzt
NotContentIndexed	nicht indiziert vom content indexing service
Offline	auf die Daten kann nicht unmittelbar zugegriffen werden
ReadOnly	nur Lesen erlaubt
ReparsePoint	Die Datei enthält Benutzer definierte Daten, die mit einer Datei oder einem Verzeichnis verknüpft sind.
SparseFile	enthält Daten in einem Sparformat
System	Systemdatei
Temporary	temporäre Datei

Die Anweisung

```
File.SetAttributes(f,
  File.GetAttributes(f) & ~FileAttributes.ReadOnly);
Console.WriteLine(File.GetAttributes(f));
```

entfernt das Attribut ReadOnly.

Die Hexadezimalwerte der benutzten Attribute sind:

Archive	00000020
ReadOnly	00000001

Die 32 bit Binärwerte sind:

Archive	00000000000000000000000000100000
ReadOnly	00000000000000000000000000000001

Der ~ Operator komplementiert ReadOnly bitweise.

Die Undverknüpfung ergibt daher folgendes Ergebnis:

```
a: Archive | ReadOnly     00000000000000000000000000100001
b: ~ReadOnly              11111111111111111111111111111110
c = a & b                 00000000000000000000000000100000
```

Wie man sieht, entspricht das Ergebnis dem Wert des Attributs Archive. Zum Schluss werden alle Attribute abgefragt und protokolliert.

```
// Datei 10.2_3.cs

using System;
using System.IO;

class Haupt
{
  public Haupt( )
  {
    string f = @"C:\Programme\Test\Text";
    if(File.Exists(f))
    {
      DateTime crt = new DateTime(2002, 8, 20, 15 ,13, 12);
      DateTime wrt = new DateTime(2002, 8, 21, 15 ,14, 20);
      DateTime act = new DateTime(2002, 8, 22, 15 ,15, 17);
      File.SetCreationTime(f, crt);
      File.SetLastWriteTime(f, wrt);
      File.SetLastAccessTime(f, act);

      File.SetAttributes(f,
        File.GetAttributes(f) | FileAttributes.ReadOnly);
      Console.WriteLine(File.GetAttributes(f));

      File.SetAttributes(f,
        File.GetAttributes(f) & ~FileAttributes.ReadOnly);
      Console.WriteLine(File.GetAttributes(f));

      Console.Write("CreationTime:   ");
      Console.WriteLine(File.GetCreationTime(f));

      Console.Write("LastWriteTime:  ");
      Console.WriteLine(File.GetLastWriteTime(f));

      Console.Write("LastAccessTime: ");
      Console.WriteLine(File.GetLastAccessTime(f));
```

```
    }
  }

  static void Main( )
  {
    new Haupt( );
  }
}
```

Ausgabe:

```
ReadOnly, Archive
Archive
CreationTime:   20.08.2002 15:13:12
LastWriteTime:  21.08.2002 15:14:20
LastAccessTime: 22.08.2002 00:00:00
```

Beispiel 10.2_4 verschiebt die Datei Text nach Text1 und kopiert Text1 nach Text2. Im Verzeichnis Test befinden sich jetzt die Dateien Text1 und Text2. Die Datei Text2 wird dann mit

```
FileStream fs = File.Open(f2,
  FileMode.Append, FileAccess.Write, FileShare.None);
```

geöffnet. Die Parameter der Methode Open sind der Pfad sowie FileMode, FileAccess und FileShare.

FileMode:

Append	öffnet eine Datei zum Anhängen von Daten.
Create	erstellt eine neue Datei. Falls die Datei existiert, so wird sie überschrieben.
CreateNew	erstellt eine neue Datei. Falls die Datei existiert, so wird eine IOException ausgelöst.
Open	öffnet eine existierende Datei.
OpenOrCreate	öffnet eine Datei, falls sie existiert. Andernfalls wird eine neue Datei erstellt.
Truncate	öffnet eine existierende Datei und löscht deren Inhalt.

FileAccess:

Read	erlaubt das Lesen einer Datei.
ReadWrite	erlaubt das Lesen und Schreiben einer Datei.
Write	erlaubt das Schreiben einer Datei.

FileShare:

Inheritable	Der File Handle kann an Kindprozesse vererbt werden.
None	Kein anderer Prozess darf auf die Datei zugreifen.
Read	Andere Prozesse dürfen die Datei nur lesen.
ReadWrite	Andere Prozesse dürfen lesen und schreiben.
Write	Andere Prozesse dürfen schreiben.

Der Byte Array a wird an den Inhalt der Datei angehängt. Die Datei wird dann geschlossen und mit OpenRead zum Lesen geöffnet. Anschließend wird der Inhalt mit ReadByte gelesen und protokolliert.

```
// Datei 10.2_4.cs

using System;
using System.IO;

class Haupt
{
  public Haupt( )
  {
    string f  = @"C:\Programme\Test\Text";
    string f1 = @"C:\Programme\Test\Text1";
    string f2 = @"C:\Programme\Test\Text2";
    byte[] a = new byte[f2.Length];
    for(int i=0; i<f2.Length; i++)a[i] = (byte)f2[i];

    if(File.Exists(f))
    {
      File.Move(f, f1);
      File.Copy(f1, f2);

      FileStream fs = File.Open(f2,
        FileMode.Append, FileAccess.Write, FileShare.None);
      fs.Write(a, 0, a.Length);
      fs.Close( );

      fs = File.OpenRead(f2);
      int b;
      for(int i=0; i<fs.Length; i++)
      {
        b = fs.ReadByte( );
        Console.Write((char)b);
      }
      Console.WriteLine( );
      fs.Close( );
    }
    else
```

```
      Console.WriteLine("Die Datei \"{0}\" existiert nicht.", f);
  }

  static void Main( )
  {
    new Haupt( );
  }
}
```

Ausgabe:

```
Zeile 1
Zeile 2
Zeile 3 angehaengt
Zeile 4 angehaengt
C:\Programme\Test\Text2
```

Ausgabe, falls die Datei Text nicht existiert:

```
Die Datei "C:\Programme\Test\Text" existiert nicht.
```

Eigenschaften der Klasse FileInfo:

Attributes	Dateiattribute
CreationTime	Datum und Uhrzeit des Erstellens
Directory	Verzeichnis
DirectoryName	der Pfad des Verzeichnisses
Exists	gibt true zurück, wenn die Datei existiert
Extension	die Dateierweiterung
FullName	der Dateiname mit vollständigem Pfad
LastAccessTime	Datum und Uhrzeit des letzten Zugriffs
LastWriteTime	Datum und Uhrzeit des letzten Schreibzugriffs
Length	die Dateilänge
Name	der Dateiname

Methoden der Klasse FileInfo:

AppendText	hängt Text an eine existierende Datei an
CopyTo	kopiert eine Datei in eine Datei mit neuem Namen
Create	ertstellt eine neue Datei
CreateText	ertstellt eine neue Datei
Delete	löscht eine Datei
GetType	gibt den Typ der aktuellen Instanz zurück
MoveTo	verschiebt eine Datei unter Verwendung eines neuen Dateinamens
Open	öffnet eine Datei
OpenRead	öffnet eine Datei zum Lesen
OpenText	öffnet eine Textdatei zum Lesen
OpenWrite	öffnet eine Datei zum Schreiben

Beispiel 10.2_5 benutzt die Eigenschaften Name, Extension, FullName, Directory, DirectoryName, Length und Exists der Klasse FileInfo, um Informationen über die Dateien ildasm.exe und WinCV.exe auszugeben. Nach dem Bilden einer Instanz der Klasse FileInfo können die oben genannten Eigenschaften benutzt werden. Das Programm ildasm.exe ist der Intermediate Language Disassembler, der Intermediate Language Code in eine für den Menschen lesbare Form disassembliert. Dies ist beim Analysieren von Programmen sehr nützlich. Das Programm WinCV.exe stellt in übersichtlicher Form Elemente des .NET Frameworks dar. Die Eingabe System.IO.File stellt zB. den Aufbau der Klasse File dar.

```
// Datei 10.2_5.cs

using System;
using System.IO;

class Haupt
{
  public Haupt( )
  {
    string f1 =
      @"C:\Programme\Microsoft.NET\FrameworkSDK\bin\ildasm.exe";
    string f2 =
      @"C:\Programme\Microsoft.NET\FrameworkSDK\bin\WinCV.exe";

    FileInfo fi = new FileInfo(f1);
    if(fi.Exists)
    {
      Console.WriteLine("Name:          " + fi.Name);
      Console.WriteLine("Extension:     " + fi.Extension);
      Console.WriteLine("FullName:      " + fi.FullName);
      Console.WriteLine("Directory:     " + fi.Directory);
      Console.WriteLine("DirectoryName: " + fi.DirectoryName);
      Console.WriteLine("Length:        {0} Byte", fi.Length);
    }
    else
      Console.WriteLine("Die Datei \"" + f1 + "\" existiert nicht");

    Console.WriteLine( );
    fi = new FileInfo(f2);
    if(fi.Exists)
    {
      Console.WriteLine("Name:          " + fi.Name);
      Console.WriteLine("Extension:     " + fi.Extension);
      Console.WriteLine("FullName:      " + fi.FullName);
      Console.WriteLine("Directory:     " + fi.Directory);
```

```
      Console.WriteLine("DirectoryName: " + fi.DirectoryName);
      Console.WriteLine("Length:        {0} Byte", fi.Length);
    }
    else
      Console.WriteLine("Die Datei \"" + f2 + "\" existiert nicht");
  }

  static void Main( )
  {
    new Haupt( );
  }
}
```

Ausgabe:

```
Name:          ildasm.exe
Extension:     .exe
FullName:      C:\Programme\Microsoft.NET\FrameworkSDK\bin\ildasm.exe
Directory:     C:\Programme\Microsoft.NET\FrameworkSDK\bin
DirectoryName: C:\Programme\Microsoft.NET\FrameworkSDK\bin
Length:        290816 Byte

Name:          WinCV.exe
Extension:     .exe
FullName:      C:\Programme\Microsoft.NET\FrameworkSDK\bin\WinCV.exe
Directory:     C:\Programme\Microsoft.NET\FrameworkSDK\bin
DirectoryName: C:\Programme\Microsoft.NET\FrameworkSDK\bin
Length:        81920 Byte
```

Beispiel 10.2_6 erzeugt DateTime Formate und erstellt eine Instanz der Klasse FileInfo, um die Eigenschaften CreationTime, LastWriteTime und LastAccessTime zu setzen und abzufragen.

```
// Datei 10.2_6.cs

using System;
using System.IO;

class Haupt
{
  public Haupt( )
  {
    string f = @"C:\Programme\Test\Text";
    DateTime crt = new DateTime(2002, 8, 20, 15 ,13, 12);
    DateTime wrt = new DateTime(2002, 8, 21, 15 ,14, 20);
    DateTime act = new DateTime(2002, 8, 22, 15 ,15, 17);

    FileInfo fi = new FileInfo(f);
    if(!fi.Exists)fi.Create( );
```

```
    fi.CreationTime   = crt;
    fi.LastWriteTime  = wrt;
    fi.LastAccessTime = act;

    Console.WriteLine("CreationTime:   " + fi.CreationTime.ToString(
));
    Console.WriteLine("LastWriteTime:  " + fi.LastWriteTime.ToString(
));
    Console.WriteLine("LastAccessTime: " + fi.LastAccessTime.ToString(
));

    fi.Delete( );
  }

  static void Main( )
  {
    new Haupt( );
  }
}
```

Ausgabe:

```
CreationTime:   20.08.2002 15:13:12
LastWriteTime:  21.08.2002 15:14:20
LastAccessTime: 22.08.2002 00:00:00
```

Beispiel 10.2_7 ist vergleichbar mit Beispiel 10.2_1. Es benutzt jedoch Methoden der Klasse FileInfo.

```
// Datei 10.2_7.cs

using System;
using System.IO;

class Haupt
{
  public Haupt( )
  {
    string d = @"C:\Programme\Test";
    string f = "Text";
    byte[] a = {65, 66, 67, 68, 69, 70, 71};

    Directory.CreateDirectory(d);
    Directory.SetCurrentDirectory(d);

    FileInfo fi = new FileInfo(f);
```

```
      FileStream fs = fi.Create( );
      fs.Write(a, 0, a.Length);
      fs.Close( );
    }

    static void Main( )
    {
      new Haupt( );
    }
}
```

Beispiel 10.2_8 ist vergleichbar mit Beispiel 10.2_2.

```
// Datei 10.2_8.cs

using System;
using System.IO;

class Haupt
{
    public Haupt( )
    {
      string d = @"C:\Programme\Test";
      string f = "Text";

      Directory.CreateDirectory(d);
      Directory.SetCurrentDirectory(d);

      FileInfo fi = new FileInfo(f);
      StreamWriter sw = fi.CreateText( );
      sw.WriteLine("Zeile 1");
      sw.WriteLine("Zeile 2");
      sw.Close( );

      sw = fi.AppendText( );
      sw.Write("Zeile 3");
      sw.WriteLine(" angehaengt");
      sw.Write("Zeile 4");
      sw.WriteLine(" angehaengt");
      sw.Close( );
    }

    static void Main( )
    {
      new Haupt( );
    }
}
```

Beispiel 10.2_9 ist vergleichbar mit Beispiel 10.2_4.

```
// Datei 10.2_9.cs

using System;
using System.IO;

class Haupt
{
  public Haupt( )
  {
    string f  = @"C:\Programme\Test\Text";
    string f1 = @"C:\Programme\Test\Text1";
    string f2 = @"C:\Programme\Test\Text2";
    byte[] a = new byte[f2.Length];
    for(int i=0; i<f2.Length; i++)a[i] = (byte)f2[i];

    FileInfo fi = new FileInfo(f);
    if(fi.Exists)
    {
      fi.MoveTo(f1);
      FileInfo fi1 = new FileInfo(f1);
      fi1.CopyTo(f2);

      FileInfo fi2 = new FileInfo(f2);
      FileStream fs = fi2.Open(
        FileMode.Append, FileAccess.Write, FileShare.None);
      fs.Write(a, 0, a.Length);
      fs.Close( );

      fs = fi2.OpenRead( );
      int b;
      for(int i=0; i<fs.Length; i++)
      {
        b = fs.ReadByte( );
        Console.Write((char)b);
      }
      Console.WriteLine( );
      fs.Close( );
    }
    else
      Console.WriteLine("Die Datei \"{0}\" existiert nicht.", f);
  }

  static void Main( )
  {
    new Haupt( );
  }
}
```

10.3 Streams

Streams übertragen Daten. Sie erfüllen drei grundlegende Aufgaben. Man kann lesen, schreiben und eine bestimmte Position aufsuchen. Quelle und Ziel der Daten können Dateien, Strings, der Speicher und das Netzwerk sein.

Die Klasse Stream ist die abstrakte Basisklasse, von der die Klassen BufferedStream, FileStream, MemoryStream, NetworkStream und CryptoStream abgeleitet sind. Daneben gibt es noch den BinaryReader und den BinaryWriter sowie den TextReader und die davon abgeleiteten Klassen StreamReader und StringReader und den TextWriter und die davon abgeleiteten Klassen StreamWriter und StringWriter.

Alle Streams besitzen die Methode Close, die den Stream schließt. Schreibende Streams besitzen die Methode Flush, die den Puffer leert und alle gepufferten Daten zum Zielmedium überträgt. Hierzu gehören die von der Klasse Stream abgeleiteten Klassen und die oben aufgeführten Writer. Mit der Methode Seek, die bei allen von Stream abgeleiteten Klassen vorhanden ist, kann man eine bestimmte Position des Streams aufsuchen. Lese- und Schreiboperationen beginnen dann an dieser Position.

Die Methode Seek:

```
public virtual long Seek( long offset, SeekOrigin origin )
```

Der Parameter *offset* bezeichnet die Position relativ zu *origin*. Der Parameter *origin* kann die Werte der Aufzählung SeekOrigin annehmen. Der Rückgabewert der Methode Seek gibt die aktuelle Position an.

SeekOrigin:

```
Begin     Anfang des Streams
Current   aktuelle Position
End       Ende des Streams
```

Die Lese- und Schreiboperationen der von Stream abgeleiteten Klassen:

```
public virtual int Read( byte[] buffer, int offset, int count )
public virtual int ReadByte( )
public virtual void Write( byte[] buffer, int offset, int count )
public virtual void WriteByte( byte value )
```

Read liest *count* Bytes aus dem Stream und speichert sie, beginnend mit der Position *offset*, im Array *buffer*. Die Anzahl der gelesenen Bytes wird zurückgegeben. ReadByte liest ein Byte aus dem Stream. Der Rückgabewert ist das gelesene Byte. Write schreibt *count* Bytes in den Stream beginnend mit der Position *offset* im Array *buffer*. WriteByte schreibt ein Byte in den Stream.

Beispiel 10.3_1 benutzt die Methoden ReadByte und WriteByte der Klasse FileStream. Die in die Datei Text geschriebene Folge von Bytes wird anschließend wieder gelesen und als Buchstabenfolge protokolliert. Es werden je 10 Buchstaben in einer Zeile zusammengefasst.

```
// Datei 10.3_1.cs
using System;
using System.IO;

class Haupt
{
  public Haupt( )
  {
    string f  = @"C:\Programme\Test\Text";
    byte a;
    FileStream fs;
    int i, j, n, ia;

    FileInfo fi = new FileInfo(f);
    fs = fi.Create( );
    for(i=0; i<26; i++)
    {
      for(j=0; j<10; j++)
      {
        a=(byte)((i+j)%26+65);
        fs.WriteByte(a);
      }
    }
    fs.Close( );
    fs = fi.OpenRead( );
    n = 1;
    i = 0;
    while((ia = fs.ReadByte( )) != -1)
```

```
    {
      a = (byte)ia;
      if(i%10 == 0)
      {
        Console.Write("{0:D2}: ", n);
      }
      Console.Write((char)a);
      i++;
      if(i%10 == 0)
      {
        Console.WriteLine( );
        n++;
      }
    }
    fs.Close( );
  }
  static void Main( )
  {
    new Haupt( );
  }
}
```

Ausgabe:

```
01: ABCDEFGHIJ
02: BCDEFGHIJK
03: CDEFGHIJKL
04: DEFGHIJKLM
05: EFGHIJKLMN
06: FGHIJKLMNO
07: GHIJKLMNOP
08: HIJKLMNOPQ
09: IJKLMNOPQR
10: JKLMNOPQRS
11: KLMNOPQRST
12: LMNOPQRSTU
13: MNOPQRSTUV
14: NOPQRSTUVW
15: OPQRSTUVWX
16: PQRSTUVWXY
17: QRSTUVWXYZ
18: RSTUVWXYZA
19: STUVWXYZAB
20: TUVWXYZABC
21: UVWXYZABCD
22: VWXYZABCDE
23: WXYZABCDEF
24: XYZABCDEFG
25: YZABCDEFGH
26: ZABCDEFGHI
```

Beispiel 10.3_2 benutzt die Methoden Read, Write und Seek der Klasse FileStream. Je 10 Bytes werden in einem Byte-Array zusammengefasst und mit einer einzigen Write Anweisung in die Datei Text geschrieben. Danach wird die Schreib- Leseposition der Datei mit Seek um zehn Bytes zurückgesetzt, so dass die zuletzt geschriebenen zehn Bytes mit Read gelesen werden können. Nachdem 26 * 10 Bytes geschrieben und wieder gelesen worden sind, wird die Schreib- Leseposition an den Anfang der Datei gesetzt. Die ersten 10 Bytes werden durch eine Bytefolge beginnend mit 97 ersetzt. In der Interpretation als Buchstaben entspricht diese Operation dem Ersetzen von Großbuchstaben durch Kleinbuchstaben.

```
// Datei 10.3_2.cs
using System;
using System.IO;
class Haupt
{
  public Haupt( )
  {
    string f  = @"C:\Programme\Test\Text";
    byte[] a = new byte[10];
    FileStream fs;
    int i, j;

    FileInfo fi = new FileInfo(f);
    fs = fi.Create( );
    fs.Close( );
    fs = fi.Open(FileMode.Open);
    for(i=0; i<26; i++)
    {
      for(j=0; j<a.Length; j++)
      {
        a[j]=(byte)((i+j)%26+65);
      }
      fs.Write(a, 0, a.Length);
      fs.Seek(-10, SeekOrigin.Current);
      if(fs.Read(a, 0, a.Length) > 0)
      {
        string s = "";
        foreach(byte b in a)s = string.Concat(s, (char)b);
        Console.WriteLine("{0:D2}: {1}", i+1, s);
      }
    }
    fs.Seek(0, SeekOrigin.Begin);
    i=97;
    for(j=0; j<a.Length; j++)
    {
      a[j]=(byte)(i+j);
```

```
    }
    fs.Write(a, 0, a.Length);
    Console.WriteLine("\nZeile 01:");
    fs.Seek(0, SeekOrigin.Begin);
    if(fs.Read(a, 0, a.Length) > 0)
    {
      string s = "";
      foreach(byte b in a)s = string.Concat(s, (char)b);
      Console.WriteLine(s);
    }
    fs.Close( );
  }
  static void Main( )
  {
    new Haupt( );
  }
}
```

Ausgabe:

```
01: ABCDEFGHIJ
02: BCDEFGHIJK
03: CDEFGHIJKL
04: DEFGHIJKLM
05: EFGHIJKLMN
06: FGHIJKLMNO
07: GHIJKLMNOP
08: HIJKLMNOPQ
09: IJKLMNOPQR
10: JKLMNOPQRS
11: KLMNOPQRST
12: LMNOPQRSTU
13: MNOPQRSTUV
14: NOPQRSTUVW
15: OPQRSTUVWX
16: PQRSTUVWXY
17: QRSTUVWXYZ
18: RSTUVWXYZA
19: STUVWXYZAB
20: TUVWXYZABC
21: UVWXYZABCD
22: VWXYZABCDE
23: WXYZABCDEF
24: XYZABCDEFG
25: YZABCDEFGH
26: ZABCDEFGHI

Zeile 01:
abcdefghij
```

Die Leseoperationen des BinaryReader:

```
public virtual int Read( )
public virtual int Read( char[] buffer, int index, int count )
public virtual int Read( byte[] buffer, int index, int count )
public virtual bool ReadBoolean( )
public virtual byte ReadByte( )
public virtual byte[] ReadBytes( int count )
public virtual char ReadChar( )
public virtual char[] ReadChars( int count )
public virtual Decimal ReadDecimal( )
public virtual double ReadDouble( )
public virtual short ReadInt16( )
public virtual int ReadInt32( )
public virtual long ReadInt64( )
public virtual SByte ReadSByte( )
public virtual float ReadSingle( )
public virtual string ReadString( )
public virtual UInt16 ReadUInt16( )
public virtual UInt32 ReadUInt32( )
public virtual UInt64 ReadUInt64( )
```

Die Read Anweisungen lesen einen oder mehrere Werte des entsprechenden Datentyps aus dem Stream. Diese stehen entweder als Rückgabewert zur Verfügung oder werden ab der Position *index* im Array *buffer* gespeichert. Die Anzahl der zu lesenden Werte wird durch *count* angegeben.

Die Schreiboperationen des BinaryWriter:

```
public virtual void Write( byte[] buffer )
public virtual void Write( byte[] buffer, int index, int count )
public virtual void Write( char ch )
public virtual void Write( char[] chars )
public virtual void Write( char[] chars, int index, int count )
public virtual void Write( bool value )
public virtual void Write( long value )
public virtual void Write( UInt32 value )
public virtual void Write( int value )
public virtual void Write( string value )
public virtual void Write( float value )
public virtual void Write( UInt64 value )
public virtual void Write( double value )
public virtual void Write( SByte value )
public virtual void Write( byte value )
public virtual void Write( short value )
public virtual void Write( UInt16 value )
public virtual void Write( Decimal value )
```

Die Write Anweisungen schreiben einen oder mehrere Werte des entsprechenden Datentyps in den Stream.

Beispiel 10.3_3 benutzt die Methode Write der Klasse BinaryWriter mit einem Parameter vom Typ char und die Methode ReadChar der Klasse BinaryReader. Es wird wieder die Zeichenfolge des Beispiels 10.3_1 geschrieben und gelesen. Die Leseoperation löst beim Erreichen des Dateiendes eine EndOfStreamException aus. Ein try-catch-Block fängt die EndOfStreamException ab und setzt die Variable Ende auf true. Dadurch bricht die while- Schleife ab.

```
// Datei 10.3_3.cs

using System;
using System.IO;

class Haupt
{
  public Haupt( )
  {
    string f  = @"C:\Programme\Test\Text";
    char c;
    FileStream fs;
    BinaryReader br;
    BinaryWriter bw;
    int i, j, n;
    bool Ende = false;

    FileInfo fi = new FileInfo(f);
    fs = fi.Create( );
    bw = new BinaryWriter(fs);
    for(i=0; i<26; i++)
    {
      for(j=0; j<10; j++)
      {
        c=(char)((i+j)%26+65);
        bw.Write(c);
      }
    }
    fs.Close( );

    fs = fi.OpenRead( );
    br = new BinaryReader(fs);
    n = 1;
    i = 0;
    while(!Ende)
    {
      try
      {
```

```
          c = br.ReadChar( );
          if(i%10 == 0)
          {
            Console.Write("{0:D2}: ", n);
          }
          Console.Write(c);
          i++;
          if(i%10 == 0)
          {
            Console.WriteLine( );
            n++;
          }
        }
        catch(Exception ex){Ende = true;}
      }
      fs.Close( );
    }

    static void Main( )
    {
      new Haupt( );
    }
  }
```

Ausgabe siehe Beispiel 10.3_1

Die Leseoperationen der Klassen TextReader, StreamReader und StringReader:

```
public virtual int Read( )
public virtual int Read( char[] buffer, int index, int count )
public virtual int ReadBlock( char[] buffer, int index, int count )
public virtual string ReadLine( )
public virtual string ReadToEnd( )
```

Die Schreiboperationen der Klassen TextWriter, StreamWriter und StringWriter:

```
public virtual void Write( char[] buffer )
public virtual void Write( char[] buffer, int index, int count )
public virtual void Write( string format, object[] arg )
public virtual void Write( string format, object arg0 )
public virtual void Write( string format, object arg0, object arg1 )
public virtual void Write(
  string format, object arg0, object arg1, object arg2 )
public virtual void Write( int value )
public virtual void Write( UInt32 value )
public virtual void Write( char value )
public virtual void Write( bool value )
```

```
public virtual void Write( long value )
public virtual void Write( Decimal value )
public virtual void Write( string value )
public virtual void Write( object value )
public virtual void Write( UInt64 value )
public virtual void Write( float value )
public virtual void Write( double value )
public virtual void WriteLine( )
public virtual void WriteLine( char[] buffer )
public virtual void WriteLine( char[] buffer, int index, int count )
public virtual void WriteLine( string format, object[] arg )
public virtual void WriteLine( string format, object arg0 )
public virtual void WriteLine(
  string format, object arg0, object arg1 )
public virtual void WriteLine(
  string format, object arg0, object arg1, object arg2 )
public virtual void WriteLine( Decimal value )
public virtual void WriteLine( string value )
public virtual void WriteLine( object value )
public virtual void WriteLine( double value )
public virtual void WriteLine( int value )
public virtual void WriteLine( bool value )
public virtual void WriteLine( char value )
public virtual void WriteLine( UInt32 value )
public virtual void WriteLine( float value )
public virtual void WriteLine( UInt64 value )
public virtual void WriteLine( long value )
```

Beispiel 10.3_4 benutzt die Methode WriteByte der Klasse FileStream, um das bekannte Zeichenmuster in die Datei Text zu schreiben. Mit den Anweisungen

```
sb = new StringBuilder( );
sw = new StringWriter(sb);
```

werden Instanzen der Klassen StringBuilder und StringWriter gebildet. Dem Konstruktor der Klasse StringWriter wird der StringBuilder als Parameter übergeben. Nun wird die Datei mit ReadByte gelesen. Jedes gelesene Byte wird mit der Methode Write der Klasse StringWriter in den StringBuilder hinein geschrieben. Nach Abschluss der Laufanweisung enthält der StringBuilder den gesamten Inhalt der Datei. Der Konstruktor der Klasse StringReader verlangt einen String als Parameter.

Durch die Anweisungen

```
s = sb.ToString( );
sr = new StringReader(s);
```

wird der StringBuilder in einen String konvertiert und eine Instanz der Klasse StringReader gebildet. Mit der Methode Read der Klasse StringReader wird der String gelesen und anschließend wie üblich protokolliert.

```
// Datei 10.3_4.cs

using System;
using System.IO;
using System.Text;

class Haupt
{
  public Haupt( )
  {
    string f  = @"C:\Programme\Test\Text";
    byte b;
    char c;
    StringBuilder sb;
    string s;
    FileStream fs;
    StringReader sr;
    StringWriter sw;
    int i, j, n;

    FileInfo fi = new FileInfo(f);
    fs = fi.Create( );
    for(i=0; i<26; i++)
    {
      for(j=0; j<10; j++)
      {
        b=(byte)((i+j)%26+65);
        fs.WriteByte(b);
      }
    }
    fs.Close( );

    fs = fi.OpenRead( );
    sb = new StringBuilder( );
    sw = new StringWriter(sb);
    for(i=0; i<fi.Length; i++)sw.Write((char)fs.ReadByte( ));
    sw.Close( );
    fs.Close( );
```

```
    n = 1;
    s = sb.ToString( );
    sr = new StringReader(s);
    for(i=0; i<s.Length; i++)
    {
      c = (char)sr.Read( );
      if(i%10 == 0)
      {
        Console.Write("{0:D2}: ", n);
      }
      Console.Write(c);
      if(i%10 == 9)
      {
        Console.WriteLine( );
        n++;
      }
    }
    sr.Close( );
  }

  static void Main( )
  {
    new Haupt( );
  }
}
```

Ausgabe siehe Beispiel 10.3_1

10.4 Daten im Netzwerk

Von den zahlreichen Protokollen der Aufzählung System.Net.Sockets.ProtocolFamily wird hier nur das InterNetwork Protokoll benutzt, das auch als Internetprotokoll abgekürzt IP bekannt ist. Zur Adressierung werden IP-Nummern benutzt. Einen Computer, der im Netzwerk über eine IP-Nummer erreichbar ist, nennt man Host. Auf einem Host können gleichzeitig mehrere Server- und Klientprogramme laufen. Neben den IP-Nummern werden Portnummern verwendet, um die auf einem Host laufenden Serverprogramme voneinander zu unterscheiden. Der Sinn eines Servers liegt darin, auf eine Anforderung von einem Klienten zu warten und diese Anforderung zu bedienen. Ein Klient kann auf zwei Arten aktiv werden. Er kann einerseits eine Verbindung zu einem Server aufbauen und anschließend Daten mit dem Server austauschen. Er kann aber auch ein Datagramm genanntes Datenpaket abschicken, das neben den Daten auch die Zieladresse und die

Quelladresse enthält. Der Server reagiert darauf durch das Zurücksenden eines Datagramms zum Klienten.

IP-Nummern werden häufig in der Dotted Decimal-Notation angegeben. Dies entspricht der Form a.b.c.d, wobei die Zahlen a bis d je einem Byte entsprechen und daher Werte zwischen 0 und 255 annehmen können. Jede IP-Nummer enthält einen Code, der Adressklasse genannt wird. Man spricht von Klasse A, B, C, D und E Netzwerken. Die Adressen der Klassen A, B und C enthalten drei Informationen, die mit Adressklasse, Netzwerk-ID und Host-ID bezeichnet werden.

Klasse A:
```
1 Bit    7 Bit          24 Bit
0        Netzwerk-ID    Host-ID
```

Klasse B:
```
2 Bit    14 Bit         16 Bit
10       Netzwerk-ID    Host-ID
```

Klasse C:
```
3 Bit    21 Bit         8 Bit
110      Netzwerk-ID    Host-ID
```

Klasse D:
```
4 Bit    28 Bit
1110     Gruppe von Hostrechnern
```

Klasse E:
```
5 Bit    27 Bit
11110    reserviert für spätere Verwendung
```

Eine nur aus Nullen bestehende Adresse ist eine reservierte Adresse. Darum ist entschieden worden, dass von den 7 Bit der Netzwerk-ID der Klasse A wenigstens 1 Bit gleich 1 sein muss. In der Klasse A gibt es daher 127 Netzwerk-IDs und 16 777 216 Host-IDs. In der Klasse B gibt es 16 384 Netzwerk-IDs und 65 536 Host-IDs und in der Klasse C gibt es 2 097 152 Netzwerk-IDs und 256 Host-IDs. Mit Adressen der Klasse D werden mehrere einer Gruppe angehörende Hostrechner gleichzeitig angesprochen. Klasse E Netzwerke werden zurzeit noch nicht verwendet.

Könnte man die gesamte 32 Bit Zahl als Host-ID verwenden, so müsste ein Netzwerkknoten in der Lage sein, genau einen von 4 294 967 296 Hostrechnern gezielt anzusprechen, was sicherlich nicht effizient wäre. Die Klasseneinteilung ermöglicht mit Hilfe der Nezwerk-ID eine Gliederung von Netzwerken. Dies ist ein wesentliches Merkmal des Internet, das aus zahlreichen Netzen und Subnetzen besteht. Ordnung wird in diesem weltweiten Netz dadurch gehalten, dass die Netzwerkadressen zentral vom Internet Information Center InterNIC verwaltet und vergeben werden.

Das .NET Framework weist hinsichtlich der IP-Adressen einige Besonderheiten auf. Die IP-Adressen sind vom Typ long. Sie sind daher nicht 32 sondern 64 Bit lang. Die unteren 32 Bit werden zur Adressierung verwendet. Die IP-Nummer wird beginnend mit dem ersten Byte, das den höchsten Stellenwert besitzt, in Speicherzellen mit aufsteigenden Adressen abgelegt. Das Byte mit dem höheren Stellenwert ist daher auf der niedrigeren Speicheradresse zu finden. Ein Windows-PC speichert Zahlen in umgekehrter Reihenfolge. Das Byte mit dem niedrigeren Stellenwert befindet sich daher auf der niedrigeren und das Byte mit dem höheren Stellenwert auf der höheren Speicheradresse.

Die Reihenfolge, in der die Bytes gespeichert werden nennt man Byteordnung. Man unterscheidet die Byteordnungen Big Endian und Little Endian. Eine Zahl beginnt, da wir Zahlen stellenwertcodiert von links nach rechts schreiben, mit dem höchsten Stellenwert und endet mit dem niedrigsten Stellenwert. Liegt das Ende einer Zahl bzw. Bytefolge auf der größten Speicheradresse, so nennt man dies Big Endian. Liegt es auf der kleinsten Speicheradresse, so nennt man dies Little Endian. Die Byteordnung des PC ist Little Endian und die Byteordnung des Internet ist Big Endian. Der Zusammenhang wird am Beispiel der IP-Nummer 192.168.1.2 deutlicher.

Speicheradresse	PC Little Endian	Internet Big Endian
i+3	192	2
i+2	168	1
i+1	1	168
i	2	192

Die 4 Byte dieser IP-Nummer werden nun dezimal, hexadezimal und binär gegenübergestellt.

```
dezimal    hexadezimal    binär
192        C0             11000000
168        A8             10101000
1          01             00000001
2          02             00000010
```

Die Hexadezimalzahl und die Binär- bzw. Dualzahl kann man direkt zusammensetzen.

```
hexadezimal    C0A80102
binär          11000000101010000000000100000010
```

Aus der Binärzahl, die mit 110 beginnt, kann man die Adressklasse C ablesen. Die Dezimalzahl wird berechnet.

```
((192*256+168)*256+1)*256+2 = 3232235778
```

Beispiel 10.4_1 kommt zu den gleichen Ergebnissen. Der String ip enthält die IP-Nummer 192.168.1.2, die mit

```
uint a1= (uint)IPAddress.Parse(ip).Address;
```

in eine vorzeichenlose 32 Bit Zahl umgewandelt wird. Der Rückgabewert der statischen Methode Parse der Klasse System.Net.IPAddress besitzt den Datentyp IPAddress. Die Eigenschaft Address der Klasse IPAddress ist vom Typ long. Dieser Wert wird durch den Typecast (uint) in unsigned integer umgewandelt. Die Byteordnung dieser Umwandlung ist Big Endian.

Der Datentyp byte* ist ein Zeiger auf ein Byte und der Ausdruck &a1 ist die Adresse der Variablen a1. Die Anweisung

```
byte* b = (byte*)&a1;
```

definiert einen Zeiger, der auf das erste Byte der Variablen a1 zeigt. Dadurch ist man in der Lage, die 4 Byte der 32 Bit Zahl a1 getrennt zu betrachten. Die hier gezeigte Verwendung der Operatoren * und & ist von C++ übernommen und ist unsafe. In C# kann man wie in C++ die Arrayindizierung b[0], b[1], b[2] und b[3] verwenden. Die hexadezimale Ausgabe des Bytearrays zeigt die Reihenfolge der gespeicherten Werte.

Die Anweisungen

```
uint a2;
byte* c = (byte*)&a2;
c[0] = b[3];
c[1] = b[2];
c[2] = b[1];
c[3] = b[0];
```

speichern die IP-Adresse in umgekehrter Reihenfolge in den Variablen c und a2, die jetzt die IP-Adresse in der Byteordnung Little Endian enthalten. Da dies der Byteordnung des PC entspricht, kann die Variable a2 als Zahl interpretiert werden, was in der Ausgabe des Programms deutlich wird. Der geschilderte Sachverhalt hat natürlich auch im umgekehrten Fall Konsequenzen. Gibt man eine IP-Adresse nicht in der Dotted Decimal-Notation sondern als Dezimal-, Hexadezimal- oder Binärzahl an, so muß man, entweder vorab von Hand oder mit den entsprechenden Anweisungen im Programm, die Reihenfolge der Bytes umkehren.

Die Byteordnung kann auch mit den statischen Methoden HostToNetworkOrder und NetworkToHostOrder der Klasse IPAddress konvertiert werden. Die oben aufgeführten Anweisungen lassen sich daher durch die Anweisung

```
a2 = (uint)IPAddress.NetworkToHostOrder((int)a1);
```

ersetzen. Hierbei ist Vorsicht geboten. Da die Variablen a1 und a2 vom Typ uint sind und die Konvertierungsmethoden wahlweise short, int oder long verwenden, müssen die Datentypen explizit umgewandelt werden. Der Wert von a1 würde sonst implizit von uint in long umgewandelt. Nach dem Vertauschen der 8 Byte der long Zahl würde die Zahl, die als Ergebnis erwartet wird, in den oberen 4 Byte stehen, während die unteren 4 Byte gleich 0 sind. Würde dann der Typecast (uint) vor der Zuweisung an a2 ausgeführt, so würden die oberen 4 Byte abgeschnitten und a2 wäre gleich 0. Ein derartiges Ergebnis löst unter Umständen beim Testen des Programms ein erhebliches Kopfzerbrechen aus.

Das Beispiel wird mit

```
csc /unsafe 10.4_1.cs
```

übersetzt.

```
//Datei 10.4_1.cs

using System;
using System.Net;
using System.Net.Sockets;

class Haupt
{
  public unsafe Haupt( )
  {
    string ip = "192.168.1.2";
    Console.WriteLine("Dotted Decimal-Notation {0}", ip);
    uint a1= (uint)IPAddress.Parse(ip).Address;
    byte* b = (byte*)&a1;
    Console.WriteLine(
      "Byte Array Hexadezimal  {0:X2} {1:X2} {2:X2} {3:X2}",
      b[0], b[1], b[2], b[3]);
    uint a2;
    byte* c = (byte*)&a2;
    c[0] = b[3];
    c[1] = b[2];
    c[2] = b[1];
    c[3] = b[0];
    Console.WriteLine("Hexadezimalzahl          {0:X8}", a2);
    string s0 = dual(b[0]); while(s0.Length < 8)s0 = "0" + s0;
    string s1 = dual(b[1]); while(s1.Length < 8)s1 = "0" + s1;
    string s2 = dual(b[2]); while(s2.Length < 8)s2 = "0" + s2;
    string s3 = dual(b[3]); while(s3.Length < 8)s3 = "0" + s3;
    Console.WriteLine(
      "Byte Array Binär        {0} {1} {2} {3}", s0, s1, s2, s3);
    Console.WriteLine("Dezimalzahl              {0}", a2);
  }
  string dual(uint x)
  {
    string s = "";
    if(x<=0)return s;
    s = dual(x/2);
    return s + (x%2).ToString( );
  }
  static void Main( )
  {
    new Haupt( );
  }
}
```

Ausgabe:

```
Dotted Decimal-Notation 192.168.1.2
Byte Array Hexadezimal  C0 A8 01 02
Hexadezimalzahl         C0A80102
Byte Array Binär        11000000 10101000 00000001 00000010
Dezimalzahl             3232235778
```

Die Klasse IPAddress besitzt Eigenschaften, die spezielle IP-Adressen zur Verfügung stellen.

Any	0.0.0.0	wird benutzt, wenn ein Server alle Clientaktivitäten abhören soll.
Broadcast	255.255.255.255	adressiert alle Stationen im Netz.
Loopback	127.0.0.1	adressiert den Host, auf dem diese Adresse benutzt wird.
None	255.255.255.255	wird benutzt, wenn ein Server keine Clientaktivitäten abhören soll.

Methoden der Klasse System.Net.Dns:

`IPHostEntry GetHostByAddress( string` *`Adresse`* `);`

ermittelt Daten vom Typ IPHostEntry aus der in Dotted Decimal-Notation angegebenen IP-Adresse.

`IPHostEntry GetHostByName( string` *`Name`*`);`

ermittelt Daten vom Typ IPHostEntry aus dem Hostnamen.

Die Klasse System.Net.IPHostEntry besitzt die Eigenschaften:

AddressList	gibt IP-Adressen als Array vom Typ IPAddress[] zurück.
HostName	gibt den Hostnamen als String zurück.
Aliases	enthält die Aliasnamen des Host.

Beispiel 10.4_2 listet die Eigenschaften der Klasse IPAddress auf und ermittelt anschließend mit den Anweisungen

```
IPHostEntry el = Dns.GetHostByAddress("127.0.0.1");
string name = el.HostName;
```

den Hostnamen des eigenen Hosts unter Verwendung der Loopback-Adresse.

Danach wird mit

```
IPHostEntry e2 = Dns.GetHostByName(name);
string adresse = e2.AddressList[0].ToString( );
```

die IP-Adresse ermittelt, durch die der Host im Netzwerk identifiziert wird.

```
//Datei 10.4_2.cs

using System;
using System.Net;
using System.Net.Sockets;

class Haupt
{
  public Haupt( )
  {
    Console.WriteLine("Any       {0}", IPAddress.Any);
    Console.WriteLine("Broadcast {0}", IPAddress.Broadcast);
    Console.WriteLine("Loopback  {0}", IPAddress.Loopback);
    Console.WriteLine("None      {0}", IPAddress.None);

    IPHostEntry e1 = Dns.GetHostByAddress("127.0.0.1");
    string name = e1.HostName;
    IPHostEntry e2 = Dns.GetHostByName(name);
    string adresse = e2.AddressList[0].ToString( );

    Console.WriteLine( );
    Console.WriteLine("Name    {0}", name);
    Console.WriteLine("Adresse {0}", adresse);
  }

  static void Main( )
  {
    new Haupt( );
  }
}
```

Ausgabe:

```
Any       0.0.0.0
Broadcast 255.255.255.255
Loopback  127.0.0.1
None      255.255.255.255

Name    hr
Adresse 192.168.1.2
```

Die Klasse System.Net.Sockets.Socket stellt Methoden zur Verfügung, mit denen Daten im Netzwerk ausgetauscht werden können. Die Parameter des Konstruktors sind AddressFamily, SocketType und ProtocolType. In den Beispielen 10.4_3 bis 10.4_12 werden

AddressFamily.InterNetwork, SocketType.Stream, SocketType.Dgram, ProtocolType.Tcp und ProtocolType.Udp

verwendet. SocketType.Stream wird mit ProtocolType.Tcp zur verbindungsbasierten Datenübertragung verwendet, während SocketType.Dgram mit ProtocolType.Udp zur verbindungsfreien Datenübertragung verwendet wird. Die grundsätzliche Funktionsweise verbindungsbasierter und verbindungsfreier Server und Klienten wird in Kurzform dargestellt.

Verbindungsbasierter Server:

Socket	Eine Instanz der Klasse Socket wird gebildet.
Bind	Der Socket wird an seine IP-Adresse und seinen Port gebunden.
Listen	Der Socket wird zu einem passiven, horchenden Serversocket.
Accept	Der Socket wartet auf eine Verbindungsanforderung vom Klienten.
Receive	Daten werden empfangen.
Send	Daten werden gesendet.

Verbindungsbasierter Klient:

Socket	Eine Instanz der Klasse Socket wird gebildet.
Connect	Der Klient fordert vom Server eine Verbindung an.
Send	Daten werden gesendet.
Receive	Daten werden empfangen.

Verbindungsfreier Server:

Socket	Eine Instanz der Klasse Socket wird gebildet.
Bind	Der Socket wird an seine IP-Adresse und seinen Port gebunden.
ReceiveFrom	Daten werden empfangen.
SendTo	Daten werden gesendet.

Verbindungsfreier Klient:

Socket	Eine Instanz der Klasse Socket wird gebildet.
Bind	Der Socket wird an seine IP-Adresse und seinen Port gebunden.
SendTo	Daten werden gesendet.
ReceiveFrom	Daten werden empfangen.

Drei Häufig benutzte Eigenschaften der Klasse Socket sind:

Available	gibt die Anzahl der empfangenen Bytes zurück. Es kann zur Steuerung von Receive Anweisungen benutzt werden.
Connected	ist true, wenn der Socket verbunden ist.
Blocking	kann die Werte true und false annehmen. Die Voreinstellung ist true. Das Verhalten der Methoden Receive und RceiveFrom wird hierdurch beeinflusst. Ist Blocking gleich true, so blockieren Receive und ReceiveFrom bis Daten Eintreffen. Ist Blocking gleich false, so blockieren diese Methoden nicht sondern lösen eine SocketException aus.

Beispiel 10.4_3 besteht aus zwei Programmen. Die Datei 10.4_3a.cs enthält ein verbindungsbasiertes Serverprogramm und 10.4_3b.cs enthält das dazugehörige Klientprogramm. Sowohl beim Server als auch beim Klienten wird mit

```
Socket s = new Socket(
  AddressFamily.InterNetwork, SocketType.Stream, ProtocolType.Tcp);
```

eine Instanz der Klasse Socket gebildet. Im weiteren Verlauf unterscheiden sich Server und Klient voneinander.

Beim Server folgen die Anweisungen

```
s.Bind(new IPEndPoint(IPAddress.Any, 65000));
s.Listen(1);
Socket sa = s.Accept( );
```

Die Methode Bind erwartet einen Parameter vom Typ EndPoint. Dies ist eine abstrakte Klasse, von der die Klasse IPEndPoint abgeleitet ist. Damit Bind den Socket an die IP-Adresse und den Port binden kann, müssen diese dem Konstruktor der Klasse

IPEndPoint übergeben werden. Listen macht, wie bereits dargelegt, den Socket zum Serversocket.

Eingehende Verbindungsanforderungen werden in eine Warteschlange gesetzt. Der Methode Listen wird ein Integerwert als Parameter übergeben, der die Länge dieser Warteschlange festlegt. Die Methode Accept wartet, bis eine Verbindungsanforderung eingeht und gibt bei Erfolg einen Socket zurück, der mit dem anfordernden Klienten verbunden ist. Die Anweisungen

```
byte[] b = {72, 97, 108, 108, 111};
sa.Send(b);
sa.Close( );
s.Close( );
```

definieren einen Bytearray, senden diesen zum Klienten und schließen die Sockets.

Der Klient fordert mit

```
s.Connect(new IPEndPoint(IPAddress.Parse("192.168.1.2"), 65000));
```

eine Verbindung an. Anschließend werden mit

```
s.Receive(b);
```

die vom Server gesendeten Daten empfangen. Danach folgen Anweisungen, die die empfangenen Bytes im ASCII-Code ausgeben. Zum Schluss wird der Socket s geschlossen.

```
//Datei 10.4_3a.cs

using System;
using System.Net;
using System.Net.Sockets;

class Haupt
{
  public Haupt( )
  {
    try
    {
      Socket s = new Socket(
        AddressFamily.InterNetwork,
        SocketType.Stream, ProtocolType.Tcp);
```

```
      s.Bind(new IPEndPoint(IPAddress.Any, 65000));
      s.Listen(1);
      Socket sa = s.Accept( );

      byte[] b = {72, 97, 108, 108, 111};
      sa.Send(b);
      sa.Close( );
      s.Close( );
    }
    catch(SocketException ex)
    {
      Console.WriteLine(ex.Message);
    }
  }

  static void Main( )
  {
    new Haupt( );
  }
}


// Datei 10.4_3b.cs

using System;
using System.Text;
using System.Net;
using System.Net.Sockets;

class Haupt
{
  public Haupt( )
  {
    byte[] b = new byte[10];

    try
    {
      Socket s = new Socket(
        AddressFamily.InterNetwork,
        SocketType.Stream, ProtocolType.Tcp);

      s.Connect(new IPEndPoint(
        IPAddress.Parse("192.168.1.2"), 65000));
      s.Receive(b);

      foreach(byte by in b)Console.Write("{0} ", by);
      Console.WriteLine( );

      string st = Encoding.ASCII.GetString(b);
      Console.WriteLine(st);
```

```
            s.Close( );
          }
          catch(SocketException ex)
          {
            Console.WriteLine(ex.Message);
          }
        }

        static void Main( )
        {
          new Haupt( );
        }
      }
```

Ausgabe:

```
72 97 108 108 111 0 0 0 0 0
Hallo
```

Beispiel 10.4_4 besteht ebenfalls aus einem verbindungsbasierten Server und Klienten. Der Klient fordert eine Verbindung an und stellt dem Server eine Frage. Dies wird der Einfachheit halber durch Senden einer Zahl von 1 bis 6 simuliert. Der Server sendet Antwort 1 bis 6 und Server und Klient beenden die Verbindung wieder. Ist die vom Klienten gesendete Zahl größer als 6, so ist die Frage falsch gestellt. Sendet der Klient eine Null, so wird der Server beendet. Für jedes Frage-Antwort Paar wird eine neue Verbindung aufgebaut.

Der Server beginnt wie üblich mit Socket, Bind und Listen. Danach folgt eine do-while-Schleife, die mit

```
sa = s.Accept( );
```

beginnt und mit

```
sa.Close( );
```

endet. Die dazwischen liegenden Anweisungen empfangen die Frage und senden die Antwort.

Der Klient ruft mehrfach die Methode Anforderung auf, die einen Socket erzeugt, mit Connect eine Verbindung anfordert, mit Send die Frage sendet, mit Receive die Antwort empfängt und zum Schluss den Socket wieder schließt.

```
// Datei 10.4_4a.cs
using System;
using System.Text;
using System.Net;
using System.Net.Sockets;
class Haupt
{
  public Haupt( )
  {
    string[] Antwort =
    {
      "Antwort 1", "Antwort 2", "Antwort 3", "Antwort 4", "Antwort 5"
    };
    byte[] b = new byte[1];
    Socket sa;
    try
    {
      Socket s = new Socket(
        AddressFamily.InterNetwork,
        SocketType.Stream, ProtocolType.Tcp);
      s.Bind(new IPEndPoint(IPAddress.Any, 65000));
      s.Listen(1);
      do
      {
        sa = s.Accept( );
        sa.Receive(b);

        if(b[0] > 0)
        {
          if(b[0] < 6)
            sa.Send(Encoding.ASCII.GetBytes(Antwort[b[0]-1]));
          else
            sa.Send(Encoding.ASCII.GetBytes("falsche Frage"));
        }
        else
          sa.Send(Encoding.ASCII.GetBytes("Tschuess"));

        sa.Close( );
      }while(b[0] > 0);
      s.Close( );
    }
    catch(SocketException ex)
    {
      Console.WriteLine(ex.Message);
    }
  }
  static void Main( )
  {
    new Haupt( );
  }
}
```

```
// Datei 10.4_4b.cs

using System;
using System.Text;
using System.Net;
using System.Net.Sockets;

class Haupt
{
  Socket s;
  byte[] b;
  byte[] bs = new byte[1];

  public Haupt( )
  {
    Anforderung(1);
    Anforderung(5);
    Anforderung(2);
    Anforderung(6);
    Anforderung(0);
  }

  void Anforderung(byte i)
  {
    try
    {
      bs[0] = i;
      s = new Socket(
        AddressFamily.InterNetwork,
        SocketType.Stream, ProtocolType.Tcp);
      s.Connect(new IPEndPoint(IPAddress.Parse(
        "192.168.1.2"), 65000));
      s.Send(bs);
      b = new byte[20];
      s.Receive(b);
      string st = Encoding.ASCII.GetString(b);
      Console.WriteLine(st);
      s.Close( );
    }
    catch(SocketException ex)
    {
      Console.WriteLine(ex.Message);
    }
  }

  static void Main( )
  {
    new Haupt( );
  }
}
```

Ausgabe:

```
Antwort 1
Antwort 5
Antwort 2
falsche Frage
Tschuess
```

Beispiel 10.4_5 macht nichts anderes als Beispiel 10.4_4. Es wird jedoch nur eine Verbindung hergestellt, die während der gesamten Unterhaltung aufrecht gehalten wird. Aus diesem Grund steht Accept beim Server außerhalb der do-while-Schleife, und der Klient führt nur einmal vor der Unterhaltung Connect aus.

```
// Datei 10.4_5a.cs

using System;
using System.Text;
using System.Net;
using System.Net.Sockets;

class Haupt
{
  public Haupt( )
  {
    try
    {
      string[] Antwort =
      {
        "Antwort 1", "Antwort 2", "Antwort 3", "Antwort 4", "Antwort
5"
      };
      byte[] b = new byte[1];

      Socket sa;
      Socket s = new Socket(
        AddressFamily.InterNetwork,
        SocketType.Stream, ProtocolType.Tcp);
      s.Bind(new IPEndPoint(IPAddress.Any, 65000));
      s.Listen(1);
      sa = s.Accept( );
      do
      {
        sa.Receive(b);
        if(b[0] > 0)
        {
          if(b[0] < 6)
```

```
          sa.Send(Encoding.ASCII.GetBytes(Antwort[b[0]-1]));
        else
          sa.Send(Encoding.ASCII.GetBytes("falsche Frage"));
      }
      else
        sa.Send(Encoding.ASCII.GetBytes("Tschuess"));
    }while(b[0] > 0);
    sa.Close( );
    s.Close( );
  }
  catch(SocketException ex)
  {
    Console.WriteLine(ex.Message);
  }
 }

 static void Main( )
 {
   new Haupt( );
 }
}


// Datei 10.4_5b.cs

using System;
using System.Text;
using System.Net;
using System.Net.Sockets;

class Haupt
{
  Socket s;
  byte[] b;
  byte[] bs = new byte[1];

  public Haupt( )
  {
    try
    {
      s = new Socket(
      AddressFamily.InterNetwork,
      SocketType.Stream, ProtocolType.Tcp);
      s.Connect(new IPEndPoint(IPAddress.Parse(
        "192.168.1.2"), 65000));

      Unterhaltung(1);
      Unterhaltung(5);
      Unterhaltung(2);
      Unterhaltung(6);
      Unterhaltung(0);
```

```
      s.Close( );
    }
    catch(SocketException ex)
    {
      Console.WriteLine(ex.Message);
    }
  }

  void Unterhaltung(byte i)
  {
    bs[0] = i;
    s.Send(bs);
    b = new byte[20];
    s.Receive(b);
    string st = Encoding.ASCII.GetString(b);
    Console.WriteLine(st);
  }

  static void Main( )
  {
    new Haupt( );
  }
}
```

Die Ausgabe ist identisch mit der von Beispiel 10.4_4.

Beispiel 10.4_6 benutzt SocketType.Dgram und ProtocolType.Udp, um eine verbindungsfreie Klient-Server Anwendung zu erhalten. Server 10.4_6a.cs und Klient 10.4-6b.cs definieren mit

```
EndPoint er = (EndPoint)new IPEndPoint(IPAddress.Any, 0);
```

einen EndPoint er, der den Empfang von jeder IP-Adresse und jedem Port zulässt. Der Server wird mit Bind an die IP-Adresse 192.168.1.2 und den Port 65000 gebunden. Der Klient wird an die gleiche IP-Adresse und an den Port 65001 gebunden. Wenn sich Server und Klient auf verschiedenen Hosts befinden, dann unterscheiden sich natürlich ihre IP-Adressen. Server und Klient definieren für das Versenden von Daten den IPEndPoint es. Beim Server enthält es die IP-Adresse und den Port des Klienten, und beim Klienten sind die entsprechenden Adressen des Servers eingesetzt.

Server und Klient erzeugen einen Socket und führen die Bind Anweisung aus. Der Server empfängt zuerst mit ReceiveFrom Daten vom Klienten und sendet dann mit SendTo die Antwort zum Klienten. Der Klient sendet zuerst mit SendTo Daten zum Server und empfängt dann mit ReceiveFrom die Antwort des Servers.

```
// Datei 10.4_6a.cs

using System;
using System.Text;
using System.Net;
using System.Net.Sockets;

class Haupt
{
  EndPoint er = (EndPoint)new IPEndPoint(IPAddress.Any, 0);
  IPEndPoint es = new IPEndPoint(IPAddress.Parse(
    "192.168.1.2"), 65001);

  public Haupt( )
  {
    string[] Antwort =
    {
      "Antwort 1", "Antwort 2", "Antwort 3", "Antwort 4", "Antwort 5"
    };
    byte[] b = new byte[1];

    try
    {
      Socket s = new Socket(
        AddressFamily.InterNetwork,
        SocketType.Dgram, ProtocolType.Udp);
      s.Bind(new IPEndPoint(IPAddress.Any, 65000));
      do
      {
        s.ReceiveFrom(b, ref er);
        if(b[0] > 0)
        {
          if(b[0] < 6)
            s.SendTo(
              Encoding.ASCII.GetBytes(Antwort[b[0]-1]), es);
          else
            s.SendTo(
              Encoding.ASCII.GetBytes("falsche Frage"), es);
        }
        else
          s.SendTo(
            Encoding.ASCII.GetBytes("Tschuess"), es);
      }while(b[0] > 0);
      s.Close( );
    }
    catch(SocketException ex)
```

```
    {
      Console.WriteLine(ex.Message);
    }
  }

  static void Main( )
  {
    new Haupt( );
  }
}


// Datei 10.4_6b.cs

using System;
using System.Text;
using System.Net;
using System.Net.Sockets;

class Haupt
{
  Socket s;
  EndPoint er = (EndPoint)new IPEndPoint(IPAddress.Any, 0);
  IPEndPoint es = new IPEndPoint(
    IPAddress.Parse("192.168.1.2"), 65000);

  byte[] b;
  byte[] bs = new byte[1];

  public Haupt( )
  {
    try
    {
      s = new Socket(
        AddressFamily.InterNetwork, SocketType.Dgram,
ProtocolType.Udp);
      s.Bind(new IPEndPoint(IPAddress.Any, 65001));

      Unterhaltung(1);
      Unterhaltung(5);
      Unterhaltung(2);
      Unterhaltung(6);
      Unterhaltung(0);

      s.Close( );
    }
    catch(SocketException ex)
    {
      Console.WriteLine(ex.Message);
    }
  }
```

```
    void Unterhaltung(byte i)
    {
      bs[0] = i;
      s.SendTo(bs, es);
      b = new byte[20];
      s.ReceiveFrom(b, ref er);
      string st = Encoding.ASCII.GetString(b);
      Console.WriteLine(st);
    }

    static void Main( )
    {
      new Haupt( );
    }
}
```

Die Ausgabe ist identisch mit der Ausgabe der Beispiele 10.4_4 und 10.4_5.

Beispiel 10.4_7 zeigt die Verwendung der Klasse System.Net.Sockets.NetworkStream, die von System.IO.Stream abgeleitet ist. Der Konstruktor dieser Klasse erwartet einen Socket als Parameter. Die Eigenschaft DataAvailable gibt an, ob Daten zum Lesen bereit stehen. Im Übrigen kann auf die Eigenschaften und Methoden der Klasse Stream zurückgegriffen werden.

Der verbindungsbasierte Server 10.4_7a.cs beginnt wie bekannt mit Socket, Bind, Listen und Accept. Anschließend wird die Instanz

```
NetworkStream ns = new NetworkStream(sa);
```

der Klasse NetworkStream gebildet, und mit

```
ns.Write(b, 0, b.Length);
```

werden Daten zum Server gesendet. Der NetworkStream und die Sockets werden dann wieder geschlossen.

Der Klient 10.4_7b.cs beginnt wie bekannt mit Socket und Connect. Anschließend wird die Instanz

```
NetworkStream ns = new NetworkStream(s);
```

der Klasse NetworkStream gebildet.

Mit

```
ns.Read(b, 0, b.Length);
```

werden Daten vom Server gelesen. Die Daten werden ausgegeben und der NetworkStream und die Sockets werden dann wieder geschlossen.

```
// Datei 10.4_7a.cs

using System;
using System.Text;
using System.Net;
using System.Net.Sockets;

class Haupt
{
  public Haupt( )
  {
    try
    {
      Socket s = new Socket(
        AddressFamily.InterNetwork,
        SocketType.Stream, ProtocolType.Tcp);

      s.Bind(new IPEndPoint(IPAddress.Any, 65000));
      s.Listen(1);
      Socket sa = s.Accept( );

      string st = "Hallo";
      byte[] b = Encoding.ASCII.GetBytes(st);
      NetworkStream ns = new NetworkStream(sa);
      ns.Write(b, 0, b.Length);

      ns.Close( );
      sa.Close( );
      s.Close( );
    }
    catch(SocketException ex)
    {
      Console.WriteLine(ex.Message);
    }
  }

  static void Main( )
  {
    new Haupt( );
  }
}
```

```
// Datei 10.4_7b.cs

using System;
using System.Text;
using System.Net;
using System.Net.Sockets;

class Haupt
{
  public Haupt( )
  {
    byte[] b = new byte[10];

    try
    {
      Socket s = new Socket(
        AddressFamily.InterNetwork,
        SocketType.Stream, ProtocolType.Tcp);

      s.Connect(new IPEndPoint(IPAddress.Parse(
        "192.168.1.2"), 65000));
      NetworkStream ns = new NetworkStream(s);
      ns.Read(b, 0, b.Length);

      string st = Encoding.ASCII.GetString(b);
      Console.WriteLine(st);

      ns.Close( );
      s.Close( );
    }
    catch(SocketException ex)
    {
      Console.WriteLine(ex.Message);
    }
  }

  static void Main( )
  {
    new Haupt( );
  }
}
```

Beispiel 10.4_8 ist fast identisch mit Beispiel 10.4_7. Nach dem NetworkStream wird beim Server ein StreamWriter und beim Klienten ein StreamReader gebildet. Dadurch können die Daten mit ReadLine und WriteLine übertragen werden. Wenn Server und Klient sowohl senden als auch empfangen, dann enthalten natürlich beide Programme einen StreamReader und einen StreamWriter.

```
// Datei 10.4_8a.cs

using System;
using System.IO;
using System.Net;
using System.Net.Sockets;

class Haupt
{
  public Haupt( )
  {
    try
    {
      Socket s = new Socket(
        AddressFamily.InterNetwork,
        SocketType.Stream, ProtocolType.Tcp);

      s.Bind(new IPEndPoint(IPAddress.Any, 65000));
      s.Listen(1);
      Socket sa = s.Accept( );

      string st = "Hallo";
      NetworkStream ns = new NetworkStream(sa);
      StreamWriter sw = new StreamWriter(ns);
      sw.WriteLine(st);

      sw.Close( );
      ns.Close( );
      sa.Close( );
      s.Close( );
    }
    catch(SocketException ex)
    {
      Console.WriteLine(ex.Message);
    }
  }

  static void Main( )
  {
    new Haupt( );
  }
}


// Datei 10.4_8b.cs

using System;
using System.IO;
using System.Net;
using System.Net.Sockets;
```

```
class Haupt
{
  public Haupt( )
  {
    byte[] b = new byte[10];

    try
    {
      Socket s = new Socket(
        AddressFamily.InterNetwork, SocketType.Stream,
ProtocolType.Tcp);

      s.Connect(new IPEndPoint(IPAddress.Parse("192.168.1.2"),
65000));
      NetworkStream ns = new NetworkStream(s);
      StreamReader sr = new StreamReader(ns);
      string st = sr.ReadLine( );

      Console.WriteLine(st);

      sr.Close( );
      ns.Close( );
      s.Close( );
    }
    catch(SocketException ex)
    {
      Console.WriteLine(ex.Message);
    }
  }

  static void Main( )
  {
    new Haupt( );
  }
}
```

Beispiel 10.4_9 zeigt die verbindungsbasierte Datenübertragung mit den Klassen TcpListener und TcpClient.

Beim Server wird eine Instanz der Klasse TcpListener gebildet. Der Konstruktor erwartet die Portnummer als Parameter.

```
TcpListener tl = new TcpListener(65000);
```

Mit der Anweisung

```
tl.Start( );
```

wird der TcpListener gestartet.

Die Anweisung

```
TcpClient tc = tl.AcceptTcpClient( );
```

wartet auf eine Verbindungsanforderung vom Klienten und gibt nach dem erfolgreichen Aufbau der Verbindung einen Wert vom Typ TcpClient zurück. Dieser wird dazu benutzt, mit

```
NetworkStream ns = tc.GetStream( );
```

einen NetworkStream zu bilden. Der weitere Ablauf entspricht dem des vorigen Beispiels. Am Ende wird der TcpListener mit

```
tl.Stop( );
```

angehalten. Der Klient bildet mit den Anweisungen

```
TcpClient tc = new TcpClient( );
tc.Connect("192.168.1.2", 65000);
```

eine Instanz der Klasse TcpClient und sendet eine Verbindungsanforderung zum Server. Anschließend werden der NetworkStream und der StreamReader gebildet. Der weitere Ablauf entspricht dem des vorigen Beispiels.

```
// Datei 10.4_9a.cs

using System;
using System.IO;
using System.Net;
using System.Net.Sockets;

class Haupt
{
  public Haupt( )
  {
    try
    {
      TcpListener tl = new TcpListener(65000);
      tl.Start( );
      TcpClient tc = tl.AcceptTcpClient( );

      string st = "Hallo";
      NetworkStream ns = tc.GetStream( );
```

```
      StreamWriter sw = new StreamWriter(ns);
      sw.WriteLine(st);

      sw.Close( );
      ns.Close( );
      tc.Close( );
      tl.Stop( );
    }
    catch(SocketException ex)
    {
      Console.WriteLine(ex.Message);
    }
  }

  static void Main( )
  {
    new Haupt( );
  }
}


// Datei 10.4_9b.cs

using System;
using System.IO;
using System.Net;
using System.Net.Sockets;

class Haupt
{
  public Haupt( )
  {
    byte[] b = new byte[10];

    try
    {
      TcpClient tc = new TcpClient( );

      tc.Connect("192.168.1.2", 65000);
      NetworkStream ns = tc.GetStream( );
      StreamReader sr = new StreamReader(ns);
      string st = sr.ReadLine( );

      Console.WriteLine(st);

      sr.Close( );
      ns.Close( );
      tc.Close( );
    }
    catch(SocketException ex)
    {
```

```
        Console.WriteLine(ex.Message);
      }
    }

    static void Main( )
    {
      new Haupt( );
    }
}
```

Beispiel 10.4_10 benutzt die Klasse System.Net.Sockets.UdpClient zur verbindungsfreien Datenübertragung. Der Konstruktor dieser Klasse erwartet die Portadresse als Parameter. Die Aufgabe der bisher benutzten Methode Bind wird vom Konstruktor mit übernommen.

Der Server 10.4_10a.cs empfängt mit

```
br = uc.Receive(ref er);
```

Daten vom Klienten und sendet mit

```
uc.Send(bs, bs.Length, es);
```

Daten zum Klienten.

Der Klient 10.4_10b.cs sendet mit

```
uc.Send(bs, 1, es);
```

Daten zum Server und empfängt mit

```
br = uc.Receive(ref er);
```

Daten vom Server. Alle weiteren Abläufe entsprechen denen des Beispiels 10.4_6.

```
// Datei 10.4_10a.cs

using System;
using System.Text;
using System.Net;
using System.Net.Sockets;

class Haupt
{
```

```
    IPEndPoint er = new IPEndPoint(IPAddress.Any, 0);
    IPEndPoint es = new IPEndPoint(IPAddress.Parse(
      "192.168.1.2"), 65001);

    public Haupt( )
    {
      string[] Antwort =
      {
        "Antwort 1", "Antwort 2", "Antwort 3", "Antwort 4", "Antwort 5"
      };
      byte[] br;
      byte[] bs;

      try
      {
        UdpClient uc = new UdpClient(65000);
        do
        {
          br = uc.Receive(ref er);
          if(br[0] > 0)
          {
            if(br[0] < 6)
            {
              bs = Encoding.ASCII.GetBytes(Antwort[br[0]-1]);
              uc.Send(bs, bs.Length, es);
            }
            else
            {
              bs = Encoding.ASCII.GetBytes("falsche Frage");
              uc.Send(bs, bs.Length, es);
            }
          }
          else
          {
            bs = Encoding.ASCII.GetBytes("Tschuess");
            uc.Send(bs, bs.Length, es);
          }
        }while(br[0] > 0);
        uc.Close( );
      }
      catch(SocketException ex)
      {
        Console.WriteLine(ex.Message);
      }
    }

    static void Main( )
    {
      new Haupt( );
    }
  }
```

```
// Datei 10.4_10b.cs

using System;
using System.Text;
using System.Net;
using System.Net.Sockets;

class Haupt
{
  UdpClient uc;
  IPEndPoint er = new IPEndPoint(IPAddress.Any, 0);
  IPEndPoint es = new IPEndPoint(IPAddress.Parse(
    "192.168.1.2"), 65000);

  byte[] br;
  byte[] bs = new byte[1];

  public Haupt( )
  {
    try
    {
      uc = new UdpClient(65001);

      Unterhaltung(1);
      Unterhaltung(5);
      Unterhaltung(2);
      Unterhaltung(6);
      Unterhaltung(0);

      uc.Close( );
    }
    catch(SocketException ex)
    {
      Console.WriteLine(ex.Message);
    }
  }

  void Unterhaltung(byte i)
  {
    bs[0] = i;
    uc.Send(bs, 1, es);
    br = uc.Receive(ref er);
    string st = Encoding.ASCII.GetString(br);
    Console.WriteLine(st);
  }

  static void Main( )
  {
    new Haupt( );
  }
}
```

Ausgabe:

```
Antwort 1
Antwort 5
Antwort 2
falsche Frage
Tschuess
```

Beispiel 10.4_11 zeigt, wie ein verbindungsbasierter Server mit mehreren Klienten verbunden werden kann. Es handelt sich um eine bewusst einfach gehaltene Chat-Runde, in die man sich unter Angabe eines Namens einloggen kann. Zu diesem Zweck wird zuerst der Server gestartet. Danach werden ein oder mehrere Klienten gestartet, die sich auf verschiedenen Hosts im Netzwerk befinden dürfen.

Beim Server 10.4_11a.cs wird in der Klasse Server die ArrayList

```
public ArrayList verbunden = new ArrayList( );
```

definiert. Anschließend wird im Konstruktor der Klasse Server mit den Anweisungen

```
TcpListener tl = new TcpListener(5678);
tl.Start( );
```

ein TcpListener erzeugt und gestartet. Die dann folgende Endlosschleife

```
for(;;)
{
  try
  {
    verbunden.Add(new Verbindung(this, tl.AcceptTcpClient( )));
  }
  catch(Exception ex){Console.WriteLine(ex.Message);}
}
```

fügt der ArrayList verbunden eine Instanz der Klasse Verbindung hinzu. Die Anweisung tl.AcceptTcpClient( ) wartet auf eine Verbindungsanforderung. Nach erfolgreicher Herstellung der Verbindung wird die Instanz der Klasse Verbindung gebildet, und sobald der Konstruktor der Klasse Verbindung abgearbeitet ist, wird verbunden.Add ausgeführt.

Der Konstruktor

```
public Verbindung(Server serv, TcpClient tc)
{
  this.serv = serv;
  this.tc = tc;
  th = new Thread(new ThreadStart(run));
  th.Start( );
}
```

erwartet als Parameter die Instanz der Klasse Server und den TcpClient tc, der durch tl.AcceptTcpClient( ) mit einem Klienten verbunden ist. Beide Parameter werden in lokalen Variablen gespeichert. Anschließend wird der Thread th erzeugt und gestartet. Jetzt übernimmt die Startroutine run dieses Threads die Kontrolle über die Verbindung, während das Hauptprogramm weiterhin die oben beschriebene Endlosschleife abarbeitet und damit weitere Verbindungsanforderungen entgegen nehmen kann.

Die Startroutine erzeugt zuerst den NetworkStream ns, den StreamReader sr und den StreamWriter sw. Danach werden mehrere Methoden aufgerufen, die weiter unten beschrieben sind. Zuerst wird anmelden aufgerufen, das entweder den Klienten einloggt oder das Einloggen zurückweist. Nach erfolgreichem Einloggen tritt die Startroutine in die Schleife

```
while(running)
{
  st = empfangen( );
  if(running)
  {
    if(st.Equals("&&end&&"))
    {
      running = false;
    }
    else
    {
      string s = string.Format("{0}: {1}", Name, st);
      allen_senden(s);
    }
  }
}
```

ein, die solange durchlaufen wird bis running gleich false ist. Jeder Schleifendurchlauf beginnt mit dem Empfang des Strings st vom Klienten. Sendet der Klient den String &&end&&, so deutet der Server dies als: „Ich melde mich ab." Die Variable running wird dann gleich false gesetzt und die while-Schleife bricht ab. Andernfalls wird der empfangene String an alle eingeloggten Klienten gesendet. Terminiert die while-Schleife, so wird die Methode abmelden aufgerufen und der StreamReader, der StreamWriter, der NetworkStream und der TcpClient geschlossen.

Die Methode empfangen empfängt einen String vom Klienten mit der Methode ReadLine des StreamReader, während senden mit der Methode WriteLine des StreamWriter einen String an den Klienten sendet. Es ist zu bedenken, dass zu jeder Instanz der Klasse Verbindung genau ein Klient gehört. Die Methoden senden und empfangen können daher nur mit diesem einen Klienten Daten austauschen Die Methode allen_senden sendet Daten an alle eingeloggten Klienten. Dazu entnimmt diese Methode der ArrayList verbunden Instanzen der Klasse Verbindung und ruft deren Methode senden auf.

Die Methode anmelden nimmt mit

```
Name = empfangen( );
```

den Namen des Klienten entgegen, der sich einzuloggen versucht. Diesem Klienten werden mit

```
lock(serv.verbunden)foreach(object o in serv.verbunden)
{
  if(o != this)senden("##" + ((Verbindung)o).Name + "##");
}
```

die Namen der bereits eingeloggten Klienten übermittelt. Den String ##Karl## zB. interpretiert der Klient als: „Karl ist eingeloggt." Danach wird die ArrayList verbunden daraufhin untersucht, ob sich ein anderer Klient unter dem gleichen Namen eingeloggt hat. Ist dies der Fall, so wird dem neuen Klienten durch

```
senden("#&#&");
```

mitgeteilt, dass er sich nicht unter dem angegebenen Namen einloggen kann. Durch die Zuweisung

```
alle = false;
```

wird verhindert, dass dieser Vorgang den anderen Klienten gemeldet wird, und mit

```
running = false;
```

wird die while-Schleife der Startroutine des Threads abgebrochen. Hat die Prüfung des Namens jedoch ergeben, dass sich der Klient einloggen darf, so wird mit der Anweisung

```
allen_senden("##"+ Name + "##");
```

allen Klienten mitgeteilt, dass der neue Klient eingeloggt ist.

Die Methode abmelden entfernt den Klienten aus der ArrayList verbunden und übermittelt, falls alle gleich true ist, mit

```
if(alle)allen_senden("&&"+ Name + "&&");
```

allen Klienten die Abmeldung. Der String &&Karl&& bedeutet: „Karl hat sich abgemeldet."

Der Klient 10.4_11b.cs besteht aus der Klasse Chat, deren Konstruktor die Benutzeroberfläche wie unten im Bild zu sehen definiert. Oben links ist eine RichTextBox, die den übermittelten Text anzeigt. Die ListBox oben rechts zeigt die Namen der Teilnehmer der Chat-Runde an. Unten befinden sich die TextBox für den Namen des Teilnehmers und die TextBox, die den zu übermittelnden Text aufnimmt. Rechts daneben sind der Button Verbinden, mit dem die Verbindung zum Server angefordert wird, der Button Trennen, der die Verbindung wieder trennt und der Button Senden, der den eingegebenen Text zum Server sendet.

Der Eventhandler Verbinden_Click des Buttons Verbinden erzeugt einen TcpClient, fordert mit Connect eine Verbindung an und erzeugt den NetworkStream ns, den StreamReader sr und den StreamWriter sw. Zum Schluss wird eine Instanz des Threads Horchen mit der Startroutine horchen gebildet und gestartet.

Der Eventhandler Trennen_Click sendet den Abmeldestring &&end&& zum Server und setzt die Variable horch gleich false. Der Thread Horchen wird dadurch beendet.

Der Eventhandler Senden_Click sendet den eingegebenen Text durch Aufruf der Methode senden zum Server.

Der Kern des Klientprogramms ist die Startroutine horchen. Sie steuert den gesamten Dialog mit dem Server. Zuerst werden die Richtextbox und der Listbox gelöscht. Dann wird der eingegebene Name zum Einloggen an den Server gesendet. Anschließend wird der Button Verbinden deaktiviert und die Buttons Trennen und Senden werden aktiviert. Nach diesen Vorbereitungen wird horch gleich true gesetzt und die Startroutine tritt in die Schleife

```
while(horch)
{
    . . .
}
```

ein. Mit

```
string st = empfangen( );
```

wird ein String vom Server empfangen. Dieser String kann einerseits eine Mitteilung von den anderen Teilnehmern der Runde enthalten. Er kann aber andererseits auch eine Mitteilung direkt vom Server darstellen. Zuerst wird mit

```
if(st.StartsWith("##") && st.EndsWith("##"))
{
  st = st.Remove(0, 2);
  st = st.Remove(st.Length-2, 2);
  lbxClient.Items.Add(st);
}
```

untersucht, ob sich ein neuer Teilnehmer der Runde angemeldet hat. Ist dies der Fall, so wird dessen Name in die Listbox lbxClient eingetragen. Danach wird mit

```
else if(st.StartsWith("&&") && st.EndsWith("&&"))
{
  st = st.Remove(0, 2);
  st = st.Remove(st.Length-2, 2);
  entfernen(st);
}
```

untersucht, ob sich ein Teilnehmer der Runde abmeldet. Ist dies der Fall, so wird dessen Name aus der Listbox lbxClient entfernt. Nun kann der Fall eintreten, dass man sich gerade selbst anzumelden versucht und die Anmeldung vom Server zurückgewiesen wird. Die Anweisungen

```
else if(st.Equals("#&#&"))
{
  rbxText.AppendText("Bitte einen anderen Namen verwenden!\n");
  loesch = false;
  horch = false;
}
```

teilen dann durch einen Eintrag in die RichTextBox rbxText mit, dass ein anderer Name verwendet werden soll. Die Variable loesch wird gleich false gesetzt. Dadurch wird verhindert, dass die Namen der anderen Teilnehmer aus der ListBox lbxClient gelöscht werden. Die while-Schleife wird dadurch beendet, dass horch gleich false gesetzt wird. Die Startroutine horchen terminiert, und man kann sich mit einem Namen, der sich von den Namen der anderen Teilnehmer unterscheidet, anmelden. Treten die beschriebenen Fälle nicht auf, so wird mit

```
else if(!st.Equals(""))
{
  rbxText.AppendText(st + "\n");
}
```

der empfangene String in rbxText eingetragen.

Die Variable horch wird durch den Eventhandler des Buttons Trennen oder durch das gerade beschriebene Zurückweisen der Verbindung gleich false gesetzt. Abschließend wird dann, falls loesch gleich true ist, die ListBox lbxClient gelöscht und der Button Verbinden aktiviert. Die Buttons Trennen und Senden werden deaktiviert, und zum Schluss folgen noch die erforderlichen Close Anweisungen. Damit hat sich der Kreis geschlossen. Den anderen Teilnehmern des Chat ist mitgeteilt worden, dass man die Runde verlassen hat.

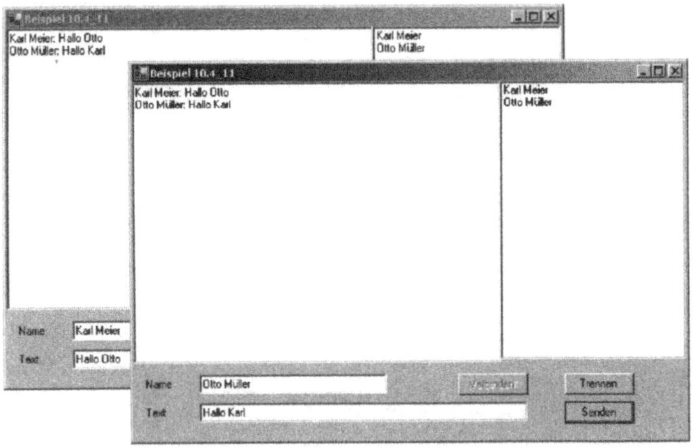

Abbildung 10.4_11

```
// Datei 10.4_11a.cs

using System;
using System.IO;
using System.Net;
using System.Timers;
using System.Net.Sockets;
using System.Threading;
using System.Collections;

class Server
{
  public ArrayList verbunden = new ArrayList( );

  public Server( )
  {
    TcpListener tl = new TcpListener(5678);
    tl.Start( );
    for(;;)
    {
      try
      {
        verbunden.Add(new Verbindung(this, tl.AcceptTcpClient( )));
      }
      catch(Exception ex){Console.WriteLine(ex.Message);}
    }
  }

  static void Main( )
  {
```

```
    new Server( );
  }
}

class Verbindung
{
  Server serv;
  public TcpClient tc;
  public NetworkStream ns;
  public StreamReader sr;
  public StreamWriter sw;
  public Thread th;
  public string Name = "";
  bool running = true, alle = true;

  public Verbindung(Server serv, TcpClient tc)
  {
    this.serv = serv;
    this.tc = tc;
    th = new Thread(new ThreadStart(run));
    th.Start( );
  }

  void run( )
  {
    string st = "";
    ns = tc.GetStream( );
    sr = new StreamReader(ns);
    sw = new StreamWriter(ns);
    anmelden( );
    while(running)
    {
      st = empfangen( );
      if(running)
      {
        if(st.Equals("&&end&&"))
        {
          running = false;
        }
        else
        {
          string s = string.Format("{0}: {1}", Name, st);
          allen_senden(s);
        }
      }
    }
    abmelden( );
    if(sr != null)sr.Close( );
    if(sw != null)sw.Close( );
    if(ns != null)ns.Close( );
    if(tc != null)tc.Close( );
```

```
}

public string empfangen( )
{
  string st = "";
  try
  {
    st = sr.ReadLine( );
    if(st == null)running = false;
  }
  catch(Exception ex)
  {
    Console.WriteLine(ex.Message);
    running = false;
  }
  return st;
}

public void senden(string st)
{
  try
  {
    sw.WriteLine(st);
    sw.Flush( );
  }
  catch(Exception ex)
  {
    Console.WriteLine(ex.Message);
    running = false;
  }
}

void allen_senden(string text)
{
  lock(serv.verbunden)foreach(object o in serv.verbunden)
  {
    ((Verbindung)o).senden(text);
  }
}

void anmelden( )
{
  Name = empfangen( );
  lock(serv.verbunden)foreach(object o in serv.verbunden)
  {
    if(o != this)senden("##" + ((Verbindung)o).Name + "##");
  }
  object ob = null;
  lock(serv.verbunden)foreach(object o in serv.verbunden)
  {
    if(o != this  && ((Verbindung)o).Name.Equals(Name))ob = o;
```

```
      }
      if(ob != null)
      {
        senden("#&#&");
        alle = false;
        running = false;
      }
      else
      allen_senden("##"+  Name + "##");
    }

    void abmelden( )
    {
      entfernen( );
      if(alle)allen_senden("&&"+  Name + "&&");
      alle = true;
    }

    void entfernen( )
    {
      lock(serv.verbunden)for(int i=0; i<serv.verbunden.Count; i++)
      {
        if(serv.verbunden[i] == this)
        {
          serv.verbunden.RemoveAt(i);
          i--;
        }
      }
    }
  }


  // Datei 10.4_11b.cs

  using System;
  using System.IO;
  using System.Net;
  using System.Net.Sockets;
  using System.ComponentModel;
  using System.Drawing;
  using System.Windows.Forms;
  using System.Threading;

  class Chat : Form
  {
    RichTextBox rbxText;
    ListBox lbxClient;
    Panel panel1;
    Label lblName, lblText;
    TextBox txtName, txtText;
    Button btnVerbinden, btnSenden, btnTrennen;
```

```
Thread Horchen;
bool horch = false, loesch = true;

TcpClient tc;
NetworkStream ns;
StreamReader sr;
StreamWriter sw;

public Chat( )
{
  Text = "Beispiel 10.4_11";
  Size = new Size(600,400);

  rbxText = new RichTextBox( );
  rbxText.Dock = DockStyle.Fill;
  rbxText.ReadOnly = true;

  lbxClient = new ListBox( );
  lbxClient.Dock = DockStyle.Right;
  lbxClient.Width = 200;

  panel1 = new Panel( );
  panel1.Dock = DockStyle.Bottom;
  panel1.Height = 80;

  lblName = new Label( );
  lblName.Text = "Name";
  lblName.Location = new Point(10, 15);

  txtName = new TextBox( );
  txtName.Text = "";
  txtName.Location = new Point(70, 12);
  txtName.Width = 200;

  lblText = new Label( );
  lblText.Text = "Text";
  lblText.Location = new Point(10, 45);

  txtText = new TextBox( );
  txtText.Text = "";
  txtText.Location = new Point(70, 42);
  txtText.Width = 350;

  btnVerbinden = new Button( );
  btnVerbinden.Text = "Verbinden";
  btnVerbinden.Location = new Point(346, 12);
  btnVerbinden.Click += new EventHandler(Verbinden_Click);

  btnSenden = new Button( );
  btnSenden.Text = "Senden";
  btnSenden.Location = new Point(460, 42);
```

```
    btnSenden.Enabled = false;
    btnSenden.Click += new EventHandler(Senden_Click);

    btnTrennen = new Button( );
    btnTrennen.Text = "Trennen";
    btnTrennen.Location = new Point(460, 12);
    btnTrennen.Enabled = false;
    btnTrennen.Click += new EventHandler(Trennen_Click);

    panel1.Controls.AddRange(new Control[]
    {
      txtName, lblName, txtText, lblText,
      btnVerbinden, btnSenden, btnTrennen
    });

    Controls.AddRange(new Control[]
    {
      rbxText, lbxClient, panel1
    });
  }

  protected override void OnClosing(CancelEventArgs e)
  {
    if(horch)
    {
      senden("&&end&&");
      horch = false;
    }
    base.OnClosing(e);
  }

  protected void Verbinden_Click(Object o, EventArgs e)
  {
    try
    {
      if(txtName.Text != "")
      {
        tc = new TcpClient( );
        tc.Connect("192.168.1.2", 5678);
        ns = tc.GetStream( );
        sr = new StreamReader(ns);
        sw = new StreamWriter(ns);
        Horchen = new Thread(new ThreadStart(horchen));
        Horchen.Start( );
      }
      else MessageBox.Show("Geben Sie bitte ihren Namen ein!");
    }
    catch(Exception ex){MessageBox.Show(ex.Message);}
  }

  protected void Trennen_Click(Object o, EventArgs e)
```

```
{
  senden("&&end&&");
  horch = false;
}

protected void Senden_Click(Object o, EventArgs e)
{
  senden(txtText.Text);
}

void horchen( )
{
  lbxClient.Items.Clear( );
  rbxText.Clear( );
  senden(txtName.Text);
  btnVerbinden.Enabled = false;
  btnTrennen.Enabled = true;
  btnSenden.Enabled = true;
  horch = true;
  while(horch)
  {
    string st = empfangen( );
    if(horch)
    {
      if(st.StartsWith("##") && st.EndsWith("##"))
      {
        st = st.Remove(0, 2);
        st = st.Remove(st.Length-2, 2);
        lbxClient.Items.Add(st);
      }
      else if(st.StartsWith("&&") && st.EndsWith("&&"))
      {
        st = st.Remove(0, 2);
        st = st.Remove(st.Length-2, 2);
        entfernen(st);
      }
      else if(st.Equals("#&#&"))
      {
        rbxText.AppendText(
          "Bitte einen anderen Namen verwenden!\n");
        loesch = false;
        horch = false;
      }
      else if(!st.Equals(""))
      {
        rbxText.AppendText(st + "\n");
      }
    }
  }
  if(loesch)lbxClient.Items.Clear( );
  loesch = true;
```

```
    btnVerbinden.Enabled = true;
    btnTrennen.Enabled = false;
    btnSenden.Enabled = false;
    if(ns != null)ns.Close( );
    if(sr != null)sr.Close( );
    if(sw != null)sw.Close( );
  }
  string empfangen( )
  {
    string st = "";
    try
    {
      st = sr.ReadLine( );
      if(st == null)horch = false;
    }
    catch(Exception ex)
    {
      MessageBox.Show(ex.Message);
      horch = false;
    }
    return st;
  }
  void senden(string text)
  {
    try
    {
      sw.WriteLine(text);
      sw.Flush( );
    }
    catch(Exception ex)
    {
      MessageBox.Show(ex.Message);
      horch = false;
    }
  }
  void entfernen(string name)
  {
    for(int i=0; i<lbxClient.Items.Count; i++)
    {
      if(((string)lbxClient.Items[i]).Equals(name))
      {
        lbxClient.Items.RemoveAt(i);
        i--;
      }
    }
  }
  static void Main( )
  {
    Application.Run(new Chat( ));
  }
}
```

Daten können auch asynchron übertragen werden. Dies bedeutet, dass die Datenübertragung im Hintergrund läuft, während das Programm unterdessen andere Aufgaben wahrnimmt. Sobald dann zB. der Lesepuffer voll ist oder der Schreibpuffer vollständig übertragen ist, wird ein Ereignis ausgelöst, auf das man mittels Eventhandler reagieren kann. Die Klasse Stream und alle davon abgeleiteten Klassen wie FileStream und NetworkStream besitzen zu diesem Zweck die Methoden BeginRead, EndRead, BeginWrite und EndWrite. Die Klasse Socket enthält die Methoden BeginAccept, EndAccept, BeginConnect, EndConnect, BeginReceive, EndReceive, BeginSend und EndSend. Es können daher sowohl Dateien asynchron geschrieben und gelesen werden, als auch Daten im Netzwerk asynchron übertragen werden.

Beispiel 10.4_12 demonstriert anhand einer verbindungsbasierten Klient-Server-Anwendung das Grundprinzip der asynchronen Datenübertragung. Der Server 10.4_12a.cs bildet eine Instanz der Klasse Socket und führt dann wie üblich Bind und Listen aus. Danach hat man die Wahl zwischen Accept und BeginAccept. Verwendet man BeginAccept, so wird ein Hintergrundprozess erzeugt, der auf die Verbindungsanforderung des Klienten wartet. Gleichzeitig wird die nach

```
s.BeginAccept(new AsyncCallback(akzeptiert), null);
```

folgende Endlosschleife

```
for(;;)
{
  Console.WriteLine("Server Routine 1");
  Thread.Sleep(2000);
}
```

ausgeführt, die alle zwei Sekunden "Server Routine 1" ausgibt. Die Methode BeginAccept erwartet zwei Parameter. Der erste Parameter ist ein Delegate und der zweite ein Objekt, mit dem zusätzliche Informationen übergeben werden können, was hier jedoch nicht benutzt wird. Der Delegate entspricht der Definition

```
public delegate void AsyncCallback( IAsyncResult ar ).
```

Der Eventhandler

```
void akzeptiert(IAsyncResult ar)
```

muss daher ebenfalls einen Parameter vom Typ IAsyncResult besitzen. Er wird aufgerufen sobald eine Verbindungsanforderung zum Erfolg geführt hat. Die vom Eventhandler zuerst aufgerufene Methode EndAccept gibt einen Socket zurück, der mit dem entsprechenden Klienten verbunden ist. Nun folgen die Anweisungen BeginReceive mit dem Puffer br und dem Eventhandler empfangen und BeginSend mit dem Puffer bs und dem Eventhandler gesendet. Beide Anweisungen führen die Empfangs- und Sendeoperationen im Hintergrund aus.

Mittlerweile laufen vier Prozesse. Das Hauptprogramm führt die erste Endlosschleife aus. Der von BeginAccept erzeugte Hintergrundprozess führt nach dem Abarbeiten von EndAccept, BeginReceive und BeginSend eine zweite Endlosschleife aus. Und die beiden von BeginReceive und BeginSend erzeugten Hintergrundprozesse empfangen und senden Daten. Ist der Empfangspuffer br voll, so wird der Eventhandler empfangen aufgerufen. Ist der Sendepuffer bs vollständig gesendet, so wird der Eventhandler gesendet aufgerufen.

Der Eventhandler empfangen ruft EndReceive auf, das die Anzahl der empfangenen Bytes zurückgibt. Diese Bytes werden ausgegeben, und anschließend wird wieder BeginReceive aufgerufen, um weitere Daten zu empfangen. Der Eventhandler gesendet ruft EndSend auf, das die Anzahl der gesendeten Bytes zurückgibt. Es wird ausgegeben, wie viele Bytes gesendet worden sind, und anschließend wird wieder BeginSend aufgerufen, um weitere Daten zu senden.

Statt Listen und BeginAccept ruft der Klient 10.4_12b.cs die Methode

```
s.BeginConnect(
  new IPEndPoint(IPAddress.Parse("192.168.1.2"), 65000),
  new AsyncCallback(verbunden), s);
```

auf und fordert damit vom Server eine Verbindung an. Die Verbindungsanforderung läuft als Hintergrundprozess. Bei Erfolg wird der Eventhandler verbunden aufgerufen, der EndConnect, BeginReceive und BeginSend aufruft und danach in eine Endlosschleife eintritt. Auch beim Klienten laufen jetzt vier Prozesse. Der weitere Ablauf des Klienten entspricht dem des Servers.

```
//Datei 10.4_12a.cs
using System;
using System.Text;
```

```
using System.Threading;
using System.Net;
using System.Net.Sockets;
using System.Runtime.Remoting.Messaging;
class Haupt
{
  Socket s, sa;
  byte[] br, bs;

  public Haupt( )
  {
    br = new byte[20];
    bs = Encoding.ASCII.GetBytes("vom Server");

    s = new Socket(
      AddressFamily.InterNetwork,
      SocketType.Stream, ProtocolType.Tcp);

    s.Bind(new IPEndPoint(IPAddress.Any, 65000));
    s.Listen(1);
    s.BeginAccept(new AsyncCallback(akzeptiert), null);
    for(;;)
    {
      Console.WriteLine("Server Routine 1");
      Thread.Sleep(2000);
    }
  }
  void akzeptiert(IAsyncResult ar)
  {
    sa = s.EndAccept(ar);

    sa.BeginReceive(br, 0, br.Length, 0,
      new AsyncCallback(empfangen), null);

    sa.BeginSend(bs, 0, bs.Length, 0,
      new AsyncCallback(gesendet), null);

    for(;;)
    {
      Console.WriteLine("Server Routine 2");
      Thread.Sleep(2000);
    }
  }
  void empfangen(IAsyncResult ar)
  {
    int nr = sa.EndReceive(ar);
    Thread.Sleep(2000);
    if(nr >0)
    {
      Console.WriteLine(Encoding.ASCII.GetString(br));
      Array.Clear(br, 0, br.Length);
```

```
        sa.BeginReceive(br, 0, br.Length, 0,
          new AsyncCallback(empfangen), null);
      }
    }
    void gesendet(IAsyncResult ar)
    {
      int ns = sa.EndSend(ar);
      Thread.Sleep(2000);

      if(ns > 0)
      {
        Console.WriteLine("Server hat {0} Byte gesendet", ns);
        sa.BeginSend(bs, 0, bs.Length, 0,
          new AsyncCallback(gesendet), null);
      }
    }
    static void Main( )
    {
      new Haupt( );
    }
}
```

```
//Datei 10.4_12b.cs
using System;
using System.Text;
using System.Threading;
using System.Net;
using System.Net.Sockets;
using System.Runtime.Remoting.Messaging;
class Haupt
{
  Socket s;
  byte[] br, bs;

  public Haupt( )
  {
    br = new byte[20];
    bs = Encoding.ASCII.GetBytes("vom Klienten");

    s = new Socket(
      AddressFamily.InterNetwork,
      SocketType.Stream, ProtocolType.Tcp);

    s.Bind(new IPEndPoint(IPAddress.Any, 65001));
    s.BeginConnect(
      new IPEndPoint(IPAddress.Parse("192.168.1.2"), 65000),
      new AsyncCallback(verbunden), s);

    for(;;)
    {
```

```
            Console.WriteLine("Klient Routine 1");
            Thread.Sleep(2000);
          }
        }
        void verbunden(IAsyncResult ar)
        {
          s.EndConnect(ar);

          s.BeginReceive(br, 0, br.Length, 0,
            new AsyncCallback(empfangen), null);

          s.BeginSend(bs, 0, bs.Length, 0,
            new AsyncCallback(gesendet), null);

          for(;;)
          {
            Console.WriteLine("Klient Routine 2");
            Thread.Sleep(2000);
          }
        }
        void empfangen(IAsyncResult ar)
        {
          int nr = s.EndReceive(ar);
          Thread.Sleep(2000);

          if(nr >0)
          {
            Console.WriteLine(Encoding.ASCII.GetString(br));
            Array.Clear(br, 0, br.Length);
            s.BeginReceive(br, 0, br.Length, 0,
              new AsyncCallback(empfangen), null);
          }
        }
        void gesendet(IAsyncResult ar)
        {
          int ns = s.EndSend(ar);
          Thread.Sleep(2000);

          if(ns > 0)
          {
            Console.WriteLine("Klient hat {0} Byte gesendet", ns);
            s.BeginSend(bs, 0, bs.Length, 0,
              new AsyncCallback(gesendet), null);
          }
        }
        static void Main( )
        {
          new Haupt( );
        }
      }
```

Ausgabe des Servers:

```
Server Routine 1
Server Routine 1
Server Routine 1
Server Routine 2
Server Routine 1
Server Routine 2
vom Klienten
Server hat 10 Byte gesendet
Server Routine 1
Server Routine 2
vom Klienten
Server hat 10 Byte gesendet
Server Routine 1
Server Routine 2
vom Klienten
Server hat 10 Byte gesendet
Server Routine 1
Server Routine 2
vom Klienten
Server hat 10 Byte gesendet
Server Routine 1
Server Routine 2
vom Klienten
```

Ausgabe des Klienten:

```
Klient Routine 1
Klient Routine 2
Klient Routine 1
Klient Routine 2
Klient hat 12 Byte gesendet
vom Server
Klient Routine 1
Klient Routine 2
Klient hat 12 Byte gesendet
vom Server
Klient Routine 1
Klient Routine 2
Klient hat 12 Byte gesendet
vom Server
Klient Routine 1
Klient Routine 2
Klient hat 12 Byte gesendet
vom Server
Klient Routine 1
Klient Routine 2
Klient hat 12 Byte gesendet
```

11 Der Zugriff auf die Registry

Diese Kapitel zeigt, wie Schlüssel und Werte in der Registry gelesen, geschrieben, angelegt und gelöscht werden. Es wird auch erläutert, wie man mit OpenRemoteBaseKey auf die Registry eines anderen Computers im Netzwerk zugreifen kann.

11.1 Die Klassen Registry und RegistryKey

In der Registry bzw. Registrierung sind zahlreiche Informationen über die Hard- und Software des Computers gespeichert. Die Registrierung ähnelt in ihrem hierarchischen Aufbau mit Schlüsseln, Unterschlüsseln und Werten dem Aufbau eines Dateisystems mit Verzeichnissen, Unterverzeichnissen und Dateien. Die Registrierung kann nicht nur systembezogene, sondern auch benutzer- oder programmbezogene Daten aufnehmen. Sowohl Benutzer als auch Programme können Schlüssel und Werte lesen, schreiben und anlegen.

Einsicht in die Registrierung bekommt man mit dem Registrierungs-Editor regedit.exe, der darüber hinaus in der Lage ist, die gesamte Registrierung oder auch Teile der Registrierung zu exportieren. Bevor man Änderungen an der Registrierung vornimmt, sollte man unbedingt eine Sicherheitskopie anfertigen. Wählt man im Menü des Registrierungs-Editors die Option Registrierung - Registrierungsdatei exportieren und klickt unter Exportbereich die Option Alles an, so erhält man nach Angabe eines Dateinamens zB. regsave und dem Anklicken von Speichern die Datei regsave.reg. Den ordnungsgemäßen Zustand der Registrierung kann man dann durch Importieren der Datei regsave.reg mit Hilfe des Registrierungs-Editors wiederherstellen. Hat sich ein gravierender Fehler eingestellt, dem zufolge der Rechner nicht mehr hochläuft, so kann man versuchen, die Reparatur im abgesicherten Modus durchzuführen. Um in den abgesicherten Modus zu gelangen, muss man beim Hochlaufen des Rechners die F8-Taste drücken. Man gelangt dadurch in ein Menü, das den abgesicherten Modus zur Auswahl zur Verfügung stellt. Eine Notfalldiskette sollte ebenfalls angelegt werden. Klickt man dabei die Option Die Registrierung im Wiederherstellungsverzeichnis sichern an, so kann man die Registrierung mit Hilfe der Notfalldiskette wiederherstellen.

Man unterscheidet zwischen Basisschlüsseln und Unterschlüsseln. Jeder Schlüssel, der kein Basisschlüssel ist, ist ein Unterschlüssel. Die Einstiegspunkte der Registrierung bilden die Basisschlüssel. Die Basisschlüssel sind als statische Felder vom Typ RegistryKey in der Klasse Microsoft.Win32.Registry enthalten.

CurrentUser	HKEY_CURRENT_USER	Benutzereinstellungen
LocalMachine	HKEY_LOCAL_MACHINE	Konfigurationsinformationen
ClassesRoot	HKEY_CLASSES_ROOT	Typen und Klassen
Users	HKEY_USERS	Standardkonfiguration des Benutzers
PerformanceData	HKEY_PERFORMANCE_DATA	Leistungsinformationen
CurrentConfig	HKEY_CURRENT_CONFIG	Hardwareinformationen
DynData	HKEY_DYN_DATA	dynamische Daten

Die Klasse Microsoft.Win32.RegistryKey stellt Eigenschaften und Methoden zur Verfügung, mit denen man Schlüssel und Werte bearbeiten kann.

Eigenschaften der Klasse RegistryKey:

Name	der Name des Schlüssels
SubKeyCount	die Anzahl der Unterschlüssel
ValueCount	die Anzahl der zugeordneten Werte

Methoden der Klasse RegistryKey:

Close	schließt den Schlüssel
CreateSubKey	ein neuer Unterschlüssel wird erstellt oder ein vorhandener Unterschlüssel wird geöffnet
DeleteSubKey	der Unterschlüssel wird gelöscht
DeleteSubKeyTree	der Schlüssel und sämtliche Unterschlüssel werden gelöscht
DeleteValue	der Wert wird gelöscht
Flush	Die Daten eines geöffneten Schlüssels werden in die Registrierung geschrieben
GetSubKeyNames	Die Namen der Unterschlüssel
GetValue	Wert
GetValueNames	Namen der Werte
OpenRemoteBaseKey	Basisschlüssel auf einem anderen Rechner
OpenSubKey	ein Unterschlüssel wird geöffnet
SetValue	ein Wert wird geschrieben

11.2 Schlüssel und Werte lesen

Die Anweisung Registry.LocalMachine.OpenSubKey öffnet einen Unterschlüssel des Basisschlüssels HKEY_LOCAL_MACHINE. Die Eigenschaften Name, SubKeyCount und ValueCount dieses Unterschlüssels werden protokolliert. Ansschließend werden mit key.GetSubKeyNames die Namen der Unterschlüssel des Schlüssels key als Stringarray abgefragt und dann ebenfalls protokolliert. Zum Schluss wird der geöffnete Schlüssel wieder geschlossen.

```
// Datei 11.2_1.cs

using System;
using Microsoft.Win32;

class Haupt
{
  public Haupt( )
  {
    try
    {
      RegistryKey key = Registry.LocalMachine.OpenSubKey(
        @"SOFTWARE\Microsoft\Windows\CurrentVersion");

      Console.WriteLine(
        "Name:        {0}", key.Name);
      Console.WriteLine(
        "SubKeyCount: {0}", key.SubKeyCount);
      Console.WriteLine(
        "ValueCount:  {0}\n", key.ValueCount);

      string[] names = key.GetSubKeyNames( );
      foreach(string s in names)
      Console.WriteLine(s);

      key.Close( );
    }
    catch(Exception e)
    {
      Console.WriteLine(e.Message);
    }
  }

  static void Main( )
  {
    new Haupt( );
  }
}
```

Ausgabe:

```
Name:
HKEY_LOCAL_MACHINE\SOFTWARE\Microsoft\Windows\CurrentVersion
SubKeyCount: 42
ValueCount:  11

AdminDebug
App Management
App Paths
Applets
Control Panel
Controls Folder
CSCSettings
Dynamic Directory
Explorer
Extensions
. . .
```

Der Schlüssel key und sein Unterschlüssel subkey werden geöffnet. Dadurch weist subkey auf

```
HKEY_LOCAL_MACHINE\SOFTWARE\Microsoft\Windows\CurrentVersion.
```

Mit subkey.GetSubKeyNames werden die Namen der Unterschlüssel des Schlüssels subkey ermittelt. Um die unter dem Schlüssel subkeys gespeicherten Werte zu ermitteln, wird die Anweisung subkey.GetValueNames benutzt, die einen Stringarray mit den Namen der Werte zurückgibt. Der Stringarray mit den Namen wird mit einer foreach-Schleife durchlaufen. Bei jedem Durchlauf steht einer der Namen im String s und die Anweisung subkey.GetValue(s) liefert den dazugehörigen Wert.

```
// Datei 11.2_2.cs

using System;
using Microsoft.Win32;

class Haupt
{
  public Haupt( )
  {
    try
    {
      RegistryKey key = Registry.LocalMachine.OpenSubKey(
        @"SOFTWARE\Microsoft\Windows\CurrentVersion");

      RegistryKey subkey = key.OpenSubKey("Setup");
```

```
      Console.WriteLine("Unterschlüssel von {0}:\n", subkey.Name);
      string[] subkeys = subkey.GetSubKeyNames( );
      foreach(string s in subkeys)Console.WriteLine(s);

      Console.WriteLine("\n\nWerte:\n");
      string[] values = subkey.GetValueNames( );
      foreach(string s in values)
        Console.WriteLine("{0}  {1}",
          s.PadRight(25), subkey.GetValue(s));

      subkey.Close( );
      key.Close( );
    }
    catch(Exception e)
    {
      Console.WriteLine(e.Message);
    }
  }

  static void Main( )
  {
    new Haupt( );
  }
}
```

Ausgabe:

```
Unterschlüssel von
HKEY_LOCAL_MACHINE\SOFTWARE\Microsoft\Windows\CurrentVersion\Setup:

BaseWinOptions
EncInst
ExceptionComponents
OC Manager
OptionalComponents


Werte:

DriverCachePath            D:\WINNT\Driver Cache
BootDir                    C:\
Installation Sources       System.String[]
SourcePath                 E:\
ServicePackSourcePath      d:\winnt\ServicePackFiles
CDInstall                  1
```

11.3 Schlüssel und Werte anlegen

Von der Methode OpenSubKey, die bisher mit einem Parameter verwendet worden ist, gibt es eine Überladung mit zwei Parametern. Der erste Parameter ist der Name des Schlüssels und der zweite Parameter regelt den Zugriff. Übergibt man dem Zweiten Parameter den Wert true, so wird der Schlüssel zum Lesen und Schreiben geöffnet. In allen anderen Fällen wird der Schlüssel nur zum Lesen geöffnet. Die Anweisung

```
RegistryKey key =
  Registry.LocalMachine.OpenSubKey("SOFTWARE", true);
```

öffnet den Schlüssel HKEY_LOCAL_MACHINE\SOFTWARE zum Lesen und Schreiben. Der Unterschlüssel C#_Beispiele wird mit

```
RegistryKey subl = key.CreateSubKey("C#_Beispiele");
```

angelegt. Durch Anlegen weiterer Unterschlüssel entseht eine baumartige Hierarchie von Schlüsseln. Unter einigen Schlüsseln werden Werte angelegt. Die Anweisung

```
sub112.SetValue("Quelldatei", "1.2.1.cs");
```

legt unter dem Schlüssel sub112 einen Wert mit dem Namen Quelldatei und dem Inhalt 1.2.1.cs an. Falls schon ein Wert mit dem angegebenen Namen existiert, so ändert die Methode SetValue diesen Wert. Der erfolgreiche Ablauf des Programms kann mit dem Registrierungs-Editor überprüft werden. Die angelegten Schlüssel sind unter

```
HKEY_LOCAL_MACHINE\SOFTWARE\ C#_Beispiele
```

gespeichert. Nach einer oder mehreren Schreiboperationen ist es wichtig, alle geöffneten Schlüssel zu schließen. Beim Schließen werden die Änderungen in der Registrierung gespeichert. Sollen die Änderungen bei geöffnetem Schlüssel in der Registrierung gespeichert werden, so kann man dies durch die Verwendung der Methode Flush sicherstellen.

```
// Datei 11.3_1.cs

using System;
using Microsoft.Win32;

class Haupt
{
  public Haupt( )
  {
    try
    {
      RegistryKey key =
        Registry.LocalMachine.OpenSubKey("SOFTWARE", true);
      RegistryKey sub1 = key.CreateSubKey("C#_Beispiele");

      RegistryKey sub11 = sub1.CreateSubKey("Beispiel 1.2.1");
      RegistryKey sub111 = sub11.CreateSubKey("Thema");
      sub111.SetValue("Thema 1", "Name");
      sub111.SetValue("Thema 2", "SubKeyCount");
      sub111.SetValue("Thema 3", "ValueCount");
      sub111.SetValue("Thema 4", "OpenSubKey");
      sub111.SetValue("Thema 5", "GetSubKeyNames");
      sub111.Close( );
      RegistryKey sub112 = sub11.CreateSubKey("Datei");
      sub112.SetValue("Quelldatei", "1.2.1.cs");
      sub112.SetValue("ausführbare Datei", "1.2.1.exe");
      sub112.Close( );
      sub11.Close( );

      RegistryKey sub12 = sub1.CreateSubKey("Beispiel 1.2.2");
      RegistryKey sub121 = sub12.CreateSubKey("Thema");
      sub121.SetValue("Thema 1", "GetValueNames");
      sub121.SetValue("Thema 2", "GetValue");
      sub121.Close( );
      RegistryKey sub122 = sub12.CreateSubKey("Datei");
      sub122.SetValue("Quelldatei", "1.2.2.cs");
      sub122.SetValue("ausführbare Datei", "1.2.2.exe");
      sub122.Close( );
      sub12.Close( );

      RegistryKey sub13 = sub1.CreateSubKey("Beispiel 1.3.1");
      RegistryKey sub131 = sub13.CreateSubKey("Thema");
      sub131.SetValue("Thema 1", "CreateSubKey");
      sub131.SetValue("Thema 2", "SetValue");
      sub131.Close( );
      RegistryKey sub132 = sub13.CreateSubKey("Datei");
      sub132.SetValue("Quelldatei", "1.3.1.cs");
      sub132.SetValue("ausführbare Datei", "1.3.1.exe");
      sub132.Close( );
      sub13.Close( );
```

```
        subl.Close( );
        key.Close( );
      }
      catch(Exception e)
      {
        Console.WriteLine(e.Message);
      }
    }

    static void Main( )
    {
      new Haupt( );
    }
  }
```

11.4 Schlüssel und Werte rekursiv lesen

Der Schlüssel `HKEY_LOCAL_MACHINE\SOFTWARE\C#_Beispiele` wird geöffnet. Der Name dieses Schlüssels wird protokolliert. Danach wird die Methode subkeyNames aufgerufen und der Schlüssel wieder geschlossen. Die Methode subkeyNames ist rekursiv. Sie ruft sich selbst auf und ist dadurch in der Lage, die Schlüsselhierarchie ganz oder teilweise zu durchlaufen. Der durchlaufene Teil der Hierarchie hängt vom Einstiegspunkt ab.

Die Methode subkeyNames fragt mit

```
string[] subkeys = key.GetSubKeyNames( );
foreach(string s in subkeys)
{
   . . .
}
```

zunächst die Namen der Unterschlüssel des als Parameter übergebenen Schlüssels ab und durchläuft dann mit der foreach-Schleife den Stringarray mit den Namen. Nun geht es innerhalb der foreach-Schleife weiter. Die Anweisungen

```
RegistryKey subkey = key.OpenSubKey(s);
for(i=0; i<r; i++)Console.Write("  ");
Console.WriteLine(s);
```

öffnen den Unterschlüssel mit dem Namen s, protokollieren den Namen s. Der Name wird in Abhängigkeit von der Rekursionstiefe r durch Einfügen von Leerzeichen eingerückt. Dann wird untersucht, ob unter dem Schlüssel subkey Werte gespeichert sind. Die Anweisungen

```
string[] values = subkey.GetValueNames( );
foreach(string v in values)
{
  for(i=0; i<=r; i++)Console.Write("  ");
  Console.WriteLine("Wert von {0}: {1}", v, subkey.GetValue(v));
}
```

ermitteln die Namen der Werte und protokollieren diese Namen und die unter den Namen gespeicherten Werte. Die ausgegebenen Zeilen werden um zwei Leerzeichen mehr eingerückt als der Schlüssel, zu dem diese Werte gehören. Da unter dem Schlüssel subkey weitere Unterschlüssel vorhanden sein können, folgt der rekursive Aufruf

```
subkeyNames(subkey, r+1);
```

der Methode subkeyNames, bei dem der Schlüssel subkey und die um 1 erhöhte Rekursionstiefe als Parameter übergeben werden. Dieser Vorgang setzt sich solange fort bis keine Unterschlüssel mehr vorhanden sind. Am Ende wird der geöffnete Schlüssel subkey mit

```
subkey.Close( );
```

wieder geschlossen.

```
// Datei 11.4_1.cs

using System;
using Microsoft.Win32;

class Haupt
{
  public Haupt( )
  {
    try
    {
      RegistryKey key = Registry.LocalMachine.OpenSubKey(
        @"SOFTWARE\C#_Beispiele");
      Console.WriteLine(key.Name);

      subkeyNames(key, 1);
```

```
      key.Close( );
    }
    catch(Exception e)
    {
      Console.WriteLine(e.Message);
    }
  }

  void subkeyNames(RegistryKey key, int r)
  {
    int i;
    string[] subkeys = key.GetSubKeyNames( );
    foreach(string s in subkeys)
    {
      RegistryKey subkey = key.OpenSubKey(s);
      for(i=0; i<r; i++)Console.Write("  ");
      Console.WriteLine(s);

      string[] values = subkey.GetValueNames( );
      foreach(string v in values)
      {
        for(i=0; i<=r; i++)Console.Write("  ");
        Console.WriteLine("Wert von {0}: {1}", v, subkey.GetValue(v));
      }

      subkeyNames(subkey, r+1);
      subkey.Close( );
    }
  }

  static void Main( )
  {
    new Haupt( );
  }
}
```

Ausgabe:

```
HKEY_LOCAL_MACHINE\SOFTWARE\C#_Beispiele
  Beispiel 1.2.1
    Datei
      Wert von Quelldatei: 1.2.1.cs
      Wert von ausführbare Datei: 1.2.1.exe
    Thema
      Wert von Thema 1: Name
      Wert von Thema 2: SubKeyCount
      Wert von Thema 3: ValueCount
      Wert von Thema 4: OpenSubKey
      Wert von Thema 5: GetSubKeyNames
  Beispiel 1.2.2
    Datei
```

```
      Wert von Quelldatei: 1.2.2.cs
      Wert von ausführbare Datei: 1.2.2.exe
    Thema
      Wert von Thema 1: GetValueNames
      Wert von Thema 2: GetValue
  Beispiel 1.3.1
    Datei
      Wert von Quelldatei: 1.3.1.cs
      Wert von ausführbare Datei: 1.3.1.exe
    Thema
      Wert von Thema 1: CreateSubKey
      Wert von Thema 2: SetValue
```

11.5 Schlüssel und Werte löschen

Zum Löschen von Schlüsseln stehen die Methoden DeleteSubKey und DeleteSubKeyTree zur Verfügung. Werte werden mit DeleteValue gelöscht. Drei kurze Beispiele erläutern den Gebrauch dieser Methoden.

Der Schlüssel

```
HKEY_LOCAL_MACHINE\SOFTWARE\ C#_Beispiele\Beispiel 1.2.2\Thema
```

wird zum Lesen und Schreiben geöffnet. Die Anweisung

```
key.DeleteValue("Thema 2");
```

löscht den Wert mit dem Namen Thema 2.

```
// Datei 11.5_1.cs

using System;
using Microsoft.Win32;

class Haupt
{
  public Haupt( )
  {
    try
    {
      RegistryKey key = Registry.LocalMachine.OpenSubKey(
        @"SOFTWARE\C#_Beispiele\Beispiel 1.2.2\Thema", true);
      key.DeleteValue("Thema 2");

      key.Close( );
    }
```

```
      catch(Exception e)
      {
        Console.WriteLine(e.Message);
      }
    }

    static void Main( )
    {
      new Haupt( );
    }
}
```

Der Schlüssel

```
HKEY_LOCAL_MACHINE\SOFTWARE\ C#_Beispiele\Beispiel 1.3.1
```

wird zum Lesen und Schreiben geöffnet. Die Anweisung

```
key.DeleteSubKey("Datei");
```

löscht den Unterschlüssel Datei.

```
// Datei 11.5_2.cs

using System;
using Microsoft.Win32;

class Haupt
{
  public Haupt( )
  {
    try
    {
      RegistryKey key = Registry.LocalMachine.OpenSubKey(
        @"SOFTWARE\C#_Beispiele\Beispiel 1.3.1", true);
      key.DeleteSubKey("Datei");

      key.Close( );
    }
    catch(Exception e)
    {
      Console.WriteLine(e.Message);
    }
  }
  static void Main( )
  {
    new Haupt( );
  }
}
```

Der Schlüssel HKEY_LOCAL_MACHINE\SOFTWARE wird zum Lesen und Schreiben geöffnet. Die Anweisung

```
key.DeleteSubKeyTree("C#_Beispiele");
```

löscht die gesamte Schlüsselhierarchie C#_Beispiele.

```
// Datei 11.5_3.cs

using System;
using Microsoft.Win32;

class Haupt
{
  public Haupt( )
  {
    try
    {
      RegistryKey key =
      Registry.LocalMachine.OpenSubKey("SOFTWARE", true);
      key.DeleteSubKeyTree("C#_Beispiele");

      key.Close( );
    }
    catch(Exception e)
    {
      Console.WriteLine(e.Message);
    }
  }

  static void Main( )
  {
    new Haupt( );
  }
}
```

11.6 OpenRemoteBaseKey

Die Methode OpenRemoteBaseKey ermöglicht den Zugriff auf die Registrierung eines Rechners im Netzwerk. Der Remote-Zugriff ist nur möglich, wenn der Remote-Registrierungsdienst vorhanden und gestartet ist. Dies kann man folgendermaßen überprüfen:

```
Start - Einstellungen - Systemsteuerung
Doppelklick auf Verwaltung
Doppelklick auf Dienste
```

Das Programm Dienste listet alle Dienste und deren Zustand auf. Die Dienste sind alphabetisch geordnet. Findet man den Eintrag Remote-Registrierungsdienst und dahinter den Eintrag Gestartet, so sind die Voraussetzungen erfüllt.

Die Aufzählung RegistryHive enthält die Basisschlüssel für den Remotezugriff. Die Anweisung

```
RegistryKey basekey =
  RegistryKey.OpenRemoteBaseKey(RegistryHive.LocalMachine, "hr");
```

öffnet den Basisschlüssel HKEY_LOCAL_MACHINE auf dem Host hr. Ist man im Besitz des Basisschlüssels, so kann man weitere Schlüssel wie auf dem lokalen Rechner öffnen. Mit

```
RegistryKey key =
  basekey.OpenSubKey("SOFTWARE", true);
```

wird der Unterschlüssel SOFTWARE zum Lesen und Schreiben geöffnet. Der weitere Ablauf entspricht dem des Beispiels 11.3_1. Die dort in die lokale Registrierung eingetragenen Schlüssel und Werte werden jetzt in die Registrierung des Hosts hr eingetragen.

```
// Datei 11.6_1.cs

using System;
using Microsoft.Win32;

class Haupt
{
  public Haupt( )
  {
    try
    {
      RegistryKey basekey =
        RegistryKey.OpenRemoteBaseKey(
        RegistryHive.LocalMachine, "hr");

      RegistryKey key =
      basekey.OpenSubKey("SOFTWARE", true);
      RegistryKey sub1 = key.CreateSubKey("C#_Beispiele");

      RegistryKey sub11 = sub1.CreateSubKey("Beispiel 1.2.1");
      RegistryKey sub111 = sub11.CreateSubKey("Thema");
      sub111.SetValue("Thema 1", "Name");
      sub111.SetValue("Thema 2", "SubKeyCount");
```

```
          sub111.SetValue("Thema 3", "ValueCount");
          sub111.SetValue("Thema 4", "OpenSubKey");
          sub111.SetValue("Thema 5", "GetSubKeyNames");
          sub111.Close( );
          RegistryKey sub112 = sub11.CreateSubKey("Datei");
          sub112.SetValue("Quelldatei", "1.2.1.cs");
          sub112.SetValue("ausführbare Datei", "1.2.1.exe");
          sub112.Close( );
          sub11.Close( );

          RegistryKey sub12 = sub1.CreateSubKey("Beispiel 1.2.2");
          RegistryKey sub121 = sub12.CreateSubKey("Thema");
          sub121.SetValue("Thema 1", "GetValueNames");
          sub121.SetValue("Thema 2", "GetValue");
          sub121.Close( );
          RegistryKey sub122 = sub12.CreateSubKey("Datei");
          sub122.SetValue("Quelldatei", "1.2.2.cs");
          sub122.SetValue("ausführbare Datei", "1.2.2.exe");
          sub122.Close( );
          sub12.Close( );

          RegistryKey sub13 = sub1.CreateSubKey("Beispiel 1.3.1");
          RegistryKey sub131 = sub13.CreateSubKey("Thema");
          sub131.SetValue("Thema 1", "CreateSubKey");
          sub131.SetValue("Thema 2", "SetValue");
          sub131.Close( );
          RegistryKey sub132 = sub13.CreateSubKey("Datei");
          sub132.SetValue("Quelldatei", "1.3.1.cs");
          sub132.SetValue("ausführbare Datei", "1.3.1.exe");
          sub132.Close( );
          sub13.Close( );

          sub1.Close( );
          key.Close( );
        }
        catch(Exception e)
        {
          Console.WriteLine(e.Message);
        }
      }

      static void Main( )
      {
        new Haupt( );
      }
    }
```

Auch im nächsten Beispiel wird der Basisschlüssel HKEY_LOCAL_MACHINE auf dem Host hr geöffnet. Anschließend wird der Unterschlüssel SOFTWARE\C#_Beispiele zum Lesen geöffnet. Dann geht es weiter wie bei Beispiel 11.4_1. Die mit dem vorigen Beispiel eingetragenen Schlüssel und Werte werden gelesen und protokolliert. Die Ausgabe entspricht der des Beispiels 11.4_1.

```
// Datei 11.6_2.cs

using System;
using Microsoft.Win32;

class Haupt
{
  public Haupt( )
  {
    try
    {
      RegistryKey basekey =
        RegistryKey.OpenRemoteBaseKey(
        RegistryHive.LocalMachine, "hr");

      RegistryKey key = basekey.OpenSubKey(
        @"SOFTWARE\C#_Beispiele");
      Console.WriteLine(key.Name);

      subkeyNames(key, 1);
      key.Close( );
    }
    catch(Exception e)
    {
      Console.WriteLine(e.Message);
    }
  }

  void subkeyNames(RegistryKey key, int r)
  {
    int i;
    string[] subkeys = key.GetSubKeyNames( );
    foreach(string s in subkeys)
    {
      RegistryKey subkey = key.OpenSubKey(s, false);
      for(i=0; i<r; i++)Console.Write("  ");
      Console.WriteLine(s);

      string[] values = subkey.GetValueNames( );
      foreach(string v in values)
      {
        for(i=0; i<=r; i++)Console.Write("  ");
        Console.WriteLine("Wert von {0}: {1}", v, subkey.GetValue(v));
      }
```

```
        subkeyNames(subkey, r+1);
        subkey.Close( );
      }
    }

    static void Main( )
    {
      new Haupt( );
    }
  }
```

Zum dritten mal wird der Basisschlüssel `HKEY_LOCAL_MACHINE` auf dem Host hr geöffnet. Dann wird der Unterschlüssel SOFTWARE zum Lesen und Schreiben geöffnet und die zuvor angelegten Schlüssel und Werte werden wie bei Beispiel 11.5_3 mit DeleteSubKeyTree gelöscht.

```
// Datei 11.6_3.cs

using System;
using Microsoft.Win32;

class Haupt
{
  public Haupt( )
  {
    try
    {
      RegistryKey basekey =
        RegistryKey.OpenRemoteBaseKey(
        RegistryHive.LocalMachine, "hr");

      RegistryKey key =
        basekey.OpenSubKey("SOFTWARE", true);
      key.DeleteSubKeyTree("C#_Beispiele");

      key.Close( );
    }
    catch(Exception e)
    {
      Console.WriteLine(e.Message);
    }
  }

  static void Main( )
  {
    new Haupt( );
  }
}
```

11.7 Die Datentypen der Registry

Der zweite Parameter der Methode SetValue ist vom Typ object. Er kann daher, wie im Abschnitt 4.5 beschrieben, durch boxing und unboxing unterschiedliche Datentypen weitergeben. Die Registrierung kennt drei Datentypen.

```
REG_BINARY      byte[]
REG_DWORD       int
REG_SZ          string
```

Um das Speichern von Werten mit unterschiedlichen Datentypen zu demonstrieren, wird der Schlüssel

```
HKEY_LOCAL_MACHINE\SOFTWARE
```

geöffnet und der Unterschlüssel Datentypen angelegt. Unter diesem Schlüssel werden mit SetValue drei Werte mit den oben aufgeführten Datentypen abgelegt.

```
// Datei 11.7_1.cs

using System;
using Microsoft.Win32;

class Haupt
{
  public Haupt( )
  {
    byte[] b = {1,2,3,4,5,6};
    try
    {
      RegistryKey key =
        Registry.LocalMachine.OpenSubKey("SOFTWARE", true);
      RegistryKey sub = key.CreateSubKey("Datentypen");
      sub.SetValue("Binary-Typ", b);
      sub.SetValue("DWORD-Typ", (int)125);
      sub.SetValue("String-Typ", "Hallo");
      sub.Close( );
      key.Close( );
    }
    catch(Exception e)
    {
      Console.WriteLine(e.Message);
    }
  }
  static void Main( )
  {
    new Haupt( );
  }
}
```

12 Win32-Dienste

Nach einer grundlegenden Erläuterung der Bedeutung von Win32-Diensten wird ein eigenes Dienstkontrollprogramm entwickelt. Anschließend werden ein Datum-Uhrzeit-Dienst, ein Chatserver und ein Webserver als Win32-Dienst eingerichtet. Zum Schluss wird gezeigt, was zu tun ist, wenn ein Dienst blockiert

12.1 Grundlagen

Win32-Dienste bestehen aus der Dienstanwendung, dem Dienstkontrollprogramm, englisch Service Control Program, abegkürzt SCP und dem Diensteuerungs-Manager, englisch Service Control Manager, abgekürzt SCM. Dienstanwendungen bestehen aus einer oder mehreren ausführbaren Dateien. Sie müssen registriert werden und können automatisch oder manuell als Win32-Dienst gestartet werden. Dienstanwendungen haben in den meisten Fällen keine Benutzeroberfläche. Ihr Verhalten ähnelt dem Verhalten von Hintergrundprozessen.

Das Programm services.msc mit dem Titel Dienste ist ein Dienstkontrollprogramm. Es listet die registrierten Dienste und deren Zustand auf und ist in der Lage, Dienste zu starten, zu beenden, anzuhalten und fortzusetzen. Man kann jedoch auch Dienstkontrollprogramme mit Eigenschaften, die auf den eigenen Bedarf abgestimmt sind, erstellen.

Der Dienststeuerungs-Manager wird automatisch zu Beginn des Systemstarts gestartet. Er scannt während des Systemstarts die Registrierung, legt eine interne Dienstdatenbank an und startet die Dienste mit automatischer Startoption. Er signalisiert bei allen auch manuell gestarteten Diensten, wann diese zur Zusammenarbeit mit einem Dienstkontrollprogramm bereit sind. Der Dienststeuerungs-Manager ist an allen Verwaltungsaufgaben im Zusammenhang mit Diensten beteiligt.

Im .NET Framework ist eine Dienstanwendung eine von der Klasse ServiceBase abgeleitete Klasse. Die wichtigsten Eigenschaften und Methoden dieser Klasse werden kurz vorgestellt.

Eigenschaften der Klasse ServiceBase:

CanHandlePowerEvent	Der Dienst reagiert auf den Standbymodus.
CanPauseAndContinue	Der Dienst kann angehalten und fortgesetzt werden.
CanShutdown	Der Dienst reagiert auf das Herunterfahren des Systems.
CanStop	Der Dienst kann beendet werden.
ServiceName	Der Name des Dienstes

Methoden der Klasse ServiceBase, die auf Anforderungen des Dienststeuerungs-Managers reagieren:

OnContinue	Der Dienst wird fortgesetzt.
OnCustomCommand	Ein Benutzerbefehl trifft ein.
OnPause	Der Dienst wird angehalten.
OnPowerEvent	Der Rechner geht in den Standbymodus.
OnShutdown	Der Rechner wird heruntergefahren.
OnStart	Der Dienst wird gestartet.
OnStop	Der Dienst wird beendet.

Die Verwendung der Klasse ServiceBase wird anhand eines Beispiels erklärt. Die Klasse service ist von ServiceBase abgeleitet. Da ein Dienst einen Namen braucht, wird der Eigenschaft ServiceName direkt im Konstruktor der Name Service1 zugewiesen. Der Einstiegspunkt des Dienstes ist die Methode Main, in der sich die Anweisung

```
ServiceBase.Run(new service( ));
```

befindet. Dieser Methode wird eine Instanz der Klasse service übergeben. Nachdem die Instanz gebildet und der Konstruktor der Klasse service abgearbeitet ist, lädt die statische Methode Run den Dienst in den Speicher. Der Dienst ist aber noch nicht gestartet. Wird der Dienst durch ein Dienstkontrollprogramm gestartet, so reagiert die Methode OnStart auf die Anforderung des Dienststeuerungs-Managers.

```
//Service12.1_1.cs

using System;
using System.ServiceProcess;

public class service : ServiceBase
{
  public service( )
  {
    ServiceName = "Service1";
  }

  protected override void OnStart(string[] args)
  {
  }

  static void Main( )
  {
    ServiceBase.Run(new service( ));
  }
}
```

Um dem Dienststeuerungs-Manager einerseits den Dienst bekannt zu machen und ihm andererseits die Informationen zur Verfügung zu stellen, die zur Verwaltung und Steuerung des Dienstes notwendig sind, muss der Dienst registriert werden.

Das .NET Framework Installationsprogramm InstallUtil.exe übernimmt diese Aufgabe. Damit InstallUtil diese Aufgabe erfüllen kann, werden Informationen benötigt, die das Installationsprogramm steuern.

Diese Steuerung übernimmt eine von der Klasse Installer abgeleitete Klasse. Das Attribut [RunInstaller(true)] teilt InstallUtil mit, dass eine Installation beginnen soll. Die Eigenschaft Installers der Klasse Installer ist eine InstallerCollection, der die zuvor gebildeten Instanzen der Klassen ServiceInstaller und ServiceProcessInstaller hinzugefügt werden. Beide Instanzen enthalten Werte, die in die Registrierung eingetragen werden.

Der ServiceInstaller enthält in der Eigenschaft ServiceName den Namen Service1 des Dienstes und in der Eigenschaft StartType den Wert ServiceStartMode.Manual. Der ServiceProcessInstaller enthält in der Eigenschaft Account den Wert ServiceAccount.LocalSystem.

Die Aufzählung ServiceStartMode:

Automatic	Der Dienst wird automatisch beim Systemstart gestartet.
Disabled	Der Dienst ist deaktiviert und kann nicht gestartet werden.
Manual	Der Dienst wird manuell durch ein Dienstkontrollprogramm gestartet.

Die Aufzählung ServiceAccount:

LocalService	Ein lokaler Benutzer erhält umfangreiche Berechtigungen. Er braucht keine Authentifizierung nachzuweisen. Von einem Remotebenutzer werden Anmeldeinformationen verlangt.
LocalSystem	Weder vom lokalen Benutzer noch vom Remotebenutzer wird eine Authentifizierung verlangt.
NetworkService	Ein lokaler Benutzer erhält eingeschränkte Berechtigungen. Er braucht keine Authentifizierung nachzuweisen. Von einem Remotebenutzer werden Anmeldeinformationen verlangt.
User	Die Eigenschaften Username und Password der Klasse ServiceProcessInstaller werden zur Authentifizierung benutzt.

```
// Datei Install12.1_1.cs

using System;
using System.ComponentModel;
using System.Configuration.Install;
using System.ServiceProcess;

[RunInstaller(true)]
public class installer : Installer
{
  public installer( )
  {
    ServiceProcessInstaller spi = new ServiceProcessInstaller( );
    ServiceInstaller si = new ServiceInstaller( );
    spi.Account = ServiceAccount.LocalSystem;
    si.StartType = ServiceStartMode.Manual;
    si.ServiceName = "Service1";
    Installers.Add(si);
    Installers.Add(spi);
  }
}
```

Die beiden oben abgebildeten Dateien Service12.1_1.cs und Install12.1_1.cs gehören zusammen. Die Dienstanwendung wird mit

```
csc Service12.1_1.cs Install12.1_1.cs
```

übersetzt. Ansschließend wird der Dienst mit

```
InstallUtil Service12.1_1.exe
```

installiert. Dadurch wird, falls keine Fehlermeldung erscheint, in der Registrierung unter dem Schlüssel

```
HKEY_LOCAL_MACHINE\System\CurrentControlSet\Services
```

der Unterschlüssel Service1 angelegt. Ein Blick in die Registrierung zeigt die unter diesem Schlüssel abgelegten Werte.

```
ImagePath    der Pfad der Datei Service12.1_1.exe
ObjectName   Account = LocalSystem
Start        manuell = 3
Type         der ausführende Prozess beherbergt genau einen Dienst
             Type = 16
```

Nun wird mit

```
Start - Einstellungen - Systemsteuerung
Doppelklick auf Verwaltung
Doppelklick auf Dienste
```

das Dienstkontrollprogramm Dienste gestartet. Der Dienst Service1 wird angeklickt und durch Anklicken von Vorgang - Starten gestartet. Das Anklicken von Vorgang - Beenden stoppt den Dienst. Klickt man den Dienst mit der rechten Maustaste an, so erscheint ein Kontextmenü, das die gleichen Optionen wie das Menü Vorgang enthält. Außerdem sind für das Starten und Beenden Schaltflächen im rechten Bereich der Toolbar vorgesehen. Der Zustand des Dienstes ist in der Spalte Status ersichtlich. Ist der Dienst beendet, so kann er mit

```
InstallUtil /u Service12.1_1.exe
```

deinstalliert werden.

12.2 Ein Dienstkontrollprogramm

In diesem Abschnitt wird ein Dienstkontrollprogramm entwickelt, das Dienste starten, anhalten, fortsetzen und beenden und Benutzerbefehle übermitteln kann. Darüber hinaus wird gezeigt, wie Statusabfragen ausgewertet und angezeigt werden.

Um das Dienstkontrollprogramm sinnvoll testen zu können, wird zunächst eine Dienstanwendung vorgestellt, die auf die mit OnStart, OnStop, OnPause, OnContinue, OnPowerEvent, OnShutdown und OnCustomCommand auf Anforderungen des Dienststeuerungs-Managers reagiert und diese Anforderungen in der Datei C:\Service.log protokolliert. Der Name des Dienstes ist MeinService. Die Anweisungen

```
CanPauseAndContinue = true;
CanHandlePowerEvent = true;
```

sorgen dafür, dass der Dienst angehalten und fortgesetzt werden kann und auf den PowerEvent reagiert. Die Methoden OnStop, OnPause usw. rufen die Methode writeLog auf, die die Datei C:\Service.log öffnet oder anlegt und den als Parameter übergebenen String an den Inhalt der Datei anhängt. Die Methode OnStart weist eine Besonderheit auf. Sie speichert den ersten String des als Parameter übergebenen Stringarrays args in der Variablen args. Falls kein Parameter übergeben wird, so wird das Wort Jemand in der Variablen args abgelegt. Anschließend wird der Thread th mit der Startroutine run gestartet, die wiederum writeLog aufruft.

Es drängt sich natürlich die Frage auf, weshalb dieser Thread gestartet wird. Die Methode writeLog kann doch direkt von OnStart aufgerufen werden. Der Dienststeuerungs-Manager signalisiert jedoch erst nach dem Beenden der Methode OnStart, dass der Dienst zur Zusammenarbeit mit einem Dienstkontrollprogramm bereit ist. Deshalb wird der Start des Dienstes durch jede Anweisung, die sich innerhalb der Methode OnStart befindet, verzögert. Eine Endlosschleife innerhalb der Methode OnStart blockiert den Start und damit den gesamten Dienst. Das Protokollieren des Starts verzögert den Start nur unwesentlich. Der Thread ist daher in diesem Fall nicht zwingend erforderlich. In den nächsten Abschnitten diese Kapitels wird jedoch deutlich, dass das Starten eines Threads ein geeignetes Mittel ist, den reibungslosen Start eines Dienstes zu gewährleisten.

```
//Service12.2_1.cs

using System;
using System.IO;
using System.Threading;
using System.ServiceProcess;

public class service : ServiceBase
{
  string logFile = @"C:\Service.log";
  TextWriter log;
  Thread th;
  string args;

  public service( )
  {
    ServiceName = "MeinService";
    CanPauseAndContinue = true;
    CanHandlePowerEvent = true;
  }

  protected override void OnStart(string[] args)
  {
    if(args.Length >= 1)
      this.args = args[0];
    else
      this.args = "Jemand";
    th = new Thread(new ThreadStart(run));
    th.Start( );
  }

  protected override void OnStop( )
  {
    string s = "Stop\n" +
      "*************************************************\n";
    writeLog(s);
  }

  protected override void OnPause( )
  {
    writeLog("Pause");
  }

  protected override void OnContinue( )
  {
    writeLog("Continue");
  }

  protected override bool OnPowerEvent(PowerBroadcastStatus status)
  {
    writeLog("PowerEvent");
```

```
    return true;
  }

  protected override void OnShutdown( )
  {
    string s = "Shutdown" +
      "*********************************************\n";
    writeLog(s);
  }

  protected override void OnCustomCommand(int command)
  {
    writeLog(string.Format("CustomCommand {0}", command));
  }

  void writeLog(string s)
  {
    log = File.AppendText(logFile);
    log.WriteLine(s);
    log.Close( );
  }

  void run( )
  {
    string s = "************************************************\n" +
      string.Format("{0} hat mich gestartet.", args);
    writeLog(s);
  }

  static void Main( )
  {
    ServiceBase.Run(new service( ));
  }
}
```

Das unten abgebildete Installationsprogramm unterscheidet sich von dem im vorigen Abschnitt erläuterten Installationsprogramm nur durch den Namen des Dienstes.

```
//Install12.2_1.cs

using System;
using System.ComponentModel;
using System.Configuration.Install;
using System.ServiceProcess;

[RunInstaller(true)]
public class installer : Installer
```

```
{
  public installer( )
  {
    ServiceProcessInstaller spi = new ServiceProcessInstaller( );
    ServiceInstaller si = new ServiceInstaller( );
    spi.Account = ServiceAccount.LocalSystem;
    si.StartType = ServiceStartMode.Manual;
    si.ServiceName = "MeinService";
    Installers.Add(si);
    Installers.Add(spi);
  }
}
```

Die Dienstanwendung wird mit

```
csc Service12.2_1.cs Install12.2_1.cs
InstallUtil Service12.2_1.exe
```

übersetzt und installiert. Mit

```
InstallUtil /u Service12.2_1.exe
```

kann der Dienst später wieder deinstalliert werden.

Startet man den Service MeinService mit dem Programm Dienste, so enthält die Datei C:\Service.log die folgende Aufzeichnung.

```
***********************************************
Jemand hat mich gestartet.
Stop
***********************************************
```

Ein Dienstkontrollprogramm ist eine Konsol- oder Windows-Anwendung, die in der Lage ist, mit einem Dienst Kontakt aufzunehmen. Die Klasse ServiceController enthält Eigenschaften, die den Zustand und die Fähigkeiten eines Dienstes zurückgeben, und sie enthält Methoden zur Übermittlung von Befehlen.

Eigenschaften der Klasse ServiceController:

CanPauseAndContinue	Der Dienst kann angehalten und fortgesetzt werden.
CanShutdown	Der Dienst reagiert auf das Herunterfahren des Systems.
CanStop	Der Dienst kann beendet werden.
MachineName	Der Rechner, auf dem sich dieser Dienst befindet.
ServiceName	Der Name des Dienstes
ServiceType	Der Typ des Dienstes
Status	Der Zustand des Dienstes

Methoden der Klasse ServiceController:

Close	Schließt die ServiceController-Instanz
Continue	Der Dienst wird fortgesetzt.
ExecuteCommand	Ein Benutzerbefehl wird ausgeführt.
Start	Der Dienst wird gestartet.
Stop	Der Dienst wird beendet.
WaitForStatus	Wartet auf den angegebenen Zustand

Die unten abgebildete Beispieldatei ServiceController.cs benutzt die gerade beschriebenen Eigenschaften und Methoden der Klasse ServiceController. Der Name des Dienses wird in die Combobox eingetragen, und anschließend wird GO angeklickt. Das Programm stellt daraufhin die Verbindung zum eingetragenen Dienst her, und der Startbutton wird aktiv. Ist der Dienst nicht vorhanden, so erscheint eine Messagebox mit einer Fehlermeldung.

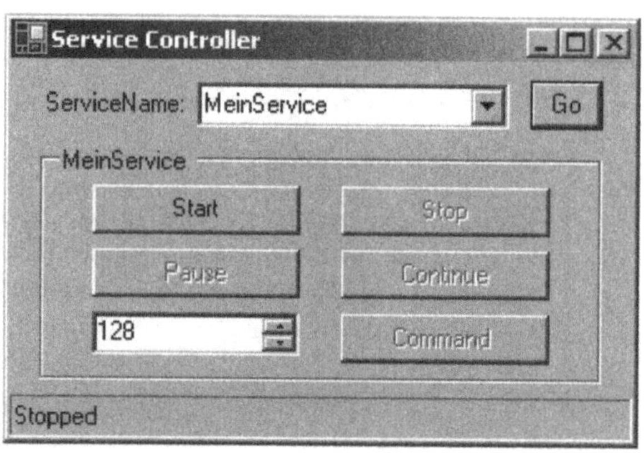

Abbildung 12.2_1a

Der nächste Schritt ist das Starten des Dienstes durch Anklicken des Buttons Start.

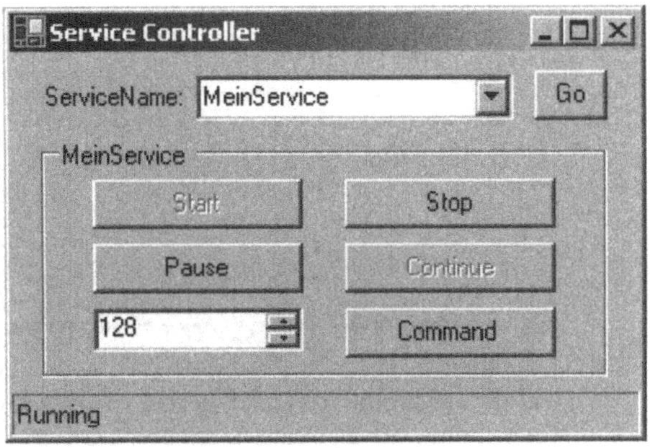

Abbildung 12.2_1b

Dann wird der Button Pause gedrückt.

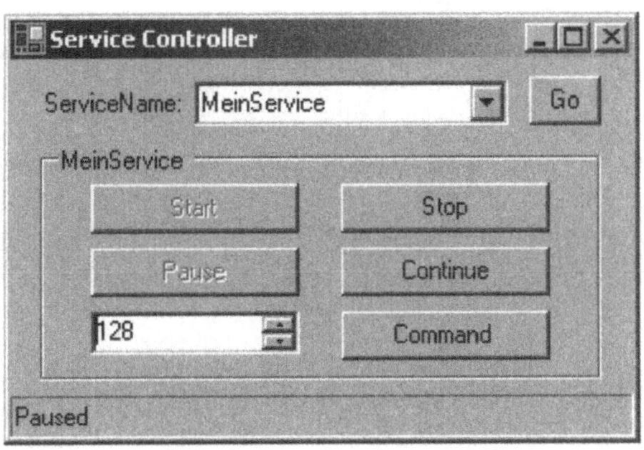

Abbildung 12.2_1c

Jetzt wird der Button Continue und anschließend der Button Command angeklickt. Die Zahl 128 im Numericupdown ist der Parameter des übermittelten Benutzerbefehls. Nun wird die 128 in 129 geändert und wieder Command angeklickt. Zum Schluss wird Stop angeklickt.

Die Abbildungen zeigen, dass bei jeder Aktion Buttons aktiv oder inaktiv werden. Auch die Statusanzeige ändert sich gegebenenfalls. Der Dienst MeinService protokolliert die Reihenfolge der Aktionen in der Datei C:\Service.log.

```
************************************************
Der Service Controller hat mich gestartet.
Pause
Continue
CustomCommand 128
CustomCommand 129
Stop
************************************************
```

Dieses Protokoll zeigt, dass die Verbindung zwischen dem Dienstkontrollprogramm und dem Dienst funktioniert. Weitere Erläuterungen folgen im Anschluss an das Programmlisting.

```
//ServiceController.cs

using System;
using System.Drawing;
using System.Windows.Forms;
using System.ServiceProcess;
using Microsoft.Win32;

class Haupt : Form
{
  ServiceController controller;
  Label lblName = new Label( );
  ComboBox cmbName = new ComboBox( );
  Button btnGo = new Button( );
  GroupBox grpService = new GroupBox( );
  Button btnStart = new Button( );
  Button btnStop = new Button( );
  Button btnPause = new Button( );
  Button btnContinue = new Button( );
  NumericUpDown num = new NumericUpDown( );
  Button btnCommand = new Button( );
  StatusBarPanel status = new StatusBarPanel( );
  StatusBar statusBar = new StatusBar( );
  bool cmbchange = false;
  RegistryKey regKey;

  public Haupt( )
```

```
{
  Text = "Service Controller";
  ClientSize = new Size(300, 177);
  FormBorderStyle = FormBorderStyle.FixedSingle;

  lblName.Text = "ServiceName:";
  lblName.Location = new Point(15, 13);

  cmbName.Width = 150;
  cmbName.Location = new Point(90, 10);
  cmbName.TextChanged += new EventHandler(cmbChanged);

  btnGo.Text = "Go";
  btnGo.Width = 35;
  btnGo.Location = new Point(250, 8);
  btnGo.Click += new EventHandler(bgo);

  grpService.Text = "";
  grpService.Bounds = new Rectangle(15, 40, 270, 110);

  btnStart.Location = new Point(25, 18);
  btnStart.Width = 100;
  btnStart.Text = "Start";
  btnStart.Enabled = false;
  btnStart.Click += new EventHandler(bstart);

  btnStop.Location = new Point(145, 18);
  btnStop.Width = 100;
  btnStop.Text = "Stop";
  btnStop.Enabled = false;
  btnStop.Click += new EventHandler(bstop);

  btnPause.Location = new Point(25, 48);
  btnPause.Width = 100;
  btnPause.Text = "Pause";
  btnPause.Enabled = false;
  btnPause.Click += new EventHandler(bpause);

  btnContinue.Location = new Point(145, 48);
  btnContinue.Width = 100;
  btnContinue.Text = "Continue";
  btnContinue.Enabled = false;
  btnContinue.Click += new EventHandler(bcontinue);

  num.Location = new Point(25, 78);
  num.Width = 100;
  num.Minimum = 128;
  num.Maximum = 256;
  num.Value = 128;

  btnCommand.Location = new Point(145, 78);
```

```
    btnCommand.Width = 100;
    btnCommand.Text = "Command";
    btnCommand.Enabled = false;
    btnCommand.Click += new EventHandler(bcommand);

    status.Width = 300;
    statusBar.SizingGrip = false;
    statusBar.Panels.Add(status);
    statusBar.ShowPanels = true;
    statusBar.Dock = DockStyle.Bottom;

    grpService.Controls.AddRange(new Control[]
    {
      btnStart, btnStop,
      btnPause, btnContinue,
      num, btnCommand
    });

    Controls.AddRange(new Control[]
    {
      cmbName, lblName, btnGo,
      grpService, statusBar
    });

    RegistryKey key =
      Registry.LocalMachine.OpenSubKey("SOFTWARE", true);

    regKey = key.CreateSubKey("ServiceController");
    string[] values = regKey.GetValueNames( );
    foreach(string v in values)cmbName.Items.Add(v);
  }

  void cmbChanged(object o, EventArgs e)
  {
    cmbchange = true;
  }

  void bgo(object o, EventArgs e)
  {
    if(cmbchange)
    {
      bool vorhanden = false;
      string name = cmbName.Text;
      foreach(object obj in cmbName.Items)
      {
        string s = (string)obj;
        if(name.Equals(s))vorhanden = true;
      }
      if(!vorhanden)
      {
        cmbName.Items.Add(name);
```

```
      regKey.SetValue(name, "");
    }
    cmbchange = false;
  }
  try
  {
    status.Text = "";
    if(controller != null)controller.Close( );
    controller = new ServiceController(cmbName.Text);
    status.Text = controller.Status.ToString( );
    switch(controller.Status)
    {
      case ServiceControllerStatus.Running:
        btnStart.Enabled = false;
        btnStop.Enabled = true;
        if(controller.CanPauseAndContinue)
          btnPause.Enabled = true;
        else
          btnPause.Enabled = false;
        btnContinue.Enabled = false;
        btnCommand.Enabled = true;
        break;
      case ServiceControllerStatus.Stopped:
        btnStart.Enabled = true;
        btnStop.Enabled = false;
        btnPause.Enabled = false;
        btnContinue.Enabled = false;
        btnCommand.Enabled = false;
        break;
      case ServiceControllerStatus.Paused:
        btnStart.Enabled = false;
        btnStop.Enabled = true;
        btnPause.Enabled = false;
        btnContinue.Enabled = true;
        btnCommand.Enabled = true;
        break;
      default:
        btnStart.Enabled = false;
        btnStop.Enabled = false;
        btnPause.Enabled = false;
        btnContinue.Enabled = false;
        btnCommand.Enabled = false;
        break;
    }
    grpService.Text = cmbName.Text;
  }
  catch(Exception ex)
  {
    MessageBox.Show(ex.Message, "Fehler");
    bool vorhanden = false;
    string name = cmbName.Text;
```

```
    foreach(object obj in cmbName.Items)
    {
      string s = (string)obj;
      if(name.Equals(s))vorhanden = true;
    }
    if(vorhanden)
    {
      cmbName.Items.Remove(name);
      regKey.DeleteValue(name);
    }
  }
}

void bstart(object o, EventArgs e)
{
  string[] args = {"Der Service Controller"};
  try
  {
    controller.Start(args);
    controller.WaitForStatus(
      ServiceControllerStatus.Running,
      new TimeSpan(10000000)
    );
    btnStart.Enabled = false;
    btnStop.Enabled = true;
    if(controller.CanPauseAndContinue)
      btnPause.Enabled = true;
    else
      btnPause.Enabled = false;
    btnContinue.Enabled = false;
    btnCommand.Enabled = true;
    status.Text = controller.Status.ToString( );
  }
  catch(Exception ex)
  {
    status.Text = controller.Status.ToString( );
    MessageBox.Show(ex.Message, "Fehler");
  }
}

void bstop(object o, EventArgs e)
{
  try
  {
    controller.Stop( );
    controller.WaitForStatus(
      ServiceControllerStatus.Stopped,
      new TimeSpan(10000000)
    );
    btnStart.Enabled = true;
    btnStop.Enabled = false;
```

```
      btnPause.Enabled = false;
      btnContinue.Enabled = false;
      btnCommand.Enabled = false;
      status.Text = controller.Status.ToString( );
    }
    catch(Exception ex)
    {
      status.Text = controller.Status.ToString( );
      MessageBox.Show(ex.Message, "Fehler");
    }
  }

  void bpause(object o, EventArgs e)
  {
    try
    {
      controller.Pause( );
      controller.WaitForStatus(
        ServiceControllerStatus.Paused,
        new TimeSpan(10000000)
      );
      btnPause.Enabled = false;
      btnContinue.Enabled = true;
      status.Text = controller.Status.ToString( );
    }
    catch(Exception ex)
    {
      status.Text = controller.Status.ToString( );
      MessageBox.Show(ex.Message, "Fehler");
    }
  }

  void bcontinue(object o, EventArgs e)
  {
    try
    {
      controller.Continue( );
      controller.WaitForStatus(
        ServiceControllerStatus.Running,
        new TimeSpan(10000000)
      );
      btnPause.Enabled = true;
      btnContinue.Enabled = false;
      status.Text = controller.Status.ToString( );
    }
    catch(Exception ex)
    {
      status.Text = controller.Status.ToString( );
      MessageBox.Show(ex.Message, "Fehler");
    }
  }
```

```
  void bcommand(object o, EventArgs e)
  {
    try
    {
      controller.ExecuteCommand((int)num.Value);
      status.Text = controller.Status.ToString( );
    }
    catch(Exception ex)
    {
      status.Text = controller.Status.ToString( );
      MessageBox.Show(ex.Message, "Fehler");
    }
  }

  protected override void OnClosing(CancelEventArgs e)
  {
    if(controller != null)controller.Close( );
  }

  static void Main( )
  {
    Application.Run(new Haupt( ));
  }
}
```

Im Konstruktor public Haupt werden die Combobox, die Buttons, das Numericupdown und die Statusbar definiert. Die Buttons Start, Stop, Pause, Continue und Command und das dazugehörige Numericupdown sind in einer Groupbox untergebracht. Der Name des aktiven Dienstes erscheint als Text der Groupbox. Am Ende des Konstruktors wird auf die Registrierung zugegriffen. Die Anweisungen

```
RegistryKey key = Registry.LocalMachine.OpenSubKey("SOFTWARE", true);
regKey = key.CreateSubKey("ServiceController");
string[] values = regKey.GetValueNames( );
foreach(string v in values)cmbName.Items.Add(v);
```

öffnen den Schlüssel HKEY_LOCAL_MACHINE\SOFTWARE und legen den Unterschlüssel ServiceController an, falls dieser noch nicht existiert. Anschließend werden die unter diesem Schlüssel gespeicherten Werte, die den Namen der zuvor angewählten Dienste entsprechen, gelesen und der Combobox cmbName hinzugefügt.

Direkt nach dem Konstruktor folgt der Eventhandler cmbChanged, der auf das Ereignis TextChanged der Combobox reagiert.

Die Information, dass sich der Text der Combobox geändert hat, wird in der Variablen cmbchange festgehalten.

Der Eventhandler bgo des Buttons Go hat drei Aufgaben zu erfüllen. Erstens wird, falls cmbchange gleich true ist, der Inhalt der Combobox bearbeitet. Es wird überprüft, ob der in der Eigenschaft Text stehende Name schon in der Liste der Items vorhanden ist. Ist dies nicht der Fall, so wird er mit

```
cmbName.Items.Add(name);
regKey.SetValue(name, "");
```

in die Liste der Items und in die Registrierung eingetragen. Zweitens wird die Instanz controller der Klasse ServiceControler gebildet und dadurch eine Verbindung zu dem Dienst mit dem in der Combobox stehenden Namen hergestellt. Drittens wird mit controller.Status der Zustand des Dienstes abgefragt. Der Zustand wird mit

```
status.Text = controller.Status.ToString( );
```

in der Statuszeile angezeigt. Anschließend folgen switch-case-Anweisungen, die die Buttons dem Status entsprechend aktiviert oder deaktiviert. Der Button Pause wird nur aktiviert, wenn durch

```
if(controller.CanPauseAndContinue)
  btnPause.Enabled = true;
```

sichergestellt ist, dass der Dienst angehalten und fortgesetzt werden kann. Ist bis dahin alles gut gegangen, so wird der Name der Eigenschaft Text der Groupbox zugewiesen. Da der beschriebene Ablauf mit try geklammert ist, kann, falls nicht alles gut gegangen ist, eine Ausnahmebehandlung im catch-Block stattfinden. Es erscheint eine Messagebox mit der Fehlermeldung. Falls der Name, der die Ausnahme verursacht hat, in der Liste der Items der Combobox vorhanden ist, so wird er mit

```
cmbName.Items.Remove(name);
regKey.DeleteValue(name);
```

aus der Liste der Items und aus der Registrierung gelöscht.

Nun folgen die Eventhandler der Buttons Start, Stop, Pause und Continue. Der Eventhandler des Buttons Start definiert mit

```
string[] args = {"Der Service Controller"};
```

das Argument des Startbefehls und startet dann mit

```
controller.Start(args);
```

den Dienst. Anschließend wartet er mit

```
controller.WaitForStatus(
  ServiceControllerStatus.Running,
  new TimeSpan(10000000)
);
```

bis der Dienst den Zustand Running angenommen hat. Dann werden Buttons aktiviert oder deaktiviert und die Statusbar wird aktualisiert. Die weiteren Eventhandler verhalten sich ähnlich. Sie benutzen die Befehle controller.Stop, controller.Pause und controller.Continue. Der Eventhandler des Buttons Command löst mit

```
controller.ExecuteCommand((int)num.Value);
```

beim Dienst die Reaktion OnCustomCommand aus. Der übergebene Parameter ist der Wert des Numericupdown. Der Wert muss zwischen 128 und 256 liegen. Werte unter 128 sind für Systemzwecke reserviert. Eine Verbindung zu einem Dienst muss wieder geschlossen werden. Die Anweisung

```
if(controller != null)controller.Close( );
```

kommt im Programm zweimal vor. Sie kommt erstens im Eventhandler des Buttons Go vor. Dort wird die Verbindung geschlossen, bevor eine neue geöffnet wird. Sie kommt zweitens in der Methode OnClosing vor. Dadurch wird die Verbindung beim Beenden des Programms geschlossen.

12.3 Datum und Uhrzeit als Dienst

Der Dienst mit dem Namen TimeService ist ein Datagrammserver, der sich auf einem beliebigen Host im Netzwerk installieren lässt. Er liefert nach dem Start mit dem Programm Dienste oder ServiceController.exe auf Anforderung Datagramme mit dem Datum und der Uhrzeit des Hosts.

Die Methode OnStart startet einen Thread mit der Startroutine run. Die Startroutine erzeugt einen Udp-Socket und bindet ihn an den Port 5678. Anschließend tritt der Dienst in eine Endlosschleife ein und wartet dann mit

```
er = (EndPoint)new IPEndPoint(IPAddress.Any, 0);
soc.ReceiveFrom(br, ref er);
```

auf ein Datagramm von einem Klienten auf einem beliebigen Host und einem beliebigen Port. Sobald ein Datagramm eintrifft, wird mit

```
string str = DateTime.Now.ToString( );
byte[] bs = Encoding.ASCII.GetBytes(str);
```

Datum und Uhrzeit des eigenen Hosts abgefragt und als Bytearray bs gespeichert. Die Anweisung

```
soc.SendTo(bs, er);
```

sendet diesen Bytearray zu dem Klienten, der das Datum angefordert hat. Wegen der Endlosschleife wartet der Dienst dann wieder auf die nächste Anforderung. Die Methode OnStop beendet den Dienst. Der Socket soc wird mit Shutdown deaktiviert und anschließend geschlossen. Zum Schluss wird der Thread th beendet und der Dienst geht in den Zustand stopped.

```
//Service12.3_1.cs

using System;
using System.Text;
using System.Threading;
using System.Net;
using System.Net.Sockets;
using System.ServiceProcess;
```

```
public class service : ServiceBase
{
  Thread th;
  Socket soc;

  public service( )
  {
    ServiceName = "TimeService";
  }

  protected override void OnStart(string[] args)
  {
    th = new Thread(new ThreadStart(run));
    th.Start( );
  }

  protected override void OnStop( )
  {
    if(soc != null)
    {
      soc.Shutdown(SocketShutdown.Both);
      soc.Close( );
    }
    if(th != null)
    {
      try{th.Resume( );}catch(Exception ex){}
      th.Abort( );
      th.Join( );
    }
  }

  void run( )
  {
    byte[] br = new byte[1];
    EndPoint er;

    soc = new Socket(
      AddressFamily.InterNetwork, SocketType.Dgram, ProtocolType.Udp);
    soc.Bind(new IPEndPoint(IPAddress.Any, 5678));

    for(;;)
    {
      er = (EndPoint)new IPEndPoint(IPAddress.Any, 0);
      soc.ReceiveFrom(br, ref er);
      string str = DateTime.Now.ToString( );
      byte[] bs = Encoding.ASCII.GetBytes(str);
      soc.SendTo(bs, er);
    }
  }
```

```
  static void Main( )
  {
    ServiceBase.Run(new service( ));
  }
}
```

Das übliche Installationsprogramm darf natürlich nicht fehlen.

```
//Install12.3_1.cs

using System;
using System.ComponentModel;
using System.Configuration.Install;
using System.ServiceProcess;

[RunInstaller(true)]
public class installer : Installer
{
  public installer( )
  {
    ServiceProcessInstaller spi = new ServiceProcessInstaller( );
    ServiceInstaller si = new ServiceInstaller( );
    spi.Account = ServiceAccount.LocalSystem;
    si.StartType = ServiceStartMode.Manual;
    si.ServiceName = "TimeService";
    Installers.Add(si);
    Installers.Add(spi);
  }
}
```

Die Dienstanwendung wird mit

```
csc Service12.3_1.cs Install12.3_1.cs
InstallUtil Service12.3_1.exe
```

übersetzt und installiert. Mit

```
InstallUtil /u Service12.3_1.exe
```

kann der Dienst später wieder deinstalliert werden.

Zu einem Server gehört ein Klient, der in der AddressFamily, der SocketType und der ProtocolType mit dem Server übereinstimmt. Der Klient App12.3_1.cs erzeugt einen entsprechenden Socket und bindet diesen an den Port 65000. Dann startet er einen Timer mit einem Intervall von einer Sekunde.

Der Eventhandler timer_elapsed sendet den Bytearray bs mit SendTo zum Server und enpfängt mit ReceiveFrom dessen Antwort. Die Antwort wird in einen ASCII-String umgewandelt. Dann wird durch das abschließende Invalidate die Methode OnPaint aufgerufen, die den String mit DrawString zeichnet.

Abbildung 12.3_1

```
//App12.3_1.cs

using System;
using System.Text;
using System.Net;
using System.Net.Sockets;
using System.Timers;
using System.ComponentModel;
using System.Drawing;
using System.Windows.Forms;

public class Haupt :Form
{
  string st = "";
  System.Timers.Timer timer;
  Socket s;
  EndPoint ep = (EndPoint)new IPEndPoint(
    IPAddress.Parse("192.168.1.2"), 5678
  );

  public Haupt( )
  {
    Text = "TimeApp";
    ClientSize = new Size(155, 60);
    s = new Socket(
      AddressFamily.InterNetwork,
      SocketType.Dgram, ProtocolType.Udp
    );
    s.Bind(new IPEndPoint(IPAddress.Any, 65000));
    timer = new System.Timers.Timer(1000);
    timer.Elapsed += new ElapsedEventHandler(timer_elapsed);
    timer.Start( );
```

```
    }

    protected override void OnPaint(PaintEventArgs e)
    {
      Graphics g = e.Graphics;
      g.DrawString(st, new Font("Verdana", 10), Brushes.Blue, 5, 20);
    }

    protected override void OnClosing(CancelEventArgs e)
    {
      s.Close( );
      base.OnClosing(e);
    }

    protected void timer_elapsed(object o, ElapsedEventArgs e)
    {
      byte[] b;
      byte[] bs = {1};
      s.SendTo(bs, ep);
      b = new byte[19];
      s.ReceiveFrom(b, ref ep);
      st = Encoding.ASCII.GetString(b);
      Invalidate( );
    }

    static void Main( )
    {
      Application.Run(new Haupt( ));
    }
  }
```

Ein Tipp für den Fall, dass die Verbindung nicht klappt:

Dem Server ist es gleich, ob er von einem oder mehreren Klienten auf einem oder mehreren Hosts und Ports Anforderungen per Datagramm erhält. Der Klient tritt aber nur mit dem durch den EndPoint ep festgelegten Server in Verbindung. Gegebenen Falls ist die IP-Nummer anzupassen.

12.4 Ein Chatserver als Dienst

Der Chatserver und der Chatklient sind bereits im Kapitel 10 vorgestellt und erläutert worden. Der Server 10.4_11a.cs wird so geändert, dass er als Dienst installiert und gestartet werden kann. Der Klient 10.4_11b.cs wird unverändert mit dem Server Service12.4_1.cs benutzt. Beim Server bleibt die Klasse Verbindung unverändert, während die Klasse Server den neuen Gegebenheiten angepasst wird.

Um den Chatserver zu einer Dienstanwendung zu machen, wird die Klasse Server von ServiceBase abgeleitet und die Methode Main ruft

```
ServiceBase.Run(new Server( ));
```

auf. Damit der Dienst gestartet und beendet werden kann, werden die Methoden OnStart und OnStop eingefügt. Der Start des Servers wird im Unterschied zu Beispiel 10.4_11 vom Konstruktor der Klasse Server in die Methode OnStart verlagert. Der Konstruktor der Klasse Server legt daher mit

```
ServiceName = "ChatService";
```

nur den Namen des Dienstes fest.

Die Methode OnStart muss, um den Start des Dienstes nicht zu blockieren, so schnell wie möglich durchlaufen werden. Deshalb startet sie den Thread start mit der Startroutine gestartet. Die Anweisungen, die den Chatserver initialisieren und mit AcceptTcp-Client auf Verbindungsanforderungen der Klienten warten, werden also letztendlich vom Konstruktor der Klasse Server in die Startroutine gestartet verlagert.

Die Methode OnStop schließt alle geöffneten Streams und den TcpClient, stoppt den TcpListener und beendet die Threads th und start. Es ist wichtig, dass die Threads erst ganz zum Schluss beendet werden, da andernfalls die Close-Anweisungen nicht mehr ausgeführt werden können. Der Dienst würde dadurch während des Beendens blockieren.

```
// Service12.4_1.cs

using System;
using System.IO;
using System.Net;
using System.Timers;
using System.Net.Sockets;
using System.Threading;
using System.Collections;
using System.ServiceProcess;

public class Server : ServiceBase
{
  TcpListener tl;
```

```
Thread start;
public ArrayList verbunden = new ArrayList( );

public Server( )
{
  ServiceName = "ChatService";
}

protected override void OnStart(string[] args)
{
  start = new Thread(new ThreadStart(gestartet));
  start.Start( );
}

protected override void OnStop( )
{
  for(int i=0; i < verbunden.Count; i++)
  {
    Verbindung ver = (Verbindung)verbunden[i];
    if(ver != null)
    {
      if(ver.sr != null)ver.sr.Close( );
      if(ver.sw != null)ver.sw.Close( );
      if(ver.ns != null)ver.ns.Close( );
      if(ver.tc != null)ver.tc.Close( );
      if(ver.th != null)
      {
        ver.th.Abort( );
        ver.th.Join( );
      }
    }
  }
  if(tl != null)tl.Stop( );
  if(start != null)
  {
    start.Abort( );
    start.Join( );
  }
}

void gestartet( )
{
  tl = new TcpListener(5678);
  tl.Start( );
  for(;;)
  {
    try
    {
      verbunden.Add(new Verbindung(this, tl.AcceptTcpClient( )));
    }
    catch(Exception ex){Console.WriteLine(ex.Message);}
```

```
    }
  }

  static void Main( )
  {
    ServiceBase.Run(new Server( ));
  }
}

class Verbindung
{
  // siehe 10.4_11a.cs
}
```

Zu einer Dienstanwendung gehört ein Installationsprogramm.

```
// Install12.4_1.cs

using System;
using System.ComponentModel;
using System.Configuration.Install;
using System.ServiceProcess;

[RunInstaller(true)]
public class installer : Installer
{
  public installer( )
  {
    ServiceProcessInstaller spi = new ServiceProcessInstaller( );
    ServiceInstaller si = new ServiceInstaller( );
    spi.Account = ServiceAccount.LocalSystem;
    si.StartType = ServiceStartMode.Manual;
    si.ServiceName = "ChatService";
    Installers.Add(si);
    Installers.Add(spi);
  }
}
```

Die Dienstanwendung wird mit

```
csc Service12.4_1.cs Install12.4_1.cs
InstallUtil Service12.4_1.exe
```

übersetzt und installiert.

Mit

```
InstallUtil /u Service12.4_1.exe
```

kann der Dienst später wieder deinstalliert werden.

Sobald der Dienst gestartet ist, können beliebig viele Klienten auf einem oder mehreren Hosts gestartet werden. Der Klient 10.4_11b.cs wird, falls die ausführbare Datei nicht mehr vorhanden ist, übersetzt. Die exe-Dateien werden auf die vorhandenen Hosts verteilt und dort gestartet und die Chatrunde kann beginnen.

12.5 Ein Webserver als Dienst

Ein Webserver ist ein verbindungsbasierter Server. Er wartet wie jeder andere verbindungsbasierte Server auf eine Verbindungsanforderung eines Klienten und sendet darauf eine Antwort zu diesem Klienten. Das dabei verwendete Protokoll heißt Hypertext Transfer Protocol abgekürzt http. Die Antwort des Servers besteht aus einem oder mehreren Header genannten Titelzeilen und gegebenenfalls dem Content. Das ist der eigentliche Inhalt der Antwort, der in unterschiedlichen Datenformaten wie HTML, GIF oder JPEG abgefasst sein kann. Verwendet man als Klient einen der gängigen Browser, so können selbst mit dem in diesem Abschnitt vorgestellten Minimalserver sehr vielseitige Effekte erzielt werden.

Um den Webserver als Dienst starten zu können, ist die Klasse service von ServiceBase abgeleitet, die Methode Main enthält die übliche ServiceBase.Run Anweisung, der eine Instanz der Klasse service übergeben wird. Nach dem Abarbeiten des Konstruktors der Klasse service, der dem Dienst den Namen WebService gibt, wartet der Dienst darauf, gestartet zu werden. Die Methode OnStart erzeugt einen Thread, dessen Startroutine

```
void gestartet( )
{
  s = new Socket(
    AddressFamily.InterNetwork, SocketType.Stream, ProtocolType.Tcp);
  s.Bind(new IPEndPoint(IPAddress.Any, 8080));
  s.Listen(1);
  for(;;)
  {
    klienten.Add(new Klient(this, s.Accept( )));
  }
}
```

den Webserver initialisiert und startet.

Nachdem eine Instanz der Klasse Socket gebildet worden ist, wird Bind und Listen aufgerufen. Der Socket wird an den Port 8080 gebunden. Üblicherweise sind Http-Server an den Port 80 gebunden. Es können aber mehrere Http-Server auf einem System an unterschiedliche Ports gebunden werden. In der nun folgenden Endlosschleife wartet der Server mit Accept auf eine Verbindungsanforderung. Sobald eine Verbindungsanforderung von einem Klienten eingeht, wird eine Instanz der Klasse Klient gebildet und der ArrayList klienten hinzugefügt. Dem Konstruktor der Klasse Klient wird die Instanz der Klasse service und der von Accept zurückgegebene Socket übergeben. Um dem Server die Gelegenheit zu geben, sofort wieder mit Accept auf die nächste Verbindungsanforderung zu reagieren wird im Konstruktor der Klasse Klient der Thread th mit der Startroutine run gestartet, welche die Kommunikation mit dem Klienten steuert.

```
void run( )
{
  try
  {
    // Den Bytearray b empfangen und in den
    // String request umwanden
    if(request.ToUpper( ).StartsWith("GET /"))
    {
      // Den Dateinamen fname
      // herausfiltern und aufbereiten
      if(File.Exists(fname))
      {
        // OK-Meldung in die Datei WebService.log schreiben
        // OK-Header und angeforderte Datei zum Klienten senden
      }
      else
      {
        // Fehlermeldung in die Datei WebService.log schreiben
        // Fehlermeldung zum Klienten senden
      }
    }
    else
    {
      // Fehlermeldung in die Datei WebService.log schreiben
      // Fehlermeldung zum Klienten senden
    }
  }
  catch(Exception ex)
  {
    // ex.Message in die Datei WebService.log schreiben
  }
```

```
    finally
    {
      // Die Streams und den Socket schließen und die Instanz der
      // Klasse Klient aus der Arraylist klienten entfernen
    }
  }
```

Wie die Struktur der Methode run zeigt, empfängt der Server den Bytearray b und wandelt ihn in den String request um, der nur dann ausgewertet wird, wenn er mit GET / beginnt. Ist die angeforderte Datei vorhanden, so wird sie zusammen mit einem OK-Header zum Klienten gesendet. Andernfalls erhält der Klient eine Fehlermeldung. Alle Aktionen werden in der Datei WebService.log protokolliert.

Für die Kommunikation zwischen Server und Klient gelten feste Spielregeln, die das World Wide Web Consortium W3C ausgearbeitet hat. Die Homepage des W3C ist http://www.w3.org. Der neueste Stand ist in RFC2616: Hypertext Transfer Protocol - HTTP/1.1 [6] festgelegt. Mit Rücksicht auf die Programmlänge werden nur Get-Anfragen bearbeitet. Um Klarheit darüber zu bekommen, in welcher Weise sich der Klient an den Server wendet, folgen jetzt einige Beispiele für Get-Anfragen.

```
GET / HTTP/1.1
```

Die Defaultdatei wird angefordert.

```
GET /abc.asp HTTP/1.1
```

Die Datei abc.asp wird angefordert.

```
GET /xy/z.htm HTTP/1.1
```

Die Datei z.htm im Unterverzeichnis xy wird angefordert.

```
GET /abc.asp?Name1=Wert1&Name2=Wert2 HTTP/1.1
```

Die Datei abc.asp wird angefordert. Gleichzeitig werden, mit dem Fragezeichen beginnend, Formulardaten übermittelt.

Die Adresse einer im Internet zur Verfügung gestellten Datei bzw. Resource nennt man Uniform Resource Locator abgekürzt URL. Enthält eine GET-Anfrage, wie oben gezeigt, Formulardaten, so sagt man die Anfrage enthalte URL-codierte Daten.

Nun geht es weiter mit der Startroutine run. Der Dateiname fname beginnt, wie oben zu erkennen ist, mit einem / und endet vor dem nächsten Leerzeichen oder Fragezeichen.

Um unvollständige Get-Anfragen berücksichtigen zu können, wird der Zeilenwechsel ebenfalls als Stoppzeichen des Dateinamens gewertet. Genau genommen ist fname nicht der Dateiname sondern der Dateipfad relativ zum Homeverzeichnis. Dieser Pfad muss aufbereitet und ergänzt werden. Die erste der Anweisungen

```
fname = fname.Replace('/', '\\');
if(fname.Equals("\\"))fname = @"\index.html";
fname = dir + fname;
fname = Regex.Replace(
  fname, "%..",
  new MatchEvaluator(eval));
```

ersetzt alle Schrägstriche durch Rückstriche. Falls der Pfad jetzt nur aus einem Rückstrich besteht, so fordert der Klient die Defaultdatei an. In diesem Fall wird der Rückstrich durch den Namen der Defaultdatei \index.html ersetzt. Anschließend wird der Wert der Variablen dir vor den Pfad gesetzt. Der Pfad beginnt jetzt mit C:\Home. Er wird dadurch zum absoluten Pfad im Dateisystem und das Verzeichnis C:\Home wird zum Homeverzeichnis der Website. Nicht alphanumerische Zeichen werden, beginnend mit einem Prozentzeichen, hexadezimal codiert übermittelt. Ein Leerzeichen wird zB. als %20 übermittelt. Die letzte der oben abgebildeten Anweisungen übersetzt den Hexadezimalcode in den Zeichencode.

Die Klasse System.Text.RegularExpressions.Regex besitzt Methoden, mit denen reguläre Ausdrücke erkannt und bearbeitet werden können. Die Methode Regex.Replace erkennt die im String fname enthaltenen Zeichenfolgen, die dem Zeichenmuster %.. entsprechen, ruft bei jedem Treffer die Methode eval auf und ersetzt die erkannten Zeichenfolgen durch die Rückgabewerte der Methode eval. Das Zeichenmuster %.. beschreibt eine Zeichenfolge, die aus drei Zeichen besteht und mit % beginnt. Ein Punkt steht für ein beliebiges Zeichen außer \n. Der Aufruf von eval wird durch die Zuordnung zum Delegate MatchEvaluator ermöglicht. Die Methode eval untersucht die beiden Hexadezimalziffern auf ihre Gültigkeit. Liegen die Ziffern zwischen 0 und 9 oder zwischen A und F bzw. a und f, so wird ihr numerischer Wert ermittelt.

Anschließend werden die Ziffern mit

```
char c = (char)(i1*16+i2);
```

zu einer Zahl zusammengesetzt und in den Datentyp char umgewandelt. Der Rückgabewert der Methode eval ist ein String, der dieses eine Zeichen enthält.

Die Methode Log öffnet die Datei C:\Home\WebService.log und hängt den als Parameter übergebenen String an den Inhalt der Datei an. Die Logdatei ermöglicht das Nachverfolgen aller Aktionen des Webservers. Sie ist unter anderem eine hervorragende Hilfe beim Testen von Websites.

Die Antwort, die der Server zum Klienten sendet, beginnt immer mit einer sogenannten Initial Line. Die folgenden Zeilen stellen eine kleine Auswahl aus der großen Zahl möglicher Initial Lines vor.

```
HTTP/1.1 200 OK
HTTP/1.1 400 Bad Request
HTTP/1.1 404 Object Not Found
```

Auf die Initial Line folgen Header-Zeilen. Die am häufigsten verwendeten Header sind:

```
Server:          Servername
Date:            Datum und Uhrzeit
Content-Type:    Der Typ des Inhalts zB. text/html, text/plain,
                 image/gif
Content-Length:  Die Länge des Inhalts in Byte
```

Auf die letzte Header-Zeile folgt immer eine Leerzeile, die das Ende der Header-Übertragung kennzeichnet. Fehlt die Leerzeile, so wartet der Browser bis zum Timeout auf den nächsten Header. Nach der Leerzeile folgt dann letztendlich der Inhalt. Das ist bei dieser ersten Version des Webservers die angeforderte Datei oder eine Fehlermeldung. Im Kapitel 13 wird im Zusammenhang mit CGI und ASP gezeigt, wie Inhalte von Programmen generiert werden können. Die Methoden Antwort200, Antwort400 und Antwort404 senden die Antwort des Servers mit der entsprechenden Initial Line zum Browser.

```
//Service12.5_1.cs

using System;
using System.Text;
using System.Text.RegularExpressions;
using System.IO;
using System.Collections;
using System.ServiceProcess;
using System.Net;
using System.Net.Sockets;
using System.Threading;

public class service : ServiceBase
{
  Socket s;
  Thread start;
  public ArrayList klienten = new ArrayList( );

  public service( )
  {
    ServiceName = "WebService";
  }

  protected override void OnStart(string[] args)
  {
    start = new Thread(new ThreadStart(gestartet));
    start.Start( );
  }

  protected override void OnStop( )
  {
    for(int i=0; i < klienten.Count; i++)
    {
      Klient kli = (Klient)klienten[i];

      if(kli.fs != null)kli.fs.Close( );
      if(kli.sr != null)kli.sr.Close( );
      if(kli.sw != null)kli.sw.Close( );
      if(kli.sa != null)kli.sa.Close( );

      if(kli.th != null)
      {
        kli.th.Abort( );
        kli.th.Join( );
      }
    }

    if(s != null)s.Close( );

    if(start != null)
    {
```

```
      start.Abort( );
      start.Join( );
    }
  }

  void gestartet( )
  {
    s = new Socket(
    AddressFamily.InterNetwork, SocketType.Stream, ProtocolType.Tcp);
    s.Bind(new IPEndPoint(IPAddress.Any, 8080));
    s.Listen(1);
    for(;;)
    {
      klienten.Add(new Klient(this, s.Accept( )));
    }
  }

  static void Main( )
  {
    ServiceBase.Run(new service( ));
  }
}

public class Klient
{
  service serv;

  public Socket sa;
  public Thread th;
  public StreamReader sr;
  public StreamWriter sw;
  public FileStream fs;

  byte[] b;
  string request, content, header;
  string dir = @"C:\Home";

  public Klient(service serv, Socket sa)
  {
    this.serv = serv;
    this.sa = sa;
    th = new Thread(new ThreadStart(run));
    th.Start( );
  }

  void run( )
  {
    try
    {
      request = "";
```

```
    do
    {
      b = new byte[1024];
      sa.Receive(b);
      request += Encoding.ASCII.GetString(b);
    }while(b[b.Length-1] != 0);

    int nc = request.IndexOf((char)0);
    request = request.Substring(0, nc);

    if(request.ToUpper( ).StartsWith("GET /"))
    {
      string fname = "";
      int i=4;
      while(
        request[i] != ' '  &&
        request[i] != '?'  &&
        request[i] != '\r' &&
        request[i] != '\n')
      {
        fname += request[i++];
      }
      fname = fname.Replace('/', '\\');

      if(fname.Equals("\\"))fname = @"\index.html";

      fname = dir + fname;
      fname = Regex.Replace(
        fname, "%..",
        new MatchEvaluator(eval));

      if(File.Exists(fname))
      {
        fs = File.OpenRead(fname);
        b = new byte[fs.Length];
        fs.Read(b, 0, b.Length);
        Antwort200(b);
      }
      else
      {
        Antwort404( );
      }
    }
    else
    {
      Antwort400( );
    }
  }
  catch(Exception ex)
  {
    Log("Ausnahme ** " + ex.Message);
```

```
    }
    finally
    {
      if(fs != null)fs.Close( );
      if(sr != null)sr.Close( );
      if(sw != null)sw.Close( );
      if(sa != null)sa.Close( );
      serv.klienten.Remove(this);
    }
  }

  string eval(Match m)
  {
    string s = m.ToString( );
    int i1 = (int)s[1], i2 = (int)s[2];

    if(i1>=(int)'0' && i1<=(int)'9')
      i1 -= (int)'0';
    else
    if(i1>=(int)'A' && i1<=(int)'F')
      i1 += 10-(int)'A';
    else
    if(i1>=(int)'a' && i1<=(int)'f')
      i1 += 10-(int)'a';
    else
      return s;

    if(i2>=(int)'0' && i2<=(int)'9')
      i2 -= (int)'0';
    else
    if(i2>=(int)'A' && i2<=(int)'F')
      i2 += 10-(int)'A';
    else
    if(i2>=(int)'a' && i2<=(int)'f')
      i2 += 10-(int)'a';
    else
      return s;

    char c = (char)(i1*16+i2);
    return c.ToString( );
  }

  void Log(string s)
  {
    FileStream fs = File.Open(
      @"C:\Home\WebService.log", FileMode.Append | FileMode.Create);
    StreamWriter sw = new StreamWriter(fs);
    sw.WriteLine(s);
    sw.Close( );
    fs.Close( );
  }
```

```
void Antwort200(byte[] c)
{
  Log("*** " + DateTime.Now.ToString( ) +
      " *** 200 OK\r\n" + request);
  header =
    "HTTP/1.1 200 OK\r\n" +
    "Server: CgiWebService\r\n" +
    "Date: " + DateTime.Now.ToString( ) + "\r\n" +
    "Content-Length: " + c.Length.ToString( ) + "\r\n\r\n";
  byte[] b = Encoding.ASCII.GetBytes(header);
  sa.Send(b);
  sa.Send(c);
}

void Antwort400( )
{
  Log("*** " + DateTime.Now.ToString( ) +
      " *** 400 Bad Request\r\n" + request);

  content =
    "<html><head><title>Error</title></head>" +
    "<body>Falscher Parameter. </body></html>\r\n";

  header =
    "HTTP/1.1 400 Bad Request\r\n" +
    "Server: CgiWebService\r\n" +
    "Date: " + DateTime.Now.ToString( ) + "\r\n" +
    "Content-Type: text/html\r\n" +
    "Content-Length: " + content.Length.ToString( ) + "\r\n\r\n";

  header += content;
  b = Encoding.ASCII.GetBytes(header);
  sa.Send(b);
}

void Antwort404( )
{
  Log("*** " + DateTime.Now.ToString( ) +
      " *** 404 Object Not Found\r\n" + request);

  content =
    "<html><head><title>Error</title></head><body>" +
    "Die Seite wurde nicht gefunden. </body></html>\r\n";

  header =
    "HTTP/1.1 404 Object Not Found\r\n" +
    "Server: CgiWebService\r\n" +
    "Date: " + DateTime.Now.ToString( ) + "\r\n" +
    "Content-Type: text/html\r\n" +
    "Content-Length: " + content.Length.ToString( ) + "\r\n\r\n";
```

```
    header += content;
    b = Encoding.ASCII.GetBytes(header);
    sa.Send(b);
  }
}
```

Das Installationsprogramm:

```
//Install12.5_1.cs

using System;
using System.ComponentModel;
using System.Configuration.Install;
using System.ServiceProcess;

[RunInstaller(true)]
public class installer : Installer
{
  public installer( )
  {
    ServiceProcessInstaller spi = new ServiceProcessInstaller( );
    ServiceInstaller si = new ServiceInstaller( );
    spi.Account = ServiceAccount.LocalSystem;
    si.StartType = ServiceStartMode.Manual;
    si.ServiceName = "WebService";
    Installers.Add(si);
    Installers.Add(spi);
  }
}
```

Der WebService wird mit

```
csc Service12.5_1.cs Install12.5_1.cs
```

übersetzt, mit

```
InstallUtil Service12.5_1.exe
```

installiert und kann mit

```
InstallUtil /u Service12.5_1.exe
```

deinstalliert werden.

Die Datei index.html mit dem Inhalt

```
<html><head></head>
<body>
<h1>Hallo!</h1>
</body>
</html>
```

wird im Verzeichnis C:\Home angelegt. Nachdem der Dienst WebService gestartet ist, wird mit einem Browser die Adresse http://Hostname:8080/ angewählt, wobei natürlich der richtige Hostname oder auch die richtige IP-Nummer verwendet werden muss. Im nächsten Kapitel sind unter 13.1 und 13.2 weitere HTML-Dateien zu finden, mit denen der Webserver getestet werden kann. Im Abschnitt 13.3 erhält der Webserver weitere Fähigkeiten.

12.6 Ein blockierender Dienst

Der Start eines Dienstes kann, wie bereits erwähnt, erst nach dem Beenden der Methode OnStart vollendet werden. Man kann daher auf ganz einfache Weise einen beim Start blockierenden Dienst schreiben, indem man eine Endlosschleife in die Methode OnStart setzt.

```
// Service12.6_1.cs

using System;
using System.ServiceProcess;

public class service : ServiceBase
{
  public service( )
  {
    this.ServiceName = "BlockingService";
  }

  protected override void OnStart(string[] args)
  {
    // Die Endlosschleife
    for(;;){}
  }

  static void Main( )
  {
    ServiceBase.Run(new service( ));
  }
}
```

Das Installationsprogramm legt fest, dass der Dienst automatisch gestartet wird.

```
// Install12.6_1.cs

using System;
using System.ComponentModel;
using System.Configuration.Install;
using System.ServiceProcess;

[RunInstaller(true)]
public class installer : Installer
{
  public installer( )
  {
    ServiceProcessInstaller spi = new ServiceProcessInstaller( );
    ServiceInstaller si = new ServiceInstaller( );
    spi.Account = ServiceAccount.LocalSystem;

    // Die automatische Startoption
    si.StartType = ServiceStartMode.Automatic;


    si.ServiceName = "BlockingService";
    Installers.Add(si);
    Installers.Add(spi);
  }
}
```

Die Dienstanwendung wird mit

```
csc Service12.6_1.cs Install12.6_1.cs
```

übersetzt und mit

```
InstallUtil Service12.6_1.exe
```

installiert. Startet man den Dienst mit dem Programm Dienste, so erreicht der Dienst nicht den Zustand Running bzw. gestartet.

Der Dienst blockiert im Zustand StartPending bzw. wird gestartet. Der Dienst lässt sich weder mit dem Programm Dienste noch mit dem Task-Manager beenden. Bei einem Neustart wird der Dienst automatisch gestartet, und er blockiert wieder im Zustand StartPending. Deinstalliert man den Dienst mit

```
InstallUtil /u Service12.6_1.exe
```

und achtet darauf, dass die Deinstallation fehlerfrei verläuft, so ist die Situation nach dem nächsten Neustart bereinigt. Ein sicherer Weg, das Problem in den Griff zu bekommen, ist der Eingriff in die Registrierung. Der Dienst wird bei seiner Installation unter dem Schlüssel

```
HKEY_LOCAL_MACHINE\System\CurrentControlSet\Services\BlockingService
```

registriert. Der unter diesem Schlüssel angelegte Wert Start ist gleich 2. Ändert man diesen Wert in 3, so wird der Dienst manuell und daher beim Neustart nicht automatisch gestartet. Der Dienst ist nach dem Neustart im Zustand Stopped. Er kann reibungslos deinstalliert werden.

13 HTML, CGI, ASP und XML

HTML ist die Basis der Webprogrammierung. Daher werden in kurzer Form grundlegende HTML Kenntnisse vermittelt. Dazu gehören auch das modernere HTML 4.0 und CSS und einige Erläuterungen zu JavaScript. Ferner werden CGI-Skripten mit C# vorgestellt, und der Unterschied zwischen ASP und ASP.NET wird deutlich gemacht. Einige Worte zu XML vervollständigen die Vorbereitung auf das Kapitel 14.

13.1 HTML

HTML ist eine Abkürzung von Hyper Text Markup Language. Es dient der Verbreitung von Hyper Text Dokumenten im Internet. Ein Hyper Text Dokument enthält im Wesentlichen Texte, Graphiken und Elemente zur Gliederung und Gestaltung des Dokuments sowie Ein- Ausgabeelemente und Links zu anderen Dokumenten oder zu anderen Stellen im gleichen Dokument. Eine HTML-Datei endet auf .html oder .htm.

Die Struktur eines Html-Dokuments zeigt die Datei 13.1_1.html.

```
<!DOCTYPE HTML PUBLIC "-//W3C//DTD HTML 3.2 Final//EN">
<html>
<head>
  <!-- Zusatzinformationen zum Dokument -->
  <meta http-equiv="Content-Type" content="text/html;
   charset=iso-8859-1">
  <meta name="keywords" content="HTML, CSharp, DotNET">
  <meta name="description" content="Beschreibung des Dokuments">
  <meta name="Author" content="Heinrich Rottmann">
  <!--
  Der Titel des Dokuments
  -->
  <title>Beispiel 13.1_1</title>
</head>
<body>
  <!-- Der Rumpf des Dokuments -->
  <h1>Ueberschrift</h1>
  <h2>Ueberschrift</h2>
  <h3>Ueberschrift</h3>
```

```
  <h4>Ueberschrift</h4>
  <h5>Ueberschrift</h5>
  <h6>Ueberschrift</h6>
</body>
</html>
```

Ein Html-Dokument beginnt mit der Deklaration:

```
<!DOCTYPE HTML PUBLIC "-//W3C//DTD HTML 3.2 Final//EN">
```

Damit wird festgelegt, welche HTML-Version verwendet wird. Zeichenfolgen mit einem befehlsartigen Charakter werden durch Kleiner- und Größerzeichen geklammert. Man spricht auch von spitzen Klammern. Derartige Zeichenfolgen werden HTML-Tag oder kurz Tag genannt. Das Ende des Wirkungsbereichs eines Tags wird durch das Wiederholen des Tags mit vorangestelltem Schrägstrich gekennzeichnet. Ein Hyper Text beginnt mit <html> oder <HTML> und endet mit </html> oder </HTML>. Bei allen Tags ist Groß- und Kleinschreibung ohne jede Bedeutung. Ein Hyper Text besteht aus einem Kopf, der von <head> bis </head> geht und einem Rumpf, der von <body> bis </body> geht.

Der Kopf enthält Meta-Tags und den Titel des Dokuments. Die <meta . . . > Tags enthalten Zusatzinformationen zum Dokument, die als Schlüssel-Wert-Paare organisiert sind. Das Tag

```
<meta http-equiv="Content-Type" content="text/html;
  charset=iso-8859-1">
```

gibt Aufschluss über den Typ des Dokuments und den verwendeten Zeichensatz. Diese Information kann von Webservern bei der Bildung von HTTP-Headern verwendet werden. Die weiteren Meta-Tags teilen Suchdiensten geeignete Schlüsselwörter bzw. Suchbegriffe, eine Beschreibung des Dokuments und den Namen des Autors mit. Der Kopf eines Html-Dokuments kann weitere Tags enthalten. Einige dieser Tags werden im Abschnitt 13.2 beschrieben.

Die Meta-Tags werden auch von sogenannten Robots gelesen. Robots durchsuchen das Internet nach Websites und analysieren diese, um Informationen, die von Suchdiensten verwendet werden, zu sammeln. Eine Website sollte eine Datei mit dem Namen Robots.txt mit folgendem beispielhaften Inhalt enthalten.

```
#rottmann@rottmann.de        E-Mailadresse
User-Agent: *                Den Robots ist alles erlaubt.
Disallow: /cgi-bin           Der Zugriff auf dieses Verzeichnis
                             ist untersagt.
```

Der Rumpf enthält den im Browser sichtbaren Teil des Dokuments. Die Tags <h1> bis <h6> definieren Überschriften in unterschiedlichen Schriftgrößen, wobei h1 die größte Schrift festlegt und h6 die kleinste. Wird die Datei 13.1_1.html in einen Browser geladen, so entsteht das folgende Bild:

Abbildung 13.1_1

Kopiert man die HTML-Datei in das Verzeichnis C:\Home und verwendet den Webserver aus Abschnitt 12.5, so kann das HTML-Dokument mit

```
http://Hostname:8080/13.1_1.html
```

oder mit

```
http://IP-Nummer:8080/13.1_1.html
```

angewählt werden.

Läuft der Webserver auf dem Port 80, so kann die Portnummer entfallen.

```
http://Hostname/13.1_1.html
http://IP-Nummer/13.1_1.html
```

Wenn auf der Seite des Servers und auf der Seite des Browsers der gleiche Zeichensatz verwendet wird, so kann man Umlaute, das ß und weitere Sonderzeichen im HTML-Text verwenden.

```
<html>
<head>
<title>Beispiel 13.1_2</title>
</head>
<body>
<h2>Wir ändern die  Überschrift.</h2>
</body>
</html>
```

Wir ändern die Überschrift.

Abbildung 13.1_2

Da im Internet die unterschiedlichsten Rechner, Betriebssysteme, Webserver, Browser und Zeichensätze benutzt werden, ist es erforderlich, Sonderzeichen plattformunabhängig darzustellen.

Umlaute und einige Sonderzeichen:

```
&Auml;      Ä
&Ouml;      Ö
&Uuml;      Ü
&auml;      ä
&ouml;      ö
&uuml;      ü
       Leerzeichen
&szlig;     ß
&lt;        <
&gt;        >
&quot;      "
```

Beispiel 13.1_3 zeigt, wie Umlaute und Sonderzeichen in den HTML-Text eingesetzt werden. Für das Leerzeichen gelten spezielle Vereinbarungen. Ein oder mehrere Leerzeichen werden als ein einziges Leerzeichen interpretiert. Für den Zeilenwechsel im HTML-Text wird in der Browserdarstellung ein Leerzeichen eingesetzt. Will man mehrere Leerzeichen hintereinander setzen, so muss man mehrmals   verwenden. Der mehrzeilige Text dieses Beispiels erscheint im Browser in einer Zeile.

```
<html>
<head>
<title>Beispiel 13.1_3</title>
</head>
<body>
<h2>
Wir &auml;ndern die
   
&Uuml;berschrift.
</h2>
</body>
</html>
```

Wir ändern die   Überschrift.

Abbildung 13.1_3

Wie im nächsten Beispiel zu sehen ist, gibt es auch eine Codierung für griechische Buchstaben. Allerdings stellen ältere Browser unter Umständen diese Zeichen nicht dar. Mit dem <font> Tag kann man den Font, die Größe und die Farbe der Schrift festlegen. Hinter face wird die Fontfamily angegeben. Es dürfen mehrere Fonts durch Kommata getrennt angegeben werden. Daneben kann der Typ des Fonts mit serif oder sans-serif angegeben werden. Die Schriftgröße size wird relativ oder absolut angegeben. Die Angabe size=+2 ist relativ. Die Schrift ist um zwei Stufen größer als die normale Schrift. Mit -1 wäre sie um eine Stufe kleiner. Die Angabe size=4 ist dagegen eine absolute Festlegung. Farben color werden durch ein # und sechs Hexadezimalstellen angegeben. Je zwei Stellen legen einen Farbanteil in der Reihenfolge Rot Grün Blau, abgekürzt RGB, fest. Die einzelnen Farbanteile gehen von 00 bis ff. Die Farbtiefe beträgt demnach 24 Bit. Mit Rücksicht auf Geräte, die eine geringere Farbtiefe verwenden, werden sogenannte browser safe colors empfohlen, bei denen die Hexadezimalziffern in Dreierschritten verwendet werden. Die Farben setzen sich aus den Farbanteilen 00, 33, 66, 99, cc und ff zusammen. Damit können 6^3 = 216 Farben dargestellt werden.

Einige Beispiele:

```
#000000        Schwarz
#ff0000        Rot
#00ff00        Grün
#66ff66        hell Grün
#0000ff        Blau
#000099        dunkel Blau
#ffff00        Gelb
#ffff99        hell Gelb
#ffffff        Weiß
```

```
<html>
<head>
<title>Beispiel 13.1_4</title>
</head>
<body>
<p align=center>
<font face="Arial,Helvetica,Verdana" size=+2 color="#0000ff">
Font
</font><br>
<font face="sans-serif" size=4 color="#ff0000">
&quot;&Phi;&omicron;&nu;&tau;&quot;
</font>
</p>
</body>
</html>
```

Font

"Φοντ"

Abbildung 13.1_4

Weitere Tags, die das Schriftbild beeinflussen :

```
<em>       betont
<i>        kursiv
<b>        fett
<u>        unterstrichen
<s>        durchgestrichen
<tt>       dicktengleich
<big>      groß
<small>    klein
<sup>      hochgestellt
<sub>      tiefgestellt
```

Absätze werden durch <p> und </p> eingefasst.

```
<html>
<head>
<title>Beispiel 13.1_5</title>
</head>
<body>
<font face="Times new Roman,serif" size=-1 color="#0000ff">
<em>betont</em><br>
<i>kursiv</i><br>
<b>fett</b><br>
<i><b>kursiv und fett</b></i>
<p>
<u>unterstrichen</u><br>
<s>durchgestrichen</s><br>
<tt>dicktengleich</tt><br>
<big>groß</big><br>
<small>klein</small><br>
</p>
<p>
a<sup>2</sup> hochgestellt<br>
a<sub>2</sub> tiefgestellt
</p>
</font>
</body>
</html>
```

Abbildung 13.1_5

Listen gliedern den Text.

<ul>	Aufzählungsliste
<ol>	Geordnete Liste
<li>	Listeneintrag

Die geordnete Liste ist eine numerische Liste. Mit start=5 wird der Startindex auf 5 gesetzt. Der Zusatz type ermöglicht unterschiedliche Arten von Indizes.

type=a	Index a., b., c., d.	Kleinbuchstaben
type=A	Index A., B., C., D.	Großbuchstaben
type=i	Index i., ii., iii., iv.	römische Zahlen klein
type=I	Index I, II, III, IV	römische Zahlen groß

Bei der Beschreibungsliste kann der Index individuell festgelegt werden.

<dl>	Beschreibungsliste
<dt>	Index
<dd>	Listeneintrag

```
<html>
<head>
<title>Beispiel 13.1_6</title>
</head>
<body>
<font face="sans-serif" size=-2>
<ul>
  <li>Zu Eins</li>
  <li>Zu Zwei</li>
  <li>Zu Drei</li>
</ul>
<ol>
  <li>Zu Eins</li>
  <li>Zu Zwei</li>
  <li>Zu Drei</li>
</ol>
<dl>
  <dt>Eins</dt>
  <dd>Zu Eins</dd>
  <dt>Zwei</dt>
  <dd>Zu Zwei</dd>
  <dt>Drei</dt>
  <dd>Zu Drei</dd>
</dl>
</font>
</body>
</html>
```

- Zu Eins
- Zu Zwei
- Zu Drei

1. Zu Eins
2. Zu Zwei
3. Zu Drei

Eins
    Zu Eins
Zwei
    Zu Zwei
Drei
    Zu Drei

Abbildung 13.1_6

Links <a href="http://www.w3.org/"> ermöglichen es, zu anderen Websites, zu anderen Dokumenten der gleichen Website oder zu anderen Stellen im gleichen Dokument zu verzweigen. Ein noch nicht besuchter Link hat die Farbe link. Klickt man den Link an, so erscheint der Link, während die Maustaste gedrückt ist, in der Farbe alink (active link). Der besuchte Link hat die Farbe vlink (visited link). Diese Farben werden im body-Tag festgelegt. Außerdem ändert der body-Tag des folgenden Beispiels die Farbe des Textes in Weiß und die Hintergrundfarbe in Schwarz.

```
<html>
<head>
<title>Beispiel 13.1_7</title>
</head>
<body text="#FFFFFF" bgcolor="#000000"
link="#6666ff" vlink="#666666" alink="#ff0000">
zur&uuml;ck zu Beispiel
<a href ="13.1_4.html">13.1_4</a> oder
<a href ="13.1_5.html">13.1_5</a> oder
<a href ="13.1_6.html">13.1_6</a>
</body>
</html>
```

zurück zu Beispiel 13.1 4 oder 13.1 5 oder 13.1 6

Abbildung 13.1_7

Grafiken werden mit <img src="Dateiname"> in das Dokument eingebaut.

```
<html>
<head>
<title>Beispiel 13.1_8</title>
</head>
<body>
<img src="Mann1.png">
</body></html>
```

Abbildung 13.1_8

Mit dem <table> Tag werden Tabellen definiert. Optionen, die das Erscheinungsbild der Tabelle beeinflussen, können im table-Tag angegeben werden.

```
border          Breite der Umrandung in Pixeln
bgcolor         Hintergrundfarbe
cellspacing     Abstand der Tabellenfelder
cellpadding     Abstand des Inhalts von den Feldgrenzen
```

Die folgenden Tags dienen der Aufteilung der Tabelle in Zeilen und Spalten.

```
<th>    Tabellenkopf
<tr>    Tabellenzeile
<td>    Tabellenfeld
```

Der Tabelleninhalt wird mit align horizontal und mit valign vertikal ausgerichtet. Die Ausrichtung kann für die gesamte Tabelle, für eine Zeile oder für ein einzelnes Tabellenfeld gelten. Der Wirkungsbereich der Ausrichtung hängt davon ab, in welchem Tag align oder valign steht.

Horizontale Ausrichtung:

```
left        linksbündig
center      zentriert
right       rechtsbündig
justify     Blocksatz
```

Vertikale Ausrichtung:

```
top         oben
middle      zentriert
bottom      unten
baseline    Basislinie
```

Das Beispiel definiert eine Tabelle mit zwei Spalten, einer Kopfzeile und vier weiteren Zeilen.

```
<html>
<head>
<title>Beispiel 13.1_9</title>
</head>
<body>
<font face="Courier">
<table border=2 bgcolor="#66ff66"
cellspacing=0 cellpadding=5>
<tr>
<th width=80 align=center>Tag</th>
<th width=150 align=left>Bedeutung</th>
</tr>
<tr>
<td align=center>&lt;table&gt;</td>
<td>Tabelle</td>
</tr>
<tr>
<td align=center>&lt;th&gt;</td>
<td>Tabellenkopf</td>
</tr>
<tr>
<td align=center>&lt;tr&gt;</td>
<td>Tabellenzeile</td>
</tr>
<tr>
<td align=center>&lt;td&gt;</td>
<td>Tabellenfeld</td>
</tr>
</table>
</font>
</body>
</html>
```

Tag	Bedeutung
<table>	Tabelle
<th>	Tabellenkopf
<tr>	Tabellenzeile
<td>	Tabellenfeld

Abbildung 13.1_9

Neben den hier dargestellten Texten können Tabellen beliebige andere HTML-Elemente aufnehmen.

13.2 HTML 4.0

HTML 4.0 baut auf HTML 3.2 auf. Das folgende Schema zeigt den prinzipiellen Aufbau einer HTML 4.0 Datei.

```
<!DOCTYPE HTML PUBLIC "-//W3C//DTD HTML 4.0//EN"
   "http://www.w3.org/TR/REC-html40/strict.dtd">
<html>
<head>
  <!-- Zusatzinformationen zum Dokument -->
  <meta . . . >
  <!-- Der Titel des Dokuments -->
  <title>HTML 4.0</title>
  <style type="text/css">
    <!-- Formatangaben -->
  </style>
  <script>
    <!--
    Ein Programm, das vom Browser
    ausgeführt wird.
    -->
  </script>
</head>
<body>
  <!-- Der Rumpf des Dokuments -->
</body>
</html>
```

Die Tags <style> und <script> sind in HTML 3.2 nur als Platzhalter ohne Funktion vorhanden. HTML 4.0 Dokumenten eröffnen diese Tags erweiterte Möglichkeiten der Gestaltung. Mit dem style-Tag werden Cascading Style Sheets, abgekürzt CSS, eingebunden. Style Sheets enthalten Formatangaben, die einzelnen HTML-Elementen oder auch Gruppen von Elementen zugeordnet werden können. Formatangaben bestehen aus einer oder mehreren

Formatdefinitionen. Es gibt zwei Möglichkeiten Formatangaben zu formulieren. Erstens kann eine Formatangabe direkt in ein HTML-Tag geschrieben werden.

```
<Tag-Bezeichner style="Formatdefinitionen">
```

Zweitens können Style Sheets im Kopf des Dokuments oder in separaten Dateien mit der Endung .css angelegt werden. Ein Style Sheet im Kopf eines Dokuments ist durch das style-Tag gekennzeichnet.

```
<style type="text/css">
  Selektor { Formatdefinitionen }
  . . .
</style>
```

Werden Formatangaben in der Form

```
Selektor { Formatdefinitionen }
```

in eine css-Datei geschrieben, so werden diese Formatangaben mit

```
<link
  rel="stylesheet"
  type="text/css"
  href="Datei.css">
```

oder

```
<style type="text/css">
  @import "Datei1.css";
  @import url(http://Host/Datei2.css);
</style>
```

in das Dokument importiert. Ein Selektor kann ein HTML-Tag bezeichnen. Die Formatdefinitionen wirken dann bei jedem Gebrauch dieses Tags.

```
p { Formatdefinitionen }
h1 { Formatdefinitionen }
table { Formatdefinitionen }
```

Beginnt der Selektor mit einem Punkt, so werden die Formatdefinitionen den HTML-Elementen mit dem Schlüsselwort class zugeordnet. Die Formatangabe

```
.abc { Formatdefinitionen }
```

wird zB. mit

```
<table class=abc>
```

einer Tabelle zugeordnet. Beginnt der Selektor mit einem #, so werden die Formatdefinitionen den HTML-Elementen mit dem Schlüsselwort id zugeordnet. Die Formatangabe

```
#abc { Formatdefinitionen }
```

wird mit

```
<table id=abc>
```

einer Tabelle zugeordnet. Formatdefinitionen bestehen aus einem Bezeichner bzw. einer Eigenschaft und einem Wert.

```
Bezeichner : Wert ;
```

bzw.

```
Eigenschaft : Wert ;
```

Nach der letzten Formatdefinition darf das Semikolon entfallen.

Formatdefinitionen werden in der Blockstruktur eines HTML-Dokuments vererbt. Die Blockbildung ergibt sich durch die Klammerung mit Elementen wie:

```
<body> . . . </body>
<table> . . . </table>
<p> . . . </p>
```

Man unterscheidet zwischen Blockelementen und Inline-Elementen. Blockelemente können beliebige Block- und Inline-Elemente aufnehmen. Inline-Elemente sollen dagegen keine Blockelemente enthalten.

Beispiel 13.2_1 formatiert einen Text. Da die Formatdefinitionen im body-Tag stehen, gelten sie im gesamten Rumpf. Da das p-Tag aber font-style und text-decoration neu definiert, wird der Text innerhalb des Absatzes anders dargestellt als außerhalb. Bei der Eigenschaft text-decoration überlagern sich die Werte. Man erkennt das beim Betrachten des Beispiels daran, dass der Text über- und unterstrichen ist.

font-family	Arial, Helvetica, Verdana, Courier, sans-serif, serif
font-size	small, smaller, x-small, xx-small, large, larger, x-large, xx-large, 18px, 10mm, 1cm
font-weight	bold, bolder, lighter, normal, 100 bis 900
font-style	italic, oblique, normal
text-decoration	underline, overline, line-through, blink, normal

Die Formatdefinition font-size:18px bezeichnet die Schriftgröße in Pixeln. Bei Größenangaben werden die folgenden Maßeinheiten verwendet:

pt	Punct
pc	1 Pica = 12 Punkte
in	Inch
mm	Millimeter
cm	Zentimeter
em	Größenfaktor zB.: 1.2
ex	Größenfaktor relativ zum Buchstaben x
px	Pixel
%	Größenfaktor in Prozent

Die Datei C:\Home\13.2_1.html:

```
<html>
<head>
  <title>Beispiel 13.2_1</title>
</head>
<body style="
  font-family:Verdana, sans-serif;
  font-size:18px;
  font-weight:bold;
  font-style:italic;
  text-decoration:underline"
```

```
>
HTML/4.0
<p style="
  font-style:normal;
  text-decoration:overline"
>
HTML/4.0
</p>
</body>
</html>
```

HTML/4.0

HTML/4.0

Abbildung 13.2_1

Es gibt mehrere Möglichkeiten, Farbwerte zu definieren.

Farbnamen	red, green, blue, grey, activeborder, window
Hexadezimal	#3366cc
Dezimal	rgb(0,255,51)
Prozentual	rgb(100%,50%,0%)

Ein Selektor kann auch in der Form

Tag-Bezeichner.Selektor-Bezeichner

oder

Tag-Bezeichner#Selektor-Bezeichner

geschrieben werden. Beispiel 13.2_2 weist Überschriften die Farbe Blau zu. Durch class=a gekennzeichnete Überschriften sind rot und durch id=b gekennzeichnete Überschriften sind grün.

```
<html>
<head>
<title>Beispiel 13.2_2</title>
<style type="text/css">
  h1{color:blue}
  h1.a{color:#ff0000}
  h1#b{color:rgb(0,255,0)}
</style>
```

```
</head>
<body>
<h1>Blau</h1>
<h1 class=a>Rot</h1>
<h1 id=b>Gr&uuml;n</h1>
</body>
</html>
```

Blau

Rot

Grün

Abbildung 13.2_2

Das nächste Beispiel formatiert die aus Beispiel 13.1_9 bekannte Tabelle mit Hilfe von Style Sheets. Der Hintergrundfarbe background-color werden Farbwerte zugewiesen. Der Abstand des äußeren Randes eines Elements von den Rändern anderer Elemente wird als margin bezeichnet. Das Gegenstück zu margin ist padding, das die Abstände des Tabelleninhalts von den Gitternetzlinien bezeichnet. Mit border-style können durchgezogene, gestrichelte und gepunktete Rahmen sowie Rahmen mit 3d-Effekten definiert werden. Mit border-width wird die Stärke des Rahmens festgelegt. Border-spacing ist der Abstand zwischen den Rahmen im Gitternetz und border-collapse entscheidet darüber, ob die Rahmen der Tabellenfelder separat oder zusammenhängend dargestellt werden.

Die Gestaltung der Tabellenrahmen:

border-style	none, hidden, dotted, dashed, solid, double, groove, ridge, inset, outset
border-width	5pt, 4px, 10mm, 1cm
border-spacing	5pt, 4px, 10mm, 1cm
border-collapse	separate, collapse

Die Formatangaben beginnen mit einem Punkt. Sie werden daher mit class den entsprechenden Elementen zugeordnet.

```
<html>
<head>
<title>Beispiel 13.2_3</title>
```

```
<style type="text/css">
  .tabelle{
    font-family:Courier;
    background-color:#66ff66;
    border-style:ridge;
    border-width:2px;
    border-spacing:0;
    border-collapse:collapse;
    margin:0;
  }
  .mittig{
   text-align:center;
   border-width:2px;
   border-style:ridge;
   padding:5px;
  }
  .links{
   text-align:left;
   border-width:2px;
   border-style:ridge;
   padding:5px;
  }
</style>
</head>
<body>
<table class=tabelle>
<tr>
<th class=mittig style="width:80px">Tag</th>
<th class=links style="width:150px">Bedeutung</th>
</tr>
<tr>
<td class=mittig>&lt;table&gt;</td>
<td class=links>Tabelle</td>
</tr>
<tr>
<td class=mittig>&lt;th&gt;</td>
<td class=links>Tabellenkopf</td>
</tr>
<tr>
<td class=mittig>&lt;tr&gt;</td>
<td class=links>Tabellenzeile</td>
</tr>
<tr>
<td class=mittig>&lt;td&gt;</td>
<td class=links>Tabellenfeld</td>
</tr>
</table>
</body>
</html>
```

Tag	Bedeutung
<table>	Tabelle
<th>	Tabellenkopf
<tr>	Tabellenzeile
<td>	Tabellenfeld

Abbidldung 13.2_3

HTML 4.0 ermöglicht es, Elemente absolut bezüglich eines links oben im Browserfenster liegenden Nullpunktes zu positionieren. Um absolut positionieren zu können, muss im Style Sheet position:absolute; angegeben werden. Der Abstand links vom Element ist left und der Abstand oberhalb des Elementes ist top. Die Breite wird mit width bezeichnet und die Höhe mit height. Elemente können übereinander geschichtet werden. Elemente mit höherem z-index verdecken Elemente mit niedrigerem z-index. Die Formatdefinitionen sind in der Datei 13.2_4.css zusammengefasst. Sie werden in die Datei 13.2_4.html importiert. Da die Formatdefinitionen mit einem # beginnen, werden sie den Elementen mit id zugeordnet.

Die Datei 13.2_4.html:

```
<html>
<head>
<title>Beispiel 13.2_4</title>
<style type="text/css">
  @import "13.2_4.css";
</style>
</head>
<body>
<table id=tabelle1>
<tr><td>Tabelle 1</td></tr>
</table>
<table id=tabelle2>
<tr><td>Tabelle 2</td></tr>
</table>
<table id=tabelle3>
<tr><td>Tabelle 3</td></tr>
</table>
</body>
</html>
```

Die Datei 13.2_4.css:

```
#tabelle1{
  font-family:Courier;
  text-align:center;
  background-color:#66ff66;
  border-style:solid;
  border-width:4px;
  border-color:black;
  position:absolute;
  left:20px;
  top:20px;
  width:120px;
  height:60px;
  z-index:3;
}
#tabelle2{
  font-family:Courier;
  text-align:center;
  color:white;
  background-color:#ff3333;
  border-style:solid;
  border-width:4px;
  border-color:black;
  position:absolute;
  left:100px;
  top:60px;
  width:120px;
  height:60px;
  z-index:2;
}
#tabelle3{
  font-family:Courier;
  text-align:center;
  background-color:#6699ff;
  border-style:solid;
  border-width:4px;
  border-color:black;
  position:absolute;
  left:180px;
  top:100px;
  width:120px;
  height:60px;
  z-index:1;
}
```

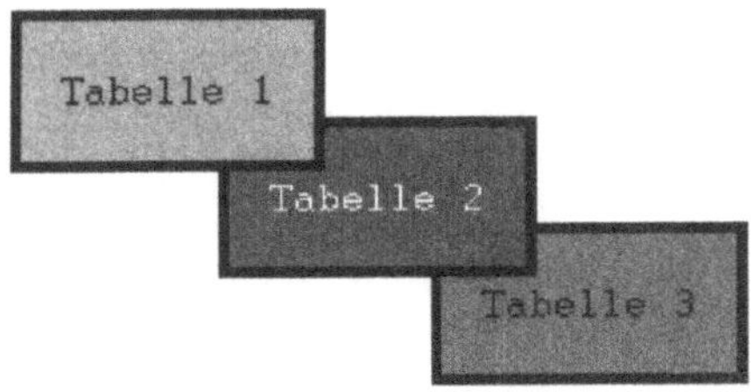

Abbildung 13.2_4

Skripten in HTML-Dokumenten sind Programme, die mit den HTML-Elementen zusammenarbeiten. Skripten können vom Server oder vom Browser ausgeführt werden. Die Skripten der Beispiele 13.2_5 und 13.2_6 werden vom Browser ausgeführt. Die gebräuchlichsten Skriptsprachen sind JavaScript, JScript und VBScript. Ein Skript beginnt mit dem script-Tag, das den Typ des Skriptes festlegt. Wird der Typ nicht angegeben, so gehen die meisten Browser davon aus, dass JavaScript verwendet wird.

```
<script type="text/javascript">
<script type="text/jscript">
<script type= "text/vbscript">
```

Skripten können auf Ereignisse reagieren. Fensterereignisse werden im body-Tag verwendet.

onload	Ein Fenster wird geladen.
onunload	Ein Fenster wird geschlossen.

Mausereignisse können nahezu jedem Element zugeordnet werden.

onclick	Mausklick
ondblclick	Doppelklick
onmousedown	Eine Maustaste wird gedrückt.
onmouseup	Eine Maustaste wird losgelassen.
onmouseover	Die Maus ist über dem Element.
onmousemove	Die Maus hat sich bewegt.
onmouseout	Die Maus verlässt das Element.

Tastaturereignisse können ebenfalls nahezu jedem Element zugeordnet werden.

```
onkeypress          Tastendruck
onkeydown           Eine Taste ist gedrückt.
onkeyup             Eine Taste ist losgelassen worden.
```

Beispiel 13.2_5 definiert mit

```
<a href=""
  onMouseOver=bild1( )
  onMouseOut=bild2( )>
<img id=mann1 src=Mann1.png border=0>
<img id=mann2 src=Mann2.png border=0>
</a>
```

einen Link, der die Bilder mann1 und mann2 enthält und die Eventhandler onMouseOver=bild1( ) und onMouseOut=bild2( ) definiert. Schiebt man den Mauspfeil auf den Link, so wird die JavaScript Funktion bild1 aufgerufen. Zieht man den Mauspfeil vom Link herunter, so wird bild2 aufgerufen. Anweisungen, die innerhalb einer Funktion stehen, werden nur dann ausgeführt, wenn die Funktion aufgerufen wird. Skripten können auch Anweisungen enthalten, die außerhalb von Funktionen stehen. Diese Anweisungen werden direkt nach dem Laden des Dokuments ausgeführt.

Verwendet man den Zusatz id=Bezeichner in einem Tag, so wird dieses Element zu einem identifizierbaren Objekt. Die Art und Weise, wie Objekte identifiziert werden, hängt vom Browser und von der Skriptsprache ab. Verwendet man den Microsoft Internet Explorer und JavaScript, so kann man Objekte mit

```
document.getElementById('Bezeichner')
```

identifizieren. Das Style Sheet des Beispiels 13.2_5 setzt die Eigenschaft visibility:hidden; beim Objekt mann2, das deswegen unsichtbar ist.

Die Anweisung

```
document.getElementById('mann2').style.visibility="visible";
```

ändert diese Eigenschaft. Das Objekt mann2 wird sichtbar. Die Funktionen bild1 und bild2 verändern auf diese Weise die Sichtbarkeit aller definierten Objekte.

Die Datei 13.2_5.html:

```
<html>
<head>
<title>Beispiel 13.2_5</title>
<style>
  @import "13.2_5.css";
</style>
<script>
function bild1( )
{
  document.getElementById('mann1').style.visibility="hidden";
  document.getElementById('mann2').style.visibility="visible";
  document.getElementById('blase').style.visibility="visible";
  document.getElementById('herzlich').style.visibility="visible";
  document.getElementById('anweisung').style.visibility="hidden";
}
function bild2( )
{
  document.getElementById('mann1').style.visibility="visible";
  document.getElementById('mann2').style.visibility="hidden";
  document.getElementById('blase').style.visibility="hidden";
  document.getElementById('herzlich').style.visibility="hidden";
  document.getElementById('anweisung').style.visibility="visible";
}
</script>
</head>
<body bgcolor="#FFFFFF">
<div id=anweisung>
<h2>
Schieben sie bitte den Mauszeiger auf das Bild!
</h2>
</div>
<a href=""
  onMouseOver=bild1( )
  onMouseOut=bild2( )>
<img id=mann1 src=Mann1.png border=0>
<img id=mann2 src=Mann2.png border=0>
</a>
<img id=blase src=Blase.png border=0>
<div id=herzlich>
<H2>Herzlichen Glückwunsch!</H2>
</div>
</body>
</html>
```

Die Datei 13.2_5.css:

```
#anweisung
{
  position:absolute;
  left:40;
  top:80;
  visibility:visible;
}
#mann1
{
  position:absolute;
  left:200;
  top:150;
  visibility:visible;
}
#mann2
{
  position:absolute;
  left:200;
  top:150;
  visibility:hidden;
}
#blase
{
  position:absolute;
  left:260;
  top:80;
  visibility:hidden;
}
#herzlich
{
  position:absolute;
  left:150;
  top:30;
  visibility:hidden;
}
```

Abbildung 13.2_5a

Herzlichen Glückwunsch!

Abbildung 13.2_5b

Browserseitige Skripten werden vom Browser interpretiert. Sie sind deshalb sehr weitgehend browserabhängig. Beispiel 13.2_6 zeigt, wie man mehrere Versionen des Microsoft Internet Explorer und des Netscape berücksichtigen kann. Das Skript ist diesmal in einer separaten Datei abgelegt. Es wird mit

```
<script src="13.2_6.js" type="text/javascript" >
```

in das HTML-Dokument geladen. Der Link

```
<a id=anker1 href=""
  onMouseOver=sichtbar( )
  onMouseOut=unsichtbar( )
  onMouseMove=beweg( )>
Link
</a>
```

mit der id anker1 definiert drei Eventhandler. Wird der Mauszeiger auf den Link geschoben, so wird die JavaScript Funktion sichtbar aufgerufen. Wird er heruntergezogen, so wird unsichtbar aufgerufen. Befindet sich der Mauszeiger über dem Link, so wird bei jeder Bewegung der Maus die Funktion beweg aufgerufen. Wegen der im Style Sheet definierten Eigenschaft visibility:hidden ist die Tabelle table1 nach dem Laden des HTML-Dokuments unsichtbar. Sie wird sichtbar, sobald sich der Mauszeiger über dem Link befindet. Die Funktion beweg verschiebt die sichtbare Tabelle bei jeder Bewegung des Mauszeigers.

Die Datei 13.2_6.html:

```
<html>
<head>
<title>Beispiel 13.2_6</title>
<style type="text/css">
#table1{
  font-family:Verdana;
  font-size:18px;
  text-align:center;
  color:#ffffff;
  background-color:#666666;
  position:absolute;
  left:10px;
  top:10px;
  width:150;
  height:50;
  visibility:hidden;}
</style>
<script src="13.2_6.js" type="text/javascript">
</script>
</head>
<body onload=start( )>
<br><br><br><br><br><br>
<p>
<a id=anker1 href=""
  onMouseOver=sichtbar( )
  onMouseOut=unsichtbar( )
  onMouseMove=beweg( )>
Link
</a>
</p>
<table id=table1>
<tr><td>Sichtbar</td></tr>
</table>
</body>
</html>
```

Das Skript definiert und initialisiert mit

```
var IE4=0, IE5=0, NS4=0, NS6=0;
```

vier Variablen. Die Anweisungen

```
if(navigator.appName=="Netscape"){
  if(parseInt(navigator.appVersion)>4)NS6=1; else NS4=1;
}
else if(document.getElementById)IE5=1;
else if(document.all)IE4=1; else IE5=1;
```

werden sofort nach dem Laden des Dokuments ausgeführt. Sie testen den Typ des Browsers. Die Funktion

```
function start( ){
  if (NS4 || NS6){
    document.captureEvents(Event.MOUSEMOVE);
    document.onmousemove = beweg;
  }
}
```

verbindet das MOUSEMOVE Ereignis des Netscape mit der Funktion beweg. Da im body-Tag die Anweisung onload=start( ) steht, wird die Funktion start ebenfalls nach dem Laden des Dokuments aufgerufen. Die Funktionen sichtbar und unsichtbar ändern die Eigenschaft visibility der Tabelle table1, und beweg fragt die Mauskoordinaten ab und ändert die Eigenschaften left und top.

Die Datei 13.2_6.js:

```
var IE4=0, IE5=0, NS4=0, NS6=0;
if(navigator.appName=="Netscape")
{
  if(parseInt(navigator.appVersion)>4)
    NS6=1; else NS4=1;
}
else
if(document.getElementById)IE5=1;
else
if(document.all)IE4=1; else IE5=1;

function start( )
{
  if (NS4 || NS6)
  {
    document.captureEvents(Event.MOUSEMOVE);
    document.onmousemove = beweg;
  }
}

function sichtbar( )
{
  if(IE5 || NS6)
  {
    document.getElementById('table1').
    style.visibility="visible";
  }
  if(IE4)
```

```
  {
    document.all['table1'].
    style.visibility="visible";
  }
  if(NS4)
  {
    document.layers['table1'].
    visibility="visible";
  }
}

function unsichtbar( )
{
  if(IE5 || NS6)
  {
    document.getElementById('table1').
      style.visibility="hidden";
  }
  if(IE4)
  {
    document.all['table1'].
      style.visibility="hidden";
  }
  if(NS4)
  {
    document.layers['table1'].
      visibility="hidden";
  }
}

function beweg(evt)
{
  if(IE4)
  {
    document.all['table1'].style.left=
      document.body.scrollLeft+event.clientX;
    document.all['table1'].style.top=
      document.body.scrollTop+event.clientY-50;
  }
  if(IE5)
  {
    document.getElementById('table1').style.left=
      document.body.scrollLeft+event.clientX;
    document.getElementById('table1').style.top=
      document.body.scrollTop+event.clientY-50;
  }
  if(NS4)
  {
    document.layers['table1'].left=
      self.pageXOffset+evt.pageX;
    document.layers['table1'].top=
```

```
      self.pageYOffset+evt.pageY-50;
  }
  if(NS6)
  {
    document.getElementById('table1').style.left=
      self.pageXOffset+evt.pageX;
    document.getElementById('table1').style.top=
      self.pageYOffset+evt.pageY-50;
  }
}
```

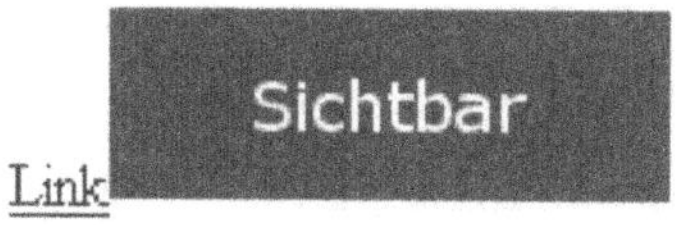

Abbildung 13.2_6

13.3 CGI mit C#

Das Common Gateway Interface CGI ist ein Protokoll, das den Austausch von Formulardaten über das Internet ermöglicht. Ein CGI-Skript wird vom Webserver aufgerufen. Die Formulardaten werden über die Standardein- und Ausgabe und über Umgebungsvariablen zwischen Webserver und CGI-Skript ausgetauscht.

13.3.1 Ein erweiterter Webserver

Der in Beispiel 12.5_1 beschriebene Webserver wird erweitert. Der erweiterte Webserver wertet GET- und POST-Anfragen aus. Er schreibt die in der Anfrage enthaltenen URL-codierten Formulardaten in die Umgebungsvariable query_string und die POST-daten in die Standardeingabe des CGI-Skripts, ruft das CGI-Skript auf, liest dessen Standardausgabe und leitet die so erhaltene Antwort zum Browser weiter.

Bei GET-Anfragen, die Formulardaten enthalten, steht die Adresse des CGI-Skripts (URL) vor dem Fragezeichen, während die URL-codierten Formulardaten dahinter stehen.

```
GET /Antwort.exe?Name=Meier&Telefon=764433 HTTP/1.1
```

Formulardaten bestehen aus Schlüssel-Wert-Paaren. Das Zeichen & trennt Formulardaten voneinander. Formulardaten haben die Form:

```
Schlüssel1=Wert1&Schlüssel2=Wert2&Schlüssel3=Wert3 . . .
```

Bei POST-Anfragen gibt es zwei Möglichkeiten.

```
POST /Antwort.exe HTTP/1.1
Content-Length: 26

Name=Meier&Telefon=764433
```

oder

```
POST /Antwort.exe?Kunde=xy2155 HTTP/1.1
Content-Length: 26

Name=Meier&Telefon=764433
```

In beiden Fällen wird zuerst die Adresse des CGI-Skripts angegeben. Danach dürfen, wie bei GET-Anfragen, URL-codierte Formulardaten stehen. An diese erste Zeile schließen sich Header-Zeilen an. Nach dem letzten Header folgt eine Leerzeile und danach der Inhalt (Content). Der Header Content-Length gibt die Länge des Inhalts an. Die hinter dem Fragezeichen stehenden URL-codierten Daten werden dem CGI-Skript mit Hilfe der Umgebungsvariablen query_string zugänglich gemacht. Anschließend wird das CGI-Skript gestartet und die bei POST-Anfragen unter der Leerzeile stehenden Daten werden in die Standardeingabe des CGI-Skripts geschrieben. Damit sind die Aufgaben umrissen, die ein cgi-fähiger Webserver übernimmt.

Die Beispiele 12.5_1 und 13.3_1 sind aufeinander abgestimmt. Die Erweiterung des Webservers beginnt mit dem Kopieren der Datei Service12.5_1.cs nach Service13.3_1.cs. Das unten abgebildete Listing zeigt die erforderlichen Änderungen. Die unveränderten Teile des Programms sind durch Punkte gekennzeichnet.

Die Klasse service bleibt abgesehen vom Namen des Service unverändert. In der Klasse Klient werden die boolschen Variablen get und post vereinbart. Die meisten Änderungen müssen in der Methode run vorgenommen werden, die zunächst die Anfrage wie bei Beispiel 12.5_1 empfängt, im String request speichert und dann nachbehandelt. Beginnt die Anfrage mit GET /, so wird die Variable get gleich true gesetzt. Beginnt sie mit POST /, so wird die Variable post gleich true gesetzt. Falls get oder post gleich true ist, wird der Dateiname fname aus der Anfrage herausgefiltert und aufbereitet. Einen Überblick über den weiteren Ablauf gewinnt man durch die Betrachtung der Struktur des Ablaufs.

```
if(File.Exists(fname))
{
  if(fname.ToUpper( ).EndsWith(".EXE"))
  {
    //Den Start des CGI-Skripts vorbereiten
    //und die Standard Ein/Ausgabe umleiten

    //Die hinter dem Fragezeichen stehenden
    //Daten herausfiltern und in die
    //Umgebungsvariable query_string setzen

    if(post)
    {
      //Die auf die Leerzeile folgenden
      //POST-Daten herausfiltern

      //Umgebungsvariablen
      //CONTENT_LENGTH=Länge der POST-Daten
      //REQUEST_METHOD=POST
    }
    else
    {
      //Umgebungsvariablen
      //REQUEST_METHOD=GET
      //CONTENT_LENGTH=0
    }
    //Das CGI-Skript starten
    if(post)
    {
      //Die POST-Daten in die Standardeingabe
      //des CGI-Skripts schreiben
    }
    //Die Standardausgabe des CGI-Skripts lesen
    //und zum Browser senden
  }
  else
  {
    //Die angeforderte Datei zum Browser senden
  }
}
else
{
  //Fehler
}
```

Existiert die Datei mit dem Dateinamen fname, so ist sie entweder ein CGI-Skript oder eine Datei, die der Browser anfordert. Die Entscheidung, welche Datei ein CGI-Skript ist, kann von der Dateiendung, den Zugriffsrechten oder von dem Verzeichnis abhängen, in dem sich die Datei befindet. Da C# als Skriptsprache benutzt werden soll, wird festgelegt, dass nur Dateien, die auf .exe oder .EXE enden, als CGI-Skripten anerkannt werden. Ist die Datei kein CGI-Skript, so wird sie direkt zum Browser gesendet. Ist die Datei aber ein CGI-Skript, so liefert das CGI-Skript die Antwort, die dann vom Webserver an den Browser weitergeleitet wird. Die Klassen System.Diagnostics.ProcessStartInfo und System.Diagnostics.Process enthalten Elemente, die das Starten des CGI-Skripts und den erforderlichen Datenaustausch ermöglichen.

Eigenschaften der Klasse ProcessStartInfo:

FileName	Dateiname der zu startenden Anwendung
UseShellExecute	Start durch Betriebssystemshell true/false
RedirectStandardInput	Standardeingabe umleiten true/false
RedirectStandardOutput	Standardausgabe umleiten true/false
RedirectStandardError	Fehlerausgabe umleiten true/false
CreateNoWindow	Anwendung nicht im Fenster starten true/false
EnvironmentVariables	Umgebungsvariablen
Arguments	Befehlszeilenargumente

Die Anweisungen

```
ProcessStartInfo pi = new ProcessStartInfo( );
pi.FileName = fname;
pi.UseShellExecute = false;
pi.RedirectStandardInput = true;
pi.RedirectStandardOutput = true;
pi.RedirectStandardError = true;
pi.CreateNoWindow = true;
```

bilden eine Instanz der Klasse ProcessStartInfo und weisen der Eigenschaft FileName den Dateinamen des CGI-Skripts zu. Die Redirect-Eigenschaften leiten die Standardeingabe, die Standardausgabe und die Fehlerausgabe des CGI-Skripts um. Dadurch führen alle Wege über den Webserver. Insbesondere ist der Webserver in der Lage, in die Standardeingabe des CGI-Skripts zu schreiben und dessen Standardausgabe zu lesen. Die Umleitung wird nur dann aktiv, wenn UseShellExecute gleich false gesetzt ist. Die Eigenschaft CreateNoWindow wird gleich true gesetzt, weil das CGI-Skript nicht in einem Fenster, sondern im Hintergrund laufen soll. Die Eigenschaft EnvironmentVariables ist ein StringDictionary, das der Kategorie der Collections angehört. Die Anweisung

```
pi.EnvironmentVariables.Add("query_string", daten);
```

fügt den Umgebungsvariablen ein Schlüssel-Wert-Paar hinzu. "query_string" ist der Schlüssel bzw. der Name der Umgebungsvariablen und die Variable daten enthält den Wert.

Die Klasse Process ermöglicht mit einer Vielzahl von Eigenschaften und Methoden den Zugriff auf Prozesse. Mit

```
Process p = new Process( );
p.StartInfo = pi;
p.Start( );
```

wird eine Instanz der Klasse Process gebildet, der Eigenschaft StartInfo die zuvor erstellte Instanz pi der Klasse ProcessStartInfo zugewiesen und der Prozess gestartet. Das CGI-Skript ist damit gestartet. Liegt eine POST-Anfrage vor, so schreibt der StreamWriter sw mit

```
sw = p.StandardInput;
sw.WriteLine(daten);
sw.Flush( );
```

die POST-Daten in die Standardeingabe des CGI-Skripts. Die Antwort des CGI-Skripts besteht aus einem oder mehreren Headern, einer Leerzeile und dem Inhalt der Antwort. Der Stream-Reader sr liest mit

```
sr = p.StandardOutput;
string antwort = "", line;
bool header = true;
while((line=sr.ReadLine( )) != null)
{
  if(header && line == "")
  {
    antwort = "";
    header = false;
  }
```

```
  else
    antwort += line + "\r\n";
}
b = Encoding.ASCII.GetBytes(antwort);
```

die Standardausgabe des CGI-Skripts. Die Header werden der Einfachheit halber ignoriert. Der dann folgende Inhalt der Antwort wird mit einem OK-Header versehen durch den Aufruf

```
Antwort200(b);
```

zum Browser gesendet.

```
//Service13.3_1.cs

. . .

using System.Diagnostics;
using System.Collections;
using System.Collections.Specialized;

. . .

public class service : ServiceBase
{
  . . .

  public service( )
  {
    ServiceName = "CgiWebService";
  }
  . . .
}

public class Klient
{
  . . .

  bool get=false, post=false;

  . . .

  void run( )
  {
    try
    {
      . . .
```

```
if(request.ToUpper( ).StartsWith("GET /"))
  get = true;
else if(request.ToUpper( ).StartsWith("POST /"))
  post = true;
if(get || post)
{
  string fname = "";
  int i=4; if(post)i=5;
  while(
    i < request.Length  &&
    request[i] != ' '   &&
    request[i] != '?'   &&
    request[i] != '\r'  &&
    request[i] != '\n')
  {
    fname += request[i++];
  }
  fname = fname.Replace('/', '\\');
  if(fname.Equals("\\"))fname = @"\index.html";
  fname = dir + fname;
  fname = Regex.Replace(
  fname, "%..",
    new MatchEvaluator(eval));
  if(File.Exists(fname))
  {
    if(fname.ToUpper( ).EndsWith(".EXE"))
    {
      ProcessStartInfo pi = new ProcessStartInfo( );
      pi.FileName = fname;
      pi.UseShellExecute = false;
      pi.RedirectStandardInput = true;
      pi.RedirectStandardOutput = true;
      pi.RedirectStandardError = true;
      pi.CreateNoWindow = true;
      string daten = "";
      if(request[i] == '?')
      {
        i++;
        while(
          i < request.Length &&
          request[i] != ' '  &&
          request[i] != '\r' &&
          request[i] != '\n')
        {
          daten += request[i++];
        }
        pi.EnvironmentVariables.Add("query_string", daten);
      }
      if(post)
      {
        while(i < request.Length && !(
```

```
        request.Substring(i, 2).Equals("\n\n") ||
        request.Substring(i, 4).Equals("\r\n\r\n")))i++;
        if(request.Substring(i, 2).Equals("\n\n"))i += 2;
        else
        if(request.Substring(i, 4).Equals("\r\n\r\n"))i += 4;
        daten = "";
        while(i < request.Length)
        {
          daten += request[i++];
        }
        pi.EnvironmentVariables.Add(
          "CONTENT_LENGTH", daten.Length.ToString( ));
        pi.EnvironmentVariables.Add(
          "REQUEST_METHOD", "POST");
      }
      else
      {
        pi.EnvironmentVariables.Add(
          "REQUEST_METHOD", "GET");
        pi.EnvironmentVariables.Add(
          "CONTENT_LENGTH", "0");
      }
      Process p = new Process( );
      p.StartInfo = pi;
      p.Start( );
      if(post)
      {
        sw = p.StandardInput;
        sw.WriteLine(daten);
        sw.Flush( );
      }
      sr = p.StandardOutput;
      string antwort = "", line;
      bool header = true;
      while((line=sr.ReadLine( )) != null)
      {
        if(header && line == "")
        {
          antwort = "";
          header = false;
        }
        else
          antwort += line + "\r\n";
      }
      b = Encoding.ASCII.GetBytes(antwort);
      Antwort200(b);
    }
    else
    {
      fs = File.OpenRead(fname);
      b = new byte[fs.Length];
```

```
            fs.Read(b, 0, b.Length);
            Antwort200(b);
          }
        }
        else
        {
          Antwort404( );
        }
      }
      else
      {
        Antwort400( );
      }
    }
    catch(Exception ex)
    {
      Log("Ausnahme ** " + ex.Message);
    }
    finally
    {
      . . .
    }
  }

  void Log(string s)
  {
    FileStream fs = File.Open(
      @"C:\Home\CgiWebService.log",
      FileMode.Append | FileMode.Create);
    . . .
  }

  void Antwort200(byte[] c)
  {
    . . .
  }

  void Antwort400( )
  {
    . . .
  }

  void Antwort404( )
  {
    . . .
  }
}
```

Die Datei Install12.5_1.cs wird nach Install13.3_1.cs kopiert. Der ServiceName wird geändert.

```
si.ServiceName = "CgiWebService";
```

Der CgiWebService wird mit

```
csc Service13.3_1.cs Install13.3_1.cs
```

übersetzt, mit

```
InstallUtil Service13.3_1.exe
```

installiert und kann mit

```
InstallUtil /u Service13.3_1.exe
```

deinstalliert werden.

13.3.2 Ein Antwortskript

Ein reines Antwortskript nimmt keine Formulardaten entgegen. Es schreibt lediglich eine Antwort in die Standardausgabe. Um dies zu demonstrieren, wird im Beisiel 13.3_2 der String Antwort mit

```
Console.WriteLine(Antwort);
```

in die Standardausgabe geschrieben. Wie im Abschnitt 13.3.1 erwähnt, besteht die Antwort eines CGI-Skripts aus einem oder mehreren Headern, einer Leerzeile und dem Inhalt der Antwort. Dementsprechend beginnt der String Antwort mit dem Header Content-type und einer Leerzeile. Darauf folgt ein aus mehreren Teilstrings bestehender HTML-Text, der dem Inhalt der Datei 13.2_5.html entspricht. Da jeder Teilstring mit Anführungszeichen eingefasst ist, muss den inneren Anführungszeichen, die Bestandteil des HTML-Textes sind, ein Rückstrich vorangestellt werden. Das Erscheinungsbild im Browser entspricht dem des Beispiels 13.2_5.

```
//Datei 13.3_2.cs

using System;
using System.Text.RegularExpressions;
using System.Diagnostics;
using System.Collections.Specialized;

class Haupt
{
  static string Antwort =
    "Content-type: text/html\r\n\r\n" +
    "<html><head>" +
    "<title>Beispiel 13.3_2</title>" +
    "<style>" +
    "@import \"13.2_5.css\";" +
    "</style>" +
    "<script>" +
    "function bild1( )" +
    "{" +
    "document.getElementById('mann1').style.visibility=\"hidden\";" +
    "document.getElementById('mann2').style.visibility=\"visible\";" +
    "document.getElementById('blase').style.visibility=\"visible\";" +

"document.getElementById('herzlich').style.visibility=\"visible\";" +

"document.getElementById('anweisung').style.visibility=\"hidden\";" +
    "}" +
    "function bild2( )" +
    "{" +
    "document.getElementById('mann1').style.visibility=\"visible\";" +
    "document.getElementById('mann2').style.visibility=\"hidden\";" +
    "document.getElementById('blase').style.visibility=\"hidden\";" +
    "document.getElementById('herzlich').style.visibility=\"hidden\";"
+

"document.getElementById('anweisung').style.visibility=\"visible\";" +
    "}" +
    "</script>" +
    "</head>" +
    "<body bgcolor=\"#FFFFFF\">" +
    "<div id=anweisung>" +
    "<h2>" +
    "Schieben Sie bitte den Mauszeiger auf das Bild!" +
    "</h2>" +
    "</div>" +
    "<a href=\"\"" +
    " onMouseOver=bild1( )" +
    " onMouseOut=bild2( )>" +
    "<img id=mann1 src=Mann1.png border=0>" +
    "<img id=mann2 src=Mann2.png border=0>" +
    "</a>" +
```

```
        "<img id=blase src=Blase.png border=0>" +
        "<div id=herzlich>" +
        "<H2>Herzlichen Gl&uuml;ckwunsch!</H2>" +
        "</div>" +
        "</body>" +
        "</html>";

  static void Main( )
  {
    Console.WriteLine(Antwort);
  }

}
```

Der folgende Auszug aus der Datei CgiWebService.log zeigt, in welcher Reihenfolge der Browser die Dateien anfordert.

```
GET /13.3_2.exe HTTP/1.1
GET /13.2_5.css HTTP/1.1
GET /Mann1.png HTTP/1.1
GET /Blase.png HTTP/1.1
GET /Mann2.png HTTP/1.1
```

Dadurch wird deutlich, dass erst der Browser die angeforderten Dateien zu einem funktionsfähigen Ganzen zusammensetzt. Beispiel 13.3_2 kann nur dann funktionieren, wenn auch die entsprechenden Dateien des Beispiels 13.2_5 vorhanden sind.

Man kann noch einen Schritt weiter gehen. Das CGI-Skript 13.3_3.cs lädt die Datei 13.2_6.html und schreibt diese Datei im Anschluss an den Header und die Leerzeile in die Standardausgabe.

```
//Datei 13.3_3.cs

using System;
using System.IO;
using System.Text;

class Haupt
{
  static void Main( )
  {
    FileStream fs = File.OpenRead(@"C:\Home\13.2_6.html");
    byte[] b = new byte[fs.Length];
    fs.Read(b, 0, b.Length);

    string Antwort = Encoding.ASCII.GetString(b);
```

```
      Console.WriteLine(
        "Content-type: text/html\r\n");
      Console.WriteLine(Antwort);
    }
  }
```

In der Datei CgiWebService.log stehen die folgenden GET-Anfragen.

```
GET /13.3_3.exe HTTP/1.1
GET /13.2_6.js HTTP/1.1
```

Der Browser fordert das CGI-Skript 13.3_3.exe an, bekommt die HML-Datei des Beispiels 13.2_6 geliefert und fordert dann die JavaScript-Datei 13.2_6.js an. Damit wird im Browser das Beispiel 13.2_6 dargestellt.

13.3.3 Formulardaten mit GET und POST

Ein Formular beginnt mit dem Form-Tag. Im Form-Tag wird mit method=get oder method=post angegeben, nach welcher Methode die Formulardaten übertragen werden. Nach action wird die Adresse des CGI-Skripts angegeben, das die Formulardaten entgegennimmt und die Antwort bereitstellt.

```
<form method=get action="13.3_4.exe">
```

Das Input-Tag

```
<input type=text name="vorname">
```

stellt ein Eingabefeld vom Typ Text zur Verfügung. Der Schlüssel, mit dem die eingetragenen Daten verknüpft sind, wird durch name="vorname" festgelegt. Der Submitbutton mit der Beschriftung Anfrage senden wird mit

```
<input type=submit>
```

erzeugt, und mit

```
</form>
```

endet das Formular. Um die unten abgebildete Anordnung zu erreichen, sind die Formularelemente in Tabellenfelder gesetzt. Das Gitternetz der Tabelle ist mit border=0 ausgeblendet.

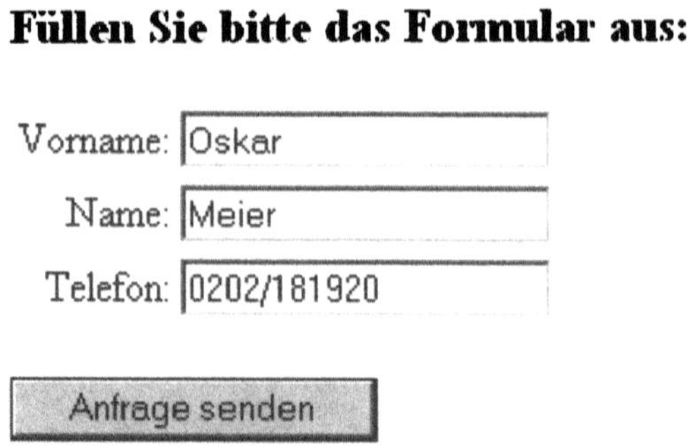

Abbildung 13.3_4a

Die Datei 13.3_4.html:

```
<html>
<head>
<title>Beispiel 13.3_4</title>
</head>
<body>
<h3>
F&uuml;llen Sie bitte das Formular aus:
</h3>
<form method=get action="13.3_4.exe">
<table border=0>
<tr>
<td align=right>Vorname: </td>
<td><input type=text name="vorname"></td>
</tr>
<tr>
<td align=right>Name: </td>
<td><input type=text name="name"></td>
</tr>
<tr>
<td align=right>Telefon: </td>
<td><input type=text name="telefon"></td>
</tr>
</table>
<br><input type=submit>
</form>
</body>
</html>
```

Wird der Submitbutton angeklickt, so werden die Formulardaten, da method=get gesetzt ist, URL-codiert übermittelt. Der Webserver erhält die folgende GET-Anfrage.

```
GET /13.3_4.exe?vorname=Oskar&name=Meier&telefon=0202%2F181920 HTTP/1.1
```

Er setzt die Umgebungsvariable query_string mit dem Wert

```
vorname=Oskar&name=Meier&telefon=0202%2F181920
```

und ruft das CGI-Skript 13.3_4.exe auf. Die Methode

```
StringDictionary readQuery( )
{
  StringDictionary query = new StringDictionary( );
  try
  {
    Process p = Process.GetCurrentProcess( );
    StringDictionary sd =
      p.StartInfo.EnvironmentVariables;
    string q = sd["query_string"];
    string[] quer = q.Split('&');
    string[] kv;
    foreach(string s in quer)
    {
      string st = s.Replace('+', ' ');
      kv = st.Split('=');
      MatchEvaluator mev = new MatchEvaluator(eval);
      kv[0] = Regex.Replace(kv[0], "%..", mev);
      kv[1] = Regex.Replace(kv[1], "%..", mev);
      query.Add(kv[0], kv[1]);
    }
  }catch(Exception){}
  return query;
}
```

des CGI-Skripts liest die Umgebungsvariable query_string. Auf diese Weise erhält das CGI-Skript Kenntnis von allen Formulareingaben. Die Methode GetCurrentProcess ermittelt die Instanz p der Klasse Process des CGI-Skripts. Die Eigenschaft EnvironmentVariables des Startinfos enthält die Umgebungsvariablen. Mit der Anweisung

```
string q = sd["query_string"];
```

wird der Wert der Umgebungsvariablen query_string aus dem StringDictionary sd gelesen. Der String q wird am &-Zeichen gesplittet.

Der Stringarray quer enthält jetzt mit

```
vorname=Oskar
name=Meier
telefon=0202%2F181920
```

drei Strings. Bei der Decodierung dieser Strings muss beachtet werden, dass der Browser vor der Übermittlung der Daten alle nicht alphanumerischen Zeichen durch die Zeichenfolge %xy und anschließend alle Leerzeichen durch Pluszeichen ersetzt. In der Zeichenfolge %xy ist xy der Hexadezimalwert des codierten Zeichens. Das CGI-Skript muss daher in umgekehrter Reihenfolge zuerst alle Pluszeichen durch Leerzeichen ersetzen, dann die Strings am Gleichheitszeichen splitten und zum Schluss alle dem Zeichenmuster %.. entsprechenden Zeichenfolgen durch die decodierten Zeichen ersetzen. Die dabei benutzte Methode eval ist im Zusammenhang mit dem Beispiel 13.3_1 bereits erläutert worden. Die Methode readQuery gibt die decodierten Schlüssel-Wert-Paare als StringDictionary zurück.

Die Methode htmlOut ersetzt im übergebenen String Zeilenwechsel, Umlaute, das ß und Leerzeichen durch plattformunabhängige Zeichenfolgen und schreibt den String in die Standardausgabe. Die Methoden readQuery, eval und htmlOut sind die hilfreichen Geister, die auch in anderen CGI-Skripten verwendet werden können. Im Verlauf dieses Abschnitts werden weitere derartige Methoden vorgestellt.

Das eigenliche CGI-Skript befindet sich im Konstruktor der Klasse Haupt. Dort wird zunächst mit readQuery die Umgebungsvariable query_string gelesen. Aus dem zurückgegebenen StringDictionary query werden dann die Formulardaten vorname, name und telefon entnommen. Anschließend wird die Antwort mit Console.WriteLine oder htmlOut in die Standardausgabe geschrieben.

Ihre Eintragungen:

Vorname: Oskar
Name: Meier
Telefon: 0202/181920

Abbildung 13.3_4b

```
//Datei 13.3_4.cs

using System;
using System.Text.RegularExpressions;
using System.Diagnostics;
using System.Collections.Specialized;

class Haupt
{
  public Haupt( )
  {
    StringDictionary query = readQuery( );
    string vorname = query["vorname"];
    string name    = query["name"];
    string telefon = query["telefon"];

    Console.WriteLine(
      "Content-type: text/html\r\n\r\n" +
      "<html><head>" +
      "<title>Beispiel 13.3_4</title>" +
      "</head><body>" +
      "<h3>Ihre Eintragungen:</h3>");
    htmlOut(string.Format("Vorname: {0}<br>", vorname));
    htmlOut(string.Format("Name: {0}<br>", name));
    htmlOut(string.Format("Telefon: {0}", telefon));
    Console.WriteLine("</body></html>");
  }

  void htmlOut(string st)
  {
    string s = st;
    s = s.Replace("\r\n", "<br>");
    s = s.Replace("ä", "&auml;");
    s = s.Replace("ö", "&ouml;");
    s = s.Replace("ü", "&uuml;");
    s = s.Replace("Ä", "&Auml;");
    s = s.Replace("Ö", "&Ouml;");
    s = s.Replace("Ü", "&Uuml;");
    s = s.Replace("ß", "&szlig;");
    s = s.Replace(" ", " ");
    Console.WriteLine(s);
  }

  StringDictionary readQuery( )
  {
    StringDictionary query = new StringDictionary( );
    try
    {
      Process p = Process.GetCurrentProcess( );
      StringDictionary sd =
        p.StartInfo.EnvironmentVariables;
```

```
      string q = sd["query_string"];
      string[] quer = q.Split('&');
      string[] kv;
      foreach(string s in quer)
      {
        string st = s.Replace('+', ' ');
        kv = st.Split('=');
        MatchEvaluator mev = new MatchEvaluator(eval);
        kv[0] = Regex.Replace(kv[0], "%..", mev);
        kv[1] = Regex.Replace(kv[1], "%..", mev);
        query.Add(kv[0], kv[1]);
      }
    }catch(Exception){}
    return query;
  }

  string eval(Match m)
  {
    string s = m.ToString( );
    int i1 = (int)s[1], i2 = (int)s[2];

    if(i1>=(int)'0' && i1<=(int)'9')
      i1 -= (int)'0';
    else
    if(i1>=(int)'A' && i1<=(int)'F')
      i1 += 10-(int)'A';
    else
    if(i1>=(int)'a' && i1<=(int)'f')
      i1 += 10-(int)'a';
    else
      return s;

    if(i2>=(int)'0' && i2<=(int)'9')
      i2 -= (int)'0';
    else
    if(i2>=(int)'A' && i2<=(int)'F')
      i2 += 10-(int)'A';
    else
    if(i2>=(int)'a' && i2<=(int)'f')
      i2 += 10-(int)'a';
    else
      return s;

    char c = (char)(i1*16+i2);
    return c.ToString( );
  }
  static void Main( )
  {
    new Haupt( );
  }
}
```

Beispiel 13.3_5 verwendet das gleiche Formular wie Beispiel 13.3_4. Diesmal wird aber method=post gesetzt.

Die Datei 13.3_5.html:

```
<html>
<head>
<title>Beispiel 13.3_5</title>
</head>
<body>
<form method=post action="13.3_5.exe">
<h3>
F&uuml;llen Sie bitte das Formular aus:
</h3>
<table border=0>
<tr>
<td align=right>Vorname: </td>
<td><input type=text name="vorname"></td>
</tr>
<tr>
<td align=right>Name: </td>
<td><input type=text name="name"></td>
</tr>
<tr>
<td align=right>Telefon: </td>
<td><input type=text name="telefon"></td>
</tr>
</table>
<br><input type=submit>
</form>
</body>
</html>
```

Dem dazugehörigen CGI-Skript werden die Formulardaten über die Standardeingabe angeliefert. Die Methode

```
string getEnv(string key)
{
  try
  {
    Process p = Process.GetCurrentProcess( );
    StringDictionary sd =
      p.StartInfo.EnvironmentVariables;
    string s = sd[key].Replace('+', ' ');
    return Regex.Replace(
      s, "%..", new MatchEvaluator(eval));
  }catch(Exception ex){}
  return "";
}
```

liest die Umgebungsvariable mit dem Namen key. Der Wert der Umgebungsvariablen key ist sd[key]. Es werden alle Pluszeichen durch Leerzeichen und alle dem Zeichenmuster %.. entsprechenden Zeichenfolgen durch die decodierten Zeichen ersetzen. Die Methode getEnv gibt daher den decodierten Wert der Umgebungsvariablen key als String zurück.

Die Methode getContentLength benutzt getEnv, um die Umgebungsvariable CONTENT_LENGTH zu lesen. Die so ermittelte Länge des Inhalts wird als Integerzahl zurückgegeben.

Die Methode readContent liest einen Bytearray, dessen Länge durch die Umgebungsvariable CONTENT_LENGTH bestimmt ist, aus der Standardeingabe und wandelt diesen Bytearray in einen String um. Durch das Splitten des Strings am &-Zeichen entsteht der Stringarray cont. In den einzelnen Strings dieses Stringarrays werden zunächst Pluszeichen durch Leerzeichen ersetzt, und anschließend werden die Strings am Gleichheitszeichen gesplittet. Die damit isolierten Schlüssel-Wert-Paare werden hinsichtlich des Zeichenmusters %.. decodiert und dem StringDictionary content hinzugefügt. Der Rückgabewert ist das StringDictionary content.

Der Konstruktor der Klasse Haupt stellt die HTML-Antwort zusammen. Die Formulardaten werden mit

```
StringDictionary content = readContent( );
```

gelesen. Diese Daten werden dann dem StringDictionary content entnommen und in den HTML-Text eingebaut. Die HTML-Antwort wird in die Standardausgabe geschrieben.

```
//Datei 13.3_5.cs

using System;
using System.IO;
using System.Text.RegularExpressions;
using System.Diagnostics;
using System.Collections.Specialized;

class Haupt
{
  public Haupt( )
  {
    Console.WriteLine(
      "Content-type: text/html\r\n");
    htmlOut(
      "<html><head>" +
```

```
        "<title>Beispiel 13.3_5</title>" +
        "</head><body>");

    int l = getContentLength( );
    if(l > 0)
    {
      StringDictionary content = readContent( );
      Console.WriteLine("<h3>Ihre Eintragungen:</h3>");
      htmlOut(string.Format("Vorname: {0}<br>", content["vorname"]));
      htmlOut(string.Format("Name: {0}<br>", content["name"]));
      htmlOut(string.Format("Telefon: {0}<br>", content["telefon"]));
    }
    else
      Console.WriteLine("<h3>keine Formulardaten</h3>");
    Console.WriteLine("</body></html>");
  }

  void htmlOut(string st)
  {
    //siehe 13.3_4.cs
  }

  int getContentLength( )
  {
    try
    {
      return int.Parse(getEnv("CONTENT_LENGTH"));
    }catch(Exception){}
    return 0;
  }

  StringDictionary readContent( )
  {
    StringDictionary content = new StringDictionary( );
    try
    {
      Stream stream = Console.OpenStandardInput( );
      int l = getContentLength( );
      if(l > 0)
      {
        byte[] b = new byte[l];
        stream.Read(b, 0, b.Length);
        string c = "";
        for(int i=0; i<b.Length; i++)c += (char)b[i];
        string[] cont = c.Split('&');
        string[] kv;

        foreach(string s in cont)
        {
          string st = s.Replace('+', ' ');
          kv = st.Split('=');
```

```
            MatchEvaluator mev = new MatchEvaluator(eval);
            kv[0] = Regex.Replace(kv[0], "%..", mev);
            kv[1] = Regex.Replace(kv[1], "%..", mev);
            content.Add(kv[0], kv[1]);
          }
        }
        return content;
      }
      catch(Exception){}
      return content;
    }

    string getEnv(string key)
    {
      try
      {
        Process p = Process.GetCurrentProcess( );
        StringDictionary sd =
          p.StartInfo.EnvironmentVariables;
        string s = sd[key].Replace('+', ' ');
        return Regex.Replace(
          s, "%..", new MatchEvaluator(eval));
      }catch(Exception){}
      return "";
    }

    string eval(Match m)
    {
      //siehe 13.3_4.cs
    }

    static void Main( )
    {
      new Haupt( );
    }
  }
```

13.3.4 Gemischte Formulardaten und versteckte Inputs

Das von den Beispielen 13.3_4 und 13.3_5 bekannte Formular wird noch einmal verwendet. Das Form-Tag

```
<form method=post action=
  "13.3_6.exe?Strasse=Altenhofer Weg&Stadt=Berlin">
```

zeigt, dass es sich um eine POST-Anfrage handelt, die POST-Daten und URL-codierte Daten übermittelt.

Das Formular enthält neben den bekannten Eingabefeldern das Tag

```
<input
  type=text
  name="unsichtbar"
  value="Geheimnachricht"
  style="visibility:hidden">
```

mit dem Namen unsichtbar und dem Wert Geheimnachricht. Dieses Eingabefeld ist wegen style="visibility:hidden" im Browser nicht sichtbar. Die Formulardaten werden aber im Vergleich zu Beispiel 13.3_5 um &unsichtbar= Geheimnachricht ergänzt.

Die Datei 13.3_6.html:

```
<html>
<head>
<title>Beispiel 13.3_6</title>
</head>
<body>
<form method=post action=
  "13.3_6.exe?Strasse=Altenhofer Weg&Stadt=Berlin">
<h3>
F&uuml;llen Sie bitte das Formular aus:
</h3>
<table border=0>
<tr>
<td align=right>Vorname: </td>
<td><input type=text name="vorname"></td>
</tr>
<tr>
<td align=right>Name: </td>
<td><input type=text name="name"></td>
</tr>
<tr>
<td align=right>Telefon: </td>
<td><input type=text name="telefon"></td>
</tr>
</table>
<input
  type=text
  name="unsichtbar"
  value="Geheimnachricht"
  style="visibility:hidden">
<br><input type=submit>
</form>
</body>
</html>
```

Das CGI-Skript liest in der bekannten Weise die URL-codierten Daten mit readQuery und die POST-Daten mit readContent. Die Daten werden, wie in der Abbildung zu sehen ist, protokolliert.

Abbildung 13.3_6

//Datei 13.3_6.cs

```
using System;
using System.IO;
using System.Text.RegularExpressions;
using System.Diagnostics;
using System.Collections.Specialized;

class Haupt
{
  public Haupt( )
  {
    Console.WriteLine(
      "Content-type: text/html\r\n");
    htmlOut(
      "<html><head>" +
      "<title>Beispiel 13.3_6</title>" +
      "</head><body>" +
      "<h3>URL-Daten:</h3>");

    StringDictionary query = readQuery( );
    htmlOut(string.Format("Stra&szlig;e: {0}<br>", query["Strasse"]));
```

```
    htmlOut(string.Format("Stadt: {0}<br>", query["Stadt"]));

    StringDictionary content = readContent( );
    htmlOut("<br><h3>POST-Daten:</h3>");
    htmlOut(string.Format("Vorname: {0}<br>", content["vorname"]));
    htmlOut(string.Format("Name: {0}<br>", content["name"]));
    htmlOut(string.Format("Telefon: {0}<br>", content["telefon"]));
    htmlOut(string.Format("Unsichtbar: {0}", content["unsichtbar"]));
    htmlOut("</body></html>");
  }

  void htmlOut(string st)
  {
    //siehe 13.3_4.cs
  }

  int getContentLength( )
  {
    //siehe 13.3_5.cs
  }

  StringDictionary readContent( )
  {
    //siehe 13.3_5.cs
  }

  string getEnv(string key)
  {
    //siehe 13.3_5.cs
  }

  StringDictionary readQuery( )
  {
    //siehe 13.3_4.cs
  }

  string eval(Match m)
  {
    //siehe 13.3_4.cs
  }

  static void Main( )
  {
    new Haupt( );
  }
}
```

13.3.5 Ein Gästebuch

Um die bisherigen Ausführungen abzurunden, wird eine häufig genutzte typische CGI-Anwendung, das Gästebuch, entwickelt. Wenn man sich vorstellt, dass Alfons Müller sich bereits ins Gästebuch eingetragen hat und Karl Schmitz gerade dabei ist, dies zu tun, so erscheint das Gästebuch wie abgebildet im Browser von Karl Schmitz.

Abbildung 13.3_7

Klickt Karl Schmitz den Submitbutton Eintragen an, so wird seine Eintragung unter die von Alfons Müller gesetzt. Die Eintragungen werden in der Datei C:\Home\gast.log auf dem Serverhost gespeichert. Der HTML-Text, der das Bild im Browser erzeugt, ist in den Strings anfang, ende und form abgelegt. Am form-Tag erkennt man, dass das Formular eine POST-Anfrage an das CGI-Skript 13.3_7.exe richtet. Das Skript ruft also sich selbst auf. Das gesamte Gästebuch besteht aus dieser einen Datei.

Der Ablauf des Skripts ist denkbar einfach. Der Konstruktor der Klasse Haupt

```
public Haupt( )
{
  Console.WriteLine(header + anfang + form);
  writeLog( );
  string s = readLog( );
  htmlOut(s + ende);
}
```

schreibt den Kopf der HTML-Antwort und das Formular in die Standardausgabe und ruft anschließend die Methode writeLog auf, die die Formulardaten an die Datei gast.log anhängt. Danach wird die Logdatei mit readLog vollständig gelesen und mit htmlOut in die Standardausgabe geschrieben. Dadurch erscheinen die Gästebucheintragungen im Browser unterhalb des Formulars. Die Ausgabe des Strings ende schließt die HTML-Antwort ab.

Die Methoden htmlOut, getContentLength, readContent, getEnv und eval sind aus den Beispielen 13.3_4 bis 13.3_6 bekannt.

Die Methode readLog liest die Datei gast.log und gibt deren Inhalt als String zurück. Es mag auf den ersten Blick umständlich erscheinen, dass der Bytearray b aus dem FileStream fs gelesen und anschließend Byte für Byte an den String s angehängt wird. Dies stellt aber sicher, dass der Inhalt der Logdatei unverfälscht wiedergegeben wird.

Die Methode writeLog schreibt die mit readContent gelesenen Formulardaten in die Datei gast.log. Die if-Anweisungen überprüfen, ob das Formular leer ist. Ist das Formular leer, so wird die Methode writeLog beendet. Andernfalls wird der String s zusammengestellt, der das Datum und die Uhrzeit der Eintragung sowie die Formulardaten enthält. Das Datum und die Uhrzeit werden mit DateTime.Now ermittelt. Die Aufzählung DayOfWeek enthält die Wochentage in englischer Sprache. Um die Wochentage in deutscher Sprache zu erhalten, wird die Aufzählung Wochentag angelegt. Der Typecast (Wochentag) in der Anweisung

```
Wochentag dw = (Wochentag)dt.DayOfWeek;
```

wandelt die englischen in deutsche Wochentage um. Der String s wird aus den bekannten Gründen, um ein implizites Umcodieren zu vermeiden, in den Bytearray b umgewandelt, der dann in den FileStream fs geschrieben wird. Da dieser FileStream mit

```
FileStream fs = File.Open(logFile,
  FileMode.Append | FileMode.Create);
```

geöffnet worden ist, wird die Logdatei entweder erstellt, oder die Eintragung wird an deren Inhalt angehängt.

```
//Datei 13.3_7.cs

using System;
using System.IO;
using System.Text.RegularExpressions;
using System.Diagnostics;
using System.Collections.Specialized;

class Haupt
{
  string logFile = @"C:\Home\gast.log";

  string header =
    "Content-type: text/html\r\n\r\n";

  string anfang =
    "<html><head>" +
    "<title>Beispiel 13.3_7</title>" +
    "</head><body>";

  string ende = "</body></html>";

  string form =
    "<form method=\"post\" action=\"13.3_7.exe\">" +
    " <table border=0 cellspacing=0 cellpadding=0>" +
    " <tr>" +
    " <td colspan=2><h1><font face=\"arial\">" +
    " G&auml;stebuch</font></h1></td>" +
    " </tr>" +
    " <tr>" +
    " <td align=right><b><font face=\"arial\">" +
    " Name: </font></b></td>" +
    " <td><input type=text size=54 maxlength=256" +
    " name=\"NAME\"></td>" +
    " </tr>" +
    " <tr>" +
    " <td align=right><b><font face=\"arial\">" +
```

```
  " Stadt: </font></b></td>" +
  " <td><input type=text size=54 maxlength=256" +
  " name=\"STADT\"></td>" +
  " </tr>" +
  " <tr>" +
  " <td align=right><b><font face=\"arial\">" +
  " eMail: </font></b></td>" +
  " <td><input type=text size=54 maxlength=256" +
  " name=\"MAIL\"></td>" +
  " </tr>" +
  " <tr>" +
  " <td colspan=2 ><b><font face=\"arial\" size=+1><br>" +
  " Ihre Eintragung:</font></b><br>" +
  " <textarea name=\"MESSAGE\" rows=8 cols=48></textarea>" +
  " <br><br><input type=image src=\"/gast.gif\" border=0" +
  " </td>" +
  " </tr>" +
  " </table></form>";

public Haupt( )
{
  Console.WriteLine(header + anfang + form);
  writeLog( );
  string s = readLog( );
  htmlOut(s + ende);
}

enum Wochentag
{
  Sonntag, Montag, Dienstag,
  Mittwoch, Donnerstag, Freitag, Samstag
}

string readLog( )
{
  try
  {
    FileStream fs = File.OpenRead(logFile);
    byte[] b = new byte[fs.Length];
    fs.Read(b, 0, b.Length);
    fs.Close( );
    string s = "";
    for(int i=0; i<b.Length; i++)s += (char)b[i];
    return s;
  }
  catch(Exception){}
  return "";
}

void writeLog( )
{
```

```
  int l = getContentLength( );
  if(l > 0)
  {
    StringDictionary content = readContent( );
    if(content["NAME"] != "" ||
      content["STADT"] != "" ||
      content["MAIL"] != "" ||
      content["MESSAGE"] != "")
    {
      DateTime dt = DateTime.Now;
      Wochentag dw = (Wochentag)dt.DayOfWeek;
      string s =
        "Eintragung am " + dw.ToString( ) + " dem " +
        dt.ToString( ) + "\r\n" +
        content["NAME"] + " aus " +
        content["STADT"] + "\r\n" +
        "E-Mail: " + content["MAIL"] +
        "\r\n\r\n" + content["MESSAGE"] +
        "\r\n\r\n";

      FileStream fs = File.Open(logFile,
        FileMode.Append | FileMode.Create);
      byte[] b = new byte[s.Length];
      for(int i=0; i<s.Length; i++)b[i]=(byte)s[i];
      fs.Write(b, 0, b.Length);
      fs.Close( );
    }
  }
}

void htmlOut(string st)
{
  //siehe 13.3_4.cs
}

int getContentLength( )
{
  //siehe 13.3_5.cs
}

StringDictionary readContent( )
{
  //siehe 13.3_5.cs
}

string getEnv(string key)
{
  //siehe 13.3_5.cs
}

string eval(Match m)
```

```
    {
      //siehe 13.3_4.cs
    }

    static void Main( )
    {
      new Haupt( );
    }
  }
```

Einige Bemerkungen zur Skriptsicherheit sind am Ende dieses Abschnitts angebracht. CGI-Skripte müssen abbruchsicher sein. Der Abbruch eines Skripts kann den Zugang zum Betriebssystem öffnen. Daher sollten alle unerwünschten Zustände mit if-Anweisungen und eventuell zusätzlich mit try-catch-Blöcken verhindert werden. Eine große Gefahr geht von Benutzereingaben aus. Diese Gefahr ist in besonderem Maße bei Skripten gegeben, die andere Programme aufrufen, eine Shell eröffnen oder Dateizugriffe enthalten. Es gibt Zeichen, die für das Betriebssystem eine spezielle Bedeutung haben. Besonders gefährlich sind Zeichen, die Befehle separieren, eine Pipe eröffnen oder Daten weiter leiten. Die Gefahr beginnt also schon beim Leerzeichen. Sie geht weiter mit : ; | < >. Darüber hinaus sind alle Arten von Klammern sowie " ' ´ @ & $! # * in diese Kategorie einzuordnen. Es wird häufig vorgeschlagen, diese Zeichen durch das Voranstellen eines Rückstrichs in Literals umzuwandeln. Dies alleine genügt noch nicht. Jede Benutzereingabe sollte sorgfältig untersucht werden. Gegebenenfalls kann man eine Eingabe mit dem Hinweis, dass bestimmte Zeichen nicht akzeptiert werden, zurückweisen. Beachtet man die Warnungen nicht, so kann man einem geschickten böswilligen Benutzer die Möglichkeit eröffnen, Dateien, Verzeichnisse oder die gesamte Festplatte zu löschen oder Dateien per E-Mail zu versenden. Der Fantasie sind hier kaum Grenzen gesetzt. Es muss noch einmal betont werden, dass das konsequente Setzen von Zugriffsrechten vieles verhindern kann.

13.4 ASP und ASP.NET

13.4.1 Microsoft Internet Information Server

Für ASP und ASP.NET und für die Kapitel 14 und 15 wird der Microsoft Internet Information Server benötigt. Die nun folgende Kurzbeschreibung der Installation und Konfiguration bezieht sich auf das Betriebssystem Microsoft Windows 2000.

Die Installations CD wird eingelegt und die Menüoption Start - Einstellungen - Systemsteuerung ausgewählt. Nach einem Doppelklick auf Software wird Windowskomponenten hinzufügen/entfernen angeklickt. In dem nun erscheinenden Assisenten wird Internet-Informationsdienste (IIS) markiert. Anschließend folgt man den weiteren Anweisungen des Assistenten, der den Microsoft Internet Information Server installiert.

Zur Konfiguration des Servers wählt man Start - Einstellungen - Systemsteuerung. Nach einem Doppelklick auf Verwaltung und auf Internetdienste-Manager wird die Standardwebsite markiert. Die Menüoption Vorgang - Eigenschaften ruft einen Dialog auf. In diesem Dialog geht man zunächst auf Basisverzeichnis und stellt dort C:\Home ein. Dem Basisverzeichnisverzeichnis werden die Zugriffsrechte Lesen und Ausführungsberechtigungen: Scripts und ausführbare Dateien zugeordnet. Diese Ausführungsberechtigung des Homeverzeichnisses sollte nur im lokalen Netzwerk und nicht im Internet verwendet werden. (siehe Anmerkungen zur Internetsicherheit) Danach geht man auf Dokumente, entfernt alle Dokumente und fügt Default.asp hinzu. Nach dem Anklicken von OK ist die Konfiguration abgeschlossen. Um zu testen, ob der Server läuft und das Basisverzeichnis und das Dokument richtig eingestellt sind, wird die Datei Default.asp im Verzeichnis C:\Home angelegt.

Die Datei Default.asp:

```
<html>
<head>
<title>Default.asp</title>
</head>
<body bgcolor="#FFFFFF">
<h1>IIS läuft</h1>
</body>
</html>
```

Da bisher ausschließlich der Webserver nach Beispiel 12.5_1 und 13.3_1 benutzt worden ist, empfiehlt es sich, die Beispiele der Abschnitte 13.1 bis 13.3 jetzt mit dem IIS zu testen.

An dieser Stelle sind einige Anmerkungen zur Internetsicherheit erforderlich. Für das Internet ist nur ein über mehrere Jahre erprobter kommerzieller Webserver geeignet, dessen Sicherheitslöcher mehrfach gestopft worden sind. Die oben geschilderte Konfiguration des IIS ist nur zu Übungszwecken im lokalen Netzwerk geeignet. Die Planung eines internetfähigen Servers beginnt mit der Wahl des Betriebssystems, das in der Lage sein muss, Benutzer und Gruppen und deren Rechte zu verwalten. Es dürfen nur die Benutzer existieren, die unbedingt für den Betrieb des Servers erforderlich sind. Die Benutzerrechte sind so restriktiv wie möglich auszulegen. Für jeden Benutzer muss ein Passwort existieren. Der Server darf niemals mit Administratorrechten laufen. Es dürfen nur die Server vorhanden sein, die wirklich gebraucht werden. (zB. Http, Ftp, Mail) Alle nicht benötigten Server müssen abgeschaltet oder besser deinstalliert werden. Das Dateisystem muss in der Lage sein, Zugriffs und Ausführungsrechte zu verwalten. Daher ist FAT32 ungeeignet. NTFS besitzt dagegen diese Fähigkeiten. Die Zugriffsrechte der Verzeichnisse und Dateien dürfen nur die Zugriffe erlauben, die wirklich erforderlich sind. Das Homeverzeichnis sollte nicht mit der Ausführungsberechtigung Scripts und ausführbare Dateien konfiguriert sein. Ausführbare Dateien bzw. CGI-Skripten sollten in einem gesonderten Verzeichnis untergebracht werden, das nicht in der Verzeichnishierarchie des Homeverzeichnisses liegt. Dieses CGI-Verzeichnis braucht zwar die genannte Ausführungsberechtigung. Es braucht aber keine Leseberechtigung. Ähnliche Überlegungen gelten auch für Logdateien und Dateien, die von CGI-Skripten angelegt oder benutzt werden.

13.4.2 ASP

Eine wesentliche Eigenschaft der Active Server Pages, abgekürzt ASP, ist die Integration von HTML und CGI. Eine ASP-Datei ist im Prinzip eine HTML-Datei, die HTML-Text und klientseitige Skripten enthalten kann. Sie kann darüber hinaus aber auch serverseitige Skripten enthalten. ASP-Dateien enden auf .asp. Um dies deutlicher zu machen, wird das vom Abschnitt 13.3 bekannte Formular in einer ASP-Datei verwendet.

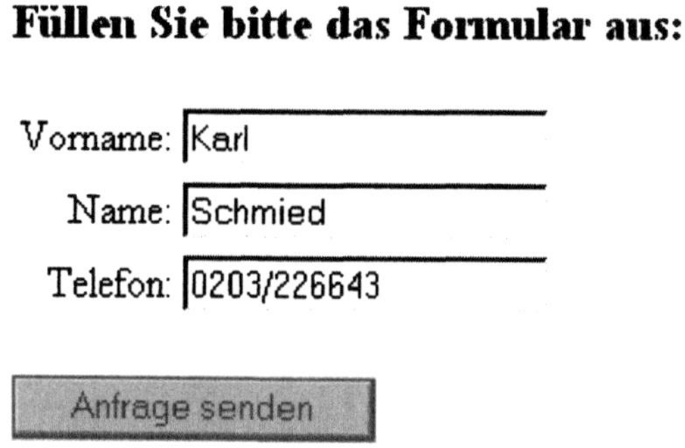

Abbildung 13.4_1a

Die Datei 13.4_1.asp enthält dieses Formular. Trägt man die abgebildeten Daten in das Formular ein und drückt den Submitbutton, so werden die Formulardaten zum Server gesendet. Das form-Tag

```
<form method=get action="13.4_1.asp">
```

legt fest, dass die Daten URL-codiert übermittelt werden und das Skript 13.4_1.asp aufgerufen wird. Die ASP-Datei ruft sich also selbst auf und stellt daraufhin die Antwort auf die Anfrage zusammen.

Abbildung 13.4_1b

Das HTML-Formular hätte man natürlich auch in eine HTML-Datei setzen können. Die ASP-Datei könnte in dem Fall ein reines Antwortskript sein. Dieses Beispiel soll aber deutlich machen, wie man HTML und serverseitige ASP-Skripten miteinander kombinieren kann.

Der Aufbau der Datei 13.4_1.asp entspricht deshalb folgendem Schema:

```
<%@ LANGUAGE=JScript%>
HTML-Anfang
```

```
<%
if( keine Formulardaten )
{
%>
HTML-Formular
<%
}
else
{
  Response.Write( . . . );
}
%>
HTML-Ende
```

Die erste Zeile legt die Skriptsprache fest. Es stehen JScript und VBScript zur Verfügung. Nach dieser Zeile beginnt ein HTML-Dokument, in das an zwei Stellen ein ASP-Skript eingefügt ist. ASP-Skripten beginnen mit <% und enden mit %>. Wegen der if-Anweisung im ersten Skript wird das HTML-Formular nur dann aktiv, wenn keine Formulardaten vorliegen. Andernfalls wird die im zweiten Skript mit else eingeleitete Alternative ausgeführt. Bemerkenswert daran ist, dass ein mit geschweiften Klammern gebildeter Block auch für HTML-Texte außerhalb der Skripten seine Gültigkeit behält.

In den Skripten werden das Request-Objekt und das Response-Objekt verwendet. Das Request-Objekt enthält die Anfrage, und das Response-Objekt nimmt die Antwort auf. Response.Write schreibt die Antwort in die Standardausgabe. Die URL-codierten Formulardaten sind in Request.QueryString enthalten. Wenn Request.QueryString.Count gleich 0 ist, sind keine URL-codierten Daten vorhanden. Mit

```
Request.QueryString("Bezeichner")
```

können vorhandene URL-codierte Daten abgefragt werden.

Die Datei 13.4_1.asp:

```
<%@ LANGUAGE=JScript%>
<html>
<head>
<title>Beispiel 13.4_1</title>
</head>
<body>
<%
if(Request.QueryString.Count == 0 ||
  (Request.QueryString("Vorname") == "" &&
```

```
    Request.QueryString("Name") == "" &&
    Request.QueryString("Telefon") == ""))
{
%>
<h3>
F&uuml;llen Sie bitte das Formular aus:
</h3>
<form method=get action="13.4_1.asp">
<table border=0>
<tr>
<td align=right>Vorname: </td>
<td><input type=text name="Vorname"></td>
</tr>
<tr>
<td align=right>Name: </td>
<td><input type=text name="Name"></td>
</tr>
<tr>
<td align=right>Telefon: </td>
<td><input type=text name="Telefon"></td>
</tr>
</table>
<br><input type=submit>
</form>
<%
}
else
{
  Response.Write(
    Request.QueryString("Vorname") + " " +
    Request.QueryString("Name") + "<br>" +
    "Telefon: " +
    Request.QueryString("Telefon"));
}
%>
</body>
</html>
```

Beispiel 13.4_2 verwendet das gleiche Formular wie Beispiel 13.4_1. Diesmal ist jedoch method=post gesetzt. Die ASP-Datei unterscheidet sich daher nur wenig von der vorherigen. Request.Form enthält die Formulardaten. Ist Request.Form.Count gleich 0, so sind keine Formulardaten vorhanden. Mit

```
Request.Form("Bezeichner")
```

können vorhandene Daten abgefragt werden.

Die Datei 13.4_2.asp:

```
<%@ LANGUAGE=JScript%>
<html>
<head>
<title>Beispiel 13.4_2</title>
</head>
<body bgcolor="#FFFFFF">
<%
if(Request.Form.Count == 0 ||
  (Request.Form("Vorname") == "" &&
   Request.Form("Name") == "" &&
   Request.Form("Telefon") == ""))
{
%>
<h3>
F&uuml;llen Sie bitte das Formular aus:
</h3>
<form method=post action="13.4_2.asp">
<table border=0>
<tr>
<td align=right>Vorname: </td>
<td><input type=text name="Vorname"></td>
</tr>
<tr>
<td align=right>Name: </td>
<td><input type=text name="Name"></td>
</tr>
<tr>
<td align=right>Telefon: </td>
<td><input type=text name="Telefon"></td>
</tr>
</table>
<br><input type=submit>
</form>
<%
}
else
{
  Response.Write(
    Request.Form("Vorname") + " " +
    Request.Form("Name") + "<br>" +
    "Telefon: " +
    Request.Form("Telefon"));
}
%>
</body>
</html>
```

13.4.3 ASP.NET

ASP.NET ist ein für das .NET Framework erweitertes ASP. ASP.NET-Dateien enden auf .aspx. ASP.NET ist nicht vollständig rückwärtskompatibel zu ASP. Die Skriptsprache JScript wird weiterhin unterstützt. An die Stelle von VBScript tritt aber VB.NET. Zusätzlich werden C# und C++ unterstützt. Darüber hinaus ist der Datenbankzugriff mit ADO.NET möglich und es gibt zahlreiche neue Steuerelemente und ein erweitertes Eventhandling.

Der Server verarbeitet ASP.NET-Dateien, in dem er eine Kompilierungsquelle generiert, die eine von System.Web.UI.Page abgeleitete Klasse enthält, so dass Mitglieder der Klasse Page wie zB. Eigenschaften, Methoden, Ereignisse und Eventhandler in jeder ASP.NET-Datei benutzt werden können.

Eigenschaften der Klasse System.Web.UI.Page:

Controls	gibt die ControlCollection zurück
IsPostBack	gleich false, wenn die Seite zum ersten Mal geladen worden ist
IsValid	Ergebnis der Überprüfung mit Validate
Request	das Request-Objekt
Response	das Response-Objekt
Visible	true gleich sichtbar

Methoden der Klasse System.Web.UI.Page:

RenderControl	Ausgabe an einen HtmlTextWriter
Validate	überprüft die Seite und alle Steuerelemente

Events und Eventhandler der Klasse System.Web.UI.Page:

Event	Eventhandler	
Load	OnLoad	Die Seite wird geladen
Unload	OnUnload	Die Seite wird aus dem Speicher entladen

Steuerelemente im Namensraum System.Web.UI.HtmlControls:

```
HtmlAnchor              <a id=ID1 runat=server>
HtmlButton              <button id=ID1 runat=server>
HtmlForm                <form id=ID1 runat=server>
HtmlGenericControl      <html id=ID1 runat=server>
                        <body id=ID1 runat=server>
                        <div id=ID1 runat=server>
                        <span id=ID1 runat=server>
HtmlImage               <image id=ID1 runat=server>
HtmlInputButton         <input type="button" id=ID1
                          runat=server>
                        <input type="submit" id=ID1
                          runat=server>
                        <input type="reset" id=ID1
                          runat=server>
HtmlInputCheckBox       <input type="checkbox" id=ID1
                          runat=server>
HtmlInputFile           <input type="file" id=ID1
                          runat=server>
HtmlInputHidden         <input type="hidden" id=ID1
                          runat=server>
HtmlInputImage          <input type="image"id=ID1
                          runat=server>
HtmlInputRadioButton    <input type="radio" id=ID1
                          runat=server>
HtmlInputText           <input type="text" id=ID1
                          runat=server>
                        <input type="password" id=ID1
                          runat=server>
HtmlSelect              <select id=ID1 runat=server>
HtmlTable               <table id=ID1 runat=server>
HtmlTableCell           <td id=ID1 runat=server>
                        <th id=ID1 runat=server>
HtmlTableRow            <tr id=ID1 runat=server>
HtmlTextArea            <textarea id=ID1 runat=server>
```

Steuerelemente im Namensraum System.Web.UI.WebControls:

```
AdRotator       <asp:AdRotator id=ID1 runat=server />
Button          <asp:Button id=ID1 runat=server
                Text= . . . OnClick= . . . />
Calendar        <asp:Calendar id=ID1 runat=server>
                <TodayDayStyle BackColor= . . . />
                </asp:Calendar>
CheckBox        <asp:CheckBox id=ID1 runat=server
                Text= . . . />
CheckBoxList    <asp:CheckBoxList id=ID1 runat=server>
                <asp:ListItem>Item 1</asp:ListItem>
                </asp:CheckBoxList>
```

```
DataGrid          <asp:DataGrid id=ID1 runat=server />
DataList          <asp:DataList id=ID1 runat=server />
DropDownList      <asp:DropDownList id=ID1 runat=server>
                  <asp:ListItem>Item 1</asp:ListItem>
                  . . .
                  </asp:DropDownList>
HyperLink         <asp:HyperLink id=ID1 runat=server
                  NavigateUrl= . . . Text= . . . />
Image             <asp:Image id=ID1 runat=server
                  ImageUrl= . . . />
ImageButton       <asp:ImageButton id=ID1 runat=server
                  ImageUrl= . . . OnClick= . . . />
Label             <asp:Label id=ID runat=server
                  Text= . . . />
LinkButton        <asp:LinkButton id=ID1 runat=server
                  Text= . . . OnClick = . . . />
ListBox           <asp:ListBox id=ID1 runat=server>
                  <asp:ListItem>Item 1</asp:ListItem>
                  . . .
                  </asp:ListBox>
Literal           <asp:Literal id=ID1 runat=server
                  Text= . . . />
Panel             <asp:Panel id=ID1 runat=server
                  ForeColor= . . . BackColor= . . .
                  Height= . . . Width= . . . >
                  Zeile1<br>Zeile2 . . .
                  </asp:Panel>
PlaceHolder       <asp:PlaceHolder id=ID1 runat=server />
RadioButton       <asp:RadioButton id=ID1 runat=server
                  Text= . . . Checked= . . .
                  GroupName= . . . />
RadioButtonList   <asp:RadioButtonList id=ID1 runat=server>
                  <asp:ListItem>Item 1</asp:ListItem>
                  . . .
                  </asp:RadioButtonList>
Repeater          <asp:Repeater id=ID1 runat=server>
                  <HeaderTemplate> . . .
                  <ItemTemplate> . . .
                  </asp:Repeater>
Table             <asp:Table id=ID1 runat=server>
                  <asp:TableRow>
                  <asp:TableCell>
                  . . .
                  </asp:TableCell>
                  </asp:TableRow>
                  </asp:Table>
TextBox           <asp:TextBox id=ID1 runat=server
                  Text= . . . />
Xml               <asp:Xml id=ID1 runat=server
                  DocumentSource= . . . />
```

Validator-Steuerelemente im Namensraum

System.Web.UI.WebControls:

```
CompareValidator             <asp:CompareValidator
                               runat=server
                               Display="dynamic"
                               ControlToValidate= . . .
                               ControlToCompare= . . .
                               Type= . . .
                               EnableClientScript="false"
                               ErrorMessage= . . .
                               Text= . . . />
CustomValidator              <asp:CustomValidator
                               runat=server
                               ControlToValidate= . . .
                               OnServerValidate="user"
                               ErrorMessage= . . .
                               Text= . . . />
RangeValidator               <asp:RangeValidator
                               runat=server
                               ControlToValidate= . . .
                               MinimumValue= . . .
                               MaximumValue= . . .
                               Type= . . .
                               EnableClientScript="false"
                               ErrorMessage= . . .
                               Text= . . . />
RegularExpressionValidator   <asp:RegularExpressionValidator
                               runat=server
                               ControlToValidate= . . .
                               ValidationExpression= . . .
                               EnableClientScript="false"
                               ErrorMessage= . . .
                               Text= . . . />
RequiredFieldValidator       <asp:RequiredFieldValidator
                               runat=server
                               ControlToValidate= . . .
                               ErrorMessage= . . .
                               Text= . . . />
ValidationSummary            <asp:ValidationSummary
                               runat=server
                               HeaderText= . . .
                               DisplayMode= . . .
                               EnableClientScript="false" />
```

Beispiel 13.4_3 vermittelt einen ersten Eindruck wie die ASP.NET-Elemente benutzt und vom Server verarbeitet werden.

Die Datei 13.4_3.aspx hat folgenden Aufbau:

```
<%@ Page Language=C#%>

<script runat=server>
. . .
</script>

HTML Teil 1
<% . . . %>
HTML Teil 2
```

Die erste Zeile ist eine Direktive mit folgender Syntax:

```
<% Direktive Attribut="Wert" %>
```

Direktiven:

@ Page, @ Control, @ Import, @ Implements, @ Register, @ Assembly, @ OutputCache und @ Reference

Die Direktive @ Page legt Attribute einer ASPX-Seite fest. Es dürfen mehrere Attribute in einer Direktive angegeben werden. Der Wert eines Attributs wird in Anführungszeichen gesetzt. Die Anführungszeichen sind nicht in jedem Fall zwingend notwendig.

Attribute der Direktive @ Page:

AutoEventWireup, Buffer, ClassName, ClientTarget, CodePage, CompilerOptions, ContentType, Culture, Debug, Description, EnableSessionState, EnableViewState, EnableViewStateMac, ErrorPage, Explicit, Inherits, Language, LCID

Die Direktive

```
<%@ Page Language=C#%>
```

legt die Skriptsprache C# fest. Weitere Erläuterungen zu Direktiven und deren Attributen sind im Kapitel 14 zu finden.

Auf die Page Direktive folgt ein Skript, das serverseitig ausgeführt wird. Da die Skriptsprache bereits festgelegt ist und keine abweichende Sprache benutzt wird, braucht die Sprache im script-Tag nicht angegeben zu werden. Anschließend folgt der

HTML-Text, in den ein mit <% und %> eingefasstes Skript eingebettet ist. Dieses zweite Skript ruft die Methode datum des ersten Skripts auf und schreibt den zurück gegebenen String in die Standardausgabe. Die Links zu den Beispielen 13.4_1 und 13.4_2 werden durch die Anker-Tags

```
<a id=a1 runat=server>Beispiel 13.4_1</a>
```

und

```
<a id=a2 runat=server>Beispiel 13.4_2</a>
```

definiert. Beide Links werden serverseitig ausgeführt. Die Ids a1 und a2 werden dadurch zu Objekten, auf die von serverseitigen Skripten aus zugegriffen werden kann. So kann die Methode OnLoad auf die Eigenschaft HRef der Ankerobjekte zugreifen. OnLoad überschreibt den gleichnamigen Eventhandler der Klasse Page und wird daher beim Laden der Seite automatisch aufgerufen.

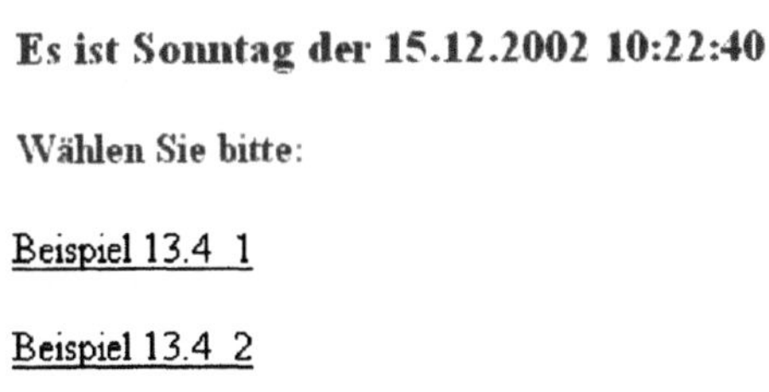

Abbildung 13.4_3

Die Datei 13.4_3.aspx:

```
<%@ Page Language=C#%>

<script runat=server>
protected override void OnLoad(EventArgs e)
{
  a1.HRef = "13.4_1.asp";
  a2.HRef = "13.4_2.asp";
}
enum Wochentag
{
  Sonntag, Montag, Dienstag,
  Mittwoch, Donnerstag, Freitag, Samstag
}
```

```
string datum( )
{
  DateTime dt = DateTime.Now;
  Wochentag dw = (Wochentag)dt.DayOfWeek;
  string s =
    "Es ist " + dw.ToString( ) + " der " +
    dt.ToString( );
  return s;
}
</script>

<html>
<head>
<title>Beispiel 13.4_3</title>
</head>
<body>
<h3>
<%Response.Write(datum( ));%>
</h3>
<p>
<h4>W&auml;hlen sie bitte:</h4>
<a id=a1 runat=server>Beispiel 13.4_1</a>
<br><br>
<a id=a2 runat=server>Beispiel 13.4_2</a>
</p>
</body>
</html>
```

Enthält ein Skript einen Fehler, so erscheint im Browser eine Fehlermeldung, die die betroffene Stelle im Skript protokolliert. zB.:

```
Zeile 9:  eenum Wochentag
Zeile 10: {
Zeile 11:   Sonntag, Montag, Dienstag,
Zeile 12:   Mittwoch, Donnerstag, Freitag, Samstag
Zeile 13: }
```

Die detaillierte Fehlermeldung des Compilers wird durch Anklicken des Links

Detaillierte Compilerausgaben anzeigen:

eingeblendet.

Die Kompilierungsquelle wird durch Anklicken des Links

Vollständige Kompilierungsquelle anzeigen:

eingeblendet.

Ein Auszug aus der vom Server automatisch generierten Kompilierungsquelle:

```
namespace ASP {
  using System;
  . . .
  using System.Web.UI;
  using System.Web.UI.WebControls;
  using System.Web.UI.HtmlControls;

  public class _13_4_3_aspx :
    System.Web.UI.Page,
    System.Web.SessionState.IRequiresSessionState {

    protected System.Web.UI.HtmlControls.HtmlAnchor a1;
    protected System.Web.UI.HtmlControls.HtmlAnchor a2;

    . . .

    protected override void OnLoad(EventArgs e)
    {
    . . .
    }
    enum Wochentag
    {
    . . .
    }
    string datum( )
    {
    . . .
    }

    . . .

    private System.Web.UI.Control __BuildControla1( )
    {
      . . .
    }
    private System.Web.UI.Control __BuildControla2( )
    {
```

```
      . . .
    }
    private void __BuildControlTree(
      System.Web.UI.Control __ctrl)
    {
      . . .
    }
    private void __Render__control1(
    HtmlTextWriter __output, Control parameterContainer)
    {
      __output.Write("\r\n\r\n<html>\r\n<head> . . . ");
      Response.Write(datum( ));
      __output.Write("\r\n</h3> . . . ");
      parameterContainer.Controls[0].RenderControl(__output);
      __output.Write("\r\n<br><br>\r\n");
      parameterContainer.Controls[1].RenderControl(__output);
      __output.Write("\r\n</p>\r\n</body>\r\n</html>");
    }
  }
}
```

Die Klasse _13_4_3_aspx ist von System.Web.UI.Page abgeleitet. Der Inhalt der Datei 13.4_3.aspx ist in die Klasse _13_4_3_aspx übernommen worden. Die Links sind als HtmlAnchor a1 und a2 vereinbart. Sie werden in den Methoden __BuildControla1, __BuildControla2 und __BuildControlTree instanziiert und der ControlCollection Controls hinzugefügt. Die Methoden OnLoad und datum und die Aufzählung Wochentag sind unverändert dem ersten Skript der ASP.NET-Datei entnommen worden. Der HTML-Text befindet sich in der Methode __Render__control1.

Das in den HTML-Text eingebettete Skript mit der Anweisung

```
Response.Write(datum( ));
```

ist, wie man sieht, ebenfalls berücksichtigt.

Beispiel 13.4_4 verwendet Html Controls und Web Controls. Web Controls können nur innerhalb von serverseitig ausgeführten Formularen verwendet werden. Eine Seite darf nur ein serverseitiges Formular enthalten.

Der HTML-Text

```
<html id=html1 runat=server>
<body>
<h3>Seite 1</h3>
<form runat=server>
<asp:Button id=b1 runat=server
  Text="Seite 2" OnClick=b1_click />
</form>
</body>
</html>
```

definiert eine Seite mit einem serverseitigen Formular, welches einen Button mit dem Eventhandler b1_click enthält. Man kann, wie dieses Beispiel zeigt, mehrere solcher Seiten in einer ASP.NET-Datei definieren, wenn man durch Setzen von Visible=true oder false dafür sorgt, dass immer nur eine der Seiten sichtbar ist. Der Button schaltet die Sichtbarkeit der Seiten um. In der Methode OnLoad wird die Bedingung

```
if(!IsPostBack)
```

abgefragt, die der Frage, ob die Seite zum ersten Mal geladen wird, entspricht. Beim ersten Laden hat die Eigenschaft IsPostBack der Klasse Page den Wert false. Bei einem Nachladen, das zB. durch das Anklicken eines Buttons ausgelöst wird, ist der Wert gleich true. Ein derartiges Nachladen nennt man Postback. OnLoad wird auch beim Postback ausgeführt. Daher muss man innerhalb dieser Methode zwischen Anweisungen, die immer ausgeführt werden und solchen, die nur beim ersten Laden ausgeführt werden, unterscheiden.

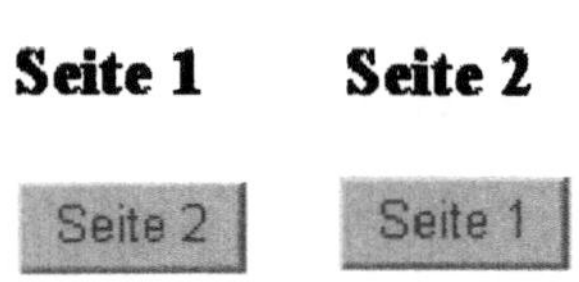

Abbildung 13.4_4

Die Datei 13.4_4.aspx:

```
<%@ Page Language=C#%>

<script runat=server>
protected override void OnLoad(EventArgs e)
{
  if(!IsPostBack)
  {
    html1.Visible=true;
    html2.Visible=false;
  }
}
void b1_click(object Source, EventArgs e)
{
  html1.Visible=false;
  html2.Visible=true;
}
void b2_click(object Source, EventArgs e)
{
  html1.Visible=true;
  html2.Visible=false;
}
</script>

<html id=html1 runat=server>
<body>
<h3>Seite 1</h3>
<form runat=server>
<asp:Button id=b1 runat=server
  Text="Seite 2" OnClick=b1_click />
</form>
</body>
</html>

<html id=html2 runat=server>
<body>
<h3>Seite 2</h3>
<form runat=server>
<asp:Button id=b2 runat=server
  Text="Seite 1" OnClick=b2_click />
</form>
</body>
</html>
```

Web Controls stellen weniger Eigenschaften zur Verfügung als Windows Controls. Das liegt nicht etwa an einem Manko der Web Controls, sondern es liegt an der andersartigen Handhabung. Beispiel 13.4_5 definiert den Button b1, der zwischen den Positionen 10,10 und 50,50 hin und her springt.

Das Skript

```
<%
string att=
  "Attribute:<br>" +
  "Text=" + b1.Text + "<br>" +
  "ID=" + b1.ID + "<br>";
Response.Write(att);
Response.Write(
  "<br>AttributeCollection Attributes:<br>");
foreach(string k in b1.Attributes.Keys)
  Response.Write(
    k + "=\"" + b1.Attributes[k] + "\"<br>");
Response.Write(
  "<br>CssStyleCollection Style:<br>");
foreach(string s in b1.Style.Keys)
  Response.Write(
    s + ":" + b1.Style[s] + "<br>");
%>
```

protokolliert die Attribute des Buttons. Die Attribute Text und ID sind Eigenschaften des Buttons. Sie werden daher mit b1.Text und b1.ID abgefragt. In HTML-Tags wird nicht zwischen Groß- und Kleinschreibung unterschieden. Auch wenn der Button mit

```
<asp:Button id=b1 . . . />
```

definiert ist, muss die Eigenschaft ID im Skript mit zwei Großbuchstaben geschrieben werden, da C# sehr wohl zwischen Groß- und Kleinschreibung unterscheidet. Die Eigenschaft Attributes ist eine AttributeCollection. Sie enthält nur ein Attribut mit dem Namen style. Der String k enthält diesen Namen, so dass der Wert des Attributs mit b1.Attributes[k] abgefragt werden kann. Die Eigenschaft Style ist eine CssStyleCollection. Die Anweisungen

```
b1.Style.Add("position","absolute");
b1.Style.Add("left","10px");
b1.Style.Add("top","10px");
```

fügen der Collection Schlüssel-Wert-Paare hinzu.

Die gleiche Formatierung kann mit einer Erweiterung der Definition des Buttons

```
<asp:Button id=b1 . . .
  style="position:absolute; left:10px; top:10px;" />
```

erreicht werden. Das Ablegen des Formatstrings unter dem Namen style in der Eigenschaft Attributes stellt eine weitere Möglichkeit der Formatierung dar. Die Eigenschaft Style ermöglicht das Abfragen und Setzen von Attributen unter Verwendung eckiger Klammern.

```
Attribute:
Text=OK
ID=b1

AttributeCollection Attributes:
style="position:absolute;left:10px;top:10px;"

CssStyleCollection Style:
position:absolute
left:10px
top:10px
```

Abbildung 13.4_5a

```
Attribute:
Text=OK
ID=b1

AttributeCollection Attributes:
style="position:absolute;left:50px;top:50px;"

CssStyleCollection Style:
position:absolute
left:50px
top:50px
```

Abbildung 13.4_5b

Die Datei 13.4_5.aspx:

```
<%@ Page Language=C#%>

<script runat=server>
protected override void OnLoad(EventArgs e)
{
  if(!IsPostBack)
  {
    b1.Style.Add("position","absolute");
    b1.Style.Add("left","10px");
    b1.Style.Add("top","10px");
  }
}
void b1_click(object Source, EventArgs e)
{
  if(b1.Style["left"] == "10px")
  {
    b1.Style["left"]="50px";
    b1.Style["top"]="50px";
  }
  else
  {
    b1.Style["left"]="10px";
    b1.Style["top"]="10px";
  }
}
</script>

<html>
<body>
<form runat=server>
<asp:Button id=b1 runat=server
  Text="OK" OnClick=b1_click />
</form>
<p style="position:absolute;top:80px;font-family:Courier">
<%
string att=
  "Attribute:<br>" +
  "Text=" + b1.Text + "<br>" +
  "ID=" + b1.ID + "<br>";
Response.Write(att);
Response.Write(
  "<br>AttributeCollection Attributes:<br>");
foreach(string k in b1.Attributes.Keys)
  Response.Write(
    k + "=\"" + b1.Attributes[k] + "\"<br>");
Response.Write(
  "<br>CssStyleCollection Style:<br>");
foreach(string s in b1.Style.Keys)
```

```
  Response.Write(
    s + ":" + b1.Style[s] + "<br>");
%>
</p>
</body>
</html>
```

Beispiel 13.4_6 zeigt eine weitere Möglichkeit zur Formatierung von Steuerelementen. Der Eigenschaft CssClass des Buttons werden mit

```
b1.CssClass="style1";
```

und

```
b1.CssClass="style2";
```

die im Style Sheet definierten Stile zugewiesen. Das Skript

```
<%Response.Write(b1.CssClass);%>
```

protokolliert den aktuellen Stiel.

Abbildung 13.4_6

```
Die Datei 13.4_6.aspx:

<%@ Page Language=C#%>

<style>
.style1
{
  position:absolute;
  left:10px;
  top:10px;
}
```

```
.style2
{
  position:absolute;
  left:50px;
  top:50px;
}
</style>

<script runat=server>
protected override void OnLoad(EventArgs e)
{
  if(!IsPostBack)
    b1.CssClass="style1";
}
void b1_click(object Source, EventArgs e)
{
  if(b1.CssClass=="style1")
    b1.CssClass="style2";
  else
    b1.CssClass="style1";
}
</script>

<html>
<body>
<form runat=server>
<asp:Button id=b1 runat=server
  Text="OK" OnClick=b1_click />
</form>
<p style="position:absolute;top:80px;font-family:Courier">
<%Response.Write(b1.CssClass);%>
</p>
</body>
</html>
```

Beispiel 13.4_7 definiert ein Formular mit drei Textboxen und einem Button. Die Textboxen werden durch Validator Controls überwacht. Die Methode Validate der Klasse Page überprüft bzw. validiert die Seite. Wird der Button angeklickt, so wird Validate automatisch aufgerufen. Da die Validierung serverseitig stattfinden soll, wird bei allen Validator Controls EnableClientScript=false gesetzt. Das zu validierende Steuerelement wird mit ControlToValidate festgelegt. Die als ErrorMessage angegebenen Strings werden gesammelt und stehen der ValidationSummary zur Verfügung. Die als Text angegebenen Strings werden von den Validator Controls in die Seite eingefügt.

Der RequiredFieldValidator löst einen Validierungsfehler aus, wenn kein Eingabefeld vorhanden ist. Das bedeutet, dass Box 1 leer ist.

Der RangeValidator überprüft Box 2. Da MinimumValue=1, MaximumValue=10 und Type="Integer" gesetzt ist, muss eine ganze Zahl von 1 bis 10 eingegeben werden. Andernfalls entsteht ein Validierungsfehler.

Der RegularExpressionValidator überprüft bei Box 3, ob die mit ValidationExpression="\d{3}" angegebene Regel eingehalten wird. Andernfalls entsteht wieder ein Validierungsfehler.

Die ValidationSummary baut die als ErrorMessage gesammelten Strings mit einer Überschrift HeaderText versehen in die Seite ein. Die Fehlermeldungen werden durch DisplayMode = "BulletList" als Aufzählungsliste dargestellt.

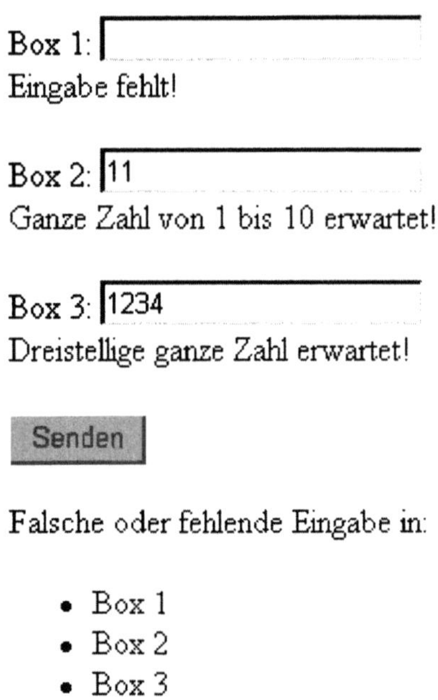

Abbildung 13.4_7

Die Datei 13.4_7.aspx:

```
<html>
<body>
<form runat=server>
Box 1:
<asp:TextBox id=box1 runat=server/>
<br>
<asp:RequiredFieldValidator runat=server
   ControlToValidate="box1"
   EnableClientScript=false
   ErrorMessage="Box 1"
   Text="Eingabe fehlt!"
/>
<br><br>
Box 2:
<asp:TextBox id=box2 runat=server/>
<br>
<asp:RangeValidator runat=server
  ControlToValidate="box2"
  MinimumValue=1
  MaximumValue=10
  Type="Integer"
  EnableClientScript=false
  ErrorMessage="Box 2"
  Text="Ganze Zahl von 1 bis 10 erwartet!"
/>
<br><br>
Box 3:
<asp:TextBox id=box3 runat=server/>
<br>
<asp:RegularExpressionValidator runat=server
  ControlToValidate="box3"
  ValidationExpression="\d{3}"
  EnableClientScript=false
  ErrorMessage="Box 3"
  Text="Dreistellige ganze Zahl erwartet!"
/>
<br><br>
<asp:Button id=but1 runat=server
  Text=Senden/>
<br><br>
<asp:ValidationSummary runat=server
  HeaderText="Falsche oder fehlende Eingabe in:"
  DisplayMode="BulletList"
  EnableClientScript=false
/>
</form>
</body>
</html>
```

Beispiel 13.4_8 fragt die Datenbank Northwind des Microsoft SQL Server 2000 ab. Es wird ein Verbindungs- und ein Abfragestring definiert. Der SqlDataAdapter, der DataTable und der DataView werden wie in Kapitel 8 verwendet. Der DataView wird der Eigenschaft DataSource des DataGrid zugewiesen. Der Unterschied zwischen Windows Controls und Web Controls besteht darin, dass bei Web Controls die Datenquelle und das Control mit DataBind gebunden werden müssen. Dieses Binden ist bei allen Web Controls, die die Eigenschaft DataSource besitzen erforderlich. Das Binden synchronisiert die Datenquelle und das Control in der Weise, dass Änderungen der Datenquelle dem Control weiter gegeben werden. Das DataGrid wird mit

```
<asp:DataGrid
  id=grid runat=server
  BorderColor="black"
  BorderWidth="2"
  CellPadding="5" />
```

als Server Control definiert. Es wird mit

```
grid.DataBind( );
```

gebunden und die Zuweisung

```
grid.HeaderStyle.CssClass = "fett";
```

weist die Attribute

```
font-weight:bold;
background-color:#99ffff;
```

zu, wodurch die Kopfzeile fett geschrieben und farbig unterlegt wird. Die Verbindung zum SQL Server nimmt der Benutzer ASPNET auf. Existiert dieser Benutzer nicht in der Benutzerliste des SQL Servers, so weist der Server die Verbindung zurück. In diesem Fall muss der Benutzer ASPNET mit Hilfe des SQL Server Enterprise Manager unter Sicherheit - Benutzernamen eingetragen werden.

Bestellung	Produkt
10249	Tofu
10249	Manjimup Dried Apples
10250	Jack's New England Clam Chowder
10250	Manjimup Dried Apples
10250	Louisiana Fiery Hot Pepper Sauce

Abbildung 13.4_8

Die Datei 13.4_8.aspx:

```
<%@ Page Language=C# %>
<%@ Import Namespace="System.Data" %>
<%@ Import Namespace="System.Data.SqlClient" %>

<style>
.fett
{
  font-weight:bold;
  background-color:#99ffff;
}
</style>

<script  runat=server>
  string ve =
  "Server=(local);Database=Northwind;Integrated Security=true;";

  string ab =
    "SELECT o.OrderID AS Bestellung, "+
    "ProductName AS Produkt "+
    "FROM Orders o, Products p, \"Order Details\" d "+
    "WHERE o.OrderID BETWEEN 10249 AND 10250 "+
    "AND o.OrderID = d.OrderID "+
    "AND d.ProductID = p.ProductID";

protected override void OnLoad(EventArgs e)
{
  if(!IsPostBack)
  {
    SqlDataAdapter adapter = new SqlDataAdapter(ab, ve);
    DataTable table = new DataTable( );
    adapter.Fill(table);
    DataView view = new DataView(table);
    grid.DataSource = view;
```

```
    grid.DataBind( );
    grid.HeaderStyle.CssClass = "fett";
  }
}
</script>

<html>
<body>
<form runat=server>
<asp:DataGrid
  id=grid runat=server
  BorderColor="black"
  BorderWidth="2"
  CellPadding="5" />
</form>
</body>
</html>
```

13.5 XML

Die Extensible Markup Language, abgekürzt XML, dient der Strukturierung von Daten. Die strukturbildenden Elemente sind Tags, was an HTML erinnert. HTML-Tags haben eine Bedeutung. So öffnet <table> eine Tabelle oder <p> einen Absatz. XML-Tags haben von sich aus keine Bedeutung. Sie erlangen erst eine Bedeutung, wenn man ihnen eine Bedeutung beimisst. Dass es sich bei dem folgenden Beispiel um eine Liste von Bestellungen handelt, ist rein menschliche Interpretation. XML behandelt nur die Struktur und nicht die Bedeutung.

```
<Bestellungen>
  <Bestellung>
    <Datum>14.11.2002</Datum>
    <Kunde>
      <Name>Alois Huber</Name>
      <Stadt>München</Stadt>
      . . .
    </Kunde>
    <Artikel>
      . . .
    </Artikel>
  </Bestellung>
  <Bestellung>
    <Datum>20.11.2002</Datum>
    <Kunde>
      <Name>Hein Mück</Name>
      <Stadt>Bremerhafen</Stadt>
```

```
      . . .
    </Kunde>
    <Artikel>
      . . .
    </Artikel>
  </Bestellung>
</Bestellungen>
```

Beim Erstellen von XML-Dokumenten müssen einige Regeln eingehalten werden. Ein XML-Dokument, das diese Regeln einhält, nennt man wohlgeformt.

Ein XML-Dokument beginnt mit der XML-Deklaration.

```
<?xml version="1.0"?>
```

Die mit der Festlegung des Encoding erweiterte XML-Deklaration ermöglicht die Verwendung von Umlauten, dem ß und sonstigen landesspezifischen Sonderzeichen.

```
<?xml version="1.0" encoding="ISO-8859-1"?>
```

Zu jedem öffnenden Tag muss es ein schließendes Tag geben.

```
<Hund></Hund>
```

XML unterscheidet zwischen Groß- und Kleinschreibung.

`<Katze></katze>` ist falsch

Tags dürfen geschachtelt werden. Sie dürfen jedoch nicht überlappen.

`<Haustier><Katze></Haustier></Katze>` ist falsch

`<Haustier><Katze></Katze></Haustier>` ist richtig

Ein XML-Dokument kann mit einer Document Type Definition abgekürzt DTD versehen werden. Die DTD legt Regeln bezüglich der Struktur des Dokuments fest. Ein Dokument, dessen Struktur der DTD entspricht nennt man gültiges Dokument.

Die Datei 13.5_1.xml:

```
<?xml version="1.0" encoding="ISO-8859-1"?>
<!DOCTYPE Dokument
[
<!ELEMENT Dokument (Kapitel)+>
<!ELEMENT Kapitel (Titel?, Absatz+)>
<!ELEMENT Titel (#PCDATA)>
<!ELEMENT Absatz (#PCDATA)>
<!ENTITY U "Überschrift des Kapitels">
<!ENTITY T "Text des Absatzes">
<!ATTLIST Dokument typ (Buch|Brief) #REQUIRED>
]>
<Dokument typ="Buch">
  <Kapitel>
    <Titel>&U; 1</Titel>
    <Absatz>&T; 1.1</Absatz>
    <Absatz>&T; 1.2</Absatz>
    <Absatz>&T; 1.3</Absatz>
  </Kapitel>
  <Kapitel>
    <Titel>&U; 2</Titel>
    <Absatz>&T; 2.1</Absatz>
    <Absatz>&T; 2.2</Absatz>
  </Kapitel>
</Dokument>
```

Die DTD beginnt mit dem Schlüsselwort DOCTYPE und dem Bezeichner des Dokuments. Es können Bezeichner wie Dokument, Buch, Brief oder Katalog gewählt werden, die in irgend einer Art und Weise den Sinn des Dokuments charakterisieren. Zwischen den eckigen Klammern sind die Strukturelemente an dem Schlüsselwort ELEMENT zu erkennen. Das mit

```
<!ELEMENT Dokument (Kapitel)+>
```

definierte Element mit dem Namen Dokument besteht aus dem in runde Klammern eingeschlossenen Element Kapitel, das wegen des angehängten + einmal oder mehrmals vorkommen darf.

Das Kapitel

```
<!ELEMENT Kapitel (Titel?, Absatz+)>
```

besteht aus dem Titel, der wegen des angehängten ? einmal oder keinmal vorhanden sein muss und dem Absatz, der einmal oder mehrmals vorhanden sein muss.

Die Elemente Titel und Absatz

```
<!ELEMENT Titel (#PCDATA)>
<!ELEMENT Absatz (#PCDATA)>
```

enthalten Daten.

`#PCDATA` bezeichnet Parsed Character Data, die aus Buchstaben und Ziffern bestehen bzw. dem angegebenen Encoding entsprechen.

`#NDATA` macht die Verwendung beliebiger Daten möglich. Es findet keine Überprüfung formaler Eigenschaften statt.

Mit

```
<!ENTITY U "Überschrift des Kapitels">

<!ENTITY T "Text des Absatzes">
```

werden Entity genannte Textabkürzungen definiert.

Entities werden mit & eingeleitet und mit ; abgeschlossen.

`&U;` wird im Dokument durch Überschrift des Kapitels ersetzt.

`&T;` wird im Dokument durch Text des Absatzes ersetzt.

Die Attributliste

```
<!ATTLIST Dokument typ (Buch|Brief) #REQUIRED>
```

ermöglicht es, dem Element Dokument mit

```
<Dokument typ="Buch">
```

ein Attribut zuzuweisen. Der Name des Attributs ist typ. Es sind auch Namen wie art, attribut1 oder doktyp zulässig. Dem Attribut kann einer der Werte Buch oder Brief zugewiesen werden.

`#REQUIRED` verlangt die Zuweisung eines Attributs.

`#IMPLIED` stellt die Zuweisung eines Attributs zur Wahl.

Die Darstellung im Browser:

```
  <?xml version="1.0" encoding="ISO-8859-1" ?>
  <!DOCTYPE Dokument (View Source for full doctype...)>
- <Dokument typ="Buch">
  - <Kapitel>
      <Titel>Überschrift des Kapitels 1</Titel>
      <Absatz>Text des Absatzes 1.1</Absatz>
      <Absatz>Text des Absatzes 1.2</Absatz>
      <Absatz>Text des Absatzes 1.3</Absatz>
    </Kapitel>
  - <Kapitel>
      <Titel>Überschrift des Kapitels 2</Titel>
      <Absatz>Text des Absatzes 2.1</Absatz>
      <Absatz>Text des Absatzes 2.2</Absatz>
    </Kapitel>
  </Dokument>
```

Abbildung 13.5_1

Beispiel 13.5_2 formatiert die Darstellung eines XML-Dokuments mit CSS. Zunächst wird das XML-Dokument ohne Formatierung im Browser dargestellt.

```
  <?xml version="1.0" encoding="ISO-8859-1" ?>
- <Adressen>
  - <Person>
      <Name>Otto Meier</Name>
      <Strasse>Hauptstraße 55</Strasse>
      <Stadt>42112 Wuppertal</Stadt>
      <Ruf>Ruf 0202/223344</Ruf>
    </Person>
  </Adressen>
```

Abbildung 13.5_2a

Die erste Version derDatei 13.5_2.xml:

```
<?xml version="1.0" encoding="ISO-8859-1"?>
<Adressen>
  <Person>
    <Name>Otto Meier</Name>
    <Strasse>Hauptstraße 55</Strasse>
    <Stadt>42112 Wuppertal</Stadt>
    <Ruf>Ruf 0202/223344</Ruf>
  </Person>
</Adressen>
```

Nun wird der Datei 13.5_2.xml die Zeile

```
<?xml-stylesheet type="text/css" href="13.5_2.css"?>
```

hinzugefügt. Diese Zeile erklärt die Datei 13.5_2.css zum Style Sheet vom Typ text/css, das den XML-Elementen Person, Name, Strasse, Stadt und Ruf Formatangaben zuordnet. Wählt man nun mit dem Browser die XML-Datei an, so fordert dieser die CSS-Datei zusätzlich an und stellt die XML-Datei formatiert dar.

Otto Meier
Hauptstraße 55
42112 Wuppertal
Ruf 0202/223344

Abbildung 13.5_2b

Die zweite Version der Datei 13.5_2.xml:

```
<?xml version="1.0" encoding="ISO-8859-1"?>
<?xml-stylesheet type="text/css" href="13.5_2.css"?>
<Adressen>
  <Person>
    <Name>Otto Meier</Name>
    <Strasse>Hauptstraße 55</Strasse>
    <Stadt>42112 Wuppertal</Stadt>
    <Ruf>Ruf 0202/223344</Ruf>
  </Person>
</Adressen>
```

Die Datei 13.5_2.css:

```
Person
{
  display: block;
  margin-bottom: 20px;
}
Name
{
  display: block;
  color: #0000ff;
  font-size: 20px;
}
Strasse
{
  display: block;
  color: #006600;
  font-size: 15px;
}
Stadt
{
  display: block;
  color: #000000;
```

```
  font-size: 15px;
}
Ruf
{
  display: block;
  color: #ff0000;
  font-size: 15px;
}
```

Beispiel 13.5_3 formatiert die Darstellung eines XML-Dokuments mit der Extensible Stylesheet Language XSL. Die Zeile

```
<?xml-stylesheet type="text/xsl" href="13.5_3.xsl"?>
```

in der Datei 13.5_3.xml erklärt die Datei 13.5_3.xsl zum Style Sheet vom Typ text/xsl.

Eine XSL-Datei beginnt wie eine XML-Datei mit der Zeile:

```
<?xml version="1.0" encoding="ISO-8859-1"?>
```

Das eigentliche Style Sheet beginnt mit

```
<xsl:stylesheet version="1.0"
xmlns:xsl="http://www.w3.org/1999/XSL/Transform">
```

Das XSL Template Element

```
<xsl:template match="/Adressen/Person">
```

stellt mit dem Attribut match die Verknüpfung zu einem XML-Element her. Es benutzt den Pfad /Adressen/Person. Dadurch kann man mit

```
<xsl:value-of select="Name"/>
```

direkt auf das XML-Element /Adressen/Person/Name zugreifen.

XSL verlangt zu jedem öffnenden Tag ein schließendes Tag. Daher muss man den Zeilenwechsel <br /> mit einem Schrägstrich versehen. Aus Gründen der Kompatibilität mit unterschiedlichen Browsern sollte man vor dem Schrägstrich ein Leerzeichen einfügen. Die Mischung aus HTML- und XSL-Elementen transformiert das XML-Dokument. Wählt man mit dem Browser die Datei

13.5_3.xml an, so formatiert das XSL Style Sheet das XML-Dokument in der Weise, dass das gleiche formatierte Bild entsteht wie bei Beispiel 13.5_2.

Die Datei 13.5_3.xml:

```
<?xml version="1.0" encoding="ISO-8859-1"?>
<?xml-stylesheet type="text/xsl" href="13.5_3.xsl"?>
<Adressen>
  <Person>
    <Name>Otto Meier</Name>
    <Strasse>Hauptstraße 55</Strasse>
    <Stadt>42112 Wuppertal</Stadt>
    <Ruf>Ruf 0202/223344</Ruf>
  </Person>
</Adressen>
```

Die Datei 13.5_3.xsl:

```
<?xml version="1.0" encoding="ISO-8859-1"?>

<xsl:stylesheet version="1.0"
xmlns:xsl="http://www.w3.org/1999/XSL/Transform">

<xsl:template match="/Adressen/Person">
<html>
<body>

<span style="color:#0000ff;font-size:20px;">
<xsl:value-of select="Name"/>
</span><br />

<span style="color:#006600;font-size:15px;">
<xsl:value-of select="Strasse"/>
</span><br />

<span style="color:#000000;font-size:15px;">
<xsl:value-of select="Stadt"/>
</span><br />

<span style="color:#ff0000;font-size:15px;">
<xsl:value-of select="Ruf"/>
</span><br/>

</body>
</html>
</xsl:template>
</xsl:stylesheet>
```

Für die nun folgenden Beispiele wird die Datei Adressen.xml benötigt.

```
<?xml version="1.0" encoding="ISO-8859-1"?>
<Adressen>
  <Person>
    <Vorname>Otto</Vorname>
    <Name>Meier</Name>
    <Strasse>Hauptstrasse 30</Strasse>
    <Stadt>Frankfurt</Stadt>
  </Person>
    <Person>
      <Vorname>Karl</Vorname>
      <Name>Schulz</Name>
      <Strasse>Königsallee 22</Strasse>
      <Stadt>Düsseldorf</Stadt>
    </Person>
  <Person>
    <Vorname>Alfred</Vorname>
    <Name>Schmitz</Name>
    <Strasse>Am Wald 44</Strasse>
    <Stadt>Köln</Stadt>
  </Person>
  <Person>
    <Vorname>August</Vorname>
    <Name>Müller</Name>
    <Strasse>Kurfürstendamm 288</Strasse>
    <Stadt>Berlin</Stadt>
  </Person>
</Adressen>
```

Beispiel 13.5_4 formatiert das XML-Dokument mit XSL. Dazu wird die Datei Adressen.xml auf 13.5_4.xml umkopiert und wie folgt ergänzt:

```
<?xml version="1.0" encoding="ISO-8859-1"?>
<?xml-stylesheet type="text/xsl" href="13.5_4.xsl"?>
<Adressen>
  . . .
</Adressen>
```

Im XSL Style Sheet wird mit

```
<xsl:template match="/">
```

eine Verknüpfung mit dem Root Element hergestellt. Danach folgen HTML-Elemente, die eine Tabelle definieren.

Das XSL-Objekt

```
<xsl:for-each select="Adressen/Person">
```

stellt eine foreach-Schleife über alle <Person> Elemente dar. Wegen der Verknüpfung mit dem Root Element durch match="/" muss der vollständige Pfad angegeben werden. Innerhalb der Schleife ist eine Zeile der Tabelle definiert. In die Felder dieser Zeile werden die mit

```
<xsl:value-of . . . />
```

abgerufenen Werte eingetragen. Wählt man mit dem Browser die Datei 13.5_4.xml an, so wird das folgende Bild angezeigt:

Vorname	Name	Strasse	Stadt
Otto	Meier	Hauptstrasse 30	Frankfurt
Karl	Schulz	Königsallee 22	Düsseldorf
Alfred	Schmitz	Am Wald 44	Köln
August	Müller	Kurfürstendamm 288	Berlin

Abbildung 13.5_4

Die Datei 13.5_4.xsl:

```
<?xml version="1.0" encoding="ISO-8859-1"?>

<xsl:stylesheet version="1.0"
xmlns:xsl="http://www.w3.org/1999/XSL/Transform">

<xsl:template match="/">
<html>
<body>
<table border="2" cellspacing="0" cellpadding="5">
<tr>
<th>Vorname</th>
```

```
<th>Name</th>
<th>Strasse</th>
<th>Stadt</th>
</tr>
<xsl:for-each select="Adressen/Person">
<tr>
<td><xsl:value-of select="Vorname"/></td>
<td><xsl:value-of select="Name"/></td>
<td><xsl:value-of select="Strasse"/></td>
<td><xsl:value-of select="Stadt"/></td>
</tr>
</xsl:for-each>
</table>
</body>
</html>
</xsl:template>
</xsl:stylesheet>
```

Die Elemente eines XML-Dokuments können auch in ein HTML-Dokument eingefügt werden. Die Verbindung zum XML-Dokument wird mit

```
<xml id="adressen" src="Adressen.xml"></xml>
```

hergestellt und mit

```
<table
  border="2"
  cellspacing=0
  cellpadding=5
  datasrc="#adressen">
```

wird das XML-Dokument der Tabelle als Datenquelle übergeben. Die Tabellenfelder werden mit

```
<td><div datafld= . . .></div></td>
```

angelegt. Wählt man mit dem Browser die Datei 13.5_5.html an, so wird die gleiche Tabelle wie im vorigen Beispiel angezeigt.

Die Datei 13.5_5.html:

```
<html>
<head>
<title>Beispiel </title>
</head>
<body>
<xml id="adressen" src="Adressen.xml"></xml>
<table
  border="2"
  cellspacing=0
  cellpadding=5
  datasrc="#adressen">
<thead>
<tr align=left>
<th>Vorname</th>
<th>Name</th>
<th>Strasse</th>
<th>Stadt</th>
</tr>
</thead>
<tbody>
<tr>
<td><div datafld="Vorname"></div></td>
<td><div datafld="Name"></div></td>
<td><div datafld="Strasse"></div></td>
<td><div datafld="Stadt"></div></td>
</tr>
</tbody>
</table>
</body>
</html>
```

Beispiel 13.5_6 importiert mit

```
<%@ Import Namespace="System.Data" %>
```

den Namensraum System.Data. Das DataSet adr liest mit

```
adr.ReadXml(MapPath("Adressen.xml"));
```

das XML-Dokument. Ein Repeater wird mit

```
<asp:Repeater id="repeater" runat=server>
```

als Server Control definiert.

Das DataSet adr wird mit

```
repeater.DataSource=adr;
repeater.DataBind( );
```

zur Datenquelle des Repeaters. Der Repeater wirkt dadurch wie eine foreach-Schleife über die Zeilen des DataSet. Die HTML-Tabelle wird im <HeaderTemplate>, <ItemTemplate> und <FooterTemplate> des Repeaters definiert. Die Daten werden durch die Datenbindungsaudrücke

```
<td><%# DataBinder.Eval(Container.DataItem, "Vorname") %></td>
<td><%# DataBinder.Eval(Container.DataItem, "Name") %></td>
<td><%# DataBinder.Eval(Container.DataItem, "Strasse") %></td>
<td><%# DataBinder.Eval(Container.DataItem, "Stadt") %></td>
```

in die Tabellenfelder gesetzt. Datenbindungsausdrücke entsprechen der Zeichenfolge:

```
<%# Datenbindungsaudruck %>
```

Die Methode DataBinder.Eval entnimmt einen Wert aus Container.DataItem. Der Rückgabewert ist vom Typ Object. Mit einem zusätzlichen dritten Parameter kann das gewünschte Rückgabeformat angegeben werden. Die Methode wird für jede Tabellenspalte aufgerufen, und durch die Wirkung des Repeaters wird dieser Vorgang für jede Tabellenzeile wiederholt.

Die Datei 13.5_6.aspx:

```
<%@ Page Language=C#%>
<%@ Import Namespace="System.Data" %>

<script  runat=server>
protected override void OnLoad(EventArgs e)
{
  if(!IsPostBack)
  {
    DataSet adr = new DataSet( );
    adr.ReadXml(MapPath("Adressen.xml"));
    repeater.DataSource=adr;
    repeater.DataBind( );
  }
```

```
}
</script>
<html>
<head>
<title>Beispiel </title>
</head>
<body>
<form runat=server>
<asp:Repeater id="repeater" runat=server>
<HeaderTemplate>
<table
  border="2"
  cellspacing=0
  cellpadding=5>
<tr align=left>
<th>Vorname</th>
<th>Name</th>
<th>Strasse</th>
<th>Stadt</th>
</tr>
</HeaderTemplate>
<ItemTemplate>
<tr>
<td><%# DataBinder.Eval(Container.DataItem, "Vorname") %></td>
<td><%# DataBinder.Eval(Container.DataItem, "Name") %></td>
<td><%# DataBinder.Eval(Container.DataItem, "Strasse") %></td>
<td><%# DataBinder.Eval(Container.DataItem, "Stadt") %></td>
</tr>
</ItemTemplate>
<FooterTemplate>
</table>
</FooterTemplate>
</asp:Repeater>
</form>
</body>
</html>
```

Beispiel 13.5_7 liest das XML-Dokument ebenfalls in ein DataSet und entnimmt mit

```
table = adr.Tables[0];
```

den DataTable table. Auf die Werte in einem DataTable kann direkt zugegriffen werden. Dadurch ist es möglich, eine Tabelle mit zwei geschachtelten for-Schleifen zu erzeugen.

Das Skript

```
<%Felder( );%>
```

ruft die Methode Felder auf, die die Tabellenfelder Zeile für Zeile aufbaut.

Die Datei 13.5_7.aspx:

```
<%@ Page Language=C#%>
<%@ Import Namespace="System.Data" %>

<script  runat=server>
DataTable table;

protected override void OnLoad(EventArgs e)
{
  if(!IsPostBack)
  {
    DataSet adr = new DataSet( );
    adr.ReadXml(MapPath("Adressen.xml"));
    table = adr.Tables[0];
  }
}

void Felder( )
{
  for(int i=0; i<table.Rows.Count; i++)
  {
    Response.Write("<tr>");
    for(int j=0; j<table.Columns.Count; j++)
    {
      Response.Write("<td>");
      Response.Write(table.Rows[i][j]);
      Response.Write("</td>");
    }
    Response.Write("</tr>");
  }
}
</script>

<html>
<head>
<title>Beispiel </title>
</head>
<body>
<table
  border="2"
  cellspacing=0
```

```
  cellpadding=5>
<tr align=left>
<th>Vorname</th>
<th>Name</th>
<th>Strasse</th>
<th>Stadt</th>
</tr>
<%Felder( );%>
</table>
</body>
</html>
```

Beispiel 13.5_8 stellt die gleiche Tabelle in einem DataGrid dar, das mit

```
<asp:DataGrid
  id=grid runat=server
  BorderColor="black"
  BorderWidth="2"
  CellPadding="5" />
```

definiert ist. Das DataSet und der DataTable werden wie im vorigen Beispiel angelegt. Die dann folgenden Anweisungen

```
DataView view = new DataView(table);
grid.DataSource = view;
grid.DataBind( );
grid.HeaderStyle.CssClass = "fett";
```

binden die Datenquelle an das DataGrid und formatieren die Kopfzeile des DataGrid. Diese Anweisungsfolge ist bei Beispiel 13.4_8 erläutert.

Vorname	Name	Strasse	Stadt
Otto	Meier	Hauptstrasse 30	Frankfurt
Karl	Schulz	Königsallee 22	Düsseldorf
Alfred	Schmitz	Am Wald 44	Köln
August	Müller	Kurfürstendamm 288	Berlin

Abbildung 13.5_8

Die Datei 13.5_8.aspx:

```
<%@ Page Language=C#%>
<%@ Import Namespace="System.Data" %>
<%@ Import Namespace="System.Drawing" %>

<style>
.fett
{
  font-weight:bold;
  background-color:#99ffff;
}
</style>

<script  runat=server>
protected override void OnLoad(EventArgs e)
{
  if(!IsPostBack)
  {
    DataSet adr = new DataSet( );
    adr.ReadXml(MapPath("Adressen.xml"));
    DataTable table = adr.Tables[0];
    DataView view = new DataView(table);
    grid.DataSource = view;
    grid.DataBind( );
    grid.HeaderStyle.CssClass = "fett";
  }
}
</script>

<html>
<body>
<form runat=server>
<asp:DataGrid
  id=grid runat=server
  BorderColor="black"
  BorderWidth="2"
  CellPadding="5" />
</form>
</body>
</html>
```

Beispiel 13.5_9 zeigt wie HTML-Tags in ein XML-Dokument eingebaut werden. Das XML-Tag <h3> wird mit dem Style Sheet formatiert. Das HTML-Tag <html:h3> wird dadurch jedoch nicht beeinflusst. Die unterschiedliche Formatierung ist in der Abbildung deutlich zu erkennen.

XML

HTML

Abbildung 13.5_9

Die Datei 13.5_9.xml:

```
<?xml version="1.0" encoding="ISO-8859-1"?>
<?xml-stylesheet type="text/css" href="13.5_9.css"?>
<xyz xmlns:html="http://www.w3.org/TR/REC-html40">
  <h3>
    XML
  </h3>
  <html:h3>
    <html:u>
      HTML
    </html:u>
  </html:h3>
</xyz>
```

Die Datei 13.5_9.css:

```
h3
{
  font-size:24px;
  font-weight:bold;
}
```

14 Web Applications, Web Services und Remoting

Im ersten Abschnitt dieses Kapitels werden Web Applications mit Codebehind vorgestellt. Die darauf folgenden Abschnitte behandeln Web Services und Remoting. Web Services stellen eine spezialisierte Form des Remotings mit Hilfe des IIS dar.

14.1 Web Applications

Die im Kapitel 13 beschriebenen ASP.NET Anwendungen sind auch Web-Anwendungen, englisch Web Applications. In diesem Abschnitt werden spezielle Web-Anwendungen vorgestellt, die auf .cs oder .dll Dateien zurückgreifen.

Die .cs Datei des Beispiels 14.1_1 enthält die Klasse App14_1_1, die von der Klasse System.Web.UI.Page abgeleitet ist. Die Methode Antwort benutzt die Eigenschaft Response der Klasse Page, um einen Antwortstring zu senden.

Die Datei 14.1_1.cs:

```
using System;
using System.Web.UI;

public class App14_1_1 : Page
{
  public void Antwort( )
  {
    Response.Write("ASP.NET Web Anwendung");
  }
}
```

Diese Datei wird im Verzeichnis C:\Home\bin angelegt. Die Page Direktive

```
<%@ Page Language=C# Inherits="App14_1_1" Src="bin\14.1_1.cs" %>
```

erklärt die Datei mit Src="bin\14.1_1.cs" zur Quelldatei. Durch Inherits="App14_1_1" wird festgelegt, dass die vom Server generierte Kompilierungsquelle eine Klasse enthält, die von

App14_1_1 abgeleitet ist. Dadurch kann man von der ASPX-Seite aus auf alle public oder protected vereinbarten Mitglieder der Klasse App14_1_1 zugreifen und wegen der Ableitungsfolge auch auf die entsprechenden Mitglieder der Klasse Page. Das Skript

```
<%Antwort( );%>
```

ruft die public vereinbarte Methode Antwort auf, die einen Antwortstring sendet.

Die Datei 14.1_1.aspx:

```
<%@ Page Language=C# Inherits="App14_1_1" Src="bin\14.1_1.cs" %>
<html>
<body>
<h3>
<%Antwort( );%>
<h3>
</body>
</html>
```

Wählt man mit dem Browser http://meinServer/14.1_1.aspx auf, so wird die folgende Antwort angezeigt:

ASP.NET Web Anwendung

Lässt man in der Page Direktive

```
<%@ Page Language=C# Inherits="App14_1_1" %>
```

das Src-Attribut weg, so erhält man im Browser die Fehlermeldung:

Der Typ ' App14_1_1' konnte nicht geladen werden.

Wenn keine Quelldatei angegeben ist, so kann der Server auch keine Quelldatei kompilieren. Demzufolge muss eine kompilierte Datei mit der Klasse App14_1_1 vorhanden sein. Die im Verzeichnis C:\Home\bin vorhandenen .dll Dateien werden nach dieser Klasse durchsucht.

Der nächste Schritt besteht darin, die Datei 14.1_1.cs mit

```
csc /t:library 14.1_1.cs
```

zu übersetzen. Das Ergebnis des Übersetzens ist die Datei 14.1_1.dll im Verzeichnis C:\Home\bin. Die Web-Anwendung funktioniert jetzt wieder einwandfrei. Eine weitere Variante der Anwendung erhält man, indem man die Methode Antwort in

```
public string Antwort( )
{
  return "ASP.NET Web Anwendung";
}
```

und das Skript in

```
<%Response.Write(Antwort( ));%>
```

ändert, was zu einer etwas veränderten Aufgabenverteilung führt. Die im Browser dargestellte Antwort bleibt jedoch exakt so wie oben abgebildet. Man kann das Spiel noch weiter treiben. Fügt man das Src-Attribut wieder in die Page Direktive ein, so bekommt man bei der nächsten Anwahl mit dem Browser die Fehlermeldung, dass die Klasse App14_1_1 mehrmals vorhanden ist. Die Begründung ist ganz einfach. Der Server kompiliert die mit dem Src-Attribut angegebene Quelldatei, die die Klasse App14_1_1 enthält, und die von Hand kompilierte Dll enthält diese Klasse ebenfalls. Klassennamen müssen aber eindeutig sein.

Integrierte Entwicklungsumgebungen wie Microsoft Visual Studio gehen etwas anders vor. Zur Datei test.aspx gehört die C#-Datei test.aspx.cs, und die Page Direktive

```
<%@ Page Language=C# Codebehind=" test.aspx.cs " Inherits="testApp" %>
```

enthält das Attribut Codebehind, das die Datei test.aspx.cs als C#-Quelldatei festlegt. Benutzt man keine derartige Entwicklungsumgebung, so ist das Codebehind-Attribut nicht von Belang, und die C#-Datei kann test.aspx.cs oder test.cs genannt werden.

Beispiel 14.1_2 enthält eine erweiterte Page Direktive.

```
<%@ Page Language=C# Inherits="App14_1_2,14.1_2" %>
```

Der Wert des Attributs Inherits besteht aus der Klasse und der hinter dem Komma stehenden Assembly. In dem Fall wird die Klasse in der angegebenen Assembly gesucht. Mit

```
<%Response.Write(datum( ));%>
```

wird das aktuelle Datum und die Uhrzeit in das Browserfenster geschrieben. Die Methode datum gibt unter Benutzung der von 13.3_7 bekannten Aufzählung Wochentag die gesamte Zeile mit Wochentag, Datum und Uhrzeit als String zurück. Der Link zum Beispiel 14.1_1 wird in der .cs Datei als

```
protected HtmlAnchor a1;
```

vereinbart. Da der Server, wie oben schon erläutert, den Inhalt der .aspx Datei in einer von App14_1_2 abgeleiteten Klasse unterbringt, ist es wichtig, dass die Variable a1 entweder public oder protected vereinbart wird. Implizit oder explizit private vereinbarte Variablen sind in der abgeleiteten Klasse nicht sichtbar. In der .aspx Datei wird der Anker mit

```
<a id=a1 runat=server>Beispiel 14.1_1</a>
```

als serverseitiges Anker-Tag definiert. In der Methode OnLoad wird mit

```
a1.HRef = "14.1_1.aspx";
```

festgelegt, dass der Link zum Beispiel 14.1_1 verzweigt. Jetzt ist noch die Frage offen, wo die Variable a1 instanziiert wird. In der vom Server generierten Kompilierungsquelle wird in den Zeilen

```
__ctrl = new System.Web.UI.HtmlControls.HtmlAnchor( );
this.a1 = __ctrl;
```

die Instanz der Klasse HtmlAnchor gebildet und der Variablen a1 zugewiesen.

Es ist Mittwoch der 18.12.2002 10:39:58

Wählen Sie bitte:

Beispiel 14.1_1

Abbildung 14.1_2

Die Datei 14.1_2.aspx:

```
<%@ Page Language=C# Inherits="App14_1_2.14.1_2" %>

<html>
<body>
<h3>
<%Response.Write(datum( ));%>
</h3>
<p>
<h4>W&auml;hlen sie bitte:</h4>
<a id=a1 runat=server>Beispiel 14.1_1</a>
</p>
</body>
</html>
```

Die Datei 14.1_2.cs:

```
using System;
using System.Web.UI;
using System.Web.UI.HtmlControls;

public class App14_1_2 : Page
{
  protected HtmlAnchor a1;

  protected override void OnLoad(EventArgs e)
  {
    a1.HRef = "14.1_1.aspx";
  }
  enum Wochentag
  {
    Sonntag, Montag, Dienstag,
    Mittwoch, Donnerstag, Freitag, Samstag
  }
  public string datum( )
  {
    DateTime dt = DateTime.Now;
```

```
    Wochentag dw = (Wochentag)dt.DayOfWeek;
    string s =
      "Es ist " + dw.ToString( ) + " der " +
    dt.ToString( );
    return s;
  }
}
```

Beispiel 14.1_3 geht auf Beispiel 13.4_4 zurück. Das HTML-Dokument unterscheidet sich nur dadurch, dass der Text und der Eventhandler der Buttons nicht im Button-Tag, sondern in der C#-Datei definiert sind. Die Page Direktive ist mit dem Attribut Debug="true" versehen. Dieser Zusatz kann nach dem Testen entfernt werden. Die HTML und Web Controls werden in der .aspx und der .cs Datei folgendermaßen definiert:

aspx: `<html id=html1 runat=server>`

cs: `protected HtmlGenericControl html1;`

aspx: `<html id=html2 runat=server>`

cs: `protected HtmlGenericControl html2;`

aspx: `<asp:Button id=b1 runat=server />`

cs: `protected Button b1;`

aspx: `<asp:Button id=b2 runat=server />`

cs: `protected Button b2;`

Sowohl HTML als auch Web Controls müssen public oder protected vereinbart werden. Die wichtigsten Events der Klasse Page sind:

Event	Eventhandler	
Init	OnInit	Page_Init
Load	OnLoad	Page_Load
PreRender	OnPreRender	Page_PreRender
Unload	OnUnload	Page_Unload

Die Eventhandler können auf dreierlei Weise definiert werden.

```
protected override void OnInit(EventArgs e)
protected override void OnLoad(EventArgs e)
protected override void OnPreRender(EventArgs e)
protected override void OnUnload(EventArgs e)
```

oder

```
void Page_Init(Object o, EventArgs e)
void Page_Load(Object o, EventArgs e)
void Page_PreRender(Object o, EventArgs e)
void Page_Unload(Object o, EventArgs e)
```

Die dritte Möglichkeit besteht darin, einem Event einen Eventhandler zuzuweisen.

```
Page.Init += new EventHandler(p_init);
```

Da die Klasse App14_1_3 von Page abgeleitet ist, kann man Init oder this.Init statt Page.Init schreiben. Es wird immer zuerst der Konstruktor abgearbeitet. Daher ist der Konstruktor die geeignete Methode, um Eventhandler zuzuweisen.

```
public App14_1_3( )
{
  Init += new EventHandler(p_init);
}
```

Der dazugehörige Eventhandler ist:

```
void p_init(Object o, EventArgs e)
```

Eine Seite wird zuerst initialisiert und dann geladen. Die Events treten daher in der Reihenfolge Init - Load auf. Das PreRender Ereignis tritt auf, bevor die Seite sichtbar wird, und das Unload Ereignis gibt Gelegenheit zum Aufräumen, wenn die Seite entfernt wird. Da der Konstruktor der Klasse App14_1_3 abgearbeitet wird, bevor die Steuerelemente instanziiert sind, müssen deren Eventhandler frühestens nach dem Auftreten des Events Init zugeordnet werden. Das Anklicken eines Buttons schaltet die Sichtbarkeit von html1 und html2 um.

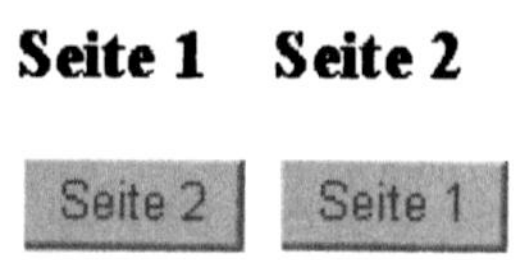

Abbildung 14.1_3

Die Datei 14.1_3.aspx:

```
<%@ Page Language=C# Inherits="App14_1_3" Debug="true" %>

<html id=html1 runat=server>
<body>
<h3>Seite 1</h3>
<form runat=server>
<asp:Button id=b1 runat=server />
</form>
</body>
</html>

<html id=html2 runat=server>
<body>
<h3>Seite 2</h3>
<form runat=server>
<asp:Button id=b2 runat=server />
</form>
</body>
</html>
```

Die Datei 14.1_3.cs:

```
using System;
using System.Web.UI;
using System.Web.UI.HtmlControls;
using System.Web.UI.WebControls;

public class App14_1_3 : Page
{
  protected HtmlGenericControl html1;
  protected HtmlGenericControl html2;
  protected Button b1;
  protected Button b2;

  public App14_1_3( )
  {
```

```
    Init += new EventHandler(p_init);
  }

  void p_init(Object o, EventArgs e)
  {
    b1.Text="Seite 2";
    b1.Click += new EventHandler(b1_click);
    b2.Text="Seite 1";
    b2.Click += new EventHandler(b2_click);
  }
  void Page_Load(Object o, EventArgs e)
  {
    if(!IsPostBack)
    {
      html1.Visible=true;
      html2.Visible=false;
    }
  }
  void b1_click(object o, EventArgs e)
  {
    html1.Visible=false;
    html2.Visible=true;
  }
  void b2_click(object o, EventArgs e)
  {
    html1.Visible=true;
    html2.Visible=false;
  }
}
```

Beispiel 13.3_7 zeigt, wie ein Gästebuch bewusst konservativ programmiert werden kann. Es wird zwar vorausgesetzt, dass ein .NET fähiger Server vorhanden ist. Es werden jedoch keine erhöhten Anforderungen an die Aktualität des Browsers gestellt. Dem Browser wird ein HTML-Dokument ohne CSS und ohne HTML/4.0 Elemente übermittelt. Das Erscheinungsbild des Beispiels 14.1_4 im Browser ist fast identisch mit dem des Beispiels 13.3_7. Das Gästebuch ist diesmal aber eine CSS formatierte ASP.NET Anwendung. Das Eingabefeld für den Namen ist in der .aspx Datei mit

```
<asp:TextBox id="txtName" runat="server"
  class="box"
  style="top:84px;"
  Text="" />
```

als Web Control definiert. Das Attribut class="box" stellt die Verbindung zum Style Sheet .box her, welches das Eingabefeld formatiert. Die übrigen Eingabefelder sind genauso definiert, wobei natürlich die Angaben hinter id und top wechseln. Das Eingabefeld für die Nachricht ist mit

```
<TextArea id="txtMessage" runat="server"
  class="area"
  Text="" />
```

als Html Control definiert. Der Submitbutton

```
<asp:ImageButton id="submit" runat="server"
  style="position:absolute;left:10px;top:360px;cursor:hand;"
  ImageUrl="gast.gif" />
```

ist wieder ein Web Control. Die damit korrespondierenden Vereinbarungen in der .cs Datei sind:

```
protected TextBox txtName;
protected TextBox txtStadt;
protected TextBox txteMail;
protected HtmlTextArea txtMessage;
protected ImageButton submit;
```

Der Eventhandler des Submitbuttons

```
void submit_click(object o, ImageClickEventArgs e)
{
  if(
    txtName.Text != "" ||
    txtStadt.Text != "" ||
    txteMail.Text != "" ||
    txtMessage.InnerText != "")writeLog( );
}
```

fragt ab, ob Eintragungen vorhanden sind und trägt diese gegebenenfalls mit writeLog in die Datei gast.log ein. Die Zeile

```
<div><%readLog( );%></div>
```

unterhalb des Eingabeformulars in der .aspx Datei ruft die Methode readLog auf, die die gespeicherten Eintragungen liest und mit htmlOut über den Server zum Browser schickt. Der Browser zeigt das vom Beispiel 13.3_7 bekannte Bild an.

Abbildung 14.1_4

Die Datei 14.1_4.aspx:

```
<%@ Page Language=C# Inherits="App14_1_4" %>

<style type="text/css">
.gast
{
  position:absolute;
  left:10px;
  top:20px;
  font-family:Arial;
  font-size:36px;
  font-weight:bold;
}
.label
{
  position:absolute;
  left:10px;
  width:52px;
  font-family:Arial;
  font-size:16px;
  font-weight:bold;
```

```
  text-align:right;
}
.box
{
  position:absolute;
  left:66px;
  width:350px;
}
.area
{
  position:absolute;
  left:10px;
  top:200px;
  width:410px;
  height:140px;
}
div
{
  position:absolute;
  left:10px;
  top:410px;
}
</style>

<html>
<body>
<form runat=server>
<asp:Label runat="server"
  class="gast"
  Text="G&auml;stebuch" />
<asp:Label runat="server"
  class="label"
  style="top:84px;"
  Text="Name:" />
<asp:TextBox id="txtName" runat="server"
  class="box"
  style="top:84px;"
  Text="" />
<asp:Label runat="server"
  class="label"
  style="top:110px;"
  Text="Stadt:" />
<asp:TextBox id="txtStadt" runat="server"
  class="box"
  style="top:110px;"
  Text="" />
<asp:Label runat="server"
  class="label"
  style="top:136px;"
  Text="eMail:" />
<asp:TextBox id="txteMail" runat="server"
```

```
  class="box"
  style="top:136px;"
  Text="" />
<asp:Label runat="server"
  class="gast"
  style="top:174px;font-size:20px"
  Text="Ihre Eintragung:" />
<TextArea id="txtMessage" runat="server"
  class="area"
  Text="" />
<asp:ImageButton id="submit" runat="server"
  style="position:absolute;left:10px;top:360px;cursor:hand;"
  ImageUrl="gast.gif" />
</form>
<div><%readLog( );%></div>
</body>
</html>
```

Die Datei 14.1_4.cs:

```
using System;
using System.IO;
using System.Web.UI;
using System.Web.UI.HtmlControls;
using System.Web.UI.WebControls;

public class App14_1_4 : Page
{
  string logFile = @"C:\Home\gast.log";

  protected TextBox txtName;
  protected TextBox txtStadt;
  protected TextBox txteMail;
  protected HtmlTextArea txtMessage;
  protected ImageButton submit;

  protected override void OnInit(EventArgs e)
  {
    submit.Click += new ImageClickEventHandler(submit_click);
  }

  void submit_click(object o, ImageClickEventArgs e)
  {
    if(
      txtName.Text != "" ||
      txtStadt.Text != "" ||
      txteMail.Text != "" ||
      txtMessage.InnerText != "")writeLog( );
  }
```

```
enum Wochentag
{
  Sonntag, Montag, Dienstag,
  Mittwoch, Donnerstag, Freitag, Samstag
}

public void readLog( )
{
  try
  {
    FileStream fs = File.OpenRead(logFile);
    byte[] b = new byte[fs.Length];
    fs.Read(b, 0, b.Length);
    fs.Close( );
    string s = "";
    for(int i=0; i<b.Length; i++)s += (char)b[i];
    htmlOut(s);
  }
  catch(Exception){}
}

void writeLog( )
{
  DateTime dt = DateTime.Now;
  Wochentag dw = (Wochentag)dt.DayOfWeek;
  string s =
    "Eintragung am " + dw.ToString( ) + " dem " +
    dt.ToString( ) + "\r\n" +
    txtName.Text + " aus " +
    txtStadt.Text + "\r\n" +
    "E-Mail: " + txteMail.Text +
    "\r\n\r\n" + txtMessage.InnerText +
    "\r\n\r\n";

  FileStream fs = File.Open(logFile,
  FileMode.Append | FileMode.Create);
  byte[] b = new byte[s.Length];
  for(int i=0; i<s.Length; i++)b[i]=(byte)s[i];
  fs.Write(b, 0, b.Length);
  fs.Close( );
}

void htmlOut(string st)
{
  string s = st;
  s = s.Replace("\r\n", "<br>");
  s = s.Replace("ä", "&auml;");
  s = s.Replace("ö", "&ouml;");
  s = s.Replace("ü", "&uuml;");
  s = s.Replace("Ä", "&Auml;");
  s = s.Replace("Ö", "&Ouml;");
```

```
        s = s.Replace("Ü", "&Uuml;");
        s = s.Replace("ß", "&szlig;");
        s = s.Replace(" ", " ");
        Response.Write(s);
    }
}
```

Im Gegensatz zum Gästebuch zeigt das Kontaktformular bzw. Feedbackformular die Eintragungen nicht öffentlich an. Klickt man nach dem Ausfüllen des Formulars den Imagebutton Eintragen an, so wird das Formular ausgeblendet und statt dessen eine Rückmeldung angezeigt, die nur derjenige sieht, der das Formular ausgefüllt hat. Der wesentliche Unterschied zwischen den .aspx Dateien der Beispiele 14.1_4 und 14.1_5 besteht darin, dass jetzt zwei HTML-Dokumente existieren. Beim Eingabeformular ist id="html1" und bei der Rückmeldung ist id="html2" gesetzt. Zunächst ist das Eingabeformular sichtbar. Nach dem Abschicken der Nachricht wird durch das Ändern der Eigenschaft Visible das Eingabeformular ausgeblendet und die Rückmeldung eingeblendet. Der Eventhandler

```
void submit_click(object o, ImageClickEventArgs e)
{
  if(
    txtName.Text != "" ||
    txtStadt.Text != "" ||
    txteMail.Text != "" ||
    txtMessage.InnerText != "")
  {
    writeLog( );
    html1.Visible=false;
    html2.Visible=true;
  }
}
```

ruft die Methode writeLog auf, die die Eingabe im String Nachricht speichert und in die Datei kontakt.log schreibt. Anschließend ändert dieser Eventhandler die Eigenschaft Visible. Die Rückmeldung

```
<html id="html2" runat="server" Visible="false">
<font face="Arial">
<h1>Feedback</h1>
<h4><%htmlOut("Ihre " + Nachricht);%></h4>
<form runat="server">
<asp:LinkButton
```

```
  id="zurueck" runat="server"
  OnClick="zurueck_click"
  Text="zurück zum Formular" />
</form>
</font>
</html>
```

wird dadurch sichtbar. Die Anweisung

```
<%htmlOut("Ihre " + Nachricht);%>
```

sendet den String Nachricht zum Browser. Der Eventhandler des Linkbuttons mit id="zurueck"

```
public void zurueck_click(object o, EventArgs e)
{
  txtName.Text = "";
  txtStadt.Text = "";
  txteMail.Text = "";
  txtMessage.InnerText = "";
  html2.Visible=false;
  html1.Visible=true;
}
```

löscht die Eingabefelder, blendet die Rückmeldung aus und zeigt das Eingabeformular wieder an.

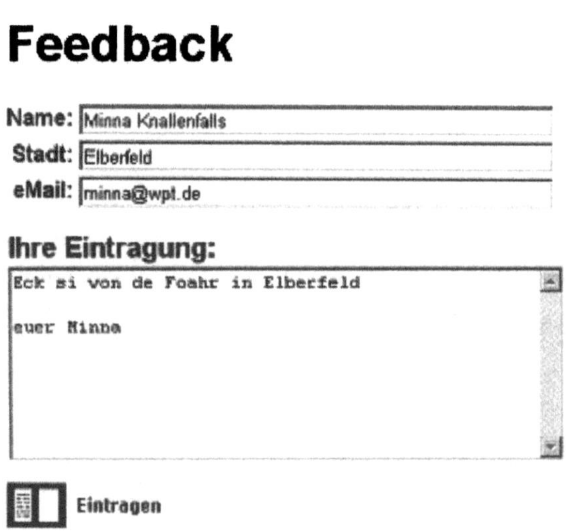

Abbildung 14.1_5a

Nach dem Anklicken des Submitbuttons zeigt der Browser die unten abgebildete Rückmeldung an.

Abbildung 14.1_5b

Die Datei 14.1_5.aspx:

```
<%@ Page Language=C# Inherits="App14_1_5" %>

<style type="text/css">
.gast
{
  position:absolute;
  left:10px;
  top:20px;
  font-family:Arial;
  font-size:36px;
  font-weight:bold;
}
.label
{
  position:absolute;
  left:10px;
  width:52px;
  font-family:Arial;
  font-size:16px;
  font-weight:bold;
  text-align:right;
}
.box
{
  position:absolute;
  left:66px;
  width:350px;
}
```

```
.area
{
  position:absolute;
  left:10px;
  top:200px;
  width:410px;
  height:140px;
}
</style>
<html id="html1" runat="server">
<body>
<form runat=server>
<asp:Label runat="server"
  class="gast"
  Text="Feedback" />
<asp:Label runat="server"
  class="label"
  style="top:84px;"
  Text="Name:" />
<asp:TextBox id="txtName" runat="server"
  class="box"
  style="top:84px;"
  Text="" />
<asp:Label runat="server"
  class="label"
  style="top:110px;"
  Text="Stadt:" />
<asp:TextBox id="txtStadt" runat="server"
  class="box"
  style="top:110px;"
  Text="" />
<asp:Label runat="server"
  class="label"
  style="top:136px;"
  Text="eMail:" />
<asp:TextBox id="txteMail" runat="server"
  class="box"
  style="top:136px;"
  Text="" />
<asp:Label runat="server"
  class="gast"
  style="top:174px;font-size:20px"
  Text="Ihre Eintragung:" />
<TextArea id="txtMessage" runat="server"
  class="area"
  Text="" />
<asp:ImageButton id="submit" runat="server"
  style="position:absolute;left:10px;top:360px;cursor:hand;"
  ImageUrl="gast.gif" />
</form>
</body>
```

```
</html>

<html id="html2" runat="server" Visible="false">
<font face="Arial">
<h1>Feedback</h1>
<h4><%htmlOut("Ihre " + Nachricht);%></h4>
<form runat="server">
<asp:LinkButton
  id="zurueck" runat="server"
  OnClick="zurueck_click"
  Text="zurück zum Formular" />
</form>
</font>
</html>
```

Die Datei 14.1_5.cs:

```
using System;
using System.IO;
using System.Web.UI;
using System.Web.UI.HtmlControls;
using System.Web.UI.WebControls;

public class App14_1_5 : Page
{
  string logFile = @"C:\Home\kontakt.log";
  public string Nachricht;

  protected HtmlGenericControl html1;
  protected HtmlGenericControl html2;
  protected TextBox txtName;
  protected TextBox txtStadt;
  protected TextBox txteMail;
  protected HtmlTextArea txtMessage;
  protected ImageButton submit;
  protected LinkButton zurueck;

  protected override void OnInit(EventArgs e)
  {
    submit.Click += new ImageClickEventHandler(submit_click);
  }

  void submit_click(object o, ImageClickEventArgs e)
  {
    if(
      txtName.Text != "" ||
      txtStadt.Text != "" ||
      txteMail.Text != "" ||
      txtMessage.InnerText != "")
```

```
    {
      writeLog( );
      html1.Visible=false;
      html2.Visible=true;
    }
}

public void zurueck_click(object o, EventArgs e)
{
  txtName.Text = "";
  txtStadt.Text = "";
  txteMail.Text = "";
  txtMessage.InnerText = "";
  html2.Visible=false;
  html1.Visible=true;
}

enum Wochentag
{
  Sonntag, Montag, Dienstag,
  Mittwoch, Donnerstag, Freitag, Samstag
}

void writeLog( )
{
  DateTime dt = DateTime.Now;
  Wochentag dw = (Wochentag)dt.DayOfWeek;
  Nachricht =
    "Nachricht am " + dw.ToString( ) + " dem " +
    dt.ToString( ) + "\r\n" +
    txtName.Text + " aus " +
    txtStadt.Text + "\r\n" +
    "E-Mail: " + txteMail.Text +
    "\r\n\r\n" + txtMessage.InnerText +
    "\r\n\r\n";

  FileStream fs = File.Open(logFile,
  FileMode.Append | FileMode.Create);
  byte[] b = new byte[Nachricht.Length];
  for(int i=0; i<Nachricht.Length; i++)b[i]=(byte)Nachricht[i];
  fs.Write(b, 0, b.Length);
  fs.Close( );
}

public void htmlOut(string st)
{
  string s = st;
  s = s.Replace("\r\n", "<br>");
  s = s.Replace("ä", "&auml;");
  s = s.Replace("ö", "&ouml;");
  s = s.Replace("ü", "&uuml;");
```

```
        s = s.Replace("Ä", "&Auml;");
        s = s.Replace("Ö", "&Ouml;");
        s = s.Replace("Ü", "&Uuml;");
        s = s.Replace("ß", "&szlig;");
        s = s.Replace(" ", " ");
        Response.Write(s);
    }
}
```

Beispiel 14.1_6 zeigt, wie eine geometrisch verhältnismäßig komplexe Imagemap systematisch realisiert werden kann. In der Browserdarstellung enthält die Abbildung ein blaues Rechteck, ein rotes Dreieck und ein schwarzes Polygon mit einem weißen Kreis. Schiebt man den Mauszeiger auf eine der Figuren, so wird er zur Hand. Verlässt man die Figur, so wird der Cursor wieder zum Pfeil. Schiebt man den Cursor auf den Kreis, so wird er ebenfalls wieder zum Pfeil. Der Kreis ist also aus dem schwarzen Polygon ausgespart. Klickt man eine der Figuren an, so wird deren Farbe unterhalb der Abbildung angezeigt.

Abbildung 14.1_6a

Der einfachste Fall ist das Rechteck. Ein Punkt x, y befindet sich genau dann in dem Rechteck mit der linken oberen Ecke x1, y1 und der rechten unteren Ecke x2, y2, wenn

$x1 < x < x2$ und $y1 < y < y2$ ist.

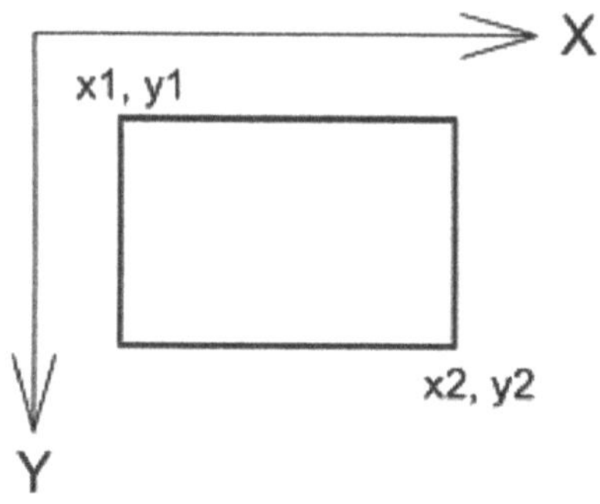

Abbildung 14.1_6b

Die Javascriptfunktion sortiert zunächst die Eckkoordinaten und prüft anschließend die Lage des Punktes x, y. Der Rückgabewert ist true, falls der Punkt im Rechteck ist. Andernfalls wird false zurückgegeben.

```
function PunktInRechteck(x1,y1,x2,y2,x,y)
{
  if(x1>x2){c=x1; x1=x2; x2=c;}
  if(y1>y2){c=y1; y1=y2; y2=c;}
  return (x>x1)&&(x<x2)&&(y>y1)&&(y<y2);
}
```

Beim Kreis kommt man am schnellsten zum Ziel, wenn sich der Kreismittelpunkt im Koordinatenursprung befindet. Setzt man dies voraus, so ist der Punkt x, y genau dann auf dem Umfang des Kreises mit dem Radius R, wenn seine Koordinaten die Bedingung $x^2 + y^2 = R^2$ erfüllen. Folglich befindet sich der Punkt auf einem Kreis mit einem kleineren Radius, wenn $x^2 + y^2 < R^2$ ist.

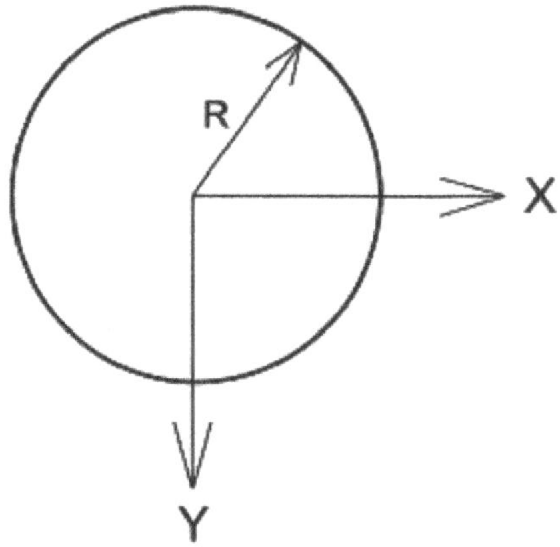

Abbildung 14.1_6c

Die Javascriptfunktion transformiert den Kreismittelpunkt in den Koordinatenursprung, prüft die oben erläuterte Bedingung und gibt true zurück, wenn sich der Punkt im Kreis befindet. Andernfalls wird false zurückgegeben.

```
function PunktInKreis(xm,ym,r,x,y)
{
  x1=xm-x; y1=ym-y;
  return (x1*x1+y1*y1) < r*r;
}
```

Etwas komplizierter ist die Untersuchung eines geschlossenen Polygonzuges. Die unten gestrichelt abgebildete horizontale Gerade geht durch den Punkt x, y. Die Schnittpunkte der Geraden mit dem Polygonzug werden berechnet. Befindet sich der Punkt x, y zwischen den Schnittpunkten S1 und S2, so ist er im Polygon. Befindet er sich zwischen S2 und S3, so ist er außerhalb. Befindet er sich zwischen S3 und S4, so ist er innerhalb. usw.

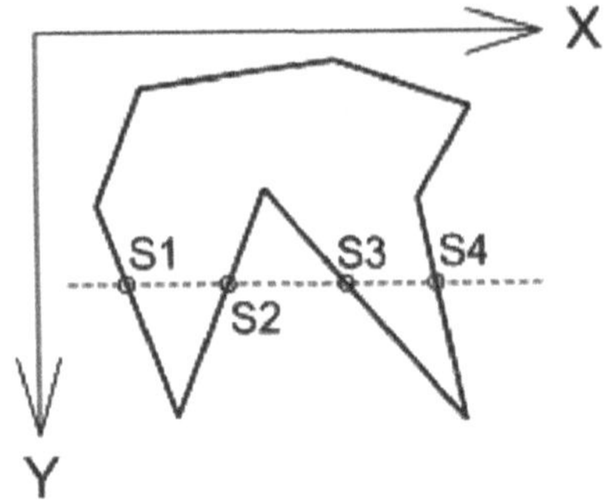

Abbildung 14.1_6d

Die Parameter x1 und y1 der Javascriptfunktion

```
function PunktInPolygon(x1,y1,n,x,y)
{
  . . .
}
```

sind Arrays, die die Koordinaten der n Ecken des Polygons enthalten. Mit

```
for(i=0; i<n; i++)ye[i]=y1[i]-y;
```

wird der Punkt x, y und damit auch die gestrichelte Gerade auf die x-Achse geschoben. Dann wird die Lage der Endpunkte jeder Seite des Polygons untersucht. Ist die Bedingung

```
if((ye[i]<0 && ye[j]>0) || (ye[i]>0 && ye[j]<0))
```

erfüllt, so liegt einer der Endpunkte über der gestrichelten Geraden und der andere darunter. Es existiert also ein Schnittpunkt, der mit

```
xs[ns]=x1[i]-(x1[i]-x1[j])/(ye[i]-ye[j])*ye[i];
```

berechnet wird. Die Schnittpunkte werden in aufsteigender Reihenfolge sortiert. Dann wird, wie oben erläutert, untersucht zwischen welchen Schnittpunkten sich der Punkt x, y befindet. Ergibt sich daraus, dass der Punkt im Polygon liegt, so wird true zurückgegeben. Andernfalls wird false zurückgegeben.

Zwei weitere Funktionen nutzen die oben beschriebenen Funktionen. Die Funktionen PunktInDreieck und PunktInFigur machen zuerst mit PunktInRechteck einen sogenannten Boxtest. Dabei wird untersucht, ob sich der Punkt x, y in dem die Figur umgebenden Rechteck befindet. Dadurch wird mit geringst möglichem Aufwand festgestellt, ob es sich lohnt, die Lage des Punktes bezüglich der Figur näher zu untersuchen. PunktInDreieck ruft, falls der Punkt im umgebenden Rechteck liegt, die Funktion PunktInPolygon mit den Eckkoordinaten des Dreiecks auf. PunktInFigur ruft mit

```
if(!PunktInKreis(229,229,50,x,y))
  return PunktInPolygon(xp,yp,np,x,y);
```

die Funktion PunktInKreis auf. Falls der Punkt nicht im Kreis liegt, wird durch Aufruf von PunktInPolygon festgestellt, ob sich der Punkt im Polygon befindet. Damit wird der Kreis ausgespart. Die Javascriptfunktionen sind in der Datei 14.1_6.js enthalten. Die entsprechenden C#-Methoden sind in der Datei 14.1_6.cs enthalten.

Da die Grundaufgabe gelöst ist, wird jetzt das Zusammenwirken der einzelnen Programmteile beschrieben. Die Datei 14.1_6.aspx enthält ein serverseitiges Formular mit einem Imagebutton und einem Label. Der Imagebutton nimmt die in der Datei map.png abgelegte Grafik auf. Dem Imagebutton sind zwei Eventhandler zugeordnet. Das Click Ereignis ist an den serverseitigen, in C# geschriebenen Eventhandler map_click gebunden, und das MouseMove Ereignis ist an den klientseitigen, in Javascript geschriebenen Eventhandler Maus gebunden. Die Farbe der angeklickten Figur wird als Text des Labels dargestellt.

Die Datei 14.1_6.aspx:

```
<%@ Page Language=C# Inherits="App14_1_6" %>

<html>
<head>
<script src="14.1_6.js" type="text/javascript">
</script>
</head>
<body>
```

```
<form runat="server">
<asp:ImageButton
  id="map" runat="server"
  BorderWidth="2"
  ImageUrl="map.png"
  OnClick="map_click"
  onMouseMove=Maus( )
  style="position:absolute;left:50;top:20"
/>
<asp:Label id="label" runat="server"
  style="position:absolute;left:50;top:430" />
</form>
</body>
</html>
```

Die Datei 14.1_6.js enthält neben den oben beschriebenen Funktionen den Eventhandler Maus, welcher die Mauskoordinaten abfragt, die Funktionen PunktInRechteck, PunktInDreieck und PunktInFigur aufruft und den Cursor entweder als Pfeil oder als Hand darstellt.

Die Datei 14.1_6.js:

```
x=0, y=0;

nd=3;
xd=new Array( );
xd[0]=255;
xd[1]=369;
xd[2]=312;
yd=new Array( );
yd[0]=130;
yd[1]=130;
yd[2]=34;

np=10;
xp=new Array( );
xp[0]=316;
xp[1]=154;
xp[2]=29;
xp[3]=76;
xp[4]=160;
xp[5]=203;
xp[6]=237;
xp[7]=316;
xp[8]=364;
xp[9]=364;
yp=new Array( );
yp[0]=166;
```

```
yp[1]=166;
yp[2]=227;
yp[3]=361;
yp[4]=361;
yp[5]=297;
yp[6]=361;
yp[7]=361;
yp[8]=312;
yp[9]=227;

function PunktInRechteck(x1,y1,x2,y2,x,y)
{
  if(x1>x2){c=x1; x1=x2; x2=c;}
  if(y1>y2){c=y1; y1=y2; y2=c;}
  return (x>x1)&&(x<x2)&&(y>y1)&&(y<y2);
}
function PunktInKreis(xm,ym,r,x,y)
{
  x1=xm-x; y1=ym-y;
  return (x1*x1+y1*y1) < r*r;
}
function PunktInPolygon(x1,y1,n,x,y)
{
  ns=0;
  xs=new Array( );
  ye=new Array( );
  for(i=0; i<n; i++)ye[i]=y1[i]-y;
  for(i=0; i<n; i++)
  {
    j=(i+1)%n;
    if((ye[i]<0 && ye[j]>0) || (ye[i]>0 && ye[j]<0))
    {
      xs[ns]=x1[i]-(x1[i]-x1[j])/(ye[i]-ye[j])*ye[i];
      ns++;
    }
  }
  do
  {
    sort=true;
    for(i=0; i<ns-1; i++)
    {
      if(xs[i]>xs[i+1])
      {
        c=xs[i]; xs[i]=xs[i+1]; xs[i+1]=c;
        sort=false;
      }
    }
  }while(!sort);
  drin=false;
  for(i=0; i<ns-1; i+=2)
  {
```

```
    if(x>xs[i] && x<xs[i+1])drin=true;
  }
  return drin;
}
function PunktInDreieck( )
{
  if(PunktInRechteck(xd[0],yd[2],xd[1],yd[0],x,y))
  {
    return PunktInPolygon(xd,yd,nd,x,y);
  }
  else
    return false;
}
function PunktInFigur( )
{
  if(PunktInRechteck(39,167,375,359,x,y))
  {
    if(!PunktInKreis(229,229,50,x,y))
      return PunktInPolygon(xp,yp,np,x,y);
  }
  else
    return false;
}
function Maus( )
{
  x=document.body.scrollLeft+event.clientX-50;
  y=document.body.scrollTop+event.clientY-20;
  if(
    PunktInRechteck(29,34,133,130,x,y) ||
    PunktInDreieck( ) ||
    PunktInFigur( )
  )
    document.getElementById('map').style.cursor="pointer";
  else
    document.getElementById('map').style.cursor="default";
}
```

Es wäre am einfachsten und auch sinnvoll, den Eventhandler für das Click Ereignis ebenfalls in Javascript zu schreiben. Da es hier aber um C# und .NET geht, wird das Click Ereignis serverseitig mit C# behandelt. Die Datei 14.1_6.cs enthält die C#-Versionen der oben erläuterten Javascriptfunktionen und den Eventhandler map_click. Die ImageClickEventArgs enthalten die Mauskoordinaten X und Y bezüglich der linken oberen Ecke des Imagebuttons. Durch den Aufruf der Methoden PunktInRechteck, PunktInDreieck und PunktInFigur wird getestet, ob eine der drei Figuren angeklickt worden ist. Der Eigenschaft Text des Labels wird dem Ergebnis des Tests entsprechend blau, rot, schwarz oder ein leerer String zugewiesen.

Die Datei 14.1_6.cs:

```
using System;
using System.IO;
using System.Collections;
using System.Web.UI;
using System.Web.UI.HtmlControls;
using System.Web.UI.WebControls;

public class Appl14_1_6 : Page
{
  int x=0, y=0;

  int nd=3;
  int[] xd={255, 369, 312};
  int[] yd={130,130,34};

  int np=10;
  int[] xp={
    316,154,29,76,160,
    203,237,316,364,364};
  int[] yp={
    166,166,227,361,361,
    297,361,361,312,227};

  protected ImageButton map;
  protected Label label;

  bool PunktInRechteck(
    int x1,int y1,int x2,int y2,int x,int y)
  {
    int c;
    if(x1>x2){c=x1; x1=x2; x2=c;}
    if(y1>y2){c=y1; y1=y2; y2=c;}
    return (x>x1)&&(x<x2)&&(y>y1)&&(y<y2);
  }
  bool PunktInKreis(
    int xm,int ym,int r,int x,int y)
  {
    int x1=xm-x; int y1=ym-y;
    return (x1*x1+y1*y1) < r*r;
  }
  bool PunktInPolygon(
    int[] x1,int[] y1,int n,int x,int y)
  {
    int i, j, c, ns=0;
    ArrayList xs=new ArrayList( );
    int[] ye=new int[n];
    for(i=0; i<n; i++)ye[i]=y1[i]-y;
    for(i=0; i<n; i++)
```

```
    {
      j=(i+1)%n;
      if((ye[i]<0 && ye[j]>0) || (ye[i]>0 && ye[j]<0))
      {
        xs.Add(
          (int)(xl[i]-(float)(xl[i]-xl[j])/
          (float)(ye[i]-ye[j])*ye[i]));
        ns++;
      }
    }
    bool sort;
    do
    {
      sort=true;
      for(i=0; i<ns-1; i++)
      {
        if((int)xs[i]>(int)xs[i+1])
        {
          c=(int)xs[i]; xs[i]=xs[i+1]; xs[i+1]=c;
          sort=false;
        }
      }
    }while(!sort);
    bool drin=false;
    for(i=0; i<ns-1; i+=2)
    {
      if(x>(int)xs[i] && x<(int)xs[i+1])drin=true;
    }
    return drin;
  }
  bool PunktInDreieck( )
  {
    if(PunktInRechteck(xd[0],yd[2],xd[1],yd[0],x,y))
    {
      return PunktInPolygon(xd,yd,nd,x,y);
    }
    else
      return false;
  }
  bool PunktInFigur( )
  {
    if(PunktInRechteck(39,167,375,359,x,y))
    {
      if(!PunktInKreis(229,229,50,x,y))
        return PunktInPolygon(xp,yp,np,x,y);
      else
        return false;
    }
    else
      return false;
  }
```

```
public void map_click(object o, ImageClickEventArgs e)
{
  x = e.X; y = e.Y;
  if(PunktInRechteck(29,34,133,130,x,y))label.Text="blau";
  else
  if(PunktInDreieck( ))label.Text="rot";
  else
  if(PunktInFigur( ))label.Text="schwarz";
  else
    label.Text="";
  }
}
```

Beispiel 14.1_7 zählt die Zugriffe auf die Seite. Ein derartiges Programm wird üblicherweise Counter genannt. Die Zahl der Zugriffe wird von dem Label

```
<asp:Label id="counter" runat="server" />
```

angezeigt. Das Prinzip des Counters ist ganz einfach. Die Datei C:\Home\count enthält die Zahl der Zugriffe. Beim nächsten Zugriff auf die Seite wird diese Datei gelesen, die Zahl der Zugriffe um 1 erhöht, im Label angezeigt und wieder in der Datei count abgespeichert. Wählen mehrere Besucher die Seite annähernd gleichzeitig an, so können jedoch Konflikte entstehen. Wählt Besucher a die Seite zuerst an und wählt Besucher b die Seite an, bevor Besucher a den um 1 erhöhten Zählerstand zurückgespeichert hat, so bekommen beide Besucher den gleichen Zählerstand angezeigt. Unabhängig davon, in welcher Reihenfolge die Besucher den Zählerstand zurückspeichern, wird der Zählerstand durch diese zwei Zugriffe nur um 1 und nicht um 2 erhöht. Der Counter geht nach. Um dies zu verhindern, wird die Datei count vor dem Ablesen des Zählerstands verriegelt und erst nach dem Zurückspeichern des Zählerstands wieder entriegelt. Ein alt hergebrachtes Mittel zur Verriegelung ist das Anlegen einer Lockdatei. Ein Zugriff auf die Datei count ist nur dann möglich, wenn keine Datei mit dem Namen lock vorhanden ist. Damit ist eine neue Gefahr verbunden. Sollte die Lockdatei aus irgend einem Grund nicht planmäßig gelöscht werden, so blockiert sie die gesamte Homepage. Aus diesem Grund wird die Lockdatei nach einem Timeout von 5 Sekunden ignoriert.

Die Lösung sieht daher folgendermaßen aus:

```
int timeout = 0;

. . .

while(File.Exists(@"C:\Home\lock") && timeout++ < 10)
  Thread.Sleep(500);

// die Datei lock anlegen

if(!File.Exists(@"C:\Home\count"))
{
  // die Datei count anlegen
}

// den Zählerstand aus der Datei count lesen
// der Zählerstand ist 0 falls
// count keinen Zählerstand enthält

// den Zählerstand um 1 erhöhen
// den Zählerstand anzeigen
// den neuen Zählerstand in der Datei count speichern
// die Datei lock löschen
```

Zu Übungszwecken können die Dateien count und lock im Verzeichnis C:\Home angelegt werden. Wird das Programm im Internet verwendet, so müssen diese Dateien in Verzeichnissen angelegt werden, die außerhalb des Serverpfades liegen. Da die Lockdatei sowohl angelegt als auch gelöscht wird, ist dieser Gesichtspunkt besonders wichtig.

Abbildung 14.1_7

Die Datei 14.1_7.aspx:

```
<%@ Page Language=C# Inherits="App14_1_7" %>

<html>
<body>
<form runat="server" />
<asp:Label id="counter" runat="server" />
</form>
</body>
</html>
```

Die Datei 14.1_7.cs:

```
using System;
using System.IO;
using System.Threading;
using System.Text;
using System.Drawing;
using System.Web.UI;
using System.Web.UI.WebControls;

public class App14_1_7 : Page
{
  protected Label counter;

  protected override void OnLoad(EventArgs e)
  {
    FileStream fs;
    string zahl;
    byte[] b;
    int timeout = 0;

    counter.Width=150;
    counter.Height=40;
    counter.BorderStyle=BorderStyle.Ridge;
    counter.BorderWidth=10;
    counter.BorderColor=Color.LightSteelBlue;
    counter.Style.Add("font-family","Verdana");
    counter.Style.Add("font-size","18");
    counter.Style.Add("text-align","right");

    while(File.Exists(@"C:\Home\lock") && timeout++ < 10)
      Thread.Sleep(500);
    fs = File.Create(@"C:\Home\lock");
    fs.Close( );
```

```
    if(!File.Exists(@"C:\Home\count"))
    {
      fs = File.Create(@"C:\Home\count");
      fs.Close( );
    }
    fs = File.Open(@"C:\Home\count", FileMode.Open);
    if(fs.Length > 0)
    {
      b = new byte[fs.Length];
      fs.Read(b, 0, (int)fs.Length);
      zahl = Encoding.ASCII.GetString(b);
    }
    else
      zahl = "0";
    counter.Text=zahl;
    int n = int.Parse(zahl);
    zahl = (n+1).ToString( );
    b = Encoding.ASCII.GetBytes(zahl);
    fs.SetLength(0);
    fs.Write(b, 0, b.Length);
    fs.Close( );
    File.Delete(@"C:\Home\lock");
  }
}
```

Das Telefonverzeichnis ist eine für das Intranet geeignete Anwendung, welche rein äußerlich nur aus einer Textbox und einem Submitbutton besteht. Trägt man den Suchbegriff in die Textbox ein und klickt anschließend den Submitbutton mit der Beschriftung suchen an, so wird der Eventhandler but_click aufgerufen. Ist die Länge des Suchbegriffs größer als 0, so wird die Datei Telefon.txt nach ähnlich lautenden Begriffen durchsucht. Das Ergebnis der Suche wird im Browserfenster aufgelistet. Bei einem exakten Vergleich des Suchbegriffs mit dem Text der Datei Telefon.txt kann ein einziger Tippfehler eine ergebnislose Suche zur Folge haben. Der hier verwendete Algorithmus ist in den meisten Fällen in der Lage, Tippfehler zu verzeihen. Der Grad der Übereinstimmung des Suchbegriffs mit den gefundenen ähnlich lautenden Begriffen wird zu Beginn jeder Zeile in Prozent angezeigt.

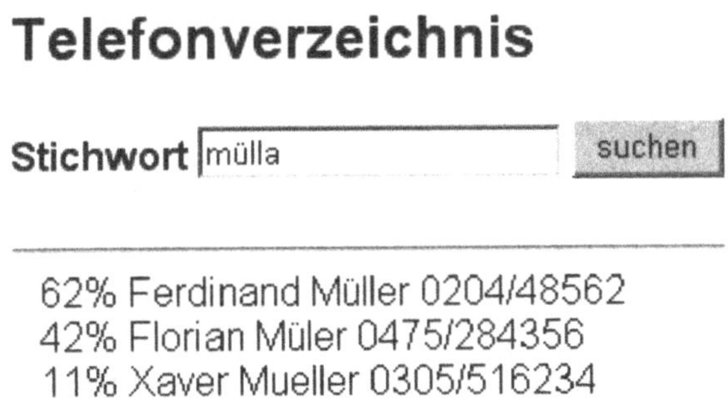

Abbildung 14.1_8

Die Datei 14.1_8.aspx:

```
<%@ Page Language=C# Inherits="App14_1_8" %>

<html>
<body>
<font face="Arial">
<h2>Telefonverzeichnis</h2>
<form runat="server">
<b>Stichwort</b>
<asp:TextBox id="box" runat="server"
  Width="150" />
<asp:Button id="but"  runat="server"
  Text="suchen" OnClick="but_click" />
</form>
<hr>
<%Ergebnis( );%>
</font>
</body>
</html>
```

Das Telefonverzeichnis wird in Zeilen und die Zeilen werden in Wörter zerlegt. Der Suchalgorithmus entnimmt dem Stichwort 2 und 3 Zeichen lange Zeichenfolgen und prüft, ob diese Zeichenfolgen in den Wörtern des Telefonverzeichnisses vorkommen. Ist das Stichwort kürzer, so werden entsprechend kürzere Zeichenfolgen entnommen. Alle Zeichenfolgen werden vor dem Vergleich in Großbuchstaben umgewandelt. Die Trefferraten werden mitgezählt und die größte Trefferrate eines Wortes bestimmt die Trefferrate der Zeile.

Die Struktur des Suchalgorithmus:

```
void suchen(string swort)
{
  // die Datei Telefon.txt in den Bytearray b einlesen

  // readLine liest eine Zeile aus dem Bytearray b
  // readCount zeigt auf das erste Zeichen der nächsten Zeile
  while((zeile=readLine(b, ref readCount)) != null)
  {
    // die gelesene Zeile in Wörter splitten

    // die Zahl der Zeichen, die dem Stichwort entnommen
    // werden, ist l1=3 und l2=2
    // ist das Stichwort kürzer, so wird die Länge
    // des Stichworts eingesetzt

    // prüfen, ob die Substrings der Länge l1 des Stichworts
    // in den Wörtern der Zeile enthalten sind
    // alle Vergleiche werden mit Großbuchstaben ausgeführt
    // die Treffer werden mitgezählt

    // den Vorgang mit l2 wiederholen

    // für jedes Wort
    for(int k=0; k<szeile.Length; k++)
    {
      // die Trefferrate des Wortes berechnen
      // falls die Trefferrate >0 ist
      // die größte Trefferrate ermitteln und
      // getroffen = true setzen
    }
    // falls getroffen
    {
      // die Trefferrate der Zeile
      // der Arraylist prozent hinzufügen
      // die Zeile der Arraylist antwort hinzufügen
    }
  }
}
```

Das Ergebnis der Suche wird im Browser dargestellt. Die Methode Ergebnis sortiert das Suchergebnis nach absteigender Trefferzahl. Dann wird für jede Antwortzeile ein String, der aus der Trefferzahl, dem Prozentzeichen und dem Text der Zeile besteht, zusammengestellt und zum Browser gesendet.

Die Datei 14.1_8.cs:

```
using System;
using System.IO;
using System.Text;
using System.Collections;
using System.Drawing;
using System.Web.UI;
using System.Web.UI.WebControls;

public class App14_1_8 : Page
{
  protected TextBox box;
  protected Button but;
  ArrayList prozent = new ArrayList( );
  ArrayList antwort = new ArrayList( );

  public void but_click(object o, EventArgs e)
  {
    if(box.Text.Length > 0)suchen(box.Text);
  }

  void suchen(string swort)
  {
    string zeile;
    FileStream fs = File.OpenRead(@"C:\Home\Telefon.txt");
    byte[] b = new byte[fs.Length];
    fs.Read(b, 0, (int)fs.Length);
    fs.Close( );
    int readCount = 0;
    while((zeile=readLine(b, ref readCount)) != null)
    {
      int lswort, l1, l2;
      string st;
      string[] szeile = zeile.Split(' ');
      int[] n1 = new int[szeile.Length];
      int[] n2 = new int[szeile.Length];
      lswort = swort.Length;
      if(lswort<=3)l1 = lswort; else l1 = 3;
      if(lswort<=2)l2 = lswort; else l2 = 2;
      for(int k=0; k<szeile.Length; k++)
      {
        n1[k] = n2[k] = 0;
      }
      for(int j=0; j<lswort-l1+1; j++)
      {
        st=swort.Substring(j, l1).ToUpper( );
        for(int k=0; k<szeile.Length; k++)
        {
          string sz = szeile[k].ToUpper( );
          if(sz.IndexOf(st) >= 0)n1[k]++;
```

```
        }
      }
      for(int j=0; j<lswort-l2+1; j++)
      {
        st=swort.Substring(j, l2).ToUpper( );
        for(int k=0; k<szeile.Length; k++)
        {
          string sz = szeile[k].ToUpper( );
          if(sz.IndexOf(st) >= 0)n2[k]++;
        }
      }
      int smax=0;
      bool getroffen=false;
      for(int k=0; k<szeile.Length; k++)
      {
        int nenner=lswort+szeile[k].Length-l1-l2+2;
        if(nenner<1)nenner=1;
        int s=100*(n1[k]+n2[k])/nenner;
        if(s>0)getroffen=true;
        if(smax<s)smax=s;
      }
      if(getroffen)
      {
        prozent.Add(smax);
        antwort.Add(zeile);
      }
    }
  }

  public void Ergebnis( )
  {
    if(box.Text.Length == 0)return;
    if(antwort.Count == 0)
      Response.Write(
        ":-( Die Suche war leider nicht erfolgreich. )-:\n");
    else
    {
      bool tausch = true;
      while(tausch)
      {
        tausch = false;
        for(int j=1; j<antwort.Count; j++)
        {
          if((int)prozent[j-1] < (int)prozent[j])
          {
            int p = (int)prozent[j-1];
            prozent[j-1]=prozent[j];
            prozent[j]=p;
            string a = (string)antwort[j-1];
            antwort[j-1]=antwort[j];
            antwort[j]=a;
```

```
                tausch = true;
              }
            }
          }
          for (int j=0; j<antwort.Count; j ++)
          {
            string pr = prozent[j].ToString( ).PadLeft(5);
            htmlOut(pr + "% " + (string)antwort[j] + "<BR>");
          }
        }
      }

      string readLine(byte[] b, ref int i)
      {
        string s = "";
        while(i<b.Length && b[i]!='\r' && b[i]!='\n')s += (char)b[i++];
        while(i<b.Length && (b[i]=='\r' || b[i]=='\n'))i++;
        if(s.Length>0)return s; else return null;
      }
      public void htmlOut(string st)
      {
        string s = st;
        s = s.Replace("\r\n", "<br>");
        s = s.Replace("ä", "&auml;");
        s = s.Replace("ö", "&ouml;");
        s = s.Replace("ü", "&uuml;");
        s = s.Replace("Ä", "&Auml;");
        s = s.Replace("Ö", "&Ouml;");
        s = s.Replace("Ü", "&Uuml;");
        s = s.Replace("ß", "&szlig;");
        s = s.Replace(" ", " ");
        Response.Write(s);
      }
    }
```

Die Datei Telefon.txt:

```
Walter Abel 0123/456789
Ingrid Appel 02634/283746
Astrid Birnen 05746/123487
Fritz Maier 0192837/65478328
Karl Meier 0224455/883664777
Maria Meyer 0883655/33872275
Ferdinand Müller 0204/48562
Xaver Mueller 0305/516234
Florian Müler 0475/284356
Anna Schmied 06576/354692
Oskar Schmitt 04736/272727
Maja Schmitz 0228846/283746
Erika Schulz 0557382/11883645
Otto Schultz 0407/882365
```

14.2 Web Services

Ein Web Service, auch Web-Dienstanwendung genannt, besteht im einfachsten Fall aus einer Datei mit der Endung .asmx. Beispiel 14.2_1 ist solch ein einfacher Web Service. Durch die Dateiendung und die Direktive

```
<%@ WebService Language="C#" class="Service14_2_1" %>
```

wird ein Web Service in der Sprache C# mit der Klasse Service14_2_1 deklariert. Der Web Service enthält die Methoden addInt und multInt, die mit dem Attribut [WebMethod] versehen sind. Das Attribut macht die Methoden für Klienten auf dem gleichen oder auf einem anderen Host sichtbar. Mit dem Attribut WebService können Zusatzinformationen angegeben werden. Der Standardnamespace eines Web Service ist, falls er nicht geändert wird, http://tempuri.org/. Das Attribut

```
[WebService(Namespace="http://S14_2_1/")]
```

ändert den Standardnamespace, der zwar wie ein URL aussieht, der aber trotzdem nicht auf eine Webresource zeigt. Er dient nur dem Zweck, Web Services voneinander zu unterscheiden.

Die Datei 14.2_1.asmx:

```
<%@ WebService Language="C#" class="Service14_2_1" %>
using System;
using System.Web.Services;

[WebService(Namespace="http://S14_2_1/")]
public class Service14_2_1
{
  [WebMethod]
  public int addInt(int a, int b)
  {
    return a + b;
  }
  [WebMethod]
  public int multInt(int a, int b)
  {
    return a * b;
  }
}
```

Nun wird mit dem Browser http://Hostname/14.2_1.asmx angewählt. Es erscheint das folgende Bild:

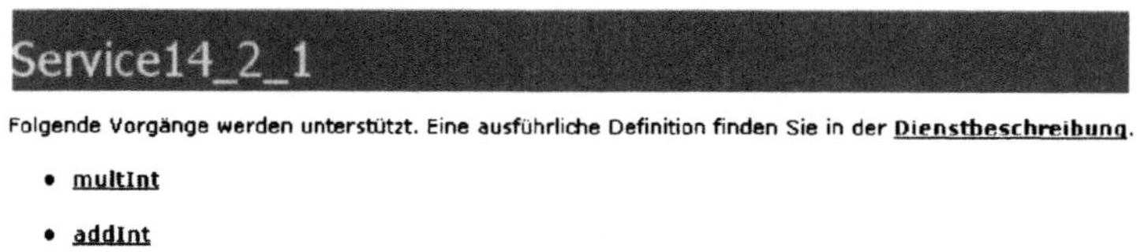

Abbildung 14.2_1a

Klickt man multInt an, so wechselt das Bild.

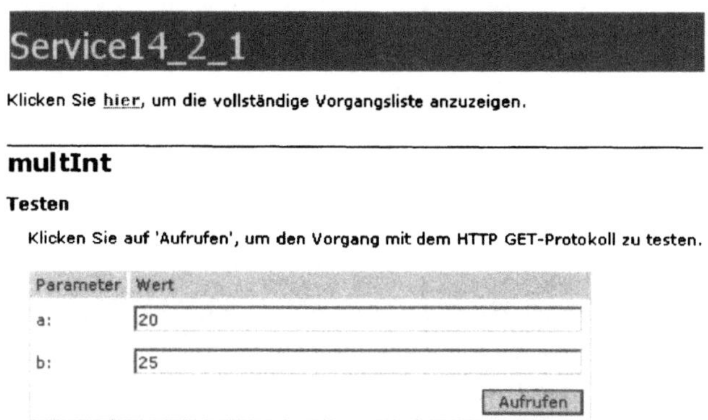

Abbildung 14.2_1b

Nach der Eingabe der Zahlen 20 und 25 und dem Anklicken von Aufrufen erscheint das XML-Ergebnis.

<?xml version="1.0" encoding="utf-8" ?>
<int xmlns="**http://S14_2_1/**">**500**</int>

Abbildung 14.2_1c

Der Browser leistet gute Dienste beim Testen von Web Services. Der eigentliche Sinn eines Web Service besteht aber darin, einen eigens für ihn entwickelten Klienten zu bedienen.

Die Datei Klient14.2_1.cs bildet eine Instanz der Klasse Service14_2_1 und ruft anschließend die Methoden addInt und multInt auf.

Die Datei Klient14.2_1.cs:

```
using System;

class Haupt
{
  public Haupt( )
  {
    Service14_2_1 svc = new Service14_2_1( );
    Console.WriteLine("22 + 33 = {0}", svc.addInt(22, 33));
    Console.WriteLine("25 * 25 = {0}", svc.multInt(25, 25));
  }

  static void Main( )
  {
    new Haupt( );
  }
}
```

Der Versuch, den Klienten zu kompilieren, scheitert daran, dass die Klasse Service14_2_1 nicht definiert ist. Befindet sich die Datei 14.2_1.asmx im Verzeichnis C:\Home auf dem Host abc und befindet sich außerdem die Datei Klient14.2_1.cs im Verzeichnis Klienten auf dem Host xyz, dann wird deutlich, dass der Klient in der Lage sein muss, über das Netzwerk auf den Service zuzugreifen. Der hier vorgestellte Klient verfügt aber über keinerlei Netzwerkfunktionalität. Er kann auch nicht, wie der Browser, via IIS auf die Datei 14.2_1.asmx zugreifen. Es stehen jedoch Mittel zur Verfügung, dieses Problem zu lösen.

Das Simple Object Access Protocol SOAP [3] ist ein XML basiertes plattform- und sprachunabhängiges Kommunikationsprotokoll. SOAP gibt Anwendungen die Fähigkeit, Informationen über das Internet auszutauschen. Die Web Services Description Language WSDL ist eine XML basierte Sprache, um Web Services zu beschreiben. WSDL ermöglicht auch das Auffinden von Web Services und den Zugriff darauf. Universal Description, Discovery and Integration UDDI ist ein plattformunabhängiger Verzeichnisdienst, der es ermöglicht, Web Services zu registrieren und zu suchen bzw. aufzufinden.

Die direkte Auseinandersetzung mit SOAP, WSDL und UDDI ist nicht erforderlich. Das .NET Framework enthält Klassen und Attribute, die es ermöglichen mit geringem Aufwand, eine Proxy Dll zu schreiben. Der Begriff Proxy taucht im Zusammenhang mit Netzwerk- und Internetprogrammierung immer dann auf, wenn ein Bindeglied benötigt wird. So kann ein Proxy zB. eine vollkommen undurchlässige Firewall nach festgelegten Regeln durchlässig machen. Das hier benötigte Bindeglied muss dem Klienten, damit dieser kompiliert werden kann, erstens eine Definition der Klasse Service14_2_1 zur Verfügung stellen. Zweitens muss es zur Laufzeit eine Verbindung zum Web Service herstellen.

Auf dem Host xyz wird im Verzeichnis Klienten die Datei Proxy14.2_1.cs angelegt. Die darin definierte Klasse Service14_2_1 ist von der Klasse

```
System.Web.Services.Protocols.SoapHttpClientProtocol
```

abgeleitet und mit dem Attribut

```
System.Web.Services.WebServiceBindingAttribute
```

versehen. In der Klasse Service14_2_1 sind die Methoden addInt und multInt definiert, die mit dem Attribut

```
System.Web.Services.Protocols.SoapDocumentMethodAttribute
```

versehen sind. Der Eigenschaft Url der Klasse SoapHttpClient-Protocol wird der String http://abc/14.2_1.asmx zugewiesen. Damit ist der Weg zur Datei 14.2_1.asmx über den IIS festgelegt, und zur Laufzeit können die Methoden addInt und multInt des Web Service mit Invoke aufgerufen werden.

Die Datei Proxy14.2_1.cs:

```
using System;
using System.Web.Services;
using System.Web.Services.Description;
using System.Web.Services.Protocols;

[WebServiceBindingAttribute(
  Name="Service14_2_1Soap",
```

```
  Namespace="http://S14_2_1/")]
public class Service14_2_1 : SoapHttpClientProtocol
{
  public Service14_2_1( )
  {
    Url = "http://abc/14.2_1.asmx";
  }

  [SoapDocumentMethodAttribute(
    "http://S14_2_1/addInt",
    RequestNamespace="http://S14_2_1/",
    ResponseNamespace="http://S14_2_1/",
    Use=SoapBindingUse.Literal,
    ParameterStyle=SoapParameterStyle.Wrapped)]
  public int addInt(int a, int b)
  {
    object[] results = Invoke("addInt", new object[]{a, b});
    return ((int)(results[0]));
  }

  [SoapDocumentMethodAttribute(
       "http://S14_2_1/multInt",
    RequestNamespace="http://S14_2_1/",
    ResponseNamespace="http://S14_2_1/",
    Use=SoapBindingUse.Literal,
    ParameterStyle=SoapParameterStyle.Wrapped)]
  public int multInt(int a, int b)
  {
    object[] results = Invoke("multInt", new object[]{a, b});
    return ((int)(results[0]));
  }
}
```

Die Datei Proxy14.2_1.cs wird mit

```
csc /t:library Proxy14.2_1.cs
```

übersetzt. Die damit erzeugte Datei Proxy14.2_1.dll wird beim Übersetzen des Klienten mit

```
csc Klient14.2_1.cs /r:Proxy14.2_1.dll
```

als Referenz angegeben.

Startet man jetzt die Datei Klient14.2_1.exe, so erscheint die folgende Ausgabe:

```
22 + 33 = 55
25 * 25 = 625
```

Der Zugriff auf Web Services mit dem Browser hat Grenzen. Beispiel 14.2_2 führt dies vor Augen. Der Darstellung komplexer Zahlen (vgl.4.1.2) dient die Klasse komplex mit den Variablen r und i. Die Variable r ist der Realteil und i der Imaginärteil der komplexen Zahl. Die Methoden addKomplex und multKomplex führen die Addition und die Multiplikation komplexer Zahlen aus.

Die Addition:

$$(a_r+a_i i) + (b_r+b_i i) = (a_r + b_r) + (a_i + b_i)i$$

Die Multiplikation:

$$(a_r+a_i i) * (b_r+b_i i) = a_r b_r + a_r b_i i + a_i i b_r + a_i i b_i i$$
$$= a_r b_r + (a_r b_i + a_i b_r)i + a_i b_i i^2$$
$$= a_r b_r + (a_r b_i + a_i b_r)i + a_i b_i (-1)$$
$$= (a_r b_r - a_i b_i) + (a_r b_i + a_i b_r)i$$

Die Datei 14.2_2.asmx:

```
<%@ WebService Language="C#" class="Service14_2_2" %>
using System;
using System.Web.Services;

[WebService(Namespace="http://S14_2_2/")]
public class Service14_2_2
{
  [WebMethod]
  public komplex addKomplex(komplex a, komplex b)
  {
    komplex c = new komplex( );
    c.r = a.r+b.r;
```

```
    c.i = a.i+b.i;
    return c;
  }
  [WebMethod]
  public komplex multKomplex(komplex a, komplex b)
  {
    komplex c = new komplex( );
    c.r = a.r*b.r-a.i*b.i;
    c.i = a.r*b.i+a.i*b.r;
    return c;
  }
}
public class komplex
{
  public double r, i;
}
```

Wählt man mit dem Browser die Datei 14.2_2.asmx an und klickt dann eine der Methoden addKomplex oder multKomplex an, so bekommt man die Meldung, dass kein Testformular verfügbar ist. Es wird also ein Klient benötigt, der komplexe Zahlen mit Hilfe der Klasse komplex darstellen kann. Der unten aufgelistete Klient bildet eine Instanz der Klasse komplex und vereinbart und instanziiert die Variablen k1 und k2 vom Typ komplex. Anschließend werden den Variablen k1 und k2 Werte zugewiesen mit denen die komplexe Addition und die komplexe Multiplikation ausgeführt wird.

Die ausgeführten Rechenoperationen sind:

$$(5+6i) + (10+24i) = (5+10) + (6+24)i$$
$$= 15 + 30i$$

$$(5+6i) * (10+24i)= 5*10 + 5*24i + 6i*10 + 6i*24i$$
$$= 5*10 + (5*24 + 6*10)i + 6*24*i^2$$
$$= 5*10 + (5*24 + 6*10)i + 6*24*(-1)$$
$$= (5*10 - 6*24) + (5*24 + 6*10)i$$
$$= -94 + 180i$$

Die Datei Klient14.2_2.cs:

```
using System;

class Haupt
{
  public Haupt( )
  {
    Service14_2_2 svc = new Service14_2_2( );
    komplex k1 = new komplex( );
    komplex k2 = new komplex( );
    k1.r = 5; k1.i = 6;
    k2.r = 10; k2.i = 24;
    komplex k3 = svc.addKomplex(k1, k2);
    Console.WriteLine("5+6i + 10+24i = {0}+{1}i", k3.r, k3.i);
    k3 = svc.multKomplex(k1, k2);
    Console.WriteLine("(5+6i) * (10+24i) = {0}+{1}i", k3.r, k3.i);
  }

  static void Main( )
  {
    new Haupt( );
  }
}
```

Die Datei 14.2_2.asmx befindet sich auf dem Host abc im Verzeichnis C:\Home. Die Datei Klient14.2_2.cs befindet sich im Verzeichnis C:\Klienten auf dem Host xyz. Auf dem Rechner mit dem Hostnamen xyz wird die Eingabeaufforderung gestartet und cd Klient ausgeführt. Das im .NET Framework SDK enthaltene Tool wsdl.exe ist in der Lage eine Proxydatei automatisch zu generieren. Mit

```
wsdl "http://abc/14.2_2.asmx" /out:Proxy14.2_2.cs
```

wird die Datei Proxy14.2_2.cs generiert, die auch die mit dem Attribut

```
System.Xml.Serialization.XmlTypeAttribute
```

versehene Klasse komplex enthält. Mit

```
csc /t:library Proxy14.2_2.cs
```

wird diese Datei kompiliert. Dadurch wird die Datei Proxy14.2_2.dll gebildet. Mit

```
csc Klient14.2_2.cs /r:Proxy14.2_2.dll
```

wird der Klient kompiliert. Dadurch wird die Datei Klient14.2_2.exe gebildet. Nach dem Start des Klienten erscheint die Ausgabe:

```
5+6i + 10+24i = 15+30i
(5+6i) * (10+24i) = -94+180i
```

Beispiel 14.2_3 implementiert das Telefonverzeichnis des Beispiels 14.1_8 als Web Service. Die Datei 14.2_3.asmx enthält nur noch die WebService Direktive. Die Klasse Service14_2_3 ist in der Assembly 14.2_3 enthalten, welche nach dem Kompilieren der Datei 14.2_3.cs in der Datei 14.2_3.dll zu finden ist. Der Kern des Web Service ist die Datei 14.2_3.cs, die in der Klasse Service14_2_3 die Methoden suchen und readLine enthält. Beide Methoden sind vom Beispiel 14.1_8 her bekannt. Die Klasse Ergebnis ist neu hinzugekommen. Sie fasst die Arraylists prozent und antwort zusammen. Dadurch kann die Methode suchen einen Wert vom Typ Ergebnis zurückgeben, der beide Arraylists enthält.

Die Datei Klient14.2_3.cs enthält den als Windows Anwendung geschriebenen Klienten. Der Konstruktor der Klasse Haupt definiert die Windows Steuerelemente und ordnet dem Ereignis Click des Buttons mit der Beschriftung suchen den Eventhandler suchen_click zu. Ein Blick in die mit wsdl.exe erzeugte Datei Proxy14.2_3.cs

```
public class Ergebnis {

    /// <remarks/>
    public object[] prozent;

    /// <remarks/>
    public object[] antwort;
}
```

zeigt, dass die Arraylists prozent und antwort im Proxy vom Typ object[ ] sind. Darauf muss beim Formulieren des Klienten Rücksicht genommen werden. Der Eventhandler suchen_click bildet zunächst Instanzen der Klassen Ergebnis und Service14.2_3 und erfragt dann mit

```
ergeb = svc.suchen(box.Text);
```

das Suchergebnis vom Web Service. Aus dem oben genannten Grund wird das Suchergebnis mit

```
object[] prozent = ergeb.prozent;
object[] antwort = ergeb.antwort;
```

in seine Bestandteile zerlegt. Falls die Länge des Arrays antwort nicht gleich 0 ist, wird das Suchergebnis nach absteigender Trefferzahl sortiert und anschließend im Listview dargestellt.

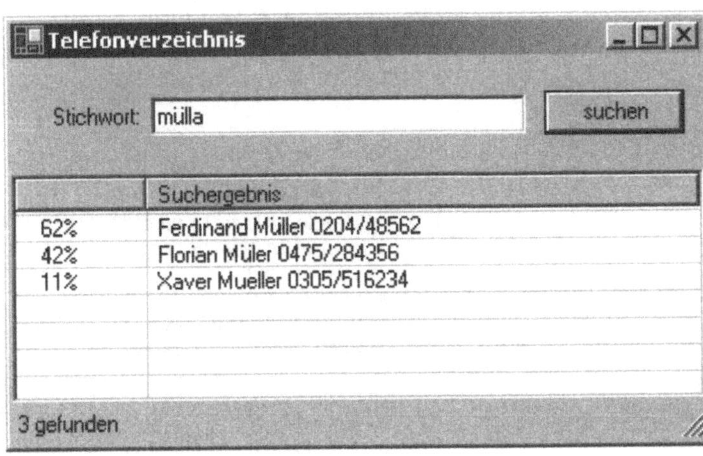

Abbildung 14.2_3

Die Datei 14.2_3.asmx:

```
<%@ WebService Language="c#" Class="Service14_2_3.14.2_3" %>
```

Die Datei 14.2_3.cs:

```
using System;
using System.IO;
using System.Text;
using System.Collections;
using System.Web.Services;

[WebService(Namespace="http://S14_2_3/")]
public class Service14_2_3
{
  ArrayList prozent = new ArrayList( );
  ArrayList antwort = new ArrayList( );

  [WebMethod]
  public Ergebnis suchen(string swort)
  {
    string zeile;
    FileStream fs = File.OpenRead(@"C:\Home\Telefon.txt");
    byte[] b = new byte[fs.Length];
    fs.Read(b, 0, (int)fs.Length);
    fs.Close( );
    int readCount = 0;
    while((zeile=readLine(b, ref readCount)) != null)
    {
      int lswort, l1, l2;
      string st;
      string[] szeile = zeile.Split(' ');
      int[] n1 = new int[szeile.Length];
      int[] n2 = new int[szeile.Length];
      lswort = swort.Length;
      if(lswort<=3)l1 = lswort; else l1 = 3;
      if(lswort<=2)l2 = lswort; else l2 = 2;
      for(int k=0; k<szeile.Length; k++)
      {
        n1[k] = n2[k] = 0;
      }
      for(int j=0; j<lswort-l1+1; j++)
      {
        st=swort.Substring(j, l1).ToUpper( );
        for(int k=0; k<szeile.Length; k++)
        {
          string sz = szeile[k].ToUpper( );
          if(sz.IndexOf(st) >= 0)n1[k]++;
        }
      }
      for(int j=0; j<lswort-l2+1; j++)
      {
        st=swort.Substring(j, l2).ToUpper( );
        for(int k=0; k<szeile.Length; k++)
        {
```

```
            string sz = szeile[k].ToUpper( );
            if(sz.IndexOf(st) >= 0)n2[k]++;
          }
        }
        int ja=0, smax=0;
        for(int k=0; k<szeile.Length; k++)
        {
          int nenner=lswort+szeile[k].Length-l1-l2+2;
          if(nenner<1)nenner=1;
          int s=100*(n1[k]+n2[k])/nenner;
          if(s>0)ja=1;
          if(smax<s)smax=s;
        }
        if(ja==1){prozent.Add(smax); antwort.Add(zeile);}
      }
      Ergebnis ergeb = new Ergebnis( );
      ergeb.prozent = prozent;
      ergeb.antwort = antwort;
      return ergeb;
    }

    string readLine(byte[] b, ref int i)
    {
      string s = "";
      while(i<b.Length && b[i]!='\r' && b[i]!='\n')s += (char)b[i++];
      while(i<b.Length && (b[i]=='\r' || b[i]=='\n'))i++;
      if(s.Length>0)return s; else return null;
    }
  }
  public class Ergebnis
  {
    public ArrayList prozent, antwort;
  }
```

Die Datei Klient14.2_3.cs:

```
using System;
using System.Data;
using System.Collections;
using System.Drawing;
using System.Windows.Forms;

class Haupt : Form
{
  TextBox box = new TextBox( );
  Button suchen = new Button( );
  ListView view = new ListView( );
  StatusBar status;

  public Haupt( )
  {
```

```
    Text = "Telefonverzeichnis";
    ClientSize = new Size(370,200);

    Label label =new Label( );
    label.Text = "Stichwort:";
    label.Location = new Point(20, 23);
    box.Location = new Point(75, 20);
    box.Width = 200;
    suchen.Text = "suchen";
    suchen.Location = new Point(285, 18);
    suchen.Click += new EventHandler(suchen_click);
    view.View = View.Details;
    view.GridLines = true;
    view.Dock = DockStyle.Fill;
    view.Columns.Add(" ", 70, HorizontalAlignment.Left);
    view.Columns.Add("Suchergebnis", -2, HorizontalAlignment.Left);
    status = new StatusBar( );
    status.Dock = DockStyle.Bottom;
    Panel panel = new Panel( );
    panel.Height = 60;
    panel.Dock = DockStyle.Top;
    panel.Controls.AddRange(new Control[]
    {
      box, label, suchen
    });
    Controls.AddRange(new Control[]
    {
      view, panel, status
    });
  }

  protected void suchen_click(object o, EventArgs e)
  {
    if(box.Text.Length == 0)
    {
      view.Items.Clear( );
      status.Text = "kein Stichwort";
      return;
    }
    Ergebnis ergeb = new Ergebnis( );
    Service14_2_3 svc = new Service14_2_3( );
    ergeb = svc.suchen(box.Text);
    object[] prozent = ergeb.prozent;
    object[] antwort = ergeb.antwort;
    if(antwort.Length == 0)
    {
      view.Items.Clear( );
      status.Text = "nichts gefunden";
    }
    else
    {
```

```
        status.Text = antwort.Length.ToString( ) + " gefunden";
        bool tausch = true;
        while(tausch)
        {
          tausch = false;
          for(int j=1; j<antwort.Length; j++)
          {
            if((int)prozent[j-1] < (int)prozent[j])
            {
              int p = (int)prozent[j-1];
              prozent[j-1]=prozent[j];
              prozent[j]=p;
              string a = (string)antwort[j-1];
              antwort[j-1]=antwort[j];
              antwort[j]=a;
              tausch = true;
            }
          }
        }
        view.Items.Clear( );
        for (int j=0; j<antwort.Length; j ++)
        {
          string pr = prozent[j].ToString( ).PadLeft(5) + "%";
          ListViewItem it = new ListViewItem(pr);
          it.SubItems.Add((string)antwort[j]);
          view.Items.Add(it);
        }
      }
    }

    static void Main( )
    {
      Application.Run(new Haupt( ));
    }
  }
```

Die Datei 14.2_3.asmx befindet sich im Verzeichnis C:\Home auf dem Host abc. Die Datei 14.2_3.cs befindet sich im Verzeichnis C:\Home\bin auf dem gleichen Host. Die Datei Klient14.2_3.cs befindet sich im Verzeichnis C:\Klienten auf dem Host xyz. Nach dem Generieren der Proxy Datei und dem Kompilieren mit

```
wsdl "http://abc/14.2_3.asmx" /out:Proxy14.2_3.cs
csc /t:library Proxy14.2_3.cs
csc /t:winexe Klient14.2_3.cs /r:Proxy14.2_3.dll
```

kann der Klient, zB. durch einen Doppelklick auf Klient14.2_3.exe, gestartet werden.

14.3 Remoting

Remoting bezeichnet die Verwendung im Netzwerk verteilter Programme. Die im Abschnitt 14.2 vorgestellten Web Services stellen eine Form des Remoting dar, das als Remoting mit ASP.NET bezeichnet werden kann. In diesem Abschnitt wird das Remoting ohne ASP.NET behandelt. Zum Remoting wird ein Server benötigt, der Objekte und Methoden im Netzwerk zur Verfügung stellt. Die Verwendung des IIS zu diesem Zweck ist zwar möglich. Sie ist jedoch mit Einschränkungen verbunden. Daher wird zu jeder Anwendung ein eigener Server geschrieben. Ein solcher Server ist nur wenige Programmzeilen lang.

Server und Klient kommunizieren über Channels miteinander. Es können unterschiedliche Channels mit unterschiedlichen Transportprotokollen konstruiert werden. Der einfachste Weg besteht jedoch darin, einen Standard Channel zu benutzen. Dies sind der TcpChannel und der HttpChannel.

Objekte können durch das Attribut [Serializable] remotefähig gemacht werden. Ein solches Objekt wird auf Anforderung des Klienten auf den klientseitigen Rechner kopiert und dort ausgeführt. Die zweite Möglichkeit besteht darin, das Objekt von MarshalByRefObject abzuleiten. Ein solches Objekt wird auf Anforderung des Klienten auf dem serverseitigen Rechner ausgeführt.

Das Remoteobjekt des Beispiels 14.3_1 ist die von MarshalByRefObject abgeleitete Klasse Antwort. Der Konstruktor protokolliert das Bilden der Instanz. Die Methode Frage nimmt einen String vom Klienten entgegen, protokolliert den String und gibt dem Klienten einen String zurück. In der Methode Main der Klasse Server14_3_1 wird ein Channel auf dem Port 65000 registriert. Anschließend wird die Klasse Antwort registriert. Der Modus

```
WellKnownObjectMode.Singleton
```

besagt, dass bei der ersten Anforderung durch einen Klienten genau eine Instanz der Klasse Antwort gebildet wird. Diese Instanz bleibt für alle weiteren Anforderungen erhalten. Ist dagegen

```
WellKnownObjectMode.SingleCall
```

vereinbart, so wird die Instanz beim Erstkontakt und zusätzlich eine weitere Instanz bei jeder Anfrage gebildet.

Die Datei Server14.3_1.cs:

```
using System;
using System.Runtime.Remoting;
using System.Runtime.Remoting.Channels;
using System.Runtime.Remoting.Channels.Tcp;

public class Antwort : MarshalByRefObject
{
  public Antwort( )
  {
    Console.WriteLine("Instanz gebildet");
  }
  public string Frage(string s)
  {
    Console.WriteLine("Frage von " + s);
    return "abc";
  }
}
public class Server14_3_1
{
  public static void Main( )
  {
    ChannelServices.RegisterChannel(new TcpChannel(65000));

    Type t = Type.GetType("Antwort");
    RemotingConfiguration.RegisterWellKnownServiceType(
      t, "Antwort", WellKnownObjectMode.Singleton);

    Console.WriteLine("Stop = Enter");
    Console.ReadLine( );
  }
}
```

Der Klient registriert einen an den Port 0 gebundenen Channel, nimmt mit Connect den Kontakt zum Server auf und ruft dann die serverseitige Methode Frage auf. Dadurch wird dem Server der String xyz gesendet und vom Server der String abc zurückgegeben.

Die Datei Klient14.3_1.cs:

```
using System;
using System.Runtime.Remoting;
using System.Runtime.Remoting.Channels;
using System.Runtime.Remoting.Channels.Tcp;

class Haupt
{
  static void Main( )
  {
    TcpChannel c = new TcpChannel(0);
    ChannelServices.RegisterChannel(c);

    Antwort a = (Antwort)RemotingServices.Connect(
      typeof(Antwort), "Tcp://abc:65000/Antwort");

    Console.WriteLine("Antwort von " + a.Frage("xyz"));
  }
}
```

Server und Klient befinden sich in dem gleichen Verzeichnis. Der Server wird mit

```
csc Server14.3_1.cs
```

kompiliert und der Klient wird mit

```
csc Klient14.3_1.cs /r:Server14.3_1.exe
```

kompiliert. Danach wird zuerst der Server gestartet und anschließend zweimal der Klient. Der Klient gibt nach jedem Start

```
Antwort von abc
```

aus. Die Ausgabe des Servers ist:

```
Stop = Enter
Instanz gebildet
Frage von xyz
Frage von xyz
```

Ändert man den WellKnownObjectMode in SingleCall, so sieht die Ausgabe des Servers folgendermaßen aus:

```
Stop = Enter
Instanz gebildet
Instanz gebildet
Frage von xyz
Instanz gebildet
Frage von xyz
```

Es entspricht natürlich nicht dem Sinn des Remoting, dass alle beteiligten Dateien im gleichen Verzeichnis sind. Nun wird der Server auf dem Host abc gestartet und die Dateien Server14.3_1.exe und Klient14.3_1.exe werden auf den Host xyz kopiert. Wird jetzt der Klient auf dem Host xyz gestartet, so entstehen die gleichen klient- und serverseitigen Ausgaben wie oben abgebildet.

Beispiel 14.3_2 benutzt HttpChannel. Das Remoteobjekt ist die vom Beispiel 14.2_1 bekannte Klasse rechneInt.

Die Datei Server14.3_2.cs:

```
using System;
using System.Runtime.Remoting;
using System.Runtime.Remoting.Channels;
using System.Runtime.Remoting.Channels.Http;

public class rechneInt : MarshalByRefObject
{
  public int addInt(int a, int b)
  {
    return a + b;
  }
  public int multInt(int a, int b)
  {
    return a * b;
  }
}
public class Server14_3_2
{
  public static void Main( )
  {
    ChannelServices.RegisterChannel(new HttpChannel(65001));
```

```
    Type t = Type.GetType("rechneInt");
    RemotingConfiguration.RegisterWellKnownServiceType(
      t, "rechneInt", WellKnownObjectMode.Singleton);

    Console.WriteLine("Stop = Enter");
    Console.ReadLine( );
  }
}
```

Die Datei Klient14.3_2.cs:

```
using System;
using System.Runtime.Remoting;
using System.Runtime.Remoting.Channels;
using System.Runtime.Remoting.Channels.Http;

class Haupt
{
  static void Main( )
  {
    ChannelServices.RegisterChannel(new HttpChannel(0));

    rechneInt r =
      (rechneInt)RemotingServices.Connect
      (typeof(rechneInt), "Http://abc:65001/rechneInt");

    Console.WriteLine("22 + 33 = {0}", r.addInt(22, 33));
    Console.WriteLine("25 * 25 = {0}", r.multInt(25, 25));
  }
}
```

Die Datei Server14.3_2.cs befindet sich auf dem Host abc. Der Server wird mit

```
csc Server14.3_2.cs
```

kompiliert und sofort gestartet. Dann wird mit

```
soapsuds -url:http://abc:65001/rechneInt?wsdl -oa:Proxy14.3_2.dll
```

auf dem Host xyz die Datei Proxy14.3_2.dll generiert. Die Datei Klient14.3_2.cs befindet sich in dem gleichen Verzeichnis auf dem Host xyz.

Sie wird mit

```
csc Klient14.3_2.cs /r:Proxy14.3_2.dll
```

kompiliert. Startet man den Klienten, so erhält man die Ausgabe:

```
22 + 33 = 55
25 * 25 = 625
```

In vielen Fällen ist es vorteilhaft, das Remoteobjekt vom Server zu trennen. Darüber hinaus könnnen noch XML Konfigurationsdateien angelegt werden. Die Konfiguration kann dann ohne ein erneutes Kompilieren geändert werden. Beispiel 14.3_3 zeigt, wie es gemacht wird. Die Klasse komplex und die Methoden addKomplex und multKomplex werden von Beispiel 14.2_2 übernommen. Die Klassen komplex und rechneKomplex sind von MarshalByRefObject abgeleitet.

Die Datei Komplex14.3_3.cs:

```
using System;

public class rechneKomplex : MarshalByRefObject
{
  public komplex addKomplex(komplex a, komplex b)
  {
    Console.WriteLine("Anforderung");
    komplex c = new komplex( );
    c.r = a.r+b.r;
    c.i = a.i+b.i;
    return c;
  }

  public komplex multKomplex(komplex a, komplex b)
  {
    Console.WriteLine("Anforderung");
    komplex c = new komplex( );
    c.r = a.r*b.r-a.i*b.i;
    c.i = a.r*b.i+a.i*b.r;
    return c;
  }
}
public class komplex : MarshalByRefObject
{
  public double r, i;
}
```

Der wesentliche Unterschied zu den bisherigen Servern besteht darin, dass die Angaben zur Konfiguration in einer Konfigurationsdatei stehen. Der Server wird mit

```
RemotingConfiguration.Configure("Server14.3_3.exe.config");
```

beim Programmstart konfiguriert.

Die Datei Server14.3_3.cs:

```
using System;
using System.Runtime.Remoting;
using System.Runtime.Remoting.Channels;
using System.Runtime.Remoting.Channels.Http;

public class Server14_3_3
{
  public static void Main( )
  {
    RemotingConfiguration.Configure("Server14.3_3.exe.config");
    Console.WriteLine("Stop = Enter");
    Console.ReadLine( );
  }
}
```

Beim Channel wird mit ref entweder http oder tcp angegeben. Die zweite notwendige Angabe ist der Port, an den der Channel gebunden wird. Mit wellknown werden Angaben zur Registrierung eines Remoteobjekts gemacht. Als mode wird entweder Singleton oder SingleCall angegeben. Mit type werden der Typ und die Assembly angegeben. Die Datei Komplex14.3_3.dll enthält die Assembly Komplex14.3_3. Befindet sich der Server auf dem Host abc und benutzt der Server einen Channel auf Port 65002, so folgt aus objectUri="rechneKomplex", dass das Remoteobjekt mit dem Url

```
http://abc:65002/rechneKomplex
```

angesprochen werden kann.

Die Datei Server14.3_3.exe.config:

```
<configuration>
   <system.runtime.remoting>
      <application>
         <service>
            <wellknown
               mode="Singleton"
               type="rechneKomplex, Komplex14.3_3"
               objectUri="rechneKomplex"
            />
         </service>
         <channels>
            <channel
               ref="http"
               port="65002"
            />
         </channels>
      </application>
   </system.runtime.remoting>
</configuration>
```

Der Klient wird mit

```
RemotingConfiguration.Configure("Klient14.3_3.exe.config");
```

konfiguriert. Bei dieser Art der Konfiguration können die Instanzen der Remoteobjekte mit new gebildet werden. Der weitere Ablauf entspricht dem des Beispiels 14.2_2.

Die Datei Klient14.3_3.cs:

```
using System;
using System.Runtime.Remoting;
using System.Runtime.Remoting.Channels;
using System.Runtime.Remoting.Channels.Http;

class Haupt
{
  static void Main( )
  {
    RemotingConfiguration.Configure("Klient14.3_3.exe.config");
    rechneKomplex rechne = new rechneKomplex( );
    komplex k1 = new komplex( );
    komplex k2 = new komplex( );
```

```
      k1.r = 5; k1.i = 6;
      k2.r = 10; k2.i = 24;
      komplex k3 = rechne.addKomplex(k1, k2);
      Console.WriteLine("5+6i + 10+24i = {0}+{1}i", k3.r, k3.i);
      k3 = rechne.multKomplex(k1, k2);
      Console.WriteLine("(5+6i) * (10+24i) = {0}+{1}i", k3.r, k3.i);
   }
}
```

Beim Klienten ist der HTTP Channel an den Port 0 gebunden und an Stelle des objectUri wird

```
url="http://abc:65002/rechneKomplex"
```

angegeben.

Die Datei Klient14.3_3.exe.config:

```
<configuration>
   <system.runtime.remoting>
      <application>
         <client>
            <wellknown
               type="rechneKomplex, Komplex14.3_3"
               url="http://abc:65002/rechneKomplex"
            />
         </client>
         <channels>
            <channel
               ref="http"
               port="0"
            />
         </channels>
      </application>
   </system.runtime.remoting>
</configuration>
```

Zunächst befinden sich sämtliche Dateien in einem gemeinsamen Verzeichnis auf dem Host abc. Die Datei Komplex14.3_3.cs wird mit

```
csc /t:library Komplex14.3_3.cs
```

zu einer Dll kompiliert.

Der Server wird mit

```
csc Server14.3_3.cs
```

kompiliert. Der Bezug zum Remoteobjekt und damit zur Assembly Komplex14.3_3 bzw. zur Datei Komplex14.3_3.dll wird erst bei der Konfiguration zur Laufzeit hergestellt. Der Klient wird mit

```
csc Klient14.3_3.cs /r:Komplex14.3_3.dll
```

kompiliert. Startet man zuerst den Server und anschließend den Klienten, so meldet der Server:

```
Stop = Enter
Anforderung
Anforderung
```

Der Klient gibt das Ergebnis der Berechnung aus:

```
5+6i + 10+24i = 15+30i
(5+6i) * (10+24i) = -94+180i
```

Kopiert man die Dateien Klient14.3_3.exe, Klient14.3_3.exe.config und Komplex14.3_3.dll auf den Host xyz und startet dort den Klienten, so entstehen die gleichen Ausgaben wie oben dargestellt.

Beispiel 12.3_1 beschreibt einen Datagrammserver, der als Windows Service installiert und gestartet werden kann. Der dazugehörige Klient ist eine Windows Anwendung, welche Datum und Uhrzeit im Fenster anzeigt. Beispiel 14.3_4 zeigt, wie das gleiche Ziel mit den Remoting Techniken dieses Kapitels erreicht wird. Das Remoteobjekt ist die von MarshalByRefObject abgeleitete Klasse zeit. Die von ServiceBase abgeleitete Klasse service entspricht den in Kapitel 12 erläuterten Regeln. Die Methode OnStart registriert einen HttpChannel auf Port 65003 und das Remoteobjekt zeit mit dem Modus Singleton. Der Start des Windows Service startet daher den Remoteserver.

Die Datei Service14.3_4.cs:

```
using System;
using System.ServiceProcess;
using System.Runtime.Remoting;
using System.Runtime.Remoting.Channels;
using System.Runtime.Remoting.Channels.Http;
public class service : ServiceBase
{
  public service( )
  {
    ServiceName = "RemoteTimeService";
  }
  protected override void OnStart(string[] args)
  {
    ChannelServices.RegisterChannel(new HttpChannel(65003));
    Type t = Type.GetType("zeit");
    RemotingConfiguration.RegisterWellKnownServiceType(
      t, "zeit", WellKnownObjectMode.Singleton);
  }
  static void Main( )
  {
    ServiceBase.Run(new service( ));
  }
}
public class zeit : MarshalByRefObject
{
  public string get( )
  {
    return DateTime.Now.ToString( );
  }
}
```

Die Datei Install14.3_4.cs:

```
using System;
using System.ComponentModel;
using System.Configuration.Install;
using System.ServiceProcess;

[RunInstaller(true)]
public class installer : Installer
{
  public installer( )
  {
    ServiceProcessInstaller spi = new ServiceProcessInstaller( );
    ServiceInstaller si = new ServiceInstaller( );
    spi.Account = ServiceAccount.LocalSystem;
    si.StartType = ServiceStartMode.Manual;
    si.ServiceName = "RemoteTimeService";
```

```
    Installers.Add(si);
    Installers.Add(spi);
  }
}
```

Der Klient ist eine Windows Anwendung. Dem Timer timer mit einem Intervall von 1 Sekunde ist der Eventhandler timer_elapsed zugeordnet, der eine Verbindung zum Remoteserver herstellt und mit

```
st = z.get( );
```

dem String st Datum und Uhrzeit zuweist. Der Aufruf von Invalidate löst das Paint Ereignis aus und OnPaint gibt den String st im Fenster aus.

Die Datei Klient14.3_4.cs:

```
using System;
using System.Timers;
using System.Drawing;
using System.Windows.Forms;
using System.Runtime.Remoting;
class Haupt :Form
{
  string st = "";
  System.Timers.Timer timer;
  public Haupt( )
  {
    Text = "Serverzeit";
    ClientSize = new Size(155, 60);
    timer = new System.Timers.Timer(1000);
    timer.Elapsed += new ElapsedEventHandler(timer_elapsed);
    timer.Start( );
  }
  protected override void OnPaint(PaintEventArgs e)
  {
    Graphics g = e.Graphics;
    g.DrawString(st, new Font("Verdana", 10), Brushes.Blue, 5, 20);
  }
  protected void timer_elapsed(object o, ElapsedEventArgs e)
  {
    zeit z =
      (zeit)RemotingServices.Connect
      (typeof(zeit), "Http://abc:65003/zeit");
    st = z.get( );
    Invalidate( );
  }
  static void Main( )
```

```
  {
    Application.Run(new Haupt( ));
  }
}
```

Der Service wird mit

```
csc Service14.3_4.cs Install14.3_4.cs
```

kompiliert und mit

```
InstallUtil Service14.3_4.exe
```

als Windows Service installiert. Im Startmenü wird

```
Start - Einstellungen - Systemsteuerung
```

angewählt, und nach einem Doppelklick auf Verwaltung und auf Dienste wird der Dienst RemoteTimeService mit dem Programm Dienste durch Anklicken von Vorgang - Starten gestartet. Für den Klienten wird ein Proxy generiert. Mit

```
soapsuds -url:http://abc:65003/zeit?wsdl -oa:Proxy14.3_4.dll
```

wird die Datei Proxy14.3_4.dll generiert. Der Klient wird mit

```
csc /t:winexe Klient14.3_4.cs /r:Proxy14.3_4.dll
```

kompiliert. Startet man den Klienten, so erscheint das Fenster:

Abbildung 14.3_4

Möchte man den Klienten auf einem anderen Host betreiben, so kopiert man die Dateien Klient14.3_4.exe und Proxy14.3_4.dll auf diesen Host und startet sie dort.

Anhang

A C# Schlüsselwörter:

abstract	as	base	bool	break
byte	case	catch	char	checked
class	const	continue	decimal	default
delegate	do	double	else	enum
event	explicit	extern	false	finally
fixed	float	for	foreach	goto
if	implicit	in	int	interface
internal	is	lock	long	namespace
new	null	object	operator	out
override	params	private	protected	public
readonly	ref	return	sbyte	sealed
short	sizeof	stackalloc	static	string
struct	switch	this	throw	true
try	typeof	uint	ulong	unchecked
unsafe	ushort	using	virtual	void
volatile	while			

B Namensräume des .NET Frameworks

Die Namensräume und ihre Komponenten sind in der Dokumentation des .NET Framework SDK unter Referenz - Klassenbibliothek erläutert. Das Programm WinCV ermöglicht ein schnelles Nachschlagen in der Klassenbibliothek mit Suchbegriffen.

`C:\Programme\Microsoft.NET\FrameworkSDK\Bin\WinCV.exe`

Der Intermediate Language Disassembler gibt Einblick in die Klassenbibliothek und in andere .exe und .dll Dateien.

`C:\Programme\Microsoft.NET\FrameworkSDK\Bin\ildasm.exe`

Namensräume:

Microsoft.CSharp Microsoft.JScript Microsoft.VisualBasic

Microsoft.Vsa Microsoft.Win32

System

System.CodeDom System.CodeDom.Compiler

System.Collections System.Collections.Specialized

System.ComponentModel System.ComponentModel.Design System.ComponentModel.Design.Serialization

System.Configuration System.Configuration.Assemblies System.Configuration.Install

System.Data System.Data.Common System.Data.OleDb System.Data.SqlClient System.Data.SqlTypes

System.Diagnostics System.Diagnostics.SymbolStore

System.DirectoryServices

System.Drawing System.Drawing.Design System.Drawing.Drawing2D System.Drawing.Imaging System.Drawing.Printing System.Drawing.Text

System.EnterpriseServices System.EnterpriseServices.CompensatingResourceManager

System.Globalization

System.IO System.IO.IsolatedStorage

System.Management System.Management.Instrumentation

System.Messaging

System.Net System.Net.Sockets

System.Reflection System.Reflection.Emit

System.Resources

System.Runtime.CompilerServices
System.Runtime.InteropServices
System.Runtime.InteropServices.Expando
System.Runtime.Remoting System.Runtime.Remoting.Activation
System.Runtime.Remoting.Channels
System.Runtime.Remoting.Channels.Http
System.Runtime.Remoting.Channels.TCP
System.Runtime.Remoting.Contexts
System.Runtime.Remoting.Lifetime
System.Runtime.Remoting.Messaging
System.Runtime.Remoting.Metadata
System.Runtime.Remoting.Metadata.W3cXsd2001
System.Runtime.Remoting.MetadataServices
System.Runtime.Remoting.Proxies
System.Runtime.Remoting.Services System.Runtime.Serialization
System.Runtime.Serialization.Formatters
System.Runtime.Serialization.Formatters.Binary
System.Runtime.Serialization.Formatters.Soap

System.Security System.Security.Cryptography
System.Security.Cryptography.X509Certificates
System.Security.Cryptography.Xml System.Security.Permissions
System.Security.Policy System.Security.Principal

System.ServiceProcess

System.Text System.Text.RegularExpressions

System.Threading

System.Timers

System.Web System.Web.Caching System.Web.Configuration
System.Web.Hosting System.Web.Mail System.Web.Security
System.Web.Services System.Web.Services.Configuration
System.Web.Services.Description System.Web.Services.Discovery
System.Web.Services.Protocols System.Web.SessionState
System.Web.UI System.Web.UI.Design
System.Web.UI.Design.WebControls
System.Web.UI.HtmlControls System.Web.UI.WebControls

System.Windows.Forms System.Windows.Forms.Design

System.Xml System.Xml.Schema System.Xml.Serialization
System.Xml.XPath System.Xml.Xsl

C Visueller Index der Windows Forms

Der Index verweist auf Beispiele, in denen Windows Forms verwendet werden.

Button

5.2_1, 5.2_3, 5.2_4, 5.4_2, 5.4_3, 5.4_4, 5.5_1, 5.5_2, 5.5_4, 5.7_2, 5.8_1, 5.8_2, 5.8_3, 5.9_3, 5.10_1, 5.10_2, 5.11_1, 6.2_2, 6.3_1, 6.7_1, 6.8_1, 6.9_2, 6.9_3, 6.9_4, 8.4_5, 8.6_2, 8.7_1, 9.1_1, 10.4_11, 12.2 ServiceController

CheckBox

5.2_1

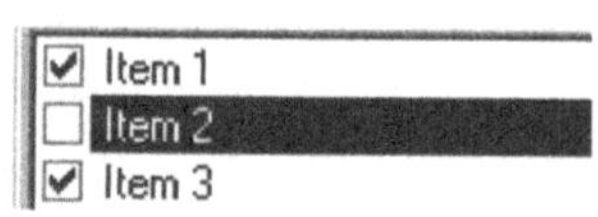

CheckedListBox

7.2_1

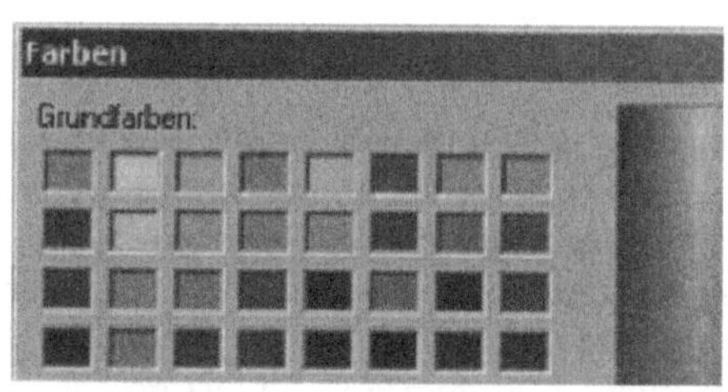

ColorDialog

7.3_1

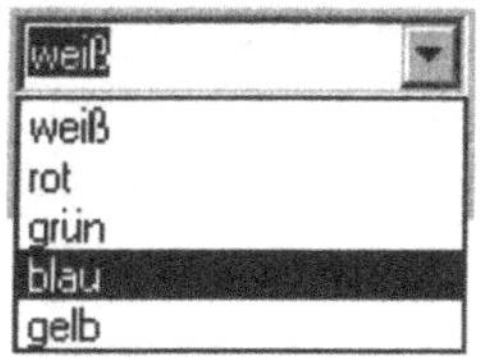

ComboBox

5.10_2, 12.2 ServiceController

Cursor

5.2_1, 5.2_2, 5.4_3

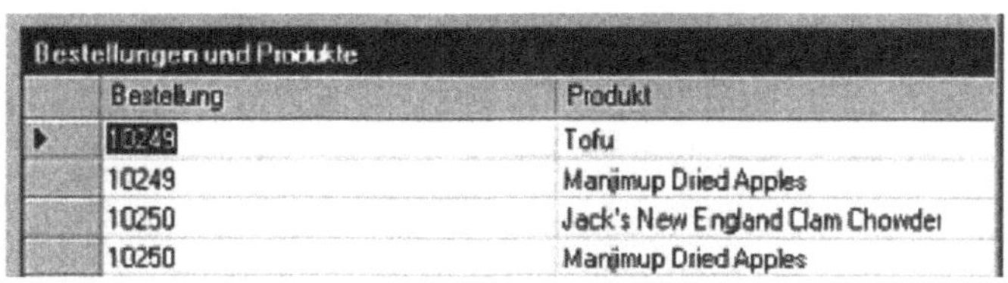

DataGrid

5.6_2, 8.4_3, 8.4_4, 8.4_5, 8.6_2

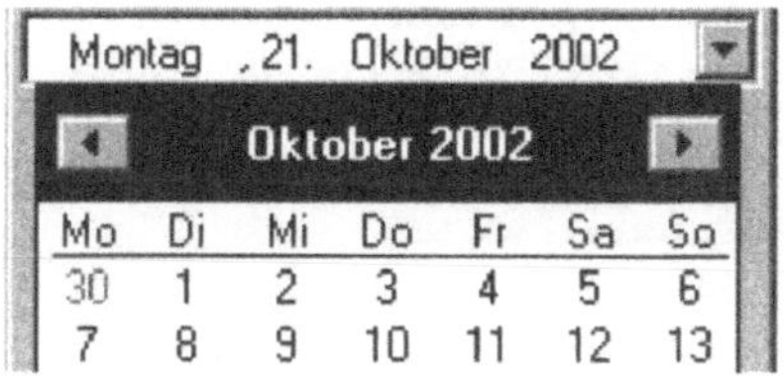

DateTimePicker

7.4_1

DomainUpDown

7.5_1

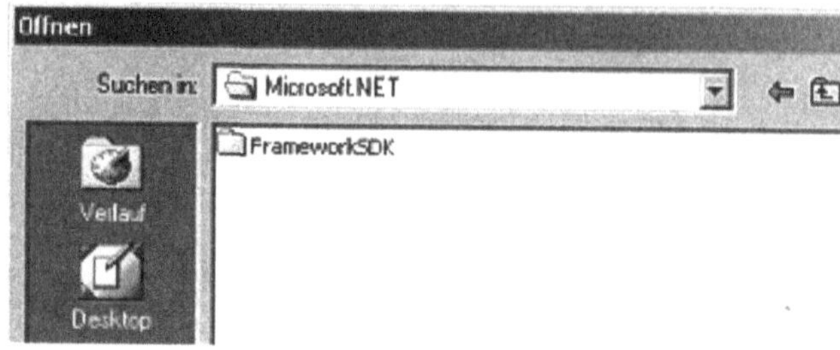

FileDialog

5.11_1

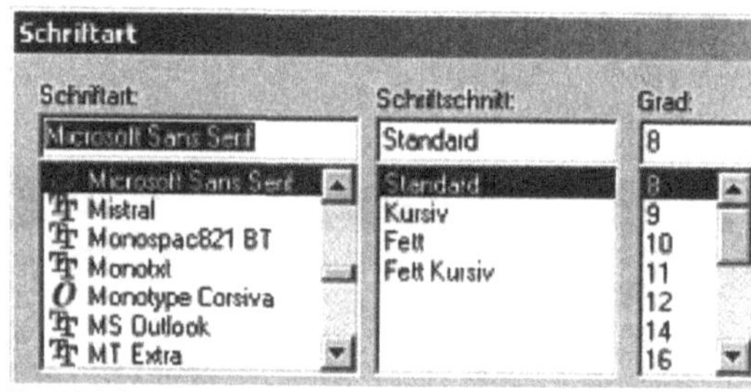

FontDialog

7.6_1

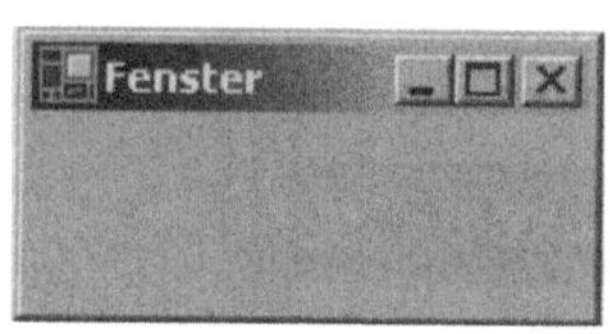

Form

1.2_1, 5.1_1, 5.2_1, 5.2_2, 5.2_3, 5.2_4, 5.2_5, 5.3_1, 5.4_1, 5.4_2, 5.4_3, 5.4_4, 5.5_1, 5.5_2, 5.5_3, 5.5_4, 5.5_5, 5.5_6, 5.5_7, 5.6_1, 5.6_2, 5.7_1, 5.7_2, 5.8_1, 5.8_2, 5.8_3, 5.9_3, 5.9_1, 5.9_2, 5.10_1, 5.10_2, 5.11_1, 5.12_1, 5.12_2, 6.1_1, 6.1_2, 6.2_1, 6.2_2, 6.3_1, 6.4_1, 6.5_1, 6.5_2, 6.5_3, 6.5_4, 6.5_5, 6.5_6, 6.6_1, 6.6_2, 6.6_3, 6.6_4, 6.6_5, 6.6_6, 6.6_7, 6.6_8, 6.6_9, 6.7_1, 6.7_2, 6.7_3, 6.8_1, 6.8_2, 6.8_3, 6.8_4, 6.8_5, 6.9_1, 6.9_2, 6.9_3, 6.9_4, 7.2_1, 7.3_1, 7.4_1, 7.5_1, 7.6_1, 7.7_1, 7.8_1, 7.9_1, 7.10_1, 7.11_1, 7.12_1, 7.13_1, 7.14_1, 7.15_1, 7.16_1, 7.17_1, 7.18_1, 8.4_3, 8.4_4, 8.4_5, 8.6_2, 8.7_1, 9.1_1, 9.3_2, 10.4_11, 12.2_1, 12.3_1, 12.4_1, 13.3_4, 13.3_5, 13.3_6, 13.3_7, 14.2_3, 14.3_4

GroupBox

HScrollBar

ImageList

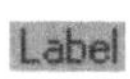

Label

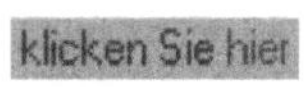

LinkLabel

ListBox

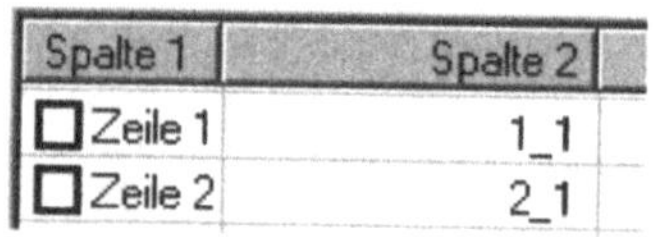

ListView

7.10_1

MessageBox

5.2_2, 5.4_1, 5.8_2, 5.9_1, 5.10_2, 5.11_1, 5.12_1, 5.12_2, 6.8_1, 6.9_1, 6.9_2, 6.9_3, 6.9_4, 8.4_5, 8.6_2, 8.7_1, 9.1_1, 10.4_11

MonthCalendar

7.11_1

NumericUpDown

7.12_1, 12.2 ServiceController

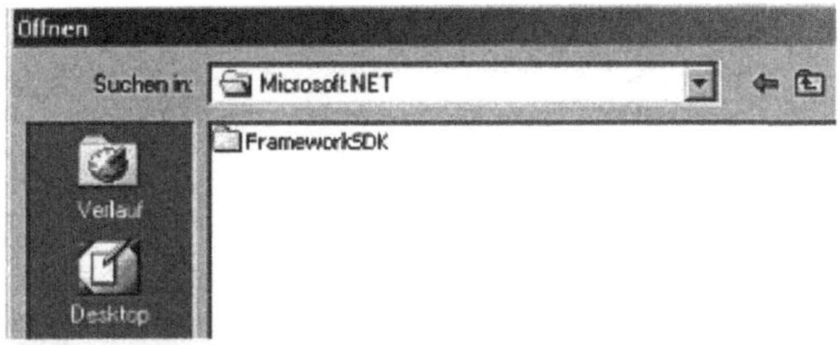

OpenFileDialog

5.11_1

Panel

5.6_1, 5.6_2, 5.10_1, 8.4_5, 8.6_2, 8.7_1, 9.1_1, 10.4_11

PictureBox

7.13_1

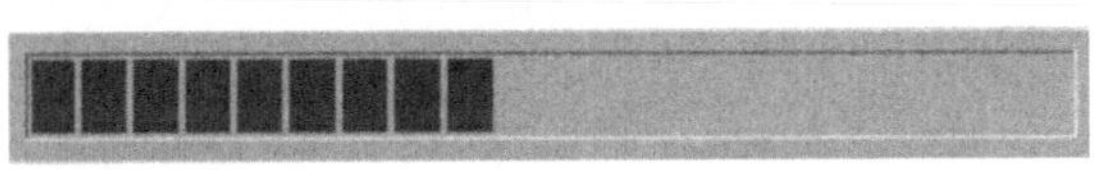

ProgressBar

7.14_1

RadioButton

7.15_1

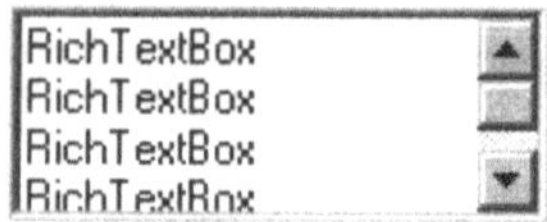

RichTextBox

5.11_1, 5.12_2, 10.4_11

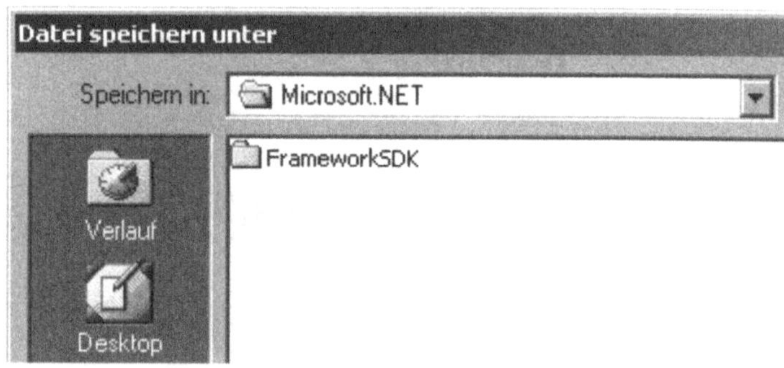

SaveFileDialog

5.11_1

Splitter

5.6_1, 5.6_2, 8.4_5, 8.6_2

StatusBar

5.10_1, 9.1_1, 12.2 ServiceController

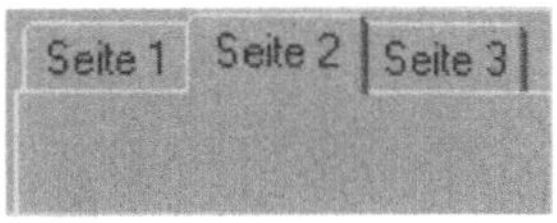

TabControl

7.16_1

TextBox

5.2_1, 5.5_3, 5.5_5, 5.5_6, 5.5_7, 5.7_2, 5.11_1, 5.12_2, 6.2_1, 8.4_5, 8.6_2, 8.7_1, 9.1_1, 10.4_11

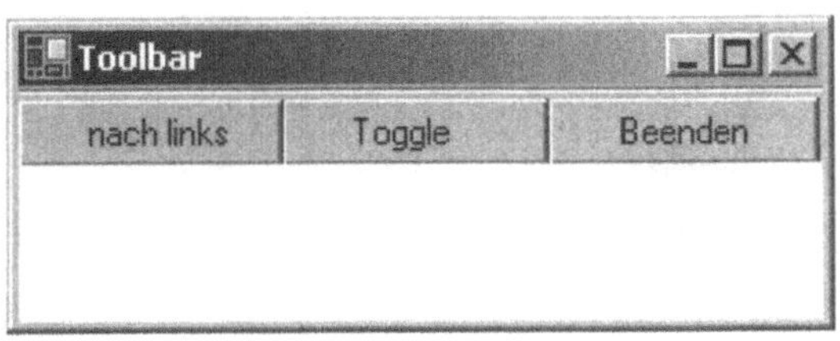

ToolBar

5.10_1, 5.10_2, 8.4_5, 8.6_2, 9.1_1

ToolTip

7.17_1

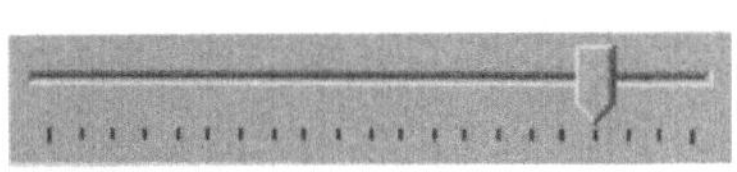

TrackBar

7.18_1

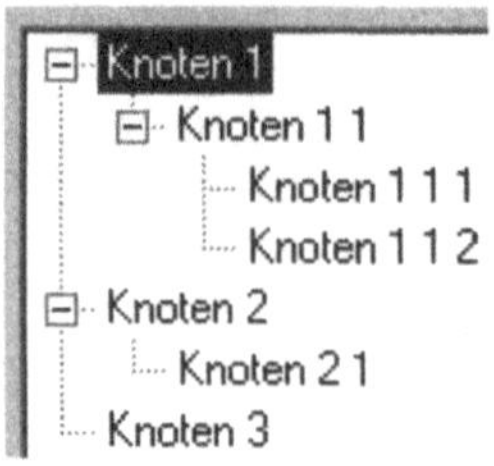

TreeView

6.1_2

VScrollBar

7.19_1

D CSC Compileroptionen

`csc /?` zeigt die Compileroptionen an.

Ausgabedateien:

/out:<Datei> Name der Ausgabedatei
/target:exe Konsolanwendung erzeugen
/t:exe
/target:winexe Windows Anwendung erzeugen
/t:winexe
/target:library Dll erzeugen
/t:library
/target:module Modul erzeugen
/t:module
/define:<Symbolliste> Symbole definieren
/d:<Symbolliste>
/doc:<Datei> XML-Dokumentationsdatei erzeugen

Eingabedateien:

/recurse:<Platzhalter> Dateien gemäß Platzhalter binden
/reference:<Dateiliste> Dlls binden
/addmodule:<Dateiliste> Module binden

Ressourcen:

/win32res:<Datei> Win32-Ressourcendatei verwenden
/win32icon:<Datei> Icon verwenden
/resource:<Ressourceninformationen> Ressource verwenden
/res:<Ressourceninformationen>
/linkresource:<Ressourceninformationen> Ressource verwenden

Codeerstellung:

/debug[+|-] Debuginformationen
/debug:{full|pdbonly} Debugtyp; full ist Standard
/optimize[+|-] Optimierung aktivieren /o
/incremental[+|-] Inkrementelle Kompilierung aktivieren
/incr

Fehler und Warnungen:

/warnaserror[+ | -]	Warnungen als Fehler behandeln
/warn:<n>	Warnungsebene (0-4)
/w:<n>	
/nowarn:<Warnungsliste>	Warnungsmeldungen deaktivieren

Sprache:

/checked[+ | -]	Überlaufprüfung ein/aus
/unsafe[+ | -]	Unsafe Code zulassen

Verschiedenes:

@<Datei>	Datei mit weiteren Optionen
/help	Hilfetext anzeigen
/?	
/nologo	Copyrightmeldung unterdrücken
/noconfig	CSC.RSP-Datei nicht einbeziehen

Erweitert:

/baseaddress:<Adresse>	Basisadresse der zu erstellenden Bibliothek
/bugreport:<Datei>	Bugreport-Datei erstellen
/codepage:<n>	Codepage der Quelldateien
/utf8output	Ausgabemeldungen in UTF-8-Codierung
/main:<Typ>	Typ, der den Einstiegspunkt enthält
/m:<Typ>	
/fullpaths	vollständige Pfade generieren
/filealign:<n>	Ausrichtung für die Ausgabedatei
/nostdlib[+ | -]	mscorlib.dll nicht verwenden
/lib:<Dateiliste>	zusätzliche Verzeichnisse für Verweise

Literaturverzeichnis

[1] Aupperle, M.: Die Kunst der Programmierung mit C++, Vieweg Braunschweig/Wiesbaden 2002

[2] Solymosi, A. u. P.: Effizient Programmieren mit C# und .NET, Vieweg Braunschweig/Wiesbaden 2001

[3] Vasters, Oellers, Javidi, Jung, Freiberger, DePetrillo, Microsoft .net Crashkurs, Microsoft Press 2001

[4] Richter, L.: Betriebssysteme, Teubner Studienbücher Informatik, B.G. Teubner Stuttgart 1977

[5] Wirth N.: Algorithmen und Datenstrukturen, B.G. Teubner Stuttgart 1983

[6] RFC2616: Hypertext Transfer Protocol -HTTP/1.1, The Internet Society 1999

Schlagwortverzeichnis

-

!

%

&

*

/

:

?

@

^

|

~

+

<

=

>

A

B

C

D

E

F

G

H

I

J

K

L

M

N

O

P

Q

R

S

T

Ü

U

V

W

X

Y

Z

GPSR Compliance

The European Union's (EU) General Product Safety Regulation (GPSR) is a set of rules that requires consumer products to be safe and our obligations to ensure this.

If you have any concerns about our products, you can contact us on ProductSafety@springernature.com

In case Publisher is established outside the EU, the EU authorized representative is:

Springer Nature Customer Service Center GmbH
Europaplatz 3
69115 Heidelberg, Germany

Batch number: 10577946

Printed by Printforce, the Netherlands